非线性系统滤波理论

Nonlinear System Filtering Theory

赵琳　王小旭　李亮　孙明　编著

国防工業出版社

·北京·

图书在版编目(CIP)数据

非线性系统滤波理论 / 赵琳等编著．—北京：国防工业出版社,2012.2

ISBN 978-7-118-07761-2

Ⅰ.①非… Ⅱ.①赵… Ⅲ.①非线性滤波－滤波理论 Ⅳ.①O211.64

中国版本图书馆 CIP 数据核字(2012)第 016484 号

※

国防工业出版社出版发行

(北京市海淀区紫竹院南路 23 号　邮政编码 100048)

北京奥鑫印刷厂印刷

新华书店经售

*

开本 787×1092　1/16　**印张** 14¼　**字数** 305 千字

2012 年 2 月第 1 版第 1 次印刷　**印数** 1—3000 册　**定价** 58.00 元

国防书店:(010)88540777　　发行邮购:(010)88540776

发行传真:(010)88540755　　发行业务:(010)88540717

致　读　者

本书由国防科技图书出版基金资助出版。

国防科技图书出版工作是国防科技事业的一个重要方面。优秀的国防科技图书既是国防科技成果的一部分，又是国防科技水平的重要标志。为了促进国防科技和武器装备建设事业的发展，加强社会主义物质文明和精神文明建设，培养优秀科技人才，确保国防科技优秀图书的出版，原国防科工委于1988年初决定每年拨出专款，设立国防科技图书出版基金，成立评审委员会，扶持、审定出版国防科技优秀图书。

国防科技图书出版基金资助的对象是：

1. 在国防科学技术领域中，学术水平高，内容有创见，在学科上居领先地位的基础科学理论图书；在工程技术理论方面有突破的应用科学专著。

2. 学术思想新颖，内容具体、实用，对国防科技和武器装备发展具有较大推动作用的专著；密切结合国防现代化和武器装备现代化需要的高新技术内容的专著。

3. 有重要发展前景和有重大开拓使用价值，密切结合国防现代化和武器装备现代化需要的新工艺、新材料内容的专著。

4. 填补目前我国科技领域空白并具有军事应用前景的薄弱学科和边缘学科的科技图书。

国防科技图书出版基金评审委员会在总装备部的领导下开展工作，负责掌握出版基金的使用方向，评审受理的图书选题，决定资助的图书选题和资助金额，以及决定中断或取消资助等。经评审给予资助的图书，由总装备部国防工业出版社列选出版。

国防科技事业已经取得了举世瞩目的成就。国防科技图书承担着记载和弘扬这些成就，积累和传播科技知识的使命。在改革开放的新形势下，原国防科工委率先设立出版基金，扶持出版科技图书，这是一项具有深远意义的创举。此举势必促使国防科技图书的出版随着国防科技事业的发展更加兴旺。

设立出版基金是一件新生事物，是对出版工作的一项改革。因而，评审工作需要不断地摸索、认真地总结和及时地改进，这样，才能使有限的基金发挥出巨大的效能。评审工作更需要国防科技和武器装备建设战线广大科技工作者、专家、教授，以及社会各界朋友的热情支持。

让我们携起手来，为祖国昌盛、科技腾飞、出版繁荣而共同奋斗！

国防科技图书出版基金

评审委员会

国防科技图书出版基金
第六届评审委员会组成人员

前　言

我国航天领域著名的科学家钱学森说过:"只要加以足够精密的分析,任何一个物理系统都是非线性的。"现有的研究表明,非线性随机系统广泛存在于火箭制导与控制、飞机和舰船的惯性导航、卫星轨道和姿态估计及雷达或声纳的探测中,而非线性滤波技术就是对非线性随机系统的最优状态估计。随着计算机技术的飞速发展和现代化国防建设的需求不断深化,各种非线性滤波理论相继涌现并迅速发展成熟,其应用范围不断扩大,今后必将广泛应用于航天、航空、航海、系统工程、通信、遥感、工业过程控制、农业、交通、金融等众多军事和民用领域。

线性随机系统的最优滤波估计就是著名的卡尔曼滤波器(Kalman Filter),而对于非线性随机系统,利用传统的卡尔曼滤波精确求解非线性系统状态后验分布(均值和协方差)是非常困难甚至根本无法实现的,故要得到精确的非线性最优滤波估计也是不可能的。为此,学者提出了许多经典的次优非线性滤波方法。目前,最常用的非线性次优滤波算法是扩展卡尔曼滤波器,它因实现简单、收敛速度快等优点而被广泛应用于非线性随机系统的状态估计中。然而,扩展卡尔曼滤波器存在一阶线性化精度偏低及需要计算非线性函数雅可比矩阵的缺点,且不适用于函数不连续或不可微的非线性系统的滤波计算,从而造成了实际工程应用中估计精度不佳,工程应用范围受限。随着对非线性滤波技术研究的日益深入,非线性滤波理论也取得了显著进步,尤其是近20年以来,国内外大量学者在非线性滤波方面进行了深入的理论研究和探索,取得了许多重大的科研成果,出现了一些经典的非线性滤波方法,尤其是以Sigma点卡尔曼滤波和粒子滤波为代表的新兴非线性滤波理论的发展成熟,使得非线性滤波理论取得了长足的发展。

本书总结了近20年来国内外学者在非线性滤波理论方面所取得的一些重大理论成果,介绍了非线性滤波理论的新思想,分析和阐述了各种非线性滤波器的特点,反映了目前国内外非线性滤波理论的研究前沿,预示了非线性滤波理论的发展方向;同时针对目前非线性滤波所存在的问题和理论局限性,本书还融入了作者近年来在非线性滤波领域所取得的最新研究,希望可以为非线性滤波技术在实际工程中的应用提供一定的理论参考和借鉴。

全书共分9章。第1章简要介绍滤波的概念、非线性滤波理论的应用背景及产生发展过程;第2章概述估计理论基础与线性系统卡尔曼滤波;第3章以递推贝叶斯滤波为基本理论框架介绍非线性最优滤波及次优滤波;第4章详细介绍扩展卡尔曼滤波器及强跟踪滤波器;第5章重点阐述新兴的非线性Sigma点卡尔曼滤波,包括Unscented卡尔曼滤波和中心差分卡尔曼滤波;第6章针对系统模型不确定性,全面介绍Sigma点卡尔曼滤波技术的新发展,包括自适应

Sigma 点卡尔曼滤波器、强跟踪 Sigma 点卡尔曼滤波、噪声相关条件下 Sigma 点卡尔曼滤波；第 7 章系统介绍粒子滤波的基本理论；第 8 章针对粒子滤波的退化问题，介绍粒子滤波的优化算法；第 9 章介绍神经网络在非线性滤波中的应用。

该书的出版得到了国防科技图书出版基金的资助，并在国防科技图书出版基金委员会的热情关怀和支持下完成。评委会专家对书稿进行了认真评阅，提出了许多宝贵意见和建议。在此对国防科技图书出版基金委员会、国防工业出版社和责任编辑表示诚挚的谢意。

在本书的编写过程中，闫超同志协助完成了第 7 章和第 8 章的初稿，在此表示感谢。

由于作者水平所限，书中难免存在错误和不足之处，恳请广大读者批评指正。

编著者

2011 年 12 月于哈尔滨

目　录

Content

第1章 绪 论

1.1 引 言

随机动态系统是在实际工程中十分常见的一类系统,它可以采用如图1-1所示的随机状态空间模型来描述。随机状态空间模型是一种动态时域模型,以隐含着的时间作为自变量,包括两个模型:①物理系统数学模型,其通过状态方程来反映系统的内部特性和变化过程;②传感器测量数学模型,其通过输出或量测方程将系统在某时刻的输出和状态联系起来。物理系统本身经常受到两个输入变量集的作用:一个是控制输入,它一般是确定性信号;另一个是系统噪声,它是系统内部和外部的一些不能控制的随机信号。物理系统的状态可以通过某些传感器观测得到,由于观测器同样受到随机噪声干扰的影响,因而观测值会产生误差。

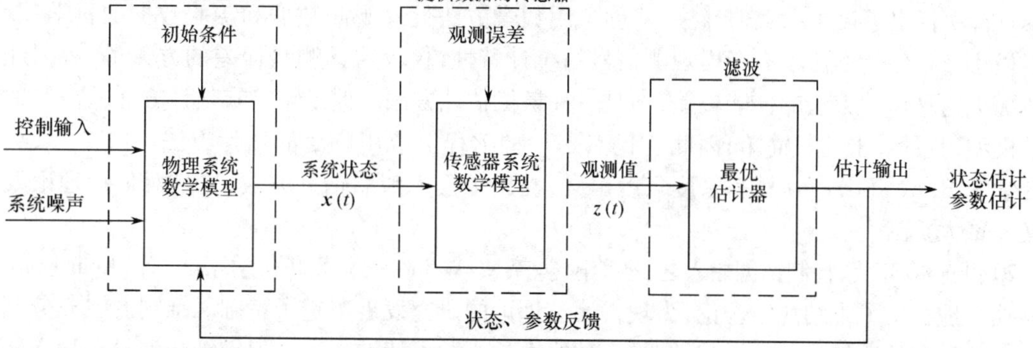

图1-1 随机动态系统与滤波

滤波是一种基于随机状态空间模型和某种估计准则的状态和参数估计理论。它所处理的对象是随机信号,即根据状态方程和量测方程,利用系统噪声和量测噪声的统计特性,在某种估计准则意义下,通过对一系列带有观测噪声和干扰信号的实际测量数据进行处理,从而得到系统的状态和参数的估计值。因此,在实际工程中,估计问题可以分为状态估计和参数估计两类。

为了衡量估计的好坏,必须要有一个估计准则。在实际应用中,总是希望估计出来的参数或状态越接近客观真实值越好,即得到状态或参数的最优估计。最优估计是指依据某一估计准则在已知量测值的条件下所求得的状态或参数的最优估计值,也就是说,估计值在选定的估计准则下是最优的,如果换了一个估计准则,那么这个估计值就不一定是最优的了。估计准则可能是多种多样的,最优估计也不是唯一的。对于不同的估计准则,存在不同的估计方法,估计方法与估计准则是紧密相关的。

通常情况下,估计准则可以通过某些指标函数或损失函数来表达,并通过对所选择的损失函数进行极小化或极大化来实现。目前估计中常用的估计准则或估计方法有最小二差估计、最小方差估计、线性最小方差估计、极大似然估计及极大后验估计[1]。

在图1-1中,随机动态系统的状态方程和量测方程可能是线性函数也可能是非线性函数。

相应地，滤波可分为针对线性随机系统估计问题的线性滤波和针对非线性随机系统估计问题的非线性滤波。1960 年，美籍科学家卡尔曼（R. E. Kalman）在系统状态空间模型的基础上提出了著名的线性卡尔曼滤波器[2]，它在线性和高斯的前提假设下是一个线性无偏、最小方差估计器，卡尔曼滤波器为线性高斯滤波问题提供了精确解析解。世界的本质是非线性、非高斯的，每个系统都或多或少地包含着非线性、非高斯的因素。自从 1960 以来，大量的研究工作投入到非线性滤波中，并发展出多种处理非线性滤波问题的方法，其中最具代表性的有扩展卡尔曼滤波器（Extended Kalman Filter，EKF），Unscented 卡尔曼滤波器（Unscented Kalman Filter，UKF）、中心差分卡尔曼滤波器（Central Difference Kalman Filter，CDKF）、粒子滤波器（Particle Filter，PF）等。通常情况下，EKF、UKF 及 CDKF 适用于状态服从高斯分布的非线性随机系统滤波问题，而 PF 适用于非线性、非高斯系统滤波问题。本章接下来将对这些非线性滤波器的发展过程和应用情况进行扼要概述。

1.2 卡尔曼滤波理论发展及应用

滤波理论就是在对系统可观测信号进行测量的基础上，根据一定的估计准则，对系统的状态进行估计的理论和方法。早在 1795 年，为了预测神谷星的运动轨道，德国数学家高斯（C. F. Gauss）首次提出了最小二乘估计法，开创了用数学方法处理观测数据和实验数据的科学领域。由于最小二乘估计方法没有考虑观测信号的统计特性，仅仅保证测量误差的方差最小，因此一般情况下这种估计方法的性能较差，不是一种最优估计方法。但最小二乘估计方法只需要建立测量模型，且计算上比较简单，因此它仍然是一种工程上应用广泛的估计方法。1912 年，英国统计学家 R. A. Fisher 从概率密度角度出发，提出了极大似然估计方法，这是对估计理论发展的又一重大贡献[3]。

20 世纪 40 年代，控制论创始人之一、美国学者 N. Weiner[4] 和苏联科学家 A. N. Kolmogorov[5] 相继独立地提出了维纳滤波理论，为现代滤波理论的研究发展奠定了基础。维纳滤波充分利用了输入信号和量测信号的统计特性，是一种线性最小方差滤波方法。但维纳滤波是一种在频域中设计最优滤波器的估计方法，解析求解困难，运算复杂，对存储空间要求大，仅适用于一维平稳随机过程信号的滤波计算，因此维纳滤波的应用范围有限。尽管捷克斯洛伐克科学家 V. Kucera 于 1979 年提出了现代维纳滤波方法[6]，通过求解 Diophantine 方程可以直接得到可实现的和显式的维纳滤波器，并可处理多维信号和非平稳随机信号，但滤波器依然是非递推的，计算量很大，不便于实时应用。

为了克服维纳滤波的缺点，人们不断寻求时域内直接设计最优滤波器的新方法。卡尔曼于 1960 年提出了著名的离散随机系统卡尔曼滤波方法[2]，标志着现代滤波理论的建立。1961 年，卡尔曼又与 R. S. Bucy 合作将这一滤波理论推广到连续时间系统中[7]，从而形成了卡尔曼滤波估计的完整体系。卡尔曼滤波是一种时域估计方法，对于具有高斯分布噪声的线性系统，可以得到系统状态的递推最小均方差估计，从这一点上来说，卡尔曼滤波与维纳滤波的基本原理是一致的，但它具有维纳滤波所不具备的一些优点。首先卡尔曼滤波是一种时域估计方法，它将现代控制理论中状态空间的思想引入到最优滤波理论中，可处理时变系统、非平稳信号和多维信号；其次卡尔曼滤波采用递推计算，计算量和数据存储量小，便于实时在线运算和计算机实现。

正是由于卡尔曼滤波具有其他滤波方法所不具备的以上优点，卡尔曼滤波理论一经提出，就立即在工程中得到了应用，阿波罗登月计划和 C－5A 重型军用运输机导航系统的设计是早期应用中最成功的实例。伴随着计算机运算速度的不断提高，卡尔曼滤波理论作为一种最重要的最优估计理论已经被广泛应用于军事和民用的各个领域，如雷达目标跟踪、火箭导航与制导系统、卫星定位系统、组合导航系统、工业故障诊断和智能机器人等[8-11]。随着卡尔曼滤波在工程领域的应用日益深入和广泛，对其理论的研究也不断完善。为了解决由于计算机舍入误差和截断误差积累、传递所导致的滤波计算发散，确保卡尔曼滤波方差矩阵的正定性，Potter 首先提出了平方根滤波算法的思想[3]，该算法被成功应用于阿波罗登月舱。Bierman、Carlson 及 Schmidt 等人在继续完善和发展平方根滤波的基础上，提出一套计算效率高、数值稳定性好的 UD 分解滤波算法[12-14]。Oshman 提出了具有较强的数值稳定性和可靠性的奇异值分解最优滤波[15]，进一步完善了线性离散系统的分解滤波理论。

经典卡尔曼滤波应用的一个先决条件是已知噪声的先验统计特性，然而在实际应用中，要么受试验样本等方面的限制，噪声的先验统计未知或不准确，要么虽已知噪声的先验统计，但系统处于实际运行环境当中，受内外部不确定因素的影响，噪声统计特性极易发生变化，具有时变性强的特点。遗憾的是，经典卡尔曼滤波器不具有应对噪声统计变化的自适应能力，在噪声统计未知、时变情况下易出现滤波精度下降甚至发散。为了克服这个缺点，一些自适应卡尔曼滤波方法便应运而生，如基于极大后验估计的噪声统计估计器[16]、虚拟噪声补偿技术[17]、动态偏差去耦估计[18]等，这些方法在一定程度上提高了卡尔曼滤波应对噪声统计未知时变的鲁棒性。

另外，经典卡尔曼滤波需要知道系统的精确数学模型，但系统处于实际运行环境当中，各种不确定因素会引起模型参数和结构发生变化，即系统存在模型不确定性，这会导致传统卡尔曼失去最优性，估计精度下降甚至会引起滤波发散。为了抑止由于模型不准确而导致的滤波发散，限定记忆滤波[19]、衰减记忆滤波[20]等方法在 20 世纪 70 年代初相继被提出和使用；近年来，人们将鲁棒控制的思想引入到滤波中，形成了鲁棒滤波理论，其中较有代表性的是 H_∞ 鲁棒滤波算法[21,22]。该方法以牺牲滤波器的平均估计精度为代价，保证滤波器对系统模型及外部干扰的鲁棒性能。

由于卡尔曼滤波的计算量以状态维数的三次方剧增，因此对于高维系统，集中式卡尔曼滤波往往不能满足实时性要求，而且存在容错性差的缺点。为了解决这些问题，1979—1985 年，Speyer 和 Kerr 等人[23,24]利用并行计算技术先后提出了分散滤波的思想，之后，Carlson[25]在此基础上于 1988 年提出了联邦滤波理论（Federated Filtering）。联邦滤波器采用先分散滤波处理、再全局融合的设计思想，大大提高了系统的容错能力。

信息融合（Information Fusion）技术是针对多传感器多源不确定性信息进行综合处理及利用的理论和方法，而卡尔曼滤波正是实现信息融合的关键技术手段之一。基于卡尔曼滤波技术的状态融合估计正被广泛应用于雷达目标跟踪与数据关联、图像信息融合、战场态势与威胁评估等领域[26]。

1.3 Sigma 点卡尔曼滤波理论的发展及应用

最初提出的卡尔曼滤波基本理论只适用于状态方程和量测方程均为线性的随机线性高斯系统。其后的十余年间，Bucy 和 Y. Sunahara 等人致力于研究将经典卡尔曼滤波理论扩展到非线性随机系统滤波估计中，提出了离散非线性随机系统 EKF 理论[27,28]。EKF 的基本思想是将非线性状态函数和量测函数进行局部线性化（一阶泰勒级数展开），然后再进行卡尔曼滤波，因此 EKF 是一种次优滤波。EKF 仍然以卡尔曼滤波作为其基本结构，易于实现，已被广泛应用于各种工程领域。考虑到 EKF 近似精度只有一阶，为了进一步提高 EKF 的滤波性能，二阶截断 EKF[29]、迭代 EKF[19] 等改进算法相继被提出，但这些算法的运算量大大增加，实际的应用并不普及。

和经典卡尔曼滤波的基本理论框架一样，EKF 对系统模型也具有严格的要求，模型不确定性会引起滤波发散。为了使 EKF 具有能克服系统模型不确定的鲁棒性，周东华等人基于正交原理提出了一种带渐消因子的 EKF 算法，即强跟踪滤波器（Strong Tracking Filter, STF）[30]，并将 STF 成功应用于动态系统的故障诊断与容错控制[31]。STF 的基本思想是在状态预测协方差阵中引入渐消因子，在线实时调整增益矩阵，强迫输出残差序列保持相互正交，从而使 EKF 在系统模型不确定时仍能保持对系统状态的跟踪能力，有效克服了 EKF 由于模型不确定造成的鲁棒性差、滤波发散等问题。

尽管 EKF 易于实现，工程应用广泛，但 EKF 仍是一种近似精度只有一阶的非线性高斯滤波器，对强非线性系统滤波精度偏低。EKF 要求随机系统的状态分布是高斯的，并且假设系统的非线性可以由当前状态展开的线性模型很好地近似，这些要求和假设对于许多物理系统来说过于苛刻。另外，EKF 需要计算非线性函数的雅可比矩阵，要求状态函数和量测函数连续可微，对于高维系统来说，雅可比矩阵的求解过程非常繁琐，极易造成 EKF 数值稳定性不佳，甚至出现计算发散现象。

为了克服 EKF 的以上缺点，S. J. Julier 和 J. K. Uhlmann 从“对概率分布进行近似要比对非线性函数进行近似容易得多”这一思路出发，提出了 Unscented 卡尔曼滤波器（Unscented Kalman Filter，UKF）[32]。顾名思义，与 EKF 类似，UKF 仍然继承了卡尔曼滤波器的基本结构，不同之处在于 UKF 用 Unscented 变换（Unscented Transformation, UT）取代了 EKF 中的局部线性化。UKF 仍然假设随机系统的状态必须服从高斯分布，但是取消了对系统模型的限制条件，也就是说，不要求系统是近似线性的，同时，UKF 不需要计算雅可比矩阵，因此不要求状态函数和量测函数必须是连续可微的，它甚至可以应用于不连续系统。可以证明：不论系统非线性程度如何，UT 变换理论上至少能以三阶泰勒精度逼近任何非线性高斯系统状态的后验均值和协方差，因此 UKF 的理论估计精度优于 EKF[33]。Julier 等人在提出 UKF 算法后，相继给出了应用于 UT 变换的采样策略，包括对称采样、单形采样、三阶矩偏度采样以及高斯分布四阶矩对称采样等[34]，为了消除采样的非局部效应及保证量测协方差阵的正定性，Julier 还提出了对上述基本采样策略进行比例修正的算法框架[35]。之后，Lefebvre 等人将 UT 变换诠释为随机线性回归，即随机线性化的离散实现[36]。与局部线性化不同，随机线性回归利用了系统在状态空间的多点信息，很好地描述了 UT 变换的特征，并揭示了无需求导信息的 UKF 比 EKF 精度高的机理。

对于非线性高斯系统来说，由于高斯分布可以由其前两阶矩（均值和方差）完全表述，因此可以采用卡尔曼滤波器的基本结构（线性更新规则）来描述非线性状态问题[37]。K. Ito 等人[38]在 2000 年基于贝叶斯估计理论给出了非线性高斯最优滤波器的一般形式，表明非线性高斯滤波器的量测更新过程与线性卡尔曼滤波完全相同，所不同的是在线性卡尔曼滤波中状态预测、输出预测、预测协方差及互协方差可以通过线性传递方便地得到解析解，而在非线性高斯滤波器中，求解预测及预测协方差需要计算非线性状态函数和量测函数的多维积分，由于函数的非线性一般会导致计算多维积分难以实现，因此通常情况下得不到非线性高斯滤波器的解析表达式。正如 Ito 等人所指出的[38]，可以采用相应的近似方法来计算这个多维积分，从而导出各种非线性近似高斯滤波器，UKF 就是其中一种。

另外，Ito 等人[38]从数值积分的观点出发提出了两个次优高斯滤波器：Gauss-Hermite 滤波器（Gauss-Hermite Filter, GHF）和中心差分滤波器（Central Difference Filter, CDF）。GHF 利用 Gauss-Hermite 乘积公式近似计算预测及预测协方差中的非线性函数多维积分，即把多维积分看成是单重积分的嵌套序列，然后依次对每个变量应用单重积分公式。然而，GHF 受到非常严重的"维数灾难"的困扰，也就是说，函数的计算次数随着状态维数的增加呈指数增长。尽管 Gauss-Hermite 公式近似精度较好，但维数灾难所引起的高昂的计算代价限制了 GHF 的应用推广。CDF 使用多项式插值方法来计算多维积分，精度比 GHF 虽有降低，但其计算简单，易于实现，因此逐渐被人们所接受，并被广泛使用[39,40]。

几乎同时，M. Nørgaard 等人[41]也使用 Stirling 多项式插值公式来近似计算非线性函数的多维积分，得到了分开差分滤波器（Divided Difference Filter, DDF），并从理论上证明：不管系统非线性程度如何，DDF 都能至少以二阶泰勒精度逼近任何非线性系统状态的后验均值和协方差。武元新等人[37]通过理论分析指出，DDF 和 CDF 都是基于函数拟合的思想来实现的，即都是使用一个函数序列近似被积函数，且函数序列中的每个函数积分都有解析解，此时近似函数的积分就可以看作是对积分的近似[42]。由于 DDF 和 CDF 在本质上是一致的，有异曲同工之妙，因此 R. V. Merwe 等人统一将它们称为中心差分卡尔曼滤波器（Central Difference Kalman Filter, CDKF），并给出了 CDKF 的滤波递推公式[43]。

由于 CDKF 所采用的多项式插值公式等价于 UKF 中 UT 变换对称采样策略，不同之处仅体现在采样点权值及计算预测协方差的表达方式上，故 Merwe 等人[44]采用一个统一的滤波框架来描述 UKF 和 CDKF，称为 Sigma 点卡尔曼滤波器（Sigma Points Kalman Filter, SPKF）。之后，针对 SPKF 滤波器存在计算发散的问题，Merwe 等人[45]将 QR 分解和 Cholesky 因子更新引入到滤波器预测更新中，提出了平方根 SPKF 算法，提高了 SPKF 滤波器的数值稳定性和计算效率，同时，他们还将线性卡尔曼平滑器的基本框架引入到非线性高斯系统中，提出了 Sigma 点卡尔曼平滑器，并通过一个实时间序列仿真实例验证了 Sigma 点平滑器比一阶和二阶扩展卡尔曼平滑器的估计精度高。

尽管 SPKF 的滤波精度高于 EKF，但长期以来一直缺少可操作的理论证明保证 SPKF 的收敛性。最近，针对状态函数为非线性而量测函数为线性的高斯系统，Xiong 等人[46]在借鉴 EKF 的收敛性证明基础上，给出了一个 UKF 误差有界的充分性条件，即当模型的非线性和噪声先验统计特性满足一定条件时，UKF 误差有界。遗憾的是，该充分性条件过于保守，缺乏可操作性，不可能在工程上得到应用。之后，武元新等人[47]曾将 UKF 收敛性的结论推广到 GHF、CDKF 滤波器中，在 2007 年 Xiong 等人[48]又给出了状态和量测函数均为非线性时 GHF、UKF、CDKF 的收敛性证明。

传统 SPKF 假设了系统噪声和量测噪声互不相关，且它们的先验统计特性已知，但在实际系统中，一方面噪声互不相关的条件并不能得到完全满足，而传统 SPKF 在噪声相关条件下滤波就会失效，另一方面噪声的统计特性很可能是未知或不准确的，这就会造成 SPKF 滤波精度下降甚至发散；另外，强跟踪滤波器（STF）虽能克服非线性系统模型不确定所引起的滤波发散，但因其是由 EKF 发展而来的，故与 EKF 类似，STF 不可避免地存在一阶线性化精度偏低及需要计算非线性函数雅可比矩阵的局限性。因此，针对上述问题，我们在本书中发展和创新推导了一些新兴的 SPKF 滤波算法，包括噪声相关条件下 SPKF[49]、带噪声统计估计器的 SPKF[50]及强跟踪 SPKF[51]。

目前，SPKF 滤波理论正处于磅礴发展时期，人们对它的理论和工程应用研究方兴未艾，各种关于 SPKF 的改进算法层出不穷,SPKF 在许多领域得到了深入研究和广泛应用,如目标跟踪、组合导航、智能机器人、车辆导航、语音处理、无线电通信和工业生产等,如图 1-2 所示。

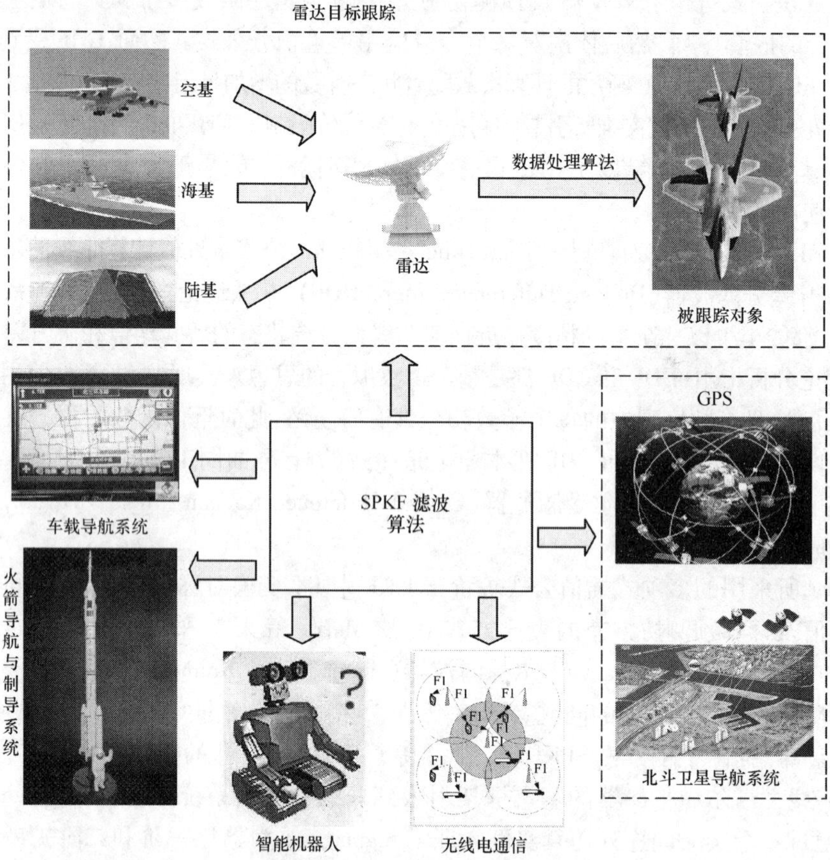

图 1-2 SPKF 算法研究领域

1.4 粒子滤波概述

1.4.1 粒子滤波的发展及应用

非线性滤波问题也可以在贝叶斯理论框架[52]下进行研究。事实上,贝叶斯随机推演为非线性滤波问题提供了一个最优的、精确的框架模型,该框架模型通常被称作贝叶斯滤波。前面提到的各种滤波器,如线性 KF、EKF、GHF 及 SPKF 等都可以看作是最优贝叶斯滤波在特定条件下的简化。Y. C. Ho 和 R. C. K. Lee[53]首次研究了迭代贝叶斯滤波问题,论述了贝叶斯状态估计的基本原理和过程,指出 Kalman 滤波只是贝叶斯滤波的一个特例。但是,除了一些特殊系统(如线性高斯系统、有限状态的离散系统)之外,对于一般的非线性、非高斯系统,贝叶斯滤波的解析解是不可获得的。要设计可实现的非线性滤波器必须采用近似方法:一条思路是采用解析近似的方法,如上面提到非线性高斯次优滤波器等;另一条思路是基于仿真的方法。

早在 20 世纪 50 年代,基于序贯重要性采样(Sequential Importance Sampling, SIS)的序贯 Monte Carlo 积分方法就被应用于物理和统计学中[54]。到了 60 年代末,基于仿真的 SIS 算法被引入到自动控制领域[55]。70 年代,已经有大量学者对该方法做了进一步深入的研究。然而,由于始终无法解决粒子退化和计算量制约等问题,SIS 在相当长的一段时间内并未引起足够的重视,导致 SIS 算法发展缓慢。直到 1993 年,N. Gordon 等人提出一种自举粒子滤波(Bootstrap Particle Filter)算法[56],从而奠定了粒子滤波算法的基础。该算法在递推过程中引入重采样的思想以克服粒子退化问题,同时,计算机运算能力的急剧提升也为粒子滤波的发展提供了客观物质条件。之后,粒子滤波取得了长足的发展,许多算法被相继提出,掀起了一股研究粒子滤波的热潮。

2000 年,Doucet 等人[57]在前人研究的基础上给出了基于 SIS 的粒子滤波的通用描述,即利用 SIS 技术寻找一组在状态空间传播的随机粒子,每个粒子都对应一个重要性权值,通过这些粒子的加权求和对概率密度函数进行近似,以样本均值代替积分运算,从而获得状态最小方差分布。另外,Crisan 等人证明当粒子数量 $N\to\infty$ 时可以逼近任何形式的概率密度分布,即采样粒子足够多时,粒子算法是收敛的,且收敛速度不受状态维数的限制[58]。他们的理论研究为粒子滤波算法体系的形成及发展奠定了坚实的基础。

粒子滤波是贝叶斯最优滤波与蒙特卡罗随机采样方法相互结合的产物,其突出特点是不受限于线性和高斯的假设,理论上来讲,它适用于任意非线性、非高斯系统的滤波问题。粒子滤波摆脱了解决非线性滤波问题时随机量必须满足高斯分布的制约,其在非线性、非高斯系统表现出来的优越性,决定了它的应用范围非常广泛[59,60]。在经济学领域,它被应用在经济数据预测;在军事领域已经被应用于雷达跟踪空中飞行物,空空、空地的被动式跟踪,同时还被用于通过地图匹配或地形辅助导航的飞机定位;在交通管制领域它被应用在对车或人的视频监控;它还用于机器人的全局定位;在无线信号处理领域它被用于信号解调、多用户检测和衰落信道中空时编码的估计与检测;在语音信号处理领域,它被用于语音识别、语音增强与消噪、语音信号盲分离等。

1.4.2 粒子滤波的缺点及优化

1)重采样的样本贫化问题

虽然 Doucet 等人证明当粒子数量 $N\to\infty$ 时粒子滤波是收敛的,但在实际应用中,采样粒子数不可能无限地增大,有限的粒子经过若干次迭代后,粒子滤波无法避免地发生粒子退化,即粒子丧失多样性的现象。Doucet 从理论上证明了粒子退化的必然性。解决粒子退化的最有效方法是进行重采样,包括多项式重采样、残差重采样及最小方差重采样等,其基本思想是减少权值较小的粒子数目,增加有效粒子的似然度,把注意力集中在大权值的粒子上。重采样由于实现简单、算法复杂度低得到了广泛应用,然而,重采样算法在有效减弱了权值粒子对概率估计影响的同时,又带来了"粒子贫化"或"粒子枯竭"的负面作用,即权值大的粒子在迭代中被多次选取,而权值小的粒子被逐渐剔除。最糟糕的是在经过若干次递推计算后,其他的粒子被重采样步骤耗尽,直至剩下了最后一个权值最大(约为 1)的粒子为止,从而导致粒子的多样性变差,不足以用来表征后验概率密度。为了保证粒子的多样性,克服粒子在重采样过程中粒子贫化现象,许多粒子滤波改进算法被提出,包括正规化粒子滤波[61]、马尔可夫蒙特卡罗粒子滤波及基于智能优化重采样策略的粒子滤波[62]等。

2)实时性问题

理论上,无穷多的粒子可以完全拟和状态变量的后验概率密度函数,因此在实际应用中为保证粒子滤波的精度,通常需要大量的粒子数。而粒子数量决定着粒子滤波算法的整体执行效率,粒子数量越大,粒子滤波执行效率越低。尤其在多维系统中,随着状态维数的增加,需要描述的后验概率密度样本点数目大量增加，使得粒子滤波算法计算效率极大地降低，有时甚至根本无法满足系统实时性要求，这样就出现了粒子滤波计算负担过大、实时性差的问题。

为了解决粒子滤波实时性差的问题，可以利用分解（边沿化技术）、粒子数自适应选取等方法对标准粒子滤波算法进行改进，从而得到 Rao-Blackwellised 粒子滤波[63]、自适应粒子滤波[64]等。

3）重要性密度函数选择问题

在粒子滤波中，由于后验概率密度本身是需要估计的，因此状态的后验概率密度不可以直接采样。为了解决此问题，可以采用重要性采样方法，即通过对另外一个与后验概率函数具有相同或者更大支撑集合的概率密度函数进行采样，这个概率密度函数通常称为“重要性密度函数”或“建议分布”。重要性密度函数的选择直接决定着粒子滤波的优劣，好的概率密度函数可以减缓粒子退化现象，提高粒子滤波的估计精度。

在标准粒子滤波算法中，为了求解方便，通常选取先验概率密度函数作为重要性密度函数，然而由于没有考虑当前的量测值，从重要性密度函数中抽取的样本粒子与从真实后验概率密度函数采样得到的样本有很大的偏差，尤其当似然函数位于系统状态转移概率密度的尾部或似然函数呈尖峰状态时，这种偏差就更明显。为了解决上述问题，许多粒子滤波改进算法被提出，包括辅助变量粒子滤波、扩展卡尔曼粒子滤波、Sigma 点卡尔曼粒子滤波、高斯采样粒子滤波等[65,66]。

参考文献

[1] 史忠科．最优估计的计算方法[M]．北京：科学出版社，2001.

[2] Kalman R E. A new approach to linear filtering and prediction problems[J]. Transactions of the ASME, Journal of Basic Engineering, 1960, 82(series D): 35－45.

[3] 付梦印，邓志红，张继伟．Kalman 滤波理论及其在导航系统中的应用[M]．北京：科学出版社，2003.

[4] Weiner N. The extrapolation, interpolation and smoothing of stationary time series[R]. OSRD70, Report to the Services 19, research project DIC－6037, MIT, 1942.

[5] Kolmogorov A N. Interpolation and extrapolation von stationaren zufalligen folgen[J]. Bull Acad. Sci. USSR, Ser. Math. 1941, 5: 3－14.

[6] Kucera V. Discrete linear control[J]. The polynomial equation approach, Chichester: Wiley, 1979.

[7] Kalman R E, Bucy R S. New results in linear filtering and prediction theory[J]. Transactions of the ASME, Journal of Basic Engineering, 1961, 83(Series D): 95－107.

[8] Arthur G, Joseph F K, et al. Applied optimal estimation[M]. London: The MIT Press, 1979.

[9] Shalom Y B, Li X R. Estimation with application to tracking and navigation[M]. New York: A Wiley-Interscience Publication, 2001.

[10] 秦永元．卡尔曼滤波与组合导航原理[M]．西安：西北工业大学出版社，1998.

[11] Grewal M S, Andrews. Kalman filtering: Theory and application using Matlab(Second Edition)[M]. New York: A Wiley-Interscience Publication, 2008.

[12] Bierman G J. Sequential square root filtering and smoothing of discrete linear systems[J]. Automation, 1974, 10: 147－158.

[13] Carlson N A. Fast triangular factorization of the square root filter[J]. AIAA Journal, 1973, 11(9): 1259－1265.

[14] Schmidt S F. Computational techniques in Kalman filtering, in theory and application of Kalman filtering[J]. NATO Advisory Group for Aerospace Research and Development, AGARDOGRAPH 139, 1970.

[15] Osehman Y, Bar-Itzhak I Y. Square root filtering via covariance and information eigenvectors[J]. Automatica, 1986, 22(5): 599－604.

[16] Sage A P, Husa G W. Adaptive filtering with unknown prior statistics[C]. Joint Automatic Control Conference, Colombia City,

1969: 760 - 769.

[17] Yoshimura T, Sueda T. A technique for compensating the filter performance by a fictitious noise[J]. Trans. of ASME, Journal of Dynamic Systems, Measurement, and Control, 1978, 100(2): 154 - 156.

[18] Friedland B. Treatment of bias in recursive filtering[J]. IEEE Transactions on Automatic Control, 1969, 14(4): 359 - 367.

[19] Jazwinsky A H. Stochastic processes and filtering theory[M]. New York: Academic Press, 1970.

[20] Anderson B D O, Moore J B. Optimal filtering[M]. New South Wales: Prentice Hall, 1979.

[21] Shaked U. H_∞ minimum Error State estimation of linear stationary process[J]. IEEE Transactions on Automatic Control, 1990, 35(5): 554 - 558.

[22] Hector R. $H2/H_\infty$ filtering theory and an aerospace application[J]. International Journal of Robust and nonlinear control, 1996, 6(4): 347 - 366.

[23] Speyer J L. Computation and transmission requirement for a decentralized linear quadratic Gaussian control problem[J]. IEEE Transactions on Automatic Control, 1979, 24(2): 266 - 269.

[24] Kerr T H. Decentralized filtering and redundancy management for multisensor navigation[J]. IEEE Transactions on Aerospace Systems, 1987, 23(1): 83 - 119.

[25] Carlson N A. Federated square root filter for decentralized parallel processes[C]. Proc of NAECON. Dayton, OH, 1987: 1448 - 1456.

[26] 何友，王国宏，等．信息融合理论及应用[M]．北京：电子工业出版社，2010.

[27] Sunahara Y. An approximate method of state estimation for nonlinear dynamical systems[C]. Joint Automatic Control Conf, Univ. of Colorado, 1969.

[28] Bucy R S, Renne K D. Digital synthesis of nonlinear filter[J]. Automatica, 1971, 7(3): 287 - 289.

[29] Maybeck P S. Stochastic models estimation and control[M]. New York: Academic, 1982.

[30] Zhou D H, Wang Q L. Strong Tracking Filtering of Nonlinear Systems with Colored Noise[J]. Journal of Beijing Institute of Technology, 1997, 17(3): 321 - 326.

[31] 周东华，叶银忠．现代故障诊断与容错控制[M]．北京：清华大学出版社，2000.

[32] Julier S J, Uhlmann J K. A new method for the nonlinear transformation of means and covariances in filters and estimators[J]. IEEE Transactions on Automatic Control, 2000, 45(3): 477 - 482.

[33] Julier S J, Uhlmann J K. A new extension of the Kalman filter to nonlinear systems[C]. The Proc of Aerosense: The 11th International Symposium on Aerospace/Defense Sensing, Simulation and Controls. Orlando, 1997: 54 - 65.

[34] 潘泉，杨峰，叶亮，等．一类非线性滤波器—UKF综述[J]．控制与决策，2005，20(5)：481 - 489.

[35] Julier S J. The scaled unscented transformation[C]. Proc of American Control Conf. Jefferson City, 2002: 4555 - 4559.

[36] Lefebvre T, Bruyninckx H, Schutter J D. Comment on "A new method for the nonlinear transformation of means and covariances in filters and estimators"[J]. IEEE Transactions on Automatic Control, 2002, 47(8): 1406 - 1408.

[37] 武元新．对偶四元数导航算法与非线性高斯滤波研究[D]．长沙：国防科技大学，2005.

[38] Ito K, Xiong K. Gaussian filters for nonlinear filtering problems[J]. IEEE Transactions on Automatic Control, 2000, 45(5): 910 - 927.

[39] Simandl M, Dunrik J. Derivative-free estimation methods: New results and performance analysis[J]. Automatica, 2009, 45(7): 1749 - 1757.

[40] Subrahmanya N, Shin Y C. Adaptive divided difference filtering for simultaneous state and parameter estimation[J]. Automatica, 2009, 45(7): 1686 - 1693.

[41] Nørgaard M, Poulsen N K, Ravn O. New developments in state estimation for nonlinear systems[J]. Automatica, 2000, 36(11): 1627 - 1638.

[42] Davis P J, Rabinowitz P. Methods of numerical integration[M]. New York: Academic Press, 1975.

[43] Merwe R V, Wan E A. Sigma-point Kalman filters for integrated navigation[C]. Proceedings of the 60th Annual Meeting of The Institute of Navigation (ION). Dayton, OH, 2004.

[44] Merwe R V. Sigma-point Kalman filters for probabilistic inference in dynamic state-space models[M]. http://www.cslu.ogi.edu/publications/, 2004.

[45] Merwe R V, Wan E A. The square-root Unscented Kalman Filter for state and parameter- estimation[C]. International Confer-

ence on Acoustics, Speech, and Signal Processing, Salt Lake City, Utah, 2001.
[46] Xiong K, Zhang H Y, Chan C W. Performance evaluation of UKF-based nonlinear filtering. Automatica, 2006, 42(2): 261 - 270.
[47] Wu Y X, Hu D W, Hu X P. Comments on "Performance evaluation of UKF-based nonlinear filtering". Automatica, 2007, 43 (3): 567 - 568.
[48] Xiong K, Zhang H Y, Chan C W. Author's reply to "Comments on 'Performance evaluation of UKF-based nonlinear filtering'". Automatica, 2007, 43(3): 569 - 570.
[49] 王小旭，赵琳，等. 噪声相关条件下 Unscented 卡尔曼滤波器设计[J]. 控制理论与应用，2010, 27(10): 1362 - 1368.
[50] 赵琳，王小旭，等. 带噪声统计估计器的 Unscented 卡尔曼滤波器设计[J]. 控制与决策, 2009, 24(10): 1062 - 1067.
[51] 王小旭，赵琳，等. 基于 Unscented 变换的强跟踪滤波器[J]. 控制与决策, 2010, 25(7): 785 - 790.
[52] Bayes T R. An essay towards solving a problem in the doctrine of chances[J]. Philosophical Trans. of Royal Society of London (Reprinted in Biometrika, vol. 45, 1958), 1763, 53: 370 - 418.
[53] Ho Y C, Lee R C K. A Bayesian approach to problems in stochastic estimation and control[J]. IEEE Transactions on Automatic Control, 1964, 9: 333 - 339.
[54] Hammersley J M, Morton K W. Poor man's Monte Carlo[J]. Journal of the royal statistics society, 1954, 16: 23 - 38.
[55] Handschin J E, Mayne D Q. Monte Carlo techniques to estimate the conditional expectation in multi-stage nonlinear filtering[J]. International Journal of Control, 1965, 9(5): 547 - 559.
[56] Gordon N, Salmond D. Novel approach to non-linear and non-Gaussian Bayesian state estimation[C]. Proc of Institute Electric Engineering, 1993, 140(2): 107 - 113.
[57] Doucet A, Godsill S. Andrieu C. On sequential Monte Carlo sampling methods for Bayesian filtering [J]. Statistics and Computing, 2000, 10 (1): 197 - 208.
[58] Crisan D, Doucet A. A survey of convergence results on particle filtering methods for practitioners[J]. IEEE Trans on Signal Processing, 2002, 50(2): 736 - 746.
[59] 胡士强，敬忠良. 粒子滤波算法综述[J]. 控制与决策, 2005, 20(4): 361 - 371.
[60] 杨小军，潘泉，等. 粒子滤波进展与展望[J]. 控制理论与应用, 2006, 23(2): 261 - 267.
[61] Musso C, Oudjane N, LeGland F. Improving regularized particle filters[M]. In Sequential Monte Carlo Methods in Practice, New York: Springer, 2001.
[62] Huang A J. A tutorial on Bayesian estimation and tracking techniques applicable to non-linear and non-Gaussian process [Online], available: http://www. mitre. org/work/tech papers/tech papers 05/05 0211/05 0211. pdf, February 11, 2005.
[63] Robert C P. The Bayesian choice: A decision-theoretic motivation(Second edition)[M]. New York: Springer, 2001.
[64] Fox D. KLD-sampling: Adaptive particle filter[C]. Advances in Neural Information Processing Systems, Proceedings of the 2001 NIPS Conference, 2002.
[65] Kotecha J H, Djuric P M. Gaussian particle filter[J]. IEEE Transactions on Signal Processing, 2003, 51(10): 2593 - 2602.
[66] Kotecha J H, Djuric P M. Gaussian sum particle filter [J]. IEEE Transactions on Signal Processing, 2003, 51 (10): 2602 - 2611.

第2章　估计理论基础与线性系统卡尔曼滤波

1960年，匈牙利裔美籍科学家卡尔曼(R. E. Kalman)在他的论文[1]中首次提出了解决离散系统线性滤波问题的递归方法，后人为了纪念他的突出贡献，将这种方法命名为卡尔曼滤波。自此以后，得益于数字计算机技术的进步，卡尔曼滤波作为首选的最优估计方法，已经成为状态空间模型估计与预测的强有力工具之一，在控制领域尤其是惯性导航和组合导航领域得到了广泛的应用。本章首先介绍了目前比较常用的一些估计准则，在此基础上，详细推导了线性离散系统卡尔曼滤波基本方程以及一些实用卡尔曼滤波技术，并给出了卡尔曼滤波稳定性的判别准则及抑制滤波发散的方法，最后推导了不同形式的自适应卡尔曼滤波。

2.1　估计理论基础

估计就是根据与状态 $\boldsymbol{x}(t)$ 有关的测量数据 $z(t)=\boldsymbol{H}\boldsymbol{x}(t)+\boldsymbol{v}(t)$，解算出 $\boldsymbol{x}(t)$ 的计算值 $\hat{\boldsymbol{x}}(t)$，其中 $\boldsymbol{v}(t)$ 为量测误差，$\hat{\boldsymbol{x}}(t)$ 表示 $\boldsymbol{x}(t)$ 的估计，$z(t)$ 为 $\boldsymbol{x}(t)$ 的量测值。因为 $\hat{\boldsymbol{x}}(t)$ 是根据 $z(t)$ 确定的，所以 $\hat{\boldsymbol{x}}(t)$ 是 $z(t)$ 的函数。如果 $\hat{\boldsymbol{x}}(t)$ 是 $z(t)$ 的线性函数，则称 $\hat{\boldsymbol{x}}(t)$ 为 $\boldsymbol{x}(t)$ 的线性估计。最优估计则是指某一指标达到最优值时的估计。

假设已经获得在 $[t_0,t_1]$ 时间段内的量测值 $z(t)$，估计状态为 $\hat{x}(t)$，则：

(1) $t=t_1$ 时，依据过去直到现在的量测值估计当前的状态，$\hat{\boldsymbol{x}}(t)$ 称为 $\boldsymbol{x}(t)$ 的滤波；

(2) $t>t_1$ 时，依据过去直到现在的量测值预测未来的状态，$\hat{\boldsymbol{x}}(t)$ 称为 $\boldsymbol{x}(t)$ 的预测或外推；

(3) $t<t_1$ 时，依据过去直到现在的量测值估计过去的历史状态，$\hat{\boldsymbol{x}}(t)$ 称为 $\boldsymbol{x}(t)$ 的平滑。

如果以量测值 $z(t)$ 与量测估计值 $\hat{z}(t)=H\hat{x}(t)$ 之偏差的平方和达到最小为目标，即

$$(z-\hat{z})^{\mathrm{T}}(z-\hat{z})=\min$$

则所得到的估计 $\hat{\boldsymbol{x}}(t)$ 称为 $\boldsymbol{x}(t)$ 的最小二乘估计。

如果以状态估计 $\hat{\boldsymbol{x}}$ 的均方误差达到最小为目标，即

$$\mathrm{E}[(\boldsymbol{x}-\hat{\boldsymbol{x}})^{\mathrm{T}}(\boldsymbol{x}-\hat{\boldsymbol{x}})]=\min$$

则所得到的估计 $\hat{\boldsymbol{x}}(t)$ 称为 $\boldsymbol{x}(t)$ 的最小方差估计，若 $\hat{\boldsymbol{x}}(t)$ 是 $\boldsymbol{x}(t)$ 的线性函数，则 $\hat{\boldsymbol{x}}(t)$ 称为 $\boldsymbol{x}(t)$ 的线性最小方差估计。

2.1.1　最小二乘估计

最小二乘估计由德国数学家高斯首先提出，目前被广泛应用于科学和工程技术领域。假设系统的量测方程为

$$z=\boldsymbol{H}\boldsymbol{x}+\boldsymbol{v} \tag{2-1}$$

式中：z 为 $m\times1$ 维矩阵；$\boldsymbol{x}$ 为 $n\times1$ 维矩阵；$\boldsymbol{H}$ 为 $m\times n$ 维矩阵；$\boldsymbol{v}$ 为 $m\times1$ 维白噪声，且 $\mathrm{E}(\boldsymbol{v})=0$，$\mathrm{E}(\boldsymbol{v}\boldsymbol{v}^{\mathrm{T}})=\boldsymbol{R}$。

正如前面提到的，最小二乘估计的指标是使量测量 z 与由估计 $\hat{\boldsymbol{x}}$ 确定的量测量估计 $\hat{z}=\boldsymbol{H}\hat{\boldsymbol{x}}$

之差的平方和最小,即

$$J(\hat{x})=(z-H\hat{x})^{\mathrm{T}}(z-H\hat{x})=\min \tag{2-2}$$

将上式展开有

$$J(\hat{x})=\hat{x}^{\mathrm{T}}H^{\mathrm{T}}H\hat{x}-z^{\mathrm{T}}H\hat{x}-\hat{x}^{\mathrm{T}}H^{\mathrm{T}}z+z^{\mathrm{T}}z \tag{2-3}$$

要使上式达到最小,须满足

$$\frac{\partial J}{\partial \hat{x}}=2H^{\mathrm{T}}H\hat{x}-H^{\mathrm{T}}z-H^{\mathrm{T}}z=0 \tag{2-4}$$

因而

$$H^{\mathrm{T}}H\hat{x}=H^{\mathrm{T}}z \tag{2-5}$$

由此解出 $\hat{x}$,得到

$$\hat{x}=(H^{\mathrm{T}}H)^{-1}H^{\mathrm{T}}z \tag{2-6}$$

最小二乘估计使所有偏差的平方和达到最小,这实际上是平等对待所有误差使整体偏差达到最小而得到的近似解,这对抑制测量误差的影响是有益的。

由式(2-6)可知,最小二乘估计具有如下的性质:

(1) 无偏性。$\hat{x}$ 的估计误差为

$$\tilde{x}=x-\hat{x}=x-(H^{\mathrm{T}}H)^{-1}H^{\mathrm{T}}z$$

则有

$$\begin{aligned}\mathrm{E}(\tilde{x})&=\mathrm{E}[(H^{\mathrm{T}}H)^{-1}H^{\mathrm{T}}Hx-(H^{\mathrm{T}}H)^{-1}H^{\mathrm{T}}z]\\&=(H^{\mathrm{T}}H)^{-1}H^{\mathrm{T}}\mathrm{E}(Hx-z)=-(H^{\mathrm{T}}H)^{-1}H^{\mathrm{T}}\mathrm{E}(v)=0\end{aligned} \tag{2-7}$$

于是

$$\mathrm{E}(\hat{x})=x \tag{2-8}$$

估计误差均值为零的估计称为无偏估计。显然,最小二乘估计是无偏的。

(2) 最小二乘的均方误差阵为

$$\begin{aligned}\mathrm{E}(\tilde{x}\tilde{x}^{\mathrm{T}})&=(H^{\mathrm{T}}H)^{-1}H^{\mathrm{T}}\mathrm{E}(vv^{\mathrm{T}})H(H^{\mathrm{T}}H)^{-1}\\&=(H^{\mathrm{T}}H)^{-1}H^{\mathrm{T}}RH(H^{\mathrm{T}}H)^{-1}\end{aligned} \tag{2-9}$$

由以上分析可以看出,最小二乘估计为使总体偏差达到最小,平等利用了所有量测误差,而其缺点也正是不分优劣地使用了各量测值。如果可以知道不同量测值之间的质量,那么可以采用加权的思想区别对待各量测值,也就是说,质量比较高的量测值所取的权重较大,而质量较差的量测值权重取的较小。根据以上的思路可以得到加权最小二乘估计准则

$$J(\hat{x})=(z-H\hat{x})^{\mathrm{T}}W(z-H\hat{x})=\min \tag{2-10}$$

式中:W 为正定的权值矩阵,不难看出,当 $W=I$ 时,上式就是一般最小二乘估计。

要使上式成立,则必须满足

$$\frac{\partial J(\hat{x})}{\partial \hat{x}}=-H^{\mathrm{T}}(W+W^{\mathrm{T}})(z-H\hat{x})=0 \tag{2-11}$$

由此可以解得

$$\hat{x}=[H^{\mathrm{T}}(W+W^{\mathrm{T}})H]^{-1}H^{\mathrm{T}}(W+W^{\mathrm{T}})z \tag{2-12}$$

由于正定加权矩阵 W 也是对称阵,即 $W=W^{\mathrm{T}}$,所以加权最小二乘估计为

$$\hat{x}=(H^{\mathrm{T}}WH)^{-1}H^{\mathrm{T}}Wz \tag{2-13}$$

得到加权最小二乘估计误差为

$$\tilde{x}=x-\hat{x}=(H^{\mathrm{T}}WH)^{-1}H^{\mathrm{T}}WHx-(H^{\mathrm{T}}WH)^{-1}H^{\mathrm{T}}Wz$$

$$=(\boldsymbol{H}^{\mathrm{T}}\boldsymbol{W}\boldsymbol{H})^{-1}\boldsymbol{H}^{\mathrm{T}}\boldsymbol{W}(\boldsymbol{H}\boldsymbol{x}-\boldsymbol{z})=-(\boldsymbol{H}^{\mathrm{T}}\boldsymbol{W}\boldsymbol{H})^{-1}\boldsymbol{H}^{\mathrm{T}}\boldsymbol{W}\boldsymbol{v} \tag{2-14}$$

若 $\mathrm{E}(\boldsymbol{v})=0, \mathrm{Cov}(\boldsymbol{v})=\boldsymbol{R}$,则

$$\mathrm{E}(\tilde{\boldsymbol{x}})=(\boldsymbol{H}^{\mathrm{T}}\boldsymbol{W}\boldsymbol{H})^{-1}\boldsymbol{H}^{\mathrm{T}}\boldsymbol{W}\mathrm{E}(\boldsymbol{v})=0 \tag{2-15}$$

上式表明加权最小二乘估计是无偏估计,且可得到估计的均方误差为

$$\mathrm{E}(\tilde{\boldsymbol{x}}\tilde{\boldsymbol{x}}^{\mathrm{T}})=(\boldsymbol{H}^{\mathrm{T}}\boldsymbol{W}\boldsymbol{H})^{-1}\boldsymbol{H}^{\mathrm{T}}\boldsymbol{W}\boldsymbol{R}\boldsymbol{W}\boldsymbol{H}(\boldsymbol{H}^{\mathrm{T}}\boldsymbol{W}\boldsymbol{H})^{-1} \tag{2-16}$$

如果满足 $\boldsymbol{W}=\boldsymbol{R}^{-1}$,则加权最小二乘估计变为

$$\begin{cases}\hat{\boldsymbol{x}}=(\boldsymbol{H}^{\mathrm{T}}\boldsymbol{R}^{-1}\boldsymbol{H})^{-1}\boldsymbol{H}^{\mathrm{T}}\boldsymbol{R}^{-1}\boldsymbol{z}\\ \mathrm{E}(\tilde{\boldsymbol{x}}\tilde{\boldsymbol{x}}^{\mathrm{T}})=(\boldsymbol{H}^{\mathrm{T}}\boldsymbol{R}^{-1}\boldsymbol{H})^{-1}\end{cases} \tag{2-17}$$

由文献[2]可知,只有当 $\boldsymbol{W}=\boldsymbol{R}^{-1}$时,加权最小二乘估计的均方差误差才能达到最小,此时的估计也称为马尔可夫估计。

2.1.2 最小方差估计

对于式(2-1),求 $\boldsymbol{x}$ 的估计 $\hat{\boldsymbol{x}}$ 就是根据量测值 $\boldsymbol{z}$ 解算 $\hat{\boldsymbol{x}}$,所以 $\hat{\boldsymbol{x}}$ 必然是 $\boldsymbol{z}$ 的函数,即 $\hat{\boldsymbol{x}}(\boldsymbol{z})=f(\boldsymbol{z})$。由于 $\boldsymbol{v}$ 是随机误差,所以无法从 $\boldsymbol{z}$ 的函数式中直接获得 $\hat{\boldsymbol{x}}$,而必须按照一定的统计准则求取。下面将介绍均方统计意义下的最小方差估计。

最小方差估计准则是使下述指标达到最小

$$J(\hat{\boldsymbol{x}})=\mathrm{E}[(\boldsymbol{x}-\hat{\boldsymbol{x}})^{\mathrm{T}}(\boldsymbol{x}-\hat{\boldsymbol{x}})]=\min \tag{2-18}$$

由上式可以看出,每一个最小方差估计值 $\hat{\boldsymbol{x}}(\boldsymbol{z})$ 与量测值 $\boldsymbol{z}$ 是一一对应的,因此可以想象出最小方差估计应为在某一具体实现条件下的条件均值,可表示为

$$\hat{\boldsymbol{x}}_{MV}=\mathrm{E}(\boldsymbol{x}|\boldsymbol{z}) \tag{2-19}$$

下面给出证明过程:

最小方差估计误差为

$$\tilde{\boldsymbol{x}}=\boldsymbol{x}-\hat{\boldsymbol{x}}_{MV}=\boldsymbol{x}-f(\boldsymbol{z})$$

则

$$\mathrm{E}(\tilde{\boldsymbol{x}}^{\mathrm{T}}\tilde{\boldsymbol{x}})=\int_{-\infty}^{+\infty}\int_{-\infty}^{+\infty}[\boldsymbol{x}-f(\boldsymbol{z})]^{\mathrm{T}}[\boldsymbol{x}-f(\boldsymbol{z})]g(\boldsymbol{x},\boldsymbol{z})\mathrm{d}\boldsymbol{x}\mathrm{d}\boldsymbol{z}$$

上式中 $g(\boldsymbol{x},\boldsymbol{z})$ 为联合概率密度分布函数,根据贝叶斯公式有

$$g(\boldsymbol{x},\boldsymbol{z})=g_{x|z}(\boldsymbol{x}|\boldsymbol{z})\cdot g_z(\boldsymbol{z})$$

$$\mathrm{E}(\tilde{\boldsymbol{x}}^{\mathrm{T}}\tilde{\boldsymbol{x}})=\int_{-\infty}^{+\infty}\left\{\int_{-\infty}^{+\infty}[\boldsymbol{x}-f(\boldsymbol{z})]^{\mathrm{T}}[\boldsymbol{x}-f(\boldsymbol{z})]g_{x|z}(\boldsymbol{x}|\boldsymbol{z})\mathrm{d}\boldsymbol{x}\right\}g_z(\boldsymbol{z})\mathrm{d}\boldsymbol{z}$$

则只须使内层积分 $\int_{-\infty}^{+\infty}[\boldsymbol{x}-f(\boldsymbol{z})]^{\mathrm{T}}[\boldsymbol{x}-f(\boldsymbol{z})]g_{x|z}(\boldsymbol{x}|\boldsymbol{z})\mathrm{d}\boldsymbol{x}$ 最小即可,由于 $\hat{\boldsymbol{x}}_{MV}=f(\boldsymbol{z})$,内层积分可等效为

$$\int_{-\infty}^{+\infty}[\boldsymbol{x}-\mathrm{E}(\boldsymbol{x}|\boldsymbol{z})+\mathrm{E}(\boldsymbol{x}|\boldsymbol{z})-\hat{\boldsymbol{x}}_{MV}]^{\mathrm{T}}[\boldsymbol{x}-\mathrm{E}(\boldsymbol{x}|\boldsymbol{z})+\mathrm{E}(\boldsymbol{x}|\boldsymbol{z})-\hat{\boldsymbol{x}}_{MV}]g_{x|z}(\boldsymbol{x}|\boldsymbol{z})\mathrm{d}\boldsymbol{x}$$

将上式展开有

$$\int_{-\infty}^{+\infty}[\boldsymbol{x}-\mathrm{E}(\boldsymbol{x}|\boldsymbol{z})]^{\mathrm{T}}[\boldsymbol{x}-\mathrm{E}(\boldsymbol{x}|\boldsymbol{z})]g_{x|z}(\boldsymbol{x}|\boldsymbol{z})\mathrm{d}\boldsymbol{x}$$
$$+[\mathrm{E}(\boldsymbol{x}|\boldsymbol{z})-\hat{\boldsymbol{x}}_{MV}]^{\mathrm{T}}[\mathrm{E}(\boldsymbol{x}|\boldsymbol{z})-\hat{\boldsymbol{x}}_{MV}]=\min$$

由于上式第一项与 $\hat{\boldsymbol{x}}_{MV}$ 无关,而第二项恒大于零,要使上式达到最小须有

$$\hat{\boldsymbol{x}}_{MV}=f(\boldsymbol{z})=\mathrm{E}(\boldsymbol{x}|\boldsymbol{z})$$

最小方差估计可适用于线性和非线性系统的状态估计。此外,最小方差估计具有无偏性,即

$$E(\boldsymbol{x} - \hat{\boldsymbol{x}}_{MV}) = 0 \tag{2-20}$$

证明:

$$E(\hat{\boldsymbol{x}}_{MV}) = E[E(\boldsymbol{x}|z)] = \int_{-\infty}^{+\infty}[\int_{-\infty}^{+\infty}\boldsymbol{x}\cdot g_{x|z}(\boldsymbol{x}|z)\mathrm{d}\boldsymbol{x}]g_z(z)\mathrm{d}z$$

由贝叶斯公式得

$$\begin{aligned}E(\hat{\boldsymbol{x}}_{MV}) &= \int_{-\infty}^{+\infty}\int_{-\infty}^{+\infty}\boldsymbol{x}\cdot g_{x,z}(\boldsymbol{x},z)\mathrm{d}\boldsymbol{x}\mathrm{d}z = \int_{-\infty}^{+\infty}[\int_{-\infty}^{+\infty}\boldsymbol{x}\cdot g_{x,z}(\boldsymbol{x},z)\mathrm{d}z]\mathrm{d}\boldsymbol{x} \\ &= \int_{-\infty}^{+\infty}\boldsymbol{x}\cdot g_x(x)\mathrm{d}\boldsymbol{x} = E(\boldsymbol{x})\end{aligned}$$

式中:$g_{x,z}(\boldsymbol{x},z)$为联合概率密度分布函数。

2.1.3 线性最小方差估计

线性最小方差估计,就是在已知被估量 $\boldsymbol{x}$ 和量测值 z 的一、二阶矩,即均值 $E(\boldsymbol{x})$、$E(z)$、方差 $\mathrm{Var}(\boldsymbol{x})$、$\mathrm{Var}(z)$和协方差 $\mathrm{Cov}(\boldsymbol{x},z)$的情况下,假定所求的估计量 $\hat{x}$ 是量测量 z 的线性函数,满足的最优指标是使均方误差最小,即设

$$\hat{\boldsymbol{x}}_{LMV}(z) = a + \boldsymbol{A}z \tag{2-21}$$

因此必须选择恰当的 a 和 $\boldsymbol{A}$,使得均方误差指标

$$J(\hat{\boldsymbol{x}}) = E[(\boldsymbol{x} - \hat{\boldsymbol{x}}_{LMV})^{\mathrm{T}}(\boldsymbol{x} - \hat{\boldsymbol{x}}_{LMV})] \tag{2-22}$$

达到极小,此时得到的 $\boldsymbol{x}$ 的最优估计就称为线性最小方差估计,记为 $\hat{\boldsymbol{x}}_{LMV}$。

根据极值理论有

$$\frac{\partial J(\hat{\boldsymbol{x}})}{\partial a} = 0,\ \frac{\partial J(\hat{\boldsymbol{x}})}{\partial \boldsymbol{A}} = 0 \tag{2-23}$$

通过求解上式可得

$$\begin{cases}\boldsymbol{a} = E(\boldsymbol{x}) - \mathrm{Cov}(\boldsymbol{x},z)[\mathrm{Var}(z)]^{-1}E(z) \\ \boldsymbol{A} = \mathrm{Cov}(\boldsymbol{x},z)[\mathrm{Var}(z)]^{-1}\end{cases} \tag{2-24}$$

将上式代入式(2-21)得

$$\hat{\boldsymbol{x}}_{LMV}(z) = E(\boldsymbol{x}) + \mathrm{Cov}(\boldsymbol{x},z)[\mathrm{Var}(z)]^{-1}[z - E(z)] \tag{2-25}$$

上式即为由量测值求得的线性最小方差估计的表达式。

线性最小方差估计 $\hat{\boldsymbol{x}}_{LMV}$具有以下性质:

(1) 无偏性,即

$$E(\hat{\boldsymbol{x}}_{LMV}) = E(\boldsymbol{x}) \tag{2-26}$$

(2) 正交性,即

$$E(\tilde{\boldsymbol{x}}_{LMV}\cdot z^{\mathrm{T}}) = 0 \tag{2-27}$$

证明:

$$\tilde{\boldsymbol{x}}_{LMV} = \boldsymbol{x} - \hat{\boldsymbol{x}}_{LMV} = \boldsymbol{x} - E(\boldsymbol{x}) - \mathrm{Cov}(\boldsymbol{x},z)[\mathrm{Var}(z)]^{-1}[z - E(z)]$$

容易得到 $E(\tilde{\boldsymbol{x}}_{LMV}) = 0$,则有

$$\begin{aligned}E(\tilde{\boldsymbol{x}}_{LMV}z^{\mathrm{T}}) &= \mathrm{Cov}[(\boldsymbol{x} - \hat{\boldsymbol{x}}_{LMV}),z] \\ &= \mathrm{Cov}\{\boldsymbol{x} - E(\boldsymbol{x}) - \mathrm{Cov}(\boldsymbol{x},z)[\mathrm{Var}(z)]^{-1}[z - E(z)],z - E(z)\} \\ &= \mathrm{Cov}(\boldsymbol{x},z) - \mathrm{Cov}(\boldsymbol{x},z)[\mathrm{Var}(z)]^{-1}\mathrm{Var}(z) = 0\end{aligned}$$

由上式可知,随机向量 $\tilde{\boldsymbol{x}}_{LMV}$与 z 正交,也就是$(\boldsymbol{x} - \hat{\boldsymbol{x}}_{LMV})$与 z 相互正交,这说明 $\hat{\boldsymbol{x}}_{LMV}$是 $\boldsymbol{x}$ 在 z 上的

正交投影,可记为 $\hat{x}_{LMV}=\hat{E}(x|z)$。下面从正交投影的定义说明 $\hat{x}_{LMV}$ 的几何意义。

正交投影定义:设 x 和 z 分别为具有二阶矩的 n 维和 m 维随机向量,如果存在一个与 x 同维的随机变量 $\hat{x}$,满足下列三个条件:

(1) $\hat{x}$ 可以由 z 线性表示,即存在非随机的 n 维向量 a 和 $n\times m$ 维矩阵 B,使得

$$\hat{x}=a+Bz$$

(2) 无偏性,即 $E(\hat{x})=E(x)$。

(3) $x-\hat{x}$ 与 z 正交,即 $E[(x-\hat{x})z^T]=0$。

则称 $\hat{x}$ 是 x 在 z 上的正交投影,记为 $\hat{x}=\hat{E}(x|z)$。

从对线性最小方差的讨论可知,基于量测值 z 的 x 的线性最小方差估计 $\hat{x}_{LMV}$ 恰好是 x 在 z 上的正交投影。由此可得到正交投影的几何示意如图 2-1 所示。下面不加证明地给出正交投影的相关结论,具体证明参考文献[2]。

结论 1 设 x 和 z 分别为具有二阶矩的随机向量,则 x 在 z 上的正交投影 $\hat{x}$ 唯一地等于基于 z 的线性最小方差估计,即

$$\hat{E}(x|z)=E(x)+\mathrm{Cov}(x,z)[\mathrm{Var}(z)]^{-1}[z-E(z)] \tag{2-28}$$

结论 2 设 x 和 z 分别为具有二阶矩的随机向量,A 为非随机矩阵,其列数等于 x 的维数,则

$$\hat{E}(Ax|z)=A\hat{E}(x|z) \tag{2-29}$$

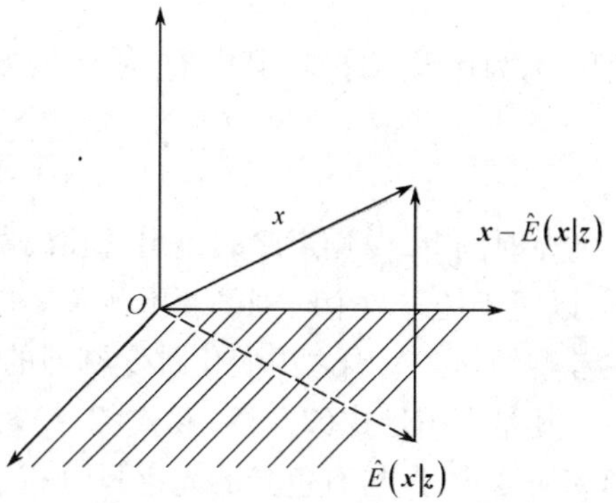

图 2-1 正交投影的几何示意图

结论 3 设 x、y 和 z 为具有二阶矩的随机向量,A 和 B 为具有相应维数的非随机矩阵,则有

$$\hat{E}[(Ax+By)|z]=A\hat{E}(x|z)+B\hat{E}(y|z) \tag{2-30}$$

结论 4 设 x、z_1 和 z_2 为具有二阶矩的随机向量,且 $z=[z_1 \quad z_2]^T$,则有

$$\hat{E}(x|z)=\hat{E}(x|z_1)+\hat{E}(x|z_2)=\hat{E}(x|z_1)+E(\tilde{x}\tilde{z}_2^T)[E(\tilde{z}_2\tilde{z}_2^T)]^{-1}\tilde{z}_2 \tag{2-31}$$

式中

$$\tilde{x}=x-E(x|z_1),\tilde{z}_2=z_2-E(z_2|z) \tag{2-32}$$

2.2 线性离散系统卡尔曼滤波

2.2.1 白噪声和有色噪声

在推导线性离散卡尔曼滤波方程之前,有必要首先简要介绍白噪声的相关概念。若随机过程 $w(t)$ 满足

$$E[w(t)]=0 \tag{2-33}$$

$$E[w(t)w^T(\tau)]=\rho_w\delta(t-\tau) \tag{2-34}$$

则称 $w(t)$ 为白噪声过程,其中 ρ_w 为 $w(t)$ 的协方差,$\delta(t-\tau)$ 是 Dirac-δ 函数,满足

$$\begin{cases}\delta(t-\tau)=\begin{cases}0 & t\neq\tau\\ \infty & t=\tau\end{cases}\\ \int_{-\infty}^{\infty}\delta(\tau)\mathrm{d}\tau=1\end{cases} \tag{2-35}$$

式(2－34)为 $w(t)$ 的自相关函数,可表示为

$$R_w(t-\tau)=\rho_w\delta(t-\tau) \tag{2-36}$$

可以看出,$w(t)$ 的自相关函数仅与时间间隔$(t-\tau)$相关,而与时间点 t 无关,所以 $w(t)$ 为平稳过程。

令 $\mu=t-\tau$,可以得到 $w(t)$ 的功率谱

$$S_w(\omega)=\int_{-\infty}^{+\infty}\rho_w\delta(\mu)\mathrm{e}^{-\mathrm{j}\omega\mu}\mathrm{d}\mu=\rho_w \tag{2-37}$$

上式表明白噪声 $w(t)$ 的功率谱在整个频率空间都为常值 ρ_w,这与白色光的频谱分布在整个可见光频率范围内是一致的,所以 $w(t)$ 称作为白噪声过程,其功率谱等于其方差。

若随机序列 $\{\boldsymbol{w}_k\}$ 满足

$$\mathrm{E}(\boldsymbol{w}_k)=0 \tag{2-38}$$

$$\mathrm{E}(\boldsymbol{w}_k\boldsymbol{w}_j^{\mathrm{T}})=\boldsymbol{Q}_k\delta_{kj} \tag{2-39}$$

则称 $\boldsymbol{w}_k$ 为白噪声序列,其中 $\boldsymbol{Q}_k$ 为 $\boldsymbol{w}_k$ 的方差矩阵,δ_{kj} 是 Kronecker－δ 函数

$$\delta_{kj}=\begin{cases}0 & k=j\\ 1 & k=j\end{cases} \tag{2-40}$$

在时间上,白噪声序列是出现在离散时间点上杂乱无章的上下跳变,而且其变化是如此之快,以至于任意两个时刻都互不相关。白噪声只是数学抽象,实际中并不存在,一般来讲,凡是在考察的频率范围之内变化跳变剧烈的随机序列都近似看作是白噪声。

凡是不满足式(2－38)和式(2－39)的噪声过程称为有色噪声过程。有色噪声的功率谱随频率而变化,这与有色光的光谱只分布在某些频段内是相类似的,“有色”一词也因此而得名。

有色噪声可以看作是白噪声作用于稳定的线性定常系统的响应。因此只要确定了这一线性系统,也就完成了对有色噪声的建模。常用的建模方法一般有相关函数法和时间序列分析法两种。关于这两种方法的详细论述可参考相关资料[3,4]。

2.2.2 随机线性离散系统数学模型

设随机线性离散系统的状态方程和量测方程为

$$\boldsymbol{x}_k=\boldsymbol{\Phi}_{k|k-1}\boldsymbol{x}_{k-1}+\boldsymbol{\Gamma}_{k|k-1}\boldsymbol{w}_{k-1} \tag{2-41}$$

$$\boldsymbol{z}_k=\boldsymbol{H}_k\boldsymbol{x}_k+\boldsymbol{v}_k \tag{2-42}$$

式中:$\boldsymbol{x}_k$是系统的 n 维系统状态向量;$\boldsymbol{z}_k$是系统的 m 维量测向量;$\boldsymbol{\Phi}_{k|k-1}$是系统 $n\times n$ 维一步状态转移矩阵;$\boldsymbol{\Gamma}_{k|k-1}$是 $n\times p$ 维噪声输入矩阵;$\boldsymbol{H}_k$为 $m\times n$ 维量测矩阵;$\boldsymbol{w}_k$是 p 维系统过程噪声;$\boldsymbol{v}_k$是 m 维量测噪声。

关于随机线性离散系统式(2－41)和式(2－42),做如下两个假设:

(1) $\boldsymbol{w}_k$和 $\boldsymbol{v}_k$是互不相关或相关的高斯白噪声序列

$$\begin{cases}\mathrm{E}(\boldsymbol{w}_k)=\boldsymbol{\mu}_w,\mathrm{Cov}(\boldsymbol{w}_k,\boldsymbol{w}_j)=\boldsymbol{Q}_k\delta_{kj}\\ \mathrm{E}(\boldsymbol{v}_k)=\boldsymbol{\mu}_V,\mathrm{Cov}(\boldsymbol{v}_k,\boldsymbol{v}_j)=\boldsymbol{R}_k\delta_{kj}\\ \mathrm{Cov}(\boldsymbol{w}_k,\boldsymbol{v}_j)=0\text{ 或 }\mathrm{Cov}(\boldsymbol{w}_k,\boldsymbol{v}_j)=\boldsymbol{S}_k\delta_{kj}\end{cases} \tag{2-43}$$

式中:$\boldsymbol{\mu}_w$ $\boldsymbol{\mu}_V$分别是 $\boldsymbol{w}_k$和 $\boldsymbol{v}_k$的均值矩阵;$\boldsymbol{Q}_k$是系统过程噪声 $\boldsymbol{w}_k$的非负定方差矩阵;$\boldsymbol{R}_k$是系统量测噪声 $\boldsymbol{v}_k$的正定方差矩阵;$\boldsymbol{S}_k$是关于 $\boldsymbol{w}_k$和 $\boldsymbol{v}_k$的互协方差矩阵。

(2) 系统初始状态 $\boldsymbol{x}_0$是某种已知分布或正态分布的随机向量,其均值和协方差分别为

$$\begin{cases}\hat{\boldsymbol{x}}_0 = \mathrm{E}(\boldsymbol{x}_0) \\ \boldsymbol{P}_0 = \mathrm{Cov}(\tilde{\boldsymbol{x}}_0, \tilde{\boldsymbol{x}}_0) = \mathrm{E}[(\boldsymbol{x}_0 - \hat{\boldsymbol{x}}_0)(\boldsymbol{x}_0 - \hat{\boldsymbol{x}}_0)^{\mathrm{T}}]\end{cases} \tag{2-44}$$

而且初始状态 $\boldsymbol{x}_0$ 与过程噪声 $\boldsymbol{w}_k$ 和量测噪声 $\boldsymbol{v}_k$ 互不相关。

假设(2)在多数情况下是有实际意义的。首先,量测设备属于系统的外围设备,它的量测误差不应与系统的初始状态有关。其次,系统的过程噪声与初始状态往往也是不相关的。例如,对于惯性导航系统,其系统噪声包括陀螺和加速度计的随机漂移,这都与惯导系统的位置、速度等初始状态无关或者相关性很弱。

2.2.3 随机线性连续系统数学模型及其离散化

卡尔曼在 1960 年首先提出了基于线性离散系统的卡尔曼滤波,其优点之一在于算法可以由计算机执行且不必存储大量数据,因此离散卡尔曼滤波在工程中被广泛应用。虽然许多物理系统都是连续系统,但只要将连续系统离散化,就能使用离散卡尔曼滤波技术进行最优估计。

考虑如下所示的线性连续系统

$$\dot{\boldsymbol{x}}(t) = \boldsymbol{A}(t)\boldsymbol{x}(t) + \boldsymbol{B}(t)\boldsymbol{w}(t) \tag{2-45}$$

$$z(t) = \boldsymbol{H}(t)\boldsymbol{x}(t) + \boldsymbol{v}(t) \tag{2-46}$$

式中:$\boldsymbol{x}(t)$ 是系统 n 维状态向量;$\boldsymbol{w}(t)$ 是 p 维零均值白噪声向量;$\boldsymbol{A}(t)$ 是 $n \times n$ 维系统矩阵;$\boldsymbol{B}(t)$ 是 $n \times p$ 维干扰输入矩阵。$z(t)$ 是 m 维量测向量;$\boldsymbol{H}(t)$ 是 $m \times n$ 维量测矩阵;$\boldsymbol{w}(t)$ 和 $\boldsymbol{v}(t)$ 互不相关或相关的高斯白噪声,且满足

$$\begin{cases}\mathrm{E}[\boldsymbol{w}(t)] = \mu_w, \mathrm{E}[\boldsymbol{w}(t)\boldsymbol{w}^{\mathrm{T}}(\tau)] = \boldsymbol{Q}(t)\delta(t-\tau) \\ \mathrm{E}[\boldsymbol{v}(t)] = \mu_v, \mathrm{E}[\boldsymbol{v}(t)\boldsymbol{v}^{\mathrm{T}}(\tau)] = \boldsymbol{R}(t)\delta(t-\tau) \\ \mathrm{E}[\boldsymbol{w}(t)\boldsymbol{v}^{\mathrm{T}}(\tau)] = 0 \text{ 或 } \mathrm{E}[\boldsymbol{w}(t)\boldsymbol{v}^{\mathrm{T}}(\tau)] = \boldsymbol{S}(t)\delta(t-\tau)\end{cases} \tag{2-47}$$

式中:$\boldsymbol{\mu}_w$、$\boldsymbol{\mu}_v$ 分别是 $\boldsymbol{w}(t)$ 和 $\boldsymbol{v}(t)$ 的均值矩阵;$\boldsymbol{Q}(t)$ 为非负定对称阵;$\boldsymbol{R}(t)$ 为正定对称阵;$\boldsymbol{S}(t)$ 是协方差矩阵,且它们均对 t 连续。系统的初始状态是某种已知分布或正态分布的随机向量,其均值和协方差分别为 $\hat{\boldsymbol{x}}_0$ 和 $\boldsymbol{P}_0$,初始状态 $\hat{\boldsymbol{x}}_0$ 与过程噪声 $\boldsymbol{w}(t)$ 和量测噪声 $\boldsymbol{v}(t)$ 互不相关。

对式(2-45)和式(2-46)做离散化处理,令采样间隔为 Δt 和 $t_k = t$,得到

$$\boldsymbol{x}(t_k + \Delta t) = \boldsymbol{\Phi}(t_k + \Delta t, t_k)\boldsymbol{x}(t_k) + \int_{t_k}^{t_k+\Delta t} \boldsymbol{\Phi}(t_k + \Delta t, \tau)\boldsymbol{B}(\tau)\boldsymbol{w}(\tau)\mathrm{d}\tau \tag{2-48}$$

$$z(t_k + \Delta t) = \boldsymbol{H}(t_k + \Delta t)\boldsymbol{x}(t_k + \Delta t) + \boldsymbol{v}(t_k + \Delta t) \tag{2-49}$$

式中:$\boldsymbol{\Phi}(t_k + \Delta t, t_k)$ 满足

$$\boldsymbol{\Phi}(t_k + \Delta t, t_k) = \boldsymbol{A}(t)\boldsymbol{\Phi}(t, t_k) \tag{2-50}$$

$$\boldsymbol{\Phi}(t_k, t_k) = \boldsymbol{I} \tag{2-51}$$

对 $\boldsymbol{w}(t)$ 和 $\boldsymbol{v}(t)$ 做如下等效处理:

$$\boldsymbol{w}_k = \frac{1}{\Delta t}\int_{t_k}^{t_k+\Delta t} \boldsymbol{w}(\tau)\mathrm{d}\tau \tag{2-52}$$

$$\boldsymbol{v}_k = \frac{1}{\Delta t}\int_{t_k}^{t_k+\Delta t} \boldsymbol{v}(\tau)\mathrm{d}\tau \tag{2-53}$$

则由式(2-52)可知

$$\begin{aligned}\mathrm{E}(\boldsymbol{w}_k\boldsymbol{w}_j^{\mathrm{T}}) &= \mathrm{E}\left[\frac{1}{\Delta t}\int_{t_k}^{t_k+\Delta t} \boldsymbol{w}(\tau_1)\mathrm{d}\tau_1 \cdot \frac{1}{\Delta t}\int_{t_j}^{t_j+\Delta t} \boldsymbol{w}^{\mathrm{T}}(\tau_2)\mathrm{d}\tau_2\right] \\ &= \frac{1}{\Delta t^2}\int_{t_k}^{t_k+\Delta t}\int_{t_j}^{t_j+\Delta t} \mathrm{E}[\boldsymbol{w}(\tau_1)\boldsymbol{w}^{\mathrm{T}}(\tau_2)]\mathrm{d}\tau_1\mathrm{d}\tau_2\end{aligned}$$

$$= \frac{1}{\Delta t^2}\int_{t_k}^{t_k+\Delta t} \boldsymbol{Q}(\tau_1)\left[\int_{t_j}^{t_j+\Delta t}\delta(\tau_1-\tau_2)\mathrm{d}\tau_2\right]\mathrm{d}\tau_1 \tag{2-54}$$

由于积分变量 $\tau_1 \in [t_k, t_k+\Delta t)$，$\tau_2 \in [t_j, t_j+\Delta t)$，当 $\tau_1 \neq \tau_2$ 时，$\delta(\tau_1-\tau_2)=0$，所以只有当两积分区间重合即当 $t_k=t_j$ 时，有

$$\mathrm{E}(\boldsymbol{w}_k\boldsymbol{w}_j^{\mathrm{T}}) = \frac{1}{\Delta t^2}\int_{t_k}^{t_k+\Delta t}\boldsymbol{Q}(t)\,\mathrm{d}t\delta_{kj} \tag{2-55}$$

式中：$\boldsymbol{Q}(t)$ 是白噪声过程 $\boldsymbol{w}(t)$ 的方差矩阵，对于平稳随机过程，$\boldsymbol{Q}(t)$ 为常数阵，不随时间变化。所以当 Δt 不大时，$\boldsymbol{Q}(t)$ 可视为常数阵

$$\mathrm{E}(\boldsymbol{w}_k\boldsymbol{w}_j^{\mathrm{T}}) = \frac{1}{\Delta t^2}\boldsymbol{Q}(t_k)\int_{t_k}^{t_k+\Delta t}1\,\mathrm{d}t\delta_{kj} = \frac{\boldsymbol{Q}(t_k)}{\Delta t}\delta_{kj} \tag{2-56}$$

由上式可知，白噪声序列 $\boldsymbol{w}_k$ 的方差矩阵为

$$\boldsymbol{Q}_k = \frac{\boldsymbol{Q}(t_k)}{\Delta t} \tag{2-57}$$

同理可得

$$\mathrm{E}(\boldsymbol{v}_k\boldsymbol{v}_j^{\mathrm{T}}) = \boldsymbol{R}_k\delta_{kj} \tag{2-58}$$

其中

$$\boldsymbol{R}_k = \frac{\boldsymbol{R}(t_k)}{\Delta t} \tag{2-59}$$

式(2-45)可近似为

$$\boldsymbol{x}(t_k+\Delta t) = \boldsymbol{\Phi}(t_k+\Delta t, t_k)\boldsymbol{x}(t_k) + \boldsymbol{\Gamma}(t_k+\Delta t, t_k)\boldsymbol{w}_k \tag{2-60}$$

其中

$$\boldsymbol{\Gamma}(t_k+\Delta t, t_k) = \int_{t_k}^{t_k+\Delta t}\boldsymbol{\Phi}(t_k+\Delta t, \tau)\boldsymbol{B}(\tau)\,\mathrm{d}\tau \tag{2-61}$$

令 $t_{k+1}=t+\Delta t$，$\boldsymbol{x}_{k+1}=\boldsymbol{x}(t_k+\Delta t)$，$z_{k+1}=z(t_k+\Delta t)$，$\boldsymbol{\Phi}_{k+1|k}=\boldsymbol{\Phi}(t_k+\Delta t, t_k)$，$\boldsymbol{\Gamma}_{k+1|k}=\boldsymbol{\Gamma}(t_k+\Delta t, t_k)$，$\boldsymbol{w}_k=\boldsymbol{w}(t_k)$，$\boldsymbol{H}_{k+1}=\boldsymbol{H}(t_k+\Delta t)$，$\boldsymbol{v}_{k+1}=\boldsymbol{v}(t_k+\Delta t)$，可得到随机线性连续系统离散化表达式

$$\begin{cases}\boldsymbol{x}_{k+1} = \boldsymbol{\Phi}_{k+1|k}\boldsymbol{x}_k + \boldsymbol{\Gamma}_{k+1|k}\boldsymbol{w}_k \\ z_{k+1} = \boldsymbol{H}_{k+1}\boldsymbol{x}_{k+1} + \boldsymbol{v}_{k+1}\end{cases}$$

其中各变量的转化关系如式(2-50)~式(2-61)所示。

2.2.4 线性离散系统卡尔曼滤波基本方程

设随机线性离散系统的方程为

$$\boldsymbol{x}_k = \boldsymbol{\Phi}_{k|k-1}\boldsymbol{x}_{k-1} + \boldsymbol{\Gamma}_{k|k-1}\boldsymbol{w}_{k-1} \tag{2-62}$$

$$z_k = \boldsymbol{H}_k\boldsymbol{x}_k + \boldsymbol{v}_k \tag{2-63}$$

式中：$\boldsymbol{x}_k$ 是系统的 n 维状态向量；z_k 是系统 m 维量测向量；$\boldsymbol{w}_k$ 是 p 维系统过程噪声；$\boldsymbol{v}_k$ 是 m 维量测噪声；$\boldsymbol{\Phi}_{k|k-1}$ 是系统 $n\times n$ 维状态转移矩阵；$\boldsymbol{\Gamma}_{k|k-1}$ 是 $n\times p$ 维噪声输入矩阵，$\boldsymbol{H}_k$ 为 $m\times n$ 维量测矩阵，下标 k 表示第 k 时刻。

关于系统过程噪声和量测噪声的统计特性，假定如下：

$$\begin{cases}\mathrm{E}(\boldsymbol{w}_k)=0, \mathrm{E}(\boldsymbol{w}_k\boldsymbol{w}_j^{\mathrm{T}}) = \boldsymbol{Q}_k\delta_{kj} \\ \mathrm{E}(\boldsymbol{v}_k)=0, \mathrm{E}(\boldsymbol{v}_k\boldsymbol{v}_j^{\mathrm{T}}) = \boldsymbol{R}_k\delta_{kj} \\ \mathrm{E}(\boldsymbol{w}_k\boldsymbol{v}_j^{\mathrm{T}})=0\end{cases} \tag{2-64}$$

式中：$\boldsymbol{Q}_k$是系统过程噪声 $\boldsymbol{w}_k$的非负定方差矩阵；$\boldsymbol{R}_k$是系统量测噪声 $\boldsymbol{v}_k$的正定方差矩阵；$\boldsymbol{S}_k$是关于 $\boldsymbol{w}_k$和 $\boldsymbol{v}_k$的协方差矩阵。

如果被估计状态 $\boldsymbol{x}_k$和量测值 z_k满足式(2-62)和式(2-63)的约束，系统过程噪声 $\boldsymbol{w}_k$和量测噪声 $\boldsymbol{v}_k$满足式(2-64)的统计特性假设，则 $\boldsymbol{x}_k$的状态估计 $\hat{\boldsymbol{x}}_k$可按照如下方程求解。

状态一步预测

$$\hat{\boldsymbol{x}}_{k|k-1} = \boldsymbol{\Phi}_{k|k-1}\hat{\boldsymbol{x}}_{k-1} \tag{2-65}$$

状态估计

$$\hat{\boldsymbol{x}}_k = \hat{\boldsymbol{x}}_{k|k-1} + \boldsymbol{K}_k(z_k - \boldsymbol{H}_k\hat{\boldsymbol{x}}_{k|k-1}) \tag{2-66}$$

滤波增益矩阵

$$\boldsymbol{K}_k = \boldsymbol{P}_{k,k-1}\boldsymbol{H}_k^{\mathrm{T}}(\boldsymbol{H}_k\boldsymbol{P}_{k|k-1}\boldsymbol{H}_k^{\mathrm{T}} + \boldsymbol{R}_k)^{-1} \tag{2-67}$$

一步预测误差方差阵

$$\boldsymbol{P}_{k|k-1} = \boldsymbol{\Phi}_{k|k-1}\boldsymbol{P}_{k-1}\boldsymbol{\Phi}_{k|k-1}^{\mathrm{T}} + \boldsymbol{\Gamma}_{k|k-1}\boldsymbol{Q}_{k-1}\boldsymbol{\Gamma}_{k|k-1}^{\mathrm{T}} \tag{2-68}$$

估计误差方差阵

$$\boldsymbol{P}_k = (\boldsymbol{I} - \boldsymbol{K}_k\boldsymbol{H}_k)\boldsymbol{P}_{k|k-1}(\boldsymbol{I} - \boldsymbol{K}_k\boldsymbol{H}_k)^{\mathrm{T}} + \boldsymbol{K}_k\boldsymbol{R}_k\boldsymbol{K}_k^{\mathrm{T}} \tag{2-69}$$

其中，式(2-67)可以进一步转化为

$$\boldsymbol{K}_k = \boldsymbol{P}_k\boldsymbol{H}_k^{\mathrm{T}}\boldsymbol{R}_k^{-1} \tag{2-70}$$

式(2-69)可以等效为

$$\boldsymbol{P}_k = (\boldsymbol{I} - \boldsymbol{K}_k\boldsymbol{H}_k)\boldsymbol{P}_{k|k-1} \tag{2-71}$$

式(2-65)~式(2-71)即为随机线性离散系统卡尔曼滤波基本方程。只要给定初值 $\hat{\boldsymbol{x}}_0$和 $\boldsymbol{P}_0$，根据 k 时刻的量测值 z_k，就可以递推计算出 k 时刻的状态估计 $\hat{\boldsymbol{x}}_k$。

卡尔曼滤波器利用反馈控制的方法估计系统过程状态：滤波器估计过程某一时刻的状态，然后以量测更新的方式获得反馈。因此卡尔曼滤波可以分为两个部分，即状态更新过程和量测更新过程。状态更新方程推算当前状态变量和估计误差方差矩阵，为下一个时间状态构造先验估计。量测更新方程结合先验估计和新量测值改进后验估计。

式(2-65)~式(2-71)的滤波算法如图2-2所示，可以看出，卡尔曼滤波具有两个相互影响的计算回路：状态更新回路和量测更新回路，也就是预测与校正的过程。

在实现卡尔曼滤波器时，可以离线获取系统量测值以计算系统量测噪声方差阵 $\boldsymbol{R}_k$，也就是说，量测噪声方差阵可以通过系统量测量得到，是滤波器的已知条件。对于方差矩阵 $\boldsymbol{Q}_k$，但是在得到系统过程信号 $\boldsymbol{x}_k$的前提下，可通过数理统计推算得到 $\boldsymbol{Q}_k$。

由线性离散系统卡尔曼滤波基本方程可以得到卡尔曼滤波器方框图，如图2-3所示。其中滤波器的输入是系统量测值，输出是系统状态估计值。

2.2.5 线性离散系统卡尔曼滤波的直观推导

假设已经获得共 k 个时刻的量测值 $z_1, z_2, \cdots, z_k$，且找到了 $\boldsymbol{x}_{k-1}$的一个最优线性估计 $\hat{\boldsymbol{x}}_{k-1}$，即 $\hat{\boldsymbol{x}}_{k-1}$是 $z_1, z_2, \cdots, z_k$的线性函数，由式(2-62)可知 $\boldsymbol{w}_{k-1}$是白噪声，直观的想法是用

$$\hat{\boldsymbol{x}}_{k|k-1} = \boldsymbol{\Phi}_{k|k-1}\hat{\boldsymbol{x}}_{k-1} \tag{2-72}$$

作为 $\boldsymbol{x}_k$的一步预测估计，由于 $\boldsymbol{v}_k$也为白噪声，即$(\boldsymbol{v}_k)=0$，所以 k 时刻的系统量测值 z_k的一步预测估计为

$$\hat{z}_{k|k-1} = \boldsymbol{H}_k\hat{\boldsymbol{x}}_{k|k-1} \tag{2-73}$$

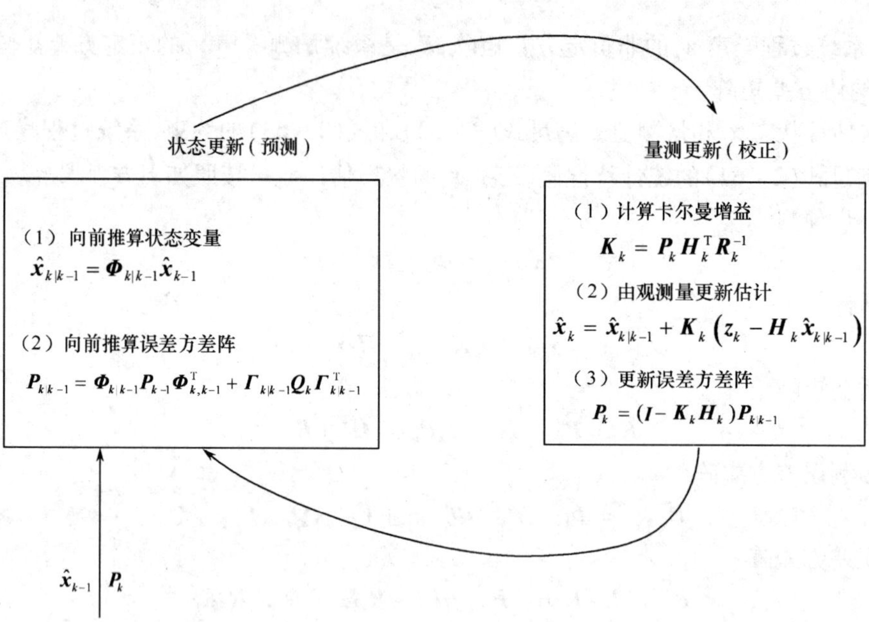

图 2-2　卡尔曼滤波器工作原理图

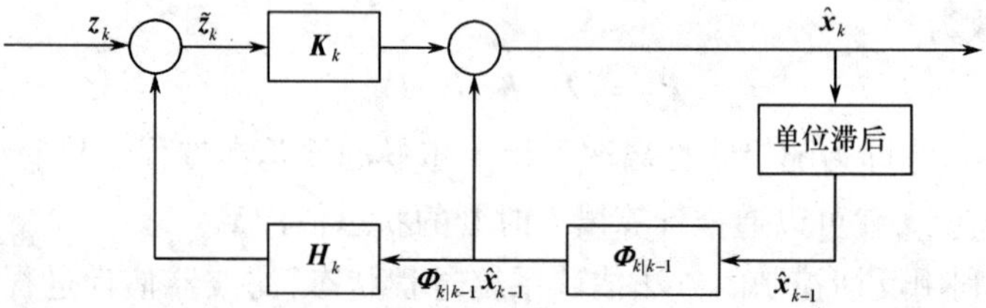

图 2-3　随机线性离散系统卡尔曼滤波器结构图

当获得 k 时刻的量测值 z_k,即可得到与预测估计之间的误差

$$\tilde{z}_{k|k-1}=z_k-\hat{z}_{k|k-1}=z_k-H_k\hat{x}_{k|k-1} \tag{2-74}$$

$\tilde{z}_{k|k-1}$也就是通常所说的新息。造成这一误差的原因是状态预测估计 $\hat{x}_{k|k-1}$与量测值 z_k都可能有误差,为了得到更精确的 k 时刻的 x_k的滤波值,自然想到利用量测值预测误差 $\tilde{z}_{k|k-1}$来修正原来的状态预测估计 $\hat{x}_{k|k-1}$,于是有

$$\hat{x}_k=\hat{x}_{k|k-1}+K_k\tilde{z}_{k|k-1}=\hat{x}_{k|k-1}+K_k(z_k-H_k\hat{x}_{k|k-1}) \tag{2-75}$$

式中:K_k为待定的滤波增益矩阵。定义

$$\tilde{x}_{k|k-1}=x_k-\hat{x}_{k|k-1} \tag{2-76}$$

$$\tilde{x}_k=x_k-\hat{x}_k \tag{2-77}$$

式中:$\tilde{x}_{k|k-1}$代表一步状态预测误差;$\tilde{x}_k$表示获得量测值 z_k后对 x_k的估计误差。需要按照目标函数

$$J=\mathrm{E}(\tilde{x}_k^{T}\tilde{x}_k) \tag{2-78}$$

最小的要求来确定最优滤波增益矩阵 K_k。从这一点来说,卡尔曼滤波本质上也是一种最小方差估计。

由式(2-77)、式(2-75)和式(2-76)有

$$\tilde{x}_k=x_k-\hat{x}_k=x_k-\hat{x}_{k|k-1}-K_k(z_k-H_k\hat{x}_{k|k-1})$$

$$
\begin{aligned}
&= \boldsymbol{x}_k - \widehat{\boldsymbol{x}}_{k|k-1} - \boldsymbol{K}_k(\boldsymbol{H}_k\boldsymbol{x}_k + \boldsymbol{v}_k - \boldsymbol{H}_k\widehat{\boldsymbol{x}}_{k|k-1}) \\
&= \tilde{\boldsymbol{x}}_{k|k-1} - \boldsymbol{K}_k(\boldsymbol{H}_k\tilde{\boldsymbol{x}}_{k|k-1} + \boldsymbol{v}_k) \\
&= (\boldsymbol{I} - \boldsymbol{K}_k\boldsymbol{H}_k)\tilde{\boldsymbol{x}}_{k|k-1} - \boldsymbol{K}_k\boldsymbol{v}_k
\end{aligned} \tag{2-79}
$$

由于 $\tilde{\boldsymbol{x}}_{k|k-1}$是 $z_1, z_2, \cdots, z_k$的线性函数,因此有

$$
\mathrm{E}(\tilde{\boldsymbol{x}}_{k|k-1}^{\mathrm{T}}\boldsymbol{v}_k) = 0 \qquad \mathrm{E}(\boldsymbol{v}_k^{\mathrm{T}}\tilde{\boldsymbol{x}}_{k|k-1}) = 0 \tag{2-80}
$$

$$
\begin{aligned}
\tilde{\boldsymbol{x}}_k\tilde{\boldsymbol{x}}_k^{\mathrm{T}} &= [(\boldsymbol{I} - \boldsymbol{K}_k\boldsymbol{H}_k)\tilde{\boldsymbol{x}}_{k|k-1} - \boldsymbol{K}_k\boldsymbol{v}_k][(\boldsymbol{I} - \boldsymbol{K}_k\boldsymbol{H}_k)\tilde{\boldsymbol{x}}_{k|k-1} - \boldsymbol{K}_k\boldsymbol{v}_k]^{\mathrm{T}} \\
&= (\boldsymbol{I} - \boldsymbol{K}_k\boldsymbol{H}_k)\tilde{\boldsymbol{x}}_{k|k-1}\tilde{\boldsymbol{x}}_{k|k-1}^{\mathrm{T}}(\boldsymbol{I} - \boldsymbol{K}_k\boldsymbol{H}_k)^{\mathrm{T}} - \boldsymbol{K}_k\boldsymbol{v}_k\tilde{\boldsymbol{x}}_{k|k-1}^{\mathrm{T}}(\boldsymbol{I} - \boldsymbol{K}_k\boldsymbol{H}_k)^{\mathrm{T}} \\
&\quad - (\boldsymbol{I} - \boldsymbol{K}_k\boldsymbol{H}_k)\tilde{\boldsymbol{x}}_{k|k-1}\boldsymbol{v}_k^{\mathrm{T}}\boldsymbol{K}_k^{\mathrm{T}} + \boldsymbol{K}_k\boldsymbol{v}_k\boldsymbol{v}_k^{\mathrm{T}}\boldsymbol{K}_k^{\mathrm{T}}
\end{aligned} \tag{2-81}
$$

于是得到滤波误差方差矩阵为

$$
\boldsymbol{P}_k = \mathrm{E}(\tilde{\boldsymbol{x}}_k\tilde{\boldsymbol{x}}_k^{\mathrm{T}}) = (\boldsymbol{I} - \boldsymbol{K}_k\boldsymbol{H}_k)\boldsymbol{P}_{k|k-1}(\boldsymbol{I} - \boldsymbol{K}_k\boldsymbol{H}_k)^{\mathrm{T}} + \boldsymbol{K}_k\boldsymbol{R}_k\boldsymbol{K}_k^{\mathrm{T}} \tag{2-82}
$$

将式(2-82)展开,并同时加上和减去 $\boldsymbol{P}_{k|k-1}\boldsymbol{H}_k^{\mathrm{T}}(\boldsymbol{H}_k\boldsymbol{P}_{k|k-1}\boldsymbol{H}_k^{\mathrm{T}} + \boldsymbol{R}_k)^{-1}\boldsymbol{H}_k\boldsymbol{P}_{k|k-1}$,然后把有关$\boldsymbol{K}_k$的项合并可得

$$
\begin{aligned}
\boldsymbol{P}_k &= \boldsymbol{P}_{k|k-1} - \boldsymbol{P}_{k|k-1}\boldsymbol{H}_k^{\mathrm{T}}(\boldsymbol{H}_k\boldsymbol{P}_{k|k-1}\boldsymbol{H}_k^{\mathrm{T}} + \boldsymbol{R}_k)^{-1}\boldsymbol{H}_k\boldsymbol{P}_{k|k-1} \\
&\quad + [\boldsymbol{K}_k - \boldsymbol{P}_{k|k-1}\boldsymbol{H}_k^{\mathrm{T}}(\boldsymbol{H}_k\boldsymbol{P}_{k|k-1}\boldsymbol{H}_k^{\mathrm{T}} + \boldsymbol{R}_k)^{-1}] \\
&\quad + (\boldsymbol{H}_k\boldsymbol{P}_{k|k-1}\boldsymbol{H}_k^{\mathrm{T}} + \boldsymbol{R}_k)[\boldsymbol{K}_k - \boldsymbol{P}_{k|k-1}\boldsymbol{H}_k^{\mathrm{T}}(\boldsymbol{H}_k\boldsymbol{P}_{k|k-1}\boldsymbol{H}_k^{\mathrm{T}} + \boldsymbol{R}_k)^{-1}]
\end{aligned} \tag{2-83}
$$

式中:前两项不含 $\boldsymbol{K}_k$,因此为使滤波误差方差矩阵 $\boldsymbol{P}_k$极小,只要使

$$
\boldsymbol{K}_k = \boldsymbol{P}_{k|k-1}\boldsymbol{H}_k^{\mathrm{T}}(\boldsymbol{H}_k\boldsymbol{P}_{k|k-1}\boldsymbol{H}_k^{\mathrm{T}} + \boldsymbol{R}_k)^{-1} \tag{2-84}
$$

再将式(2-84)代入式(2-82)可得

$$
\boldsymbol{P}_k = \boldsymbol{P}_{k|k-1}\boldsymbol{H}_k^{\mathrm{T}}(\boldsymbol{H}_k\boldsymbol{P}_{k|k-1}\boldsymbol{H}_k^{\mathrm{T}} + \boldsymbol{R}_k)^{-1}\boldsymbol{H}_k\boldsymbol{P}_{k|k-1} = (\boldsymbol{I} - \boldsymbol{K}_k\boldsymbol{H}_k)\boldsymbol{P}_{k|k-1} \tag{2-85}
$$

式中:$\boldsymbol{P}_{k,k-1}$为一步预测方差阵,即

$$
\boldsymbol{P}_{k|k-1} = \mathrm{E}(\tilde{\boldsymbol{x}}_{k|k-1}\tilde{\boldsymbol{x}}_{k|k-1}^{\mathrm{T}}) \tag{2-86}
$$

由式(2-76)可知

$$
\tilde{\boldsymbol{x}}_{k|k-1} = \boldsymbol{\Phi}_{k|k-1}\boldsymbol{x}_{k-1} + \boldsymbol{\Gamma}_{k|k-1}\boldsymbol{w}_{k-1} - \boldsymbol{\Phi}_{k|k-1}\widehat{\boldsymbol{x}}_{k-1} = \boldsymbol{\Phi}_{k|k-1}\tilde{\boldsymbol{x}}_{k-1} + \boldsymbol{\Gamma}_{k|k-1}\boldsymbol{w}_{k-1} \tag{2-87}
$$

从而有

$$
\begin{aligned}
\tilde{\boldsymbol{x}}_{k|k-1}\tilde{\boldsymbol{x}}_{k|k-1}^{\mathrm{T}} &= (\boldsymbol{\Phi}_{k|k-1}\tilde{\boldsymbol{x}}_{k-1} + \boldsymbol{\Gamma}_{k|k-1}\boldsymbol{w}_{k-1})(\boldsymbol{\Phi}_{k|k-1}\tilde{\boldsymbol{x}}_{k-1} + \boldsymbol{\Gamma}_{k|k-1}\boldsymbol{w}_{k-1})^{\mathrm{T}} \\
&= \boldsymbol{\Phi}_{k|k-1}\tilde{\boldsymbol{x}}_{k-1}\tilde{\boldsymbol{x}}_{k-1}^{\mathrm{T}}\boldsymbol{\Phi}_{k|k-1}^{\mathrm{T}} + \boldsymbol{\Gamma}_{k|k-1}\boldsymbol{w}_{k-1}\boldsymbol{w}_{k-1}^{\mathrm{T}}\boldsymbol{\Gamma}_{k|k-1}^{\mathrm{T}} \\
&\quad + \boldsymbol{\Gamma}_{k|k-1}\boldsymbol{w}_{k-1}\tilde{\boldsymbol{x}}_{k-1}^{\mathrm{T}}\boldsymbol{\Phi}_{k|k-1}^{\mathrm{T}} + \boldsymbol{\Phi}_{k|k-1}\tilde{\boldsymbol{x}}_{k-1}\boldsymbol{w}_{k-1}^{\mathrm{T}}\boldsymbol{\Gamma}_{k|k-1}^{\mathrm{T}}
\end{aligned} \tag{2-88}
$$

由于

$$
\mathrm{E}(\boldsymbol{\Gamma}_{k|k-1}\boldsymbol{w}_{k-1}\tilde{\boldsymbol{x}}_{k-1}^{\mathrm{T}}\boldsymbol{\Phi}_{k|k-1}^{\mathrm{T}}) = 0, \mathrm{E}(\boldsymbol{\Phi}_{k|k-1}\tilde{\boldsymbol{x}}_{k-1}\boldsymbol{w}_{k-1}^{\mathrm{T}}\boldsymbol{\Gamma}_{k|k-1}^{\mathrm{T}}) = 0 \tag{2-89}
$$

由式(2-88)和式(2-86)可以得到

$$
\begin{aligned}
\boldsymbol{P}_{k|k-1} &= \mathrm{E}(\boldsymbol{\Phi}_{k|k-1}\tilde{\boldsymbol{x}}_{k-1}\tilde{\boldsymbol{x}}_{k-1}^{\mathrm{T}}\boldsymbol{\Phi}_{k|k-1}^{\mathrm{T}} + \boldsymbol{\Gamma}_{k|k-1}\boldsymbol{w}_{k-1}\boldsymbol{w}_{k-1}^{\mathrm{T}}\boldsymbol{\Gamma}_{k|k-1}^{\mathrm{T}}) \\
&= \boldsymbol{\Phi}_{k|k-1}\boldsymbol{P}_{k-1}\boldsymbol{\Phi}_{k|k-1}^{\mathrm{T}} + \boldsymbol{\Gamma}_{k|k-1}\boldsymbol{Q}_{k-1}\boldsymbol{\Gamma}_{k|k-1}^{\mathrm{T}}
\end{aligned} \tag{2-90}
$$

至此,我们得到了离散系统卡尔曼滤波的基本方程。卡尔曼滤波具有如下特点[5]:

(1) 由于卡尔曼滤波算法将被估计信号看作是在白噪声激励下的系统输出,并且其输入、输出关系由时域形式的状态方程和量测方程所确定,因此这种滤波方法不仅适用于平稳序列的滤波,而且还适用于平稳或非平稳马尔可夫以及高斯—马尔可夫过程的滤波,因此其应用范围是十分广泛的。

(2) 由于卡尔曼滤波基本方程是时域递推形式,其计算过程是一个反复"预测—修正"的

过程，一旦得到当前时刻的量测数据，就可以解算出当前时刻的滤波值，在求解时不需要存储大量数据，因此这种方法便于计算机实时处理和实现。

(3) 在求滤波器增益 $\boldsymbol{K}_k$时，$\boldsymbol{R}_k$可以预先离线算出，从而可以减少实时在线计算量。另一方面，由于需要计算$(\boldsymbol{H}_k\boldsymbol{P}_{k|k-1}\boldsymbol{H}_k^{\mathrm{T}}+\boldsymbol{R}_k)^{-1}$，其阶数通常取决于量测量的维数 m，当 m 较小时求逆过程比较方便。

(4) 在滤波稳定的前提下，估计误差方差 $\boldsymbol{P}_k$和滤波增益 $\boldsymbol{K}_k$都会快速收敛并且保持为常量。除此之外，增益矩阵 $\boldsymbol{K}_k$、初始方差阵 $\boldsymbol{P}_0$、系统噪声方差阵 $\boldsymbol{Q}_{k-1}$以及量测噪声方差阵 $\boldsymbol{R}_k$之间具有如下的关系：

由式(2－67)和式(2－68)可知，$\boldsymbol{P}_0$、$\boldsymbol{Q}_{k-1}$以及 $\boldsymbol{R}_k$同时乘以一个标量时，$\boldsymbol{K}_k$值不变，这使得各种新型卡尔曼滤波算法成为可能。另外，由滤波的基本方程式(2－70)可知，当 $\boldsymbol{R}_k$增大时，$\boldsymbol{K}_k$就变小，也就是说，如果量测噪声增大导致新量测值所包含误差比较大，那么滤波增益相应就要减小一些，以减弱量测噪声对滤波的影响。如果 $\boldsymbol{P}_0$变小，$\boldsymbol{Q}_{k-1}$变小，或者两者同时变小，由式(2－68)可知，$\boldsymbol{P}_{k,k-1}$也随之减小，而由滤波方程式(2－71)可以看出，这时 $\boldsymbol{P}_k$也将变小，$\boldsymbol{K}_k$随之变小。这是因为 $\boldsymbol{P}_0$变小表示初始估计较为准确，$\boldsymbol{Q}_{k-1}$变小意味着系统噪声变小，此时增益矩阵也应对系统状态估计给予较小的修正。

综上所述，$\boldsymbol{K}_k$决定了对量测值 z_k和上一步估计值 $\hat{\boldsymbol{x}}_{k-1}$ 利用的比例程度。若 $\boldsymbol{K}_k$增加，z_k的利用权重增加，$\hat{\boldsymbol{x}}_{k-1}$的利用权重相对降低，反之则反。卡尔曼滤波能定量识别各种信息的质量，自动确定对这些信息的利用程度。

2.2.6 带确定控制项和量测偏差的卡尔曼滤波

在推导基本卡尔曼滤波方程时，假定系统没有外加控制项，对于实际控制系统，有时必须要加入其确定性控制以实现某种控制目的。考虑线性离散系统

$$\boldsymbol{x}_k=\boldsymbol{\Phi}_{k|k-1}\boldsymbol{x}_{k-1}+\boldsymbol{\Psi}_{k|k-1}\boldsymbol{u}_{k-1}+\boldsymbol{\Gamma}_{k|k-1}\boldsymbol{w}_{k-1} \tag{2-91}$$

$$z_k=\boldsymbol{H}_k\boldsymbol{x}_k+M_k+\boldsymbol{v}_k \tag{2-92}$$

式中：$\{\boldsymbol{u}_k\}$是 r 维控制输入向量；$\{\boldsymbol{M}_k\}$是量测方程的 m 维系统误差向量；其余向量和矩阵的意义、维数和统计假设与系统式(2－62)和式(2－63)的定义相同。比较式(2－91)和式(2－62)可知，式(2－91)比式(2－62)多了一项 $\boldsymbol{\Psi}_{k|k-1}\boldsymbol{u}_{k-1}$，式(2－92)比式(2－63)多了一项 $\boldsymbol{M}_k$。由于假定$\{\boldsymbol{u}_k\}$和$\{\boldsymbol{M}_k\}$为非随机序列，这意味着 $\boldsymbol{\Psi}_{k|k-1}\boldsymbol{u}_{k-1}$和 $\boldsymbol{M}_k$只影响有关量的均值，而不会影响其方差。

根据线性最小方差估计的性质，系统的一步最优预测为

$$\hat{\boldsymbol{x}}_{k|k-1}=\boldsymbol{\Phi}_{k|k-1}\hat{\boldsymbol{x}}_{k-1}+\boldsymbol{\Psi}_{k|k-1}\boldsymbol{u}_{k-1} \tag{2-93}$$

新息序列为

$$\tilde{z}_{k|k-1}=z_k-\boldsymbol{M}_k-\hat{z}_{k|k-1}=z_k-\boldsymbol{M}_k-\boldsymbol{H}_k(\boldsymbol{\Phi}_{k|k-1}\hat{\boldsymbol{x}}_{k-1}+\boldsymbol{\Psi}_{k|k-1}\boldsymbol{u}_k) \tag{2-94}$$

结合式(2－93)和式(2－94)得到带有确定性控制项 $\boldsymbol{u}_k$和量测偏差 $\boldsymbol{M}_k$的随机线性离散系统卡尔曼滤波方程可表示如下：

状态估计

$$\hat{\boldsymbol{x}}_k=\hat{\boldsymbol{x}}_{k|k-1}+\boldsymbol{K}_k\tilde{z}_{k|k-1} \tag{2-95}$$

滤波增益矩阵

$$\boldsymbol{K}_k = \boldsymbol{P}_{k|k-1}\boldsymbol{H}_k^{\mathrm{T}}[\boldsymbol{H}_k\boldsymbol{P}_{k|k-1}\boldsymbol{H}_k^{\mathrm{T}} + \boldsymbol{R}_k]^{-1} \tag{2-96}$$

一步预测误差方差矩阵

$$\boldsymbol{P}_{k|k-1} = \boldsymbol{\Phi}_{k|k-1}\boldsymbol{P}_{k-1}\boldsymbol{\Phi}_{k|k-1}^{\mathrm{T}} + \boldsymbol{\Gamma}_{k|k-1}\boldsymbol{Q}_{k-1}\boldsymbol{\Gamma}_{k|k-1}^{\mathrm{T}} \tag{2-97}$$

估计滤波方差矩阵

$$\boldsymbol{P}_k = (\boldsymbol{I} - \boldsymbol{K}_k\boldsymbol{H}_k)\boldsymbol{P}_{k|k-1} \tag{2-98}$$

滤波初值为

$$\hat{\boldsymbol{x}}_0 = \mathrm{E}(\boldsymbol{x}_0), \boldsymbol{P}_0 = \mathrm{Var}(\boldsymbol{x}_0) \tag{2-99}$$

显然,滤波方程式(2-95)~式(2-99)与式(2-65)~式(2-71)没有本质的不同,即系统非随机控制项和量测偏差的加入,不会改变基本卡尔曼滤波算法的结构。

2.2.7 噪声相关的卡尔曼滤波

在推导基本卡尔曼滤波方程时,假设系统过程噪声和量测噪声是互不相关的白噪声序列。在这里将讨论在白噪声相关条件下的卡尔曼滤波问题[6]。

考虑随机线性离散控制系统

$$\boldsymbol{x}_k = \boldsymbol{\Phi}_{k|k-1}\boldsymbol{x}_{k-1} + \boldsymbol{\Psi}_{k|k-1}\boldsymbol{u}_{k-1} + \boldsymbol{\Gamma}_{k|k-1}\boldsymbol{w}_{k-1} \tag{2-100}$$

$$\boldsymbol{z}_k = \boldsymbol{H}_k\boldsymbol{x}_k + \boldsymbol{v}_k \tag{2-101}$$

式中:$\boldsymbol{w}_k$和$\boldsymbol{v}_k$是相关的白噪声序列。系统过程噪声和量测噪声的统计特性假定如下:

$$\begin{cases} \mathrm{E}(\boldsymbol{w}_k) = 0, \mathrm{E}(\boldsymbol{w}_k\boldsymbol{w}_j^{\mathrm{T}}) = \boldsymbol{Q}_k\delta_{kj} \\ \mathrm{E}(\boldsymbol{v}_k) = 0, \mathrm{E}(\boldsymbol{v}_k\boldsymbol{v}_j^{\mathrm{T}}) = \boldsymbol{R}_k\delta_{kj} \\ \mathrm{E}(\boldsymbol{w}_k\boldsymbol{v}_j^{\mathrm{T}}) = \boldsymbol{S}_k\delta_{kj} \end{cases} \tag{2-102}$$

式中:$\boldsymbol{Q}_k$是系统过程噪声$\boldsymbol{w}_k$的非负定方差矩阵;$\boldsymbol{R}_k$是系统量测噪声$\boldsymbol{v}_k$的对称正定方差矩阵。其他变量的定义与系统式(2-91)、式(2-92)的定义基本相同;不同之处在于$\boldsymbol{w}_k$和$\boldsymbol{v}_k$的相关性,互相关矩阵为$\boldsymbol{S}_k$。在这里采用控制项法来解决噪声相关性问题。

在系统状态方程式(2-100)的右边加上$\boldsymbol{J}_{k-1}(\boldsymbol{z}_{k-1} - \boldsymbol{H}_{k-1}\boldsymbol{x}_{k-1} - \boldsymbol{v}_{k-1})$有

$$\begin{aligned} \boldsymbol{x}_k &= \boldsymbol{\Phi}_{k|k-1}\boldsymbol{x}_{k-1} + \boldsymbol{\Psi}_{k|k-1}\boldsymbol{u}_{k-1} + \boldsymbol{\Gamma}_{k|k-1}\boldsymbol{w}_{k-1} + \boldsymbol{J}_{k-1}(\boldsymbol{z}_{k-1} - \boldsymbol{H}_{k-1}\boldsymbol{x}_{k-1} - \boldsymbol{v}_{k-1}) \\ &= (\boldsymbol{\Phi}_{k|k-1} - \boldsymbol{J}_{k-1}\boldsymbol{H}_{k-1})\boldsymbol{x}_{k-1} + \boldsymbol{\Psi}_{k|k-1}\boldsymbol{u}_{k-1} + \boldsymbol{J}_{k-1}\boldsymbol{z}_{k-1} + \boldsymbol{\Gamma}_{k|k-1}\boldsymbol{w}_{k-1} - \boldsymbol{J}_{k-1}\boldsymbol{v}_{k-1} \\ &= \boldsymbol{\Phi}_{k|k-1}^{*}\boldsymbol{x}_{k-1} + [\boldsymbol{\Psi}_{k|k-1}\boldsymbol{u}_{k-1} + \boldsymbol{J}_{k-1}\boldsymbol{z}_{k-1}] + \boldsymbol{w}_{k-1}^{*} \end{aligned} \tag{2-103}$$

式中:$\boldsymbol{J}_{k-1}$是$n \times m$维待定系数矩阵。引入新的状态转移矩阵$\boldsymbol{\Phi}_{k|k-1}^{*}$和动态过程噪声$\boldsymbol{w}_{k-1}^{*}$的定义如下:

$$\boldsymbol{\Phi}_{k|k-1}^{*} = \boldsymbol{\Phi}_{k|k-1} - \boldsymbol{J}_{k-1}\boldsymbol{H}_{k-1} \tag{2-104}$$

$$\boldsymbol{w}_{k-1}^{*} = \boldsymbol{\Gamma}_{k|k-1}\boldsymbol{w}_{k-1} - \boldsymbol{J}_{k-1}\boldsymbol{v}_{k-1} \tag{2-105}$$

不难看出,式(2-103)与式(2-100)是相互等效的,新的控制项为$\boldsymbol{\Psi}_{k|k-1}\boldsymbol{u}_{k-1} + \boldsymbol{J}_{k-1}\boldsymbol{z}_{k-1}$,新的动态过程噪声为$\boldsymbol{w}_k^{*}$,量测方程仍为式(2-101)。其中动态过程噪声$\boldsymbol{w}_{k-1}^{*}$和量测噪声$\boldsymbol{v}_{k-1}$之间的协方差矩阵为

$$\begin{cases} \mathrm{E}(\boldsymbol{w}_k^{*}) = \boldsymbol{\Gamma}_{k+1|k}\mathrm{E}(\boldsymbol{w}_k) - \boldsymbol{J}_k\mathrm{E}(\boldsymbol{v}_k) = 0 \\ \mathrm{E}[\boldsymbol{w}_k^{*}(\boldsymbol{w}_k^{*})^{\mathrm{T}}] = \mathrm{Var}(\boldsymbol{w}_k^{*})\delta_{kj} \quad \forall k, j \geqslant 0 \end{cases} \tag{2-106}$$

而

$$\begin{aligned} \mathrm{Var}(\boldsymbol{w}_k^{*}) = \boldsymbol{Q}_k^{*} &= \boldsymbol{\Gamma}_{k+1|k}\mathrm{E}(\boldsymbol{w}_k\boldsymbol{w}_k^{\mathrm{T}})\boldsymbol{\Gamma}_{k+1|k}^{\mathrm{T}} + \boldsymbol{J}_k\mathrm{E}(\boldsymbol{v}_k\boldsymbol{v}_k^{\mathrm{T}})\boldsymbol{J}_k^{\mathrm{T}} \\ &\quad - \boldsymbol{\Gamma}_{k+1|k}\mathrm{E}(\boldsymbol{w}_k\boldsymbol{v}_k^{\mathrm{T}})\boldsymbol{J}_k^{\mathrm{T}} - \boldsymbol{J}_k\mathrm{E}(\boldsymbol{v}_k\boldsymbol{w}_k^{\mathrm{T}})\boldsymbol{\Gamma}_{k+1|k}^{\mathrm{T}} \end{aligned}$$

$$=\boldsymbol{\Gamma}_{k+1|k}\boldsymbol{Q}_k\boldsymbol{\Gamma}_{k+1,k}^{\mathrm{T}}+\boldsymbol{J}_k\boldsymbol{R}_k\boldsymbol{J}_k^{\mathrm{T}}-\boldsymbol{\Gamma}_{k+1|k}\boldsymbol{S}_k\boldsymbol{J}_k^{\mathrm{T}}-\boldsymbol{J}_k\boldsymbol{S}_k\boldsymbol{\Gamma}_{k+1|k}^{\mathrm{T}} \tag{2-107}$$

则必存在 $\boldsymbol{J}_k$ 满足

$$\boldsymbol{J}_k\boldsymbol{R}_k-\boldsymbol{\Gamma}_{k+1|k}\boldsymbol{S}_k=0$$

即可知此时

$$\boldsymbol{J}_k=\boldsymbol{\Gamma}_{k+1,k}\boldsymbol{S}_k\boldsymbol{R}_k^{-1} \tag{2-108}$$

将式(2－108)代入式(2－107)可得

$$\mathrm{Var}(\boldsymbol{w}_k^*)=\boldsymbol{Q}_k^*=\boldsymbol{\Gamma}_{k+1,k}\boldsymbol{Q}_k\boldsymbol{\Gamma}_{k+1|k}^{\mathrm{T}}-\boldsymbol{J}_k\boldsymbol{S}_k\boldsymbol{\Gamma}_{k+1|k}^{\mathrm{T}} \tag{2-109}$$

$$\mathrm{E}(\boldsymbol{w}_k^*\boldsymbol{v}_j^{\mathrm{T}})=\boldsymbol{\Gamma}_{k+1|k}\mathrm{E}(\boldsymbol{w}_k\boldsymbol{v}_j^{\mathrm{T}})-\boldsymbol{J}_k\mathrm{E}(\boldsymbol{v}_k\boldsymbol{v}_j^{\mathrm{T}})=\boldsymbol{\Gamma}_{k+1|k}\boldsymbol{S}_k\delta_{kj}-\boldsymbol{J}_k\boldsymbol{R}_k\delta_{kj}=0 \tag{2-110}$$

从以上推导可知，若式(2－108)成立，则新构造的动态过程噪声 $\boldsymbol{w}_k^*$ 和量测噪声 $\boldsymbol{v}_k$ 不相关，这样就可以按照推导常规卡尔曼滤波的方法来进行相应的推导了。

若已知 $k-1$ 步的最优估计 $\hat{\boldsymbol{x}}_{k-1}$，则由式(2－103)可以得到 $\boldsymbol{x}_k$ 的一步预测为

$$\begin{aligned}\hat{\boldsymbol{x}}_{k|k-1}&=\boldsymbol{\Phi}_{k|k-1}^*\hat{\boldsymbol{x}}_{k-1}+\boldsymbol{\Psi}_{k|k-1}\boldsymbol{u}_{k-1}+\boldsymbol{\Gamma}_{k|k-1}\boldsymbol{w}_k+\boldsymbol{J}_{k-1}z_{k-1}\\&=\boldsymbol{\Phi}_{k|k-1}\hat{\boldsymbol{x}}_{k-1}+\boldsymbol{\Psi}_{k|k-1}\boldsymbol{u}_{k-1}+\boldsymbol{J}_{k-1}(z_{k-1}-\boldsymbol{H}_k\hat{\boldsymbol{x}}_{k-1})\end{aligned} \tag{2-111}$$

由上式可得到一步预测误差为

$$\begin{aligned}\tilde{\boldsymbol{x}}_{k|k-1}&=\boldsymbol{x}_k-\hat{\boldsymbol{x}}_{k|k-1}\\&=\boldsymbol{\Phi}_{k|k-1}(\boldsymbol{x}_{k-1}-\hat{\boldsymbol{x}}_{k-1})-\boldsymbol{J}_{k-1}\boldsymbol{H}_{k-1}(\boldsymbol{x}_{k-1}-\hat{\boldsymbol{x}}_{k-1})+\boldsymbol{\Gamma}_{k|k-1}\boldsymbol{w}_{k-1}-\boldsymbol{J}_{k-1}\boldsymbol{v}_{k-1}\end{aligned} \tag{2-112}$$

得到一步预测误差协方差矩阵为

$$\begin{aligned}\boldsymbol{P}_{k|k-1}&=\mathrm{E}(\tilde{\boldsymbol{x}}_{k|k-1}\tilde{\boldsymbol{x}}_{k|k-1}^{\mathrm{T}})\\&=(\boldsymbol{\Phi}_{k|k-1}-\boldsymbol{J}_{k-1}\boldsymbol{H}_{k-1})\mathrm{E}[(\boldsymbol{x}_{k-1}-\hat{\boldsymbol{x}}_{k-1})(\boldsymbol{x}_{k-1}-\hat{\boldsymbol{x}}_{k-1})^{\mathrm{T}}](\boldsymbol{\Phi}_{k|k-1}-\boldsymbol{J}_{k-1}\boldsymbol{H}_{k-1})^{\mathrm{T}}\\&\quad+\boldsymbol{\Gamma}_{k|k-1}\mathrm{E}(\boldsymbol{w}_{k-1}\boldsymbol{w}_{k-1}^{\mathrm{T}})\boldsymbol{\Gamma}_{k,k-1}^{\mathrm{T}}+\boldsymbol{J}_{k-1}E(\boldsymbol{v}_{k-1}\boldsymbol{v}_{k-1}^{\mathrm{T}})\boldsymbol{J}_{k-1}^{\mathrm{T}}\\&=(\boldsymbol{\Phi}_{k|k-1}-\boldsymbol{J}_{k-1}\boldsymbol{H}_{k-1})P_{k-1}(\boldsymbol{\Phi}_{k|k-1}-\boldsymbol{J}_{k-1}\boldsymbol{H}_{k-1})^{\mathrm{T}}+\boldsymbol{\Gamma}_{k|k-1}\boldsymbol{Q}_{k-1}\boldsymbol{\Gamma}_{k|k-1}^{\mathrm{T}}+\boldsymbol{J}_{k-1}\boldsymbol{R}_{k-1}\boldsymbol{J}_{k-1}^{\mathrm{T}}\end{aligned} \tag{2-113}$$

综上所述，可以得到噪声 $\boldsymbol{w}_k$ 和 $\boldsymbol{v}_k$ 相关时卡尔曼滤波递推方程为

$$\begin{cases}\hat{\boldsymbol{x}}_k=\hat{\boldsymbol{x}}_{k|k-1}+\boldsymbol{K}_k(z_k-\boldsymbol{H}_k\hat{\boldsymbol{x}}_{k|k-1})\\\hat{\boldsymbol{x}}_{k|k-1}=\boldsymbol{\Phi}_{k|k-1}\hat{\boldsymbol{x}}_{k-1}+\boldsymbol{\Psi}_{k|k-1}\boldsymbol{u}_{k-1}+\boldsymbol{J}_{k-1}(z_{k-1}-\boldsymbol{H}_k\hat{\boldsymbol{x}}_{k-1})\\\boldsymbol{K}_k=\boldsymbol{P}_{k|k-1}\boldsymbol{H}_k^{\mathrm{T}}(\boldsymbol{H}_k\boldsymbol{P}_{k|k-1}\boldsymbol{H}_k^{\mathrm{T}}+\boldsymbol{R}_k)^{-1}\\\boldsymbol{P}_{k|k-1}=(\boldsymbol{\Phi}_{k|k-1}-\boldsymbol{J}_{k-1}\boldsymbol{H}_{k-1})\boldsymbol{P}_{k-1}(\boldsymbol{\Phi}_{k|k-1}-\boldsymbol{J}_{k-1}\boldsymbol{H}_{k-1})^{\mathrm{T}}+\boldsymbol{\Gamma}_{k|k-1}\boldsymbol{Q}_{k-1}\boldsymbol{\Gamma}_{k|k-1}^{\mathrm{T}}+\boldsymbol{J}_{k-1}\boldsymbol{R}_{k-1}\boldsymbol{J}_{k-1}^{\mathrm{T}}\\\boldsymbol{P}_k=(\boldsymbol{I}-\boldsymbol{K}_k\boldsymbol{H}_k)\boldsymbol{P}_{k|k-1}\\\boldsymbol{J}_k=\boldsymbol{\Gamma}_{k+1|k}\boldsymbol{S}_k\boldsymbol{R}_k^{-1}\\\hat{\boldsymbol{x}}_0=\mathrm{E}(\boldsymbol{x}_0),\boldsymbol{P}_0=\mathrm{Var}(\boldsymbol{x}_0)\end{cases} \tag{2-114}$$

式中：$\boldsymbol{J}_k$ 称为一步预测增益。

由上述算法可以看出，在进行卡尔曼滤波之前，必须要准确确定系统动态噪声和量测噪声方差，否则会造成较大的滤波误差。

2.2.8 有色噪声条件下的卡尔曼滤波

前面所讨论的卡尔曼滤波是在系统过程噪声和量测噪声均为白噪声的条件下进行的。白

噪声只是理论上一种假设的理想噪声，实际工程系统中的噪声总是相关的，只是在相关性比较弱的前提下近似地表示成白噪声，而在相关性比较强的条件下就必须考虑有色噪声的影响。

1）系统噪声为有色噪声而量测噪声为白噪声

考虑如下随机线性离散系统：

$$\begin{cases}\boldsymbol{x}_k=\boldsymbol{\Phi}_{k|k-1}\boldsymbol{x}_{k-1}+\boldsymbol{\Gamma}_{k|k-1}\boldsymbol{w}_{k-1}\\ z_k=\boldsymbol{H}_k\boldsymbol{x}_k+\boldsymbol{v}_k\end{cases}\tag{2-115}$$

式中：$\boldsymbol{x}_k$、$\boldsymbol{\Phi}_{k|k-1}$、$\boldsymbol{\Gamma}_{k|k-1}$、$z_k$ 及 $\boldsymbol{H}_k$ 各向量和矩阵的意义、维数和统计假设与系统式(2-62)和式(2-63)的定义相同。不同的是，量测噪声 $\boldsymbol{v}_k$ 为零均值的白噪声，系统噪声 $\boldsymbol{w}_k$ 为有色噪声，满足方程

$$\boldsymbol{w}_k=\boldsymbol{A}_{k|k-1}\boldsymbol{w}_{k-1}+\boldsymbol{\eta}_{k-1}\tag{2-116}$$

式中：$\boldsymbol{\eta}_k$ 为零均值的白噪声序列。

下面采用状态扩充的方法进行卡尔曼滤波方程的推导。将 $\boldsymbol{w}_k$ 也列为状态，则扩充后的状态为 $\boldsymbol{x}_k^a=[\boldsymbol{x}_k^{\mathrm{T}}\quad \boldsymbol{w}_k^{\mathrm{T}}]^{\mathrm{T}}$，扩充状态后的系统状态方程和量测方程为

$$\boldsymbol{x}_k^a=\begin{bmatrix}\boldsymbol{x}_k\\ \boldsymbol{w}_k\end{bmatrix}=\begin{bmatrix}\boldsymbol{\Phi}_{k|k-1} & \boldsymbol{\Gamma}_{k|k-1}\\ 0 & \boldsymbol{A}_{k|k-1}\end{bmatrix}\begin{bmatrix}\boldsymbol{x}_{k-1}\\ \boldsymbol{w}_{k-1}\end{bmatrix}+\begin{bmatrix}0\\ \boldsymbol{I}\end{bmatrix}\boldsymbol{\eta}_{k-1}$$

$$z_k=[\boldsymbol{H}_k\quad 0]\begin{bmatrix}\boldsymbol{x}_k\\ \boldsymbol{w}_k\end{bmatrix}+\boldsymbol{v}_k$$

即

$$\begin{cases}\boldsymbol{x}_k^a=\boldsymbol{\Phi}_{k|k-1}^a\boldsymbol{x}_{k-1}^a+\boldsymbol{\Gamma}_{k|k-1}^a\boldsymbol{w}_k^a\\ z_k=\boldsymbol{H}_k^a\boldsymbol{x}_k^a+\boldsymbol{v}_k\end{cases}\tag{2-117}$$

其中

$$\boldsymbol{\Phi}_{k,k-1}^a=\begin{bmatrix}\boldsymbol{\Phi}_{k|k-1} & \boldsymbol{\Gamma}_{k|k-1}\\ 0 & \boldsymbol{A}_{k|k-1}\end{bmatrix},\boldsymbol{\Gamma}_{k,k-1}=\begin{bmatrix}0\\ \boldsymbol{I}\end{bmatrix},\boldsymbol{w}_k^a=\boldsymbol{\eta}_k,\boldsymbol{H}_k^a=[\boldsymbol{H}_k\quad 0]\tag{2-118}$$

不难看出，状态扩充后的系统过程噪声 $\boldsymbol{w}_k^a$ 和量测噪声都是零均值的白噪声，符合卡尔曼滤波基本滤波的要求，可以根据 2.2.5 节中的方法推导相应的滤波方程。

2）系统噪声为白噪声而量测噪声有色噪声

前面介绍了利用状态扩充法处理系统噪声为有色噪声而量测噪声为白噪声的卡尔曼滤波的问题，状态扩充法使得滤波器的维数升高，计算量增大。对于系统噪声为白噪声而量测噪声为有色噪声时的卡尔曼滤波，在下面的分析中将证明状态扩充法不再适用，必须考虑采用其他的方法——量测状态扩充法解决量测噪声为有色噪声的问题。

设系统状态方程和量测方程为

$$\begin{cases}\boldsymbol{x}_k=\boldsymbol{\Phi}_{k|k-1}\boldsymbol{x}_{k-1}+\boldsymbol{\Gamma}_{k|k-1}\boldsymbol{w}_{k-1}\\ z_k=\boldsymbol{H}_k\boldsymbol{x}_k+\boldsymbol{v}_k\end{cases}\tag{2-119}$$

式中：$\boldsymbol{x}_k$、$\boldsymbol{\Phi}_{k|k-1}$、$\boldsymbol{\Gamma}_{k|k-1}$、$z_k$ 及 $\boldsymbol{H}_k$ 的定义与系统式(2-62)和式(2-63)的定义相同。不同的是，$\boldsymbol{w}_k$ 为零均值的白噪声，满足 $\mathrm{E}(\boldsymbol{w}_k\boldsymbol{w}_k^{\mathrm{T}})=\boldsymbol{Q}_k$，$\boldsymbol{v}_k$ 为有色噪声，满足方程

$$\boldsymbol{v}_k=\boldsymbol{\psi}_{k|k-1}\boldsymbol{v}_{k-1}+\boldsymbol{\xi}_{k-1}\tag{2-120}$$

式中：$\boldsymbol{\xi}_k$ 为零均值的白噪声序列，满足 $\mathrm{E}(\boldsymbol{\xi}_k\boldsymbol{\xi}_k^{\mathrm{T}})=\boldsymbol{R}_k$，$\mathrm{E}(\boldsymbol{\xi}_k\boldsymbol{w}_j^{\mathrm{T}})=0$。若将量测噪声扩充为状态，则增广后的系统状态方程为

$$\begin{bmatrix} \boldsymbol{x}_k \\ \boldsymbol{v}_k \end{bmatrix} = \begin{bmatrix} \boldsymbol{\Phi}_{k|k-1} & \boldsymbol{\Gamma}_{k|k-1} \\ 0 & \boldsymbol{\psi}_{k|k-1} \end{bmatrix} \begin{bmatrix} \boldsymbol{x}_{k-1} \\ \boldsymbol{v}_{k-1} \end{bmatrix} + \begin{bmatrix} \boldsymbol{\Gamma}_{k|k-1} & 0 \\ 0 & \boldsymbol{I} \end{bmatrix} \begin{bmatrix} \boldsymbol{w}_{k-1} \\ \boldsymbol{\xi}_{k-1} \end{bmatrix}$$

量测方程为

$$z_k = [\boldsymbol{H}_k \quad \boldsymbol{I}] \begin{bmatrix} \boldsymbol{x}_k \\ \boldsymbol{v}_k \end{bmatrix} \tag{2-121}$$

经过状态扩充后，系统量测方程中无量测噪声，这意味着量测噪声的方差矩阵为零阵。由2.2.2节讨论可知，为了保证增益矩阵求逆的存在，要求量测噪声的噪声方差阵必须为正定矩阵，所以状态扩充后的量测方程不能满足卡尔曼滤波的要求。

下面介绍利用量测状态扩充法解决量测噪声为有色噪声的问题，由量测方程得

$$\boldsymbol{v}_k = z_k - \boldsymbol{H}_k \boldsymbol{x}_k \tag{2-122}$$

所以

$$\begin{aligned} z_{k+1} &= \boldsymbol{H}_{k+1}\boldsymbol{x}_{k+1} + \boldsymbol{v}_{k+1} \\ &= \boldsymbol{H}_{k+1}(\boldsymbol{\Phi}_{k+1|k}\boldsymbol{x}_k + \boldsymbol{\Gamma}_{k+1|k}\boldsymbol{w}_k) + \boldsymbol{\psi}_{k+1|k}\boldsymbol{v}_k + \boldsymbol{\xi}_k \\ &= \boldsymbol{H}_k\boldsymbol{\Phi}_{k|k-1}\boldsymbol{x}_{k-1} + \boldsymbol{H}_k\boldsymbol{\Gamma}_{k|k-1}\boldsymbol{w}_{k-1} + \boldsymbol{\psi}_{k|k-1}z_{k-1} - \boldsymbol{\psi}_{k|k-1}\boldsymbol{H}_{k-1}\boldsymbol{x}_{k-1} + \boldsymbol{\xi}_{k-1} \end{aligned} \tag{2-123}$$

即可得

$$z_{k+1} - \boldsymbol{\psi}_{k+1|k}z_k = (\boldsymbol{H}_{k+1}\boldsymbol{\Phi}_{k+1|k} - \boldsymbol{\psi}_{k+1|k}\boldsymbol{H}_k)\boldsymbol{x}_k + \boldsymbol{H}_{k+1}\boldsymbol{\Gamma}_{k+1|k}\boldsymbol{w}_k + \boldsymbol{\xi}_k \tag{2-124}$$

令

$$z_k^* = z_{k+1} - \boldsymbol{\psi}_{k+1|k}z_k \tag{2-125}$$

$$\boldsymbol{H}_k^* = \boldsymbol{H}_{k+1}\boldsymbol{\Phi}_{k+1|k} - \boldsymbol{\psi}_{k+1|k}\boldsymbol{H}_k \tag{2-126}$$

$$\boldsymbol{v}_k^* = \boldsymbol{H}_{k+1}\boldsymbol{\Gamma}_{k+1|k}\boldsymbol{w}_k + \boldsymbol{\xi}_k \tag{2-127}$$

由以上假设可以得到增广后的量测方程

$$z_k^* = \boldsymbol{H}_k^*\boldsymbol{x}_k + \boldsymbol{v}_k^* \tag{2-128}$$

式中，$\boldsymbol{v}_k^*$ 的统计学特性分析如下：

$$\begin{aligned} \mathrm{E}(\boldsymbol{v}_k^*\boldsymbol{v}_j^{*\mathrm{T}}) &= \mathrm{E}[(\boldsymbol{H}_{k+1}\boldsymbol{\Gamma}_{k+1|k}\boldsymbol{w}_k + \boldsymbol{\xi}_k)(\boldsymbol{H}_{k+1}\boldsymbol{\Gamma}_{k+1|k}\boldsymbol{w}_k + \boldsymbol{\xi}_k)^{\mathrm{T}}] \\ &= (\boldsymbol{H}_{k+1}\boldsymbol{\Gamma}_{k+1|k}\boldsymbol{Q}_k\boldsymbol{\Gamma}_{k+1|k}^{\mathrm{T}}\boldsymbol{H}_{k+1}^{\mathrm{T}} + \boldsymbol{R}_k)\delta_{kj} \end{aligned} \tag{2-129}$$

由式(2-127)可知 $\boldsymbol{v}_k^*$ 是零均值的白噪声，其方差为

$$\boldsymbol{R}_k^* = \boldsymbol{H}_{k+1}\boldsymbol{\Gamma}_{k+1|k}\boldsymbol{Q}_k\boldsymbol{\Gamma}_{k+1|k}^{\mathrm{T}}\boldsymbol{H}_{k+1}^{\mathrm{T}} + \boldsymbol{R}_k \tag{2-130}$$

$$\mathrm{E}(\boldsymbol{w}_k\boldsymbol{v}_j^{*\mathrm{T}}) = \mathrm{E}[\boldsymbol{w}_k(\boldsymbol{H}_{j+1}\boldsymbol{\Gamma}_{j+1|j}\boldsymbol{w}_j + \boldsymbol{\xi}_j)^{\mathrm{T}}] = \boldsymbol{Q}_k\boldsymbol{\Gamma}_{k+1|k}^{\mathrm{T}}\boldsymbol{H}_{k+1}^{\mathrm{T}}\delta_{kj} \tag{2-131}$$

所以 $\boldsymbol{V}_k^*$ 与系统噪声 $\boldsymbol{W}_k$ 相关，且

$$\boldsymbol{S}_k = \boldsymbol{Q}_k\boldsymbol{\Gamma}_{k+1|k}^{\mathrm{T}}\boldsymbol{H}_{k+1}^{\mathrm{T}} \tag{2-132}$$

由2.2.7节介绍的白噪声相关条件下的一步预测方程，有

$$\hat{\boldsymbol{x}}_{k+1|k}^* = \boldsymbol{\Phi}_{k+1|k}\hat{\boldsymbol{x}}_k + \bar{\boldsymbol{K}}_k(z_k^* - \boldsymbol{H}_k^*\hat{\boldsymbol{x}}_{k+1|k}) \tag{2-133}$$

$$\boldsymbol{P}_{k+1|k}^* = \boldsymbol{\Phi}_{k+1|k}\boldsymbol{P}_k^*\boldsymbol{\Phi}_{k+1|k}^{\mathrm{T}} + \boldsymbol{\Gamma}_{k+1|k}\boldsymbol{Q}_k\boldsymbol{\Gamma}_{k+1|k}^{\mathrm{T}} - \bar{\boldsymbol{K}}_k^*(\boldsymbol{H}_k^*\boldsymbol{P}_k^*\boldsymbol{\Phi}_{k+1|k}^{\mathrm{T}} + \boldsymbol{S}_k^{\mathrm{T}}\boldsymbol{\Gamma}_{k+1|k}^{\mathrm{T}}) \tag{2-134}$$

$$\bar{\boldsymbol{K}}_k^* = (\boldsymbol{\Phi}_{k+1|k}\boldsymbol{P}_{k+1|k}^*\boldsymbol{H}_k^{*\mathrm{T}} + \boldsymbol{\Gamma}_{k+1|k}\boldsymbol{S}_k^{\mathrm{T}})(\boldsymbol{H}_k^*\boldsymbol{P}_{k+1|k}^*\boldsymbol{H}_k^{*\mathrm{T}} + \boldsymbol{R}_k^*)^{-1} \tag{2-135}$$

而

$$\hat{\boldsymbol{x}}_{k+1|k}^* = \mathrm{E}^*(\boldsymbol{x}_k | z_1^* z_2^* \cdots z_k^*) = \mathrm{E}^*(\boldsymbol{x}_k | z_1 z_2 \cdots z_k z_{k+1}) = \hat{\boldsymbol{x}}_{k+1} \tag{2-136}$$

所以

$$\boldsymbol{P}_{k+1|k}^* = \boldsymbol{P}_{k+1} \tag{2-137}$$

$$\bar{\boldsymbol{K}}_k^* = \bar{\boldsymbol{K}}_{k+1} \tag{2-138}$$

因此上述一步预测方程实际就是滤波方程，将式(2-125)代入式(2-133)可得

$$\hat{\boldsymbol{x}}_{k+1} = \boldsymbol{\Phi}_{k+1|k}\hat{\boldsymbol{x}}_k + \overline{\boldsymbol{K}}_{k+1}^{\mathrm{T}}(z_{k+1} - \boldsymbol{\psi}_{k+1|k}z_k - \boldsymbol{H}_k^*\hat{\boldsymbol{x}}_{k+1|k}) \tag{2-139}$$

$$\overline{\boldsymbol{K}}_{k+1} = (\boldsymbol{\Phi}_{k+1|k}\boldsymbol{P}_k\boldsymbol{H}_k^* + \boldsymbol{\Gamma}_{k+1|k}\boldsymbol{S}_k^{\mathrm{T}})(\boldsymbol{H}_k^*\boldsymbol{P}_k\boldsymbol{H}_k^{*\mathrm{T}} + \boldsymbol{R}_k^*)^{-1} \tag{2-140}$$

$$\boldsymbol{P}_{k+1} = \boldsymbol{\Phi}_{k+1|k}\boldsymbol{P}_k\boldsymbol{\Phi}_{k+1|k}^{\mathrm{T}} + \boldsymbol{\Gamma}_{k+1|k}\boldsymbol{Q}_k\boldsymbol{\Gamma}_{k+1|k}^{\mathrm{T}} - \overline{\boldsymbol{K}}_{k+1}(\boldsymbol{H}_k^*\boldsymbol{P}_k\boldsymbol{\Phi}_{k+1|k}^{\mathrm{T}} + \boldsymbol{S}_k^{\mathrm{T}}\boldsymbol{\Gamma}_{k+1|k}^{\mathrm{T}}) \tag{2-141}$$

式中：$\boldsymbol{H}_k^*$ 和 $\boldsymbol{R}_k^*$ 分别按照式(2-126)和式(2-130)确定。滤波初值 $\hat{\boldsymbol{x}}_0$ 和 $\boldsymbol{P}_0$ 的确定如下：

由式(2-139)可知，估计 $\hat{\boldsymbol{x}}_1$ 需要有 z_0，即量测必须从 $k=0$ 时刻开始，因此可以利用 z_0 来估计 $\hat{\boldsymbol{x}}_0$，即 $\hat{\boldsymbol{x}}_0$ 的线性最小方差估计为

$$\hat{\boldsymbol{x}}_0 = \mathrm{E}^*(\boldsymbol{x}_0|z_0) = m_{x_0} + \boldsymbol{C}_{x_0z_0}\boldsymbol{C}_{z_0}^{-1}(z_0 - m_{z_0})$$

由量测方程

$$z_0 = \boldsymbol{H}_0\boldsymbol{x}_0 + \boldsymbol{v}_0$$

$$\begin{aligned}\boldsymbol{C}_{x_0z_0} &= \mathrm{E}[(\boldsymbol{x}_0 - m_{x_0})(\boldsymbol{H}_0\boldsymbol{x}_0 + \boldsymbol{v}_0 - m_{z_0})^{\mathrm{T}}] \\ &= \mathrm{E}[(\boldsymbol{x}_0 - m_{x_0})(\boldsymbol{x}_0 - m_{x_0})^{\mathrm{T}}\boldsymbol{H}_0^{\mathrm{T}}] + \mathrm{E}[(\boldsymbol{x}_0 - m_{x_0})\boldsymbol{v}_0^{\mathrm{T}}]\end{aligned}$$

由于 $\boldsymbol{v}_0$ 与 $\boldsymbol{x}_0$ 互不相关，所以有

$$\boldsymbol{C}_{x_0z_0} = \boldsymbol{C}_{x_0}^{-1}\boldsymbol{H}_0^{\mathrm{T}}$$

所以

$$\boldsymbol{C}_{z_0} = \mathrm{E}[(\boldsymbol{H}_0\boldsymbol{x}_0 + \boldsymbol{v}_0 - \boldsymbol{H}_0m_{x_0})(\boldsymbol{H}_0\boldsymbol{x}_0 + \boldsymbol{v}_0 - \boldsymbol{H}_0m_{x_0})^{\mathrm{T}}] = \boldsymbol{H}_0\boldsymbol{C}_{x_0}\boldsymbol{H}_0^{\mathrm{T}} + \boldsymbol{R}_0$$

所以

$$\hat{\boldsymbol{x}}_0 = m_{x_0} + \boldsymbol{C}_{x_0}^{-1}\boldsymbol{H}_0^{\mathrm{T}}(\boldsymbol{H}_0\boldsymbol{C}_{x_0}\boldsymbol{H}_0^{\mathrm{T}} + \boldsymbol{R}_0)^{-1}(z_0 - m_{z_0}) \tag{2-142}$$

$$\begin{aligned}\tilde{\boldsymbol{x}}_0 &= \boldsymbol{x}_0 - \hat{\boldsymbol{x}}_0 = \boldsymbol{x}_0 - m_{x_0} - \boldsymbol{C}_{x_0}^{-1}\boldsymbol{H}_0^{\mathrm{T}}(\boldsymbol{H}_0\boldsymbol{C}_{x_0}\boldsymbol{H}_0^{\mathrm{T}} + \boldsymbol{R}_0)^{-1}(z_0 - m_{z_0}) \\ &= \boldsymbol{x}_0 - m_{x_0} - \boldsymbol{C}_{x_0}^{-1}\boldsymbol{H}_0^{\mathrm{T}}(\boldsymbol{H}_0\boldsymbol{C}_{x_0}\boldsymbol{H}_0^{\mathrm{T}} + \boldsymbol{R}_0)^{-1}[\boldsymbol{H}_0(\boldsymbol{x}_0 - m_{x_0}) + \boldsymbol{v}_0]\end{aligned} \tag{2-143}$$

所以

$$\boldsymbol{P}_0 = \mathrm{E}(\tilde{\boldsymbol{x}}_0\tilde{\boldsymbol{x}}_0^{\mathrm{T}}) = \boldsymbol{C}_{x_0} + \boldsymbol{C}_{x_0}\boldsymbol{H}_0^{\mathrm{T}}(\boldsymbol{H}_0\boldsymbol{C}_{x_0}\boldsymbol{H}_0^{\mathrm{T}} + \boldsymbol{R}_0)^{-1}\boldsymbol{H}_0\boldsymbol{C}_{x_0} \tag{2-144}$$

利用矩阵反演公式 $(\boldsymbol{A}_{11} - \boldsymbol{A}_{12}\boldsymbol{A}_{22}^{-1}\boldsymbol{A}_{21})^{-1} = \boldsymbol{A}_{11}^{-1} + \boldsymbol{A}_{11}^{-1}\boldsymbol{A}_{12}(\boldsymbol{A}_{22} - \boldsymbol{A}_{21}\boldsymbol{A}_{11}^{-1}\boldsymbol{A}_{12})^{-1}\boldsymbol{A}_{21}\boldsymbol{A}_{11}^{-1}$，上式可以写成

$$\boldsymbol{P}_0 = (\boldsymbol{C}_{x_0}^{-1} + \boldsymbol{H}_0^{\mathrm{T}}\boldsymbol{C}_{x_0}\boldsymbol{H}_0)^{-1} \tag{2-145}$$

式(2-145)、式(2-143)、式(2-139)～式(2-141)是量测噪声为有色噪声时的处理算法。但每步滤波必须计算 $\boldsymbol{H}_k^*$、$\boldsymbol{R}_k^*$ 和 $\boldsymbol{S}_k$，滤波初始值也必须通过计算获得。

对于系统噪声和量测噪声均为有色噪声的情况，可同时采用状态扩充法和量测状态扩充法处理，在状态扩增后，系统过程噪声和量测噪声被白化，此时可利用基本卡尔曼滤波方程进行相应推导，在这里不再赘述。

2.3 卡尔曼滤波稳定性的判别和滤波发散的抑制

稳定性是任何控制系统正常工作的基本要求。卡尔曼滤波的稳定性是指系统平衡状态的稳定性，即 Lyapunov 意义下的稳定性。在这一节中将分别介绍滤波稳定性的概念，随机线性系统的可控性和可观测性，卡尔曼滤波稳定性判据，卡尔曼滤波发散的原因及克服方法等。

2.3.1 稳定性的概念

在经典控制理论中，稳定性是指系统受到某一扰动后恢复到原有运动状态的能力，即如果

系统受到有界外界扰动,不论初始偏差有多大,在扰动撤除后,系统都有足够的准确度恢复到原始平衡状态,这种能力即为系统的稳定性。

由前面的卡尔曼滤波基本方程的推导可知,卡尔曼滤波是一种递推算法,进行滤波之前须给定状态初值 $\boldsymbol{x}_0$ 和状态估计误差方差阵初值 $\boldsymbol{P}_0$,这样卡尔曼滤波估计从初始时刻开始就是无偏的,且状态估计误差协方差矩阵是最小的。但是在工程实践中,往往很难得到初始状态 $\boldsymbol{x}_0$ 的统计值,而只能进行假定。滤波的稳定性问题即是要研究滤波初值对滤波稳定性所产生的影响,即随着滤波的递推,估计值 $\hat{\boldsymbol{x}}_k$ 和状态估计误差方差阵 $\boldsymbol{P}_k$ 是否逐渐不受初始值 $\boldsymbol{x}_0$ 和 $\boldsymbol{P}_0$ 的影响。

如果随着滤波时间的增长,$\hat{\boldsymbol{x}}_k$ 和 $\boldsymbol{P}_k$ 各自都不受初值的影响,则滤波是稳定的,否则滤波估计是有偏的,而且估计误差方差阵也不是最小的。从这一点来说,滤波稳定是滤波器正常工作的前提。

下面先介绍稳定性的定义。对于线性离散系统

$$\boldsymbol{x}_k = \boldsymbol{\Phi}_{k,k-1}\boldsymbol{x}_{k-1} + \boldsymbol{\Gamma}_{k,k-1}\boldsymbol{w}_{k-1} \tag{2-146}$$

设 $\hat{\boldsymbol{x}}_0^1$、$\hat{\boldsymbol{x}}_0^2$ 为滤波器的两个任意初始状态,滤波器稳定性定义如下:

定义 1 若 $\forall \varepsilon > 0, \exists \delta = \delta(\varepsilon) > 0$,当 $\| \hat{\boldsymbol{x}}_1 - \hat{\boldsymbol{x}}_2 \| < \delta$ 时,使得 $\| \hat{\boldsymbol{x}}_k^1 - \hat{\boldsymbol{x}}_k^2 \| < \varepsilon (\forall k)$ 恒成立,则称系统式(2-146)是一致稳定的。

定义 2 若滤波器不但稳定,且有 $\lim\limits_{k\to\infty} \| \hat{\boldsymbol{x}}_k^1 - \hat{\boldsymbol{x}}_k^2 \| = 0$,则滤波是渐进稳定的。

卡尔曼滤波其实也可以看作是类似式(2-146)所列的线性系统。根据基本方程式(2-65)~式(2-71)可以得到状态估计误差为

$$\hat{\boldsymbol{x}}_k = \tilde{\boldsymbol{x}}_{k|k-1} - \boldsymbol{K}_k(\boldsymbol{H}_k\tilde{\boldsymbol{x}}_{k|k-1} + \boldsymbol{v}_k) = (\boldsymbol{I} - \boldsymbol{K}_k\boldsymbol{H}_k)\boldsymbol{\Phi}_{k|k-1}\hat{\boldsymbol{x}}_{k-1} + \boldsymbol{K}_k\boldsymbol{z}_k \tag{2-147}$$

式(2-147)描述了一个线性方程,系统状态为 $\hat{\boldsymbol{x}}_k$,系统转移矩阵为 $(\boldsymbol{I} - \boldsymbol{K}_k\boldsymbol{H}_k)\boldsymbol{\Phi}_{k|k-1}$,系统激励为 $\boldsymbol{K}_k\boldsymbol{z}_k$,所以滤波稳定的问题可视为线性系统的稳定问题。由于目标系统是时变系统,因此按照经典控制理论来判别稳定很不方便。卡尔曼提出了一种根据系统可控性和可量测性判据来判断系统稳定性的方法,具体介绍如下。

2.3.2 随机线性系统的可控性和可量测性

随机线性离散系统

$$\boldsymbol{x}_k = \boldsymbol{\Phi}_{k|k-1}\boldsymbol{x}_{k-1} + \boldsymbol{\Gamma}_{k|k-1}\boldsymbol{w}_{k-1} \tag{2-148}$$

$$\boldsymbol{z}_k = \boldsymbol{H}_k\boldsymbol{x}_k + \boldsymbol{v}_k \tag{2-149}$$

式中:$\boldsymbol{x}_k$、$\boldsymbol{\Phi}_{k|k-1}$、$\boldsymbol{\Gamma}_{k|k-1}$、$\boldsymbol{z}_k$、$\boldsymbol{H}_k$、$\boldsymbol{w}_k$ 与 $\boldsymbol{v}_k$ 的定义与系统式(2-62)和式(2-63)的定义相同。

随机线性系统可控性是考察输入项 $\boldsymbol{w}_k$ 影响系统状态的能力。定义如下可控性矩阵

$$\boldsymbol{M}_c(k, k-N+1) = \sum_{i=k-N+1}^{k} \boldsymbol{\Phi}_{k,i}\boldsymbol{\Gamma}_{i,i-1}\boldsymbol{Q}_{i-1}^{\mathrm{T}}\boldsymbol{\Gamma}_{i,i-1}^{\mathrm{T}}\boldsymbol{\Phi}_{k,i}^{\mathrm{T}} \tag{2-150}$$

式中:N 为与 k 无关的正整数。

随机线性离散系统完全可控指的是系统可控性矩阵满足如下条件:

$$\boldsymbol{M}_c(k, k-N+1) > 0 \tag{2-151}$$

上式成立的条件是可控性矩阵 $\boldsymbol{M}_c(k, k-N+1)$ 为正定矩阵。

随机线性离散系统一致完全可控是指,$\exists N, \alpha_2 > \alpha_1 > 0$,使得当所有 $k \geqslant N$ 时有

$$\alpha_1\boldsymbol{I} \leqslant \boldsymbol{M}_c(k, k-N+1) \leqslant \alpha_2\boldsymbol{I} \tag{2-152}$$

随机线性系统的可控性与系统可控性之间的主要区别是:通常所说的可控性是指系统的确

定性输入(或控制)影响系统状态的能力,而随机线性系统的可控性是指系统随机噪声影响系统状态的能力。

下面介绍随机线性离散系统的可量测性。与随机线性离散系统可控性定义相似,定义可量测矩阵

$$\boldsymbol{M}_o(k,k-N+1)=\sum_{i=k-N+1}^{k}\boldsymbol{\Phi}_{k,i}^{\mathrm{T}}\boldsymbol{H}_i^{\mathrm{T}}r_i^{-1}\boldsymbol{H}_i\boldsymbol{\Phi}_{k,i} \tag{2-153}$$

随机线性离散系统完全可量测的充分必要条件是指 $\exists N$,使得

$$\boldsymbol{M}_o(k,k-N+1)>0 \tag{2-154}$$

成立。

类似地,若存在正整数 N 和 $\alpha_1>0,\alpha_2>0$ 使得对所有 $k\geqslant N$ 有

$$\alpha_1\boldsymbol{I}\leqslant\boldsymbol{M}_o(k,k-N+1)\leqslant\alpha_2\boldsymbol{I} \tag{2-155}$$

成立,则称该随机线性离散系统一致可量测。

从上述随机线性离散系统的可控性和可量测定义可以看出,与确定性系统的可控性和可量测性一样,随机线性离散系统的可控性与可量测性也具有对偶的性质。

对于随机线性连续系统

$$\dot{\boldsymbol{x}}(t)=\boldsymbol{A}(t)\boldsymbol{x}(t)+\boldsymbol{B}(t)\boldsymbol{w}(t) \tag{2-156}$$

$$\boldsymbol{z}(t)=\boldsymbol{H}(t)\boldsymbol{x}(t)+\boldsymbol{v}(t) \tag{2-157}$$

式中:$\boldsymbol{x}(t)$是系统 n 维状态向量;$\boldsymbol{w}(t)$是 p 维零均值白噪声向量;$\boldsymbol{A}(t)$是 $n\times n$ 维系统矩阵;$\boldsymbol{B}(t)$是 $n\times p$ 维噪声输入矩阵;$\boldsymbol{z}(t)$是 m 维量测向量;$\boldsymbol{H}(t)$是 $m\times n$ 维量测矩阵;$\boldsymbol{w}(t)$和 $\boldsymbol{v}(t)$是互不相关的高斯白噪声,且满足

$$\begin{cases}\mathrm{E}[\boldsymbol{w}(t)]=0,\mathrm{E}[\boldsymbol{w}(t)\boldsymbol{w}^{\mathrm{T}}(\tau)]=\boldsymbol{q}(t)\delta(t-\tau)\\ \mathrm{E}[\boldsymbol{v}(t)]=0,\mathrm{E}[\boldsymbol{v}(t)\boldsymbol{v}^{\mathrm{T}}(\tau)]=\boldsymbol{r}(t)\delta(t-\tau)\\ \mathrm{E}[\boldsymbol{w}(t)\boldsymbol{v}^{\mathrm{T}}(\tau)]=0\end{cases}$$

定义如下可控性矩阵:

$$\boldsymbol{M}_c(t,t_0)=\int_{t_0}^{t}\boldsymbol{\Phi}(t,\tau)\boldsymbol{B}(\tau)\boldsymbol{q}(t)\boldsymbol{B}^{\mathrm{T}}(\tau)\boldsymbol{\Phi}^{\mathrm{T}}(t,\tau)\mathrm{d}\tau \tag{2-158}$$

式中:$\boldsymbol{\Phi}(t,\tau)$为系统状态转移矩阵。随机线性连续系统式(2-156)、式(2-157)完全可控的充要条件是

$$\boldsymbol{M}_c(t,t_0)>0 \tag{2-159}$$

如果对于任意的初始时刻 t_0,系统都是完全可控的,则称此系统一致完全可控。随机线性连续系统一致完全可控的充要条件是:若 $\exists\alpha_2>\alpha_1>0$,$t_0$为任意初始时刻,对于 $t>t_0$,有

$$\alpha_1\boldsymbol{I}\leqslant\boldsymbol{M}_c(t,t_0)\leqslant\alpha_2\boldsymbol{I} \tag{2-160}$$

同样也可定义随机线性连续系统的可量测性。随机线性连续系统在 $t\geqslant t_0$时的完全可量测的充分必要条件具有如下的可量测矩阵

$$\boldsymbol{M}_o(t,t_0)=\int_{t_0}^{t}\boldsymbol{\Phi}^{\mathrm{T}}(t,\tau)\boldsymbol{H}^{\mathrm{T}}(\tau)\boldsymbol{r}^{-1}(\tau)\boldsymbol{H}(\tau)\boldsymbol{\Phi}(t,\tau)\mathrm{d}\tau>0 \tag{2-161}$$

如果对于任意的初始时刻 t_0,系统都是完全可量测的,则称此系统一致完全可量测。随机线性连续系统一致完全可量测的充要条件是:对于任意初始时刻 t_0,$\alpha_2>\alpha_1>0$,使得

$$\alpha_1\boldsymbol{I}\leqslant\boldsymbol{M}_o(t,t_0)\leqslant\alpha_2\boldsymbol{I} \tag{2-162}$$

成立,则称该随机连续线性系统一致完全可量测。

2.3.3 卡尔曼滤波稳定性的判别

首先不加证明地给出卡尔曼滤波的稳定性原理，即如果随机线性系统是一致完全可控和一致完全可量测的，则卡尔曼滤波器是一致渐进稳定的。

从这个稳定性原理可以看出，一方面，判定卡尔曼滤波器是否一致渐进稳定，只需判断原系统是否一致完全可控和一致完全可量测。另一方面，对于一致完全可控和一致完全可量测的随机线性系统，当滤波时间充分长之后，不仅最优滤波值将逐渐地不受滤波初值选取的影响，而且有界量测输入将导致有界量测输出。

对于随机线性定常离散系统，一致完全可控和一致完全可量测等价于完全可控和完全可量测。即设 $\boldsymbol{\Phi}_{k|k-1}=\boldsymbol{\Phi},\boldsymbol{\Gamma}_{k|k-1}=\boldsymbol{\Gamma},\boldsymbol{H}_k=\boldsymbol{H},\boldsymbol{Q}_k=\boldsymbol{Q}>0,\boldsymbol{R}_k=\boldsymbol{R}>0$，当 $k\geqslant N$ 时，由式(2－150)和式(2－153)可分别得到系统的可控性矩阵和可量测矩阵如下：

$$\boldsymbol{M}_c(k,k-N+1)=\sum_{i=k-N+1}^{k}\boldsymbol{\Phi}^{k-i}\boldsymbol{\Gamma}\boldsymbol{Q}_{i-1}^{\mathrm{T}}\boldsymbol{\Gamma}^{\mathrm{T}}(\boldsymbol{\Phi}^{k-i})^{\mathrm{T}}=\sum_{j=0}^{N-1}\boldsymbol{\Phi}^{j}\boldsymbol{\Gamma}\boldsymbol{Q}_{j-1}^{\mathrm{T}}\boldsymbol{\Gamma}^{\mathrm{T}}(\boldsymbol{\Phi}^{j})^{\mathrm{T}} \quad (2-163)$$

$$\begin{aligned}\boldsymbol{M}_o(k,k-N+1)&=\sum_{i=k-N+1}^{k}(\boldsymbol{\Phi}^{i-k})^{\mathrm{T}}\boldsymbol{H}^{\mathrm{T}}\boldsymbol{R}^{-1}\boldsymbol{H}\boldsymbol{\Phi}^{i-k}\\&=(\boldsymbol{\Phi}^{1-N})^{\mathrm{T}}\left[\sum_{j=0}^{N-1}(\boldsymbol{\Phi}^{j})^{\mathrm{T}}\boldsymbol{H}^{\mathrm{T}}\boldsymbol{R}^{-1}\boldsymbol{H}\boldsymbol{\Phi}^{j}\right]\boldsymbol{\Phi}^{1-N}\end{aligned} \quad (2-164)$$

由于 $\boldsymbol{Q}$、$\boldsymbol{R}$ 均为正定矩阵，因此随机线性定常系统一致完全可控和一致完全可量测的充要条件为

$$\sum_{j=0}^{N-1}(\boldsymbol{\Phi}^{j})^{\mathrm{T}}\boldsymbol{H}^{\mathrm{T}}\boldsymbol{H}\boldsymbol{\Phi}^{j}>0 \quad (2-165)$$

$$\sum_{j=0}^{N-1}\boldsymbol{\Phi}^{j}\boldsymbol{\Gamma}\boldsymbol{\Gamma}^{\mathrm{T}}(\boldsymbol{\Phi}^{j})^{\mathrm{T}}>0 \quad (2-166)$$

式中：N 为状态变量的维数。

对于随机线性定常系统，若系统完全可控和完全可量测，则存在一个唯一的正定矩阵 $\boldsymbol{P}$，使得从任意的初始方差矩阵 $\boldsymbol{P}_0$ 出发，当 $k\to\infty$ 时，有 $\boldsymbol{P}_k\to\boldsymbol{P}$。也就是说，如果滤波是稳定的，则误差方差矩阵的收敛不但与初值无关，而且将逐渐地趋于稳态值。

由卡尔曼随机滤波方程式(2－67)和式(2－69)得

$$\begin{aligned}\boldsymbol{P}_{k+1|k}=&\boldsymbol{\Phi}_{k+1|k}[\boldsymbol{P}_{k|k-1}-\boldsymbol{P}_{k|k-1}\boldsymbol{H}_k^{\mathrm{T}}(\boldsymbol{H}_k\boldsymbol{P}_{k|k-1}\boldsymbol{H}_k^{\mathrm{T}}+\boldsymbol{R}_k)^{-1}\boldsymbol{H}_k\boldsymbol{P}_{k|k-1}]\boldsymbol{\Phi}_{k+1|k}^{\mathrm{T}}\\&+\boldsymbol{\Gamma}_{k+1|k}\boldsymbol{Q}_k\boldsymbol{\Gamma}_{k+1|k}^{\mathrm{T}}\end{aligned} \quad (2-167)$$

式(2－167)就称为 Ricaati 差分方程，方程的解决定了离散卡尔曼滤波的增益矩阵。对于完全可控和完全可量测的随机线性定常系统，令一步预测误差方差矩阵的稳态值为 $\boldsymbol{P}_{k|k-1}\to\overline{\boldsymbol{P}}$，$\boldsymbol{K}_k\to\boldsymbol{K}$，则式(2－167)退化为

$$\overline{\boldsymbol{P}}=\boldsymbol{\Phi}[\overline{\boldsymbol{P}}-\overline{\boldsymbol{P}}\boldsymbol{H}^{\mathrm{T}}(\boldsymbol{H}\overline{\boldsymbol{P}}\boldsymbol{H}^{\mathrm{T}}+\boldsymbol{R})^{-1}\boldsymbol{H}\overline{\boldsymbol{P}}]\boldsymbol{\Phi}^{\mathrm{T}}+\boldsymbol{\Gamma}\boldsymbol{Q}\boldsymbol{\Gamma}^{\mathrm{T}} \quad (2-168)$$

稳态卡尔曼滤波器的增益阵和误差方差阵分别是

$$\boldsymbol{K}=\overline{\boldsymbol{P}}\boldsymbol{H}^{\mathrm{T}}(\boldsymbol{H}\overline{\boldsymbol{P}}\boldsymbol{H}^{\mathrm{T}}+\boldsymbol{R})^{-1} \quad (2-169)$$

$$\boldsymbol{P}=(\boldsymbol{I}-\boldsymbol{K}\boldsymbol{H})\overline{\boldsymbol{P}} \quad (2-170)$$

利用完全可控和完全可量测的判别条件是目前判断卡尔曼滤波是否稳定的较为常用的方法，主要是因为可控性和可量测性只需利用系统的参数阵和噪声方差阵就可以直接进行计算判别，这种方法比较简单，而且实际工程中大多数系统都能够满足这种判别条件。但是，毕竟有些

系统不满足这种条件,因此有必要研究判别更为宽松的条件,本书不再赘述。

2.3.4 卡尔曼滤波发散的原因及克服方法

由2.3.3节的分析可知,当系统为完全可控和完全可量测时,随着滤波的推进,卡尔曼滤波估计的精度应该越来越高,滤波误差方差阵也应趋于稳定值或有界值。但在实际应用中,随着量测值数目的增加,由于估计误差的均值和估计误差协方差可能越来越大,使滤波逐渐失去准确估计的作用,这种现象称为卡尔曼滤波发散。

总结起来,引起卡尔曼滤波发散的原因主要有以下两点:

(1) 描述系统动力学特性的数学模型和噪声统计模型不准确,不能直接真实地反映物理过程,使得模型与获得的量测值不匹配而导致滤波发散。这种由于模型建立过于粗糙或失真所引起的发散称为滤波发散。

(2) 由于卡尔曼滤波是递推过程,随着滤波步数的增加,舍入误差将逐渐积累。如果计算机字长不够长,这种积累误差很有可能使估计误差方差阵失去非负定性甚至失去对称性,使滤波增益矩阵逐渐失去合适的加权作用而导致发散。这种由于计算舍入误差所引起的发散称为计算发散。随着计算机硬件技术的日益发展,计算发散正在逐步得到解决,但是对于一些低成本的应用场合,计算发散仍然是一个需要考虑的问题。

需要说明的是,以上所述的各种原因并不能够一定引起滤波的发散,需要视实际情况而定。

针对上述卡尔曼滤波发散的原因,目前已经出现了几种有效地抑制滤波发散的方法,常用的有衰减记忆滤波、限定记忆滤波、扩充状态滤波、有限下界滤波、平方根滤波和自适应滤波等。这些方法本质上都是以牺牲滤波器的最优性为代价来抑制滤波发散,也就是说,多数都是次优滤波方法。

1. 衰减记忆滤波方法

衰减记忆滤波方法[7]是用来解决由于系统模型建立粗糙或失真引起的滤波发散问题。根据卡尔曼滤波的思想,新量测值对估计起到修正的作用,当系统模型不准确时,新量测值对估计值的修正作用下降,旧量测值的修正作用相对上升,这是引起卡尔曼滤波发散的一个重要因素。因此加大新量测值对估计的权重、减少旧量测值的权重成为抑制滤波发散一个有效途径。为达到这个目的,通过增大 $\boldsymbol{R}$ 和 $\boldsymbol{P}_0$即可。

系统的状态模型和量测模型分别为

$$\boldsymbol{x}_k = \boldsymbol{\Phi}_{k|k-1}\boldsymbol{x}_{k-1} + \boldsymbol{\Gamma}_{k|k-1}\boldsymbol{w}_{k-1} \tag{2-171}$$

$$\boldsymbol{z}_k = \boldsymbol{H}_k\boldsymbol{x}_k + \boldsymbol{v}_k \tag{2-172}$$

式中:$\boldsymbol{w}_k$和 $\boldsymbol{v}_k$都是零均值白噪声,其噪声方差矩阵分别为 $\boldsymbol{Q}_k$ 和 $\boldsymbol{R}_k$,初始状态 $\boldsymbol{x}_0$与 $\boldsymbol{w}_k$、$\boldsymbol{v}_k$互不相关。由卡尔曼滤波的增益矩阵公式有

$$\boldsymbol{K}_k = \boldsymbol{P}_k\boldsymbol{H}_k^{\mathrm{T}}\boldsymbol{R}_k^{-1} \tag{2-173}$$

令 $k = N$,则有

$$\boldsymbol{K}_N = \boldsymbol{P}_N\boldsymbol{H}_N^{\mathrm{T}}\boldsymbol{R}_N^{-1} \tag{2-174}$$

为抑制滤波发散,应突出 N 时刻的 $\boldsymbol{K}_N$,而相对逐渐单调减小时刻 $1 \leqslant k < N$ 的 $\boldsymbol{K}_k$。由式(2-173)可知,$\boldsymbol{K}_k$与 $\boldsymbol{R}_k$成反比例关系,因此为达到上述目的,可使随 k 减少而 $\boldsymbol{R}_k$逐渐增大。例如采取加权的办法,将 $\boldsymbol{R}_0,\boldsymbol{R}_1,\cdots,\boldsymbol{R}_{N-1},\boldsymbol{R}_N$分别变为 $w^N\boldsymbol{R}_0,w^{N-1}\boldsymbol{R}_1,\cdots,w\boldsymbol{R}_{N-1},\boldsymbol{R}_N$,其中 w 是适当选取的正整数。也可采用对 $\boldsymbol{P}_k$加权的办法,将 $\boldsymbol{P}_0,\boldsymbol{P}_1,\cdots,\boldsymbol{P}_{N-1},\boldsymbol{P}_N$分别变为 $\boldsymbol{P}_0,w\boldsymbol{P}_1,\cdots,w^{N-1}\boldsymbol{P}_{N-1},w^N\boldsymbol{P}_N$。下面采用对 $\boldsymbol{P}_k$加权的办法阐述衰减记忆滤波。

为方便阐述，记

$$\boldsymbol{P}_0^* = \boldsymbol{P}_0^{\mathrm{T}} w^N$$

$$\boldsymbol{P}_{k|k-1}^* = \boldsymbol{P}_{k|k-1}^{\mathrm{T}} w^{-(N-k)}$$

$$\boldsymbol{P}_k^* = \boldsymbol{P}_k^{\mathrm{T}} w^{-(N-k)}$$

$$\boldsymbol{K}_k^* = \boldsymbol{K}_k$$

$$\hat{\boldsymbol{x}}_k^* = \hat{\boldsymbol{x}}_k$$

根据卡尔曼基本滤波公式，可以推导出衰减记忆滤波方程

$$\hat{\boldsymbol{x}}_k^* = \boldsymbol{\Phi}_{k|k-1}\boldsymbol{x}_{k-1}^* + \boldsymbol{K}_k^*(z_k - \boldsymbol{H}_k\boldsymbol{\Phi}_{k|k-1}\hat{\boldsymbol{x}}_{k-1}^*) \tag{2-175}$$

$$\boldsymbol{K}_k^* = \boldsymbol{P}_{k|k-1}^*\boldsymbol{H}_k^{\mathrm{T}}(\boldsymbol{H}_k\boldsymbol{P}_{k|k-1}^*\boldsymbol{H}_k^{\mathrm{T}} + \boldsymbol{R}_k)^{-1} = \boldsymbol{P}_k^*\boldsymbol{H}_k^{\mathrm{T}}\boldsymbol{R}_k^{-1} \tag{2-176}$$

$$\boldsymbol{P}_{k|k-1}^* = \boldsymbol{\Phi}_{k,k-1}(\boldsymbol{P}_{k-1}^* w)\boldsymbol{\Phi}_{k,k-1}^{\mathrm{T}} + \boldsymbol{Q}_{k-1} \tag{2-177}$$

$$\boldsymbol{P}_k^* = (\boldsymbol{I} - \boldsymbol{K}_k^*\boldsymbol{H}_k)\boldsymbol{P}_{k|k-1}^* \tag{2-178}$$

衰减记忆滤波与卡尔曼滤波基本方程相比，区别仅在于式(2-177)多了一个标量因子 w。由于 $w>1$，所以有 $\boldsymbol{P}_{k|k-1}^* > \boldsymbol{P}_{k|k-1}$，由此得到 $\boldsymbol{K}_k^* > \boldsymbol{K}_k$，衰减记忆滤波对新量测值的权重比采用基本方程时的权重大。又由于

$$\hat{\boldsymbol{x}}_k^* = (\boldsymbol{I} - \boldsymbol{K}_k^*\boldsymbol{H}_k)\boldsymbol{\Phi}_{k|k-1}\hat{\boldsymbol{x}}_{k-1}^* + \boldsymbol{K}_k^* z_k = (\boldsymbol{I} - \boldsymbol{K}_k^*\boldsymbol{H}_k)\hat{\boldsymbol{x}}_{k|k-1}^* + \boldsymbol{K}_k^* z_k$$

且 $\boldsymbol{K}_k^* > \boldsymbol{K}_k$，这意味着 $\hat{\boldsymbol{x}}_{k|k-1}^*$ 的利用权重相对降低，也就降低了旧量测值对估计值的影响。

2. 限定记忆滤波

抑制滤波的另一种途径就是限定记忆滤波[7]。由 $\hat{\boldsymbol{x}}_k = \mathrm{E}[\boldsymbol{x}_k | z_1 z_2 \cdots z_k]$ 可知，卡尔曼滤波方程对量测数据的记忆是无限增长的。采用限定记忆滤波计算 $\boldsymbol{x}_k$ 的估计，只使用最近的 N 个量测值 $z_{k-N+1}, z_{k-N+2}, \cdots, z_k$，而完全忽略 $k-N+1$ 时刻以前旧的量测值对滤波值的影响。该方法效果与衰减记忆滤波方法相当，但其计算十分复杂，此处只简要说明这种滤波方法的构成思路。使用卡尔曼滤波基本方程求取 $\hat{\boldsymbol{x}}_k$ 时，需使用前 k 个量测值 $z_1, z_2, \cdots, z_k$，先利用前 $k-1$ 个量测值求取 $\hat{\boldsymbol{x}}_{k|k-1}$，再在 $\hat{\boldsymbol{x}}_{k|k-1}$ 的基础上使用 z_k 获得 $\hat{\boldsymbol{x}}_k$，从而建立起 $\hat{\boldsymbol{x}}_k$ 与 $\hat{\boldsymbol{x}}_{k|k-1}$ 间的线性关系。

类似地，可以给出限定记忆滤波方程的推导思路如下：为了得到 $\boldsymbol{x}_k$ 的限定记忆滤波值，对 $\boldsymbol{x}_k$ 及其过去值进行了 k 次量测，量测值分别为 $z_1, z_2, \cdots, z_d, \cdots, z_{k-1}, z_k$。设 z_d 至 z_k 共有 $N+1$ 个量测值，记为

$$\bar{z}_{d,k}^{N+1} = [z_d \quad z_{d+1} \quad \cdots \quad z_{k-1} \quad z_k]^{\mathrm{T}}$$

$$\bar{z}_{d,k-1}^{N} = [z_d \quad z_{d+1} \quad \cdots \quad z_{k-1}]^{\mathrm{T}}$$

$$\bar{z}_{d+1,k}^{N} = [z_{d+1} \quad z_{d+2} \quad \cdots \quad z_k]^{\mathrm{T}}$$

$$\hat{\boldsymbol{x}}_k^{N+1} = \mathrm{E}(\boldsymbol{x}_k | \bar{z}_{d,k}^{N+1})$$

$$\hat{\boldsymbol{x}}_{k|k-1}^{N} = \mathrm{E}(\boldsymbol{x}_k | \bar{z}_{d,k-1}^{N})$$

$$\hat{\boldsymbol{x}}_k^{N} = \mathrm{E}(\boldsymbol{x}_k | \bar{z}_{d+1,k}^{N})$$

建立起 $\hat{\boldsymbol{x}}_k^{N+1}$ 与 $\hat{\boldsymbol{x}}_{k|k-1}^{N}$ 之间和 $\hat{\boldsymbol{x}}_k^{N+1}$ 与 $\hat{\boldsymbol{x}}_k^{N}$ 之间的线性关系式，再根据这两个关系式确定 $\hat{\boldsymbol{x}}_{k|k-1}^{N}$ 与 $\hat{\boldsymbol{x}}_k^{N}$ 之间的线性关系式，从而获得 $\boldsymbol{x}_k$ 的限定记忆滤波方程。

除此之外，常用于抑制卡尔曼滤波发散的方法还有扩充状态法、限定下界法和自适应滤波法。扩充状态法是指将系统的模型误差视为一种未知输入，将其作为系统扩充状态的一部分，通过适当选取扩充状态的统计特性使滤波不致发散。限定下界法是指使增益矩阵 $\boldsymbol{K}_k$ 在经过一

段时间的滤波之后,就不再继续下降。这也是为了增大对新量测值的利用权重。自适应卡尔曼滤波(其中包括自适应状态和参数联合滤波估计)是指利用滤波本身所获得的信息来不断改进滤波器的设计以降低估计误差,改进滤波的精度。在模型误差较小的场合,多采用自适应卡尔曼滤波。

从上述分析可以看出,抑制卡尔曼滤波发散的主要途径有以下两种:①调节增益矩阵,即采用直接或间接的方法增加增益矩阵;②估计、预测以及限制误差协方差,也包括将偏差分离并进行估计。需要指出的是,这些方法本质上都是以次优滤波为代价避免滤波发散的。

2.3.5 线性离散系统的 UD 分解滤波

通过 2.3.4 节的分析可知,滤波发散的原因主要有两种,即滤波发散和计算发散,滤波发散是由于系统模型失真和噪声统计特性不准确而引起的,对于滤波发散可以采用鲁棒滤波加以克服。计算发散是由于计算舍入误差积累使滤波误差方差阵 $\boldsymbol{P}_k$ 和预测方差阵 $\boldsymbol{P}_{k|k-1}$ 失去非负定性,使得滤波增益矩阵 $\boldsymbol{K}$ 计算失真而造成滤波发散的,本质上属于计算稳定问题。克服计算发散的手段主要是采用各种平方根型算法,在这里主要介绍其中典型的一种——UD 分解滤波[2]。

由以下卡尔曼滤波基本方程中增益矩阵的计算过程:

$$\boldsymbol{P}_{k|k-1} = \boldsymbol{\Phi}_{k|k-1}\boldsymbol{P}_{k-1}\boldsymbol{\Phi}_{k|k-1}^{\mathrm{T}} + \boldsymbol{\Gamma}_{k|k-1}\boldsymbol{Q}_{k-1}\boldsymbol{\Gamma}_{k|k-1}^{\mathrm{T}}$$

$$\boldsymbol{K}_k = \boldsymbol{P}_{k|k-1}\boldsymbol{H}_k^{\mathrm{T}}(\boldsymbol{H}_k\boldsymbol{P}_{k|k-1}\boldsymbol{H}_k^{\mathrm{T}} + \boldsymbol{R}_k)^{-1}$$

$$\boldsymbol{P}_k = (\boldsymbol{I} - \boldsymbol{K}_k\boldsymbol{H}_k)\boldsymbol{P}_{k|k-1}$$

可以看出,如果在计算过程中使 $\boldsymbol{P}_{k|k-1}$ 失去非负定性,则求取 $\boldsymbol{K}_k$ 时 $\boldsymbol{H}_k\boldsymbol{P}_{k|k-1}\boldsymbol{H}_k^{\mathrm{T}} + \boldsymbol{R}_k$ 的求逆运算将会不存在或产生巨大的误差,这将导致 $\hat{\boldsymbol{x}}_k$ 估计误差较大。一般情况下,$\boldsymbol{P}_{k|k-1}$ 可以保证非负定性,但是在下列情况下,$\boldsymbol{P}_{k|k-1}$ 就容易失去非负定性:

(1) $\boldsymbol{\Phi}_{k,k-1}$ 中的矩阵元素非常大,$\boldsymbol{P}_{k-1}$ 为病矩阵;

(2) $\boldsymbol{P}_{k-1}$ 轻度负定,即 $\boldsymbol{P}_{k-1}$ 有接近零的负特征值。

为解决上述两种情况对卡尔曼滤波的损害,Bierman 和 Thornton 提出一种基于 UD 分解的滤波方法。

如果在滤波过程中 $\boldsymbol{P}_{k|k-1}$ 和 $\boldsymbol{P}_k$ 为非负定阵,那么 $\boldsymbol{P}_{k|k-1}$ 和 $\boldsymbol{P}_k$ 可以分解成 $\boldsymbol{UDU}^{\mathrm{T}}$ 的形式,即

$$\boldsymbol{P}_{k|k-1} = \boldsymbol{U}_{k|k-1}\boldsymbol{D}_{k|k-1}\boldsymbol{U}_{k|k-1}^{\mathrm{T}}$$

$$\boldsymbol{P}_k = \boldsymbol{U}_k\boldsymbol{D}_k\boldsymbol{U}_k^{\mathrm{T}}$$

其中 $\boldsymbol{D}_{k|k-1}$ 和 $\boldsymbol{D}_k$ 为 $n\times n$ 的对角阵,$\boldsymbol{U}_k$ 和 $\boldsymbol{U}_{k|k-1}$ 为 $n\times n$ 的上三角阵,主对角元素全为 1。UD 分解滤波并不直接求解 $\boldsymbol{P}_{k|k-1}$ 和 $\boldsymbol{P}_k$,而是求解 $\boldsymbol{U}_k$、$\boldsymbol{U}_{k|k-1}$、$\boldsymbol{D}_k$ 和 $\boldsymbol{D}_{k|k-1}$。由于 $\boldsymbol{U}$ 和 $\boldsymbol{D}$ 的特殊结构,确保了在滤波过程中 $\boldsymbol{P}_{k|k-1}$ 和 $\boldsymbol{P}_k$ 的非负定性。

$\boldsymbol{P}$ 可通过下述方法进行 UD 分解

$$\begin{cases} \boldsymbol{D}_{nn} = \boldsymbol{P}_{nn} \\ \boldsymbol{U}_{in} = \begin{cases} 1 & i = n \\ \dfrac{\boldsymbol{P}_{in}}{\boldsymbol{D}_{nn}} & i = 1,2,\cdots,n-1 \end{cases} \end{cases} \tag{2-179}$$

$$\begin{cases} \boldsymbol{D}_{jj} = \boldsymbol{P}_{jj} - \sum_{k=j+1}^{n} \boldsymbol{D}_{kk}\boldsymbol{U}_{jk}^2 \\ \boldsymbol{U}_{ij} = \begin{cases} 0 & i > j \quad (j = 1,2,\cdots,n-1) \\ 1 & i = j \\ \dfrac{\boldsymbol{P}_{ij} - \sum_{k=j+1}^{n} \boldsymbol{D}_{kk}\boldsymbol{U}_{ik}\boldsymbol{U}_{jk}}{\boldsymbol{D}_{jj}} & i = 1,\cdots,j-1 \end{cases} \end{cases} \tag{2-180}$$

1）量测更新算法

为了便于叙述，令 $\hat{\boldsymbol{P}} = \boldsymbol{P}_k$，$\hat{\boldsymbol{U}} = \boldsymbol{U}_k$，$\hat{\boldsymbol{D}} = \boldsymbol{D}_k$，$\tilde{\boldsymbol{P}} = \boldsymbol{P}_{k|k-1}$，$\tilde{\boldsymbol{U}} = \boldsymbol{U}_{k|k-1}$，$\tilde{\boldsymbol{D}} = \boldsymbol{D}_{k|k-1}$，$\boldsymbol{H} = \boldsymbol{H}_k$，假定量测量为标量。

根据卡尔曼滤波基本公式有

$$\begin{cases} \hat{\boldsymbol{P}} = \tilde{\boldsymbol{P}} - \tilde{\boldsymbol{P}}\boldsymbol{H}^{\mathrm{T}}\left(\dfrac{1}{\alpha}\right)\boldsymbol{H}\tilde{\boldsymbol{P}} \\ \alpha = \boldsymbol{H}\tilde{\boldsymbol{P}}\boldsymbol{H}^{\mathrm{T}} + \boldsymbol{R} \end{cases} \tag{2-181}$$

则式(2－181)的 UD 分解为

$$\hat{\boldsymbol{U}}\hat{\boldsymbol{D}}\hat{\boldsymbol{U}}^{\mathrm{T}} = \tilde{\boldsymbol{U}}\tilde{\boldsymbol{D}}\tilde{\boldsymbol{U}}^{\mathrm{T}} - \frac{1}{\alpha}\tilde{\boldsymbol{U}}\tilde{\boldsymbol{D}}\tilde{\boldsymbol{U}}^{\mathrm{T}}\boldsymbol{H}^{\mathrm{T}}\tilde{\boldsymbol{U}}\tilde{\boldsymbol{D}}\tilde{\boldsymbol{U}}^{\mathrm{T}} = \tilde{\boldsymbol{U}}\left(\tilde{\boldsymbol{D}} - \frac{1}{\alpha}\tilde{\boldsymbol{D}}\tilde{\boldsymbol{U}}^{\mathrm{T}}\boldsymbol{H}^{\mathrm{T}}\tilde{\boldsymbol{U}}\tilde{\boldsymbol{D}}\right)\tilde{\boldsymbol{U}}^{\mathrm{T}} \tag{2-182}$$

令

$$\begin{cases} f = \tilde{\boldsymbol{U}}^{\mathrm{T}}\boldsymbol{H}^{\mathrm{T}} \\ g_j = \boldsymbol{D}_{jj}\boldsymbol{F}_j \\ g = [g_1, g_2, \cdots, g_n] = \tilde{\boldsymbol{D}}f \end{cases} \tag{2-183}$$

将式(2－183)代入式(2－182)式有

$$\hat{\boldsymbol{U}}\hat{\boldsymbol{D}}\hat{\boldsymbol{U}}^{\mathrm{T}} = \tilde{\boldsymbol{U}}\left(\tilde{\boldsymbol{D}} - \frac{1}{\alpha}gg^{\mathrm{T}}\right)\tilde{\boldsymbol{U}}^{\mathrm{T}} = \tilde{\boldsymbol{U}}\ \overline{\tilde{\boldsymbol{U}}\tilde{\boldsymbol{D}}\tilde{\boldsymbol{U}}^{\mathrm{T}}}\,\tilde{\boldsymbol{U}}^{\mathrm{T}} \tag{2-184}$$

式中：$\overline{\tilde{\boldsymbol{U}}\tilde{\boldsymbol{D}}\tilde{\boldsymbol{U}}^{\mathrm{T}}}$为 $\tilde{\boldsymbol{D}} - gg^{\mathrm{T}}/\alpha$ 的 UD 分解。

由式(2－184)可得

$$\begin{cases} \hat{\boldsymbol{U}} = \tilde{\boldsymbol{U}}\overline{\boldsymbol{U}} \\ \hat{\boldsymbol{D}} = \overline{\boldsymbol{D}} \end{cases} \tag{2-185}$$

$$\begin{cases} \alpha_j = \sum_{k=1}^{j} f_k g_k + \boldsymbol{R} \\ \overline{\boldsymbol{U}} = \begin{cases} -\dfrac{f_j}{\alpha_{j-1}} g_i & i = 1,2,\cdots,j-1 \\ 1 & i = j \\ 0 & i = j+1, j+2, \cdots, n \end{cases} \qquad j = 1,2,\cdots,n \\ \overline{\boldsymbol{D}}_j = \tilde{\boldsymbol{D}}_j \dfrac{\alpha_{j-1}}{\alpha_j} \end{cases} \tag{2-186}$$

其中 $\alpha_0 = \boldsymbol{R}$。

由式(2-184)、式(2-186)可以推出量测量为标量时量测更新 UD 算法为

$$\begin{cases} f=\tilde{\boldsymbol{U}}^{\mathrm{T}}\boldsymbol{H}^{\mathrm{T}} \\ g_j=\boldsymbol{D}_{jj}\boldsymbol{F}_j, j=1,2,\cdots,n \\ \alpha_0=\boldsymbol{R} \end{cases} \tag{2-187}$$

$$\begin{cases} \alpha_i=\alpha_{i-1}+f_i g_i, \bar{\boldsymbol{D}}_i=\tilde{\boldsymbol{D}}_i\dfrac{\alpha_{i-1}}{\alpha_i} \\ b_i \leftarrow g_i, p_i=-\dfrac{f_i}{\alpha_{i-1}} \qquad i=1,2,\cdots,n \\ \begin{cases} \hat{\boldsymbol{U}}^{ji}=\tilde{\boldsymbol{U}}^{ji}+b_j p_i \\ b_j \leftarrow b_j+\tilde{\boldsymbol{U}}^{ji}g_i \end{cases} \quad j=1,2,\cdots,i-1 \end{cases} \tag{2-188}$$

式中←表示值传递的过程,$\boldsymbol{U}^{ji}$ 表示 $\boldsymbol{U}$ 的第 j 行第 i 列元素。

$$\left.\begin{aligned} \boldsymbol{K}_k&=\frac{b_n}{a_n} \\ \hat{\boldsymbol{x}}_k&=\hat{\boldsymbol{x}}_{k|k-1}+\boldsymbol{K}_k(\boldsymbol{z}_k-\boldsymbol{H}_k\hat{\boldsymbol{x}}_{k|k-1}) \end{aligned}\right\} \tag{2-189}$$

2）时间更新算法

令 $\boldsymbol{W}_{k+1|k}=[\boldsymbol{\Phi}_{k+1,k}\boldsymbol{U}_k \quad \boldsymbol{\Gamma}_k]$, $\tilde{\boldsymbol{D}}_{k+1|k}=\begin{bmatrix} \boldsymbol{D}_k & 0 \\ 0 & \boldsymbol{Q}_k \end{bmatrix}$,时间更新方程可以写成如下表示形式:

$$\begin{cases} \hat{\boldsymbol{x}}_{k+1|k}=\boldsymbol{\Phi}_{k+1,k}\hat{\boldsymbol{x}}_k \\ \boldsymbol{P}_{k+1|k}=\boldsymbol{W}_{k+1,k}\tilde{\boldsymbol{D}}_{k+1|k}\boldsymbol{W}_{k+1,k}^{\mathrm{T}} \end{cases} \tag{2-190}$$

根据 Gram-Schmidt 算法可得到时间更新算法

$$\begin{cases} \boldsymbol{D}_{k+1|k}^{jj}=[b^j]^{\mathrm{T}}\tilde{\boldsymbol{D}}_{k+1|k}b^j \\ \boldsymbol{U}_{k+1|k}^{ji}=\dfrac{1}{\boldsymbol{D}_{k+1|k}^{jj}}\{[w^i]^{\mathrm{T}}\tilde{\boldsymbol{D}}_{k+1|k}b^i\} \end{cases} \quad i=j,j+1,\cdots,n; j=1,2,\cdots,n \tag{2-191}$$

上述算法可进一步写为

$$\begin{cases} c_i=\tilde{\boldsymbol{D}}_{k+1|k}a_i \quad (c_{ij}=\tilde{\boldsymbol{D}}_{k+1|k}a_{ij}; j=1,2,\cdots,n+r) \\ \boldsymbol{D}_{k+1|k}^{ii}=a_i^{\mathrm{T}}c_i \\ d_i=\dfrac{c_i}{\boldsymbol{D}_{k+1|k}^{ii}} \\ \begin{cases} \boldsymbol{U}_{k+1|k}^{ji}=a_j^{\mathrm{T}}d_i \\ a_j \leftarrow a_j-\boldsymbol{U}_{k+1|k}^{ji}a_i \end{cases} \quad j=1,2,\cdots,i-1 \end{cases} \quad i=n,n-1,\cdots,1 \tag{2-192}$$

式(2-192)给出的是 $\boldsymbol{P}_{k+1|k}$ 的 UD 分解的全部计算式。

2.4 自适应卡尔曼滤波

在很多实际系统中,系统过程噪声方差矩阵 $\boldsymbol{Q}$ 和量测误差方差阵 $\boldsymbol{R}$ 事先是不知道的,有时甚至连状态转移矩阵 $\boldsymbol{\Phi}$ 或量测矩阵 $\boldsymbol{H}$ 也不能确切建立。如果所建立的模型与实际模型不符可

能会引起滤波发散。有时即使所建立的模型与实际相符,但由于在滤波过程中模型存在摄动,也就是 $\boldsymbol{Q}$、$\boldsymbol{R}$ 或 $\boldsymbol{\Phi}$、$\boldsymbol{H}$ 变化,此时应估计摄动后的 $\boldsymbol{Q}$ 和 $\boldsymbol{R}$,进而调整滤波增益矩阵 $\boldsymbol{K}$。自适应滤波就是这样一种具有抑制滤波发散作用的滤波方法。在滤波过程中,自适应滤波一方面利用量测值修正预测值,同时也对未知的或不确切的系统模型参数和噪声统计参数进行估计修正。自适应滤波的方法很多,包括贝叶斯法、极大似然法、相关法与协方差匹配法,其中最基本也是最重要的是相关法,而相关法可分为输出相关法和新息相关法。

本节只讨论系统模型参数已知,而噪声统计参数 $\boldsymbol{Q}$ 和 $\boldsymbol{R}$ 未知情况下的自适应滤波。由于 $\boldsymbol{Q}$ 和 $\boldsymbol{R}$ 等参数最终是通过增益矩阵 $\boldsymbol{K}$ 影响滤波值的,因此进行自适应滤波时,也可以不去估计 $\boldsymbol{Q}$ 和 $\boldsymbol{R}$ 等参数而直接根据量测数据调整 $\boldsymbol{K}$ 就可以了。

2.4.1 相关法自适应滤波

设线性定常系统完全可控和完全可量测,状态方程和量测方程分别为

$$\boldsymbol{x}_k = \boldsymbol{\Phi}\boldsymbol{x}_{k-1} + \boldsymbol{w}_{k-1} \tag{2-193}$$

$$\boldsymbol{z}_k = \boldsymbol{H}\boldsymbol{x}_k + \boldsymbol{v}_k \tag{2-194}$$

式中:$\boldsymbol{x}_k$是系统 n 维状态向量;$\boldsymbol{z}_k$是系统的 m 维量测向量;$\boldsymbol{w}_k$是 p 维系统过程噪声序列;$\boldsymbol{v}_k$是 m 维量测噪声序列;$\boldsymbol{\Phi}$ 是系统的 $n \times n$ 维系统转移矩阵;$\boldsymbol{H}$ 是 $m \times n$ 维量测矩阵,均为已知矩阵。系统过程噪声 $\boldsymbol{w}_k$和量测噪声 $\boldsymbol{v}_k$都是零均值白噪声序列,对应的方差阵 $\boldsymbol{Q}$ 和 $\boldsymbol{R}$ 都是未知矩阵。假设滤波器已达到稳定,增益矩阵 $\boldsymbol{K}_k$已经趋于稳定值 $\boldsymbol{K}$。

输出相关法自适应滤波的基本途径是根据量测数据$\{\boldsymbol{z}_k\}$估计出输出相关函数序列$\{\boldsymbol{C}_k\}$,再由$\{\boldsymbol{C}_k\}$推算出最佳增益矩阵 $\boldsymbol{K}$,使得增益矩阵 $\boldsymbol{K}$ 不断地与实际量测数据$\{\boldsymbol{C}_k\}$相适应。

1) 量测数据相关函数 $\boldsymbol{C}_k(k=1,2,\cdots,n)$ 与 $\boldsymbol{\Gamma H}^{\mathrm{T}}$

由状态方程和量测方程可得

$$\boldsymbol{x}_i = \boldsymbol{\Phi}\boldsymbol{x}_{i-1} + \boldsymbol{w}_{i-1} = \boldsymbol{\Phi}^k\boldsymbol{x}_{i-k} + \sum_{j=1}^{k}\boldsymbol{\Phi}^{j-1}\boldsymbol{w}_{i-j}$$

$$\boldsymbol{z}_i = \boldsymbol{H}\boldsymbol{x}_i + \boldsymbol{v}_i = \boldsymbol{H}\boldsymbol{\Phi}^k\boldsymbol{x}_{i-k} + \boldsymbol{H}\sum_{j=1}^{k}\boldsymbol{\Phi}^{j-1}\boldsymbol{w}_{i-j} + \boldsymbol{v}_i$$

$\{\boldsymbol{x}_i\}$为平稳序列,记 $\boldsymbol{\Gamma} = \mathrm{E}(\boldsymbol{x}_i\boldsymbol{x}_i^{\mathrm{T}})$。由于 $\boldsymbol{\Gamma}$ 与 i 无关,再考虑到$\{\boldsymbol{w}_i\}$、$\{\boldsymbol{v}_i\}$与 $\boldsymbol{x}_0$之间的不相关性,得到$\{\boldsymbol{z}_i\}$的相关函数

$$\boldsymbol{C}_0 = \mathrm{E}(\boldsymbol{z}_i\boldsymbol{z}_i^{\mathrm{T}}) = \boldsymbol{H\Gamma H}^{\mathrm{T}} + \boldsymbol{R} \tag{2-195}$$

$$\boldsymbol{C}_k = \mathrm{E}(\boldsymbol{z}_i\boldsymbol{z}_{i-k}^{\mathrm{T}}) = \boldsymbol{H}\boldsymbol{\Phi}^k\boldsymbol{\Gamma H}^{\mathrm{T}} \tag{2-196}$$

以上两式都含有 $\boldsymbol{\Gamma H}^{\mathrm{T}}$,该矩阵与增益矩阵 $\boldsymbol{K}$ 有关,所以 $\boldsymbol{\Gamma H}^{\mathrm{T}}$ 是连接待求增益矩阵 $\boldsymbol{K}$ 与$\{\boldsymbol{C}_k\}$之间的桥梁,是输出相关自适应滤波中的一个重要矩阵。根据式(2-196)可得

$$\begin{bmatrix} \boldsymbol{C}_1 \\ \boldsymbol{C}_2 \\ \vdots \\ \boldsymbol{C}_n \end{bmatrix} = \begin{bmatrix} \boldsymbol{H\Phi\Gamma H}^{\mathrm{T}} \\ \boldsymbol{H\Phi}^2\boldsymbol{\Gamma H}^{\mathrm{T}} \\ \vdots \\ \boldsymbol{H\Phi}^n\boldsymbol{\Gamma H}^{\mathrm{T}} \end{bmatrix} = \begin{bmatrix} \boldsymbol{H\Phi} \\ \boldsymbol{H\Phi}^2 \\ \vdots \\ \boldsymbol{H\Phi}^n \end{bmatrix}\boldsymbol{\Gamma H}^{\mathrm{T}} = \boldsymbol{A\Gamma H}^{\mathrm{T}} \tag{2-197}$$

式中:n 是状态的维数,系统的可量测矩阵 $\boldsymbol{A}$ 表示如下:

$$\boldsymbol{A} = \begin{bmatrix} \boldsymbol{H\Phi} \\ \boldsymbol{H\Phi}^2 \\ \vdots \\ \boldsymbol{H\Phi}^n \end{bmatrix} \tag{2-198}$$

根据系统完全可量测的假设，rank $\boldsymbol{A}=n$，$\boldsymbol{A}^{\mathrm{T}}\boldsymbol{A}$ 为非奇异阵，于是由式(2－197)可解得

$$\boldsymbol{\Gamma H}^{\mathrm{T}}=(\boldsymbol{A}^{\mathrm{T}}\boldsymbol{A})^{-1}\boldsymbol{A}^{\mathrm{T}}\begin{bmatrix}\boldsymbol{C}_1\\\boldsymbol{C}_2\\\vdots\\\boldsymbol{C}_n\end{bmatrix}\tag{2-199}$$

2）由 $\boldsymbol{\Gamma H}^{\mathrm{T}}$ 求取最优增益矩阵 $\boldsymbol{K}$

由式(2－84)可以得到最优增益矩阵为

$$\boldsymbol{K}=\boldsymbol{PH}^{\mathrm{T}}(\boldsymbol{HPH}^{\mathrm{T}}+\boldsymbol{R})^{-1}\tag{2-200}$$

为将式(2－200)转化为 $\boldsymbol{\Gamma H}^{\mathrm{T}}$ 的表达式，将 $\boldsymbol{x}_k$ 写成

$$\boldsymbol{x}_k=\hat{\boldsymbol{x}}_{k|k-1}+\tilde{\boldsymbol{x}}_{k|k-1}$$

注意到 $\hat{\boldsymbol{x}}_{k|k-1}$ 与 $\tilde{\boldsymbol{x}}_{k|k-1}$ 正交，于是有

$$\boldsymbol{\Gamma}=\mathrm{E}(\boldsymbol{x}_k\boldsymbol{x}_k^{\mathrm{T}})=\mathrm{E}[(\hat{\boldsymbol{x}}_{k|k-1}+\tilde{\boldsymbol{x}}_{k|k-1})(\hat{\boldsymbol{x}}_{k|k-1}+\tilde{\boldsymbol{x}}_{k|k-1})^{\mathrm{T}}]=\boldsymbol{F}+\boldsymbol{P}\tag{2-201}$$

其中 $\boldsymbol{F}=\mathrm{E}(\hat{\boldsymbol{x}}_{k|k-1}\hat{\boldsymbol{x}}_{k|k-1}^{\mathrm{T}})$。因为 $\{\boldsymbol{x}_k\}$ 为平稳序列，所以 $\boldsymbol{F}$ 与 k 无关。将 $\boldsymbol{P}=\boldsymbol{\Gamma}-\boldsymbol{F}$ 代入式(2－200)有

$$\boldsymbol{K}=(\boldsymbol{\Gamma}-\boldsymbol{F})\boldsymbol{H}^{\mathrm{T}}[\boldsymbol{H}(\boldsymbol{\Gamma}-\boldsymbol{F})\boldsymbol{H}^{\mathrm{T}}+\boldsymbol{R}]^{-1}=(\boldsymbol{\Gamma H}^{\mathrm{T}}-\boldsymbol{FH}^{\mathrm{T}})(\boldsymbol{H\Gamma H}^{\mathrm{T}}+\boldsymbol{R}-\boldsymbol{HFH}^{\mathrm{T}})^{-1}$$

将式(2－195)代入上式，得

$$\boldsymbol{K}=(\boldsymbol{\Gamma H}^{\mathrm{T}}-\boldsymbol{FH}^{\mathrm{T}})(\boldsymbol{C}_0-\boldsymbol{HFH}^{\mathrm{T}})^{-1}\tag{2-202}$$

式中：$\boldsymbol{C}_0$ 与 $\boldsymbol{FH}^{\mathrm{T}}$ 在根据 $\{z_i\}$ 估计出 $\{\boldsymbol{C}_i\}$ 之后都是已知矩阵，剩下的未知矩阵只有 $\boldsymbol{F}$。注意到 $\boldsymbol{F}$ 是 $\boldsymbol{x}_k$ 的预测值的误差方差阵，且 $\boldsymbol{x}_k$ 的预测递推方程为

$$\hat{\boldsymbol{x}}_{k+1|k}=\boldsymbol{\Phi}\hat{\boldsymbol{x}}_k=\boldsymbol{\Phi}[\hat{\boldsymbol{x}}_{k|k-1}+\boldsymbol{K}(\boldsymbol{Hx}_{k|k-1}+\boldsymbol{v}_k)]\tag{2-203}$$

由于 $\boldsymbol{F}$ 与 k 无关，所以有

$$\begin{aligned}\boldsymbol{F}&=\mathrm{E}(\hat{\boldsymbol{x}}_{k+1|k}\hat{\boldsymbol{x}}_{k+1|k}^{\mathrm{T}})\\&=\boldsymbol{\Phi}\mathrm{E}\{[\hat{\boldsymbol{x}}_{k|k-1}+\boldsymbol{K}(\boldsymbol{Hx}_{k|k-1}+\boldsymbol{v}_k)][\hat{\boldsymbol{x}}_{k|k-1}+\boldsymbol{K}(\boldsymbol{Hx}_{k|k-1}+\boldsymbol{v}_k)]^{\mathrm{T}}\}\boldsymbol{\Phi}^{\mathrm{T}}\\&=\boldsymbol{\Phi}[\boldsymbol{F}+\boldsymbol{K}(\boldsymbol{HPH}^{\mathrm{T}}+\boldsymbol{R})\boldsymbol{K}^{\mathrm{T}}]\boldsymbol{\Phi}^{\mathrm{T}}\end{aligned}\tag{2-204}$$

将式(2－202)代入式(2－204)，又因 $\boldsymbol{\Gamma}$、$\boldsymbol{F}$ 和 $\boldsymbol{C}_0$ 都是对称阵，则

$$\boldsymbol{F}=\boldsymbol{\Phi}[\boldsymbol{F}+(\boldsymbol{\Gamma H}^{\mathrm{T}}-\boldsymbol{FH}^{\mathrm{T}})(\boldsymbol{C}_0-\boldsymbol{HFH}^{\mathrm{T}})^{-1}(\boldsymbol{\Gamma H}^{\mathrm{T}}-\boldsymbol{FH}^{\mathrm{T}})^{\mathrm{T}}]\boldsymbol{\Phi}^{\mathrm{T}}\tag{2-205}$$

上式是一个关于 $\boldsymbol{F}$ 的非线性矩阵方程，当 $\{\boldsymbol{C}_i\}$ 已知时，$\boldsymbol{\Gamma H}^{\mathrm{T}}$ 是已知矩阵，采用近似解法可得到 $\boldsymbol{F}$ 的近似值。求得 $\boldsymbol{F}$ 后，根据式(2－202)即可确定 $\boldsymbol{K}$。下面将介绍如何根据 $\{z_i\}$ 估计 $\{\boldsymbol{C}_i\}$。

3）由 $\{z_i\}$ 估计 $\{\boldsymbol{C}_i\}$

设已获得量测值 $z_1,z_2,\cdots,z_k$，假设平稳序列 $\{z_i\}$ 的自相关函数 $\boldsymbol{C}_i$ 的估计 $\hat{\boldsymbol{C}}_i^k$（下标 i 表示时间间隔，上标 k 表示估计所依据的量测数据的个数）是

$$\begin{aligned}\hat{\boldsymbol{C}}_i^k&=\frac{1}{k}\sum_{j=i+1}^{k}z_jz_{j-i}^{\mathrm{T}}=\frac{1}{k}z_kz_{k-i}^{\mathrm{T}}+\frac{1}{k}\sum_{j=i+1}^{k-1}z_jz_{j-i}^{\mathrm{T}}\\&=\frac{1}{k}z_kz_{k-i}^{\mathrm{T}}+\left[\frac{1}{k-1}-\frac{1}{k(k-1)}\right]\sum_{j=i+1}^{k-1}z_jz_{j-i}^{\mathrm{T}}\\&=\frac{1}{k-1}\sum_{j=i+1}^{k-1}z_jz_{j-i}^{\mathrm{T}}+\frac{1}{k}\left(z_kz_{k-i}^{\mathrm{T}}-\frac{1}{k-1}\sum_{j=i+1}^{k-1}z_jz_{j-i}^{\mathrm{T}}\right)\\&=\hat{\boldsymbol{C}}_i^{k-1}+\frac{1}{k}(z_kz_{k-i}^{\mathrm{T}}-\hat{\boldsymbol{C}}_i^{k-1})\end{aligned}\tag{2-206}$$

式(2-206)即为$\widehat{C}_i^k(i=0,1,\cdots,n)$的递推公式。若已给定$\widehat{C}_i^{2i}$及$z_{2i}z_{i+1}^{\mathrm{T}}$可得到$\widehat{C}_i^{2i+1}$，再由$\widehat{C}_i^{2i+1}$及$z_{2i+2}z_{i+2}^{\mathrm{T}}$可得$\widehat{C}_i^{2i+2}$，最后由$\widehat{C}_i^{k-1}$及$z_k z_{k-i}^{\mathrm{T}}$可得$\widehat{C}_i^k(i=0,1,\cdots,n)$，这样就解决了$\{C_i\}$的估计问题。

4）输出相关法自适应滤波方程

综合式(2-203)、式(2-199)、式(2-204)与式(2-205)，得到完全可控和完全可量测定常系统式(2-193)和式(2-194)的稳定输出自适应滤波方程

$$\widehat{\boldsymbol{x}}_k=\boldsymbol{\Phi}\widehat{\boldsymbol{x}}_{k|k-1}+\widehat{\boldsymbol{K}}^k(z_k-\boldsymbol{H}\boldsymbol{\Phi}\boldsymbol{x}_{k-1}) \tag{2-207}$$

$$\widehat{\boldsymbol{K}}^k=(\widehat{\boldsymbol{\Gamma}}^k\boldsymbol{H}^{\mathrm{T}}-\widehat{\boldsymbol{F}}^k\boldsymbol{H}^{\mathrm{T}})(\widehat{\boldsymbol{C}}_0^k-\boldsymbol{H}\widehat{\boldsymbol{F}}^k\boldsymbol{H}^{\mathrm{T}})^{-1} \tag{2-208}$$

$$\boldsymbol{A}=[\boldsymbol{H}\boldsymbol{\Phi}\quad \boldsymbol{H}\boldsymbol{\Phi}^2\quad \cdots\quad \boldsymbol{H}\boldsymbol{\Phi}^n]^{\mathrm{T}} \tag{2-209}$$

$$\widehat{\boldsymbol{\Gamma}}^k\boldsymbol{H}^{\mathrm{T}}=(\boldsymbol{A}^{\mathrm{T}}\boldsymbol{A})^{-1}\boldsymbol{A}^{\mathrm{T}}\begin{bmatrix}\widehat{\boldsymbol{C}}_1^k\\ \widehat{\boldsymbol{C}}_2^k\\ \vdots\\ \widehat{\boldsymbol{C}}_n^k\end{bmatrix} \tag{2-210}$$

$$\widehat{\boldsymbol{F}}^k=\boldsymbol{\Phi}[\widehat{\boldsymbol{F}}^k+(\widehat{\boldsymbol{\Gamma}}^k-\widehat{\boldsymbol{F}}^k)\boldsymbol{H}^{\mathrm{T}}(\widehat{\boldsymbol{C}}_0^k-\boldsymbol{H}\widehat{\boldsymbol{F}}^k\boldsymbol{H}^{\mathrm{T}})^{-1}\boldsymbol{H}(\widehat{\boldsymbol{\Gamma}}^k-\widehat{\boldsymbol{F}}^k)^{\mathrm{T}}]\boldsymbol{\Phi}^{\mathrm{T}} \tag{2-211}$$

$$\widehat{\boldsymbol{C}}_i^k=\widehat{\boldsymbol{C}}_i^{k-1}+\frac{1}{k}(z_k z_{k-i}^{\mathrm{T}}-\widehat{\boldsymbol{C}}_i^{k-1})\quad(i=0,1,\cdots,n) \tag{2-212}$$

式中：$\widehat{\boldsymbol{K}}^k$、$\widehat{\boldsymbol{\Gamma}}^k$、$\widehat{\boldsymbol{F}}^k$和$\widehat{\boldsymbol{C}}_i^k$的上标$k$表示估计所依据的量测数据的个数。

2.4.2 Sage-Husa 自适应卡尔曼滤波

Sage-Husa 自适应滤波算法是在利用量测数据进行递推滤波时，通过时变噪声估计估值器，实时估计和修正系统噪声和量测噪声的统计特性，从而达到降低系统模型误差、抑制滤波发散、提高滤波精度的目的。考虑随机线性离散系统

$$\boldsymbol{x}_k=\boldsymbol{\Phi}_{k|k-1}\boldsymbol{x}_{k-1}+\boldsymbol{w}_k \tag{2-213}$$

$$z_k=\boldsymbol{H}_k\boldsymbol{x}_k+\boldsymbol{v}_k \tag{2-214}$$

式中：$\boldsymbol{x}_k$是系统n维状态向量；z_k是系统的m维量测序列；$\boldsymbol{w}_k$是p维系统过程噪声序列；$\boldsymbol{v}_k$是m维量测噪声序列；$\boldsymbol{\Phi}_{k|k-1}$是系统的$n\times n$维系统转移矩阵；$\boldsymbol{H}_k$是$m\times n$维量测矩阵，均为已经矩阵。系统过程噪声$\boldsymbol{w}_k$和量测噪声$\boldsymbol{v}_k$都是零均值白噪声序列，即

$$\begin{cases}\mathrm{E}(\boldsymbol{w}_k)=\boldsymbol{q}_k,\mathrm{E}(\boldsymbol{w}_k\boldsymbol{w}_j^{\mathrm{T}})=\boldsymbol{Q}_k\delta_{kj}\\ \mathrm{E}(\boldsymbol{v}_k)=\boldsymbol{r}_k,\mathrm{E}(\boldsymbol{v}_k\boldsymbol{v}_j^{\mathrm{T}})=\boldsymbol{R}_k\delta_{kj}\\ \mathrm{E}(\boldsymbol{w}_k\boldsymbol{v}_j^{\mathrm{T}})=0\end{cases} \tag{2-215}$$

式中：$\boldsymbol{Q}_k$是系统噪声$\boldsymbol{w}_k$的非负定方差矩阵；$\boldsymbol{R}_k$是系统量测噪声$\boldsymbol{v}_k$的正定方差矩阵。

Sage-Husa 自适应滤波算法可描述为

$$\widehat{\boldsymbol{x}}_k=\widehat{\boldsymbol{x}}_{k|k-1}+\boldsymbol{K}_k\tilde{z}_k$$

$$\widehat{\boldsymbol{x}}_{k|k-1}=\boldsymbol{\Phi}_{k|k-1}\widehat{\boldsymbol{x}}_{k-1}+\widehat{\boldsymbol{q}}_{k-1}$$

$$\tilde{z}_k=z_k-\boldsymbol{H}_k\widehat{\boldsymbol{x}}_{k|k-1}-\widehat{\boldsymbol{r}}_k$$

$$\boldsymbol{K}_k=\boldsymbol{P}_{k|k-1}\boldsymbol{H}_k^{\mathrm{T}}(\boldsymbol{H}_k\boldsymbol{P}_{k|k-1}\boldsymbol{H}_k^{\mathrm{T}}+\widehat{\boldsymbol{R}}_k)^{-1}$$

$$P_{k|k-1}=\boldsymbol{\Phi}_{k|k-1}P_{k-1}\boldsymbol{\Phi}_{k|k-1}^{\mathrm{T}}+\hat{Q}_{k-1}$$

$$P_k=(I-K_kH_k)P_{k|k-1}$$

其中，$\hat{r}_k$、$\hat{R}_k$、$\hat{q}_k$和$\hat{Q}_k$由以下时变噪声统计估值器获得：

$$\hat{r}_{k+1}=(1-d_k)\hat{r}_k+d_k(z_{k+1}-H_{k+1}\hat{x}_{k+1|k})$$

$$\hat{R}_{k+1}=(1-d_k)\hat{R}_k+d_k(\tilde{z}_{k+1}\tilde{z}_{k+1}^{\mathrm{T}}-H_{k+1}P_{k+1|k}H_{k+1}^{\mathrm{T}})$$

$$\hat{q}_{k+1}=(1-d_k)\hat{q}_k+d_k(\hat{x}_{k+1}-\boldsymbol{\Phi}_{k+1|k}\hat{x}_k)$$

$$\hat{Q}_{k+1}=(1-d_k)\hat{Q}_k+d_k(K_{k+1}\tilde{z}_{k+1}\tilde{z}_{k+1}^{\mathrm{T}}K_{k+1}^{\mathrm{T}}+P_{k+1}-\boldsymbol{\Phi}_{k+1,k}P_k\boldsymbol{\Phi}_{k+1,k}^{\mathrm{T}})$$

式中：$d_k=\dfrac{1-b}{1-b^{k+1}}$，$0<b<1$ 为遗忘因子。

如果系统状态变量的维数比较高，而 Sage-Husa 自适应滤波算法中又增加了对系统噪声统计特性的计算，计算量将大大增加，实时性也将难以得到保证。除此之外，对于阶次较高的系统，Sage-Husa 自适应滤波算法中 R_k和 Q_k的在线估计有时会由于计算发散失去半正定性和正定性而出现滤波发散现象，此时 Sage-Husa 自适应滤波算法的稳定性和收敛性不能完全保证。

2.4.3 基于极大似然准则的自适应卡尔曼滤波

由前述卡尔曼基本滤波理论可知，为使卡尔曼滤波获得最佳性能，必须对状态模型和噪声统计特性做出精确的描述。由于动态模型的参数和噪声统计特性具有未知性甚至时变性，所以有必要构建自适应卡尔曼滤波器以便适应于未知的噪声统计特性。

Mehra[8] 指出自适应滤波方法可分为四类：贝叶斯方法、极大似然法、相关函数法和方差匹配法。前面介绍的 Sage-Husa 自适应滤波算法就是方差匹配法的一种，但 Mehra 指出这一类方法的收敛性本身并没有得到证明，在某些情况下甚至存在数值发散现象。不过更值得注意的是，基于方差匹配法的自适应卡尔曼滤波算法对初始条件的选取比较敏感，表现为初值偏差的影响不能随时间而衰减，滤波表现出一种临界稳定性。

在实际应用的场合，由于系统建模误差或系统模型本身发生了变化，传统的滤波算法应用受到了限制。系统过程噪声 Q 和量测噪声 R 作为系统的主要先验信息，对卡尔曼滤波的估计性能和稳定性有着重要的意义。如果 Q 和 R 取值小于实际噪声分布，就会造成真值的不确定性范围过小，导致有偏估计。相反，如果 Q 和 R 取值大于实际噪声分布，则有可能导致滤波的发散。另外，不准确的先验信息也会影响具有较弱量测性元素的估计准确程度。因此，自适应卡尔曼滤波中 Q 和 R 是主要的估计参数。由于新息来自真实值的量测值，所以经常被用于监视卡尔曼滤波算法的性能，大多数基于新息的自适应滤波算法是以最小新息即量测值与估计量测值之差的最小值为目标的。但是由于过程噪声和量测噪声的存在，这种估计准则只能得到最小的新息，而不能使得到的 Q 和 R 正确地反映真实系统的统计特性。基于极大似然准则（Maximum Likelihood，ML），可以通过系统状态方差阵和量测噪声方差阵实时估计系统噪声统计特性的变化，以保证滤波器更好地适应这种变化[9,10]。

ML 从系统量测出现概率最大的角度进行估计，其特点是不仅考虑新息变化，而且考虑新息协方阵的变化。考虑系统模型如下：

$$\begin{cases}x_k=\boldsymbol{\Phi}_{k|k-1}x_{k-1}+w_k\\ z_k=H_kx_k+v_k\end{cases}\tag{2-216}$$

其中，x_k、$\boldsymbol{\Phi}_{k,k-1}$、$z_k$、$H_k$、$w_k$与 v_k的定义与系统式(2-62)和式(2-63)的定义相同，但 w_k与 v_k的

统计特性未知。

系统新息方差可表示如下：

$$C_{\nu_k} = \frac{1}{N}\sum_{i=k-N+1}^{k} \boldsymbol{\nu}_i \boldsymbol{\nu}_i^{\mathrm{T}} \tag{2-217}$$

式中：$\boldsymbol{\nu}_k = z_k - \hat{z}_{k|k-1}$，$\hat{z}_{k|k-1}$表示量测一步预测值；$N$为平滑窗口的宽度。

极大似然准则下的后验概率密度可以表示如下：

$$\boldsymbol{P}_{(z|\boldsymbol{\alpha})_k} = \frac{1}{\sqrt{(2\pi)^N |\boldsymbol{C}_{\nu_k}|}} \exp\left(-\frac{1}{2}\boldsymbol{\nu}_k^{\mathrm{T}} \boldsymbol{C}_{\nu_k}^{-1} \boldsymbol{\nu}_k\right) \tag{2-218}$$

式中：$\boldsymbol{\alpha}$表示需要估计的噪声方差阵，可表示为$\boldsymbol{\alpha} = \boldsymbol{\alpha}(\boldsymbol{Q},\boldsymbol{R})$；$N$为$\boldsymbol{C}_{\nu_k}$的行（列）数。

则在极大似然准则下的代价函数为

$$\boldsymbol{J}(\boldsymbol{\alpha}) = \sum_{i=k-N+1}^{k} |\boldsymbol{C}_{\nu_i}| + \sum_{i=k-N+1}^{k} \boldsymbol{\nu}_i \boldsymbol{C}_{v_i}^{-1} \boldsymbol{\nu}_i^{\mathrm{T}} \tag{2-219}$$

由$\partial \boldsymbol{J}/\partial \boldsymbol{\alpha} = 0$可得

$$\sum_{i=k-N+1}^{k}\left[\mathrm{tr}\left\{\boldsymbol{C}_{v_i}^{-1}\frac{\partial \boldsymbol{C}_{v_i}}{\partial \boldsymbol{\alpha}}\right\} - \boldsymbol{\nu}_i^{\mathrm{T}} \boldsymbol{C}_{v_i}^{-1} \frac{\partial \boldsymbol{C}_{v_i}}{\partial \boldsymbol{\alpha}} \boldsymbol{C}_{\nu_i}^{-1} \boldsymbol{\nu}_i\right] = 0 \tag{2-220}$$

其中，tr 表示取矩阵的迹。由式（2-220）可知自适应滤波的问题已经转化为新息方差对$\boldsymbol{\alpha}$求导的问题。

由文献[11]和卡尔曼滤波基本公式有

$$\boldsymbol{C}_{v_k} = \boldsymbol{R}_k + \boldsymbol{H}_k \boldsymbol{P}_{k|k-1} \boldsymbol{H}_k^{\mathrm{T}} \tag{2-221}$$

$$\boldsymbol{P}_{k|k-1} = \boldsymbol{\Phi}_{k|k-1} \boldsymbol{P}_{k-1} \boldsymbol{\Phi}_{k|k-1}^{\mathrm{T}} + \boldsymbol{Q}_k \tag{2-222}$$

式（2-221）和式（2-222）两边对$\boldsymbol{\alpha}$求导有

$$\frac{\partial \boldsymbol{C}_{v_k}}{\partial \boldsymbol{\alpha}} = \frac{\partial \boldsymbol{R}_k}{\partial \boldsymbol{\alpha}} + \boldsymbol{H}_k \frac{\partial \boldsymbol{P}_{k,k-1}}{\partial \alpha} \boldsymbol{H}_k^{\mathrm{T}} \tag{2-223}$$

$$\frac{\boldsymbol{P}_{k|k-1}}{\partial \boldsymbol{\alpha}} = \boldsymbol{\Phi}_{k|k-1} \frac{\boldsymbol{P}_{k-1}}{\partial \boldsymbol{\alpha}} \boldsymbol{\Phi}_{k|k-1}^{\mathrm{T}} + \frac{\partial \boldsymbol{Q}_k}{\partial \boldsymbol{\alpha}} \tag{2-224}$$

当滤波器达到稳定状态时，$\boldsymbol{P}_{k-1}$会趋于某一常值，由式（2-224）有

$$\frac{\partial \boldsymbol{P}_{k|k-1}}{\partial \boldsymbol{\alpha}} = \frac{\partial \boldsymbol{Q}_k}{\partial \boldsymbol{\alpha}} \tag{2-225}$$

对式（2-220）重组，并结合式（2-223）和式（2-225）有

$$\sum_{i=k-N+1}^{k} \mathrm{tr}\left\{[\boldsymbol{C}_{v_i}^{-1} - \boldsymbol{C}_{v_i}^{-1}\boldsymbol{\nu}_i\boldsymbol{\nu}_i^{\mathrm{T}}\boldsymbol{C}_{v_i}^{-1}]\left[\frac{\partial \boldsymbol{R}_i}{\partial \boldsymbol{\alpha}} + \boldsymbol{H}_i \frac{\partial \boldsymbol{Q}_i}{\partial \boldsymbol{\alpha}} \boldsymbol{H}_i^{\mathrm{T}}\right]\right\} = 0 \tag{2-226}$$

通过式（2-226）可以得到关于$\boldsymbol{\alpha}$，即$\boldsymbol{Q}$、$\boldsymbol{R}$的自适应估计值。

1）估计自适应量测噪声方差阵$\hat{\boldsymbol{R}}$

为获得自适应量测噪声方差阵$\hat{\boldsymbol{R}}$，假设$\boldsymbol{Q}$完全已知，即$\boldsymbol{\alpha}_i = \boldsymbol{R}_{ii}$。在这种假定条件下，由式（2-226）有

$$\sum_{i=k-N+1}^{k} \mathrm{tr}\{[\boldsymbol{C}_{v_i}^{-1} - \boldsymbol{C}_{v_i}^{-1}\boldsymbol{\nu}_i\boldsymbol{\nu}_i^{\mathrm{T}}\boldsymbol{C}_{v_i}^{-1}][\boldsymbol{I} + 0]\} = \sum_{i=1}^{k} \mathrm{tr}[\boldsymbol{C}_{v_i}^{-1}[\boldsymbol{C}_{v_i} - \boldsymbol{\nu}_i\boldsymbol{\nu}_i^{\mathrm{T}}]\boldsymbol{C}_{v_i}^{-1}] = 0 \tag{2-227}$$

要使上式成立，则必须有

$$\hat{\boldsymbol{C}}_{v_k} = \frac{1}{N}\sum_{i=k-N+1}^{k} \boldsymbol{\nu}_i \boldsymbol{\nu}_i^{\mathrm{T}} \tag{2-228}$$

结合式(2-221)可得

$$\widehat{\boldsymbol{R}}_k=\widehat{\boldsymbol{C}}_{v_k}-\boldsymbol{H}_k\boldsymbol{P}_{k|k-1}\boldsymbol{H}_k^{\mathrm{T}} \tag{2-229}$$

结合式(2-228)和式(2-229)即可得到自适应量测噪声方差阵的估计值 $\widehat{\boldsymbol{R}}$。

2）估计系统过程噪声方差阵 $\widehat{\boldsymbol{Q}}$

同样,在这里假设量测噪声方差阵精确已知,即 $\boldsymbol{\alpha}_i=\boldsymbol{Q}_{ii}$,由式(2-226)可知

$$\sum_{i=k-N+1}^{k}\mathrm{tr}\{\boldsymbol{H}_i^{\mathrm{T}}\boldsymbol{C}_{v_i}^{-1}\boldsymbol{H}_i-\boldsymbol{H}_i^{\mathrm{T}}\boldsymbol{C}_{v_i}^{-1}v_iv_i^{\mathrm{T}}\boldsymbol{C}_{v_i}^{-1}\boldsymbol{H}_i\}=0 \tag{2-230}$$

由文献[12-13]可知

$$\boldsymbol{C}_{v_k}^{-1}\boldsymbol{H}_k=\boldsymbol{K}_k^{\mathrm{T}}\boldsymbol{P}_{k|k-1}^{-1} \tag{2-231}$$

将式(2-231)代入式(2-230)并重组有

$$\begin{aligned}&\sum_{i=k-N+1}^{k}\mathrm{tr}\{\boldsymbol{P}_{i|i-1}^{-1}\boldsymbol{K}_i\boldsymbol{H}_i\boldsymbol{P}_{i|i-1}-\boldsymbol{P}_{i|i-1}^{-1}\boldsymbol{K}_i\boldsymbol{v}_i\boldsymbol{v}_i^{\mathrm{T}}\boldsymbol{K}_i^{\mathrm{T}}\boldsymbol{P}_{i|i-1}^{-1}\}\\&=\sum_{i=k-N+1}^{k}\mathrm{tr}\{\boldsymbol{P}_{i|i-1}^{-1}(\boldsymbol{K}_i\boldsymbol{H}_i\boldsymbol{P}_{i|i-1}-\boldsymbol{K}_i\boldsymbol{v}_i\boldsymbol{v}_i^{\mathrm{T}}\boldsymbol{K}_i^{\mathrm{T}})\boldsymbol{P}_{i|i-1}^{-1}\}\\&=0\end{aligned} \tag{2-232}$$

要使上式成立,则须有

$$\sum_{i=k-N+1}^{k}\mathrm{tr}\{\boldsymbol{K}_i\boldsymbol{H}_i\boldsymbol{P}_{i|i-1}-\boldsymbol{K}_i\boldsymbol{v}_i\boldsymbol{v}_i^{\mathrm{T}}\boldsymbol{K}_i^{\mathrm{T}}\}=0 \tag{2-233}$$

由卡尔曼滤波基本公式有

$$\boldsymbol{K}_k\boldsymbol{H}_k\boldsymbol{P}_{k|k-1}=\boldsymbol{P}_k-\boldsymbol{P}_{k|k-1} \tag{2-234}$$

另外,状态更正量 $\Delta\boldsymbol{x}_k$ 可计算如下:

$$\Delta\boldsymbol{x}_k=\widehat{\boldsymbol{x}}_k-\widehat{\boldsymbol{x}}_{k|k-1}=\boldsymbol{K}_k\boldsymbol{v}_k \tag{2-235}$$

将式(2-222)、式(2-234)和式(2-235)代入式(2-233)可得

$$\widehat{\boldsymbol{Q}}_k=\frac{1}{N}\sum_{i=k-N+1}^{k}\Delta\boldsymbol{x}_i\Delta\boldsymbol{x}_i^{\mathrm{T}}+\boldsymbol{P}_k-\boldsymbol{\Phi}_{k|k-1}^{\mathrm{T}}\boldsymbol{P}_{k-1}\boldsymbol{\Phi}_{k|k-1} \tag{2-236}$$

原则上,自适应卡尔曼滤波能同时对 $\boldsymbol{R}$ 和 $\boldsymbol{Q}$ 进行调节,但是由于通常很难区分由过程噪声引起的误差和量测噪声引起的误差,同时对 $\boldsymbol{R}$ 和 $\boldsymbol{Q}$ 进行调节的自适应卡尔曼滤波算法的鲁棒性较差。利用新息序列对 $\boldsymbol{R}$ 和 $\boldsymbol{Q}$ 同时调整时,容易导致滤波过程不稳定,所以应该避免对 $\boldsymbol{R}$ 和 $\boldsymbol{Q}$ 同时进行调整。

参考文献

[1] Kalman R E. A new approach to linear filtering and prediction problems[J]. Journal of Basic Engineering. 1960, 82 (1): 35-45.

[2] 秦永元,张洪钺,汪叔华. 卡尔曼滤波与组合导航原理[M]. 西安:西北工业大学出版社, 1998.

[3] Simon D. Optimal state estimation: Kalman, H∞ and nonlinear approaches[M]. NY: John Wiley and Sons, 2006.

[4] Zarchan P. Fundamentals of Kalman Filtering-A Practical Approach(Second Edition)[M]. AIAA, 2005.

[5] Grewal S, Andrews A. Kalman filtering: Theory and application using Matlab(Second Edition)[M]. New York: A Wiley-Interscience Publication, 2008.

[6] Arthur G, Goseph F K, et al. Applied optimal estimation[M]. London: The MIT Press, 1979.

[7] 付梦印,邓志红,张继伟. Kalman 滤波理论及其在导航系统中的应用[M]. 北京:科学出版社,2003.

[8] Mehra R. Approaches to adaptive filtering[J]. IEEE Trans. on Automatic Control. 1972, 17(5): 693 – 698.

[9] Kashyap R L. Maximum likelihood identification of stochastic linear systems[J]. IEEE Trans. on Automatic Control. 1970, 15(1): 25 – 34.

[10] Poore A B, Slocumb B J, Suchomel B J, et al. Batch maximum likelihood (ML) and maximum a posteriori (MAP) estimation with process noise for tracking applications[J]. Signal and data processing of small targets 2003. Belligham, WA, 2003: 188 – 199.

[11] Gelb A. Applied optimal filtering[M]. London: The MIT Press, 1974.

[12] Brown R G. Introduction to random signals analysis and Kalman filtering[M]. New York, NY: John Wiley and Sons, 1983.

[13] Mohamed A, Schwarz K. Adaptive Kalman filtering for INS/GPS[J]. Journal of Geodesy, 1999, 73(4): 193 – 203.

第3章 非线性系统最优滤波及次优滤波

第2章讨论了线性系统的卡尔曼滤波问题。系统的线性数学模型,在某些特定情况下,的确能够反映出实际系统或过程的性能和特点。但是,任何实际系统总是存在不同程度的非线性,其中有些系统可以近似看成线性系统,而大多系统则不能仅用线性数学模型来描述,存在于这些系统中的非线性因素不能忽略,或为了更好地全面地分析实际系统,必须应用能准确反映实际系统的非线性数学模型。

鉴于此,可以用如下两类情况来描述系统的客观特性:线性系统和非线性系统。线性系统滤波问题就是线性卡尔曼滤波所要解决的问题,与此相关的各种滤波方法都已相当成熟,在此不再赘述。相比于线性系统,非线性系统的滤波问题将会遇到本质上的困难,主要表现在:

(1) 对于非线性高斯系统,即使初始状态和噪声均为高斯分布,由于系统具有非线性,状态和输出一般也不再是高斯分布,故先前关于高斯分布估计的结论不再适用。特别地,对于非线性非高斯系统,滤波问题将更为复杂。

(2) 对于线性系统,状态后验均值和协方差可以通过线性函数传递精确求得。而对于非线性系统,任一时刻的状态后验均值和协方差不能通过非线性函数的直接传递得到,其依赖于状态的高阶矩信息,故原来建立在线性方程基础之上的递推关系或微分方程将不再适用。

(3) 所有基于线性系统所得到的滤波理论都将失效,且叠加原理不再成立,状态、控制输入及噪声之间相互耦合,互相影响,理论分析更加困难。

非线性系统最优滤波的关键就是精确得到系统状态的后验概率密度函数,从这个角度出发,非线性最优滤波的一般方法可以由递推贝叶斯滤波统一描述。

3.1 递推贝叶斯滤波

考虑如下所示的非线性离散动态系统:

$$\boldsymbol{x}_k = \boldsymbol{f}_{k-1}(\boldsymbol{x}_{k-1}, \boldsymbol{w}_{k-1}) \tag{3-1}$$

$$z_k = \boldsymbol{h}_k(\boldsymbol{x}_k, \boldsymbol{v}_k) \tag{3-2}$$

式中:$\boldsymbol{x}_k \in \boldsymbol{R}^n$ 与 $z_k \in \boldsymbol{R}^m$ 分别是系统状态向量和量测向量;$\boldsymbol{f}_{k-1}(\cdot):\boldsymbol{R}^n \to \boldsymbol{R}^n$ 和 $\boldsymbol{h}_k(\cdot):\boldsymbol{R}^n \to \boldsymbol{R}^m$ 分别为系统非线性状态转移函数和测量函数;$\boldsymbol{w}_k \in \boldsymbol{R}^p$ 和 $\boldsymbol{v}_k \in \boldsymbol{R}^q$ 分别为系统的过程噪声和量测噪声。假设:

(1) 初始状态的概率密度函数 $p(\boldsymbol{x}_0)$ 已知。

(2) $\boldsymbol{w}_k$ 和 $\boldsymbol{v}_k$ 都是独立过程,且二者相互独立,它们与初始状态也相互独立;同时 $\boldsymbol{w}_k$ 和 $\boldsymbol{v}_k$ 的概率密度函数 $\rho(\boldsymbol{w}_k)$ 和 $\rho(\boldsymbol{v}_k)$ 也已知。

(3) 系统的状态服从一阶马尔可夫过程,即 $p(\boldsymbol{x}_k|\boldsymbol{x}_{k-1},\boldsymbol{x}_{k-2},\cdots,\boldsymbol{x}_0)=p(\boldsymbol{x}_k|\boldsymbol{x}_{k-1})$;系统量测值仅与当前时刻的状态有关,即 $p(z_k|\boldsymbol{x}_k,A)=p(z_k|\boldsymbol{x}_k)$;过程所有滤波相关的概率密度函数都可以计算得到。

已知量测值 $\boldsymbol{Z}^k=\{z_1,z_2,\cdots,z_k\}$。后验概率密度 $p(\boldsymbol{x}_k|\boldsymbol{Z}^k)$ 在非线性滤波理论中起着非常重

要的作用，因为它封装了状态向量 $\boldsymbol{x}_k$ 的所有信息，同时蕴含了量测 $\boldsymbol{Z}^k$ 及状态先验分布等信息，因此 $p(\boldsymbol{x}_k|\boldsymbol{Z}^k)$ 提供了滤波问题的完全解。一旦获得了状态的后验概率密度函数，就可以计算出状态向量的多种统计特性，而且可以依照不同的准则函数，计算出状态变量的各种估计，如最小方差估计、最大后验估计等。这也就是采用递推贝叶斯滤波来描述一般非线性系统最优滤波问题的原因所在，因此，如何求解 $p(\boldsymbol{x}_k|\boldsymbol{Z}^k)$ 是非线性滤波的核心问题。

依据最小方差估计可以得到 k 时刻的状态估计及其估计误差的协方差阵，即

$$\hat{\boldsymbol{x}}_k^{\mathrm{MMSE}} = \mathrm{E}(\boldsymbol{x}_k|\boldsymbol{Z}^k) = \int \boldsymbol{x}_k p(\boldsymbol{x}_k|\boldsymbol{Z}^k)\mathrm{d}\boldsymbol{x}_k \tag{3-3}$$

$$\boldsymbol{P}_k = \int (\boldsymbol{x}_k - \hat{\boldsymbol{x}}_k)(\boldsymbol{x}_k - \hat{\boldsymbol{x}}_k)^{\mathrm{T}} p(\boldsymbol{x}_k|\boldsymbol{Z}^k)\mathrm{d}\boldsymbol{x}_k \tag{3-4}$$

同理根据极大后验估计原理，可以得到状态的极大后验估计

$$\hat{\boldsymbol{x}}_k^{\mathrm{MAP}} = \max p(\boldsymbol{x}_k|\boldsymbol{Z}^k)\big|_{\boldsymbol{x}_k=\hat{\boldsymbol{x}}_k} \tag{3-5}$$

递推贝叶斯滤波的核心思想就是基于所获得的量测信息 $\boldsymbol{Z}^k = \{z_1, z_2, \cdots, z_k\}$ 求得非线性系统状态估计完整描述的后验概率密度函数 $p(\boldsymbol{x}_k|\boldsymbol{Z}^k)$。递推贝叶斯滤波公式如下[1]：

(1) 假设在 $k-1$ 时刻已经获得了 $p(\boldsymbol{x}_{k-1}|\boldsymbol{Z}^{k-1})$，那么根据状态的一阶马尔可夫特性，状态一步预测的概率密度函数可以表示为

$$\begin{aligned}p(\boldsymbol{x}_k|\boldsymbol{Z}^{k-1}) &= \int p(\boldsymbol{x}_k, \boldsymbol{x}_{k-1}|\boldsymbol{Z}^{k-1})\,\mathrm{d}\boldsymbol{x}_{k-1} = \int p(\boldsymbol{x}_k|\boldsymbol{x}_{k-1}, \boldsymbol{Z}^{k-1})p(\boldsymbol{x}_k|\boldsymbol{Z}^{k-1})\mathrm{d}\boldsymbol{x}_{k-1}\\ &= \int p(\boldsymbol{x}_k|\boldsymbol{x}_{k-1})p(\boldsymbol{x}_{k-1}|\boldsymbol{Z}^{k-1})\,\mathrm{d}\boldsymbol{x}_{k-1}\end{aligned} \tag{3-6}$$

其中 $p(\boldsymbol{x}_k|\boldsymbol{x}_{k-1})$ 表示状态转移概率密度，当非线性系统具有可加性系统噪声时

$$p(\boldsymbol{x}_k|\boldsymbol{x}_{k-1}) = \int \delta(\boldsymbol{x}_k - \boldsymbol{f}_{k-1}(\boldsymbol{x}_{k-1}))\rho(\boldsymbol{w}_{k-1})\,\mathrm{d}\boldsymbol{x}_{k-1} \tag{3-7}$$

(2) 在已经获得 $p(\boldsymbol{x}_k|\boldsymbol{Z}^{k-1})$ 基础上，计算得到输出一步预测的概率密度函数

$$\begin{aligned}p(z_k|\boldsymbol{Z}^{k-1}) &= \int p(\boldsymbol{x}_k, z_k|\boldsymbol{Z}^{k-1})\,\mathrm{d}\boldsymbol{x}_k = \int p(z_k|\boldsymbol{x}_k, \boldsymbol{Z}^{k-1})\,p(\boldsymbol{x}_k|\boldsymbol{Z}^{k-1})\mathrm{d}\boldsymbol{x}_k\\ &= \int p(z_k|\boldsymbol{x}_k)p(\boldsymbol{x}_k|\boldsymbol{Z}^{k-1})\,\mathrm{d}\boldsymbol{x}_k\end{aligned} \tag{3-8}$$

其中，$p(z_k|\boldsymbol{x}_k)$ 表示输出似然概率密度函数，当非线性系统具有可加性量测噪声时

$$p(z_k|\boldsymbol{x}_k) = \int \delta(z_k - \boldsymbol{h}_k(\boldsymbol{x}_k))\rho(\boldsymbol{v}_k)\,\mathrm{d}\boldsymbol{x}_k \tag{3-9}$$

(3) 在 k 时刻已经获得新的量测值 z_k，可以利用贝叶斯公式计算得到系统状态的后验概率密度函数

$$\begin{aligned}p(\boldsymbol{x}_k|\boldsymbol{Z}^k) &= \frac{p(\boldsymbol{Z}^k|\boldsymbol{x}_k)p(\boldsymbol{x}_k)}{p(\boldsymbol{Z}^k)} = \frac{p(z_k, \boldsymbol{Z}^{k-1}|\boldsymbol{x}_k)p(\boldsymbol{x}_k)}{p(\boldsymbol{Z}^k)}\\ &= \frac{p(z_k|\boldsymbol{Z}^{k-1}, \boldsymbol{x}_k)p(\boldsymbol{Z}^{k-1}|\boldsymbol{x}_k)p(\boldsymbol{x}_k)}{p(z_k|\boldsymbol{Z}^{k-1})p(\boldsymbol{Z}^{k-1})}\\ &= \frac{p(z_k|\boldsymbol{Z}^{k-1}, \boldsymbol{x}_k)p(\boldsymbol{x}_k|\boldsymbol{Z}^{k-1})p(\boldsymbol{Z}^{k-1})p(\boldsymbol{x}_k)}{p(z_k|\boldsymbol{Z}^{k-1})p(\boldsymbol{Z}^{k-1})p(\boldsymbol{x}_k)}\end{aligned}$$

$$=\frac{p(z_k|\boldsymbol{x}_k)p(\boldsymbol{x}_k|\boldsymbol{Z}^{k-1})}{p(z_k|\boldsymbol{Z}^{k-1})} \tag{3-10}$$

由上面的滤波过程可以看出，递推贝叶斯滤波是通过时间更新及量测更新两个步骤完成的，其滤波算法实现框图如图3-1所示。

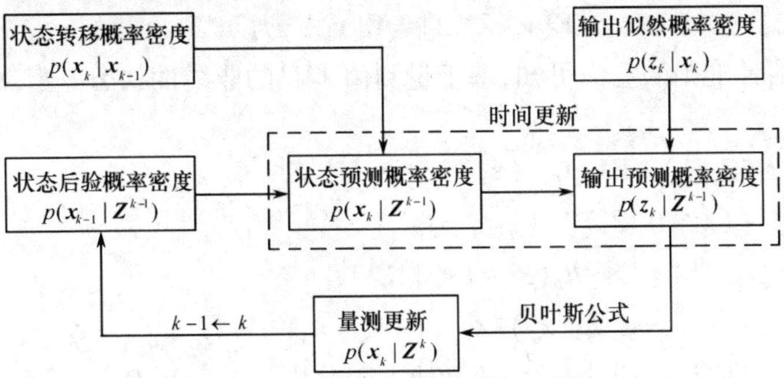

图3-1 递推贝叶斯滤波算法框图

3.2 非线性高斯系统最优滤波及次优滤波

由3.1节理论推导可以看出，递推贝叶斯滤波对系统服从线性还是非线性没有要求，因此可以得出这样的结论：适用于线性系统和非线性系统的最优滤波算法就是递推贝叶斯滤波算法。对于线性高斯系统而言，后验概率密度函数 $p(\boldsymbol{x}_k|\boldsymbol{Z}^{k-1})$、$p(z_k|\boldsymbol{Z}^{k-1})$ 及 $p(\boldsymbol{x}_k|\boldsymbol{Z}^k)$ 完全可以由均值和协方差表征，状态的最小方差估计可由卡尔曼滤波方程给出，其结果是最优的；而对于非线性高斯系统来说，状态的最优滤波算法也可以通过递推贝叶斯估计和最小方差估计准则获得，状态滤波递推公式与线性系统卡尔曼滤波相似。

3.2.1 非线性高斯系统最优滤波

通常情况下，卡尔曼滤波会被误解为其仅适用于状态空间结构为线性且状态服从高斯分布的系统。实际上，这种观点是对卡尔曼滤波器狭义上的理解，因为在推导卡尔曼滤波器时并没有要求系统必须是线性高斯分布的，也就是说，在研究系统状态最优估计问题时并没有对系统结构的本质作任何假设[2]。下面本书将依据最小方差估计准则，以递推贝叶斯滤波理论为基本理论框架，来研究非线性高斯系统的最优滤波及次优滤波问题。

1）加性白噪声

考虑如下所示的带加性白噪声的非线性高斯系统：

$$\boldsymbol{x}_k=\boldsymbol{f}_{k-1}(\boldsymbol{x}_{k-1})+\boldsymbol{w}_{k-1} \tag{3-11}$$

$$z_k=\boldsymbol{h}_k(\boldsymbol{x}_k)+\boldsymbol{v}_k \tag{3-12}$$

其中，$\boldsymbol{w}_k$ 和 $\boldsymbol{v}_k$ 均为相互独立的高斯白噪声，它们的统计特性如下：

$$\begin{cases}\mathrm{E}[\boldsymbol{w}_k]=\boldsymbol{q}_k,\mathrm{Cov}(\boldsymbol{w}_k,\boldsymbol{w}_j)=\boldsymbol{Q}_k\delta_{kj}\\ \mathrm{E}[\boldsymbol{v}_k]=\boldsymbol{r}_k,\mathrm{Cov}(\boldsymbol{v}_k,\boldsymbol{v}_j)=\boldsymbol{R}_k\delta_{kj}\\ \mathrm{Cov}(\boldsymbol{w}_k,\boldsymbol{v}_j)=\boldsymbol{0}\end{cases} \tag{3-13}$$

同时假设状态初始值 $\boldsymbol{x}_0$ 与 $\boldsymbol{w}_k$、$\boldsymbol{v}_k$ 彼此相互独立。根据最小方差估计准则，非线性高斯系统最优滤波问题是基于已知的量测信息 $\boldsymbol{Z}^k=\{z_1,z_2,\cdots,z_k\}$，求解条件均值 $\mathrm{E}[\boldsymbol{x}_k|\boldsymbol{Z}^{k-1}]$、$\mathrm{E}[z_k|\boldsymbol{Z}^{k-1}]$ 和

$\mathrm{E}[\boldsymbol{x}_k|\boldsymbol{Z}^k]$ 以及相应的协方差 $\boldsymbol{P}_{k|k-1}$、$\boldsymbol{P}_{z_k}$、$\boldsymbol{P}_{\tilde{x}_k\tilde{z}_k}$ 和 $\boldsymbol{P}_k$。

由系统噪声和量测噪声的高斯白噪声性质以及它们之间的互不相关性可知,量测值 $\boldsymbol{Z}^{k-1}$ 与 $\boldsymbol{w}_{k-1}$、$\boldsymbol{v}_k$ 互不相关,所以

$$\mathrm{E}[\boldsymbol{w}_{k-1}|\boldsymbol{Z}^{k-1}] = \mathrm{E}[\boldsymbol{w}_{k-1}] = \boldsymbol{q}_{k-1} \tag{3-14}$$

$$\mathrm{E}[\boldsymbol{v}_k|\boldsymbol{Z}^{k-1}] = \mathrm{E}[\boldsymbol{v}_k] = \boldsymbol{r}_k \tag{3-15}$$

根据最小方差估计准则的意义可知,基于量测值 $\boldsymbol{Z}^{k-1}$ 的非线性状态一步预测及输出预测可以表示成[3]

$$
\begin{aligned}
\widehat{\boldsymbol{x}}_{k|k-1} &= \mathrm{E}[\boldsymbol{x}_k|\boldsymbol{Z}^{k-1}] = \mathrm{E}\{[\boldsymbol{f}_{k-1}(\boldsymbol{x}_{k-1}) + \boldsymbol{w}_{k-1}]|\boldsymbol{Z}^{k-1}\} \\
&= \mathrm{E}[\boldsymbol{f}_{k-1}(\boldsymbol{x}_{k-1})|\boldsymbol{Z}^{k-1}] + \boldsymbol{q}_{k-1} = \boldsymbol{f}_{k-1}(\cdot)|_{x_{k-1}=\widehat{x}_{k-1}} + \boldsymbol{q}_{k-1}
\end{aligned} \tag{3-16}
$$

$$
\begin{aligned}
\widehat{\boldsymbol{z}}_{k|k-1} &= \mathrm{E}[\boldsymbol{z}_k|\boldsymbol{Z}^{k-1}] = \mathrm{E}\{[\boldsymbol{h}_k(\boldsymbol{x}_k) + \boldsymbol{v}_k]|\boldsymbol{Z}^{k-1}\} \\
&= \mathrm{E}[\boldsymbol{h}_k(\boldsymbol{x}_k)|\boldsymbol{Z}^{k-1}] + \boldsymbol{r}_k = \boldsymbol{h}_k(\cdot)|_{x_k=\widehat{x}_{k|k-1}} + \boldsymbol{r}_k
\end{aligned} \tag{3-17}
$$

假设 $p(\boldsymbol{x}_{k-1}|\boldsymbol{Z}^{k-1})$ 服从高斯分布,均值和协方差分别为 $\widehat{\boldsymbol{x}}_{k-1}$ 和 $\boldsymbol{P}_{k-1}$,那么

$$
\begin{aligned}
\boldsymbol{f}_{k-1}(\cdot)|_{x_{k-1}=\widehat{x}_{k-1}} &= \mathrm{E}[\boldsymbol{f}_{k-1}(\boldsymbol{x}_{k-1})|\boldsymbol{Z}^{k-1}] = \int \boldsymbol{f}_{k-1}(\boldsymbol{x}_{k-1}) p(\boldsymbol{x}_{k-1}|\boldsymbol{Z}^{k-1}) \mathrm{d}\boldsymbol{x}_{k-1} \\
&= \int \boldsymbol{f}_{k-1}(\boldsymbol{x}_{k-1}) \frac{1}{((2\pi)^n|\boldsymbol{P}_{k-1}|)^{1/2}} \exp\left[-\frac{1}{2}(\boldsymbol{x}_{k-1} - \widehat{\boldsymbol{x}}_{k-1})^{\mathrm{T}} \boldsymbol{P}_{k-1}^{-1}(\boldsymbol{x}_{k-1} - \widehat{\boldsymbol{x}}_{k-1})\right] \mathrm{d}\boldsymbol{x}_{k-1}
\end{aligned}
$$
$$\tag{3-18}$$

相应地,根据 $\boldsymbol{w}_k$、$\boldsymbol{v}_k$ 的高斯白噪声特性可知,$\boldsymbol{w}_{k-1}$ 与 $\boldsymbol{f}_{k-1}(\cdot)|_{x_{k-1}=\widehat{x}_{k-1}}$ 互不相关,故状态一步预测估计协方差为

$$
\begin{aligned}
\boldsymbol{P}_{k|k-1} &= \mathrm{E}[\tilde{\boldsymbol{x}}_{k|k-1}\tilde{\boldsymbol{x}}_{k|k-1}^{\mathrm{T}}] = \mathrm{E}[(\boldsymbol{x}_k - \widehat{\boldsymbol{x}}_{k|k-1})(\boldsymbol{x}_k - \widehat{\boldsymbol{x}}_{k|k-1})^{\mathrm{T}}] \\
&= \mathrm{E}[(\boldsymbol{f}_{k-1}(\boldsymbol{x}_{k-1}) - \boldsymbol{f}_{k-1}(\cdot)|_{x_{k-1}=\widehat{x}_{k-1}})(\boldsymbol{f}_{k-1}(\boldsymbol{x}_{k-1}) - \boldsymbol{f}_{k-1}(\cdot)|_{x_{k-1}=\widehat{x}_{k-1}})^{\mathrm{T}}] + \boldsymbol{Q}_{k-1} \\
&= \int (\boldsymbol{f}_{k-1}(\boldsymbol{x}_{k-1}) - \boldsymbol{f}_{k-1}(\cdot)|_{x_{k-1}=\widehat{x}_{k-1}})(\boldsymbol{f}_{k-1}(\boldsymbol{x}_{k-1}) - \boldsymbol{f}_{k-1}(\cdot)|_{x_{k-1}=\widehat{x}_{k-1}})^{\mathrm{T}} p(\boldsymbol{x}_{k-1}|\boldsymbol{Z}^{k-1}) \mathrm{d}\boldsymbol{x}_{k-1} + \boldsymbol{Q}_{k-1} \\
&= \int (\boldsymbol{f}_{k-1}(\boldsymbol{x}_{k-1}) - \boldsymbol{f}_{k-1}(\cdot)|_{x_{k-1}=\widehat{x}_{k-1}})(\boldsymbol{f}_{k-1}(\boldsymbol{x}_{k-1}) - \boldsymbol{f}_{k-1}(\cdot)|_{x_{k-1}=\widehat{x}_{k-1}})^{\mathrm{T}} \\
&\quad \times \frac{1}{((2\pi)^n|\boldsymbol{P}_{k-1}|)^{1/2}} \exp\left[-\frac{1}{2}(\boldsymbol{x}_{k-1} - \widehat{\boldsymbol{x}}_{k-1})^{\mathrm{T}} \boldsymbol{P}_{k-1}^{-1}(\boldsymbol{x}_{k-1} - \widehat{\boldsymbol{x}}_{k-1})\right] \mathrm{d}\boldsymbol{x}_{k-1} + \boldsymbol{Q}_{k-1}
\end{aligned} \tag{3-19}
$$

式中:$\tilde{\boldsymbol{x}}_{k|k-1}^{\mathrm{T}} = \boldsymbol{x}_k - \widehat{\boldsymbol{x}}_{k|k-1}^{\mathrm{T}}$ 为状态一步预测误差。

已知 $\widehat{\boldsymbol{x}}_{k|k-1}$ 和 $\boldsymbol{P}_{k|k-1}$,假设 $p(\boldsymbol{x}_k|\boldsymbol{Z}^{k-1})$ 也服从高斯分布,于是

$$
\begin{aligned}
\boldsymbol{h}_k(\cdot)_{x_k=\widehat{x}_{k|k-1}} &= \mathrm{E}[\boldsymbol{h}_k(\boldsymbol{x}_k)|\boldsymbol{Z}^{k-1}] = \int \boldsymbol{h}_k(\boldsymbol{x}_k) p(\boldsymbol{x}_k|\boldsymbol{Z}^{k-1}) \mathrm{d}\boldsymbol{x}_k \\
&= \int \boldsymbol{h}_k(\boldsymbol{x}_k) \frac{1}{((2\pi)^n|\boldsymbol{P}_{k|k-1}|)^{1/2}} \exp\left[-\frac{1}{2}(\boldsymbol{x}_k - \widehat{\boldsymbol{x}}_{k|k-1})^{\mathrm{T}} \boldsymbol{P}_{k|k-1}^{-1}(\boldsymbol{x}_k - \widehat{\boldsymbol{x}}_{k|k-1})\right] \mathrm{d}\boldsymbol{x}_k
\end{aligned}
$$
$$\tag{3-20}$$

同时,已知 $\boldsymbol{w}_k$ 和 $\boldsymbol{v}_k$ 均为互不相关的高斯白噪声,则 $\boldsymbol{v}_k$ 与 $\boldsymbol{h}_k(\cdot)|_{x_k=\widehat{x}_{k|k-1}}$、$\tilde{\boldsymbol{x}}_{k|k-1}$ 也互不相关,故输出预测估计自协方差及互协方差为

$$
\begin{aligned}
\boldsymbol{P}_{z_k} &= \mathrm{E}[\tilde{\boldsymbol{z}}_{k|k-1}\tilde{\boldsymbol{z}}_{k|k-1}^{\mathrm{T}}] = \mathrm{E}[(\boldsymbol{z}_k - \widehat{\boldsymbol{z}}_{k|k-1})(\boldsymbol{z}_k - \widehat{\boldsymbol{z}}_{k|k-1})^{\mathrm{T}}] \\
&= \mathrm{E}[(\boldsymbol{h}_k(\boldsymbol{x}_k) - \boldsymbol{h}_k(\cdot)|_{x_k=\widehat{x}_{k|k-1}})(\boldsymbol{h}_k(\boldsymbol{x}_k) - \boldsymbol{h}_k(\cdot)|_{x_k=\widehat{x}_{k|k-1}})^{\mathrm{T}}] + \boldsymbol{R}_k \\
&= \int (\boldsymbol{h}_k(\boldsymbol{x}_k) - \boldsymbol{h}_k(\cdot)|_{x_k=\widehat{x}_{k|k-1}})(\boldsymbol{h}_k(\boldsymbol{x}_k) - \boldsymbol{h}_k(\cdot)|_{x_k=\widehat{x}_{k|k-1}})^{\mathrm{T}} p(\boldsymbol{x}_k|\boldsymbol{Z}^{k-1}) \mathrm{d}\boldsymbol{x}_k + \boldsymbol{R}_k
\end{aligned}
$$

$$
= \int (\boldsymbol{h}_k(\boldsymbol{x}_k) - \boldsymbol{h}_k(\cdot)|_{\boldsymbol{x}_k=\hat{\boldsymbol{x}}_{k|k-1}})(\boldsymbol{h}_k(\boldsymbol{x}_k) - \boldsymbol{h}_k(\cdot)|_{\boldsymbol{x}_k=\hat{\boldsymbol{x}}_{k|k-1}})^{\mathrm{T}}
$$

$$
\times \frac{1}{((2\pi)^n|\boldsymbol{P}_{k|k-1}|)^{1/2}}\exp\left[-\frac{1}{2}(\boldsymbol{x}_k - \hat{\boldsymbol{x}}_{k|k-1})^{\mathrm{T}}\boldsymbol{P}_{k|k-1}^{-1}(\boldsymbol{x}_k - \hat{\boldsymbol{x}}_{k|k-1})\right]\mathrm{d}\boldsymbol{x}_k + \boldsymbol{R}_k \tag{3-21}
$$

$$
\begin{aligned}
\boldsymbol{P}_{\tilde{x}_k\tilde{z}_k} &= \mathrm{E}[\tilde{\boldsymbol{x}}_{k|k-1}\tilde{\boldsymbol{z}}_{k|k-1}^{\mathrm{T}}] = \mathrm{E}[(\boldsymbol{x}_k - \hat{\boldsymbol{x}}_{k|k-1})(\boldsymbol{z}_k - \hat{\boldsymbol{z}}_{k|k-1})^{\mathrm{T}}] \\
&= \mathrm{E}[(\boldsymbol{x}_k - \hat{\boldsymbol{x}}_{k|k-1})(\boldsymbol{h}_k(\boldsymbol{x}_k) - \boldsymbol{h}_k(\cdot)|_{\boldsymbol{x}_k=\hat{\boldsymbol{x}}_{k|k-1}})^{\mathrm{T}}] \\
&= \int (\boldsymbol{x}_k - \hat{\boldsymbol{x}}_{k|k-1})(\boldsymbol{h}_k(\boldsymbol{x}_k) - \boldsymbol{h}_k(\cdot)|_{\boldsymbol{x}_k=\hat{\boldsymbol{x}}_{k|k-1}})^{\mathrm{T}} \\
&\quad \times \frac{1}{((2\pi)^n|\boldsymbol{P}_{k|k-1}|)^{1/2}}\exp[-\frac{1}{2}(\boldsymbol{x}_k - \hat{\boldsymbol{x}}_{k|k-1})^{\mathrm{T}}\boldsymbol{P}_{k|k-1}^{-1}(\boldsymbol{x}_k - \hat{\boldsymbol{x}}_{k|k-1})]\mathrm{d}\boldsymbol{x}_k
\end{aligned} \tag{3-22}
$$

其中，$\tilde{\boldsymbol{z}}_{k|k-1} = \boldsymbol{z}_k - \hat{\boldsymbol{z}}_{k|k-1} = \boldsymbol{\varepsilon}_k$为新息序列。

以上根据最小方差估计准则，给出了状态估计时间更新过程。下面仍基于最小方差估计来推导状态估计量测更新过程。早已证明，对于状态服从高斯分布的线性或非线性系统，最小方差估计将是量测信息的线性函数，在这种情况下，最小方差估计与线性最小方差估计等价。为此，对于式(3-11)和式(3-12)所示的非线性高斯系统，可以将非线性系统状态估计 $\hat{\boldsymbol{x}}_k$线性表示为

$$
\hat{\boldsymbol{x}}_k = \hat{\boldsymbol{x}}_{k|k-1} + \boldsymbol{K}_k\tilde{\boldsymbol{z}}_{k|k-1} \tag{3-23}
$$

式中：$\boldsymbol{K}_k$为滤波增益矩阵。则相应地，状态估计误差可以表示为

$$
\begin{aligned}
\tilde{\boldsymbol{x}}_k &= \boldsymbol{x}_k - \hat{\boldsymbol{x}}_k = \boldsymbol{x}_k - \hat{\boldsymbol{x}}_{k|k-1} - \boldsymbol{K}_k\tilde{\boldsymbol{z}}_{k|k-1} \\
&= \tilde{\boldsymbol{x}}_{k|k-1} - \boldsymbol{K}_k\tilde{\boldsymbol{z}}_{k|k-1}
\end{aligned} \tag{3-24}
$$

于是，状态估计误差协方差阵可由下式给出：

$$
\begin{aligned}
\boldsymbol{P}_k &= \mathrm{E}[\tilde{\boldsymbol{x}}_k\tilde{\boldsymbol{x}}_k^{\mathrm{T}}] = \mathrm{E}[(\tilde{\boldsymbol{x}}_{k|k-1} - \boldsymbol{K}_k\tilde{\boldsymbol{z}}_{k|k-1})(\tilde{\boldsymbol{x}}_{k|k-1} - \boldsymbol{K}_k\tilde{\boldsymbol{z}}_{k|k-1})]^{\mathrm{T}} \\
&= \mathrm{E}[\tilde{\boldsymbol{x}}_{k|k-1}\tilde{\boldsymbol{x}}_{k|k-1}^{\mathrm{T}}] - \mathrm{E}[\tilde{\boldsymbol{x}}_{k|k-1}\tilde{\boldsymbol{z}}_{k|k-1}^{\mathrm{T}}]\boldsymbol{K}_k^{\mathrm{T}} - \boldsymbol{K}_k\mathrm{E}[\tilde{\boldsymbol{z}}_{k|k-1}\tilde{\boldsymbol{x}}_{k|k-1}^{\mathrm{T}}] \\
&\quad + \boldsymbol{K}_k\mathrm{E}[\tilde{\boldsymbol{z}}_{k|k-1}\tilde{\boldsymbol{z}}_{k|k-1}^{\mathrm{T}}]\boldsymbol{K}_k^{\mathrm{T}} \\
&= \boldsymbol{P}_{k|k-1} - \boldsymbol{P}_{\tilde{x}_k\tilde{z}_k}\boldsymbol{K}_k^{\mathrm{T}} - \boldsymbol{K}_k^{\mathrm{T}}\boldsymbol{P}_{\tilde{x}_k\tilde{z}_k}^{\mathrm{T}} + \boldsymbol{K}_k\boldsymbol{P}_{z_k}\boldsymbol{K}_k^{\mathrm{T}}
\end{aligned} \tag{3-25}
$$

下面根据最小均方误差估计准则，通过极小化式(3-25)所示的误差协方差矩阵 $\boldsymbol{P}_k$的迹求解 $\boldsymbol{K}_k$。

根据如下矩阵求导法则：

$$
\frac{\partial}{\partial \boldsymbol{A}}[\mathrm{tr}(\boldsymbol{ABA}^{\mathrm{T}})] = 2\boldsymbol{AB} \tag{3-26}
$$

$$
\frac{\partial}{\partial \boldsymbol{A}}[\mathrm{tr}(\boldsymbol{AC}^{\mathrm{T}})] = \frac{\partial}{\partial \boldsymbol{A}}[\mathrm{tr}(\boldsymbol{CA}^{\mathrm{T}})] = \boldsymbol{C} \tag{3-27}
$$

可得

$$
\frac{\partial \boldsymbol{P}_k}{\partial \boldsymbol{K}_k} = \frac{\partial}{\partial \boldsymbol{K}_k}(\boldsymbol{P}_{k|k-1} - \boldsymbol{P}_{\tilde{x}_k\tilde{z}_k}\boldsymbol{K}_k^{\mathrm{T}} - \boldsymbol{K}_k\boldsymbol{P}_{\tilde{x}_k\tilde{z}_k}^{\mathrm{T}} + \boldsymbol{K}_k\boldsymbol{P}_{\tilde{z}_k}\boldsymbol{K}_k^{\mathrm{T}}) = -2\boldsymbol{P}_{\tilde{x}_k\tilde{z}_k} + 2\boldsymbol{K}_k\boldsymbol{P}_{z_k} = 0 \tag{3-28}
$$

于是滤波增益矩阵 $\boldsymbol{K}_k^{\mathrm{T}}$可表示为

$$
\boldsymbol{K}_k^{\mathrm{T}} = \boldsymbol{P}_{\tilde{x}_k\tilde{z}_k}(\boldsymbol{P}_{z_k})^{-1} \tag{3-29}
$$

根据 $\boldsymbol{K}_k^{\mathrm{T}}$的表达式(3-29)，可知有如下等价关系：

$$\boldsymbol{K}_k\boldsymbol{P}_{\tilde{z}_k}\boldsymbol{K}_k^{\mathrm{T}}=\boldsymbol{P}_{\tilde{x}_k\tilde{z}_k}(\boldsymbol{P}_{\tilde{z}_k})^{-1}\boldsymbol{P}_{\tilde{z}_k}\boldsymbol{K}_k^{\mathrm{T}}=\boldsymbol{P}_{\tilde{x}_k\tilde{z}_k}\boldsymbol{K}_k^{\mathrm{T}} \tag{3-30}$$

$$\boldsymbol{K}_k\boldsymbol{P}_{\tilde{z}_k}\boldsymbol{K}_k^{\mathrm{T}}=\boldsymbol{K}_k\boldsymbol{P}_{\tilde{z}_k}[\boldsymbol{P}_{\tilde{x}_k\tilde{z}_k}(\boldsymbol{P}_{\tilde{z}_k})^{-1}]^{\mathrm{T}}=\boldsymbol{K}_k\boldsymbol{P}_{\tilde{x}_k\tilde{z}_k}^{\mathrm{T}} \tag{3-31}$$

于是，状态估计误差协方差矩阵 $\boldsymbol{P}_k$ 极小值为

$$\boldsymbol{P}_k=\boldsymbol{P}_{k|k-1}-\boldsymbol{P}_{\tilde{x}_k\tilde{z}_k}\boldsymbol{K}_k^{\mathrm{T}}=\boldsymbol{P}_{k|k-1}-\boldsymbol{K}_k\boldsymbol{P}_{\tilde{x}_k\tilde{z}_k}^{\mathrm{T}}=\boldsymbol{P}_{k|k-1}-\boldsymbol{K}_k\boldsymbol{P}_{\tilde{z}_k}\boldsymbol{K}_k^{\mathrm{T}} \tag{3-32}$$

从上述状态估计量测更新的推导结果可以看出，状态估计 $\hat{\boldsymbol{x}}_k$、增益矩阵 $\boldsymbol{K}_k$ 及协方差矩阵 $\boldsymbol{P}_k$ 的表达式与线性系统卡尔曼滤波完全一样，这是因为对于高斯系统，无论状态服从线性还是非线性，最小方差估计与线性最小方差估计等价，这样，2.1.3 节的线性最小方差估计结论 4 仍然适用于非线性高斯系统，由结论 4 完全可以推导出式(3-29)和式(3-32)所示的结果。

2）非加性白噪声

以上分析了加性白噪声情况下的非线性高斯系统最优滤波，当系统噪声和量测噪声为非可加时，式(3-11)和式(3-12)所示的非线性高斯系统变成

$$\boldsymbol{x}_k=\boldsymbol{f}_{k-1}(\boldsymbol{x}_{k-1},\boldsymbol{w}_{k-1}) \tag{3-33}$$

$$\boldsymbol{z}_k=\boldsymbol{h}_k(\boldsymbol{x}_k,\boldsymbol{v}_k) \tag{3-34}$$

式中：$\boldsymbol{w}_k$ 和 $\boldsymbol{v}_k$ 统计特性如式(3-13)所示；状态 $\boldsymbol{x}_k(k=0,1,2,\cdots)$ 与 $\boldsymbol{w}_k$、$\boldsymbol{v}_k$ 彼此相互独立。

为了求解状态一步预测，对状态进行如下扩维处理：

$$\boldsymbol{x}_{k-1}^a=\begin{bmatrix}\boldsymbol{x}_{k-1}\\ \boldsymbol{w}_{k-1}\end{bmatrix}$$

假设 $p(\boldsymbol{x}_{k-1}|\boldsymbol{Z}^{k-1})$ 服从高斯分布，均值和协方差分别为 $\hat{\boldsymbol{x}}_{k-1}$ 和 $\boldsymbol{P}_{k-1}$。同时注意到 $\boldsymbol{w}_{k-1}$ 为高斯序列，且与 $\boldsymbol{Z}^{k-1}$ 互不相关，那么 $p(\boldsymbol{x}_{k-1}^a|\boldsymbol{Z}^{k-1})$ 也服从高斯分布，均值和协方差分别由下式计算获得：

$$\hat{\boldsymbol{x}}_{k-1}^a=\mathrm{E}[\boldsymbol{x}_{k-1}^a|\boldsymbol{Z}^{k-1}]=\begin{bmatrix}\mathrm{E}(\boldsymbol{x}_{k-1}|\boldsymbol{Z}^{k-1})\\ \mathrm{E}(\boldsymbol{w}_{k-1}|\boldsymbol{Z}^{k-1})\end{bmatrix}=\begin{bmatrix}\hat{\boldsymbol{x}}_{k-1}\\ \boldsymbol{q}_{k-1}\end{bmatrix} \tag{3-35}$$

$$\boldsymbol{P}_{k-1}^a=\mathrm{E}[(\boldsymbol{x}_{k-1}^a-\hat{\boldsymbol{x}}_{k-1}^a)(\boldsymbol{x}_{k-1}^a-\hat{\boldsymbol{x}}_{k-1}^a)^{\mathrm{T}}]=\begin{bmatrix}\boldsymbol{P}_{k-1} & 0\\ 0 & \boldsymbol{Q}_{k-1}\end{bmatrix} \tag{3-36}$$

于是，根据最小方差估计准则的意义可知，基于量测信息 $\boldsymbol{Z}^{k-1}$，式(3-33)及式(3-34)所示的非线性系统状态一步预测及输出预测可以表示成

$$\begin{aligned}\hat{\boldsymbol{x}}_{k|k-1} &= \mathrm{E}[\boldsymbol{x}_k|\boldsymbol{Z}^{k-1}] = \mathrm{E}[\boldsymbol{f}_{k-1}(\boldsymbol{x}_{k-1},\boldsymbol{w}_{k-1})|\boldsymbol{Z}^{k-1}]\\ &= \mathrm{E}[\boldsymbol{f}_{k-1}(\boldsymbol{x}_{k-1}^a)|\boldsymbol{Z}^{k-1}] = \int\boldsymbol{f}_{k-1}(\boldsymbol{x}_{k-1}^a)p(\boldsymbol{x}_{k-1}^a|\boldsymbol{Z}^{k-1})\mathrm{d}\boldsymbol{x}_{k-1}^a\\ &= \int\boldsymbol{f}_{k-1}(\boldsymbol{x}_{k-1}^a)\frac{1}{((2\pi)^n|\boldsymbol{P}_{k-1}^a|)^{1/2}}\exp\left[-\frac{1}{2}(\boldsymbol{x}_{k-1}^a-\hat{\boldsymbol{x}}_{k-1}^a)^{\mathrm{T}}(\boldsymbol{P}_{k-1}^a)^{-1}(\boldsymbol{x}_{k-1}^a-\hat{\boldsymbol{x}}_{k-1}^a)\right]\mathrm{d}\boldsymbol{x}_{k-1}^a\\ &= \boldsymbol{f}_{k-1}(\cdot)\big|_{\boldsymbol{x}_{k-1}=\hat{\boldsymbol{x}}_{k-1},\boldsymbol{w}_{k-1}=\boldsymbol{q}_{k-1}}\end{aligned} \tag{3-37}$$

$$\begin{aligned}\boldsymbol{P}_{k|k-1} &= \mathrm{E}[\tilde{\boldsymbol{x}}_{k|k-1}\tilde{\boldsymbol{x}}_{k|k-1}^{\mathrm{T}}] = \mathrm{E}[(\boldsymbol{x}_k-\hat{\boldsymbol{x}}_{k|k-1})(\boldsymbol{x}_k-\hat{\boldsymbol{x}}_{k|k-1})^{\mathrm{T}}]\\ &= \int(\boldsymbol{f}_{k-1}(\boldsymbol{x}_{k-1}^a)-\hat{\boldsymbol{x}}_{k|k-1})(\boldsymbol{f}_{k-1}(\boldsymbol{x}_{k-1}^a)-\hat{\boldsymbol{x}}_{k|k-1})^{\mathrm{T}}\\ &\quad\times\frac{1}{((2\pi)^n|\boldsymbol{P}_{k-1}^a|)^{1/2}}\exp\left[-\frac{1}{2}(\boldsymbol{x}_{k-1}^a-\hat{\boldsymbol{x}}_{k-1}^a)^{\mathrm{T}}(\boldsymbol{P}_{k-1}^a)^{-1}(\boldsymbol{x}_{k-1}^a-\hat{\boldsymbol{x}}_{k-1}^a)\right]\mathrm{d}\boldsymbol{x}_{k-1}^a\end{aligned} \tag{3-38}$$

同理，为了求解输出预测，对状态进行如下扩维处理：

$$\boldsymbol{x}_k^b=\begin{bmatrix}\boldsymbol{x}_k\\ \boldsymbol{v}_k\end{bmatrix}$$

已知 $\hat{\boldsymbol{x}}_{k|k-1}$ 和 $\boldsymbol{P}_{k|k-1}$，假设 $p(\boldsymbol{x}_k|\boldsymbol{Z}^{k-1})$ 也服从高斯分布，那么 $p(\boldsymbol{x}_k|\boldsymbol{Z}^{k-1})$ 的均值和协方差分别为 $\hat{\boldsymbol{x}}_{k|k-1}$ 和 $\boldsymbol{P}_{k|k-1}$。同时注意到 $\boldsymbol{v}_k$ 为高斯序列，且与 $\boldsymbol{Z}^{k-1}$ 互不相关，那么 $p(\boldsymbol{x}_k^b|\boldsymbol{Z}^{k-1})$ 也服从高斯分布，均值和协方差分别由下式计算获得：

$$\hat{\boldsymbol{x}}_{k|k-1}^b=\mathrm{E}[\boldsymbol{x}_k^b|\boldsymbol{Z}^{k-1}]=\begin{bmatrix}\mathrm{E}(\boldsymbol{x}_k|\boldsymbol{Z}^{k-1})\\ \mathrm{E}(\boldsymbol{v}_k|\boldsymbol{Z}^{k-1})\end{bmatrix}=\begin{bmatrix}\hat{\boldsymbol{x}}_{k|k-1}\\ \boldsymbol{r}_k\end{bmatrix} \tag{3-39}$$

$$\boldsymbol{P}_{k|k-1}^b=\mathrm{E}[(\boldsymbol{x}_k^b-\hat{\boldsymbol{x}}_{k|k-1}^b)(\boldsymbol{x}_k^b-\hat{\boldsymbol{x}}_{k|k-1}^b)^{\mathrm{T}}]=\begin{bmatrix}\boldsymbol{P}_{k|k-1}^{\mathrm{T}} & 0\\ 0 & \boldsymbol{R}_k\end{bmatrix} \tag{3-40}$$

于是，根据最小方差估计准则的意义可知，基于量测信息 $\boldsymbol{Z}^{k-1}$，输出预测及协方差为

$$\begin{aligned}\hat{\boldsymbol{z}}_{k|k-1}&=\mathrm{E}[\boldsymbol{z}_k|\boldsymbol{Z}^{k-1}]=\mathrm{E}[\boldsymbol{h}_k(\boldsymbol{x}_k,\boldsymbol{v}_k)|\boldsymbol{Z}^{k-1}]\\ &=\mathrm{E}[\boldsymbol{h}_k(\boldsymbol{x}_k^b)|\boldsymbol{Z}^{k-1}]=\int\boldsymbol{h}_k(\boldsymbol{x}_k^b)p(\boldsymbol{x}_k^b|\boldsymbol{Z}^{k-1})\mathrm{d}\boldsymbol{x}_k^b\\ &=\int\boldsymbol{h}_k(\boldsymbol{x}_k^b)\frac{1}{((2\pi)^n|\boldsymbol{P}_{k|k-1}^b|)^{1/2}}\exp\left[-\frac{1}{2}(\boldsymbol{x}_k^b-\hat{\boldsymbol{x}}_{k|k-1}^b)^{\mathrm{T}}(\boldsymbol{P}_{k|k-1}^b)^{-1}(\boldsymbol{x}_k^b-\hat{\boldsymbol{x}}_{k|k-1}^b)\right]\mathrm{d}\boldsymbol{x}_k^b\\ &=\boldsymbol{h}_k(\cdot)|_{\boldsymbol{x}_k=\hat{\boldsymbol{x}}_{k|k-1},\boldsymbol{v}_k=\boldsymbol{r}_k}\end{aligned} \tag{3-41}$$

$$\begin{aligned}\boldsymbol{P}_{\tilde{z}_k}&=\mathrm{E}[\tilde{\boldsymbol{z}}_{k|k-1}\tilde{\boldsymbol{z}}_{k|k-1}^{\mathrm{T}}]=\mathrm{E}[(\boldsymbol{z}_k-\hat{\boldsymbol{z}}_{k|k-1})(\boldsymbol{z}_k-\hat{\boldsymbol{z}}_{k|k-1})^{\mathrm{T}}]\\ &=\int(\boldsymbol{h}_k(\boldsymbol{x}_k^b)-\hat{\boldsymbol{z}}_{k|k-1})(\boldsymbol{h}_k(\boldsymbol{x}_k^b)-\hat{\boldsymbol{z}}_{k|k-1})^{\mathrm{T}}\\ &\quad\times\frac{1}{((2\pi)^n|\boldsymbol{P}_{k|k-1}^b|)^{1/2}}\exp\left[-\frac{1}{2}(\boldsymbol{x}_k^b-\hat{\boldsymbol{x}}_{k|k-1}^b)^{\mathrm{T}}(\boldsymbol{P}_{k|k-1}^b)^{-1}(\boldsymbol{x}_k^b-\hat{\boldsymbol{x}}_{k|k-1}^b)\right]\mathrm{d}\boldsymbol{x}_k^b\end{aligned} \tag{3-42}$$

$$\begin{aligned}\boldsymbol{P}_{\tilde{x}_k z_k}&=\mathrm{E}[\tilde{\boldsymbol{x}}_{k|k-1}\tilde{\boldsymbol{z}}_{k|k-1}^{\mathrm{T}}]=\mathrm{E}[(\boldsymbol{x}_k-\hat{\boldsymbol{x}}_{k|k-1})(\boldsymbol{z}_k-\hat{\boldsymbol{z}}_{k|k-1})^{\mathrm{T}}]\\ &=\int(\boldsymbol{x}_k-\hat{\boldsymbol{x}}_{k|k-1})(\boldsymbol{h}_k(\boldsymbol{x}_k^b)-\hat{\boldsymbol{z}}_{k|k-1})^{\mathrm{T}}\\ &\quad\times\frac{1}{((2\pi)^n|\boldsymbol{P}_{k|k-1}^b|)^{1/2}}\exp\left[-\frac{1}{2}(\boldsymbol{x}_k^b-\hat{\boldsymbol{x}}_{k|k-1}^b)^{\mathrm{T}}(\boldsymbol{P}_{k|k-1}^b)^{-1}(\boldsymbol{x}_k^b-\hat{\boldsymbol{x}}_{k|k-1}^b)\right]\mathrm{d}\boldsymbol{x}_k^b\end{aligned} \tag{3-43}$$

式(3-33)及式(3-34)表示带非加性白噪声的非线性高斯系统，其状态估计量测更新过程可由式(3-23)、式(3-29)及式(3-32)表示。

3.2.2 非线性贝叶斯滤波所面临的挑战

上一节给出了最小方差估计准则下的非线性高斯系统状态最优滤波递推公式，在式(3-18)及式(3-20)中，$\boldsymbol{f}_{k-1}(\cdot)|_{\boldsymbol{x}_{k-1}=\hat{\boldsymbol{x}}_{k-1}}$ 表示状态估计值 $\hat{\boldsymbol{x}}_{k-1}$ 经非线性状态函数 $\boldsymbol{f}_{k-1}(\cdot)$ 传播之后的后验均值；$\boldsymbol{h}_k(\cdot)|_{\boldsymbol{x}_k=\hat{\boldsymbol{x}}_{k|k-1}}$ 表示一步状态预测 $\hat{\boldsymbol{x}}_{k|k-1}$ 经非线性测量函数 $\boldsymbol{h}_k(\cdot)$ 传播之后的后验均值。同理，在式(3-37)及式(3-41)中，$\boldsymbol{f}_{k-1}(\cdot)|_{\boldsymbol{x}_{k-1}=\hat{\boldsymbol{x}}_{k-1},\boldsymbol{w}_{k-1}=\boldsymbol{q}_{k-1}}$ 表示状态估计值 $\hat{\boldsymbol{x}}_{k-1}$ 及噪声均值 $\boldsymbol{q}_{k-1}$ 经非线性状态函数 $\boldsymbol{f}_{k-1}(\cdot)$ 传播之后的后验均值；$\boldsymbol{h}_k(\cdot)|_{\boldsymbol{x}_k=\hat{\boldsymbol{x}}_{k|k-1},\boldsymbol{v}_k=\boldsymbol{r}_k}$ 表示一步状态预测 $\hat{\boldsymbol{x}}_{k|k-1}$ 及噪声均值 $\boldsymbol{r}_k$ 经非线性测量函数 $\boldsymbol{h}_k(\cdot)$ 传播之后的后验均值。

对于线性高斯系统，状态估计值 $\hat{\boldsymbol{x}}_{k-1}$ 及一步状态预测值 $\hat{\boldsymbol{x}}_{k|k-1}$ 经线性状态函数和测量函数传播之后的后验均值可以精确已知，且计算简单；而对于非线性高斯系统来说，$\boldsymbol{f}_{k-1}(\cdot)|_{\boldsymbol{x}_{k-1}=\hat{\boldsymbol{x}}_{k-1}}$、$\boldsymbol{h}_k(\cdot)|_{\boldsymbol{x}_k=\hat{\boldsymbol{x}}_{k|k-1}}$、$\boldsymbol{f}_{k-1}(\cdot)|_{\boldsymbol{x}_{k-1}=\hat{\boldsymbol{x}}_{k-1},\boldsymbol{w}_{k-1}=\boldsymbol{q}_{k-1}}$ 及 $\boldsymbol{h}_k(\cdot)|_{\boldsymbol{x}_k=\hat{\boldsymbol{x}}_{k|k-1},\boldsymbol{v}_k=\boldsymbol{r}_k}$ 的计算依赖于高阶矩信息，并不能通过非线性状态函数及测量函数的直接传播得到，即

$$\begin{cases}\boldsymbol{f}_{k-1}(\cdot)|_{\boldsymbol{x}_{k-1}=\hat{\boldsymbol{x}}_{k-1}}=\mathrm{E}[\boldsymbol{f}_{k-1}(\boldsymbol{x}_{k-1})|\boldsymbol{Z}^{k-1}]\neq\boldsymbol{f}_{k-1}(\hat{\boldsymbol{x}}_{k-1})\\ \boldsymbol{h}_k(\cdot)|_{\boldsymbol{x}_k=\hat{\boldsymbol{x}}_{k|k-1}}=\mathrm{E}[\boldsymbol{h}_k(\boldsymbol{x}_k)|\boldsymbol{Z}^{k-1}]\neq\boldsymbol{h}_k(\hat{\boldsymbol{x}}_{k|k-1})\end{cases} \tag{3-44}$$

或

$$\begin{cases}\boldsymbol{f}_{k-1}(\cdot)|_{\boldsymbol{x}_{k-1}=\hat{\boldsymbol{x}}_{k-1},\boldsymbol{w}_{k-1}=\boldsymbol{q}_{k-1}}=\mathrm{E}\{\boldsymbol{f}_{k-1}(\boldsymbol{x}_{k-1},\boldsymbol{w}_{k-1})|\boldsymbol{Z}^{k-1}\}\neq\boldsymbol{f}_{k-1}(\hat{\boldsymbol{x}}_{k-1},\boldsymbol{q}_{k-1})\\ \boldsymbol{h}_k(\cdot)|_{\boldsymbol{x}_k=\hat{\boldsymbol{x}}_{k|k-1},\boldsymbol{v}_k=\boldsymbol{r}_k}=\mathrm{E}\{\boldsymbol{h}_k(\boldsymbol{x}_k,\boldsymbol{v}_k)|\boldsymbol{Z}^{k-1}\}=\boldsymbol{h}_k(\hat{\boldsymbol{x}}_{k|k-1},\boldsymbol{r}_k)\end{cases} \tag{3-45}$$

也就是说，对于非线性高斯系统来说，要得到精确的最优滤波解是非常困难的，而且在绝大多数情况下是根本不可能的，这是因为贝叶斯滤波中系统状态后验概率密度函数 $p(\boldsymbol{x}_k|\boldsymbol{Z}^k)$ 的求解是极为复杂困难的，甚至是根本无法实现的。因此贝叶斯滤波及3.2.1节推导的非线性高斯滤波只是非线性最优滤波的理论框架，实际中因其需要无尽的参数及大量的运算，应用起来十分困难。为此，人们通过寻找贝叶斯滤波近似解的方法提出了许多极具理论和实际意义的非线性高斯系统次优滤波算法。

3.2.3 次优滤波

目前，基于非线性高斯系统的经典次优滤波方法可以大致分为如下两类：

(1) 非线性函数近似，即将非线性环节线性化，对高阶项采用忽略或逼近的方法。EKF及对EKF的众多改进方法都属于此类[4,5]。

(2) 用确定性采样方法近似非线性分布。由于近似非线性函数的概率密度分布比近似非线性函数更容易，因此使用采样方法近似非线性分布来解决非线性滤波问题的途径得到了广泛关注。这种近似方法不需要对非线性状态和量测函数进行线性化，而是对状态的概率密度函数进行近似，近似后的概率密度函数仍然是高斯的。Sigma点卡尔曼滤波(SPKF)及对SPKF的改进算法等都属于此类。SPKF又可分为Unscented卡尔曼滤波(UKF)[6-8]和中心差分卡尔曼滤波(CDKF)[9-11]。

3.3 非线性非高斯系统粒子滤波

前面推导了非线性高斯系统状态最优滤波递推公式，同时介绍了一些非线性高斯系统次优滤波方法，从中可以看出，非线性高斯系统最优滤波及次优滤波都属于解析高斯滤波器，即它们都可由数学公式明确表达出来。但是对于非线性非高斯系统滤波问题，很难得到准确完整的解析式来描述这类系统的概率密度函数，导致贝叶斯滤波无法运行；而近年来发展起来的用于贝叶斯滤波的蒙特卡罗方法为解决非线性非高斯系统滤波问题提供了一种具有合理计算复杂度的可行性方法，从而奠定了粒子滤波的理论基础。

粒子滤波[12-14]是一种基于蒙特卡罗方法和递推贝叶斯滤波的统计滤波方法，它通过寻找一组在状态空间中传播的随机样本对概率密度函数 $p(\boldsymbol{x}_k|\boldsymbol{Z}^k)$ 进行近似。其基本思想是：首先依据系统状态的经验条件分布产生一组随机样本的集合，称这些样本为粒子，然后根据量测信息不断修正粒子的权重及位置，利用修正后的粒子信息来调整最初的经验条件分布。其实质就

是用粒子及其权重组成的离散随机测度近似相关的概率分布,并且根据算法递推更新离散随机测度。随着粒子数目的增加,粒子的概率密度函数逐渐逼近状态真实的后验概率密度函数,粒子滤波达到了最优贝叶斯滤波的效果,即粒子滤波是收敛的,收敛速度不受状态维数的限制。粒子滤波适用于任何可用状态空间模型描述的非线性非高斯随机系统,其在粒子样本容量很大时,精度可以逼近最优估计,从这个意义上讲,粒子滤波就是非线性非高斯系统的最优滤波器。

参考文献

[1] Merwe R V. Sigma-point Kalman filters for probabilistic inference in dynamic state-space models[M/OL]. http://www.cslu.ogi.edu/publications/, 2004.

[2] Anderson B D O, Moore J B. Optimal filtering[M]. New South Wales: Prentice Hall, 1979.

[3] Ito K, Xiong K. Gaussian filters for nonlinear filtering problems[J]. IEEE Transactions Automatic Control, 2000, 45(5): 910-927.

[4] 付梦印, 邓志红, 张继伟. Kalman 滤波理论及其在导航系统中的应用[M]. 北京: 科学出版社, 2003.

[5] Maybeck P S. Stochastic models, estimation and control[M]. New York: Academic Press, 1979.

[6] Julier S J, Uhlmann J K. A new extension of the Kalman filter to nonlinear systems [C]. The Proc of AeroSense: 11th Int. Symposium Aerospace/Defense Sensing, Simulation and Controls ,Orlando, 1997: 54-65.

[7] Julier S J, Uhlmann J. Unscented filtering and nonlinear estimation[C]. Proceedings of the IEEE ICMA 2004, 92(3): 401-422.

[8] Julier S J, Uhlmann J K. A new method for the nonlinear transformation of means and covariances in filters and estimators[J]. IEEE Transactions on Automatic Control, 2000, 45(3): 477-482.

[9] Nørgaard M, Poulsen N K, Ravn O. Advances in deriva-tive-free state estimation for nonlinear systems[R]. Technical Report, IMM-REP-1998-15, Department of Mathematical Modelling, DTU, revised April 2000.

[10] Nørgarrd M, Poulsen N K, Ravn O. New developments in state estimation for nonlinear systems[J]. Automatica, 2000, 36(11): 1627-1638.

[11] Nørgarrd M, Poulsen N K, Ravn O. Advances derivative-free state estimation for nonlinear systems[R]. Denmark: Department of Automation, Technical University of Denmark, 2000.

[12] 朱志宇. 粒子滤波算法及其应用[M]. 北京: 科学出版社, 2010.

[13] 韩崇昭, 朱洪艳, 段战胜. 多源信息融合[M]. 北京: 清华大学出版社, 2006.

[14] Chen Z. Bayesian Filtering: From Kalman Filters to Particle Filters, and Beyond [EB/OL]. http://www.math.u-bordeaux1.fr/~delmoral/chen_bayesian.pdf, 2009.

第 4 章　扩展卡尔曼滤波与强跟踪滤波

目前,应用最广的非线性高斯滤波器是扩展卡尔曼滤波(EKF),其通过对非线性状态及量测函数的泰勒展开式进行一阶线性化截断,继而将非线性滤波问题转化为线性卡尔曼滤波,故 EKF 是一种次优滤波器。然而长期的工程应用实践也表明,EKF 在系统模型存在不确定时易于发散,鲁棒性不佳。为此,周东华等[1]提出强跟踪滤波器以解决 EKF 关于模型不确定性时鲁棒性差的缺点。

4.1　非线性离散系统扩展卡尔曼滤波器

考虑如下带控制输入项的非线性离散系统:

$$\boldsymbol{x}_k = \boldsymbol{f}_{k-1}(\boldsymbol{x}_{k-1},\boldsymbol{u}_{k-1},\boldsymbol{w}_{k-1}) \tag{4-1}$$

$$\boldsymbol{z}_k = \boldsymbol{h}_k(\boldsymbol{x}_k,\boldsymbol{v}_k) \tag{4-2}$$

式中:$\boldsymbol{u}_k \in \mathbf{R}^r$为输入向量;$\boldsymbol{w}_k \in \mathbf{R}^p$和 $\boldsymbol{v}_k \in \mathbf{R}^q$均为高斯白噪声,且互不相关,其统计特性为

$$\begin{cases} \mathrm{E}(\boldsymbol{w}_k) = \boldsymbol{q}_k, \mathrm{Cov}(\boldsymbol{w}_k,\boldsymbol{w}_j) = \boldsymbol{Q}_k\delta_{kj} \\ \mathrm{E}(\boldsymbol{v}_k) = \boldsymbol{r}_k, \mathrm{Cov}(\boldsymbol{v}_k,\boldsymbol{v}_j) = \boldsymbol{R}_k\delta_{kj} \\ \mathrm{Cov}(\boldsymbol{w}_k,\boldsymbol{v}_j) = \boldsymbol{0} \end{cases} \tag{4-3}$$

式中:$\boldsymbol{Q}_k$为对称非负定矩阵;$\boldsymbol{R}_k$为对称正定矩阵。初始状态 $\boldsymbol{x}_0$独立于 $\boldsymbol{w}_k$、$\boldsymbol{v}_k$,$\boldsymbol{x}_0$的均值和协方差为

$$\begin{cases} \hat{\boldsymbol{x}}_0 = \mathrm{E}(\boldsymbol{x}_0) \\ \boldsymbol{P}_0 = \mathrm{Cov}(\boldsymbol{x}_0,\boldsymbol{x}_0) = \mathrm{E}[(\boldsymbol{x}_0 - \hat{\boldsymbol{x}}_0)(\boldsymbol{x}_0 - \hat{\boldsymbol{x}}_0)^{\mathrm{T}}] \end{cases} \tag{4-4}$$

将非线性状态函数$\boldsymbol{f}_{k-1}(\cdot)$围绕滤波值$\hat{\boldsymbol{x}}_{k-1}$展成泰勒级数,并略去二阶以上项,得到

$$\boldsymbol{x}_k \approx \boldsymbol{f}_{k-1}(\hat{\boldsymbol{x}}_{k-1},\boldsymbol{u}_{k-1},\boldsymbol{q}_{k-1}) + \frac{\partial \boldsymbol{f}}{\partial \hat{\boldsymbol{x}}_{k-1}}(\boldsymbol{x}_{k-1} - \hat{\boldsymbol{x}}_{k-1}) + \frac{\partial \boldsymbol{f}}{\partial \boldsymbol{w}_{k-1}}(\boldsymbol{w}_{k-1} - \boldsymbol{q}_{k-1}) \tag{4-5}$$

其中

$$\frac{\partial \boldsymbol{f}}{\partial \hat{\boldsymbol{x}}_{k-1}} = \left.\frac{\partial \boldsymbol{f}_{k-1}(\boldsymbol{x}_{k-1},\boldsymbol{u}_{k-1},\boldsymbol{w}_{k-1})}{\partial \boldsymbol{x}_{k-1}}\right|_{\substack{\boldsymbol{x}_{k-1}=\hat{\boldsymbol{x}}_{k-1} \\ \boldsymbol{w}_{k-1}=\boldsymbol{q}_{k-1}}} = \begin{bmatrix} \frac{\partial f^1_{k-1}(\cdot)}{\partial x^1_{k-1}} & \frac{\partial f^1_{k-1}(\cdot)}{\partial x^2_{k-1}} & \cdots & \frac{\partial f^1_{k-1}(\cdot)}{\partial x^n_{k-1}} \\ \frac{\partial f^2_{k-1}(\cdot)}{\partial x^1_{k-1}} & \frac{\partial f^2_{k-1}(\cdot)}{\partial x^2_{k-1}} & \cdots & \frac{\partial f^2_{k-1}(\cdot)}{\partial x^n_{k-1}} \\ \vdots & \vdots & & \vdots \\ \frac{\partial f^n_{k-1}(\cdot)}{\partial x^1_{k-1}} & \frac{\partial f^n_{k-1}(\cdot)}{\partial x^2_{k-1}} & \cdots & \frac{\partial f^n_{k-1}(\cdot)}{\partial x^n_{k-1}} \end{bmatrix}_{\substack{\boldsymbol{x}_{k-1}=\hat{\boldsymbol{x}}_{k-1} \\ \boldsymbol{w}_{k-1}=\boldsymbol{q}_{k-1}}} \tag{4-6}$$

$$\frac{\partial \boldsymbol{f}}{\partial \boldsymbol{w}_{k-1}} = \left.\frac{\partial \boldsymbol{f}_{k-1}(\boldsymbol{x}_{k-1},\boldsymbol{u}_{k-1},\boldsymbol{w}_{k-1})}{\partial \boldsymbol{w}_{k-1}}\right|_{\substack{\boldsymbol{x}_{k-1}=\hat{\boldsymbol{x}}_{k-1}\\ \boldsymbol{w}_{k-1}=\boldsymbol{q}_{k-1}}} = \begin{bmatrix} \frac{\partial f_{k-1}^1(\cdot)}{\partial w_{k-1}^1} & \frac{\partial f_{k-1}^1(\cdot)}{\partial w_{k-1}^2} & \cdots & \frac{\partial f_{k-1}^1(\cdot)}{\partial w_{k-1}^p} \\ \frac{\partial f_{k-1}^2(\cdot)}{\partial w_{k-1}^1} & \frac{\partial f_{k-1}^2(\cdot)}{\partial w_{k-1}^2} & \cdots & \frac{\partial f_{k-1}^2(\cdot)}{\partial w_{k-1}^p} \\ \vdots & \vdots & & \vdots \\ \frac{\partial f_{k-1}^n(\cdot)}{\partial w_{k-1}^1} & \frac{\partial f_{k-1}^n(\cdot)}{\partial w_{k-1}^2} & \cdots & \frac{\partial f_{k-1}^n(\cdot)}{\partial w_{k-1}^p} \end{bmatrix}_{\substack{\boldsymbol{x}_{k-1}=\hat{\boldsymbol{x}}_{k-1}\\ \boldsymbol{w}_{k-1}=\boldsymbol{q}_{k-1}}} \tag{4-7}$$

其中

$$\boldsymbol{f}_{k-1}(\cdot) = [f_{k-1}^1(\cdot) \quad f_{k-1}^2(\cdot) \quad \cdots \quad f_{k-1}^n(\cdot)]^{\mathrm{T}} \tag{4-8}$$

$$\boldsymbol{x}_{k-1} = [x_{k-1}^1 \quad x_{k-1}^2 \quad \cdots \quad x_{k-1}^n]^{\mathrm{T}} \tag{4-9}$$

$$\boldsymbol{w}_{k-1} = [w_{k-1}^1 \quad w_{k-1}^2 \quad \cdots \quad w_{k-1}^p]^{\mathrm{T}} \tag{4-10}$$

令

$$\frac{\partial \boldsymbol{f}}{\partial \hat{\boldsymbol{x}}_{k-1}} = \boldsymbol{\Phi}_{k,k-1}, \quad \frac{\partial \boldsymbol{f}}{\partial \boldsymbol{w}_{k-1}} = \boldsymbol{\Gamma}_{k.k-1}, \boldsymbol{f}_{k-1}(\hat{\boldsymbol{x}}_{k-1},\boldsymbol{u}_{k-1},\boldsymbol{q}_{k-1}) - \frac{\partial \boldsymbol{f}}{\partial \hat{\boldsymbol{x}}_{k-1}}\hat{\boldsymbol{x}}_{k-1} = \boldsymbol{U}_{k-1} \tag{4-11}$$

则非线性系统状态函数式(4-1)一阶线性化后状态方程为

$$\boldsymbol{x}_k \approx \boldsymbol{\Phi}_{k,k-1}\boldsymbol{x}_{k-1} + \boldsymbol{U}_{k-1} + \boldsymbol{\Gamma}_{k,k-1}(\boldsymbol{w}_{k-1} - \boldsymbol{q}_{k-1}) \tag{4-12}$$

将非线性量测函数 $\boldsymbol{h}_k(\cdot)$ 围绕滤波值 $\hat{\boldsymbol{x}}_{k|k-1}$ 展成泰勒级数，并略去二阶以上项，得到

$$\boldsymbol{z}_k \approx \boldsymbol{h}_k(\hat{\boldsymbol{x}}_{k|k-1},\boldsymbol{r}_k) + \frac{\partial \boldsymbol{h}}{\partial \hat{\boldsymbol{x}}_{k|k-1}}(\boldsymbol{x}_k - \hat{\boldsymbol{x}}_{k|k-1}) + \frac{\partial \boldsymbol{h}}{\partial \boldsymbol{v}_k}\boldsymbol{v}_k \tag{4-13}$$

其中

$$\frac{\partial \boldsymbol{h}}{\partial \hat{\boldsymbol{x}}_{k|k-1}} = \left.\frac{\partial \boldsymbol{h}_k(\boldsymbol{x}_k,\boldsymbol{v}_k)}{\partial \boldsymbol{x}_k}\right|_{\substack{\boldsymbol{x}_k=\hat{\boldsymbol{x}}_{k|k-1}\\ \boldsymbol{v}_k=\boldsymbol{r}_k}} = \begin{bmatrix} \frac{\partial h_k^1(\cdot)}{\partial x_k^1} & \frac{\partial h_k^1(\cdot)}{\partial x_k^2} & \cdots & \frac{\partial h_k^1(\cdot)}{\partial x_k^n} \\ \frac{\partial h_k^2(\cdot)}{\partial x_k^1} & \frac{\partial h_k^2(\cdot)}{\partial x_k^2} & \cdots & \frac{\partial h_k^2(\cdot)}{\partial x_k^n} \\ \vdots & \vdots & & \vdots \\ \frac{\partial h_k^m(\cdot)}{\partial x_k^1} & \frac{\partial h_k^m(\cdot)}{\partial x_k^2} & \cdots & \frac{\partial h_k^m(\cdot)}{\partial x_k^n} \end{bmatrix}_{\substack{\boldsymbol{x}_k=\hat{\boldsymbol{x}}_{k|k-1}\\ \boldsymbol{v}_k=\boldsymbol{r}_k}} \tag{4-14}$$

$$\frac{\partial \boldsymbol{h}}{\partial \boldsymbol{v}_k} = \left.\frac{\partial \boldsymbol{h}_k(\boldsymbol{x}_k,\boldsymbol{v}_k)}{\partial \boldsymbol{v}_k}\right|_{\substack{\boldsymbol{x}_k=\hat{\boldsymbol{x}}_{k|k-1}\\ \boldsymbol{v}_k=\boldsymbol{r}_k}} = \begin{bmatrix} \frac{\partial h_k^1(\cdot)}{\partial v_k^1} & \frac{\partial h_k^1(\cdot)}{\partial v_k^2} & \cdots & \frac{\partial h_k^1(\cdot)}{\partial v_k^q} \\ \frac{\partial h_k^2(\cdot)}{\partial v_k^1} & \frac{\partial h_k^2(\cdot)}{\partial v_k^2} & \cdots & \frac{\partial h_k^2(\cdot)}{\partial v_k^q} \\ \vdots & \vdots & & \vdots \\ \frac{\partial h_k^m(\cdot)}{\partial v_k^1} & \frac{\partial h_k^m(\cdot)}{\partial v_k^2} & \cdots & \frac{\partial h_k^m(\cdot)}{\partial v_k^q} \end{bmatrix}_{\substack{\boldsymbol{x}_k=\hat{\boldsymbol{x}}_{k|k-1}\\ \boldsymbol{v}_k=\boldsymbol{r}_k}} \tag{4-15}$$

其中

$$\boldsymbol{h}_k(\cdot) = [h_k^1(\cdot) \quad h_k^2(\cdot) \quad \cdots \quad h_k^m(\cdot)]^{\mathrm{T}} \tag{4-16}$$

$$v_k = [v_k^1 \quad v_k^2 \quad \cdots \quad v_k^q]^{\mathrm{T}} \tag{4-17}$$

令

$$\frac{\partial \boldsymbol{h}}{\partial \hat{\boldsymbol{x}}_{k|k-1}} = \boldsymbol{H}_k, \quad \boldsymbol{h}_k(\hat{\boldsymbol{x}}_{k|k-1}, \boldsymbol{r}_k) - \frac{\partial \boldsymbol{h}}{\partial \hat{\boldsymbol{x}}_{k|k-1}} \hat{\boldsymbol{x}}_{k|k-1} = \boldsymbol{y}_k, \quad \frac{\partial \boldsymbol{h}}{\partial \boldsymbol{v}_k} = \boldsymbol{\Lambda}_k \tag{4-18}$$

则非线性系统量测函数式(4－2)一阶线性化后量测方程为

$$z_k \approx \boldsymbol{H}_k \boldsymbol{x}_k + \boldsymbol{y}_k + \boldsymbol{\Lambda}_k(\boldsymbol{v}_k - \boldsymbol{r}_k) \tag{4-19}$$

基于式(4－12)和式(4－19),应用线性卡尔曼滤波基本方程可得 EKF 如下

$$\hat{\boldsymbol{x}}_k = \hat{\boldsymbol{x}}_{k|k-1} + \boldsymbol{K}_k(z_k - \hat{z}_{k|k-1}) \tag{4-20}$$

$$\hat{\boldsymbol{x}}_{k|k-1} = \boldsymbol{\Phi}_{k,k-1}\hat{\boldsymbol{x}}_{k-1} + \boldsymbol{U}_{k-1} = \boldsymbol{f}_{k-1}(\hat{\boldsymbol{x}}_{k-1}, \boldsymbol{u}_{k-1}, \boldsymbol{q}_{k-1}) \tag{4-21}$$

$$\hat{z}_{k|k-1} = \boldsymbol{H}_k \hat{\boldsymbol{x}}_{k|k-1} + \boldsymbol{y}_k = \boldsymbol{h}_k(\hat{\boldsymbol{x}}_{k|k-1}, \boldsymbol{r}_k) \tag{4-22}$$

$$\boldsymbol{K}_k = \boldsymbol{P}_{k|k-1}\boldsymbol{H}_k^{\mathrm{T}}(\boldsymbol{H}_k\boldsymbol{P}_{k|k-1}\boldsymbol{H}_k^{\mathrm{T}} + \boldsymbol{\Lambda}_k\boldsymbol{R}_k\boldsymbol{\Lambda}_k^{\mathrm{T}})^{-1} \tag{4-23}$$

$$\boldsymbol{P}_{k|k-1} = \boldsymbol{\Phi}_{k,k-1}\boldsymbol{P}_{k-1}\boldsymbol{\Phi}_{k,k-1}^{\mathrm{T}} + \boldsymbol{\Gamma}_{k,k-1}\boldsymbol{Q}_{k-1}\boldsymbol{\Gamma}_{k,k-1}^{\mathrm{T}} \tag{4-24}$$

$$\boldsymbol{P}_k = (\boldsymbol{I} - \boldsymbol{K}_k\boldsymbol{H}_k)\boldsymbol{P}_{k|k-1} \tag{4-25}$$

最后应当指出,上述非线性离散系统 EKF 方程只有在滤波误差 $\tilde{\boldsymbol{x}}_k = \boldsymbol{x}_k - \hat{\boldsymbol{x}}_k$ 和一步状态预测误差 $\tilde{\boldsymbol{x}}_{k|k-1} = \boldsymbol{x}_k - \hat{\boldsymbol{x}}_{k|k-1}$ 较小时才能适用。

4.2 强跟踪滤波器(STF)简介

当非线性模型式(4－1)和式(4－2)具有足够的精度,且初始条件 $\hat{\boldsymbol{x}}_0$、$\boldsymbol{P}_0$ 选择得当,则 4.1 节所讨论的 EKF 可以给出比较准确的状态估计值。

然而,任何一个实际系统都具有不同程度的不确定性,这些不确定性有时表现在系统内部,有时表现在系统外部。从系统内部来讲,描述被控对象数学模型的结构和参数,设计者事先并不一定能确切知道。外部环境对系统的影响可以等效地用扰动来表示,这些扰动通常是不可预测的,它们可能是确定性的,也可能是随机性的。此外,还有一些测量噪声从不同的测量反馈回路进入系统,并且这些随机扰动噪声的统计特性通常是未知的。因此,通常情况下式(4－1)和式(4－2)所示的非线性理论模型与系统的实际模型并不能完全匹配,即系统存在模型不确定性。造成模型不确定性的主要原因可以归纳如下:

(1) 模型简化。即采用较少的状态变量来描述系统的主要特征,忽略掉实际系统某些不重要的状态特征。这些未建模状态在某些特殊条件下有可能被激发起来,造成模型与实际不匹配。

(2) 系统噪声统计不准确。即所建模型的噪声统计特性与实际系统的噪声统计特性有较大的差异。

(3) 对实际系统初始状态的统计特性建模不准确。

(4) 由于实际系统运行中会出现器件老化、损坏等原因,系统参数发生了变化,造成模型与实际系统不匹配。

遗憾的是,EKF 的滤波基本方程是基于传统线性卡尔曼滤波所推导得到的,线性卡尔曼滤波所具有的一些固有理论缺陷,EKF 也无法避免。当系统模型存在不确定性时,EKF 滤波精度

下降,甚至可能发散,即 EKF 关于模型不确定性的鲁棒性很差。另外,当滤波稳定时,EKF 将丧失对突变状态的跟踪能力。这是因为当系统达到平稳状态时,EKF 的增益矩阵 $\boldsymbol{K}_k$将趋于极小值,此时若系统状态发生突变,预报残差 ε_k将会随之增大,而增益阵 $\boldsymbol{K}_k$因离线计算的原因仍将保持极小值,不会随残差 ε_k增大而相应地变大,从而导致 EKF 无法实时跟踪系统状态的变化。

为了克服 EKF 所存在的上述缺点,文献[1]引入了强跟踪滤波器(Strong Tracking Filter, STF)的概念。

4.2.1 STF 的提出

定义具有如下优良特性的滤波器为强跟踪滤波器:

(1) 较强的关于模型参数失配的鲁棒性;

(2) 较低的关于系统测量噪声及初始状态统计特性的敏感性;

(3) 极强的关于突变状态的跟踪能力,并在滤波器达到稳态时保持这种能力;

(4) 滤波稳定性和收敛性强,可靠性高;

(5) 适中的计算复杂度。

显然,特性(1) ~(4)就是为了克服 EKF 的上述两大缺陷而提出来的,特性(5)是为了使得 STF 便于实时应用。

STF 实现的关键就是如何在线实时调整变增益矩阵 $\boldsymbol{K}_k$,为此采用传统线性卡尔曼滤波中的正交性原理来说明此问题。

4.2.2 正交性原理

文献[2]已经证明,当理论模型与实际系统完全匹配时,线性卡尔曼滤波器的输出残差序列是不自相关或相互正交的高斯白噪声序列。从物理意义上理解,这表示残差序列中的一切有用信息都已被滤波器提取出来,因此,可以把残差序列的不相关性作为衡量滤波性能是否优良的标志。但 EKF 是一种次优滤波器,残差序列完全不相关是不可能的,故只要 EKF 残差序列是弱自相关的,就可以认为 EKF 具有比较好的滤波效果。

据此,给出 STF 在线实时调整变增益矩阵 $\boldsymbol{K}_k$的理论基础——正交性原理:

(Ⅰ) $\mathrm{E}[(\boldsymbol{x}_k-\hat{\boldsymbol{x}}_k)(\boldsymbol{x}_k-\hat{\boldsymbol{x}}_k)^{\mathrm{T}}]=\min$

(Ⅱ) $\mathrm{E}(\boldsymbol{\varepsilon}_{k+j}\boldsymbol{\varepsilon}_k^{\mathrm{T}})=0, k=1,2,\cdots,j=1,2,\cdots$

其中:条件(Ⅰ)就是 EKF 的性能指标;条件(Ⅱ)要求不同时刻的输出残差序列处处保持正交。

当系统模型存在不确定性时,如果 EKF 的状态估计值偏离系统的实际状态,则必然会在输出残差序列的均值和幅值上表现出来。此时若在线调整增益矩阵 $\boldsymbol{K}_k$,强行使条件(Ⅱ)成立,使得残差序列仍然保持相互正交,始终具有类似高斯白噪声的性质,这样在系统模型不确定时,STF 仍然能够保持对实际系统状态的有效跟踪。

当不存在系统模型不确定性时,条件(Ⅱ)自然成立,此时 STF 退化为通常的基于性能指标(Ⅰ)的 EKF。

特别地,对于非线性系统,要使正交性原理精确满足必须经过复杂的计算过程,而实际应用中为了减少计算量,只需要使正交性原理近似满足即可,以保证 STF 具有良好的实时性。

4.3 带次优渐消因子的扩展卡尔曼滤波器(SFEKF)

为了使 EKF 在系统模型不确定时具有强跟踪滤波器的优良特性,自然而然联想到采用时变的渐消因子来减弱旧观测量对当前滤波估计的影响，加大新观测数据的作用。这可以通过在状态预报误差协方差阵中引入渐消因子，以此来实时调整增益矩阵 $\boldsymbol{K}_k$。为此，上述 EKF 滤波基本方程中式(4-24)修改为

$$\boldsymbol{P}_{k|k-1} = \lambda_k \boldsymbol{\Phi}_{k,k-1} \boldsymbol{P}_{k-1} \boldsymbol{\Phi}_{k,k-1}^{\mathrm{T}} + \boldsymbol{\Gamma}_{k,k-1} \boldsymbol{Q}_{k-1} \boldsymbol{\Gamma}_{k,k-1}^{\mathrm{T}} \tag{4-26}$$

式中：$\lambda_k \geqslant 1$ 为时变的渐消因子。将这种修改后的 EKF 称为带渐消因子的扩展卡尔曼滤波器(Suboptimal Fading Extended Kalman Filter, SFEKF)。

如何根据4.2节的正交性原理来确定时变渐消因子 λ_k，我们给出如下定理。

定理 4-1 如果 EKF 状态估计误差 $\tilde{\boldsymbol{x}}_k = \boldsymbol{x}_k - \hat{\boldsymbol{x}}_k$ 远远小于状态值 $\boldsymbol{x}_k$，有下式成立：

$$\begin{aligned}\mathrm{E}(\boldsymbol{\varepsilon}_{k+j}\boldsymbol{\varepsilon}_k^{\mathrm{T}}) \approx\ & \boldsymbol{H}_{k+j}\boldsymbol{\Phi}_{k+j,k+j-1}(\boldsymbol{I} - \boldsymbol{K}_{k+j-1}\boldsymbol{H}_{k+j-1}) \cdot \cdots \cdot \boldsymbol{\Phi}_{k+3,k+2}(\boldsymbol{I} - \boldsymbol{K}_{k+2}\boldsymbol{H}_{k+2}) \cdot \\ & \boldsymbol{\Phi}_{k+2,k+1}(\boldsymbol{I} - \boldsymbol{K}_{k+1}\boldsymbol{H}_{k+1})\boldsymbol{\Phi}_{k+1,k}\mathrm{E}[(\boldsymbol{x}_k - \hat{\boldsymbol{x}}_k)\boldsymbol{\varepsilon}_k^{\mathrm{T}}]\end{aligned} \tag{4-27}$$

该定理的证明请参见文献[3]。

令 $\boldsymbol{V}_k = \mathrm{E}(\boldsymbol{\varepsilon}_k\boldsymbol{\varepsilon}_k^{\mathrm{T}})$，由式(4-20)可得

$$\boldsymbol{x}_k - \hat{\boldsymbol{x}}_k = \boldsymbol{x}_k - \hat{\boldsymbol{x}}_{k|k-1} - \boldsymbol{K}_k\boldsymbol{\varepsilon}_k = \tilde{\boldsymbol{x}}_{k|k-1} - \boldsymbol{K}_k\boldsymbol{\varepsilon}_k \tag{4-28}$$

同时将式(4-19)与式(4-20)相减可得

$$\boldsymbol{\varepsilon}_k = \boldsymbol{z}_k - \hat{\boldsymbol{z}}_{k|k-1} = \boldsymbol{H}_k \tilde{\boldsymbol{x}}_{k|k-1} + \boldsymbol{\Lambda}_k\boldsymbol{v}_k \tag{4-29}$$

则根据 $\tilde{\boldsymbol{x}}_{k|k-1}$ 与 $\boldsymbol{v}_k$ 的互不相关性可得

$$\begin{aligned}\mathrm{E}[(\boldsymbol{x}_k - \hat{\boldsymbol{x}}_k)\boldsymbol{\varepsilon}_k^{\mathrm{T}}] &= \mathrm{E}[(\tilde{\boldsymbol{x}}_{k|k-1} - \boldsymbol{K}_k\boldsymbol{\varepsilon}_k)\boldsymbol{\varepsilon}_k^{\mathrm{T}}] \\ &= \mathrm{E}[\tilde{\boldsymbol{x}}_{k|k-1}(\boldsymbol{H}_k \tilde{\boldsymbol{x}}_{k|k-1} + \boldsymbol{\Lambda}_k\boldsymbol{v}_k)^{\mathrm{T}}] - \boldsymbol{K}_k\mathrm{E}(\boldsymbol{\varepsilon}_k\boldsymbol{\varepsilon}_k^{\mathrm{T}}) \\ &= \boldsymbol{P}_{k|k-1}\boldsymbol{H}_k^{\mathrm{T}} - \boldsymbol{K}_k\boldsymbol{V}_k\end{aligned} \tag{4-30}$$

由以上推导可知，$\mathrm{E}(\boldsymbol{\varepsilon}_{k+j}\boldsymbol{\varepsilon}_k^{\mathrm{T}}) = 0$ 成立的一个充分条件为

$$\mathrm{E}[(\boldsymbol{x}_k - \hat{\boldsymbol{x}}_k)\boldsymbol{\varepsilon}_k^{\mathrm{T}}] = \boldsymbol{P}_{k|k-1}\boldsymbol{H}_k^{\mathrm{T}} - \boldsymbol{K}_k\boldsymbol{V}_k \equiv 0 \tag{4-31}$$

当系统模型式(4-1)和式(4-2)存在不确定性时，首先会在残差序列 $\boldsymbol{\varepsilon}_k$ 中表现出来，引起 $\boldsymbol{V}_k$ 发生变化，导致式(4-31)不恒等于零，根据式(4-27)可知 $\mathrm{E}(\boldsymbol{\varepsilon}_{k+j}\boldsymbol{\varepsilon}_k^{\mathrm{T}}) \neq 0$，即输出残差序列不正交。此时，只要通过引入渐消因子的方法在线实时调整增益阵 $\boldsymbol{K}_k$，使得式(4-31)成立，就可保证 EKF 的输出残差序列相互正交，从而使 EKF 具有强跟踪滤波器的性质。

为此，可以令

$$\boldsymbol{W}_k \triangleq \boldsymbol{P}_{k|k-1}\boldsymbol{H}_k^{\mathrm{T}} - \boldsymbol{K}_k\boldsymbol{V}_k \tag{4-32}$$

同时，定义如下性能指标 $g(\lambda_k)$，并通过使其最小化来求取渐消因子 λ_k

$$g(\lambda_k) = \sum_{i=1}^{n}\sum_{j=1}^{m} W_k^{ij} \tag{4-33}$$

$$\lambda_k = \min g(\lambda_k) \tag{4-34}$$

其中，$\boldsymbol{W}_k = [W_k^{ij}]_{n\times m}$。采用任何一元无约束非线性梯度规划方法，都可精确求解式(4-34)中 λ_k 的最优解。

4.3.1 最优渐消因子

取初始值 $\lambda_1 = 1$，λ_k 可由下面的迭代公式得到[4]

$$\lambda_k = \lambda_{k-1} - \varphi\frac{\partial g(\lambda_k)}{\lambda_k}, \quad k = 1,2,\cdots \tag{4-35}$$

其中，$\varphi>0$ 为迭代步长。

φ 的选择需要一定的技巧，以便使 $g(\lambda_k)$ 快速衰减，$\frac{\partial g(\lambda_k)}{\lambda_k}$ 具体可由下列公式得到

$$\frac{\partial g(\lambda_k)}{\lambda_k}=\sum_{i=1}^{n}\sum_{j=1}^{m}2W_k^{ij}\left[\frac{\partial \boldsymbol{W}_k}{\partial \boldsymbol{\lambda}_k}\right]^{ij} \tag{4-36}$$

其中

$$\frac{\partial \boldsymbol{W}_k}{\partial \boldsymbol{\lambda}_k}=\boldsymbol{\Phi}_{k,k-1}\boldsymbol{P}_k\boldsymbol{\Phi}_{k,k-1}^{\mathrm{T}}\boldsymbol{H}_k^{\mathrm{T}}[\boldsymbol{I}-(\boldsymbol{B}_k)^{-1}\boldsymbol{V}_k]+\boldsymbol{K}_k\boldsymbol{H}_k\boldsymbol{\Phi}_{k,k-1}\boldsymbol{P}_k\boldsymbol{\Phi}_{k,k-1}^{\mathrm{T}}\boldsymbol{H}_k^{\mathrm{T}}(\boldsymbol{B}_k)^{-1}\boldsymbol{V}_k \tag{4-37}$$

$$\boldsymbol{K}_k=\boldsymbol{P}_{k|k-1}\boldsymbol{H}_k^{\mathrm{T}}(\boldsymbol{B}_k)^{-1} \tag{4-38}$$

$$\boldsymbol{B}_k=\boldsymbol{H}_k\boldsymbol{P}_{k|k-1}\boldsymbol{H}_k^{\mathrm{T}}+\boldsymbol{\Lambda}_k\boldsymbol{R}_k\boldsymbol{\Lambda}_k^{\mathrm{T}} \tag{4-39}$$

$$\boldsymbol{P}_{k|k-1}=\lambda_k\boldsymbol{\Phi}_{k,k-1}\boldsymbol{P}_{k-1}\boldsymbol{\Phi}_{k,k-1}^{\mathrm{T}}+\boldsymbol{\Gamma}_{k,k-1}\boldsymbol{Q}_{k-1}\boldsymbol{\Gamma}_{k,k-1}^{\mathrm{T}} \tag{4-40}$$

$$\boldsymbol{P}_k=(\boldsymbol{I}-\boldsymbol{K}_k\boldsymbol{H}_k)\boldsymbol{P}_{k|k-1} \tag{4-41}$$

式(4－37)中，残差协方差矩阵 $\boldsymbol{V}_k$ 的实际值在 λ_k 的迭代求解中是未知的，可以通过下式估算出来[1]：

$$\boldsymbol{V}_k=\begin{cases}\boldsymbol{\varepsilon}_1\boldsymbol{\varepsilon}_1^{\mathrm{T}} & k=1\\ \dfrac{\rho\boldsymbol{V}_{k-1}+\boldsymbol{\varepsilon}_k\boldsymbol{\varepsilon}_k^{\mathrm{T}}}{1+\rho} & k\geqslant 2\end{cases} \tag{4-42}$$

其中，$0<\rho\leqslant 1$ 为遗忘因子，通常取 $\rho=0.95$。

采用上述算法求解得到的渐消因子 λ_k 实际上是一种最优渐消因子，然而该算法计算量很大，很难实时应用，因为它无法保证在每一个采样时刻都能够收敛。为此，下面给出一种渐消因子 λ_k 的近似求解算法，称为次优渐消因子。

4.3.2 次优渐消因子

将式(4－23)代入式(4－31)得

$$\boldsymbol{P}_{k|k-1}\boldsymbol{H}_k^{\mathrm{T}}[\boldsymbol{I}-(\boldsymbol{H}_k\boldsymbol{P}_{k|k-1}\boldsymbol{H}_k^{\mathrm{T}}+\boldsymbol{\Lambda}_k\boldsymbol{R}_k\boldsymbol{\Lambda}_k^{\mathrm{T}})^{-1}\boldsymbol{V}_k]=0 \tag{4-43}$$

故式(4－31)成立的一个充分条件为

$$\boldsymbol{I}-(\boldsymbol{H}_k\boldsymbol{P}_{k|k-1}\boldsymbol{H}_k^{\mathrm{T}}+\boldsymbol{\Lambda}_k\boldsymbol{R}_k\boldsymbol{\Lambda}_k^{\mathrm{T}})^{-1}\boldsymbol{V}_k=0 \tag{4-44}$$

将式(4－40)代入式(4－44)并进行简化，可知

$$\lambda_k\boldsymbol{H}_k\boldsymbol{\Phi}_{k,k-1}\boldsymbol{P}_{k-1}\boldsymbol{\Phi}_{k,k-1}^{\mathrm{T}}\boldsymbol{H}_k^{\mathrm{T}}=\boldsymbol{V}_k-\boldsymbol{H}_k\boldsymbol{\Gamma}_{k,k-1}\boldsymbol{Q}_{k-1}\boldsymbol{\Gamma}_{k,k-1}^{\mathrm{T}}\boldsymbol{H}_k^{\mathrm{T}}-\boldsymbol{\Lambda}_k\boldsymbol{R}_k\boldsymbol{\Lambda}_k^{\mathrm{T}} \tag{4-45}$$

理论分析可以发现，只有在式(4－45)右端大于零的情况下，渐消因子 λ_k 才起作用。实际应用中，为了避免由 λ_k 引起的过调节作用，使状态估计更加平滑，可以在式(4－45)中引入弱化因子 β，得到

$$\lambda_k\boldsymbol{H}_k\boldsymbol{\Phi}_{k,k-1}\boldsymbol{P}_{k-1}\boldsymbol{\Phi}_{k,k-1}^{\mathrm{T}}\boldsymbol{H}_k^{\mathrm{T}}=\boldsymbol{V}_k-\boldsymbol{H}_k\boldsymbol{\Gamma}_{k,k-1}\boldsymbol{Q}_{k-1}\boldsymbol{\Gamma}_{k,k-1}^{\mathrm{T}}\boldsymbol{H}_k^{\mathrm{T}}-\beta\boldsymbol{\Lambda}_k\boldsymbol{R}_k\boldsymbol{\Lambda}_k^{\mathrm{T}} \tag{4-46}$$

其中，$\beta\geqslant 1$ 为一个选定的弱化因子。此数值可以凭经验来选择，也可以借助计算机仿真由下面的准则来确定：

$$\beta=\min\left(\sum_{k=1}^{L}\sum_{i=1}^{n}|x_k^i-\hat{x}_k^i|\right) \tag{4-47}$$

式中：L 为仿真步数。此准则反映了滤波器的累积误差。

定义

$$N_k = V_k - H_k \Gamma_{k,k-1} Q_{k-1} \Gamma_{k,k-1}^{\mathrm{T}} H_k^{\mathrm{T}} - \beta \Lambda_k R_k \Lambda_k^{\mathrm{T}} \tag{4-48}$$

$$M_k = H_k \Phi_{k,k-1} P_{k-1} \Phi_{k,k-1}^{\mathrm{T}} H_k^{\mathrm{T}} \tag{4-49}$$

则式(4-46)可以简化为

$$M_k \lambda_k = N_k \tag{4-50}$$

对上式两端求矩阵的迹,可以得到渐消因子 λ_k的次优解:

$$\lambda_k = \begin{cases} \lambda_0 & \lambda_0 \geq 1 \\ 1 & \lambda_0 < 1 \end{cases} \tag{4-51}$$

其中

$$\lambda_0 = \frac{\mathrm{tr}[N_k]}{\mathrm{tr}[M_k]}$$

显然,利用上式求出的渐消因子 λ_k只是式(4-46)的近似解,即次优解,只能反映此方程的主要特征,这也是次优渐消因子名称的由来。

4.4 带多重次优渐消因子的扩展卡尔曼滤波器(SMFEKF)

4.3 节基于正交变换原理推导出了一种具有强跟踪滤波器特性的带次优渐消因子的 EKF,其最大的特点就是采用单一渐消因子对所有状态数据通道进行渐消。然而,系统模型的不确定对不同状态的影响是不相同的,采用单一渐消因子时,有的状态跟踪性能好,有些则较差;若采用多个渐消因子,分别对不同的状态数据通道进行渐消,则有可能进一步提高滤波器的强跟踪性能。这种滤波器被称为带多重次优渐消因子的扩展卡尔曼滤波器(Suboptimal Multiple Fading Extended Kalman Filter, SMFEKF)。为此可以将式(4-26)修改为

$$P_{k|k-1} = \boldsymbol{\lambda}_k \Phi_{k,k-1} P_{k-1} \Phi_{k,k-1}^{\mathrm{T}} + \Gamma_{k,k-1} Q_{k-1} \Gamma_{k,k-1}^{\mathrm{T}} \tag{4-52}$$

式中:$\boldsymbol{\lambda}_k = \mathrm{diag}[\lambda_k^1, \lambda_k^2, \cdots, \lambda_k^n]$称为渐消因子矩阵,$\lambda_k^i \geq 1 (i = 1, 2, \cdots, n)$分别为对应于 n 个状态数据通道的渐消因子。

根据正交性原理,借鉴上节求单重次优因子的推导过程,通过极小化式(4-33)所示的性能指标来求解多重最优渐消因子 $\boldsymbol{\lambda}_k$,可以采用任何无约束的多元非线性规划方法来实现。文献[1]给出了一种变尺度非线性规划方法,但这种方法在求解 $\boldsymbol{\lambda}_k$的过程中需要迭代寻优,计算量大且只适合于离线状态估计。为此下面给出一种适合于在线运算的渐消因子次优求解方法。

由式(4-43)可知

$$H_k P_{k|k-1} H_k^{\mathrm{T}} = V_k - \Lambda_k R_k \Lambda_k^{\mathrm{T}} \tag{4-53}$$

将式(4-52)代入到式(4-53),同时引入弱化因子β,可得

$$H_k \boldsymbol{\lambda}_k \Phi_{k,k-1} P_{k-1} \Phi_{k,k-1}^{\mathrm{T}} H_k^{\mathrm{T}} = V_k - \beta \Lambda_k R_k \Lambda_k^{\mathrm{T}} - H_k \Gamma_{k,k-1} Q_{k-1} \Gamma_{k,k-1}^{\mathrm{T}} H_k^{\mathrm{T}} \tag{4-54}$$

其中,β 仍可由式(4-47)确定。对式(4-54)两边求矩阵的迹,并应用迹的可交换性质,即

$$\mathrm{tr}[AB] = \mathrm{tr}[BA] \tag{4-55}$$

则有下式成立:

$$\mathrm{tr}[\boldsymbol{\lambda}_k \Phi_{k,k-1} P_{k-1} \Phi_{k,k-1}^{\mathrm{T}} H_k^{\mathrm{T}} H_k] = \mathrm{tr}[V_k - \beta \Lambda_k R_k \Lambda_k^{\mathrm{T}} - H_k \Gamma_{k,k-1} Q_{k-1} \Gamma_{k,k-1}^{\mathrm{T}} H_k^{\mathrm{T}}] \tag{4-56}$$

同理,定义

$$N_k = V_k - H_k \Gamma_{k,k-1} Q_{k-1} \Gamma_{k,k-1}^{\mathrm{T}} H_k^{\mathrm{T}} - \beta \Lambda_k R_k \Lambda_k^{\mathrm{T}} \tag{4-57}$$

$$\boldsymbol{M}_k = \boldsymbol{\Phi}_{k,k-1}\boldsymbol{P}_{k-1}\boldsymbol{\Phi}_{k,k-1}^{\mathrm{T}}\boldsymbol{H}_k^{\mathrm{T}}\boldsymbol{H}_k \tag{4-58}$$

则式(4－56)简化为

$$\mathrm{tr}[\boldsymbol{\lambda}_k\boldsymbol{M}_k] = \mathrm{tr}[\boldsymbol{N}_k] \tag{4-59}$$

假若由系统的先验知识,可以大致确定

$$\lambda_k^1:\lambda_k^2:\cdots:\lambda_k^n = \alpha_1:\alpha_2:\cdots:\alpha_n \tag{4-60}$$

于是,令

$$\lambda_k^i = \alpha_i c_k,\quad i = 1,2,\cdots,n \tag{4-61}$$

式中:$\alpha_i \geqslant 1$ 均为预先选定的常数,由先验信息确定;c_k为待定因子。则可以确定多重次优渐消因子的一般算法如下:

$$\lambda_k^i = \begin{cases}\alpha_i c_k & \alpha_i c_k > 1\\ 1 & \alpha_i c_k \leqslant 1\end{cases} \tag{4-62}$$

将式(4－61)代入到式(4－59)可得

$$\mathrm{tr}[\boldsymbol{\lambda}_k\boldsymbol{M}_k] = \mathrm{tr}\left\{\begin{bmatrix}\lambda_1 & 0 & \cdots & 0\\ 0 & \lambda_2 & \cdots & 0\\ \vdots & \vdots & & \vdots\\ 0 & 0 & \cdots & \lambda_n\end{bmatrix}\boldsymbol{M}_k\right\}$$

$$= \mathrm{tr}\left\{\begin{bmatrix}\alpha_1 c_k & 0 & \cdots & 0\\ 0 & \alpha_2 c_k & \cdots & 0\\ \vdots & \vdots & & \vdots\\ 0 & 0 & \cdots & \alpha_n c_k\end{bmatrix}\boldsymbol{M}_k\right\} = \mathrm{tr}[\boldsymbol{N}_k] \tag{4-63}$$

于是可求得

$$c_k = \frac{\mathrm{tr}[\boldsymbol{N}_k]}{\sum_{i=1}^{n}\alpha_i \boldsymbol{M}_k^{ii}} \tag{4-64}$$

总结上述推导过程,多重渐消因子 λ_k次优求解算法如下:

$$\boldsymbol{\lambda}_k = \mathrm{diag}[\lambda_k^1,\lambda_k^2,\cdots,\lambda_k^n] \tag{4-65}$$

其中

$$\lambda_k^i = \begin{cases}\alpha_i c_k & \alpha_i c_k > 1\\ 1 & \alpha_i c_k \leqslant 1\end{cases},\quad c_k = \frac{\mathrm{tr}[\boldsymbol{N}_k]}{\sum_{i=1}^{n}\alpha_i M_k^{ii}} \tag{4-66}$$

$$\boldsymbol{N}_k = \boldsymbol{V}_k - \boldsymbol{H}_k\boldsymbol{\Gamma}_{k,k-1}\boldsymbol{Q}_{k-1}\boldsymbol{\Gamma}_{k,k-1}^{\mathrm{T}}\boldsymbol{H}_k^{\mathrm{T}} - \beta\boldsymbol{\Lambda}_k\boldsymbol{R}_k\boldsymbol{\Lambda}_k^{\mathrm{T}} \tag{4-67}$$

$$\boldsymbol{M}_k = \boldsymbol{\Phi}_{k,k-1}\boldsymbol{P}_{k-1}\boldsymbol{\Phi}_{k,k-1}^{\mathrm{T}}\boldsymbol{H}_k^{\mathrm{T}}\boldsymbol{H}_k \tag{4-68}$$

$$\boldsymbol{V}_k = \begin{cases}\boldsymbol{\varepsilon}_1\boldsymbol{\varepsilon}_1^{\mathrm{T}} & k = 1\\ \dfrac{\rho\boldsymbol{V}_{k-1} + \boldsymbol{\varepsilon}_k\boldsymbol{\varepsilon}_k^{\mathrm{T}}}{1+\rho} & k \geqslant 2\end{cases} \tag{4-69}$$

如果从先验知识中得知状态 x_i变化很快,易发生突变,则可以选择一个较大的 α_i,从而提高滤波对该状态的跟踪能力;如果没有任何先验知识,可以选择 $\alpha_1 = \alpha_2 = \cdots = \alpha_n = 1$,此时基于多重渐消因子的 EKF 将退化为 SMFEKF,其跟踪性能和收敛性能依然很强。

当模型不确定性因素较小时,取 $\alpha_1 = \alpha_2 = \cdots = \alpha_n = 1$,多重渐消因子自动退化为单重次优因子,此时 SMFEKF 与 SFEKF 算法一样,不影响系统状态的稳定跟踪精度。多重次优渐消因子的引入使得滤波器有可能更多地利用系统的先验知识。与 SFEKF 相比,SMFEKF 算法具有更强的应对快速变化状态的跟踪能力,同时又保留了 SFEKF 的其它优良品质。

4.5 相关噪声条件下的 SMFEKF 算法

4.3 节和 4.4 节所推导的带单重和多重次优渐消因子的 EKF 都必须假设系统噪声和量测噪声是互不相关的高斯白噪声,然而,在实际应用中,势必存在系统噪声和量测噪声相关的情况,因此有必要将前面介绍的算法推广到噪声相关的情形。由于 SFEKF 是 SMFEKF 的特例,下面只给出相关噪声条件下的 SMFEKF 算法。

考虑如下带控制输入项的非线性离散系统:

$$\boldsymbol{x}_k = \boldsymbol{f}_{k-1}(\boldsymbol{x}_{k-1}, \boldsymbol{u}_{k-1}) + \boldsymbol{\Gamma}_{k,k-1}\boldsymbol{w}_{k-1} \tag{4-70}$$

$$\boldsymbol{z}_k = \boldsymbol{h}_k(\boldsymbol{x}_k) + \boldsymbol{v}_k \tag{4-71}$$

式中:$\boldsymbol{u}_k \in \mathbf{R}^r$为输入向量;$\boldsymbol{\Gamma}_{k,k-1}$为系统噪声输入矩阵;$\boldsymbol{w}_k \in \mathbf{R}^p$和 $\boldsymbol{v}_k \in \mathbf{R}^q$均为相关的高斯白噪声,其统计特性为

$$\begin{cases} \mathrm{E}[\boldsymbol{w}_k] = \boldsymbol{q}_k, \quad \mathrm{Cov}(\boldsymbol{w}_k, \boldsymbol{w}_j) = \boldsymbol{Q}_k\delta_{kj} \\ \mathrm{E}[\boldsymbol{v}_k] = \boldsymbol{r}_k, \quad \mathrm{Cov}(\boldsymbol{v}_k, \boldsymbol{v}_j) = \boldsymbol{R}_k\delta_{kj} \\ \mathrm{Cov}(\boldsymbol{w}_k, \boldsymbol{v}_j) = \boldsymbol{S}_k\delta_{kj} \end{cases} \tag{4-72}$$

式中:$\boldsymbol{Q}_k$为对称非负定矩阵;$\boldsymbol{R}_k$为对称正定矩阵。

初始状态 $\boldsymbol{x}_0$服从高斯分布,且独立于 $\boldsymbol{w}_k$、$\boldsymbol{v}_k$,$\boldsymbol{x}_0$的均值和协方差为

$$\begin{cases} \hat{\boldsymbol{x}}_0 = \mathrm{E}(\boldsymbol{x}_0) \\ \boldsymbol{P}_0 = \mathrm{Cov}(\boldsymbol{x}_0, \boldsymbol{x}_0) = \mathrm{E}[(\boldsymbol{x}_0 - \hat{\boldsymbol{x}}_0)(\boldsymbol{x}_0 - \hat{\boldsymbol{x}}_0)^{\mathrm{T}}] \end{cases} \tag{4-73}$$

上述非线性系统与 4.1 节所讨论的系统不同之处就在于 $\boldsymbol{w}_k$与 $\boldsymbol{v}_k$是相关的。与解决噪声相关条件下线性滤波问题的方法相类似,首先将非线性系统状态方程式(4-70)进行变形,在式(4-70)等号右侧加上一项由观测方程组成的恒等于零的项,即

$$\begin{aligned} \boldsymbol{x}_k &= \boldsymbol{f}_{k-1}(\boldsymbol{x}_{k-1}, \boldsymbol{u}_{k-1}) + \boldsymbol{\Gamma}_{k,k-1}\boldsymbol{w}_{k-1} + \boldsymbol{\Gamma}_{k,k-1}\boldsymbol{S}_{k-1}\boldsymbol{R}_{k-1}^{-1}[\boldsymbol{z}_{k-1} - \boldsymbol{h}_{k-1}(\boldsymbol{x}_{k-1}) - \boldsymbol{v}_{k-1}] \\ &= \boldsymbol{f}_{k-1}(\boldsymbol{x}_{k-1}, \boldsymbol{u}_{k-1}) + \boldsymbol{\Gamma}_{k,k-1}\boldsymbol{S}_{k-1}\boldsymbol{R}_{k-1}^{-1}[\boldsymbol{z}_{k-1} - \boldsymbol{h}_{k-1}(\boldsymbol{x}_{k-1})] \\ &\quad + \boldsymbol{\Gamma}_{k,k-1}\boldsymbol{w}_{k-1} - \boldsymbol{\Gamma}_{k,k-1}\boldsymbol{S}_{k-1}\boldsymbol{R}_{k-1}^{-1}\boldsymbol{v}_{k-1} \end{aligned} \tag{4-74}$$

同时,令

$$\boldsymbol{J}_{k-1} = \boldsymbol{\Gamma}_{k,k-1}\boldsymbol{S}_{k-1}\boldsymbol{R}_{k-1}^{-1} \tag{4-75}$$

$$\boldsymbol{F}_{k-1}(\boldsymbol{x}_{k-1}, \boldsymbol{u}_{k-1}) = \boldsymbol{f}_{k-1}(\boldsymbol{x}_{k-1}, \boldsymbol{u}_{k-1}) + \boldsymbol{J}_{k-1}[\boldsymbol{z}_{k-1} - \boldsymbol{h}_{k-1}(\boldsymbol{x}_{k-1})] \tag{4-76}$$

$$\bar{\boldsymbol{w}}_{k-1} = \boldsymbol{\Gamma}_{k,k-1}\boldsymbol{w}_{k-1} - \boldsymbol{J}_{k-1}\boldsymbol{v}_{k-1} \tag{4-77}$$

于是,非线性系统状态方程式(4-70)变成

$$\boldsymbol{x}_k = \boldsymbol{F}_{k-1}(\boldsymbol{x}_{k-1}, \boldsymbol{u}_{k-1}) + \bar{\boldsymbol{w}}_{k-1} \tag{4-78}$$

其中,$\bar{\boldsymbol{w}}_k$的统计特性如下:

$$E(\bar{\boldsymbol{w}}_k) = \mathrm{E}(\boldsymbol{\Gamma}_{k+1,k}\boldsymbol{w}_k - \boldsymbol{J}_k\boldsymbol{v}_k) = \boldsymbol{\Gamma}_{k+1,k}\boldsymbol{q}_k - \boldsymbol{J}_k\boldsymbol{r}_k \tag{4-79}$$

$$\begin{aligned} \mathrm{Cov}(\bar{\boldsymbol{w}}_k, \bar{\boldsymbol{w}}_j) &= \boldsymbol{\Gamma}_{k+1,k}\mathrm{Cov}(\boldsymbol{w}_k, w_j)\boldsymbol{\Gamma}_{k+1,k}^{\mathrm{T}} - \boldsymbol{\Gamma}_{k+1,k}\mathrm{Cov}(\boldsymbol{w}_k, \boldsymbol{v}_j)\boldsymbol{J}_k^{\mathrm{T}} \\ &\quad - \boldsymbol{J}_k[\mathrm{Cov}(\boldsymbol{w}_k, \boldsymbol{v}_j)]^{\mathrm{T}}\boldsymbol{\Gamma}_{k+1,k}^{\mathrm{T}} + \boldsymbol{J}_k\mathrm{Cov}(\boldsymbol{v}_k, \boldsymbol{v}_j)\boldsymbol{J}_k^{\mathrm{T}} \\ &= (\boldsymbol{\Gamma}_{k+1,k}\boldsymbol{Q}_k\boldsymbol{\Gamma}_{k+1,k}^{\mathrm{T}} - \boldsymbol{J}_k\boldsymbol{R}_k\boldsymbol{J}_k^{\mathrm{T}})\delta_{kj} \end{aligned} \tag{4-80}$$

而且

$$\mathrm{Cov}(\overline{\boldsymbol{w}}_k,\boldsymbol{v}_j) = \boldsymbol{\Gamma}_{k+1,k}\mathrm{Cov}(\boldsymbol{w}_k,\boldsymbol{v}_j) - \boldsymbol{J}_k\mathrm{Cov}(\boldsymbol{v}_k,\boldsymbol{v}_j) = \boldsymbol{0} \tag{4-81}$$

即$\overline{\boldsymbol{w}}_k$与$\boldsymbol{v}_k$互不相关。则非线性系统式(4-70)、式(4-71)即转化为

$$\begin{cases}\boldsymbol{x}_k = \boldsymbol{F}_{k-1}(\boldsymbol{x}_{k-1},\boldsymbol{u}_{k-1}) + \overline{\boldsymbol{w}}_{k-1}\\ \boldsymbol{z}_k = \boldsymbol{h}_k(\boldsymbol{x}_k) + \boldsymbol{v}_k\end{cases} \tag{4-82}$$

式中:$\overline{\boldsymbol{w}}_k$与$\boldsymbol{v}_k$为互不相关的高斯白噪声,$\overline{\boldsymbol{w}}_k$的统计特性如式(4-77)和式(4-78)所示,初始状态$\boldsymbol{x}_0$与$\overline{\boldsymbol{w}}_k$、$\boldsymbol{v}_k$也互不相关。

于是,基于非线性系统式(4-70)和式(4-71)的噪声相关条件下SMFEKF算法就转化为基于非线性系统式(4-82)的SMFEKF算法。仿照4.5节噪声互不相关情况下SMFEKF的推导过程,同时根据4.4节的理论成果,可以得出噪声相关情况下的SMFEKF为

$$\hat{\boldsymbol{x}}_k = \hat{\boldsymbol{x}}_{k|k-1} + \boldsymbol{K}_k(\boldsymbol{z}_k - \hat{\boldsymbol{z}}_{k|k-1}) \tag{4-83}$$

$$\hat{\boldsymbol{x}}_{k|k-1} = \boldsymbol{F}_{k-1}(\hat{\boldsymbol{x}}_{k-1},\boldsymbol{u}_{k-1}) + \boldsymbol{\Gamma}_{k,k-1}\boldsymbol{q}_{k-1} - \boldsymbol{J}_{k-1}\boldsymbol{r}_{k-1} \tag{4-84}$$

$$\boldsymbol{P}_{k|k-1} = \boldsymbol{\lambda}_k\boldsymbol{\Psi}_{k,k-1}\boldsymbol{P}_{k-1}\boldsymbol{\Psi}_{k,k-1}^{\mathrm{T}} + \boldsymbol{\Gamma}_{k,k-1}\boldsymbol{Q}_{k-1}\boldsymbol{\Gamma}_{k,k-1}^{\mathrm{T}} - \boldsymbol{J}_{k-1}\boldsymbol{R}_{k-1}\boldsymbol{J}_{k-1}^{\mathrm{T}} \tag{4-85}$$

$$\hat{\boldsymbol{z}}_{k|k-1} = \boldsymbol{h}_k(\hat{\boldsymbol{x}}_{k|k-1}) + \boldsymbol{r}_k \tag{4-86}$$

$$\boldsymbol{K}_k = \boldsymbol{P}_{k|k-1}\boldsymbol{H}_k^{\mathrm{T}}(\boldsymbol{H}_k\boldsymbol{P}_{k|k-1}\boldsymbol{H}_k^{\mathrm{T}} + \boldsymbol{R}_k)^{-1} \tag{4-87}$$

$$\boldsymbol{P}_k = (\boldsymbol{I} - \boldsymbol{K}_k\boldsymbol{H}_k)\boldsymbol{P}_{k|k-1} \tag{4-88}$$

其中

$$\boldsymbol{\Psi}_{k,k-1} = \frac{\partial \boldsymbol{F}}{\partial \hat{\boldsymbol{x}}_{k-1}} = \left.\frac{\partial \boldsymbol{F}_{k-1}(\boldsymbol{x}_{k-1},\boldsymbol{u}_{k-1})}{\partial \boldsymbol{x}_{k-1}}\right|_{\boldsymbol{x}_{k-1}=\hat{\boldsymbol{x}}_{k-1}} \tag{4-89}$$

$$\boldsymbol{H}_k = \frac{\partial \boldsymbol{h}}{\partial \hat{\boldsymbol{x}}_{k|k-1}} = \left.\frac{\partial \boldsymbol{h}_k(\boldsymbol{x}_k)}{\partial \boldsymbol{x}_k}\right|_{\boldsymbol{x}_k=\hat{\boldsymbol{x}}_{k|k-1}} \tag{4-90}$$

现在的问题变成了确定次优渐消矩阵$\boldsymbol{\lambda}_k$。与定理4-1类似,对系统式(4-82)也有如下所示的定理。

定理4-2 基于非线性模型式(4-82),如果EKF状态估计误差$\tilde{\boldsymbol{x}}_k = \boldsymbol{x}_k - \hat{\boldsymbol{x}}_k$远远小于状态值$\boldsymbol{x}_k$,则有如下等价关系:

$$\mathrm{E}(\boldsymbol{\varepsilon}_{k+j}\boldsymbol{\varepsilon}_k^{\mathrm{T}}) = 0 \Leftrightarrow \boldsymbol{P}_{k|k-1}\boldsymbol{H}_k^{\mathrm{T}} - \boldsymbol{K}_k\boldsymbol{V}_k = 0 \tag{4-91}$$

以上定理的证明请参见文献[3]。同时将式(4-87)代入式(4-91),可得

$$\boldsymbol{P}_{k|k-1}\boldsymbol{H}_k^{\mathrm{T}}[\boldsymbol{I} - (\boldsymbol{H}_k\boldsymbol{P}_{k|k-1}\boldsymbol{H}_k^{\mathrm{T}} + \boldsymbol{R}_k)^{-1}\boldsymbol{V}_k] = 0 \tag{4-92}$$

根据4.2节正交性原理,联合定理4-2和式(4-92),可知只要在线确定渐消矩阵$\boldsymbol{\lambda}_k$,使得下式成立即可:

$$\boldsymbol{I} - (\boldsymbol{H}_k\boldsymbol{P}_{k|k-1}\boldsymbol{H}_k^{\mathrm{T}} + \boldsymbol{R}_k)^{-1}\boldsymbol{V}_k = 0 \tag{4-93}$$

于是,将式(4-85)代入式(4-93)中,同时加入弱化因子β可得

$$\boldsymbol{H}_k\boldsymbol{\lambda}_k\boldsymbol{\Psi}_{k,k-1}\boldsymbol{P}_{k-1}\boldsymbol{\Psi}_{k,k-1}^{\mathrm{T}}\boldsymbol{H}_k^{\mathrm{T}} = \boldsymbol{V}_k - \boldsymbol{H}_k(\boldsymbol{\Gamma}_{k,k-1}\boldsymbol{Q}_{k-1}\boldsymbol{\Gamma}_{k,k-1}^{\mathrm{T}} - \boldsymbol{J}_{k-1}\boldsymbol{R}_{k-1}\boldsymbol{J}_{k-1}^{\mathrm{T}})\boldsymbol{H}_k^{\mathrm{T}} - \beta_k\boldsymbol{R}_k \tag{4-94}$$

其中,β仍可由式(4-47)来确定。对式(4-94)两边求矩阵的迹,并应用迹的可交换性质,即

$$\mathrm{tr}[\boldsymbol{AB}] = \mathrm{tr}[\boldsymbol{BA}] \tag{4-95}$$

则有下式成立:

$$\mathrm{tr}[\boldsymbol{\lambda}_k\boldsymbol{\Psi}_{k,k-1}\boldsymbol{P}_{k-1}\boldsymbol{\Psi}_{k,k-1}^{\mathrm{T}}\boldsymbol{H}_k^{\mathrm{T}}\boldsymbol{H}_k] = \mathrm{tr}[\boldsymbol{V}_k - \boldsymbol{H}_k(\boldsymbol{\Gamma}_{k,k-1}\boldsymbol{Q}_{k-1}\boldsymbol{\Gamma}_{k,k-1}^{\mathrm{T}} - \boldsymbol{J}_{k-1}\boldsymbol{R}_{k-1}\boldsymbol{J}_{k-1}^{\mathrm{T}})\boldsymbol{H}_k^{\mathrm{T}} - \beta_k\boldsymbol{R}_k] \tag{4-96}$$

借鉴4.4节SMFEKF的推导过程,可以得到噪声相关条件下SMFEKF算法中的渐消因子的

次优求解方法，即

$$\boldsymbol{\lambda}_k = \mathrm{diag}[\lambda_k^1, \lambda_k^2, \cdots, \lambda_k^n] \tag{4-97}$$

其中

$$\lambda_k^i = \begin{cases} \alpha_i c_k & \alpha_i c_k > 1 \\ 1 & \alpha_i c_k \leqslant 1 \end{cases}, c_k = \frac{\mathrm{tr}[\boldsymbol{N}_k]}{\sum_{i=1}^{n} \alpha_i M_k^{ii}} \tag{4-98}$$

$$\boldsymbol{N}_k = \boldsymbol{V}_k - \boldsymbol{H}_k(\boldsymbol{\Gamma}_{k,k-1}\boldsymbol{Q}_{k-1}\boldsymbol{\Gamma}_{k,k-1}^{\mathrm{T}} - \boldsymbol{J}_{k-1}\boldsymbol{R}_{k-1}\boldsymbol{J}_{k-1}^{\mathrm{T}})\boldsymbol{H}_k^{\mathrm{T}} - \beta_k \boldsymbol{R}_k \tag{4-99}$$

$$\boldsymbol{M}_k = \boldsymbol{\Psi}_{k,k-1}\boldsymbol{P}_{k-1}\boldsymbol{\Psi}_{k,k-1}^{\mathrm{T}}\boldsymbol{H}_k^{\mathrm{T}}\boldsymbol{H}_k \tag{4-100}$$

$$\boldsymbol{V}_k = \begin{cases} \boldsymbol{\varepsilon}_1\boldsymbol{\varepsilon}_1^{\mathrm{T}} & k = 1 \\ \dfrac{\rho \boldsymbol{V}_{k-1} + \boldsymbol{\varepsilon}_k\boldsymbol{\varepsilon}_k^{\mathrm{T}}}{1+\rho} & k \geqslant 2 \end{cases} \tag{4-101}$$

当选择 $\alpha_i = 1(i = 1, 2, \cdots, n)$ 时，噪声相关条件下的 SMFEKF 算法就转化为噪声相关条件下的 SFEKF 算法；当系统噪声和量测噪声不相关时，即 $\boldsymbol{S}_k = 0$，相应地 $\boldsymbol{J}_k = 0$，此时噪声相关条件下的 SMFEKF 算法就退化为噪声互不相关时的 SMFEKF 算法。

4.6 有色噪声干扰下的 SMFEKF 算法

前面所讨论的强跟踪滤波器都是在假设系统噪声和量测噪声为高斯白噪声的条件下进行的。白噪声是一种理想的噪声，一个实际系统中的噪声总是相关的，只是在相关性比较弱时，可以近似看成高斯白噪声序列。但是，当噪声序列的相关性不可忽略时，就要考虑有色噪声了。解决有色噪声干扰下的滤波问题的关键是，当有色噪声可以用白噪声激发的线性系统——成型滤波器得到时，就可利用增广状态向量的方法进行滤波计算。

4.6.1 系统噪声为有色噪声而量测噪声为白噪声情况下的 SMFEKF

考虑如下所示的非线性离散系统：

$$\boldsymbol{x}_k = \boldsymbol{f}_{k-1}(\boldsymbol{x}_{k-1}, \boldsymbol{u}_{k-1}) + \boldsymbol{\Gamma}_{k,k-1}\boldsymbol{\mu}_{k-1} \tag{4-102}$$

$$z_k = \boldsymbol{h}_k(\boldsymbol{x}_k) + \boldsymbol{v}_k \tag{4-103}$$

式中：$\boldsymbol{u}_k \in \mathbf{R}^r$ 为输入向量；$\boldsymbol{\Gamma}_{k,k-1}$ 为系统噪声输入矩阵；$\boldsymbol{v}_k \in \mathbf{R}^q$ 均为高斯白噪声；$\boldsymbol{\mu}_k \in \mathbf{R}^p$ 为有色噪声，可以通过成型滤波器表示成

$$\boldsymbol{\mu}_k = \boldsymbol{\Pi}_{k,k-1}\boldsymbol{\mu}_{k-1} + \boldsymbol{w}_{k-1} \tag{4-104}$$

且 $\boldsymbol{w}_k$ 和 $\boldsymbol{v}_k$ 为互不相关的高斯白噪声序列，它们的统计特性为

$$\begin{cases} \mathrm{E}[\boldsymbol{w}_k] = \boldsymbol{q}_k, \mathrm{Cov}(\boldsymbol{w}_k, \boldsymbol{w}_j) = \boldsymbol{Q}_k\delta_{kj} \\ \mathrm{E}[\boldsymbol{v}_k] = \boldsymbol{r}_k, \mathrm{Cov}(\boldsymbol{v}_k, \boldsymbol{v}_j) = \boldsymbol{R}_k\delta_{kj} \\ \mathrm{Cov}(\boldsymbol{w}_k, \boldsymbol{v}_j) = 0 \end{cases} \tag{4-105}$$

式中：$\boldsymbol{Q}_k$ 为对称非负定矩阵；$\boldsymbol{R}_k$ 为对称正定矩阵。

将非线性系统状态函数 $\boldsymbol{f}_{k-1}(\cdot)$ 及量测函数 $\boldsymbol{h}_k(\cdot)$ 分别围绕滤波值 $\hat{\boldsymbol{x}}_{k-1}$ 和状态预测值 $\hat{\boldsymbol{x}}_{k|k-1}$ 展成泰勒级数，并略去二阶以上项，得到

$$\boldsymbol{x}_k \approx \boldsymbol{f}_{k-1}(\hat{\boldsymbol{x}}_{k-1}, \boldsymbol{u}_{k-1}) + \boldsymbol{\Phi}_{k,k-1}(\boldsymbol{x}_{k-1} - \hat{\boldsymbol{x}}_{k-1}) + \boldsymbol{\Gamma}_{k,k-1}\boldsymbol{\mu}_{k-1} \tag{4-106}$$

$$z_k \approx \boldsymbol{h}_k(\hat{\boldsymbol{x}}_{k|k-1}) + \boldsymbol{H}_k(\boldsymbol{x}_k - \hat{\boldsymbol{x}}_{k|k-1}) + \boldsymbol{v}_k \tag{4-107}$$

其中

$$\boldsymbol{\Phi}_{k,k-1} = \frac{\partial \boldsymbol{f}}{\partial \hat{\boldsymbol{x}}_{k-1}} = \left.\frac{\partial \boldsymbol{f}_{k-1}(\boldsymbol{x}_{k-1},\boldsymbol{u}_{k-1})}{\partial \boldsymbol{x}_{k-1}}\right|_{\boldsymbol{x}_{k-1}=\hat{\boldsymbol{x}}_{k-1}} \tag{4-108}$$

$$\boldsymbol{H}_k = \frac{\partial \boldsymbol{h}}{\partial \hat{\boldsymbol{x}}_{k|k-1}} = \left.\frac{\partial \boldsymbol{h}_k(\boldsymbol{x}_k)}{\partial \boldsymbol{x}_k}\right|_{\boldsymbol{x}_k=\hat{\boldsymbol{x}}_{k|k-1}} \tag{4-109}$$

联合式(4－104)，将$\boldsymbol{\mu}_k$也视为状态变量，进行状态增广，即

$$\boldsymbol{x}_k^a = \begin{bmatrix} \boldsymbol{x}_k \\ \boldsymbol{\mu}_k \end{bmatrix} \tag{4-110}$$

于是状态增广后的系统方程和量测方程变为

$$\boldsymbol{x}_k^a = \boldsymbol{\Phi}_{k,k-1}^a \boldsymbol{x}_{k-1}^a + \boldsymbol{U}_{k-1}^a + \boldsymbol{\Gamma}_{k,k-1}^a \boldsymbol{w}_{k-1} \tag{4-111}$$

$$\boldsymbol{z}_k = \boldsymbol{H}_k^a \boldsymbol{x}_k^a + \boldsymbol{y}_k^a + \boldsymbol{v}_k \tag{4-112}$$

其中

$$\boldsymbol{\Phi}_{k,k-1}^a = \begin{bmatrix} \boldsymbol{\Phi}_{k,k-1} & \boldsymbol{\Gamma}_{k,k-1} \\ 0 & \boldsymbol{\Pi}_{k,k-1} \end{bmatrix}, \quad \boldsymbol{\Gamma}_{k,k-1}^a = \begin{bmatrix} 0 \\ \boldsymbol{I} \end{bmatrix}, \quad \boldsymbol{H}_k^a = [\boldsymbol{H}_k \quad 0] \tag{4-113}$$

$$\boldsymbol{U}_{k-1}^a = \begin{bmatrix} \boldsymbol{f}_{k-1}(\hat{\boldsymbol{x}}_{k-1},\boldsymbol{u}_{k-1}) - \boldsymbol{\Phi}_{k,k-1}\hat{\boldsymbol{x}}_{k-1} \\ 0 \end{bmatrix} \tag{4-114}$$

$$\boldsymbol{y}_k^a = \boldsymbol{h}_k(\hat{\boldsymbol{x}}_{k|k-1}) - \boldsymbol{H}_k \hat{\boldsymbol{x}}_{k|k-1} \tag{4-115}$$

由于$\boldsymbol{w}_k$和$\boldsymbol{v}_k$为互不相关的高斯白噪声，借鉴4.4节的理论推导过程，基于非线性系统式(4－111)和式(4－112)的SMFEKF算法可表示如下：

$$\hat{\boldsymbol{x}}_k^a = \hat{\boldsymbol{x}}_{k|k-1}^a + \boldsymbol{K}_k(\boldsymbol{z}_k - \hat{\boldsymbol{z}}_{k|k-1}) \tag{4-116}$$

$$\begin{aligned} \hat{\boldsymbol{x}}_{k|k-1}^a &= \boldsymbol{\Phi}_{k,k-1}^a \hat{\boldsymbol{x}}_{k-1}^a + \boldsymbol{U}_{k-1}^a + \boldsymbol{\Gamma}_{k,k-1}^a \boldsymbol{q}_{k-1} \\ &= \begin{bmatrix} \boldsymbol{f}_{k-1}(\hat{\boldsymbol{x}}_{k-1},\boldsymbol{u}_{k-1}) + \boldsymbol{\Gamma}_{k,k-1}\hat{\boldsymbol{\mu}}_{k-1} \\ \boldsymbol{\Pi}_{k,k-1}\hat{\boldsymbol{\mu}}_{k-1} \end{bmatrix} + \boldsymbol{\Gamma}_{k,k-1}^a \boldsymbol{q}_{k-1} \end{aligned} \tag{4-117}$$

$$\boldsymbol{P}_{k|k-1}^a = \boldsymbol{\lambda}_k^a \boldsymbol{\Phi}_{k,k-1}^a \boldsymbol{P}_{k-1}^a (\boldsymbol{\Phi}_{k,k-1}^a)^{\mathrm{T}} + \boldsymbol{\Gamma}_{k,k-1}^a \boldsymbol{Q}_{k-1} (\boldsymbol{\Gamma}_{k,k-1}^a)^{\mathrm{T}} \tag{4-118}$$

$$\hat{\boldsymbol{z}}_{k|k-1} = \boldsymbol{H}_k^a \hat{\boldsymbol{x}}_{k|k-1}^a + \boldsymbol{y}_k^a + \boldsymbol{r}_k = \boldsymbol{h}_k(\hat{\boldsymbol{x}}_{k|k-1}) + \boldsymbol{r}_k \tag{4-119}$$

$$\boldsymbol{K}_k = \boldsymbol{P}_{k|k-1}^a (\boldsymbol{H}_k^a)^{\mathrm{T}} [\boldsymbol{H}_k^a \boldsymbol{P}_{k|k-1}^a (\boldsymbol{H}_k^a)^{\mathrm{T}} + \boldsymbol{R}_k]^{-1} \tag{4-120}$$

$$\boldsymbol{P}_k^a = (\boldsymbol{I} - \boldsymbol{K}_k \boldsymbol{H}_k^a) \boldsymbol{P}_{k|k-1}^a \tag{4-121}$$

其中$\boldsymbol{\lambda}_k^a$为渐消因子矩阵，且

$$\boldsymbol{\lambda}_k^a = \mathrm{diag}[\lambda_k^1, \lambda_k^2, \cdots, \lambda_k^n, \lambda_k^{n+1}, \cdots, \lambda_k^{n+p}] \tag{4-122}$$

其中

$$\lambda_k^i = \begin{cases} \alpha_i c_k & \alpha_i c_k > 1 \\ 1 & \alpha_i c_k \leqslant 1 \end{cases}, \quad c_k = \frac{\mathrm{tr}[\boldsymbol{N}_k]}{\sum_{i=1}^{n+p} \alpha_i M_k^{ii}} \tag{4-123}$$

$$\boldsymbol{N}_k = \boldsymbol{V}_k - \boldsymbol{H}_k^a \boldsymbol{\Gamma}_{k,k-1}^a \boldsymbol{Q}_{k-1} (\boldsymbol{H}_k^a \boldsymbol{\Gamma}_{k,k-1}^a)^{\mathrm{T}} - \beta_k \boldsymbol{R}_k = \boldsymbol{V}_k - \beta_k \boldsymbol{R}_k \tag{4-124}$$

$$\boldsymbol{M}_k = \boldsymbol{\Phi}_{k,k-1}^a \boldsymbol{P}_{k-1}^a (\boldsymbol{\Phi}_{k,k-1}^a)^{\mathrm{T}} (\boldsymbol{H}_k^a)^{\mathrm{T}} \boldsymbol{H}_k^a \tag{4-125}$$

$$\boldsymbol{V}_k = \begin{cases} \boldsymbol{\varepsilon}_1 \boldsymbol{\varepsilon}_1^{\mathrm{T}} & k = 1 \\ \dfrac{\rho \boldsymbol{V}_{k-1} + \boldsymbol{\varepsilon}_k \boldsymbol{\varepsilon}_k^{\mathrm{T}}}{1+\rho} & k \geqslant 2 \end{cases} \tag{4-126}$$

4.6.2 系统噪声为白噪声而量测噪声为有色噪声情况下的 SMFEKF

对于系统噪声为有色噪声而量测噪声为白噪声的非线性系统，采用状态增广的方法来解决噪声的白化问题是一种有效的方法，唯一的代价就是滤波器的维数增加，计算量加大。对于系统噪声为白噪声而量测噪声为有色噪声的非线性系统，就不能再采用状态增广的方法来解决系统白化问题，这是因为，如果采用状态增广的方法，量测方程中将无测量噪声，这意味着量测噪声方差矩阵为零，而在滤波方程中，为保证滤波增益矩阵中求逆运算的存在，要求量测噪声的方差阵必须为正定阵，故经状态增广后的量测方程不满足上述条件。为此，可以采用量测扩张的方法来解决量测噪声白化的问题。

考虑如下非线性离散系统：

$$\boldsymbol{x}_k = \boldsymbol{f}_{k-1}(\boldsymbol{x}_{k-1},\boldsymbol{u}_{k-1}) + \boldsymbol{\Gamma}_{k,k-1}\boldsymbol{w}_{k-1} \tag{4-127}$$

$$z_k = \boldsymbol{h}_k(\boldsymbol{x}_k) + \boldsymbol{\eta}_k \tag{4-128}$$

式中：$\boldsymbol{u}_k \in \mathbf{R}^r$ 为输入向量；$\boldsymbol{\Gamma}_{k,k-1}$ 为系统噪声输入矩阵；$\boldsymbol{w}_k \in \mathbf{R}^p$ 为高斯白噪声；$\boldsymbol{\eta}_k \in \mathbf{R}^q$ 为有色噪声，可以通过成型滤波器表示为

$$\boldsymbol{\eta}_k = \boldsymbol{\Theta}_{k,k-1}\boldsymbol{\eta}_{k-1} + \boldsymbol{v}_{k-1} \tag{4-129}$$

且 $\boldsymbol{w}_k$ 和 $\boldsymbol{v}_k$ 为互不相关的高斯白噪声序列，它们的统计特性为

$$\begin{cases} \mathrm{E}[\boldsymbol{w}_k] = q_k, \mathrm{Cov}(\boldsymbol{w}_k,\boldsymbol{w}_j) = \boldsymbol{Q}_k\delta_{kj} \\ \mathrm{E}[\boldsymbol{v}_k] = r_k, \mathrm{Cov}(\boldsymbol{v}_k,\boldsymbol{v}_j) = \boldsymbol{R}_k\delta_{kj} \\ \mathrm{Cov}(\boldsymbol{w}_k,\boldsymbol{v}_j) = \boldsymbol{0} \end{cases} \tag{4-130}$$

式中：$\boldsymbol{Q}_k$ 为对称非负定矩阵；$\boldsymbol{R}_k$ 为对称正定矩阵。

将非线性系统状态函数 $\boldsymbol{f}_{k-1}(\cdot)$ 围绕滤波值 $\hat{\boldsymbol{x}}_{k-1}$ 展成泰勒级数，并略去二阶以上项，得到

$$\boldsymbol{x}_k \approx \boldsymbol{f}_{k-1}(\hat{\boldsymbol{x}}_{k-1},\boldsymbol{u}_{k-1}) + \boldsymbol{\Phi}_{k,k-1}(\boldsymbol{x}_{k-1} - \hat{\boldsymbol{x}}_{k-1}) + \boldsymbol{\Gamma}_{k,k-1}\boldsymbol{w}_{k-1} \tag{4-131}$$

其中

$$\boldsymbol{\Phi}_{k,k-1} = \frac{\partial \boldsymbol{f}}{\partial \hat{\boldsymbol{x}}_{k-1}} = \left.\frac{\partial \boldsymbol{f}_{k-1}(\boldsymbol{x}_{k-1},\boldsymbol{u}_{k-1})}{\partial \boldsymbol{x}_{k-1}}\right|_{\boldsymbol{x}_{k-1}=\hat{\boldsymbol{x}}_{k-1}} \tag{4-132}$$

将非线性量测函数 $\boldsymbol{h}_k(\cdot)$ 围绕预测值 $\hat{\boldsymbol{x}}_{k|k-1}$ 展成泰勒级数，并略去二阶以上项，得到

$$z_k \approx \boldsymbol{h}_k(\hat{\boldsymbol{x}}_{k|k-1}) + \boldsymbol{H}_k(\boldsymbol{x}_k - \hat{\boldsymbol{x}}_{k|k-1}) + \boldsymbol{\eta}_k \tag{4-133}$$

其中

$$\boldsymbol{H}_k = \frac{\partial \boldsymbol{h}}{\partial \hat{\boldsymbol{x}}_{k|k-1}} = \left.\frac{\partial \boldsymbol{h}_k(\boldsymbol{x}_k)}{\partial \boldsymbol{x}_k}\right|_{\boldsymbol{x}_k=\hat{\boldsymbol{x}}_{k|k-1}} \tag{4-134}$$

同时，将非线性量测函数 $\boldsymbol{h}_{k-1}(\cdot)$ 围绕滤波值 $\hat{\boldsymbol{x}}_{k-1}$ 展成泰勒级数，并略去二阶以上项，得到

$$z_{k-1} \approx \boldsymbol{h}_{k-1}(\hat{\boldsymbol{x}}_{k-1}) + \bar{\boldsymbol{H}}_{k-1}(\boldsymbol{x}_{k-1} - \hat{\boldsymbol{x}}_{k-1}) + \boldsymbol{\eta}_{k-1} \tag{4-135}$$

其中

$$\bar{\boldsymbol{H}}_{k-1} = \frac{\partial \boldsymbol{h}}{\partial \hat{\boldsymbol{x}}_{k-1}} = \left.\frac{\partial \boldsymbol{h}_{k-1}(\boldsymbol{x}_{k-1})}{\partial \boldsymbol{x}_k}\right|_{\boldsymbol{x}_k=\hat{\boldsymbol{x}}_{k-1}} \tag{4-136}$$

由式(4－135)可得

$$\boldsymbol{\eta}_{k-1} = z_{k-1} - \boldsymbol{h}_{k-1}(\hat{\boldsymbol{x}}_{k-1}) - \bar{\boldsymbol{H}}_{k-1}(\boldsymbol{x}_{k-1} - \hat{\boldsymbol{x}}_{k-1}) \tag{4-137}$$

则根据式(4－135)和式(4－137)，由式(4－133)出发可知

$$z_k \approx \boldsymbol{h}_k(\hat{\boldsymbol{x}}_{k|k-1}) + \boldsymbol{H}_k(\boldsymbol{x}_k - \hat{\boldsymbol{x}}_{k|k-1}) + \boldsymbol{\eta}_k$$

$$= \boldsymbol{H}_k\boldsymbol{x}_k + \boldsymbol{h}_k(\hat{\boldsymbol{x}}_{k|k-1}) - \boldsymbol{H}_k\hat{\boldsymbol{x}}_{k|k-1} + \boldsymbol{\Theta}_{k,k-1}\boldsymbol{\eta}_{k-1} + \boldsymbol{v}_{k-1}$$

$$= \boldsymbol{H}_k\boldsymbol{x}_k + \boldsymbol{h}_k(\hat{\boldsymbol{x}}_{k|k-1}) - \boldsymbol{H}_k\hat{\boldsymbol{x}}_{k|k-1} + \boldsymbol{\Theta}_{k,k-1}[\boldsymbol{z}_{k-1} - \boldsymbol{h}_{k-1}(\hat{\boldsymbol{x}}_{k-1}) - \bar{\boldsymbol{H}}_{k-1}(\boldsymbol{x}_{k-1} - \hat{\boldsymbol{x}}_{k-1})] + \boldsymbol{v}_{k-1} \tag{4-138}$$

对上式进行整理可得

$$\boldsymbol{z}_k - \boldsymbol{\Theta}_{k,k-1}\boldsymbol{z}_{k-1} = \boldsymbol{H}_k\boldsymbol{x}_k - \boldsymbol{\Theta}_{k,k-1}\bar{\boldsymbol{H}}_{k-1}\boldsymbol{x}_{k-1} + \boldsymbol{h}_k(\hat{\boldsymbol{x}}_{k|k-1}) - \boldsymbol{H}_k\hat{\boldsymbol{x}}_{k|k-1} - \boldsymbol{\Theta}_{k,k-1}\boldsymbol{h}_{k-1}(\hat{\boldsymbol{x}}_{k-1}) + \boldsymbol{\Theta}_{k,k-1}\bar{\boldsymbol{H}}_{k-1}\hat{\boldsymbol{x}}_{k-1} + \boldsymbol{v}_{k-1} \tag{4-139}$$

令

$$\boldsymbol{z}_k^* = \boldsymbol{z}_k - \boldsymbol{\Theta}_{k,k-1}\boldsymbol{z}_{k-1} \tag{4-140}$$

$$\boldsymbol{y}_k^* = \boldsymbol{h}_k(\hat{\boldsymbol{x}}_{k|k-1}) - \boldsymbol{H}_k\hat{\boldsymbol{x}}_{k|k-1} - \boldsymbol{\Theta}_{k,k-1}\boldsymbol{h}_{k-1}(\hat{\boldsymbol{x}}_{k-1}) + \boldsymbol{\Theta}_{k,k-1}\bar{\boldsymbol{H}}_{k-1}\hat{\boldsymbol{x}}_{k-1} \tag{4-141}$$

则式(4－139)简化为

$$\boldsymbol{z}_k^* = \boldsymbol{H}_k\boldsymbol{x}_k - \boldsymbol{\Theta}_{k,k-1}\bar{\boldsymbol{H}}_{k-1}\boldsymbol{x}_{k-1} + \boldsymbol{y}_k^* + \boldsymbol{v}_{k-1} \tag{4-142}$$

由式(4－144)及式(4－131)构成如下所示的非线性系统：

$$\boldsymbol{x}_k = \boldsymbol{\Phi}_{k,k-1}\boldsymbol{x}_{k-1} + \boldsymbol{U}_{k-1}^* + \boldsymbol{\Gamma}_{k,k-1}\boldsymbol{w}_{k-1} \tag{4-143}$$

$$\boldsymbol{z}_k^* = \boldsymbol{H}_k\boldsymbol{x}_k - \boldsymbol{\Theta}_{k,k-1}\bar{\boldsymbol{H}}_{k-1}\boldsymbol{x}_{k-1} + \boldsymbol{y}_k^* + \boldsymbol{v}_{k-1} \tag{4-144}$$

其中

$$\boldsymbol{U}_{k-1}^* = \boldsymbol{f}_{k-1}(\hat{\boldsymbol{x}}_{k-1}, \boldsymbol{u}_{k-1}) - \boldsymbol{\Phi}_{k,k-1}\hat{\boldsymbol{x}}_{k-1} \tag{4-145}$$

显然，$\boldsymbol{v}_{k-1}$与$\boldsymbol{w}_{k-1}$为互不相关的高斯白噪声。

于是，基于非线性系统式(4－127)和式(4－128)的 SMFEK 算法就转化为基于非线性系统式(4－143)和式(4－144)的 SMFEKF 算法。下面首先推导基于非线性系统式(4－143)和式(4－144)的 EKF 算法，接着给出渐消因子的求解方法。

令 $\boldsymbol{Z}_*^k = \{\boldsymbol{z}_1^*, \boldsymbol{z}_2^*, \cdots, \boldsymbol{z}_k^*\}$，根据最小方差估计准则，注意到

$$\begin{cases}\hat{\boldsymbol{x}}_{k|k-1} = \mathrm{E}(\boldsymbol{x}_k \mid \boldsymbol{Z}^{k-1}) = \mathrm{E}(\boldsymbol{x}_k \mid \boldsymbol{Z}_*^{k-1}) \\ \hat{\boldsymbol{x}}_k = \mathrm{E}(\boldsymbol{x}_k \mid \boldsymbol{Z}^k) = \mathrm{E}(\boldsymbol{x}_k \mid \boldsymbol{Z}_*^k)\end{cases} \tag{4-146}$$

由于$\boldsymbol{Z}_*^{k-1}$与$\boldsymbol{w}_{k-1}$互不相关，则状态一步预测为

$$\hat{\boldsymbol{x}}_{k|k-1} = \mathrm{E}(\boldsymbol{x}_k \mid \boldsymbol{Z}_*^{k-1}) = \boldsymbol{f}_{k-1}(\hat{\boldsymbol{x}}_{k-1}, \boldsymbol{u}_{k-1}) + \boldsymbol{\Gamma}_{k,k-1}\boldsymbol{q}_{k-1} \tag{4-147}$$

相应地，一步预测协方差为

$$\boldsymbol{P}_{k|k-1} = \boldsymbol{\Phi}_{k,k-1}\boldsymbol{P}_{k-1}\boldsymbol{\Phi}_{k,k-1}^{\mathrm{T}} + \boldsymbol{\Gamma}_{k,k-1}\boldsymbol{Q}_{k-1}\boldsymbol{\Gamma}_{k,k-1}^{\mathrm{T}} \tag{4-148}$$

由于$\boldsymbol{Z}_*^{k-1}$与$\boldsymbol{v}_{k-1}$也互不相关，则输出预测为

$$\begin{aligned}\hat{\boldsymbol{z}}_{k|k-1}^* &= \mathrm{E}(\boldsymbol{z}_k^* \mid \boldsymbol{Z}_*^{k-1}) = \mathrm{E}[(\boldsymbol{H}_k\boldsymbol{x}_k - \boldsymbol{\Theta}_{k,k-1}\bar{\boldsymbol{H}}_{k-1}\boldsymbol{x}_{k-1} + \boldsymbol{y}_k^* + \boldsymbol{v}_{k-1}) \mid \boldsymbol{Z}_*^{k-1}] \\ &= \boldsymbol{H}_k\hat{\boldsymbol{x}}_{k|k-1} - \boldsymbol{\Theta}_{k,k-1}\bar{\boldsymbol{H}}_{k-1}\hat{\boldsymbol{x}}_{k-1} + \boldsymbol{y}_k^* + r_{k-1} \\ &= \boldsymbol{h}_k(\hat{\boldsymbol{x}}_{k|k-1}) - \boldsymbol{\Theta}_{k,k-1}\boldsymbol{h}_{k-1}(\hat{\boldsymbol{x}}_{k-1}) + \boldsymbol{r}_{k-1}\end{aligned} \tag{4-149}$$

输出预测误差为

$$\tilde{\boldsymbol{z}}_{k|k-1}^* = \boldsymbol{z}_k^* - \hat{\boldsymbol{z}}_{k|k-1}^* = \boldsymbol{H}_k\tilde{\boldsymbol{x}}_{k|k-1} - \boldsymbol{\Theta}_{k,k-1}\bar{\boldsymbol{H}}_{k-1}\tilde{\boldsymbol{x}}_{k-1} + \boldsymbol{v}_{k-1} - \boldsymbol{r}_{k-1} \tag{4-150}$$

于是输出预测协方差及互协方差为

$$\begin{aligned}\boldsymbol{P}_{\tilde{z}_k^*} &= \mathrm{E}[\tilde{\boldsymbol{z}}_{k|k-1}^*(\tilde{\boldsymbol{z}}_{k|k-1}^*)^{\mathrm{T}}] \\ &= \mathrm{E}[(\boldsymbol{H}_k\tilde{\boldsymbol{x}}_{k|k-1} - \boldsymbol{\Theta}_{k,k-1}\bar{\boldsymbol{H}}_{k-1}\tilde{\boldsymbol{x}}_{k-1} + \boldsymbol{v}_{k-1} - \boldsymbol{r}_{k-1})(\boldsymbol{H}_k\tilde{\boldsymbol{x}}_{k|k-1} - \boldsymbol{\Theta}_{k,k-1}\bar{\boldsymbol{H}}_{k-1}\tilde{\boldsymbol{x}}_{k-1} \\ &\quad + \boldsymbol{v}_{k-1} - \boldsymbol{r}_{k-1})^{\mathrm{T}}]\end{aligned}$$

$$= \boldsymbol{H}_k \boldsymbol{P}_{k|k-1} \boldsymbol{H}_k^{\mathrm{T}} - \boldsymbol{H}_k \boldsymbol{\Phi}_{k,k-1} \boldsymbol{P}_{k-1} \overline{\boldsymbol{H}}_{k-1}^{\mathrm{T}} \boldsymbol{\Theta}_{k,k-1}^{\mathrm{T}} - \boldsymbol{\Theta}_{k,k-1} \overline{\boldsymbol{H}}_{k-1} \boldsymbol{P}_{k-1} \boldsymbol{\Phi}_{k,k-1}^{\mathrm{T}} \boldsymbol{H}_k^{\mathrm{T}}$$

$$+ \boldsymbol{\Theta}_{k,k-1} \overline{\boldsymbol{H}}_{k-1} \boldsymbol{P}_{k-1} \overline{\boldsymbol{H}}_{k-1}^{\mathrm{T}} \boldsymbol{\Theta}_{k,k-1}^{\mathrm{T}} + \boldsymbol{R}_{k-1} = \boldsymbol{H}_{k-1}^* \boldsymbol{P}_{k-1} (\boldsymbol{H}_{k-1}^*)^{\mathrm{T}} + \boldsymbol{R}_{k-1}^* \quad (4-151)$$

$$\boldsymbol{P}_{\tilde{x}_k \tilde{z}_k^*} = \mathrm{E}[\tilde{\boldsymbol{x}}_{k|k-1} (\tilde{\boldsymbol{z}}_{k|k-1}^*)^{\mathrm{T}}] = \mathrm{E}[\tilde{\boldsymbol{x}}_{k|k-1} (\boldsymbol{H}_k \tilde{\boldsymbol{x}}_{k|k-1} - \boldsymbol{\Theta}_{k,k-1} \overline{\boldsymbol{H}}_{k-1} \tilde{\boldsymbol{x}}_{k-1} + \boldsymbol{v}_{k-1} - \boldsymbol{r}_{k-1})^{\mathrm{T}}]$$

$$= \boldsymbol{P}_{k|k-1} \boldsymbol{H}_k^{\mathrm{T}} - \boldsymbol{\Phi}_{k,k-1} \boldsymbol{P}_{k-1} \overline{\boldsymbol{H}}_{k-1}^{\mathrm{T}} \boldsymbol{\Theta}_{k,k-1}^{\mathrm{T}} = \boldsymbol{\Phi}_{k,k-1} \boldsymbol{P}_{k-1} (\boldsymbol{H}_{k-1}^*)^{\mathrm{T}} + \boldsymbol{\Gamma}_{k,k-1} \boldsymbol{S}_{k-1} \quad (4-152)$$

其中

$$\boldsymbol{H}_{k-1}^* = \boldsymbol{H}_k \boldsymbol{\Phi}_{k,k-1} - \boldsymbol{\Theta}_{k,k-1} \overline{\boldsymbol{H}}_{k-1} \quad (4-153)$$

$$\boldsymbol{R}_{k-1}^* = \boldsymbol{H}_k \boldsymbol{\Gamma}_{k,k-1} \boldsymbol{Q}_{k-1} \boldsymbol{\Gamma}_{k,k-1}^{\mathrm{T}} \boldsymbol{H}_k^{\mathrm{T}} + \boldsymbol{R}_{k-1}, \quad \boldsymbol{S}_{k-1} = \boldsymbol{Q}_{k-1} \boldsymbol{\Gamma}_{k,k-1}^{\mathrm{T}} \boldsymbol{H}_k^{\mathrm{T}} \quad (4-154)$$

根据第3章中滤波更新方程可得状态估计及协方差为

$$\hat{\boldsymbol{x}}_k = \hat{\boldsymbol{x}}_{k|k-1} + \overline{\boldsymbol{K}}_k (\boldsymbol{z}_k^* - \hat{\boldsymbol{z}}_{k|k-1}^*) \quad (4-155)$$

$$\boldsymbol{K}_k = [(\boldsymbol{H}_{k-1}^*)^{\mathrm{T}} + \boldsymbol{\Gamma}_{k,k-1} \boldsymbol{S}_{k-1}][\boldsymbol{H}_{k-1}^* \boldsymbol{P}_{k-1} (\boldsymbol{H}_{k-1}^*)^{\mathrm{T}} + \boldsymbol{R}_{k-1}^* \boldsymbol{\Phi}_{k,k-1} \boldsymbol{P}_{k-1}]^{-1} \quad (4-156)$$

$$\boldsymbol{P}_k = \boldsymbol{P}_{k|k-1} - \overline{\boldsymbol{K}}_k (\boldsymbol{\Phi}_{k,k-1} \boldsymbol{P}_{k-1} (\boldsymbol{H}_{k-1}^*)^{\mathrm{T}} + \boldsymbol{\Gamma}_{k,k-1} \boldsymbol{S}_{k-1})^{\mathrm{T}} \quad (4-157)$$

以上推导基于非线性系统式(4-143)和式(4-144)的EKF,为了使该EKF算法在系统模型不确定时具有强跟踪滤波器的优良特性,在状态预测协方差中引入多重渐消因子

$$\boldsymbol{P}_{k|k-1} = \boldsymbol{\lambda}_k \boldsymbol{\Phi}_{k,k-1} \boldsymbol{P}_{k-1} \boldsymbol{\Phi}_{k,k-1}^{\mathrm{T}} + \boldsymbol{\Gamma}_{k,k-1} \boldsymbol{Q}_{k-1} \boldsymbol{\Gamma}_{k,k-1}^{\mathrm{T}} \quad (4-158)$$

式中:$\boldsymbol{\lambda}_k = \mathrm{diag}[\lambda_k^1, \lambda_k^2, \cdots, \lambda_k^n]$称为渐消因子矩阵,$\lambda_k^i \geqslant 1 (i=1,2,\cdots,n)$分别为对应于$n$个状态数据通道的渐消因子。

令$\boldsymbol{\varepsilon}_k^* = \boldsymbol{z}_k^* - \hat{\boldsymbol{z}}_{k|k-1}^*$。为了求解多重渐消因子$\boldsymbol{\lambda}_k$,类似于白噪声条件下的SMFEKF算法,可以推导出如下定理

定理4-3 基于非线性模型式(4-143)和式(4-144),如果EKF状态估计误差$\tilde{\boldsymbol{x}}_k \triangleq \boldsymbol{x}_k - \hat{\boldsymbol{x}}_k$远远小于状态值$\boldsymbol{x}_k$时,则有如下等价关系成立:

$$\mathrm{E}[\boldsymbol{\varepsilon}_{k+j}^* (\boldsymbol{\varepsilon}_k^*)^{\mathrm{T}}] = 0 \Leftrightarrow \mathrm{E}[(\boldsymbol{x}_k - \hat{\boldsymbol{x}}_k)(\boldsymbol{\varepsilon}_k^*)^{\mathrm{T}}] \equiv 0 \quad (4-159)$$

以上定理的证明可以参考文献[3]得到。

注意到式(4-154),那么

$$\mathrm{E}[(\boldsymbol{x}_k - \hat{\boldsymbol{x}}_k)(\boldsymbol{\varepsilon}_k^*)^{\mathrm{T}}] = \mathrm{E}[(\tilde{\boldsymbol{x}}_{k|k-1} - \overline{\boldsymbol{K}}_k \boldsymbol{\varepsilon}_k^*)(\boldsymbol{\varepsilon}_k^*)^{\mathrm{T}}] = \boldsymbol{P}_{\tilde{x}_k \tilde{z}_k^*} - \overline{\boldsymbol{K}}_k \boldsymbol{V}_k^*$$

$$= \boldsymbol{P}_{\tilde{x}_k \tilde{z}_k^*} - \boldsymbol{P}_{\tilde{x}_k \tilde{z}_k^*} \boldsymbol{P}_{\tilde{z}_k^*}^{-1} \boldsymbol{V}_k^* = \boldsymbol{P}_{\tilde{x}_k \tilde{z}_k^*} (\boldsymbol{I} - \boldsymbol{P}_{\tilde{z}_k^*}^{-1} \boldsymbol{V}_k^*) \quad (4-160)$$

其中,$\boldsymbol{V}_k^* = \mathrm{E}[\boldsymbol{\varepsilon}_k^* (\boldsymbol{\varepsilon}_k^*)^{\mathrm{T}}]$。

由以上推导可知,$\mathrm{E}[\boldsymbol{\varepsilon}_{k+j}^* (\boldsymbol{\varepsilon}_k^*)^{\mathrm{T}}] = 0$成立的充分条件为

$$\boldsymbol{I} - \boldsymbol{P}_{\tilde{z}_k^*}^{-1} \boldsymbol{V}_k^* = 0$$

或

$$\boldsymbol{P}_{\tilde{z}_k^*} - \boldsymbol{V}_k^* = 0 \quad (4-161)$$

当系统模型存在不确定性时,首先就会在残差序列$\boldsymbol{\varepsilon}_k^*$中表现出来,引起$\boldsymbol{V}_k^*$发生变化,导致式(4-161)不恒等于零,于是$\mathrm{E}[\boldsymbol{\varepsilon}_{k+j}^* (\boldsymbol{\varepsilon}_k^*)^{\mathrm{T}}] \neq 0$,即输出残差序列不正交。此时,只要通过引入渐消因子的方法在线实时调整增益阵$\overline{\boldsymbol{K}}_k$,使得式(4-161)成立,就可保证EKF的输出残差序列相互正交,从而使EKF具有强跟踪滤波器的性质。

将式(4-151)代入到式(4-161),同时引入弱化因子β,可得

$$\boldsymbol{H}_k (\boldsymbol{\lambda}_k - \boldsymbol{I}) \boldsymbol{\Phi}_{k,k-1} \boldsymbol{P}_{k-1} \boldsymbol{\Phi}_{k,k-1}^{\mathrm{T}} \boldsymbol{H}_k^{\mathrm{T}} = \boldsymbol{V}_k^* - \beta \boldsymbol{R}_{k-1}^* - \boldsymbol{H}_{k-1}^* \boldsymbol{P}_{k-1} (\boldsymbol{H}_{k-1}^*)^{\mathrm{T}} \quad (4-162)$$

式中:β仍可由式(4-47)确定。

借鉴4.4节求解白噪声条件下SMFEKF算法中多重渐消因子的方法,有色噪声情况下

SMFEKF 算法中优渐消因子 λ_k 求解方法如下：

$$\boldsymbol{\lambda}_k = \mathrm{diag}[\lambda_k^1, \lambda_k^2, \cdots, \lambda_k^n] \tag{4-163}$$

其中

$$\lambda_k^i = \begin{cases} \alpha_i c_k + 1 & \alpha_i c_k > 0 \\ 1 & \alpha_i c_k \leqslant 0 \end{cases}, \quad c_k = \frac{\mathrm{tr}[\boldsymbol{N}_k]}{\sum_{i=1}^{n} \alpha_i \boldsymbol{M}_k^{ii}} \tag{4-164}$$

$$\boldsymbol{N}_k = \boldsymbol{V}_k^* - \beta \boldsymbol{R}_{k-1}^* - \boldsymbol{H}_{k-1}^* \boldsymbol{P}_{k-1} (\boldsymbol{H}_{k-1}^*)^{\mathrm{T}} \tag{4-165}$$

$$\boldsymbol{M}_k = \boldsymbol{\Phi}_{k,k-1} \boldsymbol{P}_{k-1} \boldsymbol{\Phi}_{k,k-1}^{\mathrm{T}} \boldsymbol{H}_k^{\mathrm{T}} \boldsymbol{H}_k \tag{4-166}$$

$$\boldsymbol{V}_k^* = \begin{cases} \boldsymbol{\varepsilon}_1^* (\boldsymbol{\varepsilon}_1^*)^{\mathrm{T}} & k = 1 \\ \dfrac{\rho \boldsymbol{V}_{k-1}^* + \boldsymbol{\varepsilon}_k^* (\boldsymbol{\varepsilon}_k^*)^{\mathrm{T}}}{1 + \rho} & k \geqslant 2 \end{cases} \tag{4-167}$$

参考文献

[1] 周东华，叶银忠．现代故障诊断与容错控制[M]．北京：清华大学出版社，2000.

[2] Maybeck P S. Stochastic Models, Estimation and Control[M]. New York: Academic Press, 1979.

[3] 周东华，叶银忠．现代故障诊断与容错控制[M]．北京：清华大学出版社，2000.

[4] 张光澄，等．非线性最优化计算方法[M]．北京：高等教育出版社，2005.

第 5 章　Sigma 点卡尔曼滤波

基于最小方差估计准则,第 3 章给出了非线性高斯系统的最优滤波递推公式,但由于计算状态后验均值和协方差的精确值非常困难,甚至是根本无法实现的,因此非线性高斯最优滤波只能停留于理论和概念的研究上,实际中它是没有任何意义的。

EKF 是一种次优非线性高斯滤波器,它采用对非线性函数进行线性化近似的方法,来计算状态分布经非线性函数传递之后的特性。尽管 EKF 得到了广泛的应用,但它依然存在自身无法克服的理论局限性:①要求非线性系统状态函数和量测函数必须是连续可微的,这限制了 EKF 的应用范围;②对非线性函数的一阶线性化近似精度偏低,特别地,当系统具有强非线性时,EKF 估计精度严重下降,甚至发散;③需要计算非线性函数的雅可比矩阵,容易造成 EKF 数值稳定性差和出现计算发散。

为了克服上述 EKF 的缺陷,能够以较高的精度和较快的计算速度处理非线性高斯系统的滤波问题,Julier 等人[1,2]根据确定性采样的基本思路,基于 Unscented 变换(UT)提出了 Unscented 卡尔曼滤波(UKF)。几乎同时,N Nørgaard garrd[3]和 Ito[19]基于 Stirling 多项式插值公式分别提出了分开差分滤波(DDF)和中心差分滤波(CDF)。由于这两种滤波器本质上是一致的,因此 Merwe[20]统一将它们称为中心差分卡尔曼滤波器(CDKF)。另外,UKF 和 CDKF 都可以采用 Sigma 点形式表示,故本书统一将它们称为 Sigma 点卡尔曼滤波(SPKF)。

SPKF 滤波的核心思想就是:首先选取一定数量的采样点,称为 Sigma 点,且这些采样点具有与系统状态分布相同的均值和协方差;接着计算这些 Sigma 点经非线性函数直接传递之后的结果,基于这些 Sigma 点非线性变换后的结果来计算系统状态的后验均值和协方差。理论上已经证明[3,4]:不管系统非线性程度如何,理论上 SPKF 能至少以二阶泰勒精度逼近任何非线性系统状态的后验均值和协方差。由此推断,SPKF 不仅滤波精度高于 EKF,而且特别适用于强非线高斯系统的滤波问题。另外,SPKF 在滤波过程中无需计算非线性函数的雅可比矩阵,比 EKF 更容易实现,且不要求非线性函数必须连续可微,有效克服了 EKF 的理论局限性。

本章着重介绍了 UT 变换和中心差分变换如何对非线性状态的后验分布进行近似,在此基础之上给出了 UKF 和 CDKF 的滤波递推公式,并比较了 EKF、UKF 及 CDKF 的各自优缺点,最后给出了克服 SPKF 计算发散的平方根 SPKF。

5.1　Unscented 卡尔曼滤波器(UKF)

UKF 是一种基于最小方差估计准则的非线性高斯状态估计器,它以第 3 章中所述的非线性最优高斯滤波器作为基本理论框架,同时以 UT 变换来近似计算系统状态的后验均值 $\boldsymbol{f}_{k-1}(\cdot)|_{x_{k-1}=\hat{x}_{k-1},w_{k-1}=q_{k-1}}$、$\boldsymbol{h}_k(\cdot)|_{x_k=\hat{x}_{k|k-1},v_k=r_k}$ 或 $\boldsymbol{f}_{k-1}(\cdot)|_{x_{k-1}=\hat{x}_{k-1}}$、$\boldsymbol{h}_k(\cdot)|_{x_k=\hat{x}_{k|k-1}}$,以及后验协方差 $\boldsymbol{P}_{k|k-1}$、$\boldsymbol{P}_{\tilde{z}_k}$ 和 $\boldsymbol{P}_{\tilde{x}_k\tilde{z}_k}$。

5.1.1 UT 变换

设 $\boldsymbol{x}$ 为 n 维随机向量，m 维随机向量 $\boldsymbol{z}$ 为 $\boldsymbol{x}$ 的某一非线性函数

$$\boldsymbol{z} = \boldsymbol{f}(\boldsymbol{x}) \tag{5-1}$$

$\boldsymbol{x}$(的统计特性为$(\bar{\boldsymbol{x}},\boldsymbol{P}_x)$，通过非线性函数$\boldsymbol{f}(\cdot)$进行传播得到 $\boldsymbol{z}$ 的统计特性$(\bar{\boldsymbol{z}},\boldsymbol{P}_z)$。一般情况下，由于函数$\boldsymbol{f}(\cdot)$的非线性，很难精确求解 $\boldsymbol{z}$ 的统计特性，故对$(\bar{\boldsymbol{z}},\boldsymbol{P}_z)$只能采用近似的方法求解。

EKF 采用了一阶线性化截断近似方法来计算$(\bar{\boldsymbol{z}},\boldsymbol{P}_z)$，它在均值点通过一阶泰勒级数展开将非线性方程线性化，由于没有考虑随机变量的散布情况(不确定性)，因而这种方法很容易引入大的近似误差，滤波性能下降甚至引起滤波器发散。

加权统计线性回归[5]提供了另一种计算$(\bar{\boldsymbol{z}},\boldsymbol{P}_z)$的方法。它根据随机变量先验分布$(\bar{\boldsymbol{x}},\boldsymbol{P}_x)$选取一定数量的点，计算这些点经非线性传递之后的值，然后利用线性回归技术实现对随机变量非线性函数的线性化。由于这一统计近似技术考虑了随机变量的先验统计特性，因此与截断泰勒级数的方法相比，可以期望获得更小的线性化误差。

UT 变换正是基于加权统计线性回归计算随机变量后验分布的。它根据随机变量先验统计$(\bar{\boldsymbol{x}},\boldsymbol{P}_x)$，基于采样策略[6]设计一系列的点 $\boldsymbol{\xi}_i(i=0,1,\cdots,L)$，称为 Sigma 点；对设定的 Sigma 点计算其经过$\boldsymbol{f}(\cdot)$传播所得的结果 $\boldsymbol{\gamma}_i(i=0,1,\cdots,L)$；然后基于 $\boldsymbol{\gamma}_i$，计算随机变量的后验统计$(\bar{\boldsymbol{x}},\boldsymbol{P}_z)$。UT 变换实现过程描述如下：

(1) 根据所选择的采样策略，利用 $\boldsymbol{x}$ 的统计特性$(\bar{\boldsymbol{x}},\boldsymbol{P}_x)$计算 Sigma 采样点及其权系数。设对应于 $\boldsymbol{\xi}_i(i=0,1,\cdots,L)$的权值为 W_i^m 和 W_i^c，它们分别为求一阶和二阶统计特性时的权系数。

(2) 计算 Sigma 点通过非线性函数$\boldsymbol{f}(\cdot)$的传播结果

$$\boldsymbol{\gamma}_i = \boldsymbol{f}(\boldsymbol{\xi}_i), \quad i = 0,1,\cdots,L \tag{5-2}$$

从而得随机变量 $\boldsymbol{x}$ 经非线性函数$\boldsymbol{f}(\cdot)$传递后的均值$\bar{\boldsymbol{z}}$、协方差 $\boldsymbol{P}_z$及互协方差 $\boldsymbol{P}_{xz}$

$$\bar{\boldsymbol{z}} = \sum_{i=0}^{L} W_i^m \boldsymbol{\gamma}_i \tag{5-3}$$

$$\boldsymbol{P}_z = \sum_{i=0}^{L} W_i^c (\boldsymbol{\gamma}_i - \bar{\boldsymbol{z}})(\boldsymbol{\gamma}_i - \bar{\boldsymbol{z}})^{\mathrm{T}} \tag{5-4}$$

$$\boldsymbol{P}_{xz} = \sum_{i=0}^{L} W_i^c (\boldsymbol{\xi}_i - \bar{\boldsymbol{x}})(\boldsymbol{\gamma}_i - \bar{\boldsymbol{z}})^{\mathrm{T}} \tag{5-5}$$

上述 UT 变换中，不同的采样策略之间的区别仅在于第(1)步和后续计算 Sigma 点个数 L。

5.1.2 UT 变换采样策略选择依据

在 UT 变换算法中，最重要的是确定 Sigma 点的采样策略，也就是确定使用 Sigma 点的个数、位置以及相应的权值。Sigma 点的选择应确保抓住输入变量 $\boldsymbol{x}$ 的最重要特征，假设 $p_x(\boldsymbol{x})$是 $\boldsymbol{x}$ 的密度函数，Sigma 点的选择应遵循如下条件函数确保抓住 $\boldsymbol{x}$ 的必要特征[4]

$$g[\{\boldsymbol{\xi}_i, W_i\}, L, p_x(\boldsymbol{x})] = 0 \tag{5-6}$$

式中：L 决定了 Sigma 采样点的数量；$\{\boldsymbol{\xi}_i, W_i\}$表示所有 Sigma 点及其加权值的集合，函数 $g[\cdot]$决定了 $\boldsymbol{x}$ 的何种信息需要捕获，捕获匹配的阶数越高，则式(5-3)~式(5-3)对随机变量 $\boldsymbol{z}$ 的统计量的近似精度就越高[7]。当只有 $p_x(\boldsymbol{x})$的一、二阶矩需要捕获时，限制条件式(5-6)可以表示成

$$g[\{\boldsymbol{\xi}_i,\boldsymbol{W}_i\},L,p_x(\boldsymbol{x})] = \begin{bmatrix} \sum_{i=0}^{L} W_i^m - 1 \quad \text{and} \quad \sum_{i=0}^{L} W_i^c - 1 \\ \sum_{i=0}^{L} W_i^m \boldsymbol{\xi}_i - \bar{\boldsymbol{x}} \\ \sum_{i=0}^{L} W_i^c (\boldsymbol{\xi}_i - \bar{\boldsymbol{x}})(\boldsymbol{\xi}_i - \bar{\boldsymbol{x}})^{\mathrm{T}} - \boldsymbol{P}_x \end{bmatrix} = 0 \tag{5-7}$$

式中：W_i^m和W_i^c分别为求一阶和二阶统计特性时的权系数。

在满足上述条件的前提下，Sigma 点的选择仍有一定自由度。代价函数$c[\{\boldsymbol{\xi}_i\},p_x(\boldsymbol{x})]$可用来进一步优化 Sigma 点的选择[4]。代价函数的意义是指，由$\boldsymbol{\gamma}_i(i=0,1,\cdots,L)$计算得到$\boldsymbol{z}$的统计特性$(\bar{z},\boldsymbol{P}_z)$与理论上$z$的真实统计特性之间的误差大小。代价函数增大，Sigma 点采样策略的精度则随之降低。将条件函数和代价函数结合起来，就可以得到 Sigma 点采样策略的一般性选择依据：在$g[\{\boldsymbol{\xi}_i,W_i\},L,p_x(\boldsymbol{x})]=0$的条件下，最小化$c[\{\boldsymbol{\xi}_i\},p_x(\boldsymbol{x})]$。

5.1.3 采样策略简介

目前 Sigma 采样策略[6]有对称采样、单形采样、3 阶矩偏度采样以及高斯分布 4 阶矩对称采样等。为了保证输出变量$\boldsymbol{z}$协方差的半正定性，Julier[8]提出了对上述基本采样策略进行比例修正的算法框架。目前应用比较广泛的是对称采样以及比例修正对称采样，下面分别简要介绍。

1）对称采样

在仅考虑$\boldsymbol{x}$的均值$\bar{\boldsymbol{x}}$和协方差$\boldsymbol{P}_x$的情况下，依据式(5-7)所示的限制条件即可得到 UT 变换中 Sigma 点对称采样策略。

对称采样取$L=2n$，n表示系统状态维数，故 Sigma 点的数量为$2n+1$个，则对称采样 Sigma 点及其权系数可以表示为

$$\begin{cases} \boldsymbol{\xi}_0 = \bar{\boldsymbol{x}} \\ \boldsymbol{\xi}_i = \bar{\boldsymbol{x}} + (\sqrt{(n+\kappa)\boldsymbol{P}_x})_i \quad , \quad i=1,2,\cdots,n \\ \boldsymbol{\xi}_{i+n} = \bar{\boldsymbol{x}} - (\sqrt{(n+\kappa)\boldsymbol{P}_x})_i \end{cases} \tag{5-8}$$

且对应于$\boldsymbol{\xi}_i(i=0,1,\cdots,2n)$的权值为

$$W_i^m = W_i^c = \begin{cases} \kappa/(n+\kappa) & i=0 \\ 1/[2(n+\kappa)] & i \neq 0 \end{cases} \tag{5-9}$$

式中：κ为比例系数，可用于调节 Sigma 点和$\bar{\boldsymbol{x}}$的距离，仅影响二阶之后的高阶矩带来的偏差；$(\sqrt{(n+\kappa)\boldsymbol{P}_x})_i$为$(n+\kappa)\boldsymbol{P}_x$的平方根矩阵的第$i$行或列。对称采样的计算量与 EKF 基本相当，均为$O(n^3)$，但精度却高于 EKF，这一点将在后面做详细理论推导。

在对称采样中，Sigma 采样点除中心点外，其余的权值都相同，到中心点的距离也相同，这说明在对称性采样中，除中心点外的所有 Sigma 点都具有相同的重要性；而且从 Sigma 点的分布可以看到，对称采样中 Sigma 点是空间中心对称和轴对称的，这种 Sigma 点选取策略使得高于 1 阶的$\boldsymbol{x}$奇次中心矩为 0。

由于对称采样是根据式(5-7)所示的限制条件得到的，故对称采样能确保对任意非线性分布的近似精度达到泰勒展开式 2 阶截断。对于非线性高斯系统来说，由于高斯分布状态的对

称性，理论上泰勒展开式中的 $\boldsymbol{x}$ 奇次中心矩也为0，因此从这一特征来说，对称采样可达到非线性高斯系统的泰勒3阶截断，上述结论的获得参见下面5.1.4节的理论分析。

对于 κ 值的选取，应进一步考虑 $\boldsymbol{x}$ 分布的高阶矩，也就是考虑代价函数 $c[\{\boldsymbol{\xi}_i\},p_x(\boldsymbol{x})]$。对于高斯分布，考虑泰勒展开4阶矩的统计量，求解 $c[\{\boldsymbol{\xi}_i\},p_x(\boldsymbol{x})]=0$，可得到 κ 的有效选取满足 $n+\kappa=3$[7]。由于 κ 值可取正值或负值，当系统状态维数大于3时，κ 取值为负，这样就无法保证协方差式(5-4)的半正定性。当然，在实际应用中，κ 的选取并非一定要满足 $n+\kappa=3$ 这个条件，此时，对称采样对 $\boldsymbol{x}$ 的后验分布的捕捉精度将略微有所下降。但无论如何，在对称采样策略下，Sigma点对任意非线性状态后验分布的近似精度都可达泰勒2阶，对高斯分布则可达3阶。

2）单形采样

在对称采样中，Sigma采样点的个数为 $2n+1$。在对实时性要求比较高的系统中，希望进一步减少Sigma点的数目，以降低计算负担。根据文献[9]的分析，对于一个 n 维分布状态空间，最少需要 $n+1$ 个采样点才能确定系统状态的后验分布。在单形采样中，取 $L=n+1$，Sigma点的个数为 $n+2$（考虑中心点），可以满足系统实时性的要求。需要注意的是，在单形采样策略中，Sigma点分布不是中心对称的。目前的单形采样策略有两种：最小偏度单形采样和超球体单形采样。

最小偏度单形采样要求在匹配前2阶矩的前提下使得3阶矩（偏度）最小。根据这一要求，代入前面所给出的Sigma点采样策略的选择依据，即在满足式(5-7)成立的条件下，最小化 $c[\{\boldsymbol{\xi}_i\},p_x(\boldsymbol{x})]$ 求解得到Sigma点集如下：

（1）选择 $0\leqslant W_0^m=W_0^c<1$。

（2）Sigma采样点一阶二阶权系数为

$$W_i^m = W_i^c = \begin{cases} \dfrac{1-W_0^m}{2^n} & i=1,2 \\ 2^{i-1}W_1^m & i=3,4,\cdots,n+1 \end{cases} \tag{5-10}$$

（3）初始向量（对应于状态维数为 $j=1$ 的情况）为

$$\boldsymbol{\xi}_0^1=[0],\quad \boldsymbol{\xi}_1^1=\left[-\frac{1}{\sqrt{2W_1^m}}\right],\quad \boldsymbol{\xi}_2^1=\left[\frac{1}{\sqrt{2W_1^m}}\right] \tag{5-11}$$

（4）对于输入维数为 $j=2,3,\cdots,n$ 时，向量迭代公式为

$$\boldsymbol{\xi}_i^j=\begin{cases} \begin{bmatrix}\boldsymbol{\xi}_0^{j-1}\\ 0\end{bmatrix} & i=0 \\ \begin{bmatrix}\boldsymbol{\xi}_i^{j-1}\\ -\dfrac{1}{\sqrt{2W_{j+1}^m}}\end{bmatrix} & i=1,2,\cdots,j \\ \begin{bmatrix}\boldsymbol{0}\\ -\dfrac{1}{\sqrt{2W_{j+1}^m}}\end{bmatrix} & i=j+1 \end{cases} \tag{5-12}$$

（5）根据式(5-12)生成Sigma点为

$$\xi_i=\bar{\boldsymbol{x}}+(\sqrt{\boldsymbol{P}_x})\xi_i^j,\quad i=0,1,2,\cdots,j+1 \tag{5-13}$$

由上述采样点公式可知，在最小偏度单形采样中，所选择的Sigma点权值和距离都是不同

的,也就是说,各个 Sigma 点的重要性是不同的。低维扩维形成的 Sigma 点权重较高维直接形成的 Sigma 点权重大,而且距中心点更近。随着维数的增大,有些 Sigma 点权值会变得很小,距中心点的距离也会很远。最小偏度单形采样的 Sigma 点分布不是中心对称的,但服从轴对称。公式推导是依照3 阶矩为0 进行的,也就是分布的3 阶矩为0,确保了对于任意分布达到2 阶泰勒截断精度,对于高斯分布达到3 阶截断精度。

超球体单形采样[10]只要求匹配前2 阶矩,但要求除中心点外的其他 Sigma 点权值相同,而且与中心点距离相同。根据上述要求,Sigma 点分布在空间上呈现超球体状,所以称为超球体单形采样。将上述条件代入式(5-7)中得 $g[\{\xi_i,W_i\},L,p_x(\boldsymbol{x})\}]=0$,可确定 Sigma 点如下:

(1) 选择 $0\leqslant W_0^m=W_0^c<1$。

(2) Sigma 采样点一阶二阶权系数为

$$W_i^m = W_i^c = (1-W_0^m)/(n+1),\quad i=1,2,\cdots,n+1 \tag{5-14}$$

(3) 初始向量(对应于状态维数为 $j=1$ 的情况)

$$\boldsymbol{\xi}_0^1=[0],\quad \boldsymbol{\xi}_1^1=\left[-\frac{1}{\sqrt{2W_1^m}}\right],\quad \boldsymbol{\xi}_2^1=\left[\frac{1}{\sqrt{2W_1^m}}\right]$$

(4) 对于输入维数为 $j=2,3,\cdots,n$ 时,向量迭代公式为

$$\boldsymbol{\xi}_i^j=\begin{cases}\begin{bmatrix}\boldsymbol{\xi}_0^{j-1}\\0\end{bmatrix} & i=0\\[2ex] \begin{bmatrix}\boldsymbol{\xi}_i^{j-1}\\-\dfrac{1}{\sqrt{j(j+1)W_1^m}}\end{bmatrix} & i=1,2,\cdots,j\\[2ex] \begin{bmatrix}0\\-\dfrac{1}{\sqrt{j(j+1)W_1^m}}\end{bmatrix} & i=j+1\end{cases} \tag{5-15}$$

(5) 根据式(5-)生成 Sigma 点

$$\xi_i=\bar{\boldsymbol{x}}+(\sqrt{\boldsymbol{P}_x})\boldsymbol{\xi}_i^j,\quad i=0,1,2,\cdots,j+1$$

由上述采样点公式可知,在超球体单形采样中,除中心点外的所有 Sigma 点的权值和到中心点的距离是相同的,这说明除中心点外的所有 Sigma 点具有相同的重要性。超球体单形采样不是中心对称的。公式推导是依照前2 阶矩进行的,推导中分布的3 阶矩不为0,确保了对于任意分布达到2 阶截断精度,对于高斯分布也不例外。显然,如果分布是高斯分布,对称采样以及最小偏度采样的精度高于超球体采样1 阶。

当输入变量的维数 $n=1$ 时,最小偏度采样和超球体采样的 Sigma 点分布是一致的。在单形采样中,需要确定的参数只有 W_0,也就是 $\boldsymbol{x}$ 的均值点 $\bar{\boldsymbol{x}}$ 的 Sigma 点权值。当 $W_0=0$ 时,说明没有使用均值点,单形采样 Sigma 点个数退化为 $n+1$ 个。

3) 比例采样修正

上述采样中,Sigma 点到中心 $\bar{\boldsymbol{x}}$ 的距离随 $\boldsymbol{x}$ 的维数增加而越来越远,这样会产生采样的非局部效应;另外,对于许多非线性函数(如指数函数和三角函数等),如果 κ 为负,则导致式(5-4)的半正定性不满足。以对称采样来说,为了消除采样的非局部效应,理论上 $n+\kappa$

的取值越小越好。当取 $\kappa=0$ 时,Sigma 点到中心$\bar{\boldsymbol{x}}$的距离适中;当取 $\kappa>0$ 时,Sigma 点到中心$\bar{\boldsymbol{x}}$的距离相对于取 $\kappa\leqslant 0$ 时将会是最大的,采样的非局部效应增强;当取 $\kappa<0$ 时,相对于前两者,Sigma 点到中心$\bar{\boldsymbol{x}}$的距离将是最小的,但又会导致 $W_0^m=W_0^c<0$,引起协方差负定,因此 κ 的选取应综合考虑。

为了使 κ 的选取不受过多的限制,文献[2]提出了一种修正算法,但该方法要用到高阶矩信息,而且仅验证了对于对称采样策略修正的有效性,对其他采样策略(如单形采样)则无法保证。为此文献[8]提出了比例采样,不仅有效解决了采样非局部效应问题,而且兼顾了协方差的半正定性,可适用于修正多种采样策略。比例采样修正算法如下所示:

$$\boldsymbol{\xi}_i'=\boldsymbol{\xi}_0+\alpha(\boldsymbol{\xi}_i-\boldsymbol{\xi}_0) \tag{5-16}$$

$$(W_i^m)'=\begin{cases}W_0^m/\alpha^2+1-1/\alpha^2 & i=0\\ W_i^m/\alpha^2 & i\neq 0\end{cases} \tag{5-17}$$

$$(W_i^c)'=\begin{cases}(W_i^m)'+W_0^c+1+\beta-\alpha^2 & i=0\\ (W_i^m)' & i\neq 0\end{cases} \tag{5-18}$$

其中 α 为正值的比例缩放因子,可通过调整 α 的取值来调节 Sigma 点与$\bar{\boldsymbol{x}}$的距离,同时调整 α 可使高阶项的影响达到最小;α 的取值范围为 $0\leqslant\alpha\leqslant 1$。当系统非线性程度严重时,通常情况下 α 取一个非常小的正值(如 1×10^{-3}),以避免采样点非局域效应的影响。参数 β 用来描述 $\boldsymbol{x}$ 的先验分布信息,是一个非负的权系数,它可以合并协方差中高阶项的动差,这样就可以把高阶项的影响包含在内,因此调节 β 可以提高协方差的近似精度;对于高斯分布,β 的最佳选择是 $\beta=2$。

将比例修正算法应用于对称采样中,得到比例对称采样方法。具体的 Sigma 点采样公式及 UT 变换算法为

$$\begin{cases}\boldsymbol{\xi}_0'=\bar{\boldsymbol{x}}\\ \boldsymbol{\xi}_i'=\bar{\boldsymbol{x}}+(\sqrt{(n+\lambda)\boldsymbol{P}_x})_i & i=1,2,\cdots,n\\ \boldsymbol{\xi}_{i+n}'=\bar{\boldsymbol{x}}-(\sqrt{(n+\lambda)\boldsymbol{P}_x})_i\end{cases} \tag{5-19}$$

对应于$\boldsymbol{\xi}_i'$的一阶二阶权系数为

$$(W_i^m)'=\begin{cases}\lambda/(n+\lambda) & i=0\\ 1/2(n+\lambda) & i\neq 0\end{cases} \tag{5-20}$$

$$(W_i^c)'=\begin{cases}\lambda/(n+\lambda)+1+\beta-\alpha^2 & i=0\\ 1/2(n+\lambda) & i\neq 0\end{cases} \tag{5-21}$$

其中

$$\lambda=\alpha^2(n+\kappa)-n \tag{5-22}$$

式中:κ 仍为比例参数,取值虽没有具体的限制,但通常情况下应确保后验协方差的半正定性;对于高斯分布的情况,当状态变量为单变量时,选择 $\kappa=0$,当状态变量为多变量时,一般选择 $\kappa=3-n$,这与前面的理论分析一致。

相应地,比例修正对称采样情况下 UT 变换算法如下所示:

$$\boldsymbol{\gamma}_i'=\boldsymbol{f}(\xi_i'),\quad i=0,1,\cdots,2n \tag{5-23}$$

$$\bar{z}=\sum_{i=0}^{2n}(W_i^m)'\boldsymbol{\gamma}_i' \tag{5-24}$$

$$\boldsymbol{P}_z=\sum_{i=0}^{2n}(W_i^c)'(\boldsymbol{\gamma}_i'-\bar{z})(\boldsymbol{\gamma}_i'-\bar{z})^{\mathrm{T}} \tag{5-25}$$

$$P_{xz}=\sum_{i=0}^{L}(W_i^c)'(\xi_i'-\bar{x})(\gamma_i'-\bar{z})^{\mathrm{T}} \tag{5-26}$$

由式(5-16)不难看出,调整 α 的取值可以控制 Sigma 点与$\bar{x}$的距离。对于单形采样来说,Sigma 采样点权值都为正,因此 UT 变换后的后验协方差一定为半正定,但随着系统状态维数的增加,单形采样下 Sigma 点与$\bar{x}$的距离也会增大,非局部效应增强,采用比例修正则可以很好地解决这个问题;而对于对称采样来说,比例修正算法不仅能很好地解决随着维数增加非局部效应增强的问题,而且有效克服了对称采样下后验协方差可能为负定的缺点,但 α 不应取值过小,否则依然会导致后验协方差负定。

4) 其他采样策略

针对输入变量为高斯分布情况,为了进一步提高对后验状态分布的近似精度,文献[11]给出了一种高斯分布4阶矩对称采样方法,它使用 $2n^2+1$ 个 Sigma 采样点,计算复杂度为 $O(n^4)$。该方法将精度提高到4阶矩,将误差限制于6阶矩,但计算量也大大增加。对于达到任意分布的3阶精度,文献[12]给出了利用3阶矩信息的偏度采样方法,但计算过于复杂,目前也很少使用。

5.1.4 UT 变换精度分析

为了分析 UT 变换中各种采样策略下 Sigma 采样点对非线性状态后验分布的近似精度,一般情况下,需要将非线性函数 $f(x)$ 围绕均值点$\bar{x}$展成泰勒级数。假设 x 是一个 n 维随机变量,$x=[x_1\quad x_2\quad\cdots\quad x_n]^{\mathrm{T}}$,且 x 的先验统计分布为$(\bar{x},P_x)$,则将 $f(x)$ 围绕$\bar{x}$展成多维向量泰勒级数

$$z=f(x)=f(\bar{x}+\Delta x)=f(\bar{x})+D_{\Delta x}f+\frac{D_{\Delta x}^2 f}{2!}+\frac{D_{\Delta x}^3 f}{3!}+\frac{D_{\Delta x}^4 f}{4!}+\cdots \tag{5-27}$$

式中:$\Delta x=x-\bar{x}$,显然 Δx 的统计特性为$(0,P_x)$;$D_{\Delta x}$为向量微分算子,它可以表示为

$$D_{\Delta x}f=G_f\Delta x \tag{5-28}$$

其中 G_f就是雅可比矩阵。另外,$D_{\Delta x}$还可以写成如下标量形式

$$D_{\Delta x}=[(\Delta x^{\mathrm{T}}\ \nabla)(f(x))^{\mathrm{T}}]^{\mathrm{T}}|_{x=\bar{x}}=\sum_{j=1}^{n}\Delta x_j\frac{\partial}{\partial x_j} \tag{5-29}$$

同时,$D_{\Delta x}^i f$ 表示函数 $f(x)$ 的第 i 阶向量微分,可以表示为

$$\frac{D_{\Delta x}^i f}{i!}=\frac{D_{\Delta x}(D_{\Delta x}^{i-1}f)}{i!}=\frac{((\Delta x)^{\mathrm{T}}\ \nabla)^i f(x)|_{x=\bar{x}}}{i!}=\frac{1}{i!}\left(\sum_{j=1}^{n}\Delta x_j\frac{\partial}{\partial x_j}\right)^i f(x)\bigg|_{x=\bar{x}} \tag{5-30}$$

可以看出 $f(x)$ 的第 i 阶向量微分可以表示成 Δx 与函数第 i 阶偏微分的乘积。

1) 真实后验分布的级数表达式

已知随机变量 x 的先验分布为$(\bar{x},P_x)$,那么 x 经非线性函数 $f(x)$ 传递之后的后验分布$(\bar{z},P_z)$可以根据向量空间泰勒级数求得。

由式(5-27)可知后验均值$\bar{z}$、后验自协方差 P_z及互协方差 P_{xz}的真实表达式为

$$\bar{z}=\mathrm{E}[f(x)]=\mathrm{E}[f(\bar{x}+\Delta x)]=f(\bar{x})+\mathrm{E}\left[D_{\Delta x}f+\frac{D_{\Delta x}^2 f}{2!}+\frac{D_{\Delta x}^3 f}{3!}+\cdots\right] \tag{5-31}$$

$$\begin{aligned}P_z&=\mathrm{E}\{[z-\bar{z}][z-\bar{z}]^{\mathrm{T}}\}=\mathrm{E}[zz^{\mathrm{T}}]-\bar{z}\,\bar{z}^{\mathrm{T}}\\&=\mathrm{E}\left\{\left[D_{\Delta x}f+\frac{D_{\Delta x}^2 f}{2!}+\cdots\right]\left[D_{\Delta x}f+\frac{D_{\Delta x}^2 f}{2!}+\cdots\right]^{\mathrm{T}}\right\}\end{aligned}$$

$$-\mathrm{E}\left[\boldsymbol{D}_{\Delta x}\boldsymbol{f}+\frac{\boldsymbol{D}_{\Delta x}^{2}\boldsymbol{f}}{2!}+\cdots\right]\mathrm{E}\left[\boldsymbol{D}_{\Delta x}\boldsymbol{f}+\frac{\boldsymbol{D}_{\Delta x}^{2}\boldsymbol{f}}{2!}+\cdots\right]^{\mathrm{T}}$$

$$=\mathrm{E}\left[\sum_{i=1}^{\infty}\sum_{j=1}^{\infty}\frac{1}{i!j!}\boldsymbol{D}_{\Delta x}^{i}\boldsymbol{f}(\boldsymbol{D}_{\Delta x}^{j}\boldsymbol{f})^{\mathrm{T}}\right]-\sum_{i=1}^{\infty}\sum_{j=1}^{\infty}\frac{1}{i!j!}\mathrm{E}(\boldsymbol{D}_{\Delta x}^{i}\boldsymbol{f})\mathrm{E}(\boldsymbol{D}_{\Delta x}^{j}\boldsymbol{f})^{\mathrm{T}} \tag{5-32}$$

$$\boldsymbol{P}_{xz}=\mathrm{E}\{[\boldsymbol{x}-\bar{\boldsymbol{x}}][z-\bar{z}]^{\mathrm{T}}\}=\mathrm{E}\{\Delta\boldsymbol{x}[z-\bar{z}]^{\mathrm{T}}\}=\mathrm{E}\{\Delta\boldsymbol{x}\boldsymbol{z}^{\mathrm{T}}\}$$

$$=\mathrm{E}\left\{\Delta\boldsymbol{x}\left[\boldsymbol{f}(\bar{\boldsymbol{x}})+\boldsymbol{D}_{\Delta x}\boldsymbol{f}+\frac{\boldsymbol{D}_{\Delta x}^{2}\boldsymbol{f}}{2!}+\frac{\boldsymbol{D}_{\Delta x}^{3}\boldsymbol{f}}{3!}+\frac{\boldsymbol{D}_{\Delta x}^{4}\boldsymbol{f}}{4!}+\cdots\right]^{\mathrm{T}}\right\}$$

$$=\mathrm{E}\left\{\Delta\boldsymbol{x}\left[\boldsymbol{D}_{\Delta x}\boldsymbol{f}+\frac{\boldsymbol{D}_{\Delta x}^{2}\boldsymbol{f}}{2!}+\frac{\boldsymbol{D}_{\Delta x}^{3}\boldsymbol{f}}{3!}+\frac{\boldsymbol{D}_{\Delta x}^{4}\boldsymbol{f}}{4!}+\cdots\right]^{\mathrm{T}}\right\} \tag{5-33}$$

假设 $\boldsymbol{x}$ 服从高斯分布，那么 $\Delta\boldsymbol{x}$ 就是零均值方差为 $\boldsymbol{P}_x$ 的高斯随机变量。根据高斯分布性质及对称性可知

$$\mathrm{E}\left[\frac{\boldsymbol{D}_{\Delta x}^{i}\boldsymbol{f}}{i!}\right]=0,\quad i=1,3,5,\cdots \tag{5-34}$$

同时，注意到

$$\mathrm{E}\left[\frac{\boldsymbol{D}_{\Delta x}^{2}\boldsymbol{f}}{2!}\right]=\mathrm{E}\left[\frac{\boldsymbol{D}_{\Delta x}(\boldsymbol{D}_{\Delta x}\boldsymbol{f})}{2!}\right]=\mathrm{E}\left[\frac{((\Delta\boldsymbol{x})^{\mathrm{T}}\ \nabla(\Delta\boldsymbol{x})^{\mathrm{T}}\ \nabla)\boldsymbol{f}(\boldsymbol{x})|_{\boldsymbol{x}=\bar{\boldsymbol{x}}}}{2!}\right]$$

$$=\mathrm{E}\left[\frac{(\nabla^{\mathrm{T}}\Delta\boldsymbol{x}(\Delta\boldsymbol{x})^{\mathrm{T}}\ \nabla)\boldsymbol{f}(\boldsymbol{x})|_{\boldsymbol{x}=\bar{\boldsymbol{x}}}}{2!}\right]=\frac{(\nabla^{\mathrm{T}}\boldsymbol{P}_x\ \nabla)\boldsymbol{f}(\boldsymbol{x})|_{\boldsymbol{x}=\bar{\boldsymbol{x}}}}{2!} \tag{5-35}$$

$$\mathrm{E}[\boldsymbol{D}_{\Delta x}\boldsymbol{f}(\boldsymbol{D}_{\Delta x}\boldsymbol{f})^{\mathrm{T}}]=\mathrm{E}[(\boldsymbol{G}_f\Delta\boldsymbol{x})(\boldsymbol{G}_f\Delta\boldsymbol{x})^{\mathrm{T}}]=\boldsymbol{G}_f\mathrm{E}[\Delta\boldsymbol{x}(\Delta\boldsymbol{x})^{\mathrm{T}}]\boldsymbol{G}_f^{\mathrm{T}}=\boldsymbol{G}_f\boldsymbol{P}_x\boldsymbol{G}_f^{\mathrm{T}} \tag{5-36}$$

于是

$$\bar{z}=\boldsymbol{f}(\bar{\boldsymbol{x}})+\frac{(\nabla^{\mathrm{T}}\boldsymbol{P}_x\ \nabla)\boldsymbol{f}(\boldsymbol{x})|_{\boldsymbol{x}=\bar{\boldsymbol{x}}}}{2!}+\mathrm{E}\left[\frac{\boldsymbol{D}_{\Delta x}^{4}\boldsymbol{f}}{4!}+\frac{\boldsymbol{D}_{\Delta x}^{6}\boldsymbol{f}}{6!}+\cdots\right] \tag{5-37}$$

$$\boldsymbol{P}_z=\boldsymbol{G}_f\boldsymbol{P}_x\boldsymbol{G}_f^{\mathrm{T}}-\left[\frac{(\nabla^{\mathrm{T}}\boldsymbol{P}_x\ \nabla)\boldsymbol{f}(\boldsymbol{x})|_{\boldsymbol{x}=\bar{\boldsymbol{x}}}}{2!}\right]\left[\frac{(\nabla^{\mathrm{T}}\boldsymbol{P}_x\ \nabla)\boldsymbol{f}(\boldsymbol{x})|_{\boldsymbol{x}=\bar{\boldsymbol{x}}}}{2!}\right]^{\mathrm{T}}$$

$$+\mathrm{E}\Bigg[\underbrace{\sum_{i=1}^{\infty}\sum_{j=1}^{\infty}\frac{1}{i!j!}\boldsymbol{D}_{\Delta x}^{i}\boldsymbol{f}(\boldsymbol{D}_{\Delta x}^{j}\boldsymbol{f})^{\mathrm{T}}}_{i\cdot j>1\text{且}i+j=\text{偶数}}\Bigg]-\Bigg[\underbrace{\sum_{i=1}^{\infty}\sum_{j=1}^{\infty}\frac{1}{(2i)!(2j)!}\mathrm{E}(\boldsymbol{D}_{\Delta x}^{2i}\boldsymbol{f})\mathrm{E}(\boldsymbol{D}_{\Delta x}^{2j}\boldsymbol{f})^{\mathrm{T}}}_{i\cdot j>1}\Bigg] \tag{5-38}$$

$$\boldsymbol{P}_{xz}=\boldsymbol{P}_x\boldsymbol{G}_f^{\mathrm{T}}+\sum_{i=1}^{\infty}\frac{1}{(2i+1)!}\mathrm{E}[\Delta\boldsymbol{x}(\boldsymbol{D}_{\Delta x}^{2i+1}\boldsymbol{f})^{\mathrm{T}}] \tag{5-39}$$

2）UT 变换后的近似均值

由第 4 章 EKF 滤波理论可知，EKF 通过对非线性函数线性化来实现对高斯状态后验均值和协方差的近似，即仅仅保留式(5－37)、式(5－38)及式(5－39)中的第一项，即

$$\bar{z}_{LIN}=\boldsymbol{f}(\bar{\boldsymbol{x}}) \tag{5-40}$$

$$(\boldsymbol{P}_z)_{LIN}=\boldsymbol{G}_f\boldsymbol{P}_x\boldsymbol{G}_f^{\mathrm{T}} \tag{5-41}$$

式中：$\boldsymbol{G}_f$ 就是 EKF 中由雅可比矩阵所求得的状态转移矩阵 $\boldsymbol{\Phi}$。理论分析不难看出，只有在式(5－37)均值中第二阶和更高阶项以及式(5－38)协方差中第四阶和更高阶项确实可以忽略的条件下，线性化获得的结果才比较准确。实际上大多数系统都是强非线性的，在很多情况下进行线性化都会引入无法忽略的误差，因此采用函数线性化对状态后验分布近似的做法精度较低，而且需要计算雅可比矩阵。

UKF 根据固定采样策略，采用式(5－2)～式(5－5)对状态后验分布进行近似，精度高于

EKF。下面将以对称采样为例，详细分析 UT 变换后的状态估计精度。

对 $\boldsymbol{x}$ 的协方差 $\boldsymbol{P}_x$ 进行如下 Cholesky 分解

$$\boldsymbol{P}_x = \boldsymbol{S}_x\boldsymbol{S}_x^{\mathrm{T}} \tag{5-42}$$

$$\boldsymbol{S}_x = [\boldsymbol{\sigma}_{x_1} \quad \boldsymbol{\sigma}_{x_2} \quad \cdots \quad \boldsymbol{\sigma}_{x_n}] \tag{5-43}$$

显然有下式成立

$$\boldsymbol{P}_x = \boldsymbol{S}_x\boldsymbol{S}_x^{\mathrm{T}} = \sum_{i=1}^{n}\boldsymbol{\sigma}_{x_i}\boldsymbol{\sigma}_{x_i}^{\mathrm{T}} \tag{5-44}$$

相应地，对称采样 Sigma 点可以表示为

$$\begin{cases}\boldsymbol{\xi}_0 = \bar{\boldsymbol{x}} \\ \boldsymbol{\xi}_i = \bar{\boldsymbol{x}} + \sqrt{n+\kappa}\boldsymbol{\sigma}_{x_i} = \bar{\boldsymbol{x}} + \tilde{\boldsymbol{\sigma}}_{x_i}, \quad i = 1,2,\cdots,n \\ \boldsymbol{\xi}_{i+n} = \bar{\boldsymbol{x}} - \sqrt{n+\kappa}\boldsymbol{\sigma}_{x_i} = \bar{\boldsymbol{x}} - \tilde{\boldsymbol{\sigma}}_{x_i}\end{cases} \tag{5-45}$$

计算 $\boldsymbol{\xi}_i(i=0,1,\cdots,2n)$ 经非线性变换后的结果 $\boldsymbol{\gamma}_i$，有

$$\begin{cases}\boldsymbol{\gamma}_0 = \boldsymbol{f}(\boldsymbol{\xi}_0) = \boldsymbol{f}(\bar{\boldsymbol{x}}) \\ \boldsymbol{\gamma}_i = \boldsymbol{f}(\boldsymbol{\xi}_i) = \boldsymbol{f}(\bar{\boldsymbol{x}}) + \boldsymbol{D}_{\tilde{\sigma}_{x_i}}\boldsymbol{f} + \dfrac{\boldsymbol{D}^2_{\tilde{\sigma}_{x_i}}\boldsymbol{f}}{2!} + \dfrac{\boldsymbol{D}^3_{\tilde{\sigma}_{x_i}}\boldsymbol{f}}{3!} + \cdots \qquad i = 1,2,\cdots,n \\ \boldsymbol{\gamma}_{i+n} = \boldsymbol{f}(\boldsymbol{\xi}_{i+n}) = \boldsymbol{f}(\bar{\boldsymbol{x}}) + \boldsymbol{D}_{-\tilde{\sigma}_{x_i}}\boldsymbol{f} + \dfrac{\boldsymbol{D}^2_{-\tilde{\sigma}_{x_i}}\boldsymbol{f}}{2!} + \dfrac{\boldsymbol{D}^3_{-\tilde{\sigma}_{x_i}}\boldsymbol{f}}{3!} + \cdots\end{cases} \tag{5-46}$$

根据向量微分表达式(5-30)可以推出

$$\begin{cases}\boldsymbol{D}^i_{-\tilde{\sigma}_{x_i}}\boldsymbol{f} = ((-\tilde{\boldsymbol{\sigma}}_{x_i})^{\mathrm{T}}\ \nabla)^i\boldsymbol{f}(\boldsymbol{x})\big|_{\boldsymbol{x}=\bar{\boldsymbol{x}}} = -((\tilde{\boldsymbol{\sigma}}_{x_i})^{\mathrm{T}}\ \nabla)^i\boldsymbol{f}(\boldsymbol{x})\big|_{\boldsymbol{x}=\bar{\boldsymbol{x}}} = -\boldsymbol{D}^i_{\tilde{\sigma}_{x_i}}\boldsymbol{f} \quad (i\text{ 为奇数}) \\ \boldsymbol{D}^i_{-\tilde{\sigma}_{x_i}}\boldsymbol{f} = ((-\tilde{\boldsymbol{\sigma}}_{x_i})^{\mathrm{T}}\ \nabla)^i\boldsymbol{f}(\boldsymbol{x})\big|_{\boldsymbol{x}=\bar{\boldsymbol{x}}} = ((\tilde{\boldsymbol{\sigma}}_{x_i})^{\mathrm{T}}\ \nabla)^i\boldsymbol{f}(\boldsymbol{x})\big|_{\boldsymbol{x}=\bar{\boldsymbol{x}}} = \boldsymbol{D}^i_{\tilde{\sigma}_{x_i}}\boldsymbol{f} \quad (i\text{ 为偶数})\end{cases} \tag{5-47}$$

同时，注意到

$$\begin{aligned}\frac{1}{n+\kappa}\sum_{i=1}^{n}\left[\frac{\boldsymbol{D}^2_{\tilde{\sigma}_{x_i}}\boldsymbol{f}}{2!}\right] &= \frac{1}{n+\kappa}\mathrm{E}\left[\frac{\boldsymbol{D}_{\tilde{\sigma}_{x_i}}(\boldsymbol{D}_{\tilde{\sigma}_{x_i}}\boldsymbol{f})}{2!}\right] = \frac{1}{n+\kappa}\sum_{i=1}^{n}\left[\frac{(\nabla^{\mathrm{T}}\tilde{\boldsymbol{\sigma}}_{x_i}(\tilde{\boldsymbol{\sigma}}_{x_i})^{\mathrm{T}}\ \nabla)\boldsymbol{f}(\boldsymbol{x})\big|_{\boldsymbol{x}=\bar{\boldsymbol{x}}}}{2!}\right] \\ &= \frac{(\nabla^{\mathrm{T}}\sum_{i=1}^{n}[\boldsymbol{\sigma}_{x_i}(\boldsymbol{\sigma}_{x_i})^{\mathrm{T}}]\ \nabla)\boldsymbol{f}(\boldsymbol{x})\big|_{\boldsymbol{x}=\bar{\boldsymbol{x}}}}{2!} = \frac{(\nabla^{\mathrm{T}}\boldsymbol{P}_x\ \nabla)\boldsymbol{f}(\boldsymbol{x})\big|_{\boldsymbol{x}=\bar{\boldsymbol{x}}}}{2!}\end{aligned} \tag{5-48}$$

则 UT 变换后系统状态后验均值 $\bar{z}_{UKF}$ 可以表示成

$$\begin{aligned}\bar{\boldsymbol{z}}_{UKF} &= \sum_{i=0}^{2n}W_i^m\boldsymbol{\gamma}_i = W_0^m\boldsymbol{\gamma}_0 + \sum_{i=1}^{n}(W_i^m\boldsymbol{\gamma}_i + W_{i+n}^m\boldsymbol{\gamma}_{i+n}) \\ &= \frac{\kappa}{n+\kappa}\boldsymbol{f}(\bar{\boldsymbol{x}}) + \frac{1}{(n+\kappa)}\sum_{i=1}^{n}\left[\boldsymbol{f}(\bar{\boldsymbol{x}}) + \frac{\boldsymbol{D}^2_{\tilde{\sigma}_{x_i}}\boldsymbol{f}}{2!} + \frac{\boldsymbol{D}^4_{\tilde{\sigma}_{x_i}}\boldsymbol{f}}{4!} + \cdots\right] \\ &= \boldsymbol{f}(\bar{\boldsymbol{x}}) + \frac{1}{n+\kappa}\sum_{i=1}^{n}\left[\frac{\boldsymbol{D}^2_{\tilde{\sigma}_{x_i}}\boldsymbol{f}}{2!} + \frac{\boldsymbol{D}^4_{\tilde{\sigma}_{x_i}}\boldsymbol{f}}{4!} + \frac{\boldsymbol{D}^6_{\tilde{\sigma}_{x_i}}\boldsymbol{f}}{6!}\cdots\right] \\ &= \boldsymbol{f}(\bar{\boldsymbol{x}}) + \frac{(\nabla^{\mathrm{T}}\boldsymbol{P}_x\ \nabla)\boldsymbol{f}(\boldsymbol{x})\big|_{\boldsymbol{x}=\bar{\boldsymbol{x}}}}{2!} + \frac{1}{n+\kappa}\sum_{i=1}^{n}\left[\frac{\boldsymbol{D}^4_{\tilde{\sigma}_{x_i}}\boldsymbol{f}}{4!} + \frac{\boldsymbol{D}^6_{\tilde{\sigma}_{x_i}}\boldsymbol{f}}{6!}\cdots\right]\end{aligned} \tag{5-49}$$

比较式(5-37)与式(5-49)可知，对于非线性高斯系统来说，UT 变换对称采样策略中

Sigma点能以三阶泰勒精度逼近状态的后验均值，误差被限制在 4 阶以上；而对于任意非线性分布，Sigma 采样点对后验均值的逼近精度为 2 阶，相比于 EKF 的一阶近似精度，可以预见，UT 变换对状态均值的估计精度高于 EKF。

3）UT 变换后的近似协方差

注意到

$$\begin{aligned}\frac{1}{n+\kappa}\sum_{i=1}^{n}\{[\boldsymbol{D}_{\tilde{\sigma}_{x_i}}\boldsymbol{f}][\boldsymbol{D}_{\tilde{\sigma}_{x_i}}\boldsymbol{f}]^{\mathrm{T}}\} &= \frac{1}{n+\kappa}\sum_{i=1}^{n}[(\boldsymbol{G}_f\tilde{\boldsymbol{\sigma}}_{x_i})(\boldsymbol{G}_f\tilde{\boldsymbol{\sigma}}_{x_i})^{\mathrm{T}}]\\ &= \boldsymbol{G}_f\{\sum_{i=1}^{n}[\boldsymbol{\sigma}_{x_i}(\boldsymbol{\sigma}_{x_i})^{\mathrm{T}}]\}\boldsymbol{G}_f^{\mathrm{T}} = \boldsymbol{G}_f\boldsymbol{P}_x\boldsymbol{G}_f^{\mathrm{T}}\end{aligned} \tag{5-50}$$

$$\begin{aligned}\frac{1}{n+\kappa}\sum_{i=1}^{n}[\tilde{\boldsymbol{\sigma}}_{x_i}(\boldsymbol{D}_{\tilde{\sigma}_{x_i}}\boldsymbol{f})^{\mathrm{T}}] &= \frac{1}{n+\kappa}\sum_{i=1}^{n}[\tilde{\boldsymbol{\sigma}}_{x_i}(\boldsymbol{G}_f\tilde{\boldsymbol{\sigma}}_{x_i})^{\mathrm{T}}]\\ &= [\sum_{i=1}^{n}\boldsymbol{\sigma}_{x_i}(\boldsymbol{\sigma}_{x_i})^{\mathrm{T}}]\boldsymbol{G}_f^{\mathrm{T}} = \boldsymbol{P}_x\boldsymbol{G}_f^{\mathrm{T}}\end{aligned} \tag{5-51}$$

联合式(5－48)可求出对称采样策略 Sigma 点，UT 变换后系统状态后验协方差及互协方差为

$$\begin{aligned}(\boldsymbol{P}_z)_{UKF} &= \sum_{i=0}^{2n}W_i^c(\boldsymbol{\gamma}_i-\bar{\boldsymbol{z}}_{UKF})(\boldsymbol{\gamma}_i-\bar{\boldsymbol{z}}_{UKF})^{\mathrm{T}} = \sum_{i=0}^{2n}W_i^c\boldsymbol{\gamma}_i\boldsymbol{\gamma}_i^{\mathrm{T}}-\bar{\boldsymbol{z}}_{UKF}\bar{\boldsymbol{z}}_{UKF}^{\mathrm{T}}\\ &= \frac{1}{n+\kappa}\sum_{i=1}^{n}\Bigg\{\left[\boldsymbol{D}_{\tilde{\sigma}_{x_i}}\boldsymbol{f}+\frac{\boldsymbol{D}^3_{\tilde{\sigma}_{x_i}}\boldsymbol{f}}{3!}+\cdots\right]\left[\boldsymbol{D}_{\tilde{\sigma}_{x_i}}\boldsymbol{f}+\frac{\boldsymbol{D}^3_{\tilde{\sigma}_{x_i}}\boldsymbol{f}}{3!}+\cdots\right]^{\mathrm{T}}\\ &\quad+\left[\frac{\boldsymbol{D}^2_{\tilde{\sigma}_{x_i}}\boldsymbol{f}}{2!}+\frac{\boldsymbol{D}^4_{\tilde{\sigma}_{x_i}}\boldsymbol{f}}{4!}+\cdots\right]\left[\frac{\boldsymbol{D}^2_{\tilde{\sigma}_{x_i}}\boldsymbol{f}}{2!}+\frac{\boldsymbol{D}^4_{\tilde{\sigma}_{x_i}}\boldsymbol{f}}{4!}+\cdots\right]^{\mathrm{T}}\Bigg\}\\ &\quad-\frac{1}{(n+\kappa)^2}\left\{\sum_{i=1}^{n}\left[\frac{\boldsymbol{D}^2_{\tilde{\sigma}_{x_i}}\boldsymbol{f}}{2!}+\frac{\boldsymbol{D}^4_{\tilde{\sigma}_{x_i}}\boldsymbol{f}}{4!}+\frac{\boldsymbol{D}^6_{\tilde{\sigma}_{x_i}}\boldsymbol{f}}{6!}\cdots\right]\right\}\left\{\sum_{i=1}^{n}\left[\frac{\boldsymbol{D}^2_{\tilde{\sigma}_{x_i}}\boldsymbol{f}}{2!}+\frac{\boldsymbol{D}^4_{\tilde{\sigma}_{x_i}}\boldsymbol{f}}{4!}+\frac{\boldsymbol{D}^6_{\tilde{\sigma}_{x_i}}\boldsymbol{f}}{6!}\cdots\right]\right\}^{\mathrm{T}}\\ &= \boldsymbol{G}_f\boldsymbol{P}_x\boldsymbol{G}_f^{\mathrm{T}}-\left[\frac{(\nabla^{\mathrm{T}}\boldsymbol{P}_x\nabla)\boldsymbol{f}(\boldsymbol{x})|_{\boldsymbol{x}=\bar{\boldsymbol{x}}}}{2!}\right]\left[\frac{(\nabla^{\mathrm{T}}\boldsymbol{P}_x\nabla)\boldsymbol{f}(\boldsymbol{x})|_{\boldsymbol{x}=\bar{\boldsymbol{x}}}}{2!}\right]^{\mathrm{T}}\\ &\quad+\frac{1}{n+\kappa}\sum_{k=1}^{n}\Big[\underbrace{\sum_{i=1}^{\infty}\sum_{j=1}^{\infty}\frac{1}{i!j!}\boldsymbol{D}^i_{\tilde{\sigma}_{x_k}}\boldsymbol{f}(\boldsymbol{D}^j_{\tilde{\sigma}_{x_k}}\boldsymbol{f})^{\mathrm{T}}}_{i\cdot j>1\text{且}i+j=\text{偶}}\Big]\\ &\quad-\underbrace{\Big[\sum_{i=1}^{\infty}\sum_{j=1}^{\infty}\frac{1}{(2i)!(2j)!(n+\kappa)^2}\sum_{k=1}^{n}\sum_{m=1}^{n}\boldsymbol{D}^{2i}_{\tilde{\sigma}_{x_k}}\boldsymbol{f}(\boldsymbol{D}^{2j}_{\tilde{\sigma}_{x_m}}\boldsymbol{f})^{\mathrm{T}}\Big]}_{i\cdot j>1}\end{aligned} \tag{5-52}$$

$$\begin{aligned}(\boldsymbol{P}_{xz})_{UKF} &= \sum_{i=0}^{2n}W_i^c(\boldsymbol{\xi}_i-\bar{\boldsymbol{x}})(\boldsymbol{\gamma}_i-\bar{\boldsymbol{z}}_{UKF})^{\mathrm{T}}\\ &= \sum_{i=0}^{2n}W_i^c(\boldsymbol{\xi}_i-\bar{\boldsymbol{x}})(\boldsymbol{\gamma}_i)^{\mathrm{T}}-[\sum_{i=0}^{2n}W_i^c(\boldsymbol{\xi}_i-\bar{\boldsymbol{x}})](\bar{\boldsymbol{z}}_{UKF})^{\mathrm{T}} = \sum_{i=0}^{2n}W_i^c(\boldsymbol{\xi}_i-\bar{\boldsymbol{x}})(\boldsymbol{\gamma}_i)^{\mathrm{T}}\\ &= \sum_{i=1}^{n}W_i^c[(\boldsymbol{\xi}_i-\bar{\boldsymbol{x}})(\boldsymbol{\gamma}_i)^{\mathrm{T}}+(\boldsymbol{\xi}_{i+n}-\bar{\boldsymbol{x}})(\boldsymbol{\gamma}_{i+n})^{\mathrm{T}}]\\ &= \frac{1}{(n+\kappa)}\sum_{i=1}^{n}\left\{\tilde{\boldsymbol{\sigma}}_{x_i}\left[\boldsymbol{D}_{\tilde{\sigma}_{x_i}}\boldsymbol{f}+\frac{\boldsymbol{D}^3_{\tilde{\sigma}_{x_i}}\boldsymbol{f}}{3!}+\frac{\boldsymbol{D}^5_{\tilde{\sigma}_{x_i}}\boldsymbol{f}}{5!}+\cdots\right]^{\mathrm{T}}\right\}\\ &= \boldsymbol{P}_x\boldsymbol{G}_f^{\mathrm{T}}+\sum_{i=1}^{n}\sum_{j=1}^{\infty}\frac{1}{(n+\kappa)(2j+1)!}\tilde{\boldsymbol{\sigma}}_{x_i}\boldsymbol{D}^{2j+1}_{\tilde{\sigma}_{x_i}}\boldsymbol{f}\end{aligned} \tag{5-53}$$

比较式(5－38)与式(5－52)可知，对于非线性高斯系统来说，UT 变换对称采样策略中

Sigma点所获得的状态后验协方差与真实协方差吻合较好，误差被限制在4阶以上，其逼近精度高于EKF中的线性化方法。

比较$(\boldsymbol{P}_{xz})_{UKF}$和互协方差的精确值$\boldsymbol{P}_{xz}$可以看出，UT变换中对称采样策略Sigma点对后验互协方差的逼近精度与EKF类似，都达到了一阶。

类似地，可以采用上述方法对UT变换中其他采样策略的逼近精度进行分析。

5.1.5 UKF实现

采用UT变换来计算非线性最优高斯滤波中的系统状态的后验均值$\boldsymbol{f}_{k-1}(\cdot)|_{\boldsymbol{x}_{k-1}=\hat{\boldsymbol{x}}_{k-1},\boldsymbol{w}_{k-1}=\boldsymbol{q}_{k-1}}$、$\boldsymbol{h}_k(\cdot)|_{\boldsymbol{x}_k=\hat{\boldsymbol{x}}_{k|k-1},\boldsymbol{v}_k=\boldsymbol{r}_k}$或$\boldsymbol{f}_{k-1}(\cdot)|_{\boldsymbol{x}_{k-1}=\hat{\boldsymbol{x}}_{k-1}}$、$\boldsymbol{h}_k(\cdot)|_{\boldsymbol{x}_k=\hat{\boldsymbol{x}}_{k|k-1}}$，以及后验协方差$\boldsymbol{P}_{k|k-1}$、$\boldsymbol{P}_{\tilde{\boldsymbol{z}}_k}$和$\boldsymbol{P}_{\tilde{\boldsymbol{x}}_k\tilde{\boldsymbol{z}}_k}$，即可得到UKF。

1）加性白噪声条件下的UKF

考虑如下非线性高斯系统：

$$\boldsymbol{x}_k = \boldsymbol{f}_{k-1}(\boldsymbol{x}_{k-1}) + \boldsymbol{w}_{k-1} \tag{5-54}$$

$$\boldsymbol{z}_k = \boldsymbol{h}_k(\boldsymbol{x}_k) + \boldsymbol{v}_k \tag{5-55}$$

式中：$\boldsymbol{w}_k$和$\boldsymbol{v}_k$均为互不相关的高斯白噪声。且有

$$\begin{cases}\mathrm{E}(\boldsymbol{w}_k) = \boldsymbol{q}_k, \mathrm{Cov}(\boldsymbol{w}_k,\boldsymbol{w}_j) = \boldsymbol{Q}_k\delta_{kj} \\ \mathrm{E}(\boldsymbol{v}_k) = \boldsymbol{r}_k, \mathrm{Cov}(\boldsymbol{v}_k,\boldsymbol{v}_j) = \boldsymbol{R}_k\delta_{kj} \\ \mathrm{Cov}(\boldsymbol{w}_k,\boldsymbol{v}_j) = \boldsymbol{0}\end{cases} \tag{5-56}$$

式中：δ_{kj}为kronecker $-\delta$函数。状态初始值$\boldsymbol{x}_0$与$\boldsymbol{w}_k$、$\boldsymbol{v}_k$彼此相互独立，且服从高斯分布。

由第3章可知，基于非线性系统式(5-56)和式(5-57)的最优高斯滤波器为

$$\hat{\boldsymbol{x}}_{k|k-1} = \boldsymbol{f}_{k-1}(\cdot)|_{\boldsymbol{x}_{k-1}=\hat{\boldsymbol{x}}_{k-1}} + \boldsymbol{q}_{k-1} \tag{5-57}$$

$$\boldsymbol{P}_{k|k-1} = \mathrm{E}[(\boldsymbol{f}_{k-1}(\boldsymbol{x}_{k-1}) - \boldsymbol{f}_{k-1}(\cdot)|_{\boldsymbol{x}_{k-1}=\hat{\boldsymbol{x}}_{k-1}})(\boldsymbol{f}_{k-1}(\boldsymbol{x}_{k-1}) - \boldsymbol{f}_{k-1}(\cdot)|_{\boldsymbol{x}_{k-1}=\hat{\boldsymbol{x}}_{k-1}})^{\mathrm{T}}] + \boldsymbol{Q}_{k-1} \tag{5-58}$$

$$\hat{\boldsymbol{z}}_{k|k-1} = \boldsymbol{h}_k(\cdot)|_{\boldsymbol{x}_k=\hat{\boldsymbol{x}}_{k|k-1}} + \boldsymbol{r}_k \tag{5-59}$$

$$\boldsymbol{P}_{\tilde{\boldsymbol{z}}_k} = \mathrm{E}[(\boldsymbol{h}_k(\boldsymbol{x}_k) - \boldsymbol{h}_k(\cdot)|_{\boldsymbol{x}_k=\hat{\boldsymbol{x}}_{k|k-1}})(\boldsymbol{h}_k(\boldsymbol{x}_k) - \boldsymbol{h}_k(\cdot)|_{\boldsymbol{x}_k=\hat{\boldsymbol{x}}_{k|k-1}})^{\mathrm{T}}] + \boldsymbol{R}_k \tag{5-60}$$

$$\boldsymbol{P}_{\tilde{\boldsymbol{x}}_k\tilde{\boldsymbol{z}}_k} = \mathrm{E}[(\boldsymbol{x}_k - \hat{\boldsymbol{x}}_{k|k-1})(\boldsymbol{h}_k(\boldsymbol{x}_k) - \boldsymbol{h}_k(\cdot)|_{\boldsymbol{x}_k=\hat{\boldsymbol{x}}_{k|k-1}})^{\mathrm{T}}] \tag{5-61}$$

$$\begin{cases}\hat{\boldsymbol{x}}_k = \hat{\boldsymbol{x}}_{k|k-1} + \boldsymbol{K}_k(\boldsymbol{z}_k - \hat{\boldsymbol{z}}_{k|k-1}) \\ \boldsymbol{K}_k = \boldsymbol{P}_{\tilde{\boldsymbol{x}}_k\tilde{\boldsymbol{z}}_k}\boldsymbol{P}_{\tilde{\boldsymbol{z}}_k}^{-1} \\ \boldsymbol{P}_k = \boldsymbol{P}_{k|k-1} - \boldsymbol{K}_k\boldsymbol{P}_{\tilde{\boldsymbol{z}}_k}\boldsymbol{K}_k^{\mathrm{T}}\end{cases} \tag{5-62}$$

利用UT变换近似计算$\boldsymbol{f}_{k-1}(\cdot)|_{\boldsymbol{x}_{k-1}=\hat{\boldsymbol{x}}_{k-1}}$、$\boldsymbol{h}(\cdot)|_{\boldsymbol{x}_k=\hat{\boldsymbol{x}}_{k|k-1}}$、$\boldsymbol{P}_{k|k-1}$、$\boldsymbol{P}_{\tilde{\boldsymbol{z}}_k}$及$\boldsymbol{P}_{\tilde{\boldsymbol{x}}_k\tilde{\boldsymbol{z}}_k}$，基于非线性系统式(5-54)和式(5-55)的UKF滤波递推公式可以表示成：

（1）初始状态统计特性为

$$\begin{cases}\hat{\boldsymbol{x}}_0 = \mathrm{E}(\boldsymbol{x}_0) \\ \boldsymbol{P}_0 = \mathrm{Var}(\boldsymbol{x}_0) = \mathrm{E}[(\boldsymbol{x}_0 - \hat{\boldsymbol{x}}_0)(\boldsymbol{x}_0 - \hat{\boldsymbol{x}}_0)^{\mathrm{T}}]\end{cases} \tag{5-63}$$

（2）选择UT变换中Sigma点采样策略。

（3）时间更新方程。按照第(2)步所选择的Sigma采样策略，由$\hat{\boldsymbol{x}}_{k-1}$和$\boldsymbol{P}_{k-1}$来计算Sigma点$\boldsymbol{\xi}_{i,k-1}(i=0,1,\cdots,L)$，通过非线性状态函数$\boldsymbol{f}_{k-1}(\cdot)+\boldsymbol{q}_{k-1}$传播为$\boldsymbol{\gamma}_{i,k|k-1}$，由$\boldsymbol{\gamma}_{i,k|k-1}$可得一步状态预测$\hat{\boldsymbol{x}}_{k|k-1}$及误差协方差阵$\boldsymbol{P}_{k|k-1}$

$$\boldsymbol{\gamma}_{i,k|k-1} = \boldsymbol{f}_{k-1}(\boldsymbol{\xi}_{i,k-1}) + \boldsymbol{q}_{k-1} \quad i = 0,1,\cdots,L \tag{5-64}$$

$$\hat{\boldsymbol{x}}_{k|k-1} = \sum_{i=0}^{L} W_i^m \boldsymbol{\gamma}_{i,k|k-1} = \sum_{i=0}^{L} W_i^m \boldsymbol{f}_{k-1}(\boldsymbol{\xi}_{i,k-1}) + \boldsymbol{q}_{k-1} \tag{5-65}$$

$$\boldsymbol{P}_{k|k-1} = \sum_{i=0}^{L} W_i^c (\boldsymbol{\gamma}_{i,k|k-1} - \hat{\boldsymbol{x}}_{k|k-1})(\boldsymbol{\gamma}_{i,k|k-1} - \hat{\boldsymbol{x}}_{k|k-1})^{\mathrm{T}} + \boldsymbol{Q}_{k-1} \tag{5-66}$$

(4) 量测更新。同理,利用$\hat{\boldsymbol{x}}_{k|k-1}$和$\boldsymbol{P}_{k|k-1}$按照第(2)步所选择的采样策略计算 Sigma 点$\boldsymbol{\xi}_{i,k|k-1}(i=0,1,\cdots,L)$,通过非线性量测函数$\boldsymbol{h}_k(\cdot)+\boldsymbol{r}_k$传播为$\boldsymbol{\chi}_{i,k|k-1}$,由$\boldsymbol{\chi}_{i,k|k-1}$可得到输出预测$\hat{z}_{k|k-1}$及自协方差阵$\boldsymbol{P}_{\tilde{z}_k}$和互协方差阵$\boldsymbol{P}_{\tilde{x}_k\tilde{z}_k}$,即

$$\boldsymbol{\chi}_{i,k|k-1} = \boldsymbol{h}_k(\boldsymbol{\xi}_{i,k|k-1}) + \boldsymbol{r}_k \quad i = 0,1,\cdots,L \tag{5-67}$$

$$\hat{z}_{k|k-1} = \sum_{i=0}^{L} W_i^m \boldsymbol{\chi}_{i,k|k-1} = \sum_{i=0}^{L} W_i^m \boldsymbol{h}_k(\boldsymbol{\xi}_{i,k|k-1}) + \boldsymbol{r}_k \tag{5-68}$$

$$\boldsymbol{P}_{\tilde{z}_k} = \sum_{i=0}^{L} W_i^c (\boldsymbol{\chi}_{i,k|k-1} - \hat{z}_{k|k-1})(\boldsymbol{\chi}_{i,k|k-1} - \hat{z}_{k|k-1})^{\mathrm{T}} + \boldsymbol{R}_k \tag{5-69}$$

$$\boldsymbol{P}_{\tilde{x}_k\tilde{z}_k} = \sum_{i=0}^{L} W_i^c (\boldsymbol{\xi}_{i,k|k-1} - \hat{\boldsymbol{x}}_{k|k-1})(\boldsymbol{\chi}_{i,k|k-1} - \hat{z}_{k|k-1})^{\mathrm{T}} \tag{5-70}$$

在获得新的量测z_k后,进行滤波量测更新

$$\begin{cases} \hat{\boldsymbol{x}}_k = \hat{\boldsymbol{x}}_{k|k-1} + \boldsymbol{K}_k(z_k - \hat{z}_{k|k-1}) \\ \boldsymbol{K}_k = \boldsymbol{P}_{\tilde{x}_k\tilde{z}_k}\boldsymbol{P}_{\tilde{z}_k}^{-1} \\ \boldsymbol{P}_k = \boldsymbol{P}_{k|k-1} - \boldsymbol{K}_k\boldsymbol{P}_{\tilde{z}_k}\boldsymbol{K}_k^{\mathrm{T}} \end{cases}$$

式中:$\boldsymbol{K}_k$是滤波增益矩阵。

2) 非加性白噪声条件下的 UKF

考虑如下非线性高斯系统:

$$\boldsymbol{x}_k = \boldsymbol{f}_{k-1}(\boldsymbol{x}_{k-1}, \boldsymbol{w}_{k-1}) \tag{5-71}$$

$$z_k = \boldsymbol{h}_k(\boldsymbol{x}_k, \boldsymbol{v}_k) \tag{5-72}$$

式中:$\boldsymbol{w}_k$和$\boldsymbol{v}_k$分别为r维和d维高斯白噪声,且它们是互不相关的,且有

$$\begin{cases} \mathrm{E}(\boldsymbol{w}_k) = \boldsymbol{q}_k, \mathrm{Cov}(\boldsymbol{w}_k, \boldsymbol{w}_j) = \boldsymbol{Q}_k\delta_{kj} \\ \mathrm{E}(\boldsymbol{v}_k) = \boldsymbol{r}_k, \mathrm{Cov}(\boldsymbol{v}_k, \boldsymbol{v}_j) = \boldsymbol{R}_k\delta_{kj} \\ \mathrm{Cov}(\boldsymbol{w}_k, \boldsymbol{v}_j) = \boldsymbol{0} \end{cases}$$

式中:δ_{kj}为 kronecker $-\delta$ 函数。状态初始值$\boldsymbol{x}_0$与$\boldsymbol{w}_k$、$\boldsymbol{v}_k$彼此相互独立,且服从高斯分布。

对于上述状态和噪声相互耦合的非线性系统来说,需要对系统状态进行扩维处理,此时 UKF 的计算复杂度有所增加,但并不影响 UKF 的滤波精度。非加性白噪声条件下的 UKF 具体算法如下:

(1) 初始状态统计特性为

$$\begin{cases} \hat{\boldsymbol{x}}_0 = \mathrm{E}(\boldsymbol{x}_0) \\ \boldsymbol{P}_0 = \mathrm{Var}(\boldsymbol{x}_0) = \mathrm{E}[(\boldsymbol{x}_0 - \hat{\boldsymbol{x}}_0)(\boldsymbol{x}_0 - \hat{\boldsymbol{x}}_0)^{\mathrm{T}}] \end{cases} \tag{5-73}$$

对初始状态进行扩维处理

$$\hat{\boldsymbol{x}}_0^a = [\hat{\boldsymbol{x}}_0^{\mathrm{T}} \quad \boldsymbol{q}_0^{\mathrm{T}}]^{\mathrm{T}} \tag{5-74}$$

$$\boldsymbol{P}_0^a = \mathrm{Var}(\boldsymbol{x}_0^a) = \mathrm{E}[(\boldsymbol{x}_0^a - \hat{\boldsymbol{x}}_0^a)(\boldsymbol{x}_0^a - \hat{\boldsymbol{x}}_0^a)^{\mathrm{T}}] = \begin{bmatrix} \boldsymbol{P}_0 & \boldsymbol{0} \\ \boldsymbol{0} & \boldsymbol{Q}_0 \end{bmatrix} \tag{5-75}$$

(2) 选择 UT 变换中 Sigma 点采样策略。采用某种采样策略,得到 UKF 滤波的 Sigma 点集 $\boldsymbol{\xi}_i(i=0,1,\cdots,L)$。需要注意的是,当 $\boldsymbol{w}_k$ 和 $\boldsymbol{v}_k$ 为加性噪声时,无需对系统状态进行扩维,即 UKF 算法只对状态进行 Sigma 点采样。当 $\boldsymbol{w}_k$ 和 $\boldsymbol{v}_k$ 为非加性噪声时,需对系统状态进行扩维:状态预测时间更新中,Sigma 点的实际维数为 $n+r$,且有 $\boldsymbol{\xi}_i^a=[(\boldsymbol{\xi}_i^x)^{\mathrm{T}} \quad (\boldsymbol{\xi}_i^w)^{\mathrm{T}}]^{\mathrm{T}}$;对于对称采样策略,$L=2(n+r)$,即 Sigma 点个数为 $2(n+r)+1$,而对于单形采样策略,$L=n+r+1$,即 Sigma 点个数为 $n+r+2$。同样,在输出量测预测中,Sigma 点的实际维数为 $n+d$,有 $\boldsymbol{\xi}_i^b=[(\boldsymbol{\xi}_i^x)^{\mathrm{T}} \quad (\boldsymbol{\xi}_i^v)^{\mathrm{T}}]^{\mathrm{T}}$;对于对称采样策略,$L=2(n+d)$,即 Sigma 点个数为 $2(n+d)+1$,而对于单行采样策略,$L=n+d+1$,即 Sigma 点个数为 $n+d+2$。

(3) 时间更新。由式(5-71)可以看出,$\boldsymbol{w}_{k-1}$ 与 $\boldsymbol{x}_{k-1}$ 在函数 $\boldsymbol{f}_{k-1}(\cdot)$ 中是相互耦合的,需对系统状态进行扩维,即 $\boldsymbol{x}_{k-1}^a=[\boldsymbol{x}_{k-1}^{\mathrm{T}} \quad \boldsymbol{w}_{k-1}^{\mathrm{T}}]^{\mathrm{T}}$。相应地,$k-1$ 时刻扩维后的状态估计和协方差为

$$\hat{\boldsymbol{x}}_{k-1}^a=[\hat{\boldsymbol{x}}_{k-1}^{\mathrm{T}} \quad \boldsymbol{q}_{k-1}^{\mathrm{T}}]^{\mathrm{T}},\boldsymbol{P}_{k-1}^a=\begin{bmatrix}\boldsymbol{P}_{k-1} & \boldsymbol{0}\\ \boldsymbol{0} & \boldsymbol{Q}_{k-1}\end{bmatrix} \tag{5-76}$$

按照第(2)步所选择的 Sigma 采样策略,由 $\hat{\boldsymbol{x}}_{k-1}^a$ 和 $\boldsymbol{P}_{k-1}^a$ 计算 Sigma 点 $\boldsymbol{\xi}_{i,k-1}^a(i=0,1,\cdots,L)$,通过非线性状态函数 $\boldsymbol{f}_{k-1}(\cdot)$ 传播为 $\boldsymbol{\gamma}_{i,k|k-1}$,由 $\boldsymbol{\gamma}_{i,k|k-1}$ 可得一步状态预测 $\hat{\boldsymbol{x}}_{k|k-1}$ 及误差协方差阵 $\boldsymbol{P}_{k|k-1}$

$$\boldsymbol{\xi}_{i,k-1}^a=[(\boldsymbol{\xi}_{i,k-1}^x)^{\mathrm{T}} \quad (\boldsymbol{\xi}_{i,k-1}^w)^{\mathrm{T}}]^{\mathrm{T}} \tag{5-77}$$

$$\boldsymbol{\gamma}_{i,k|k-1}=\boldsymbol{f}_{k-1}(\boldsymbol{\xi}_{i,k-1}^x,\boldsymbol{\xi}_{i,k-1}^w) \tag{5-78}$$

$$\hat{\boldsymbol{x}}_{k|k-1}=\sum_{i=0}^{L}W_i^m\boldsymbol{\gamma}_{i,k|k-1}=\sum_{i=0}^{L}W_i^m\boldsymbol{f}_{k-1}(\boldsymbol{\xi}_{i,k-1}^x,\boldsymbol{\xi}_{i,k-1}^w) \tag{5-79}$$

$$\boldsymbol{P}_{k|k-1}=\sum_{i=0}^{L}W_i^c(\boldsymbol{\gamma}_{i,k|k-1}-\hat{\boldsymbol{x}}_{k|k-1})(\boldsymbol{\gamma}_{i,k|k-1}-\hat{\boldsymbol{x}}_{k|k-1})^{\mathrm{T}} \tag{5-80}$$

(4) 量测更新。同理,$\boldsymbol{v}_k$ 与 $\boldsymbol{x}_k$ 在函数 $\boldsymbol{h}_k(\cdot)$ 中也是相互耦合的,需对系统状态进行扩维,即 $\boldsymbol{x}_k^b=[\boldsymbol{x}_k^{\mathrm{T}} \quad \boldsymbol{v}_k^{\mathrm{T}}]^{\mathrm{T}}$。相应地,$k$ 时刻扩维后的状态一步估计和协方差为

$$\hat{\boldsymbol{x}}_{k|k-1}^b=[\hat{\boldsymbol{x}}_{k|k-1}^{\mathrm{T}} \quad \boldsymbol{r}_k^{\mathrm{T}}]^{\mathrm{T}},\boldsymbol{P}_{k|k-1}^b=\begin{bmatrix}\boldsymbol{P}_{k|k-1} & \boldsymbol{0}\\ \boldsymbol{0} & \boldsymbol{R}_k\end{bmatrix} \tag{5-81}$$

按照第(2)步所选择的 Sigma 采样策略,由 $\hat{\boldsymbol{x}}_{k|k-1}^b$ 和 $\boldsymbol{P}_{k|k-1}^b$ 计算 Sigma 点 $\boldsymbol{\xi}_{i,k|k-1}^b(i=0,1,\cdots,L)$,通过非线性状态函数 $\boldsymbol{h}_k(\cdot)$ 传播为 $\boldsymbol{\chi}_{i,k|k-1}$,由 $\boldsymbol{\chi}_{i,k|k-1}$ 可得一步状态预测 $\hat{z}_{k|k-1}$ 及自协方差阵 $\boldsymbol{P}_{\tilde{z}_k}$ 和互协方差阵 $\boldsymbol{P}_{\tilde{x}_k\tilde{z}_k}$,即

$$\boldsymbol{\xi}_{i,k|k-1}^b=[(\boldsymbol{\xi}_{i,k|k-1}^x)^{\mathrm{T}} \quad (\boldsymbol{\xi}_{i,k|k-1}^v)^{\mathrm{T}}]^{\mathrm{T}} \tag{5-82}$$

$$\boldsymbol{\chi}_{i,k/k-1}=\boldsymbol{h}_k(\boldsymbol{\xi}_{i,k|k-1}^x,\boldsymbol{\xi}_{i,k|k-1}^v) \tag{5-83}$$

$$\hat{\boldsymbol{z}}_{k|k-1}=\sum_{i=0}^{L}W_i^m\boldsymbol{\chi}_{i,k|k-1}=\sum_{i=0}^{L}W_i^m\boldsymbol{h}_k(\boldsymbol{\xi}_{i,k|k-1}^x,\boldsymbol{\xi}_{i,k|k-1}^v) \tag{5-84}$$

$$\boldsymbol{P}_{\tilde{z}_k}=\sum_{i=0}^{L}W_i^c(\boldsymbol{\chi}_{i,k|k-1}-\hat{\boldsymbol{z}}_{k|k-1})(\boldsymbol{\chi}_{i,k|k-1}-\hat{\boldsymbol{z}}_{k|k-1})^{\mathrm{T}} \tag{5-85}$$

$$\boldsymbol{P}_{\tilde{x}_k\tilde{z}_k}=\sum_{i=0}^{L}W_i^c(\boldsymbol{\xi}_{i,k|k-1}^x-\hat{\boldsymbol{x}}_{k|k-1})(\boldsymbol{\chi}_{i,k|k-1}-\hat{\boldsymbol{z}}_{k|k-1})^{\mathrm{T}} \tag{5-86}$$

在获得新的量测 z_k 后,进行滤波量测更新

$$\begin{cases}\hat{\boldsymbol{x}}_k = \hat{\boldsymbol{x}}_{k|k-1} + \boldsymbol{K}_k(\boldsymbol{z}_k - \hat{\boldsymbol{z}}_{k|k-1}) \\ \boldsymbol{K}_k = \boldsymbol{P}_{\tilde{\boldsymbol{x}}_k \tilde{\boldsymbol{z}}_k}\boldsymbol{P}_{\tilde{\boldsymbol{z}}_k}^{-1} \\ \boldsymbol{P}_k = \boldsymbol{P}_{k|k-1} - \boldsymbol{K}_k\boldsymbol{P}_{\tilde{\boldsymbol{z}}_k}\boldsymbol{K}_k^{\mathrm{T}}\end{cases}$$

式中：$\boldsymbol{K}_k$是滤波增益矩阵。

5.2 中心差分卡尔曼滤波器(CDKF)

如前所述,EKF 存在一阶线性化近似精度偏低和需要计算非线性函数雅可比矩阵的缺陷。为了克服 EKF 的缺点,Schei[13] 提出了采用中心差分的方法来改进 EKF,从而开启了差分滤波的理论研究;接着,独立于 UKF 滤波理论的研究,Nørgaard[21] 和 Ito[19] 基于 Stirling 插值公式[14] 分别阐述和论证了中心差分滤波理论,创立了中心差分卡尔曼滤波器(CDKF)。

CDKF 仍以第 3 章所述的非线性最优高斯滤波器为基本理论框架,采用 Stirling 插值公式来计算系统状态的后验均值和协方差。下面首先详细介绍 Stirling 插值公式,接着分析中心差分变换下的状态后验均值和协方差的近似精度,最后给出 CDKF 滤波递推公式及 CDKF 的 Sigma 点表示方法。

5.2.1 Stirling 差值公式

首先考虑 x 是一维的情况,假设函数 $z = f(x)$ 可微,将它围绕 $x = \bar{x}$展成泰勒级数,即

$$z = f(x) = f(\bar{x}) + f'(\bar{x})(\boldsymbol{x} - \bar{x}) + \frac{f''(\bar{x})}{2!}(\boldsymbol{x} - \bar{x})^2 + \frac{f^{(3)}(\bar{x})}{3!}(\boldsymbol{x} - \bar{x})^3 + \cdots \tag{5-87}$$

将上述幂级数在有限项之后截断就可得到函数 $z = f(x)$ 的级数逼近形式,截断的幂级数里包含的项数越多,级数的逼近精度也就越高。一般而言,为了得到函数的级数逼近形式,可以采用数值分析中的各种内插公式。这些内插公式中的大多数都不要求计算函数的导数而仅仅利用有限点的函数值,因此可大大降低计算量,所获得逼近公式也要更加简单。

采用 Stirling 插值公式对式(5-87)所示的函数级数多项式进行逼近,则函数 $f(x)$ 在点 $x = \bar{x}$附近的 Stirling 插值公式可以表示成

$$\begin{aligned} f(x) &= f(\bar{x} + ph) = f(\bar{x}) + p\mu\delta f(\bar{x}) + \frac{p^2}{2}\delta^2 f(\bar{x}) + \binom{p+1}{3}\mu\delta^3 f(\bar{x}) \\ &\quad + \frac{p^2(p^2-1)}{4!}\delta^4 f(\bar{x}) + \binom{p+2}{5}\mu\delta^5 f(\bar{x}) + \cdots \end{aligned} \tag{5-88}$$

其中 $ph = x - \bar{x}$,且 $-1 < p < 1$,相应地二项式系数定义为

$$\binom{\alpha}{k} = \frac{\alpha(\alpha-1)(\alpha-2)\cdots(\alpha-k+1)}{k!} \tag{5-89}$$

式中:α 为实数,k 为非负整数。另外 μ 和 δ 表示两种差分算子,其含义如下:

$$\delta f(x) = f\left(x + \frac{h}{2}\right) - f\left(x - \frac{h}{2}\right) \tag{5-90}$$

$$\mu f(x) = \frac{1}{2}\left(f\left(x + \frac{h}{2}\right) + f\left(x - \frac{h}{2}\right)\right) \tag{5-91}$$

式中:h 是一个给定的区间长度,于是在式(5-88)中,有

$$p\mu\delta f(\bar{x}) = p\mu[\delta f(x)] = p\mu\left[f\left(x+\frac{h}{2}\right)-f\left(\boldsymbol{x}-\frac{h}{2}\right)\right]$$

$$= p\frac{f(x+h)-f(x-h)}{2} = \frac{f(x+h)-f(\boldsymbol{x}-h)}{2h}(x-\bar{x}) \tag{5-92}$$

$$\frac{p^2}{2}\delta^2 f(\bar{x}) = \frac{p^2}{2}\delta[\delta f(\bar{x})] = \frac{p^2}{2}\delta\left[f\left(x+\frac{h}{2}\right)-f\left(x-\frac{h}{2}\right)\right]$$

$$= \frac{p^2}{2}[f(x+h)+f(x-h)-2f(\bar{x})] = \frac{f(x+h)+f(x-h)-2f(\bar{x})}{2h^2}(x-\bar{x})^2 \tag{5-93}$$

把推导的重点放在一阶和二阶的多项式逼近上，可将式(5-88)简化为

$$f(x) \approx f(\bar{x}) + f'_{DD}(\bar{x})(x-\bar{x}) + \frac{f''_{DD}(\bar{x})}{2!}(x-\bar{x})^2 \tag{5-94}$$

式中：$f'_{DD}(\bar{x})$和$f''_{DD}(\bar{x})$分别表示一阶和二阶中心差分系数，且

$$f'_{DD}(\bar{x}) = \frac{f(x+h)-f(x-h)}{2h} \tag{5-95}$$

$$f''_{DD}(\bar{x}) = \frac{f(x+h)+f(x-h)-2f(\bar{x})}{h^2} \tag{5-96}$$

为了分析式(5-94)的逼近精度，可以把该式中$f(x+h)$和$f(x-h)$围绕$x=\bar{x}$展成泰勒级数，并带入到式(5-94)，整理之后得

$$f(\bar{x}) + f'_{DD}(\bar{x})(x-\bar{x}) + \frac{f''_{DD}(\bar{x})}{2!}(x-\bar{x})^2 = f(\bar{x}) + f'(\bar{x})(x-\bar{x}) + \frac{f''(\bar{x})}{2!}(x-\bar{x})^2$$

$$+\left(\frac{f^{(3)}(\bar{x})}{3!}h^2 + \frac{f^{(5)}(\bar{x})}{5!}h^4 + \cdots\right)(x-\bar{x}) + \left(\frac{f^{(4)}(\bar{x})}{4!}h^2 + \frac{f^{(6)}(\bar{x})}{6!}h^4 + \cdots\right)(x-\bar{x})^2 \tag{5-97}$$

上式中前三项与区间长度 h 无关，它们等于函数$f(x)$泰勒级数中的前三项。插值公式(5-94)对同一点处二阶泰勒级数截断的近似精度可以表示成如下所示的差值：

$$\left(f(\bar{x}) + f'_{DD}(\bar{x})(x-\bar{x}) + \frac{f''_{DD}(\bar{x})}{2!}(x-\bar{x})^2\right) - \left(f(\bar{x}) + f'(\bar{x})(x-\bar{x}) + \frac{f''(\bar{x})}{2!}(x-\bar{x})^2\right)$$

$$= \left(\frac{f^{(3)}(\bar{x})}{3!}h^2 + \frac{f^{(5)}(\bar{x})}{5!}h^4 + \cdots\right)(x-\bar{x}) + \left(\frac{f^{(4)}(\bar{x})}{4!}h^2 + \frac{f^{(6)}(\bar{x})}{6!}h^4 + \cdots\right)(x-\bar{x})^2 \tag{5-98}$$

显然，上述近似误差取决于 h，这与函数$f(x)$的泰勒级数展开式中的高阶项并不相同，但适当选取 h 可确保式(5-98)所示的余项更加接近$f(x)$泰勒展开式中的高阶项。

现在考虑 $\boldsymbol{x}$ 为多维的情况。假设 $\boldsymbol{x}$ 是一个 n 维随机变量 $\boldsymbol{x} = [x_1 \quad x_2 \quad \cdots \quad x_n]^{\mathrm{T}}$，且 $\boldsymbol{z} = \boldsymbol{f}(\boldsymbol{x})$为一个向量函数，则将$\boldsymbol{f}(\boldsymbol{x})$围绕$\boldsymbol{x}=\bar{\boldsymbol{x}}$展成多维向量泰勒级数

$$\boldsymbol{z} = \boldsymbol{f}(\boldsymbol{x}) = \boldsymbol{f}(\bar{\boldsymbol{x}} + \Delta\boldsymbol{x}) = \boldsymbol{f}(\bar{\boldsymbol{x}}) + \boldsymbol{D}_{\Delta x}\boldsymbol{f} + \frac{\boldsymbol{D}^2_{\Delta x}\boldsymbol{f}}{2!} + \frac{\boldsymbol{D}^3_{\Delta x}\boldsymbol{f}}{3!} + \frac{\boldsymbol{D}^4_{\Delta x}\boldsymbol{f}}{4!} + \cdots \tag{5-99}$$

其中 $\Delta\boldsymbol{x} = \boldsymbol{x} - \bar{\boldsymbol{x}}$。采用前面 UT 变换中的表示方法，$\boldsymbol{D}^i_{\Delta x}\boldsymbol{f}$ 可以写成

$$\boldsymbol{D}^i_{\Delta x}\boldsymbol{f} = ((\Delta\boldsymbol{x})^{\mathrm{T}}\ \nabla)^i \boldsymbol{f}(\boldsymbol{x})\,|_{\boldsymbol{x}=\bar{\boldsymbol{x}}} = \left(\sum_{j=1}^{n}\Delta x_j\frac{\partial}{\partial x_j}\right)^i \boldsymbol{f}(\boldsymbol{x})\Big|_{\boldsymbol{x}=\bar{\boldsymbol{x}}} \tag{5-100}$$

对式(5-99)进行泰勒级数二阶截断，其中的一阶项及二阶项可以表示为

$$f(x) \approx f(\bar{x}) + D_{\Delta x} f + \frac{D_{\Delta x}^2 f}{2!} \tag{5-101}$$

$$D_{\Delta x} f = \left(\sum_{p=1}^{n} \Delta x_p \frac{\partial}{\partial x_p} \right) f(x) \mid_{x=\bar{x}} \tag{5-102}$$

$$\begin{aligned} D_{\Delta x}^2 f &= \left(\sum_{i=1}^{n} \sum_{j=1}^{n} \Delta x_i \Delta x_j \frac{\partial^2}{\partial x_i \partial x_j} \right) f(x) \bigg|_{x=\bar{x}} \\ &= \left(\sum_{i=1}^{n} (\Delta x_i)^2 \frac{\partial^2}{\partial x_i^2} + \sum_{i=1,j=1,i\neq j}^{n} \Delta x_i \Delta x_j \frac{\partial^2}{\partial x_i \partial x_j} \right) f(x) \bigg|_{x=\bar{x}} \end{aligned} \tag{5-103}$$

采用多维插值公式对函数$f(x)$进行泰勒展开式二阶项的近似

$$f(x) \approx f(\bar{x}) + \tilde{D}_{\Delta x} f + \frac{\tilde{D}_{\Delta x}^2 f}{2!} \tag{5-104}$$

式中：$\tilde{D}_{\Delta x} f$和$\tilde{D}_{\Delta x}^2 f$分别为一阶和二阶中心差分项，已知中心差分区间长度为h，则借鉴式(5-88)、式(5-90)及式(5-91)可以将$\tilde{D}_{\Delta x} f$和$\tilde{D}_{\Delta x}^2 f$表示成

$$\tilde{D}_{\Delta x} f = \frac{1}{h} \left(\sum_{i=1}^{n} \Delta x_i \mu_i \delta_i \right) f(\bar{x}) \tag{5-105}$$

$$\tilde{D}_{\Delta x}^2 f = \frac{1}{h^2} \left(\sum_{i=1}^{n} (\Delta x_i)^2 \delta_i^2 + \sum_{i=1}^{n} \sum_{j=1,i\neq j}^{n} \Delta x_i \Delta x_j (\mu_i \delta_i)(\mu_j \delta_j) \right) f(\bar{x}) \tag{5-106}$$

这里μ_i和δ_i表示局部差分算子

$$\delta_i f(\bar{x}) = f\left(\bar{x} + \frac{h}{2} e_i\right) - f\left(\bar{x} - \frac{h}{2} e_i\right) \tag{5-107}$$

$$\mu_i f(\bar{x}) = \frac{1}{2}\left(f\left(\bar{x} + \frac{h}{2} e_i\right) + f\left(\bar{x} - \frac{h}{2} e_i\right) \right) \tag{5-108}$$

式中：e_i表示第i个元素为1的单位向量，即$e_i = (0, \cdots 0, \underset{\uparrow i}{1}, 0, \cdots 0)^T$。

5.2.2 计算后验均值和协方差

对于函数$z = f(x)$，由上一节分析可知，Stirling 插值公式(5-109)可以达到$f(x)$的泰勒展开式二阶截断精度，因此可以基于式(5-104)来逼近随机变量z的后验分布$(\bar{z}, P_z)$。由于随机变量x的元素可能是相关的，为了分析方便，首先对x的协方差P_x进行 Cholesky 分解，即$P_x = S_x S_x^T$，并利用 Cholesky 因子进行如下的线性变换：

$$y = (S_x)^{-1} x \tag{5-109}$$

显然

$$\begin{cases} \bar{y} = E(y) = (S_x)^{-1} \bar{x} \\ E[(y - \bar{y})(y - \bar{y})^T] = I \end{cases} \tag{5-110}$$

也就是说，线性变换之后随机变量y的各个元素是互不相关的，因此上述变换相当于对x中的元素进行了“随机解耦”。相应地，$\Delta y = y - \bar{y}$的统计特性为$(0, I)$，即Δy的各个元素也是互不相关的。

定义函数

$$\tilde{f}(y) = f(S_x y) = f(x) \tag{5-111}$$

相应地，有下面等式成立

$$\delta_i\ \tilde{\boldsymbol{f}}(\bar{\boldsymbol{y}}) = \tilde{\boldsymbol{f}}\left(\bar{\boldsymbol{y}}+\frac{h}{2}\boldsymbol{e}_i\right)-\tilde{\boldsymbol{f}}\left(\bar{\boldsymbol{y}}-\frac{h}{2}\boldsymbol{e}_i\right) = \boldsymbol{f}\left(\bar{\boldsymbol{x}}+\frac{h}{2}\boldsymbol{s}_i\right)-\boldsymbol{f}\left(\bar{\boldsymbol{x}}-\frac{h}{2}\boldsymbol{s}_i\right) \tag{5-112}$$

$$\mu_i\ \tilde{\boldsymbol{f}}(\bar{\boldsymbol{y}}) = \frac{1}{2}\left(\tilde{\boldsymbol{f}}\left(\bar{\boldsymbol{y}}+\frac{h}{2}\boldsymbol{e}_i\right)+\tilde{\boldsymbol{f}}\left(\bar{\boldsymbol{y}}-\frac{h}{2}\boldsymbol{e}_i\right)\right) = \frac{1}{2}\left(\boldsymbol{f}\left(\bar{\boldsymbol{x}}+\frac{h}{2}\boldsymbol{s}_i\right)+\boldsymbol{f}\left(\bar{\boldsymbol{x}}-\frac{h}{2}\boldsymbol{s}_i\right)\right) \tag{5-113}$$

$$\mu_i\delta_i\ \tilde{\boldsymbol{f}}(\bar{\boldsymbol{y}}) = \frac{\tilde{\boldsymbol{f}}(\bar{\boldsymbol{y}}+h\boldsymbol{e}_i)-\tilde{\boldsymbol{f}}(\bar{\boldsymbol{y}}-h\boldsymbol{e}_i)}{2} = \frac{\boldsymbol{f}(\bar{\boldsymbol{x}}+h\boldsymbol{s}_i)-\boldsymbol{f}(\bar{\boldsymbol{x}}-h\boldsymbol{s}_i)}{2} \tag{5-114}$$

$$\delta_i^2\ \tilde{\boldsymbol{f}}(\bar{\boldsymbol{y}}) = \tilde{\boldsymbol{f}}(\bar{\boldsymbol{y}}+h\boldsymbol{e}_i)+\tilde{\boldsymbol{f}}(\bar{\boldsymbol{y}}-h\boldsymbol{e}_i)-2\ \tilde{\boldsymbol{f}}(\bar{\boldsymbol{y}}) = \boldsymbol{f}(\bar{\boldsymbol{x}}+h\boldsymbol{s}_i)+\boldsymbol{f}(\bar{\boldsymbol{x}}-h\boldsymbol{s}_i)-2\boldsymbol{f}(\bar{\boldsymbol{x}}) \tag{5-115}$$

式中:$\boldsymbol{s}_i$表示矩阵$\boldsymbol{S}_x$的第 i 列。

采用 Stirling 多维插值公式对函数$\tilde{\boldsymbol{f}}(\boldsymbol{y})$进行泰勒展开式二阶项的近似

$$\boldsymbol{f}(\boldsymbol{x}) = \boldsymbol{f}(\boldsymbol{S}_x\boldsymbol{y}) = \tilde{\boldsymbol{f}}(\boldsymbol{y}) \approx \tilde{\boldsymbol{f}}(\bar{\boldsymbol{y}}) + \tilde{\boldsymbol{D}}_{\Delta x}\ \tilde{\boldsymbol{f}} + \frac{\tilde{\boldsymbol{D}}^2_{\Delta x}\ \tilde{\boldsymbol{f}}}{2!} \tag{5-116}$$

尽管函数$\tilde{\boldsymbol{f}}(\boldsymbol{y})$与$\boldsymbol{f}(\boldsymbol{x})$的泰勒级数展开式是相同的,但显然$\tilde{\boldsymbol{D}}_{\Delta x}\boldsymbol{f}$和$\tilde{\boldsymbol{D}}^2_{\Delta x}\boldsymbol{f}$不同于$\tilde{\boldsymbol{D}}_{\Delta y}\tilde{\boldsymbol{f}}$和$\tilde{\boldsymbol{D}}^2_{\Delta y}\tilde{\boldsymbol{f}}$,所以$\tilde{\boldsymbol{f}}(\boldsymbol{y})$的 Stirling 插值公式(5-116)与$\boldsymbol{f}(\boldsymbol{x})$的 Stirling 插值公式(5-104)也是不同的,但式(5-116)和式(5-104)对后验分布($\bar{z}$,$\boldsymbol{P}_z$)的近似精度都可达到二阶泰勒级数截断,所谓的不同仅仅体现在如式(5-98)所示的高阶余项上。

由于变量$\boldsymbol{y}$中各个元素是互不相关的,因此在后续求解均值和协方差的讨论中将直接使用函数$\tilde{\boldsymbol{f}}(\boldsymbol{y})$,这样将会使问题简单化。

1) 一阶中心差分线性化逼近

采用如下一阶截断 Stirling 插值公式来近似计算 z 的后验分布

$$z = \boldsymbol{f}(\boldsymbol{x}) = \tilde{\boldsymbol{f}}(\boldsymbol{y}) = \tilde{\boldsymbol{f}}(\bar{\boldsymbol{y}}+\Delta\boldsymbol{y}) = \tilde{\boldsymbol{f}}(\bar{\boldsymbol{y}})+\tilde{\boldsymbol{D}}_{\Delta y}\ \tilde{\boldsymbol{f}} \tag{5-117}$$

显然,可知$\mathrm{E}(\Delta\boldsymbol{y})=\mathrm{E}(\boldsymbol{y}-\bar{\boldsymbol{y}})=0$,则一阶中心差分均值逼近为

$$(\bar{z})_{\mathrm{CDKF1}} = \mathrm{E}[\tilde{\boldsymbol{f}}(\bar{\boldsymbol{y}})+\tilde{\boldsymbol{D}}_{\Delta y}\ \tilde{\boldsymbol{f}}] = \tilde{\boldsymbol{f}}(\bar{\boldsymbol{y}}) = \boldsymbol{f}(\bar{\boldsymbol{x}}) \tag{5-118}$$

如前所述,根据变量$\Delta\boldsymbol{y}$的均值为零、方差为$\boldsymbol{I}$及各元素互不相关性可知

$$\begin{cases}\mathrm{E}[(\Delta y_i)^2] = \sigma_2 = 1 & i=1,2,\cdots,n\\ \mathrm{E}[\Delta y_i\Delta y_j] = 0 & i\neq j\end{cases} \tag{5-119}$$

而$\Delta\boldsymbol{y}$的元素高阶矩需视$\Delta\boldsymbol{y}$的分布而定。

于是借鉴式(5-105)可得一阶中心差分协方差逼近为

$$\begin{aligned}(\boldsymbol{P}_z)_{\mathrm{CDKF1}} &\approx \mathrm{E}\{[z-(\bar{z})_{\mathrm{CDKF1}}][z-(\bar{z})_{\mathrm{CDKF1}}]^{\mathrm{T}}\} = \mathrm{E}\{[\tilde{\boldsymbol{D}}_{\Delta y}\ \tilde{\boldsymbol{f}}][\tilde{\boldsymbol{D}}_{\Delta y}\ \tilde{\boldsymbol{f}}]^{\mathrm{T}}\}\\ &= \mathrm{E}\left\{\left[\frac{1}{h}\left(\sum_{i=1}^{n}\Delta y_i\,\mu_i\delta_i\right)\tilde{\boldsymbol{f}}(\bar{\boldsymbol{y}})\right]\left[\frac{1}{h}\left(\sum_{i=1}^{n}\Delta y_i\,\mu_i\delta_i\right)\tilde{\boldsymbol{f}}(\bar{\boldsymbol{y}})\right]^{\mathrm{T}}\right\}\\ &= \frac{1}{h^2}\sum_{i=1}^{n}\{\sigma_2[\mu_i\delta_i\ \tilde{\boldsymbol{f}}(\bar{\boldsymbol{y}})][\mu_i\delta_i\ \tilde{\boldsymbol{f}}(\bar{\boldsymbol{y}})]^{\mathrm{T}}\}\\ &= \frac{1}{h^2}\sum_{i=1}^{n}\{[\mu_i\delta_i\ \tilde{\boldsymbol{f}}(\bar{\boldsymbol{y}})][\mu_i\delta_i\ \tilde{\boldsymbol{f}}(\bar{\boldsymbol{y}})]^{\mathrm{T}}\}\end{aligned} \tag{5-120}$$

再根据式(5－119)可知 $\tilde{\boldsymbol{f}}(\bar{\boldsymbol{y}} \pm h\boldsymbol{e}_i) = \boldsymbol{f}(\bar{\boldsymbol{x}} \pm h\boldsymbol{s}_i)$，则上式可以表示成

$$\begin{aligned}(\boldsymbol{P}_z)_{\mathrm{CDKF1}} &= \frac{1}{4h^2}\sum_{i=1}^{n}[\tilde{\boldsymbol{f}}(\bar{\boldsymbol{y}}+h\boldsymbol{e}_i)-\tilde{\boldsymbol{f}}(\bar{\boldsymbol{y}}-h\boldsymbol{e}_i)][\tilde{\boldsymbol{f}}(\bar{\boldsymbol{y}}+h\boldsymbol{e}_i)-\tilde{\boldsymbol{f}}(\bar{\boldsymbol{y}}-h\boldsymbol{e}_i)]^{\mathrm{T}} \\ &= \frac{1}{4h^2}\sum_{i=1}^{n}[\boldsymbol{f}(\bar{\boldsymbol{x}}+h\boldsymbol{s}_i)-\boldsymbol{f}(\bar{\boldsymbol{x}}-h\boldsymbol{s}_i)][\boldsymbol{f}(\bar{\boldsymbol{x}}+h\boldsymbol{s}_i)-\boldsymbol{f}(\bar{\boldsymbol{x}}-h\boldsymbol{s}_i)]^{\mathrm{T}} \end{aligned} \tag{5-121}$$

采用类似的方式可知互协方差的一阶中心差分估计为

$$\begin{aligned}(\boldsymbol{P}_{xz})_{\mathrm{CDKF1}} &= \mathrm{E}\{[\boldsymbol{x}-\bar{\boldsymbol{x}}][\boldsymbol{z}-(\bar{\boldsymbol{z}})_{\mathrm{CDKF1}}]^{\mathrm{T}}\} = \mathrm{E}\{[\boldsymbol{S}_x\Delta\boldsymbol{y}][\tilde{\boldsymbol{D}}_{\Delta y}\tilde{\boldsymbol{f}}]^{\mathrm{T}}\} \\ &= \mathrm{E}\left\{[\sum_{i=1}^{n}\boldsymbol{s}_i\Delta y_i]\left[\frac{1}{h}(\sum_{i=1}^{n}\Delta y_i\mu_i\delta_i)\tilde{\boldsymbol{f}}(\bar{\boldsymbol{y}})\right]^{\mathrm{T}}\right\} \\ &= \frac{1}{h}\sum_{i=1}^{n}\{\mathrm{E}(\Delta y_i)^2\boldsymbol{s}_i[\mu_i\delta_i\tilde{\boldsymbol{f}}(\bar{\boldsymbol{y}})]^{\mathrm{T}}\} = \frac{1}{h}\sum_{i=1}^{n}\{\sigma_2\boldsymbol{s}_i[\mu_i\delta_i\tilde{\boldsymbol{f}}(\bar{\boldsymbol{y}})]^{\mathrm{T}}\} \\ &= \frac{1}{2h}\sum_{i=1}^{n}\{\boldsymbol{s}_i[\tilde{\boldsymbol{f}}(\bar{\boldsymbol{y}}+h\boldsymbol{e}_i)-\tilde{\boldsymbol{f}}(\bar{\boldsymbol{y}}-h\boldsymbol{e}_i)]^{\mathrm{T}}\} \\ &= \frac{1}{2h}\sum_{i=1}^{n}\{\boldsymbol{s}_i[\boldsymbol{f}(\bar{\boldsymbol{x}}+h\boldsymbol{s}_i)-\boldsymbol{f}(\bar{\boldsymbol{x}}-h\boldsymbol{s}_i)]^{\mathrm{T}}\}\end{aligned} \tag{5-122}$$

从上面的理论分析可以看出，一阶中心差分均值估计独立于区间长度 h，但 h 又显著地影响着协方差的估计，不过从先前的 Stirling 插值公式理论分析可以得出这样的结论：在一阶中心差分情况下，由于采用一阶截断 Stirling 插值来对后验协方差估计，因此可以预见一阶中心差分近似对后验自协方差的逼近精度至少可以达到 EKF 或 UT 变换式(5－52)中的 $\boldsymbol{G}_f\boldsymbol{P}_x\boldsymbol{G}_f^{\mathrm{T}}$ 项，对互协方差的近似至少可以达到 EKF 或 UT 变换式(5－53)中的 $\boldsymbol{P}_x\boldsymbol{G}_f^{\mathrm{T}}$ 项，而 h 的选取仅仅影响协方差高阶项的近似，故适当选取 h 可以使一阶中心差分近似更加接近真实后验协方差的高阶项。一阶中心差分近似精度与 EKF 相同，但与 EKF 不同的是，一阶中心差分不需要计算非线性函数的雅可比矩阵，比 EKF 更容易实现，可以克服 EKF 的缺点。

2）二阶中心差分多项式逼近

利用二阶截断的 Stirling 插值公式来近似计算 $\boldsymbol{z}$ 的后验分布，可以得到更精确的均值和协方差的逼近值。基于函数 $\tilde{\boldsymbol{f}}(\boldsymbol{y})$ 的二阶 Stirling 插值公式为

$$\begin{aligned}\boldsymbol{z} = \boldsymbol{f}(\boldsymbol{x}) &= \tilde{\boldsymbol{f}}(\boldsymbol{y}) = \tilde{\boldsymbol{f}}(\bar{\boldsymbol{y}}+\Delta\boldsymbol{y}) \\ &\approx \tilde{\boldsymbol{f}}(\bar{\boldsymbol{y}}) + \tilde{\boldsymbol{D}}_{\Delta y}\tilde{\boldsymbol{f}} + \frac{\tilde{\boldsymbol{D}}_{\Delta y}^2\tilde{\boldsymbol{f}}}{2} = \tilde{\boldsymbol{f}}(\bar{\boldsymbol{y}}) + \frac{1}{h}(\sum_{i=1}^{n}\Delta y_i\mu_i\delta_i)\tilde{\boldsymbol{f}}(\bar{\boldsymbol{y}}) \\ &\quad + \frac{1}{2h^2}(\sum_{i=1}^{n}(\Delta y_i)^2\delta_i^2 + \sum_{i=1}^{n}\sum_{j=1,i\neq j}^{n}\Delta y_i\Delta y_j(\mu_i\delta_i)(\mu_j\delta_j))\tilde{\boldsymbol{f}}(\bar{\boldsymbol{y}})\end{aligned} \tag{5-123}$$

根据 Δy 的均值为零方差为 $\boldsymbol{I}$ 且其元素的互不相关性，可得二阶中心差分均值逼近为

$$\begin{aligned}(\bar{\boldsymbol{z}})_{\mathrm{CDKF2}} &= \mathrm{E}\left[\tilde{\boldsymbol{f}}(\bar{\boldsymbol{y}}) + \frac{1}{2h^2}(\sum_{i=1}^{n}(\Delta y_i)^2\delta_i^2)\tilde{\boldsymbol{f}}(\bar{\boldsymbol{y}})\right] \\ &= \tilde{\boldsymbol{f}}(\bar{\boldsymbol{y}}) + \frac{1}{2h^2}\sum_{i=1}^{n}[\mathrm{E}(\Delta y_i)^2\delta_i^2\tilde{\boldsymbol{f}}(\bar{\boldsymbol{y}})] = \tilde{\boldsymbol{f}}(\bar{\boldsymbol{y}}) + \frac{1}{2h^2}\sum_{i=1}^{n}[\sigma_2\delta_i^2\tilde{\boldsymbol{f}}(\bar{\boldsymbol{y}})] \\ &= \tilde{\boldsymbol{f}}(\bar{\boldsymbol{y}}) + \frac{1}{2h^2}\sum_{i=1}^{n}[\tilde{\boldsymbol{f}}(\bar{\boldsymbol{y}}+h\boldsymbol{e}_i)+\tilde{\boldsymbol{f}}(\bar{\boldsymbol{y}}-h\boldsymbol{e}_i)-2\tilde{\boldsymbol{f}}(\bar{\boldsymbol{y}})]\end{aligned}$$

$$= \frac{h^2 - n}{h^2} \tilde{\boldsymbol{f}}(\bar{\boldsymbol{y}}) + \frac{1}{2h^2} \sum_{i=1}^{n} [\tilde{\boldsymbol{f}}(\bar{\boldsymbol{y}} + h\boldsymbol{e}_i) + \tilde{\boldsymbol{f}}(\bar{\boldsymbol{y}} - h\boldsymbol{e}_i)] \tag{5-124}$$

再根据式(5-115),则上式可以表示成

$$(\bar{z})_{\text{CDKF2}} = \frac{h^2 - n}{h^2} \boldsymbol{f}(\bar{\boldsymbol{x}}) + \frac{1}{2h^2} \sum_{i=1}^{n} [\boldsymbol{f}(\bar{\boldsymbol{x}} + h\boldsymbol{s}_i) + \boldsymbol{f}(\bar{\boldsymbol{x}} - h\boldsymbol{s}_i)] \tag{5-125}$$

理论上,协方差可以表示成

$$\begin{aligned} \boldsymbol{P}_z &= \mathrm{E}\{[z - \mathrm{E}(z)][z - \mathrm{E}(z)]^{\mathrm{T}}\} \\ &= \mathrm{E}\{[(z - \tilde{\boldsymbol{f}}(\bar{\boldsymbol{y}})) - \mathrm{E}(z - \tilde{\boldsymbol{f}}(\bar{\boldsymbol{y}}))][(z - \tilde{\boldsymbol{f}}(\bar{\boldsymbol{y}})) - \mathrm{E}(z - \tilde{\boldsymbol{f}}(\bar{\boldsymbol{y}}))]^{\mathrm{T}}\} \\ &= \mathrm{E}\{[z - \tilde{\boldsymbol{f}}(\bar{\boldsymbol{y}})][z - \tilde{\boldsymbol{f}}(\bar{\boldsymbol{y}})]^{\mathrm{T}}\} - \mathrm{E}[z - \tilde{\boldsymbol{f}}(\bar{\boldsymbol{y}})]\mathrm{E}[z - \tilde{\boldsymbol{f}}(\bar{\boldsymbol{y}})]^{\mathrm{T}} \end{aligned} \tag{5-126}$$

因此,根据式(5-123)可以求出二阶中心差分协方差逼近公式为

$$\begin{aligned} (\boldsymbol{P}_z)_{\text{CDKF2}} &= \mathrm{E}\left\{\left[\tilde{\boldsymbol{D}}_{\Delta y} \tilde{\boldsymbol{f}} + \frac{\tilde{\boldsymbol{D}}_{\Delta y}^2 \tilde{\boldsymbol{f}}}{2}\right]\left[\tilde{\boldsymbol{D}}_{\Delta y} \tilde{\boldsymbol{f}} + \frac{\tilde{\boldsymbol{D}}_{\Delta y}^2 \tilde{\boldsymbol{f}}}{2}\right]^{\mathrm{T}}\right\} \\ &\quad - \mathrm{E}\left[\tilde{\boldsymbol{D}}_{\Delta y} \tilde{\boldsymbol{f}} + \frac{\tilde{\boldsymbol{D}}_{\Delta y}^2 \tilde{\boldsymbol{f}}}{2}\right]\mathrm{E}\left[\tilde{\boldsymbol{D}}_{\Delta y} \tilde{\boldsymbol{f}} + \frac{\tilde{\boldsymbol{D}}_{\Delta y}^2 \tilde{\boldsymbol{f}}}{2}\right]^{\mathrm{T}} \\ &= \mathrm{E}[(\tilde{\boldsymbol{D}}_{\Delta y} \tilde{\boldsymbol{f}})(\tilde{\boldsymbol{D}}_{\Delta y} \tilde{\boldsymbol{f}})^{\mathrm{T}}] + \frac{1}{4}\mathrm{E}[(\tilde{\boldsymbol{D}}_{\Delta y}^2 \tilde{\boldsymbol{f}})(\tilde{\boldsymbol{D}}_{\Delta y}^2 \tilde{\boldsymbol{f}})^{\mathrm{T}}] - \frac{1}{4}\mathrm{E}[\tilde{\boldsymbol{D}}_{\Delta y}^2 \tilde{\boldsymbol{f}}]\mathrm{E}[\tilde{\boldsymbol{D}}_{\Delta y}^2 \tilde{\boldsymbol{f}}]^{\mathrm{T}} \end{aligned} \tag{5-127}$$

假设 $\Delta\boldsymbol{y}$ 服从高斯分布。因为 $\Delta\boldsymbol{y}$ 的元素相互独立且分布是对称的,所以有下式成立:

$$\mathrm{E}[(\Delta y_i)^k] = 0, k \text{ 为奇数} \tag{5-128}$$

$$\mathrm{E}[(\Delta y_i)^k(\Delta y_i)^m] = 0 \quad i \neq j, k \text{ 或 } m \text{ 为奇数} \tag{5-129}$$

$$\mathrm{E}[(\Delta y_i)^4] = \sigma_4 = 3 \tag{5-130}$$

于是,式(5-127)中的所有奇阶矩均值都为零,且该式中的右边第一项已经在一阶逼近中研究过,现在来计算式(5-127)中的第二项及第三项,可以发现 $\mathrm{E}[(\tilde{\boldsymbol{D}}_{\Delta y}^2 \tilde{\boldsymbol{f}})(\tilde{\boldsymbol{D}}_{\Delta y}^2 \tilde{\boldsymbol{f}})^{\mathrm{T}}]$ 含有如下三项,分别是

$$\mathrm{E}[(\Delta y_i)^4][\delta_i^2 \tilde{\boldsymbol{f}}(\bar{\boldsymbol{y}})][\delta_i^2 \tilde{\boldsymbol{f}}(\bar{\boldsymbol{y}})]^{\mathrm{T}} = \sigma_4[\delta_i^2 \tilde{\boldsymbol{f}}(\bar{\boldsymbol{y}})][\delta_i^2 \tilde{\boldsymbol{f}}(\bar{\boldsymbol{y}})]^{\mathrm{T}} \tag{5-131}$$

$$\mathrm{E}[(\Delta y_i)^2(\Delta y_j)^2][\delta_i^2 \tilde{\boldsymbol{f}}(\bar{\boldsymbol{y}})][\delta_j^2 \tilde{\boldsymbol{f}}(\bar{\boldsymbol{y}})]^{\mathrm{T}} = \sigma_2^2[\delta_i^2 \tilde{\boldsymbol{f}}(\bar{\boldsymbol{y}})][\delta_j^2 \tilde{\boldsymbol{f}}(\bar{\boldsymbol{y}})]^{\mathrm{T}} \tag{5-132}$$

$$\begin{aligned} &\mathrm{E}[(\Delta y_i)^2(\Delta y_j)^2][(\mu_i\delta_i)(\mu_j\delta_j) \tilde{\boldsymbol{f}}(\bar{\boldsymbol{y}})][(\mu_i\delta_i)(\mu_j\delta_j) \tilde{\boldsymbol{f}}(\bar{\boldsymbol{y}})]^{\mathrm{T}} = \\ &\sigma_2^2[(\mu_i\delta_i)(\mu_j\delta_j) \tilde{\boldsymbol{f}}(\bar{\boldsymbol{y}})][(\mu_i\delta_i)(\mu_j\delta_j) \tilde{\boldsymbol{f}}(\bar{\boldsymbol{y}})]^{\mathrm{T}} \end{aligned} \tag{5-133}$$

同时,$\mathrm{E}[\tilde{\boldsymbol{D}}_{\Delta y}^2 \tilde{\boldsymbol{f}}]\mathrm{E}[\tilde{\boldsymbol{D}}_{\Delta y}^2 \tilde{\boldsymbol{f}}]^{\mathrm{T}}$含有的项有两类

$$\mathrm{E}[(\Delta y_i)^2\delta_i^2 \tilde{\boldsymbol{f}}(\bar{\boldsymbol{y}})]\mathrm{E}[(\Delta y_i)^2\delta_i^2 \tilde{\boldsymbol{f}}(\bar{\boldsymbol{y}})]^{\mathrm{T}} = \sigma_2^2[\delta_i^2 \tilde{\boldsymbol{f}}(\bar{\boldsymbol{y}})][\delta_i^2 \tilde{\boldsymbol{f}}(\bar{\boldsymbol{y}})]^{\mathrm{T}} \tag{5-134}$$

$$\mathrm{E}[(\Delta y_i)^2\delta_i^2 \tilde{\boldsymbol{f}}(\bar{\boldsymbol{y}})]\mathrm{E}[(\Delta y_j)^2\delta_j^2 \tilde{\boldsymbol{f}}(\bar{\boldsymbol{y}})]^{\mathrm{T}} = \sigma_2^2[\delta_i^2 \tilde{\boldsymbol{f}}(\bar{\boldsymbol{y}})][\delta_j^2 \tilde{\boldsymbol{f}}(\bar{\boldsymbol{y}})]^{\mathrm{T}} \tag{5-135}$$

可以看出,式(5-132)与式(5-135)相等,两者相抵消,另外忽略式(5-133)所示的项,因为计算此项将大大增加运算量,且随着维数增加,计算量将呈级数增加,更重要的是利用二阶插值公式也无法逼近所有的四阶矩。考虑到 $\sigma_2 = 1$,式(5-127)变成

$$(\boldsymbol{P}_z)_{\text{CDKF2}} = \frac{1}{h^2} \sum_{i=1}^{n} \{[\mu_i\delta_i \tilde{\boldsymbol{f}}(\bar{\boldsymbol{y}})][\mu_i\delta_i \tilde{\boldsymbol{f}}(\bar{\boldsymbol{y}})]^{\mathrm{T}}\} + \frac{\sigma_4 - 1}{4h^4} \sum_{i=1}^{n} \{[\delta_i^2 \tilde{\boldsymbol{f}}(\bar{\boldsymbol{y}})][\delta_i^2 \tilde{\boldsymbol{f}}(\bar{\boldsymbol{y}})]^{\mathrm{T}}\}$$

$$= \frac{1}{4h^2}\sum_{i=1}^{n}[\tilde{\boldsymbol{f}}(\bar{\boldsymbol{y}}+h\boldsymbol{e}_i)-\tilde{\boldsymbol{f}}(\bar{\boldsymbol{y}}-h\boldsymbol{e}_i)][\tilde{\boldsymbol{f}}(\bar{\boldsymbol{y}}+h\boldsymbol{e}_i)-\tilde{\boldsymbol{f}}(\bar{\boldsymbol{y}}-h\boldsymbol{e}_i)]^{\mathrm{T}}+\frac{\sigma_4-1}{4h^4}$$

$$\sum_{i=1}^{n}[\tilde{\boldsymbol{f}}(\bar{\boldsymbol{y}}+h\boldsymbol{e}_i)+\tilde{\boldsymbol{f}}(\bar{\boldsymbol{y}}-h\boldsymbol{e}_i)-2\tilde{\boldsymbol{f}}(\bar{\boldsymbol{y}})][\tilde{\boldsymbol{f}}(\bar{\boldsymbol{y}}+h\boldsymbol{e}_i)+\tilde{\boldsymbol{f}}(\bar{\boldsymbol{y}}-h\boldsymbol{e}_i)-2\tilde{\boldsymbol{f}}(\bar{\boldsymbol{y}})]^{\mathrm{T}} \tag{5-136}$$

设 $h^2=\sigma_4$，则上式变成

$$(\boldsymbol{P}_z)_{\mathrm{CDKF2}} = \frac{1}{4h^2}\sum_{i=1}^{n}[\boldsymbol{f}(\bar{\boldsymbol{x}}+h\boldsymbol{s}_i)-\boldsymbol{f}(\bar{\boldsymbol{x}}-h\boldsymbol{s}_i)][\boldsymbol{f}(\bar{\boldsymbol{x}}+h\boldsymbol{s}_i)-\boldsymbol{f}(\bar{\boldsymbol{x}}-h\boldsymbol{s}_i)]^{\mathrm{T}}+\frac{h^2-1}{4h^4}$$
$$\times\sum_{i=1}^{n}[\boldsymbol{f}(\bar{\boldsymbol{x}}+h\boldsymbol{s}_i)+\boldsymbol{f}(\bar{\boldsymbol{x}}-h\boldsymbol{s}_i)-2\boldsymbol{f}(\bar{\boldsymbol{x}})][\boldsymbol{f}(\bar{\boldsymbol{x}}+h\boldsymbol{s}_i)+\boldsymbol{f}(\bar{\boldsymbol{x}}-h\boldsymbol{s}_i)-2\boldsymbol{f}(\bar{\boldsymbol{x}})]^{\mathrm{T}} \tag{5-137}$$

由于

$$\mathrm{E}[(\Delta y_i)^4]-\mathrm{E}[(\Delta y_i)^2]^2=\mathrm{E}\{[(\Delta y_i)^2-\mathrm{E}(\Delta y_i)^2][(\Delta y_i)^2-\mathrm{E}(\Delta y_i)^2]^{\mathrm{T}}\}\geqslant 0 \tag{5-138}$$

因此对于任何概率分布都有 $\sigma_4\geqslant\sigma_2^2$，因此应选择 $h^2\geqslant1$。这就是说，二阶中心差分协方差近似 $(\boldsymbol{P}_z)_{\mathrm{CDKF2}}$，如式(5-137)总是半正定的。同时对于高斯分布 $\sigma_4=3$，此时应选择 $h^2=3$，可以保证在状态高斯分布情况下，二阶中心差分对状态后验协方差的近似是最好的[15]。

理论上，互协方差可以表示成

$$(\boldsymbol{P}_{xz})_{\mathrm{CDKF2}} = \mathrm{E}\{[\boldsymbol{x}-\bar{\boldsymbol{x}}][z-\mathrm{E}(z)]^{\mathrm{T}}\} = \mathrm{E}\{[x-\bar{\boldsymbol{x}}][(z-\tilde{\boldsymbol{f}}(\bar{\boldsymbol{y}}))-\mathrm{E}(z-\tilde{\boldsymbol{f}}(\bar{\boldsymbol{y}}))]^{\mathrm{T}}\}$$
$$= \mathrm{E}\{[x-\bar{\boldsymbol{x}}][z-\tilde{\boldsymbol{f}}(\bar{\boldsymbol{y}})]^{\mathrm{T}}\} \tag{5-139}$$

因此，根据式(5-123)可得

$$(\boldsymbol{P}_{xz})_{\mathrm{CDKF2}} = \mathrm{E}\left\{\left[\boldsymbol{S}_x\Delta\boldsymbol{y}\right]\left[\tilde{\boldsymbol{D}}_{\Delta y}\tilde{\boldsymbol{f}}+\frac{\tilde{\boldsymbol{D}}_{\Delta y}^2\tilde{\boldsymbol{f}}}{2}\right]^{\mathrm{T}}\right\} = \mathrm{E}\{[\boldsymbol{S}_x\Delta\boldsymbol{y}][\tilde{\boldsymbol{D}}_{\Delta y}\tilde{\boldsymbol{f}}]^{\mathrm{T}}\}$$
$$= \frac{1}{h}\sum_{i=1}^{n}\{\boldsymbol{s}_i[\boldsymbol{f}(\bar{\boldsymbol{x}}+h\boldsymbol{s}_i)-\boldsymbol{f}(\bar{\boldsymbol{x}}-h\boldsymbol{s}_i)]^{\mathrm{T}}\} \tag{5-140}$$

显然，二阶中心差分互协方差的估计与一阶逼近相同。

从上面的理论分析可以看出，二阶中心差分均值和协方差的估计与 h 有关。同理，在二阶中心差分情况下，由于采用二阶截断 Stirling 插值来对后验协方差估计，因此可以预见二阶中心差分近似对后验均值和自协方差的近似精度至少可以达到 UT 变换式(5-49)和式(5-52)中的前两项，对互协方差的近似至少可以达到 UT 变换式(5-55)中的 $\boldsymbol{P}_x\boldsymbol{G}_f^{\mathrm{T}}$ 项，而 h 的选取仅仅影响均值和协方差高阶项的近似，故适当选取 h 可以使二阶中心差分变换更加接近真实后验协方差的高阶项。

5.2.3 CDKF 实现

与 UKF 滤波算法相类似，基于非线性最优高斯滤波器，采用基于 Stirling 插值公式的中心差分近似来计算系统状态的后验均值和协方差，就可得到 CDKF。

1) 一阶 CDKF

考虑如下非线性高斯系统：

$$\boldsymbol{x}_k = \boldsymbol{f}_{k-1}(\boldsymbol{x}_{k-1},\boldsymbol{w}_{k-1}) \tag{5-141}$$

$$z_k = h_k(x_k, v_k) \tag{5-142}$$

式中:w_k和v_k分别为r维和d维高斯白噪声。它们是互不相关的,统计特性参见式(5-58):

$$\begin{cases} \mathrm{E}(w_k) = q_k, \mathrm{Cov}(w_k, w_j) = Q_k\delta_{kj} \\ \mathrm{E}(v_k) = r_k, \mathrm{Cov}(v_k, v_j) = R_k\delta_{kj} \\ \mathrm{Cov}(w_k, v_j) = 0 \end{cases}$$

其中,δ_{kj}为 kronecker $-\delta$ 函数。状态初始值x_0与w_k、v_k彼此相互独立,且也服从高斯分布。

对于上述状态和噪声相互耦合的非线性系统来说,需要对系统状态进行扩维处理,此时 CDKF 的计算复杂度有所增加,但并不影响 CDKF 的滤波精度。根据前面所述的一阶中心差分近似,非加性白噪声条件下的一阶 CDKF 具体算法如下:

(1) 初始状态统计特性为

$$\begin{cases} \hat{x}_0 = \mathrm{E}(x_0) \\ P_0 = \mathrm{Var}(x_0) = \mathrm{E}[(x_0 - \hat{x}_0)(x_0 - \hat{x}_0)^{\mathrm{T}}] \end{cases}$$

对初始状态进行扩维处理

$$\hat{x}_0^a = [\hat{x}_0^{\mathrm{T}} \quad q_0^{\mathrm{T}}]^{\mathrm{T}} \tag{5-143}$$

$$P_0^a = \mathrm{E}(x_0^a - \hat{x}_0^a)(x_0^a - \hat{x}_0^a)^{\mathrm{T}} = \begin{bmatrix} P_0 & 0 \\ 0 & Q_0 \end{bmatrix} \tag{5-144}$$

对P_0^a进行 Cholesky 分解有

$$P_0^a = \begin{bmatrix} P_0 & 0 \\ 0 & Q_0 \end{bmatrix} = \begin{bmatrix} S_0^x & 0 \\ 0 & S_0^w \end{bmatrix}\begin{bmatrix} S_0^x & 0 \\ 0 & S_0^w \end{bmatrix}^{\mathrm{T}} = \begin{bmatrix} S_0^x(S_0^x)^{\mathrm{T}} & 0 \\ 0 & S_0^w(S_0^w)^{\mathrm{T}} \end{bmatrix} \tag{5-145}$$

(2) 求解时间更新过程的矩阵平方根。

由式(5-141)可知,w_{k-1}与x_{k-1}在函数$f_{k-1}(\cdot)$中是相互耦合的,需对系统状态进行扩维,即$x_{k-1}^a = [x_{k-1}^{\mathrm{T}} \quad w_{k-1}^{\mathrm{T}}]^{\mathrm{T}}$。相应地,$k-1$时刻扩维后的状态估计和协方差为

$$\hat{x}_{k-1}^a = [\hat{x}_{k-1}^{\mathrm{T}} \quad q_{k-1}^{\mathrm{T}}]^{\mathrm{T}}, \quad P_{k-1}^a = \begin{bmatrix} P_{k-1} & 0 \\ 0 & Q_{k-1} \end{bmatrix} \tag{5-146}$$

对P_{k-1}^a进行 Cholesky 分解有

$$P_{k-1}^a = \begin{bmatrix} P_{k-1} & 0 \\ 0 & Q_{k-1} \end{bmatrix} = \begin{bmatrix} S_{k-1}^x & 0 \\ 0 & S_{k-1}^w \end{bmatrix}\begin{bmatrix} S_{k-1}^x & 0 \\ 0 & S_{k-1}^w \end{bmatrix}^{\mathrm{T}} = \begin{bmatrix} S_{k-1}^x(S_{k-1}^x)^{\mathrm{T}} & 0 \\ 0 & S_{k-1}^w(S_{k-1}^w)^{\mathrm{T}} \end{bmatrix} \tag{5-147}$$

其中S_{k-1}^x和S_{k-1}^w又可以表示为

$$S_{k-1}^x = [s_{k-1}^{x,1} \quad \cdots \quad s_{k-1}^{x,n}], \quad S_{k-1}^w = [s_{k-1}^{w,1} \quad \cdots \quad s_{k-1}^{w,r}] \tag{5-148}$$

(3) 时间更新方程为

$$\hat{x}_{k|k-1} = f_{k-1}(\hat{x}_{k-1}, q_{k-1}) \tag{5-149}$$

$$\begin{aligned} P_{k|k-1} = & \frac{1}{4h^2}\sum_{i=1}^{n}[f_{k-1}(\hat{x}_{k-1} + hs_{k-1}^{x,i}, q_{k-1}) - f_{k-1}(\hat{x}_{k-1} - hs_{k-1}^{x,i}, q_{k-1})]^2 \\ & + \frac{1}{4h^2}\sum_{i=1}^{r}[f_{k-1}(\hat{x}_{k-1}, q_{k-1} + hs_{k-1}^{w,i}) - f_{k-1}(\hat{x}_{k-1}, q_{k-1} - hs_{k-1}^{w,i})]^2 \end{aligned} \tag{5-150}$$

其中$s_{k-1}^{x,i}$和$s_{k-1}^{w,i}$分别表示矩阵S_{k-1}^x和S_{k-1}^w的第i列。

(4) 求解量测更新过程的矩阵平方根

同理,由式(5-142)可知,$\boldsymbol{v}_k$与$\boldsymbol{x}_k$在函数$\boldsymbol{h}_k(\cdot)$中也是相互耦合的,需对系统状态进行扩维,即$\boldsymbol{x}_k^b=[\boldsymbol{x}_k^{\mathrm{T}}\quad \boldsymbol{v}_k^{\mathrm{T}}]^{\mathrm{T}}$。相应地,$k$时刻扩维后的状态一步估计和协方差为

$$\hat{\boldsymbol{x}}_{k|k-1}^b=[\hat{\boldsymbol{x}}_{k|k-1}^{\mathrm{T}}\quad \boldsymbol{r}_k^{\mathrm{T}}]^{\mathrm{T}},\quad \boldsymbol{P}_{k|k-1}^b=\begin{bmatrix}\boldsymbol{P}_{k|k-1} & \boldsymbol{0}\\ \boldsymbol{0} & \boldsymbol{R}_k\end{bmatrix} \tag{5-151}$$

对$\boldsymbol{P}_{k|k-1}^b$进行 Cholesky 分解有

$$\boldsymbol{P}_{k|k-1}^b=\begin{bmatrix}\boldsymbol{P}_{k|k-1} & \boldsymbol{0}\\ \boldsymbol{0} & \boldsymbol{R}_k\end{bmatrix}=\begin{bmatrix}\boldsymbol{S}_{k|k-1}^x & \boldsymbol{0}\\ \boldsymbol{0} & \boldsymbol{S}_k^v\end{bmatrix}\begin{bmatrix}\boldsymbol{S}_{k|k-1}^x & \boldsymbol{0}\\ \boldsymbol{0} & \boldsymbol{S}_k^v\end{bmatrix}^{\mathrm{T}}=\begin{bmatrix}\boldsymbol{S}_{k|k-1}^x(\boldsymbol{S}_{k|k-1}^x)^{\mathrm{T}} & \boldsymbol{0}\\ \boldsymbol{0} & \boldsymbol{S}_k^v(\boldsymbol{S}_k^v)^{\mathrm{T}}\end{bmatrix} \tag{5-152}$$

其中$\boldsymbol{S}_{k|k-1}^x$和$\boldsymbol{S}_k^v$又可以表示为

$$\boldsymbol{S}_{k|k-1}^x=[\boldsymbol{s}_{k|k-1}^{x,1}\quad\cdots\quad \boldsymbol{s}_{k|k-1}^{x,n}],\quad \boldsymbol{S}_k^v=[\boldsymbol{s}_k^{v,1}\quad\cdots\quad \boldsymbol{s}_k^{v,d}] \tag{5-153}$$

(5) 量测更新方程为

$$\hat{\boldsymbol{z}}_{k|k-1}=\boldsymbol{h}_k(\hat{\boldsymbol{x}}_{k|k-1},\boldsymbol{r}_k) \tag{5-154}$$

$$\begin{aligned}\boldsymbol{P}_{\tilde{z}}&=\frac{1}{4h^2}\sum_{i=1}^{n}[\boldsymbol{h}_k(\hat{\boldsymbol{x}}_{k|k-1}+h\boldsymbol{s}_{k|k-1}^{x,i},\boldsymbol{r}_k)-\boldsymbol{h}_k(\hat{\boldsymbol{x}}_{k|k-1}-h\boldsymbol{s}_{k|k-1}^{x,i},\boldsymbol{r}_k)]^2\\&\quad+\frac{1}{4h^2}\sum_{i=1}^{d}[\boldsymbol{h}_k(\hat{\boldsymbol{x}}_{k|k-1},\boldsymbol{r}_k+h\boldsymbol{s}_k^{v,i})-\boldsymbol{h}_k(\hat{\boldsymbol{x}}_{k|k-1},\boldsymbol{q}_k-h\boldsymbol{s}_k^{v,i})]^2\end{aligned} \tag{5-155}$$

$$\boldsymbol{P}_{\tilde{x}\tilde{z}}=\frac{1}{2h}\sum_{i=1}^{n}\boldsymbol{s}_{k|k-1}^{x,i}[\boldsymbol{h}_k(\hat{\boldsymbol{x}}_{k|k-1}+h\boldsymbol{s}_{k|k-1}^{x,i},\boldsymbol{r}_k)-\boldsymbol{h}_k(\hat{\boldsymbol{x}}_{k|k-1}-h\boldsymbol{s}^{x,i},\boldsymbol{r}_k)] \tag{5-156}$$

在获得新的量测z_k后,进行滤波量测更新

$$\begin{cases}\hat{\boldsymbol{x}}_k=\hat{\boldsymbol{x}}_{k|k-1}+\boldsymbol{K}_k(z_k-\hat{\boldsymbol{z}}_{k|k-1})\\ \boldsymbol{K}_k=\boldsymbol{P}_{\tilde{x}_k\tilde{z}_k}\boldsymbol{P}_{\tilde{z}_k}^{-1}\\ \boldsymbol{P}_k=\boldsymbol{P}_{k|k-1}-\boldsymbol{K}_k\boldsymbol{P}_{\tilde{z}_k}\boldsymbol{K}_k^{\mathrm{T}}\end{cases}$$

以上即为非加性白噪声下一阶 CDKF 滤波递推公式。为了表示方便,采用$\boldsymbol{a}^2=\boldsymbol{a}\boldsymbol{a}^{\mathrm{T}}$来表示矩阵相乘。

当$\boldsymbol{w}_k$和$\boldsymbol{v}_k$为可加性噪声时,非线性系统模型变成

$$\boldsymbol{x}_k=\boldsymbol{f}_{k-1}(\boldsymbol{x}_{k-1})+\boldsymbol{w}_{k-1} \tag{5-157}$$

$$\boldsymbol{z}_k=\boldsymbol{h}_k(\boldsymbol{x}_k)+\boldsymbol{v}_k \tag{5-158}$$

此时,无需再对噪声进行扩维,即无需再求解噪声协方差$\boldsymbol{Q}_k$和$\boldsymbol{R}_k$的矩阵平方根。根据一阶中心差分近似,加性白噪声条件下的一阶 CDKF 具体算法如下:

(1) 初始状态统计特性为

$$\begin{cases}\hat{\boldsymbol{x}}_0=\mathrm{E}(\boldsymbol{x}_0)\\ \boldsymbol{P}_0=\mathrm{Var}(\boldsymbol{x}_0)=\mathrm{E}(\boldsymbol{x}_0-\hat{\boldsymbol{x}}_0)(\boldsymbol{x}_0-\hat{\boldsymbol{x}}_0)^{\mathrm{T}}\end{cases}$$

对$\boldsymbol{P}_0$进行 Cholesky 分解有

$$\boldsymbol{P}_0=\boldsymbol{S}_0^x(\boldsymbol{S}_0^x)^{\mathrm{T}} \tag{5-159}$$

(2) 求解时间更新过程的矩阵平方根。已知$k-1$时刻的状态估计$\hat{\boldsymbol{x}}_{k-1}$和协方差$\boldsymbol{P}_{k-1}$,对$\boldsymbol{P}_{k-1}$进行 Cholesky 分解有

$$\boldsymbol{P}_{k-1}=\boldsymbol{S}_{k-1}^x(\boldsymbol{S}_{k-1}^x)^{\mathrm{T}} \tag{5-160}$$

其中 $\boldsymbol{S}_{k-1}^x$ 又可以表示为

$$\boldsymbol{S}_{k-1}^x = [\boldsymbol{s}_{k-1}^{x,1} \quad \cdots \quad \boldsymbol{s}_{k-1}^{x,n}] \tag{5-161}$$

(3) 时间更新方程

$$\hat{\boldsymbol{x}}_{k|k-1} = \boldsymbol{f}_{k-1}(\hat{\boldsymbol{x}}_{k-1}) + \boldsymbol{q}_{k-1} \tag{5-162}$$

$$\boldsymbol{P}_{k|k-1} = \frac{1}{4h^2}\sum_{i=1}^{n}[\boldsymbol{f}_{k-1}(\hat{\boldsymbol{x}}_{k-1} + h\boldsymbol{s}_{k-1}^{x,i}) - \boldsymbol{f}_{k-1}(\hat{\boldsymbol{x}}_{k-1} - h\boldsymbol{s}_{k-1}^{x,i})]^2 + \boldsymbol{Q}_{k-1} \tag{5-163}$$

其中，$\boldsymbol{s}_{k-1}^{x,i}$ 表示矩阵 $\boldsymbol{S}_{k-1}^x$ 的第 i 列。

(4) 求解量测更新过程的矩阵平方根。同理，已知 k 时刻状态一步预测 $\hat{\boldsymbol{x}}_{k|k-1}$ 和协方差 $\boldsymbol{P}_{k|k-1}$，对 $\boldsymbol{P}_{k|k-1}$ 进行 Cholesky 分解有

$$\boldsymbol{P}_{k|k-1} = \boldsymbol{S}_{k|k-1}^x(\boldsymbol{S}_{k|k-1}^x)^{\mathrm{T}} \tag{5-164}$$

其中 $\boldsymbol{S}_{k|k-1}^x$ 又可以表示为

$$\boldsymbol{S}_{k|k-1}^x = [\boldsymbol{s}_{k|k-1}^{x,1} \quad \cdots \quad \boldsymbol{s}_{k|k-1}^{x,n}] \tag{5-165}$$

(5) 量测更新方程为

$$\hat{z}_{k|k-1} = \boldsymbol{h}_k(\hat{\boldsymbol{x}}_{k|k-1}) + \boldsymbol{r}_k \tag{5-166}$$

$$\boldsymbol{P}_{\tilde{z}} = \frac{1}{4h^2}\sum_{i=1}^{n}[\boldsymbol{h}_k(\hat{\boldsymbol{x}}_{k|k-1} + h\boldsymbol{s}_{k|k-1}^{x,i}) - \boldsymbol{h}_k(\hat{\boldsymbol{x}}_{k|k-1} - h\boldsymbol{s}_{k|k-1}^{x,i})]^2 + \boldsymbol{R}_k \tag{5-167}$$

$$\boldsymbol{P}_{\tilde{x}\tilde{z}} = \frac{1}{2h}\sum_{i=1}^{n}\boldsymbol{s}_{k|k-1}^{x,i}[\boldsymbol{h}_k(\hat{\boldsymbol{x}}_{k|k-1} + h\boldsymbol{s}_{k|k-1}^{x,i}) - \boldsymbol{h}_k(\hat{\boldsymbol{x}}_{k|k-1} - h\boldsymbol{s}_{k|k-1}^{x,i})] \tag{5-168}$$

在获得新的量测 z_k 后，进行滤波量测更新

$$\begin{cases}\hat{\boldsymbol{x}}_k = \hat{\boldsymbol{x}}_{k|k-1} + \boldsymbol{K}_k(z_k - \hat{z}_{k|k-1}) \\ \boldsymbol{K}_k = \boldsymbol{P}_{\tilde{x}_k\tilde{z}_k}\boldsymbol{P}_{\tilde{z}_k}^{-1} \\ \boldsymbol{P}_k = \boldsymbol{P}_{k|k-1} - \boldsymbol{K}_k\boldsymbol{P}_{\tilde{z}_k}\boldsymbol{K}_k^{\mathrm{T}}\end{cases}$$

2) 二阶 CDKF

采用二阶中心差分近似来计算系统状态的后验均值和协方差，即可得到二阶 CDKF。下面直接给出非加性白噪声下，基于非线性系统式(5-141)和式(5-142)的二阶 CDKF 滤波递推公式：

(1) 初始状态统计特性为

$$\begin{cases}\hat{\boldsymbol{x}}_0 = \mathrm{E}(\boldsymbol{x}_0) \\ \boldsymbol{P}_0 = \mathrm{Var}(\boldsymbol{x}_0) = \mathrm{E}[(\boldsymbol{x}_0 - \hat{\boldsymbol{x}}_0)(\boldsymbol{x}_0 - \hat{\boldsymbol{x}}_0)^{\mathrm{T}}]\end{cases}$$

对初始状态进行扩维处理

$$\hat{\boldsymbol{x}}_0^a = [\hat{\boldsymbol{x}}_0^{\mathrm{T}} \quad \boldsymbol{q}_0^{\mathrm{T}}]^{\mathrm{T}} \tag{5-169}$$

$$\boldsymbol{P}_0^a = \mathrm{E}(\boldsymbol{x}_0^a - \hat{\boldsymbol{x}}_0^a)(\boldsymbol{x}_0^a - \hat{\boldsymbol{x}}_0^a)^{\mathrm{T}} = \begin{bmatrix}\boldsymbol{P}_0 & \boldsymbol{0} \\ \boldsymbol{0} & \boldsymbol{Q}_0\end{bmatrix} \tag{5-170}$$

对 $\boldsymbol{P}_0^a$ 进行 Cholesky 分解有

$$\boldsymbol{P}_0^a = \begin{bmatrix}\boldsymbol{P}_0 & \boldsymbol{0} \\ \boldsymbol{0} & \boldsymbol{Q}_0\end{bmatrix} = \begin{bmatrix}\boldsymbol{S}_0^x & \boldsymbol{0} \\ \boldsymbol{0} & \boldsymbol{S}_0^w\end{bmatrix}\begin{bmatrix}\boldsymbol{S}_0^x & \boldsymbol{0} \\ \boldsymbol{0} & \boldsymbol{S}_0^w\end{bmatrix}^{\mathrm{T}} = \begin{bmatrix}\boldsymbol{S}_0^x(\boldsymbol{S}_0^x)^{\mathrm{T}} & \boldsymbol{0} \\ \boldsymbol{0} & \boldsymbol{S}_0^w(\boldsymbol{S}_0^w)^{\mathrm{T}}\end{bmatrix} \tag{5-171}$$

(2) 求解时间更新过程的矩阵平方根。由于 $\boldsymbol{w}_{k-1}$ 与 $\boldsymbol{x}_{k-1}$ 在函数 $\boldsymbol{f}_{k-1}(\cdot)$ 中是相互耦合的，需要对系统状态进行扩维，即 $\boldsymbol{x}_{k-1}^a = [\boldsymbol{x}_{k-1}^{\mathrm{T}} \quad \boldsymbol{w}_{k-1}^{\mathrm{T}}]^{\mathrm{T}}$。相应地，$k-1$ 时刻扩维后的状态估计和协

方差为

$$\hat{\boldsymbol{x}}_{k-1}^{a}=[\hat{\boldsymbol{x}}_{k-1}^{\mathrm{T}}\quad \boldsymbol{q}_{k-1}^{\mathrm{T}}]^{\mathrm{T}},\quad \boldsymbol{P}_{k-1}^{a}=\begin{bmatrix}\boldsymbol{P}_{k-1} & \boldsymbol{0}\\ \boldsymbol{0} & \boldsymbol{Q}_{k-1}\end{bmatrix} \tag{5-172}$$

对 $\boldsymbol{P}_{k-1}^{a}$进行 Cholesky 分解有

$$\boldsymbol{P}_{k-1}^{a}=\begin{bmatrix}\boldsymbol{P}_{k-1} & \boldsymbol{0}\\ \boldsymbol{0} & \boldsymbol{Q}_{k-1}\end{bmatrix}=\begin{bmatrix}\boldsymbol{S}_{k-1}^{x} & \boldsymbol{0}\\ \boldsymbol{0} & \boldsymbol{S}_{k-1}^{w}\end{bmatrix}\begin{bmatrix}\boldsymbol{S}_{k-1}^{x} & \boldsymbol{0}\\ \boldsymbol{0} & \boldsymbol{S}_{k-1}^{w}\end{bmatrix}^{\mathrm{T}}=\begin{bmatrix}\boldsymbol{S}_{k-1}^{x}(\boldsymbol{S}_{k-1}^{x})^{\mathrm{T}} & \boldsymbol{0}\\ \boldsymbol{0} & \boldsymbol{S}_{k-1}^{w}(\boldsymbol{S}_{k-1}^{w})^{\mathrm{T}}\end{bmatrix} \tag{5-173}$$

其中 $\boldsymbol{S}_{k-1}^{x}$和 $\boldsymbol{S}_{k-1}^{w}$又可以表示为

$$\boldsymbol{S}_{k-1}^{x}=[\boldsymbol{s}_{k-1}^{x,1}\quad\cdots\quad\boldsymbol{s}_{k-1}^{x,n}],\boldsymbol{S}_{k-1}^{w}=[\boldsymbol{s}_{k-1}^{w,1}\quad\cdots\quad\boldsymbol{s}_{k-1}^{w,r}] \tag{5-174}$$

(3) 时间更新方程

$$\begin{aligned}\hat{\boldsymbol{x}}_{k|k-1}=&\frac{h^2-n-r}{h^2}\boldsymbol{f}_{k-1}(\hat{\boldsymbol{x}}_{k-1},\boldsymbol{q}_{k-1})\\&+\frac{1}{2h^2}\sum_{i=1}^{n}[\boldsymbol{f}_{k-1}(\hat{\boldsymbol{x}}_{k-1}+h\boldsymbol{s}_{k-1}^{x,i},\boldsymbol{q}_{k-1})+\boldsymbol{f}_{k-1}(\hat{\boldsymbol{x}}_{k-1}-h\boldsymbol{s}_{k-1}^{x,i},\boldsymbol{q}_{k-1})]\\&+\frac{1}{2h^2}\sum_{i=1}^{r}[\boldsymbol{f}_{k-1}(\hat{\boldsymbol{x}}_{k-1},\boldsymbol{q}_{k-1}+h\boldsymbol{s}_{k-1}^{w,i})+\boldsymbol{f}_{k-1}(\hat{\boldsymbol{x}}_{k-1},\boldsymbol{q}_{k-1}-h\boldsymbol{s}_{k-1}^{w,i})]\end{aligned} \tag{5-175}$$

$$\begin{aligned}\boldsymbol{P}_{k|k-1}=&\frac{1}{4h^2}\sum_{i=1}^{n}[\boldsymbol{f}_{k-1}(\hat{\boldsymbol{x}}_{k-1}+h\boldsymbol{s}_{k-1}^{x,i},\boldsymbol{q}_{k-1})-\boldsymbol{f}_{k-1}(\hat{\boldsymbol{x}}_{k-1}-h\boldsymbol{s}_{k-1}^{x,i},\boldsymbol{q}_{k-1})]^2\\&+\frac{1}{4h^2}\sum_{i=1}^{r}[\boldsymbol{f}_{k-1}(\hat{\boldsymbol{x}}_{k-1},\boldsymbol{q}_{k-1}+h\boldsymbol{s}_{k-1}^{w,i})-\boldsymbol{f}_{k-1}(\hat{\boldsymbol{x}}_{k-1},\boldsymbol{q}_{k-1}-h\boldsymbol{s}_{k-1}^{w,i})]^2\\&+\frac{h^2-1}{4h^4}\sum_{i=1}^{n}[\boldsymbol{f}_{k-1}(\hat{\boldsymbol{x}}_{k-1}+h\boldsymbol{s}_{k-1}^{x,i},\boldsymbol{q}_{k-1})+\boldsymbol{f}_{k-1}(\hat{\boldsymbol{x}}_{k-1}-h\boldsymbol{s}_{k-1}^{x,i},\boldsymbol{q}_{k-1})-2\boldsymbol{f}_{k-1}(\hat{\boldsymbol{x}}_{k-1},\boldsymbol{q}_{k-1})]^2\\&+\frac{h^2-1}{4h^4}\sum_{i=1}^{r}[\boldsymbol{f}_{k-1}(\hat{\boldsymbol{x}}_{k-1},\boldsymbol{q}_{k-1}+h\boldsymbol{s}_{k-1}^{w,i})+\boldsymbol{f}_{k-1}(\hat{\boldsymbol{x}}_{k-1},\boldsymbol{q}_{k-1}-h\boldsymbol{s}_{k-1}^{w,i})-2\boldsymbol{f}_{k-1}(\hat{\boldsymbol{x}}_{k-1},\boldsymbol{q}_{k-1})]^2\end{aligned} \tag{5-176}$$

式中:$\boldsymbol{s}_{k-1}^{x,i}$和 $\boldsymbol{s}_{k-1}^{w,i}$分别表示矩阵 $\boldsymbol{S}_{k-1}^{x}$和 $\boldsymbol{S}_{k-1}^{w}$的第 i 列。

(4) 求解量测更新过程的矩阵平方根。同理,$\boldsymbol{v}_k$与 $\boldsymbol{x}_k$是在函数 $\boldsymbol{h}_k(\cdot)$中也是相互耦合的,需对系统状态进行扩维,即 $\boldsymbol{x}_k^b=[\boldsymbol{x}_k^{\mathrm{T}}\quad \boldsymbol{v}_k^{\mathrm{T}}]^{\mathrm{T}}$。相应地,$k$ 时刻扩维后的状态一步估计和协方差为

$$\hat{\boldsymbol{x}}_{k|k-1}^{b}=[\hat{\boldsymbol{x}}_{k|k-1}^{\mathrm{T}}\quad \boldsymbol{r}_{k}^{\mathrm{T}}]^{\mathrm{T}},\quad \boldsymbol{P}_{k|k-1}^{b}=\begin{bmatrix}\boldsymbol{P}_{k|k-1} & \boldsymbol{0}\\ \boldsymbol{0} & \boldsymbol{R}_{k}\end{bmatrix} \tag{5-177}$$

对 $\boldsymbol{P}_{k|k-1}^{b}$进行 Cholesky 分解有

$$\boldsymbol{P}_{k|k-1}^{b}=\begin{bmatrix}\boldsymbol{P}_{k|k-1} & \boldsymbol{0}\\ \boldsymbol{0} & \boldsymbol{R}_{k}\end{bmatrix}=\begin{bmatrix}\boldsymbol{S}_{k|k-1}^{x} & \boldsymbol{0}\\ \boldsymbol{0} & \boldsymbol{S}_{k}^{v}\end{bmatrix}\begin{bmatrix}\boldsymbol{S}_{k|k-1}^{x} & \boldsymbol{0}\\ \boldsymbol{0} & \boldsymbol{S}_{k}^{v}\end{bmatrix}^{\mathrm{T}}=\begin{bmatrix}\boldsymbol{S}_{k|k-1}^{x}(\boldsymbol{S}_{k|k-1}^{x})^{\mathrm{T}} & \boldsymbol{0}\\ \boldsymbol{0} & \boldsymbol{S}_{k}^{v}(\boldsymbol{S}_{k}^{v})^{\mathrm{T}}\end{bmatrix} \tag{5-178}$$

其中 $\boldsymbol{S}_{k|k-1}^{x}$和 $\boldsymbol{S}_{k}^{v}$又可以表示为

$$\boldsymbol{S}_{k|k-1}^{x}=[\boldsymbol{s}_{k|k-1}^{x,1}\quad\cdots\quad\boldsymbol{s}_{k|k-1}^{x,n}],\boldsymbol{S}_{k}^{v}=[\boldsymbol{s}_{k}^{v,1}\quad\cdots\quad\boldsymbol{s}_{k}^{v,d}] \tag{5-179}$$

(5) 量测更新方程

$$\hat{z}_{k|k-1} = \frac{h^2-n-d}{h^2}\boldsymbol{h}_k(\hat{\boldsymbol{x}}_{k|k-1},\boldsymbol{r}_k) + \frac{1}{2h^2}\sum_{i=1}^{n}[\boldsymbol{h}_k(\hat{\boldsymbol{x}}_{k|k-1}+h\boldsymbol{s}_{k|k-1}^{x,i},\boldsymbol{r}_k) + \boldsymbol{h}_k(\hat{\boldsymbol{x}}_{k|k-1}-h\boldsymbol{s}_{k|k-1}^{x,i},\boldsymbol{r}_k)]$$

$$+\frac{1}{2h^2}\sum_{i=1}^{d}[\boldsymbol{h}_k(\hat{\boldsymbol{x}}_{k|k-1},\boldsymbol{r}_k+h\boldsymbol{s}_k^{v,i}) + \boldsymbol{h}_k(\hat{\boldsymbol{x}}_{k|k-1},\boldsymbol{r}_k-h\boldsymbol{s}_k^{v,i})] \tag{5-180}$$

$$\boldsymbol{P}_{\tilde{z}} = \frac{1}{4h^2}\sum_{i=1}^{n}[\boldsymbol{h}_k(\hat{\boldsymbol{x}}_{k|k-1}+h\boldsymbol{s}_{k|k-1}^{x,i},\boldsymbol{r}_k) - \boldsymbol{h}_k(\hat{\boldsymbol{x}}_{k|k-1}-h\boldsymbol{s}_{k|k-1}^{x,i},\boldsymbol{r}_k)]^2$$

$$+\frac{1}{4h^2}\sum_{i=1}^{d}[\boldsymbol{h}_k(\hat{\boldsymbol{x}}_{k|k-1},\boldsymbol{r}_k+h\boldsymbol{s}_k^{v,i}) - \boldsymbol{h}_k(\hat{\boldsymbol{x}}_{k|k-1},\boldsymbol{r}_k-h\boldsymbol{s}_k^{v,i})]^2$$

$$+\frac{h^2-1}{4h^4}\sum_{i=1}^{n}[\boldsymbol{h}_k(\hat{\boldsymbol{x}}_{k|k-1}+h\boldsymbol{s}_{k|k-1}^{x,i},\boldsymbol{r}_k) + \boldsymbol{h}_k(\hat{\boldsymbol{x}}_{k|k-1}-h\boldsymbol{s}_{k|k-1}^{x,i},\boldsymbol{r}_k) - 2\boldsymbol{h}_k(\hat{\boldsymbol{x}}_{k|k-1},\boldsymbol{r}_k)]^2$$

$$+\frac{h^2-1}{4h^4}\sum_{i=1}^{d}[\boldsymbol{h}_k(\hat{\boldsymbol{x}}_{k|k-1},\boldsymbol{r}_k+h\boldsymbol{s}_k^{v,i}) + \boldsymbol{h}_k(\hat{\boldsymbol{x}}_{k|k-1},\boldsymbol{r}_k-h\boldsymbol{s}_k^{v,i}) - 2\boldsymbol{h}_k(\hat{\boldsymbol{x}}_{k|k-1},\boldsymbol{r}_k)]^2 \tag{5-181}$$

$$\boldsymbol{P}_{\tilde{x}\tilde{z}} = \frac{1}{2h}\sum_{i=1}^{n}\boldsymbol{s}_{k|k-1}^{x,i}[\boldsymbol{h}_k(\hat{\boldsymbol{x}}_{k|k-1}+h\boldsymbol{s}_{k|k-1}^{x,i},\boldsymbol{r}_k) - \boldsymbol{h}_k(\hat{\boldsymbol{x}}_{k|k-1}-h\boldsymbol{s}_{k|k-1}^{x,i},\boldsymbol{r}_k)] \tag{5-182}$$

在获得新的量测 z_k后，进行滤波量测更新

$$\begin{cases}\hat{\boldsymbol{x}}_k = \hat{\boldsymbol{x}}_{k|k-1} + \boldsymbol{K}_k(z_k - \hat{z}_{k|k-1}) \\ \boldsymbol{K}_k = \boldsymbol{P}_{\tilde{x}_k\tilde{z}_k}\boldsymbol{P}_{\tilde{z}_k}^{-1} \\ \boldsymbol{P}_k = \boldsymbol{P}_{k|k-1} - \boldsymbol{K}_k\boldsymbol{P}_{\tilde{z}_k}\boldsymbol{K}_k^{\mathrm{T}}\end{cases}$$

式中：$\boldsymbol{K}_k$是滤波增益矩阵。

以上即为非加性白噪声下二阶 CDKF 滤波递推公式。其中参数 $h^2 \geqslant 1$，对于高斯系统，h 的最优取值为$\sqrt{3}$[15]。

同理，直接给出加性白噪声条件下，基于非线性系统式(5-157)和式(5-158)的二阶 CDKF 滤波递推公式：

(1) 初始状态统计特性为

$$\begin{cases}\hat{\boldsymbol{x}}_0 = \mathrm{E}(\boldsymbol{x}_0) \\ \boldsymbol{P}_0 = \mathrm{Var}(\boldsymbol{x}_0) = \mathrm{E}[(\boldsymbol{x}_0-\hat{\boldsymbol{x}}_0)(\boldsymbol{x}_0-\hat{\boldsymbol{x}}_0)^{\mathrm{T}}]\end{cases}$$

对 $\boldsymbol{P}_0$进行 Cholesky 分解有

$$\boldsymbol{P}_0 = \boldsymbol{S}_0^x(\boldsymbol{S}_0^x)^{\mathrm{T}} \tag{5-183}$$

(2) 求解时间更新过程的矩阵平方根。已知 $k-1$ 时刻的状态估计$\hat{\boldsymbol{x}}_{k-1}$和协方差 $\boldsymbol{P}_{k-1}$，对 $\boldsymbol{P}_{k-1}$进行 Cholesky 分解有

$$\boldsymbol{P}_{k-1} = \boldsymbol{S}_{k-1}^x(\boldsymbol{S}_{k-1}^x)^{\mathrm{T}} \tag{5-184}$$

其中 $\boldsymbol{S}_{k-1}^x$又可以表示为

$$\boldsymbol{S}_{k-1}^x = [\boldsymbol{s}_{k-1}^{x,1} \quad \cdots \quad \boldsymbol{s}_{k-1}^{x,n}] \tag{5-185}$$

(3) 时间更新方程

$$\hat{\boldsymbol{x}}_{k|k-1} = \frac{h^2-n}{h^2}\boldsymbol{f}_{k-1}(\hat{\boldsymbol{x}}_{k-1}) + \boldsymbol{q}_{k-1} + \frac{1}{2h^2}\sum_{i=1}^{n}[\boldsymbol{f}_{k-1}(\hat{\boldsymbol{x}}_{k-1}+h\boldsymbol{s}_{k-1}^{x,i}) + \boldsymbol{f}_{k-1}(\hat{\boldsymbol{x}}_{k-1}-h\boldsymbol{s}_{k-1}^{x,i})] \tag{5-186}$$

$$
\begin{aligned}
\boldsymbol{P}_{k|k-1} &= \frac{1}{4h^2}\sum_{i=1}^{n}[\boldsymbol{f}_{k-1}(\hat{\boldsymbol{x}}_{k-1}+h\boldsymbol{s}_{k-1}^{x,i})-\boldsymbol{f}_{k-1}(\hat{\boldsymbol{x}}_{k-1}-h\boldsymbol{s}_{k-1}^{x,i})]^2 \\
&\quad+\frac{h^2-1}{4h^4}\sum_{i=1}^{n}[\boldsymbol{f}_{k-1}(\hat{\boldsymbol{x}}_{k-1}+h\boldsymbol{s}_{k-1}^{x,i})+\boldsymbol{f}_{k-1}(\hat{\boldsymbol{x}}_{k-1}-h\boldsymbol{s}_{k-1}^{x,i})-2\boldsymbol{f}_{k-1}(\hat{\boldsymbol{x}}_{k-1})]^2+\boldsymbol{Q}_{k-1}
\end{aligned}
\tag{5-187}
$$

其中,$\boldsymbol{s}_{k-1}^{x,i}$表示矩阵$\boldsymbol{S}_{k-1}^{x}$的第$i$列。

(4) 求解量测更新过程的矩阵平方根。同理,已知k时刻状态一步预测$\hat{\boldsymbol{x}}_{k|k-1}$和协方差$\boldsymbol{P}_{k|k-1}$,对$\boldsymbol{P}_{k|k-1}$进行 Cholesky 分解有

$$
\boldsymbol{P}_{k|k-1}=\boldsymbol{S}_{k|k-1}^{x}(\boldsymbol{S}_{k|k-1}^{x})^{\mathrm{T}} \tag{5-188}
$$

其中$\boldsymbol{S}_{k|k-1}^{x}$又可以表示为

$$
\boldsymbol{S}_{k|k-1}^{x}=[\boldsymbol{s}_{k|k-1}^{x,1}\quad\cdots\quad\boldsymbol{s}_{k|k-1}^{x,n}] \tag{5-189}
$$

(5) 量测更新方程

$$
\begin{aligned}
\hat{\boldsymbol{z}}_{k|k-1} &= \frac{h^2-n}{h^2}\boldsymbol{h}_k(\hat{\boldsymbol{x}}_{k|k-1})+\boldsymbol{r}_k \\
&\quad+\frac{1}{2h^2}\sum_{i=1}^{n}[\boldsymbol{h}_k(\hat{\boldsymbol{x}}_{k|k-1}+h\boldsymbol{s}_{k|k-1}^{x,i})+\boldsymbol{h}_k(\hat{\boldsymbol{x}}_{k|k-1}-h\boldsymbol{s}_{k|k-1}^{x,i})]
\end{aligned}
\tag{5-190}
$$

$$
\begin{aligned}
\boldsymbol{P}_{\tilde{z}} &= \frac{1}{4h^2}\sum_{i=1}^{n}[\boldsymbol{h}_k(\hat{\boldsymbol{x}}_{k|k-1}+h\boldsymbol{s}_{k|k-1}^{x,i})-\boldsymbol{h}_k(\hat{\boldsymbol{x}}_{k|k-1}-h\boldsymbol{s}_{k|k-1}^{x,i})]^2 \\
&\quad+\frac{h^2-1}{4h^4}\sum_{i=1}^{n}[\boldsymbol{h}_k(\hat{\boldsymbol{x}}_{k|k-1}+h\boldsymbol{s}_{k|k-1}^{x,i})+\boldsymbol{h}_k(\hat{\boldsymbol{x}}_{k|k-1}-h\boldsymbol{s}_{k|k-1}^{x,i})-2\boldsymbol{h}_k(\hat{\boldsymbol{x}}_{k|k-1})]^2+\boldsymbol{R}_k
\end{aligned}
\tag{5-191}
$$

$$
\boldsymbol{P}_{\tilde{x}\tilde{z}}=\frac{1}{2h}\sum_{i=1}^{n}\boldsymbol{s}_{k|k-1}^{x,i}[\boldsymbol{h}_k(\hat{\boldsymbol{x}}_{k|k-1}+h\boldsymbol{s}_{k|k-1}^{x,i})-\boldsymbol{h}_k(\hat{\boldsymbol{x}}_{k|k-1}-h\boldsymbol{s}_{k|k-1}^{x,i})] \tag{5-192}
$$

在获得新的量测z_k后,进行滤波量测更新

$$
\begin{cases}
\hat{\boldsymbol{x}}_k=\hat{\boldsymbol{x}}_{k|k-1}+\boldsymbol{K}_k(\boldsymbol{z}_k-\hat{\boldsymbol{z}}_{k|k-1}) \\
\boldsymbol{K}_k=\boldsymbol{P}_{\tilde{x}_k\tilde{z}_k}\boldsymbol{P}_{\tilde{z}_k}^{-1} \\
\boldsymbol{P}_k=\boldsymbol{P}_{k|k-1}-\boldsymbol{K}_k\boldsymbol{P}_{\tilde{z}_k}\boldsymbol{K}_k^{\mathrm{T}}
\end{cases}
$$

式中:$\boldsymbol{K}_k$是滤波增益矩阵。

5.2.4 CDKF 的 Sigma 点表示

在前面一阶、二阶中心差分变换中,需要用到$\bar{\boldsymbol{x}}\pm h\boldsymbol{s}_i$,其中$\boldsymbol{s}_i$为协方差$\boldsymbol{P}_x$的矩阵平方根的第$i$列,这与先前 UT 变换对称采样中的 Sigma 点表示是一致的,区别只是在中心差分变换下 Sigma 点的一阶、二阶权系数与对称采样不相同,因此可以将 CDKF 表示成对称采样 Sigma 点的形式,此时 Sigma 点及其权系数可以表示成

$$
\begin{cases}
\boldsymbol{\xi}_0=\bar{\boldsymbol{x}} \\
\boldsymbol{\xi}_i=\bar{\boldsymbol{x}}+(h\sqrt{\boldsymbol{P}_x})_i=\bar{\boldsymbol{x}}+h\boldsymbol{s}_i, \quad i=1,2,\cdots,n \\
\boldsymbol{\xi}_{i+n}=\bar{\boldsymbol{x}}-(h\sqrt{\boldsymbol{P}_x})_i=\bar{\boldsymbol{x}}-h\boldsymbol{s}_i
\end{cases}
\tag{5-193}
$$

且对应于$\boldsymbol{\xi}_i(i=0,1,\cdots,2n)$的权值为

$$\begin{cases} W_0^m = \dfrac{h^2 - n}{h^2}, W_i^m = \dfrac{1}{2h^2} \\ W_i^{c1} = \dfrac{1}{4h^2}, W_i^{c2} = \dfrac{h^2 - 1}{4h^4} \end{cases}, i = 1,2,\cdots,2n \tag{5-194}$$

1）一阶 Sigma 点 CDKF

在一阶差分变换下，基于非线性系统式(5－141)和式(5－142)的 Sigma 点 CDKF 滤波算法递推公式如下：

(1) 初始状态统计特性为

$$\begin{cases} \hat{\boldsymbol{x}}_0 = \mathrm{E}(\boldsymbol{x}_0) \\ \boldsymbol{P}_0 = \mathrm{Var}(\boldsymbol{x}_0) = \mathrm{E}[(\boldsymbol{x}_0 - \hat{\boldsymbol{x}}_0)(\boldsymbol{x}_0 - \hat{\boldsymbol{x}}_0)^{\mathrm{T}}] \end{cases} \tag{5-195}$$

对初始状态进行扩维处理

$$\hat{\boldsymbol{x}}_0^a = [\hat{\boldsymbol{x}}_0^{\mathrm{T}} \quad q_0^{\mathrm{T}}]^{\mathrm{T}} \tag{5-196}$$

$$\boldsymbol{P}_0^a = \mathrm{Var}(\boldsymbol{x}_0^a) = \mathrm{E}[(\boldsymbol{x}_0^a - \hat{\boldsymbol{x}}_0^a)(\boldsymbol{x}_0^a - \hat{\boldsymbol{x}}_0^a)^{\mathrm{T}}] = \begin{bmatrix} \boldsymbol{P}_0 & \boldsymbol{0} \\ \boldsymbol{0} & \boldsymbol{Q}_0 \end{bmatrix} \tag{5-197}$$

(2) 时间更新。由于 $\boldsymbol{w}_{k-1}$ 与 $\boldsymbol{x}_{k-1}$ 在函数 $\boldsymbol{f}_{k-1}(\cdot)$ 中是相互耦合的，需对状态进行扩维处理，即有 $\boldsymbol{x}_{k-1}^a = [\boldsymbol{x}_{k-1}^{\mathrm{T}} \quad w_{k-1}^{\mathrm{T}}]^{\mathrm{T}}$。相应地，$k-1$ 时刻扩维后的状态估计和协方差为

$$\hat{\boldsymbol{x}}_{k-1}^a = [\hat{\boldsymbol{x}}_{k-1}^{\mathrm{T}} \quad \boldsymbol{q}_{k-1}^{\mathrm{T}}]^{\mathrm{T}}, \quad \boldsymbol{P}_{k-1}^a = \begin{bmatrix} \boldsymbol{P}_{k-1} & \boldsymbol{0} \\ \boldsymbol{0} & \boldsymbol{Q}_{k-1} \end{bmatrix} \tag{5-198}$$

按照 Sigma 点对称采样策略，由$\hat{\boldsymbol{x}}_{k-1}^a$和 $\boldsymbol{P}_{k-1}^a$ 来计算 Sigma 点 $\boldsymbol{\xi}_{i,k-1}^a (i=0,1,\cdots,L)$。扩维后 Sigma 点 $\boldsymbol{\xi}_{i,k-1}^a$ 的实际维数为 $n+r$，且 $L=2(n+r)$，于是 $\boldsymbol{\xi}_{i,k-1}^a$ 可以表示为

$$\begin{cases} \boldsymbol{\xi}_{0,k-1}^a = \hat{\boldsymbol{x}}_{k-1}^a \\ \boldsymbol{\xi}_{i,k-1}^a = \hat{\boldsymbol{x}}_{k-1}^a + (h\sqrt{\boldsymbol{P}_{k-1}^a})_i \\ \boldsymbol{\xi}_{i+n+r,k-1}^a = \hat{\boldsymbol{x}}_{k-1}^a - (h\sqrt{\boldsymbol{P}_{k-1}^a})_i \end{cases}, i = 1,2,\cdots,n+r \tag{5-199}$$

$\boldsymbol{\xi}_{i,k-1}^a$ 通过非线性状态函数 $\boldsymbol{f}_{k-1}(\cdot)$ 传播为 $\boldsymbol{\gamma}_{i,k|k-1}$，由 $\boldsymbol{\gamma}_{i,k|k-1}$ 可得一步状态预测$\hat{\boldsymbol{x}}_{k|k-1}$及误差协方差阵 $\boldsymbol{P}_{k|k-1}$

$$\boldsymbol{\xi}_{i,k-1}^a = [(\boldsymbol{\xi}_{i,k-1}^x)^{\mathrm{T}} \quad (\boldsymbol{\xi}_{i,k-1}^w)^{\mathrm{T}}]^{\mathrm{T}} \quad i = 0,1,2,\cdots,2(n+r) \tag{5-200}$$

$$\boldsymbol{\gamma}_{i,k|k-1} = \boldsymbol{f}_{k-1}(\boldsymbol{\xi}_{i,k-1}^x, \boldsymbol{\xi}_{i,k-1}^w) \tag{5-201}$$

$$\hat{\boldsymbol{x}}_{k|k-1} = \boldsymbol{f}_{k-1}(\hat{\boldsymbol{x}}_{k-1}, \boldsymbol{q}_{k-1}) \tag{5-202}$$

$$\boldsymbol{P}_{k|k-1} = \sum_{i=1}^{n+r} W_i^{c1} (\boldsymbol{\gamma}_{i,k|k-1} - \boldsymbol{\gamma}_{i+n+r,k|k-1})(\boldsymbol{\gamma}_{i,k|k-1} - \boldsymbol{\gamma}_{i+n+r,k|k-1})^{\mathrm{T}} \tag{5-203}$$

(3) 量测更新。同理，由于 $\boldsymbol{v}_k$ 与 $\boldsymbol{x}_k$ 在函数 $\boldsymbol{h}_k(\cdot)$ 中也是相互耦合的，需对系统状态进行扩维，即 $\boldsymbol{x}_k^b = [\boldsymbol{x}_k^{\mathrm{T}} \quad \boldsymbol{v}_k^{\mathrm{T}}]^{\mathrm{T}}$。相应地，$k$ 时刻扩维后的状态一步预测和协方差为

$$\hat{\boldsymbol{x}}_{k|k-1}^b = [\hat{\boldsymbol{x}}_{k|k-1}^{\mathrm{T}} \quad \boldsymbol{r}_k^{\mathrm{T}}]^{\mathrm{T}}, \quad \boldsymbol{P}_{k|k-1}^b = \begin{bmatrix} \boldsymbol{P}_{k|k-1} & \boldsymbol{0} \\ \boldsymbol{0} & \boldsymbol{R}_k \end{bmatrix} \tag{5-204}$$

按照 Sigma 点对称采样策略，由$\hat{\boldsymbol{x}}_{k|k-1}^b$和 $\boldsymbol{P}_{k|k-1}^b$ 来计算 Sigma 点 $\boldsymbol{\xi}_{i,k|k-1}^b (i=0,1,\cdots,L)$。扩维后 Sigma 点 $\boldsymbol{\xi}_{i,k|k-1}^b$ 的实际维数为 $n+d$，且 $L=2(n+d)$，于是 $\boldsymbol{\xi}_{i,k|k-1}^b$ 可以表示为

$$\begin{cases}\boldsymbol{\xi}^b_{0,k|k-1} = \hat{\boldsymbol{x}}^b_{k|k-1} \\ \boldsymbol{\xi}^b_{i,k|k-1} = \hat{\boldsymbol{x}}^b_{k|k-1} + (h\sqrt{\boldsymbol{P}^b_{k|k-1}})_i \qquad i = 1,2,\cdots,n+d \\ \boldsymbol{\xi}^b_{i+n+d,k|k-1} = \hat{\boldsymbol{x}}^b_{k|k-1} - (h\sqrt{\boldsymbol{P}^b_{k|k-1}})_i\end{cases} \tag{5-205}$$

$\boldsymbol{\xi}^b_{i,k|k-1}$通过非线性状态函数$\boldsymbol{h}_k(\cdot)$传播为$\boldsymbol{\chi}_{i,k|k-1}$，由$\boldsymbol{\chi}_{i,k|k-1}$可得一步状态预测$\hat{z}_{k|k-1}$及自协方差阵$\boldsymbol{P}_{\tilde{z}_k}$和互协方差阵$\boldsymbol{P}_{\tilde{x}_k\tilde{z}_k}$，即

$$\boldsymbol{\xi}^b_{i,k|k-1} = [(\boldsymbol{\xi}^x_{i,k|k-1})^{\mathrm{T}} \quad (\boldsymbol{\xi}^v_{i,k|k-1})^{\mathrm{T}}]^{\mathrm{T}} \quad i = 0,1,2,\cdots,2(n+d) \tag{5-206}$$

$$\boldsymbol{\chi}_{i,k|k-1} = \boldsymbol{h}_k(\boldsymbol{\xi}^x_{i,k|k-1},\boldsymbol{\xi}^v_{i,k|k-1}) \tag{5-207}$$

$$\hat{\boldsymbol{z}}_{k|k-1} = \boldsymbol{h}_k(\hat{\boldsymbol{x}}_{k|k-1},\boldsymbol{r}_k) \tag{5-208}$$

$$\boldsymbol{P}_{\tilde{z}_k} = \sum_{i=1}^{n+d} W_i^{c1}(\boldsymbol{\chi}_{i,k|k-1} - \boldsymbol{\chi}_{i+n+d,k|k-1})(\boldsymbol{\chi}_{i,k|k-1} - \boldsymbol{\chi}_{i+n+d,k|k-1})^{\mathrm{T}} \tag{5-209}$$

$$\boldsymbol{P}_{\tilde{x}_k\tilde{z}_k} = \sum_{i=1}^{n} \sqrt{W_i^{c1}}(\boldsymbol{\xi}^x_{i,k|k-1} - \hat{\boldsymbol{x}}_{k|k-1})(\boldsymbol{\chi}_{i,k|k-1} - \boldsymbol{\chi}_{i+n,k|k-1})^{\mathrm{T}} \tag{5-210}$$

在获得新的量测z_k后，进行滤波量测更新

$$\begin{cases}\hat{\boldsymbol{x}}_k = \hat{\boldsymbol{x}}_{k|k-1} + \boldsymbol{K}_k(\boldsymbol{z}_k - \hat{\boldsymbol{z}}_{k|k-1}) \\ \boldsymbol{K}_k = \boldsymbol{P}_{\tilde{x}_k\tilde{z}_k}\boldsymbol{P}^{-1}_{\tilde{z}_k} \\ \boldsymbol{P}_k = \boldsymbol{P}_{k|k-1} - \boldsymbol{K}_k\boldsymbol{P}_{\tilde{z}_k}\boldsymbol{K}_k^{\mathrm{T}}\end{cases}$$

式中：$\boldsymbol{K}_k$是滤波增益矩阵。

同理，在一阶差分变换下，基于非线性系统式(5-157)和式(5-158)的Sigma点CDKF滤波算法递推公式如下：

(1) 初始状态统计特性为

$$\begin{cases}\hat{\boldsymbol{x}}_0 = \mathrm{E}(\boldsymbol{x}_0) \\ \boldsymbol{P}_0 = \mathrm{Var}(\boldsymbol{x}_0) = \mathrm{E}[(\boldsymbol{x}_0 - \hat{\boldsymbol{x}}_0)(\boldsymbol{x}_0 - \hat{\boldsymbol{x}}_0)^{\mathrm{T}}]\end{cases}$$

(2) 时间更新方程。按照Sigma点对称采样策略，由$\hat{\boldsymbol{x}}_{k-1}$和$\boldsymbol{P}_{k-1}$计算Sigma点$\boldsymbol{\xi}_{i,k-1}(i=0,1,\cdots,2n)$，可以表示成

$$\begin{cases}\boldsymbol{\xi}_{0,k-1} = \hat{\boldsymbol{x}}_{k-1} \\ \boldsymbol{\xi}_{i,k-1} = \hat{\boldsymbol{x}}_{k-1} + (h\sqrt{\boldsymbol{P}_{k-1}})_i \quad ,i = 1,2,\cdots,n \\ \boldsymbol{\xi}_{i+n,k-1} = \hat{\boldsymbol{x}}_{k-1} - (h\sqrt{\boldsymbol{P}_{k-1}})_i\end{cases} \tag{5-211}$$

$\boldsymbol{\xi}_{i,k-1}$通过非线性状态函数$\boldsymbol{f}_{k-1}(\cdot)+\boldsymbol{q}_{k-1}$传播为$\boldsymbol{\gamma}_{i,k|k-1}$，由$\boldsymbol{\gamma}_{i,k|k-1}$可得一步状态预测$\hat{\boldsymbol{x}}_{k|k-1}$及误差协方差阵$\boldsymbol{P}_{k|k-1}$

$$\boldsymbol{\gamma}_{i,k|k-1} = \boldsymbol{f}_{k-1}(\boldsymbol{\xi}_{i,k-1}) + \boldsymbol{q}_{k-1} \quad i = 0,1,\cdots,2n \tag{5-212}$$

$$\hat{\boldsymbol{x}}_{k|k-1} = \boldsymbol{f}_{k-1}(\hat{\boldsymbol{x}}_{k-1}) + \boldsymbol{q}_{k-1} \tag{5-213}$$

$$\boldsymbol{P}_{k|k-1} = \sum_{i=1}^{n} W_i^{c1}(\boldsymbol{\gamma}_{i,k|k-1} - \boldsymbol{\gamma}_{i+n,k|k-1})(\boldsymbol{\gamma}_{i,k|k-1} - \boldsymbol{\gamma}_{i+n,k|k-1})^{\mathrm{T}} + \boldsymbol{Q}_{k-1} \tag{5-214}$$

(3) 量测更新。同理，利用$\hat{\boldsymbol{x}}_{k|k-1}$和$\boldsymbol{P}_{k|k-1}$按照对称采样策略计算Sigma点$\boldsymbol{\xi}_{i,k|k-1}(i=0,1,\cdots,2n)$，于是$\boldsymbol{\xi}_{i,k|k-1}$可以表示成

$$\begin{cases}\boldsymbol{\xi}_{0,k|k-1} = \hat{\boldsymbol{x}}_{k|k-1} \\ \boldsymbol{\xi}_{i,k|k-1} = \hat{\boldsymbol{x}}_{k|k-1} + (h\sqrt{\boldsymbol{P}_{k|k-1}})_i \qquad i = 1,2,\cdots,n \\ \boldsymbol{\xi}_{i+n,k|k-1} = \hat{\boldsymbol{x}}_{k|k-1} - (h\sqrt{\boldsymbol{P}_{k|k-1}})_i\end{cases} \tag{5-215}$$

$\boldsymbol{\xi}_{i,k|k-1}$通过非线性量测函数$\boldsymbol{h}_k(\cdot)+\boldsymbol{r}_k$传播为$\boldsymbol{\chi}_{i,k|k-1}$，由$\boldsymbol{\chi}_{i,k|k-1}$可得到输出预测$\hat{z}_{k|k-1}$及自协方差阵$\boldsymbol{P}_{\tilde{z}_k}$和互协方差阵$\boldsymbol{P}_{\tilde{x}_k\tilde{z}_k}$

$$\boldsymbol{\chi}_{i,k|k-1}=\boldsymbol{h}_k(\boldsymbol{\xi}_{i,k|k-1})+\boldsymbol{r}_k \quad i=0,1,\cdots,L \tag{5-216}$$

$$\hat{z}_{k|k-1}=\boldsymbol{h}_k(\hat{\boldsymbol{x}}_{k|k-1})+\boldsymbol{r}_k \tag{5-217}$$

$$\boldsymbol{P}_{\tilde{z}_k}=\sum_{i=1}^{n}W_i^{c1}(\boldsymbol{\chi}_{i,k|k-1}-\boldsymbol{\chi}_{i+n,k|k-1})(\boldsymbol{\chi}_{i,k|k-1}-\boldsymbol{\chi}_{i+n,k|k-1})^{\mathrm{T}}+\boldsymbol{R}_k \tag{5-218}$$

$$\boldsymbol{P}_{\tilde{x}_k\tilde{z}_k}=\sum_{i=1}^{n}\sqrt{W_i^{c1}}(\boldsymbol{\xi}_{i,k|k-1}-\hat{\boldsymbol{x}}_{k|k-1})(\boldsymbol{\chi}_{i,k|k-1}-\boldsymbol{\chi}_{i+n,k|k-1})^{\mathrm{T}} \tag{5-219}$$

在获得新的量测z_k后，进行滤波量测更新

$$\begin{cases}\hat{\boldsymbol{x}}_k=\hat{\boldsymbol{x}}_{k|k-1}+\boldsymbol{K}_k(z_k-\hat{z}_{k|k-1})\\ \boldsymbol{K}_k=\boldsymbol{P}_{\tilde{x}_k\tilde{z}_k}\boldsymbol{P}_{\tilde{z}_k}^{-1}\\ \boldsymbol{P}_k=\boldsymbol{P}_{k|k-1}-\boldsymbol{K}_k\boldsymbol{P}_{\tilde{z}_k}\boldsymbol{K}_k^{\mathrm{T}}\end{cases}$$

式中：$\boldsymbol{K}_k$是滤波增益矩阵。

2）二阶 Sigma 点 CDKF

在二阶差分变换下，基于非线性系统式（5－141）和式（5－142）的 Sigma 点 CDKF 滤波算法递推公式如下：

（1）初始状态统计特性为

$$\begin{cases}\hat{\boldsymbol{x}}_0=\mathrm{E}(\boldsymbol{x}_0)\\ \boldsymbol{P}_0=\mathrm{Var}(\boldsymbol{x}_0)=\mathrm{E}[(\boldsymbol{x}_0-\hat{\boldsymbol{x}}_0)(\boldsymbol{x}_0-\hat{\boldsymbol{x}}_0)^{\mathrm{T}}]\end{cases}$$

对初始状态进行扩维处理

$$\hat{\boldsymbol{x}}_0^a=[\hat{\boldsymbol{x}}_0^{\mathrm{T}} \quad q_0^{\mathrm{T}}]^{\mathrm{T}} \tag{5-220}$$

$$\boldsymbol{P}_0^a=\mathrm{Var}(\boldsymbol{x}_0^a)=\mathrm{E}[(\boldsymbol{x}_0^a-\hat{\boldsymbol{x}}_0^a)(\boldsymbol{x}_0^a-\hat{\boldsymbol{x}}_0^a)^{\mathrm{T}}]=\begin{bmatrix}\boldsymbol{P}_0 & \boldsymbol{0}\\ \boldsymbol{0} & \boldsymbol{Q}_0\end{bmatrix} \tag{5-221}$$

（2）时间更新。由于$\boldsymbol{w}_{k-1}$与$\boldsymbol{x}_{k-1}$在函数$\boldsymbol{f}_{k-1}(\cdot)$中是相互耦合的，需对状态进行扩维处理，即有$\boldsymbol{x}_{k-1}^a=[\boldsymbol{x}_{k-1}^{\mathrm{T}} \quad \boldsymbol{w}_{k-1}^{\mathrm{T}}]^{\mathrm{T}}$。相应地，$k-1$时刻扩维后的状态估计和协方差为

$$\hat{\boldsymbol{x}}_{k-1}^a=[\hat{\boldsymbol{x}}_{k-1}^{\mathrm{T}} \quad \boldsymbol{q}_{k-1}^{\mathrm{T}}]^{\mathrm{T}},\quad \boldsymbol{P}_{k-1}^a=\begin{bmatrix}\boldsymbol{P}_{k-1} & \boldsymbol{0}\\ \boldsymbol{0} & \boldsymbol{Q}_{k-1}\end{bmatrix} \tag{5-222}$$

按照 Sigma 点对称采样策略，由$\hat{\boldsymbol{x}}_{k-1}^a$和$\boldsymbol{P}_{k-1}^a$计算 Sigma 点$\boldsymbol{\xi}_{i,k-1}^a(i=0,1,\cdots,L)$。扩维后 Sigma 点$\boldsymbol{\xi}_{i,k-1}^a$的实际维数为$n+r$，且$L=2(n+r)$，于是$\boldsymbol{\xi}_{i,k-1}^a$可以表示为

$$\begin{cases}\boldsymbol{\xi}_{0,k-1}^a=\hat{\boldsymbol{x}}_{k-1}^a\\ \boldsymbol{\xi}_{i,k-1}^a=\hat{\boldsymbol{x}}_{k-1}^a+(h\sqrt{\boldsymbol{P}_{k-1}^a})_i \quad ,i=1,2,\cdots,n+r\\ \boldsymbol{\xi}_{i+n+r,k-1}^a=\hat{\boldsymbol{x}}_{k-1}^a-(h\sqrt{\boldsymbol{P}_{k-1}^a})_i\end{cases} \tag{5-223}$$

$\boldsymbol{\xi}_{i,k-1}^a$通过非线性状态函数$\boldsymbol{f}_{k-1}(\cdot)$传播为$\boldsymbol{\gamma}_{i,k|k-1}$，由$\boldsymbol{\gamma}_{i,k|k-1}$可得一步状态预测$\hat{\boldsymbol{x}}_{k|k-1}$及误差协方差阵$\boldsymbol{P}_{k|k-1}$

$$\boldsymbol{\xi}_{i,k-1}^a=[(\boldsymbol{\xi}_{i,k-1}^x)^{\mathrm{T}} \quad (\boldsymbol{\xi}_{i,k-1}^w)^{\mathrm{T}}]^{\mathrm{T}} \quad i=0,1,2,\cdots,2(n+r) \tag{5-224}$$

$$\boldsymbol{\gamma}_{i,k|k-1}=\boldsymbol{f}_{k-1}(\boldsymbol{\xi}_{i,k-1}^x,\boldsymbol{\xi}_{i,k-1}^w) \tag{5-225}$$

$$\hat{\boldsymbol{x}}_{k|k-1}=\sum_{i=0}^{2(n+r)}W_i^m\boldsymbol{\gamma}_{i,k|k-1}=\sum_{i=0}^{2(n+r)}W_i^m\boldsymbol{f}_{k-1}(\boldsymbol{\xi}_{i,k-1}^x,\boldsymbol{\xi}_{i,k-1}^w) \tag{5-226}$$

$$P_{k|k-1}=\sum_{i=1}^{n+r}\left[W_i^{c1}(\gamma_{i,k|k-1}-\gamma_{i+n+r,k|k-1})^2+W_i^{c2}(\gamma_{i,k|k-1}+\gamma_{i+n+r,k|k-1}-2\gamma_{0,k|k-1})^2\right] \tag{5-227}$$

特别注意在式(5－226)中 $W_0^m=(h^2-n-r)/h^2$。

(3) 量测更新。同理,由于 $\boldsymbol{v}_k$ 与 $\boldsymbol{x}_k$ 在函数 $\boldsymbol{h}_k(\cdot)$ 中也是相互耦合的,需对系统状态进行扩维,即 $\boldsymbol{x}_k^b=[\boldsymbol{x}_k^{\mathrm{T}}\quad \boldsymbol{v}_k^{\mathrm{T}}]^{\mathrm{T}}$。相应地,$k$ 时刻扩维后的状态一步预测和协方差为

$$\hat{\boldsymbol{x}}_{k|k-1}^b=[\hat{\boldsymbol{x}}_{k|k-1}^{\mathrm{T}}\quad r_k^{\mathrm{T}}]^{\mathrm{T}},\boldsymbol{P}_{k|k-1}^b=\begin{bmatrix}\boldsymbol{P}_{k|k-1} & \boldsymbol{0}\\ \boldsymbol{0} & \boldsymbol{R}_k\end{bmatrix} \tag{5-228}$$

按照 Sigma 点对称采样策略,由 $\hat{\boldsymbol{x}}_{k|k-1}^b$ 和 $\boldsymbol{P}_{k|k-1}^b$ 来计算 Sigma 点 $\boldsymbol{\xi}_{i,k|k-1}^b(i=0,1,\cdots,L)$。扩维后 Sigma 点 $\boldsymbol{\xi}_{i,k|k-1}^b$ 的实际维数为 $n+d$,且 $L=2(n+d)$,于是 $\boldsymbol{\xi}_{i,k|k-1}^b$ 可以表示为

$$\begin{cases}\boldsymbol{\xi}_{0,k|k-1}^b=\hat{\boldsymbol{x}}_{k|k-1}^b\\ \boldsymbol{\xi}_{i,k|k-1}^b=\hat{\boldsymbol{x}}_{k|k-1}^b+(h\sqrt{\boldsymbol{P}_{k|k-1}^b})_i & ,i=1,2,\cdots,n+d\\ \boldsymbol{\xi}_{i+n+d,k|k-1}^b=\hat{\boldsymbol{x}}_{k|k-1}^b-(h\sqrt{\boldsymbol{P}_{k|k-1}^b})_i\end{cases} \tag{5-229}$$

$\boldsymbol{\xi}_{i,k|k-1}^b$ 通过非线性状态函数 $\boldsymbol{h}_k(\cdot)$ 传播为 $\boldsymbol{\chi}_{i,k|k-1}$,由 $\boldsymbol{\chi}_{i,k|k-1}$ 可得一步状态预测 $\hat{z}_{k|k-1}$ 及自协方差阵 $\boldsymbol{P}_{\tilde{z}_k}$ 和互协方差阵 $\boldsymbol{P}_{\tilde{x}_k\tilde{z}_k}$

$$\boldsymbol{\xi}_{i,k|k-1}^b=[(\boldsymbol{\xi}_{i,k|k-1}^x)^{\mathrm{T}}\quad(\boldsymbol{\xi}_{i,k|k-1}^v)^{\mathrm{T}}]^{\mathrm{T}}\quad,i=0,1,2,\cdots,2(n+d) \tag{5-230}$$

$$\boldsymbol{\chi}_{i,k|k-1}=\boldsymbol{h}_k(\boldsymbol{\xi}_{i,k|k-1}^x,\boldsymbol{\xi}_{i,k|k-1}^v) \tag{5-231}$$

$$\hat{z}_{k|k-1}=\sum_{i=0}^{2(n+d)}W_i^m\boldsymbol{\chi}_{i,k|k-1}=\sum_{i=0}^{2(n+d)}W_i^m\boldsymbol{h}_k(\boldsymbol{\xi}_{i,k|k-1}^x,\boldsymbol{\xi}_{i,k|k-1}^v) \tag{5-232}$$

$$\boldsymbol{P}_{\tilde{z}_k}=\sum_{i=1}^{n+d}\left[W_i^{c1}(\boldsymbol{\chi}_{i,k|k-1}-\boldsymbol{\chi}_{i+n+d,k|k-1})^2+W_i^{c2}(\boldsymbol{\chi}_{i,k|k-1}+\boldsymbol{\chi}_{i+n+d,k|k-1}-2\boldsymbol{\chi}_{0,k|k-1})^2\right] \tag{5-233}$$

$$\boldsymbol{P}_{\tilde{x}_k\tilde{z}_k}=\sum_{i=1}^{n}\sqrt{W_i^{c1}}(\boldsymbol{\xi}_{i,k|k-1}^x-\hat{\boldsymbol{x}}_{k|k-1})(\boldsymbol{\chi}_{i,k|k-1}-\boldsymbol{\chi}_{i+n,k|k-1})^{\mathrm{T}} \tag{5-234}$$

特别注意在式(5－232)中 $W_0^m=(h^2-n-d)/h^2$。

在获得新的量测 z_k 后,进行滤波量测更新

$$\begin{cases}\hat{\boldsymbol{x}}_k=\hat{\boldsymbol{x}}_{k|k-1}+\boldsymbol{K}_k(z_k-\hat{z}_{k|k-1})\\ \boldsymbol{K}_k=\boldsymbol{P}_{\tilde{x}_k\tilde{z}_k}\boldsymbol{P}_{\tilde{z}_k}^{-1}\\ \boldsymbol{P}_k=\boldsymbol{P}_{k|k-1}-\boldsymbol{K}_k\boldsymbol{P}_{\tilde{z}_k}\boldsymbol{K}_k^{\mathrm{T}}\end{cases}$$

式中:$\boldsymbol{K}_k$ 是滤波增益矩阵。

同理,在二阶差分变换下,基于非线性系统式(5－157)和式(5－158)的 Sigma 点 CDKF 滤波算法递推公式如下:

(1) 初始状态统计特性为

$$\begin{cases}\hat{\boldsymbol{x}}_0=\mathrm{E}(\boldsymbol{x}_0)\\ \boldsymbol{P}_0=\mathrm{Var}(\boldsymbol{x}_0)=\mathrm{E}[(\boldsymbol{x}_0-\hat{\boldsymbol{x}}_0)(\boldsymbol{x}_0-\hat{\boldsymbol{x}}_0)^{\mathrm{T}}]\end{cases}$$

(2) 时间更新方程。按照 Sigma 点对称采样策略,由 $\hat{\boldsymbol{x}}_{k-1}$ 和 $\boldsymbol{P}_{k-1}$ 来计算 Sigma 点 $\boldsymbol{\xi}_{i,k-1}(i=0,1,\cdots,2n)$,可以表示成

$$\begin{cases}\boldsymbol{\xi}_{0,k-1} = \hat{\boldsymbol{x}}_{k-1} \\ \boldsymbol{\xi}_{i,k-1} = \hat{\boldsymbol{x}}_{k-1} + (h\sqrt{\boldsymbol{P}_{k-1}})_i \quad ,i = 1,2,\cdots,n \\ \boldsymbol{\xi}_{i+n,k-1} = \hat{\boldsymbol{x}}_{k-1} - (h\sqrt{\boldsymbol{P}_{k-1}})_i \end{cases} \tag{5-235}$$

$\boldsymbol{\xi}_{i,k-1}$通过非线性状态函数$\boldsymbol{f}_{k-1}(\cdot)+\boldsymbol{q}_{k-1}$传播为$\boldsymbol{\gamma}_{i,k|k-1}$，由$\boldsymbol{\gamma}_{i,k|k-1}$可得一步状态预测$\hat{\boldsymbol{x}}_{k|k-1}$及误差协方差阵$\boldsymbol{P}_{k|k-1}$

$$\boldsymbol{\gamma}_{i,k|k-1} = \boldsymbol{f}_{k-1}(\boldsymbol{\xi}_{i,k-1}) + \boldsymbol{q}_{k-1}, \quad i = 0,1,\cdots,2n \tag{5-236}$$

$$\hat{\boldsymbol{x}}_{k|k-1} = \sum_{i=0}^{2n} W_i^m \boldsymbol{\gamma}_{i,k|k-1} = \sum_{i=0}^{2n} W_i^m \boldsymbol{f}_{k-1}(\boldsymbol{\xi}_{i,k-1}) + \boldsymbol{q}_{k-1} \tag{5-237}$$

$$\boldsymbol{P}_{k|k-1} = \sum_{i=1}^{n} [W_i^{c1}(\boldsymbol{\gamma}_{i,k|k-1} - \boldsymbol{\gamma}_{i+n,k|k-1})^2 + W_i^{c2}(\boldsymbol{\gamma}_{i,k|k-1} + \boldsymbol{\gamma}_{i+n,k|k-1} - 2\boldsymbol{\gamma}_{0,k|k-1})^2] + \boldsymbol{Q}_{k-1} \tag{5-238}$$

（3）量测更新。同理，利用$\hat{\boldsymbol{x}}_{k|k-1}$和$\boldsymbol{P}_{k|k-1}$按照对称采样策略来计算 Sigma 点$\boldsymbol{\xi}_{i,k|k-1}(i=0,1,\cdots,2n)$，于是$\boldsymbol{\xi}_{i,k|k-1}$可以表示成

$$\begin{cases}\boldsymbol{\xi}_{0,k|k-1} = \hat{\boldsymbol{x}}_{k|k-1} \\ \boldsymbol{\xi}_{i,k|k-1} = \hat{\boldsymbol{x}}_{k|k-1} + (h\sqrt{\boldsymbol{P}_{k|k-1}})_i \quad ,i = 1,2,\cdots,n \\ \boldsymbol{\xi}_{i+n,k|k-1} = \hat{\boldsymbol{x}}_{k|k-1} - (h\sqrt{\boldsymbol{P}_{k|k-1}})_i \end{cases} \tag{5-239}$$

$\boldsymbol{\xi}_{i,k|k-1}$通过非线性量测函数$\boldsymbol{h}_k(\cdot)+\boldsymbol{r}_k$传播为$\boldsymbol{\chi}_{i,k|k-1}$，由$\boldsymbol{\chi}_{i,k|k-1}$可得到输出预测$\hat{z}_{k|k-1}$及自协方差矩阵$\boldsymbol{P}_{\tilde{z}_k}$和互协方差矩阵$\boldsymbol{P}_{\tilde{x}_k\tilde{z}_k}$

$$\boldsymbol{\chi}_{i,k|k-1} = \boldsymbol{h}_k(\boldsymbol{\xi}_{i,k|k-1}) + \boldsymbol{r}_k \quad i = 0,1,\cdots,2n \tag{5-240}$$

$$\hat{z}_{k|k-1} = \sum_{i=0}^{2n} W_i^m \boldsymbol{\chi}_{i,k|k-1} = \sum_{i=0}^{2n} W_i^m \boldsymbol{h}_k(\boldsymbol{\xi}_{i,k|k-1}) + \boldsymbol{r}_k \tag{5-241}$$

$$\boldsymbol{P}_{\tilde{z}_k} = \sum_{i=1}^{n} [W_i^{c1}(\boldsymbol{\chi}_{i,k|k-1} - \boldsymbol{\chi}_{i+n,k|k-1})^2 + W_i^{c2}(\boldsymbol{\chi}_{i,k|k-1} + \boldsymbol{\chi}_{i+n,k|k-1} - 2\boldsymbol{\chi}_{0,k|k-1})^2] + \boldsymbol{R}_k \tag{5-242}$$

$$\boldsymbol{P}_{\tilde{x}_k\tilde{z}_k} = \sum_{i=1}^{n} \sqrt{W_i^{c1}}(\boldsymbol{\xi}_{i,k|k-1} - \hat{\boldsymbol{x}}_{k|k-1})(\boldsymbol{\chi}_{i,k|k-1} - \boldsymbol{\chi}_{i+n,k|k-1})^{\mathrm{T}} \tag{5-243}$$

在获得新的量测$\boldsymbol{z}_k$后，进行滤波量测更新

$$\begin{cases}\hat{\boldsymbol{x}}_k = \hat{\boldsymbol{x}}_{k|k-1} + \boldsymbol{K}_k(z_k - \hat{z}_{k|k-1}) \\ \boldsymbol{K}_k = \boldsymbol{P}_{\tilde{x}_k\tilde{z}_k}\boldsymbol{P}_{\tilde{z}_k}^{-1} \\ \boldsymbol{P}_k = \boldsymbol{P}_{k|k-1} - \boldsymbol{K}_k\boldsymbol{P}_{\tilde{z}_k}\boldsymbol{K}_k^{\mathrm{T}} \end{cases}$$

式中：$\boldsymbol{K}_k$是滤波增益矩阵。

5.3 平方根 SPKF

与线性卡尔曼滤波相似，SPKF 的发散可以分为两类：真实发散和计算发散。真实发散是指由于系统理论模型与实际模型不匹配或噪声的统计特性或未知不准确所引起的滤波协方差趋于无穷大的滤波发散，对于该种发散，可以采用下一节所述的自适应 SPKF 滤波方法来加以解决；计算发散是由于计算步长有限，随着滤波计算的逐渐深入，计算机的舍入误差会造成滤波误

差协方差阵 $\boldsymbol{P}_k$ 和预测误差协方差阵 $\boldsymbol{P}_{k|k-1}$ 失去非负定性和对称性，进而使滤波增益矩阵 $\boldsymbol{K}_k$ 计算失真而造成滤波器发散。SPKF 滤波计算发散属于一种计算稳定问题，克服该种发散的方法主要是采用平方根方法[16]。

由矩阵论知识可知，对于任何非零矩阵 $\boldsymbol{S} \in \mathbf{R}^{n \times m}$，$\boldsymbol{S}\boldsymbol{S}^{\mathrm{T}} = \boldsymbol{P} \in \mathbf{R}^{n \times n}$ 和 $\boldsymbol{S}^{\mathrm{T}}\boldsymbol{S}$ 均为非负定对称矩阵，称 $\boldsymbol{S}$ 为矩阵 $\boldsymbol{P}$ 的平方根。如果将 SPKF 滤波过程中的误差协方差 $\boldsymbol{P}_k$ 和预测协方差 $\boldsymbol{P}_{k|k-1}$ 分别表示成 $\boldsymbol{P}_k = \boldsymbol{S}_k\boldsymbol{S}_k^{\mathrm{T}}$ 和 $\boldsymbol{P}_{k|k-1} = \boldsymbol{S}_{k|k-1}\boldsymbol{S}_{k|k-1}^{\mathrm{T}}$，并在 SPKF 滤波递推计算中以 $\boldsymbol{S}_k$ 和 $\boldsymbol{S}_{k|k-1}$ 的递推关系代替 $\boldsymbol{P}_k$ 和 $\boldsymbol{P}_{k|k-1}$ 的递推关系，则可以保证在任何时刻 $\boldsymbol{P}_k$ 和 $\boldsymbol{P}_{k|k-1}$ 都是对称非负定的。这样就可以有效克服因计算舍入误差所引起的 SPKF 滤波计算发散，这就是平方根 SPKF 的基本思想[17,18]。

为了方便起见，在对非负定矩阵 $\boldsymbol{P}$ 做平方根分解时，一般都使平方根矩阵 $\boldsymbol{S}$ 的阶数与 $\boldsymbol{P}$ 相同，即 $\boldsymbol{S} \in \mathbf{R}^{n \times n}$，这对于阶数较高的矩阵，计算量是很大的。对于 SPKF 滤波来说，虽然计算量很大，但这种平方根分解可以增加滤波器的数值稳定性，同时在构造 Sigma 点时可以直接应用平方根分解后的结果，一举两得。

任何非负定对称阵都可以写成三角形分解形式，即 $\boldsymbol{P} = \boldsymbol{S}\boldsymbol{S}^{\mathrm{T}}$，其中 $\boldsymbol{S} \in \mathbf{R}^{n \times n}$ 为三角形矩阵；而且对于正定矩阵，这种三角形分解是唯一的。因此在平方根 SPKF 滤波中，平方根矩阵 $\boldsymbol{S}_k$ 和 $\boldsymbol{S}_{k|k-1}$ 一般取三角形矩阵。由于平方根 SPKF 滤波的关键在于矩阵的三角形分解，因此下面首先介绍一下矩阵三角形分解的矩阵算法。

1）*QR* 分解

$\boldsymbol{QR}$ 分解指的是对于矩阵 $\boldsymbol{A}^{\mathrm{T}} \in \mathbf{R}^{m \times n}$，则 $\boldsymbol{A}^{\mathrm{T}}$ 可以唯一分解为 $\boldsymbol{A}^{\mathrm{T}} = \boldsymbol{QR}$，其中 $\boldsymbol{Q}$ 为 $m \times n$ 维次酉阵，即 $\boldsymbol{Q}^{\mathrm{T}}\boldsymbol{Q} = \boldsymbol{I}_{n \times n}$，$\boldsymbol{R} \in \mathbf{R}^{n \times n}$ 为正线上三角矩阵。

对于非负定对称阵 $\boldsymbol{P}$，如果它可以写成

$$\boldsymbol{P} = \boldsymbol{A}\boldsymbol{A}^{\mathrm{T}} \tag{5-244}$$

那么 $\boldsymbol{P}$ 就可以进行如下平方根分解：

$$\boldsymbol{P} = \boldsymbol{A}\boldsymbol{A}^{\mathrm{T}} = (\boldsymbol{QR})^{\mathrm{T}}(\boldsymbol{QR}) = \boldsymbol{R}^{\mathrm{T}}\boldsymbol{Q}^{\mathrm{T}}\boldsymbol{QR} = \boldsymbol{R}^{\mathrm{T}}\boldsymbol{R} \tag{5-245}$$

令 $\tilde{\boldsymbol{R}} = \boldsymbol{R}^{\mathrm{T}}$，则有 $\boldsymbol{P} = \boldsymbol{A}\boldsymbol{A}^{\mathrm{T}} = \tilde{\boldsymbol{R}}\tilde{\boldsymbol{R}}^{\mathrm{T}}$，即 $\tilde{\boldsymbol{R}} \in \mathbf{R}^{n \times n}$ 为矩阵 $\boldsymbol{P}$ 的平方根。在下面的算法中采用记号 $\mathrm{qr}\{\cdot\}$ 表示 $\tilde{\boldsymbol{R}}$ 是矩阵 $\boldsymbol{P}$ 的 $\boldsymbol{QR}$ 分解，即有 $\tilde{\boldsymbol{R}} = [\mathrm{qr}\{\boldsymbol{A}^{\mathrm{T}}\}]^{\mathrm{T}}$。

2）Cholesky 因子更新

Cholesky 因子更新指的是，如果 $\boldsymbol{S}$ 是 $\boldsymbol{P} = \boldsymbol{A}\boldsymbol{A}^{\mathrm{T}}$ 的原始 Cholesky 因子，$\boldsymbol{u}$ 是一个向量，则矩阵 $\boldsymbol{P} \pm v\boldsymbol{u}\boldsymbol{u}^{\mathrm{T}}$ 的 Cholesky 因子可以表示为 $\mathrm{cholupdate}\{\boldsymbol{S}, \boldsymbol{u}, \pm \boldsymbol{v}\}$。如果 $\boldsymbol{u}$ 是一个矩阵而不是一个向量，那么结果是用 $\boldsymbol{u}$ 的 m 个列连续进行 m 次 Cholesky 因子更新。

Cholesky 因子更新主要用于 UKF 的平方根滤波中，下面就首先给出平方根 UKF 的滤波递推公式。

5.3.1 平方根 UKF

在传统 UKF 滤波递推公式基础之上，采用协方差的平方根形式更新代替协方差形式更新就可得到平方根 UKF。在非加性白噪声条件下，基于非线性系统式（5－72）和式（5－73）的平方根 UKF 滤波递推公式为

（1）初始状态统计特性为

$$\begin{cases}\hat{\boldsymbol{x}}_0 = \mathrm{E}(\boldsymbol{x}_0) \\ \boldsymbol{P}_0 = \mathrm{Var}(\boldsymbol{x}_0) = \mathrm{E}[(\boldsymbol{x}_0 - \hat{\boldsymbol{x}}_0)(\boldsymbol{x}_0 - \hat{\boldsymbol{x}}_0)^{\mathrm{T}}]\end{cases}$$

对 $\boldsymbol{P}_0$ 和 $\boldsymbol{Q}_0$ 进行 Cholesky 分解,记为 chol{·},于是有

$$\boldsymbol{S}_0^x = \mathrm{chol}\{\boldsymbol{P}_0\} = \mathrm{chol}\{\mathrm{E}(\boldsymbol{x}_0 - \hat{\boldsymbol{x}}_0)(\boldsymbol{x}_0 - \hat{\boldsymbol{x}}_0)^{\mathrm{T}}\} \tag{5-246}$$

$$\boldsymbol{S}_0^w = \mathrm{chol}\{\boldsymbol{Q}_0\} \tag{5-247}$$

对初始状态进行扩维处理

$$\hat{\boldsymbol{x}}_0^a = [\hat{\boldsymbol{x}}_0^{\mathrm{T}} \quad \boldsymbol{q}_0^{\mathrm{T}}]^{\mathrm{T}} \tag{5-248}$$

$$\boldsymbol{S}_0^a = \mathrm{chol}\{\mathrm{E}(\boldsymbol{x}_0^a - \hat{\boldsymbol{x}}_0^a)(\boldsymbol{x}_0^a - \hat{\boldsymbol{x}}_0^a)^{\mathrm{T}}\} = \begin{bmatrix}\boldsymbol{S}_0^x & \boldsymbol{0} \\ \boldsymbol{0} & \boldsymbol{S}_0^w\end{bmatrix} \tag{5-249}$$

(2) 选择 UT 变换中 Sigma 点采样策略。采用某种采样策略,得到 UKF 滤波的 Sigma 点集 $\boldsymbol{\xi}_i(i=0,1,\cdots,L)$。需要注意的是,当 $\boldsymbol{w}_k$ 和 $\boldsymbol{v}_k$ 为加性噪声时,无需对系统状态进行扩维,即 UKF 算法只对状态进行 Sigma 点采样。当 $\boldsymbol{w}_k$ 和 $\boldsymbol{v}_k$ 为非加性噪声时,需对系统状态进行扩维:状态预测时间更新中,Sigma 点的实际维数为 $n+r$,且有 $\boldsymbol{\xi}_i^a = [(\boldsymbol{\xi}_i^x)^{\mathrm{T}} \quad (\boldsymbol{\xi}_i^w)^{\mathrm{T}}]^{\mathrm{T}}$;对于对称采样策略,$L=2(n+r)$,即 Sigma 点个数为 $2(n+r)+1$,而对于单形采样策略,$L=n+r+1$,即 Sigma 点个数为 $n+r+2$。同样,在输出量测预测中,Sigma 点的实际维数为 $n+d$,且有 $\boldsymbol{\xi}_i^b = [(\boldsymbol{\xi}_i^x)^{\mathrm{T}} \quad (\boldsymbol{\xi}_i^v)^{\mathrm{T}}]^{\mathrm{T}}$;对于对称采样策略,$L=2(n+d)$,即 Sigma 点个数为 $2(n+d)+1$,而对于单形采样策略,$L=n+d+1$,即 Sigma 点个数为 $n+d+2$。

(3) 时间更新。由式(5-72)可看出,$\boldsymbol{w}_{k-1}$ 与 $\boldsymbol{x}_{k-1}$ 在函数 $\boldsymbol{f}_{k-1}(\cdot)$ 中是相互耦合的,需对系统状态进行扩维,即 $\boldsymbol{x}_{k-1}^a = [\boldsymbol{x}_{k-1}^{\mathrm{T}} \quad w_{k-1}^{\mathrm{T}}]^{\mathrm{T}}$。相应地,$k-1$ 时刻扩维后的状态估计和协方差的平方根为

$$\hat{\boldsymbol{x}}_{k-1}^a = [\hat{\boldsymbol{x}}_{k-1}^{\mathrm{T}} \quad q_{k-1}^{\mathrm{T}}]^{\mathrm{T}}, \quad \boldsymbol{S}_{k-1}^a = \begin{bmatrix}\boldsymbol{S}_{k-1}^x & \boldsymbol{0} \\ \boldsymbol{0} & \boldsymbol{S}_{k-1}^w\end{bmatrix} \tag{5-250}$$

其中

$$\boldsymbol{S}_{k-1}^w = \mathrm{chol}\{\boldsymbol{Q}_{k-1}\} \tag{5-251}$$

按照第(2)步所选择的 Sigma 采样策略,由 $\hat{\boldsymbol{x}}_{k-1}^a$ 和 $\boldsymbol{S}_{k-1}^a$ 计算 Sigma 点 $\boldsymbol{\xi}_{i,k-1}^a(i=0,1,\cdots,L)$,通过非线性状态函数 $\boldsymbol{f}_{k-1}(\cdot)$ 传播为 $\boldsymbol{\gamma}_{i,k|k-1}$,由 $\boldsymbol{\gamma}_{i,k|k-1}$ 可得一步状态预测 $\hat{\boldsymbol{x}}_{k|k-1}$ 及误差协方差阵的平方根 $\boldsymbol{S}_{k|k-1}^x$

$$\boldsymbol{\xi}_{i,k-1}^a = [(\boldsymbol{\xi}_{i,k-1}^x)^{\mathrm{T}} \quad (\boldsymbol{\xi}_{i,k-1}^w)^{\mathrm{T}}]^{\mathrm{T}} \tag{5-252}$$

$$\boldsymbol{\gamma}_{i,k|k-1} = \boldsymbol{f}_{k-1}(\boldsymbol{\xi}_{i,k-1}^x, \boldsymbol{\xi}_{i,k-1}^w) \tag{5-253}$$

$$\hat{\boldsymbol{x}}_{k|k-1} = \sum_{i=0}^{L} W_i^m \boldsymbol{\gamma}_{i,k|k-1} \tag{5-254}$$

$$\boldsymbol{S}_{k|k-1}^x = [\mathrm{qr}\{\boldsymbol{A}^{\mathrm{T}}\}]^{\mathrm{T}} \tag{5-255}$$

$$\boldsymbol{S}_{k|k-1}^x = \mathrm{cholupdate}\{\boldsymbol{S}_{k|k-1}^x, \boldsymbol{\gamma}_{i,k|k-1} - \hat{\boldsymbol{x}}_{k|k-1}, W_0^c\} \tag{5-256}$$

式中:$\boldsymbol{A}$ 的表达式为

$$\boldsymbol{A} = [\sqrt{W_1^c}(\boldsymbol{\gamma}_{1,k|k-1} - \hat{\boldsymbol{x}}_{k|k-1}) \quad \cdots \quad \sqrt{W_i^c}(\boldsymbol{\gamma}_{i,k|k-1} - \hat{\boldsymbol{x}}_{k|k-1}) \quad \cdots \quad \sqrt{W_L^c}(\boldsymbol{\gamma}_{L,k|k-1} - \hat{\boldsymbol{x}}_{k|k-1})] \tag{5-257}$$

(4) 量测更新。同理,$\boldsymbol{v}_k$ 与 $\boldsymbol{x}_k$ 在函数 $\boldsymbol{h}_k(\cdot)$ 中也是相互耦合的,需对系统状态进行扩维,

即 $\boldsymbol{x}_k^b=[\boldsymbol{x}_k^{\mathrm{T}} \quad \boldsymbol{v}_k^{\mathrm{T}}]^{\mathrm{T}}$。相应地，$k$ 时刻扩维后的状态一步估计和协方差的平方根为

$$\hat{\boldsymbol{x}}_{k|k-1}^b=[\hat{\boldsymbol{x}}_{k|k-1}^{\mathrm{T}} \quad \boldsymbol{r}_k^{\mathrm{T}}]^{\mathrm{T}},\boldsymbol{S}_{k|k-1}^b=\begin{bmatrix}\boldsymbol{S}_{k|k-1}^x & \mathbf{0}\\ \mathbf{0} & \boldsymbol{S}_k^v\end{bmatrix} \tag{5-258}$$

其中

$$\boldsymbol{S}_k^v=\mathrm{chol}\{\boldsymbol{R}_k\} \tag{5-259}$$

按照第(2)步所选择的 Sigma 采样策略，由 $\hat{\boldsymbol{x}}_{k|k-1}^b$ 和 $\boldsymbol{S}_{k|k-1}^b$ 计算 Sigma 点 $\boldsymbol{\xi}_{i,k|k-1}^b(i=0,1,\cdots,L)$，通过非线性状态函数 $\boldsymbol{h}_k(\cdot)$ 传播为 $\boldsymbol{\chi}_{i,k|k-1}$，由 $\boldsymbol{\chi}_{i,k|k-1}$ 可得一步状态预测 $\hat{z}_{k|k-1}$ 及自协方差阵的平方根 $\boldsymbol{S}_{k|k-1}^z$ 和互协方差阵 $\boldsymbol{P}_{\tilde{x}_k\tilde{z}_k}$

$$\boldsymbol{\xi}_{i,k|k-1}^b=[(\boldsymbol{\xi}_{i,k|k-1}^x)^{\mathrm{T}} \quad (\boldsymbol{\xi}_{i,k|k-1}^v)^{\mathrm{T}}]^{\mathrm{T}} \tag{5-260}$$

$$\boldsymbol{\chi}_{i,k/k-1}=\boldsymbol{h}_k(\boldsymbol{\xi}_{i,k|k-1}^x,\boldsymbol{\xi}_{i,k|k-1}^v) \tag{5-261}$$

$$\hat{z}_{k|k-1}=\sum_{i=0}^{L}W_i^m\boldsymbol{\chi}_{i,k|k-1}=\sum_{i=0}^{L}W_i^m\boldsymbol{h}_k(\boldsymbol{\xi}_{i,k|k-1}) \tag{5-262}$$

$$\boldsymbol{S}_{k|k-1}^z=[\mathrm{qr}\{\boldsymbol{B}^{\mathrm{T}}\}]^{\mathrm{T}} \tag{5-263}$$

$$\boldsymbol{S}_{k|k-1}^z=\mathrm{cholupdate}\{\boldsymbol{S}_{k|k-1}^z,\boldsymbol{\chi}_{i,k|k-1}-\hat{z}_{k|k-1},W_0^c\} \tag{5-264}$$

其中 $\boldsymbol{B}$ 的表达式为

$$\boldsymbol{B}=[\sqrt{W_1^c}(\boldsymbol{\chi}_{1,k|k-1}-\hat{z}_{k|k-1}) \quad \cdots \quad \sqrt{W_i^c}(\boldsymbol{\chi}_{i,k|k-1}-\hat{z}_{k|k-1}) \quad \cdots \quad \sqrt{W_L^c}(\boldsymbol{\chi}_{L,k|k-1}-\hat{z}_{k|k-1})] \tag{5-265}$$

$$\boldsymbol{P}_{\tilde{x}_k\tilde{z}_k}=\sum_{i=0}^{L}W_i^c(\boldsymbol{\xi}_{i,k|k-1}^x-\hat{\boldsymbol{x}}_{k|k-1})(\boldsymbol{\chi}_{i,k|k-1}-\hat{z}_{k|k-1})^{\mathrm{T}} \tag{5-266}$$

在获得新的量测 z_k 后，进行滤波量测更新

$$\begin{cases}\hat{\boldsymbol{x}}_k=\hat{\boldsymbol{x}}_{k|k-1}+\boldsymbol{K}_k(z_k-\hat{z}_{k|k-1})\\ \boldsymbol{K}_k=\boldsymbol{P}_{\tilde{x}_k\tilde{z}_k}[(\boldsymbol{S}_{k|k-1}^z)(\boldsymbol{S}_{k|k-1}^z)^{\mathrm{T}}]^{-1}=[\boldsymbol{P}_{\tilde{x}_k\tilde{z}_k}/(\boldsymbol{S}_{k|k-1}^z)^{\mathrm{T}}]/\boldsymbol{S}_{k|k-1}^z\\ \boldsymbol{U}=\boldsymbol{K}_k\boldsymbol{S}_{k|k-1}^z\\ \boldsymbol{S}_k^x=\mathrm{cholupdate}\{\boldsymbol{S}_{k|k-1}^x,\boldsymbol{U},-1\}\end{cases} \tag{5-267}$$

式中：$\boldsymbol{K}_k$ 是滤波增益矩阵。

注意：在平方根 UKF 中，之所以要进行式(5-256)及式(5-264)所示的 Cholesky 因子更新，是因为 W_0^c 可能为负，无法直接利用 $\boldsymbol{QR}$ 分解来完成求解 $\boldsymbol{S}_{k|k-1}^x$ 和 $\boldsymbol{S}_{k|k-1}^z$；而在平方根 CDKF 中，由于只要选取 $h\geqslant1$，就可以完全保证权值为正，因此只需利用 $\boldsymbol{QR}$ 分解就可求出 $\boldsymbol{S}_{k|k-1}^x$ 和 $\boldsymbol{S}_{k|k-1}^z$，无需再进行 Cholesky 因子更新。

另外，由先前的理论分析可知，协方差阵 $\boldsymbol{P}_{k|k-1}$ 和 $\boldsymbol{P}_{\tilde{z}_k}$ 可以分别表示成 $\boldsymbol{P}_{k|k-1}=\boldsymbol{S}_{k|k-1}^x(\boldsymbol{S}_{k|k-1}^x)^{\mathrm{T}}$ 和 $\boldsymbol{P}_{\tilde{z}_k}=\boldsymbol{S}_{k|k-1}^z(\boldsymbol{S}_{k|k-1}^z)^{\mathrm{T}}$，因此有

$$\begin{aligned}\boldsymbol{P}_k&=\boldsymbol{P}_{k|k-1}-\boldsymbol{K}_k\boldsymbol{P}_{\tilde{z}_k}\boldsymbol{K}_k^{\mathrm{T}}=\boldsymbol{P}_{k|k-1}-\boldsymbol{K}_k\boldsymbol{S}_{k|k-1}^z(\boldsymbol{S}_{k|k-1}^z)^{\mathrm{T}}\boldsymbol{K}_k^{\mathrm{T}}\\&=\boldsymbol{S}_{k|k-1}^z(\boldsymbol{S}_{k|k-1}^x)^{\mathrm{T}}-(\boldsymbol{K}_k\boldsymbol{S}_{k|k-1}^z)(\boldsymbol{K}_k\boldsymbol{S}_{k|k-1}^z)^{\mathrm{T}}\end{aligned} \tag{5-268}$$

这也就是为什么量测更新可以表示成式(5-260)。

下面给出在加性白噪声条件下，基于非线性系统式(5-54)和式(5-55)的平方根 UKF：

(1) 初始状态统计特性为

$$\begin{cases}\hat{\boldsymbol{x}}_0=\mathrm{E}(\boldsymbol{x}_0)\\ \boldsymbol{P}_0=\mathrm{Var}(\boldsymbol{x}_0)=\mathrm{E}[(\boldsymbol{x}_0-\hat{\boldsymbol{x}}_0)(\boldsymbol{x}_0-\hat{\boldsymbol{x}}_0)^{\mathrm{T}}]\end{cases}$$

对 $\boldsymbol{P}_0$和 $\boldsymbol{Q}_0$进行 Cholesky 分解,记为 chol{·},于是有

$$\boldsymbol{S}_0^x = \mathrm{chol}\{\boldsymbol{P}_0\} = \mathrm{chol}\{\mathrm{E}(\boldsymbol{x}_0 - \hat{\boldsymbol{x}}_0)(\boldsymbol{x}_0 - \hat{\boldsymbol{x}}_0)^{\mathrm{T}}\} \tag{5-269}$$

$$\boldsymbol{S}_0^w = \mathrm{chol}\{\boldsymbol{Q}_0\} \tag{5-270}$$

(2) 选择 UT 变换中 Sigma 点采样策略

(3) 时间更新方程。按照第(2)步所选择的 Sigma 采样策略,由$\hat{\boldsymbol{x}}_{k-1}$和 $\boldsymbol{S}_{k-1}^x$计算 Sigma 点 $\boldsymbol{\xi}_{i,k-1}(i=0,1,\cdots,L)$,通过非线性状态函数$\boldsymbol{f}_{k-1}(\cdot)+\boldsymbol{q}_{k-1}$传播为$\boldsymbol{\gamma}_{i,k|k-1}$,由$\boldsymbol{\gamma}_{i,k|k-1}$可得一步状态预测$\hat{\boldsymbol{x}}_{k|k-1}$及误差协方差阵的平方根 $\boldsymbol{S}_{k|k-1}^x$

$$\boldsymbol{\gamma}_{i,k|k-1} = \boldsymbol{f}_{k-1}(\boldsymbol{\xi}_{i,k-1}) + \boldsymbol{q}_{k-1}, \quad i = 0,1,\cdots,L \tag{5-271}$$

$$\hat{\boldsymbol{x}}_{k|k-1} = \sum_{i=0}^{L} W_i^m \boldsymbol{\gamma}_{i,k|k-1} = \sum_{i=0}^{L} W_i^m \boldsymbol{f}_{k-1}(\boldsymbol{\xi}_{i,k-1}) + \boldsymbol{q}_{k-1} \tag{5-272}$$

$$\boldsymbol{S}_{k|k-1}^x = [\mathrm{qr}\{\boldsymbol{A}^{\mathrm{T}}\}]^{\mathrm{T}} \tag{5-273}$$

$$\boldsymbol{S}_{k|k-1}^x = \mathrm{cholupdate}\{\boldsymbol{S}_{k|k-1}^x, \boldsymbol{\gamma}_{i,k|k-1} - \hat{\boldsymbol{x}}_{k|k-1}, W_0^c\} \tag{5-274}$$

其中 $\boldsymbol{A}$ 的表达式为

$$\boldsymbol{A} = \left[\sqrt{W_1^c}(\boldsymbol{\gamma}_{1,k|k-1} - \hat{\boldsymbol{x}}_{k|k-1}) \quad \cdots \quad \sqrt{W_L^c}(\boldsymbol{\gamma}_{L,k|k-1} - \hat{\boldsymbol{x}}_{k|k-1}) \quad \boldsymbol{S}_{k-1}^w\right] \tag{5-275}$$

$$\boldsymbol{S}_{k-1}^w = \mathrm{chol}\{\boldsymbol{Q}_{k-1}\} \tag{5-276}$$

(4) 量测更新。同理,利用$\hat{\boldsymbol{x}}_{k|k-1}$和 $\boldsymbol{S}_{k|k-1}^x$按照第(2)步所选择的采样策略计算 Sigma 点 $\boldsymbol{\xi}_{i,k|k-1}(i=0,1,\cdots,L)$,通过非线性量测函数 $\boldsymbol{h}_k(\cdot)+\boldsymbol{r}_k$传播为$\boldsymbol{\chi}_{i,k|k-1}$,由$\boldsymbol{\chi}_{i,k|k-1}$可得到输出预测$\hat{z}_{k|k-1}$及自协方差阵的平方根 $\boldsymbol{S}_{k|k-1}^z$和互协方差阵 $\boldsymbol{P}_{\tilde{x}_k\tilde{z}_k}$

$$\boldsymbol{\chi}_{i,k|k-1} = \boldsymbol{h}_k(\boldsymbol{\xi}_{i,k|k-1}) + \boldsymbol{r}_k \quad i = 0,1,\cdots,L \tag{5-277}$$

$$\hat{z}_{k|k-1} = \sum_{i=0}^{L} W_i^m \boldsymbol{\chi}_{i,k|k-1} = \sum_{i=0}^{L} W_i^m \boldsymbol{h}_k(\xi_{i,k|k-1}) + \boldsymbol{r}_k \tag{5-278}$$

$$\boldsymbol{S}_{k|k-1}^z = [\mathrm{qr}\{\boldsymbol{B}^{\mathrm{T}}\}]^{\mathrm{T}} \tag{5-279}$$

$$\boldsymbol{S}_{k|k-1}^z = \mathrm{cholupdate}\{\boldsymbol{S}_{k|k-1}^z, \boldsymbol{\chi}_{i,k|k-1} - \hat{z}_{k|k-1}, W_0^c\}$$

其中 $\boldsymbol{B}$ 的表达式为

$$\boldsymbol{B} = \left[\sqrt{W_1^c}(\boldsymbol{\chi}_{1,k|k-1} - \hat{z}_{k|k-1}) \quad \cdots \quad \sqrt{W_L^c}(\boldsymbol{\chi}_{L,k|k-1} - \hat{z}_{k|k-1}) \quad \boldsymbol{S}_k^v\right] \tag{5-280}$$

$$\boldsymbol{S}_k^v = \mathrm{chol}\{\boldsymbol{R}_k\} \tag{5-281}$$

$$\boldsymbol{P}_{\tilde{x}_k\tilde{z}_k} = \sum_{i=0}^{L} W_i^c(\boldsymbol{\xi}_{i,k|k-1} - \hat{\boldsymbol{x}}_{k|k-1})(\boldsymbol{\chi}_{i,k|k-1} - \hat{z}_{k|k-1})^{\mathrm{T}}$$

在获得新的量测 z_k后,进行滤波量测更新

$$\begin{cases} \hat{\boldsymbol{x}}_k = \hat{\boldsymbol{x}}_{k|k-1} + \boldsymbol{K}_k(z_k - \hat{z}_{k|k-1}) \\ \boldsymbol{K}_k = \boldsymbol{P}_{\tilde{x}_k\tilde{z}_k}[(\boldsymbol{S}_{k|k-1}^z)(\boldsymbol{S}_{k|k-1}^z)^{\mathrm{T}}]^{-1} = [\boldsymbol{P}_{\tilde{x}_k\tilde{z}_k}/(\boldsymbol{S}_{k|k-1}^z)^{\mathrm{T}}]/\boldsymbol{S}_{k|k-1}^z \\ \boldsymbol{U} = \boldsymbol{K}_k\boldsymbol{S}_{k|k-1}^z \\ \boldsymbol{S}_k^x = \mathrm{cholupdate}\{\boldsymbol{S}_{k|k-1}^x, \boldsymbol{U}, -1\} \end{cases}$$

式中:$\boldsymbol{K}_k$是滤波增益矩阵。

需要特别强调的是,在平方根 UKF 滤波 Cholesky 因子更新中,如果因为参数选择不当而使 W_0^c为负,使协方差 $\boldsymbol{P}_{k|k-1}$和 $\boldsymbol{P}_{\tilde{z}_k}$失去非负定性,那么就有可能会造成 Cholesky 因子无法更新,此时平方根 UKF 滤波无法实现。也就是说,平方根 UKF 只是用来解决滤波器可能出现的数值发散问题,可以增强滤波器的数值稳定性,但它依然无法克服协方差的负定性问题。对于平方根

CDKF 来说,则不存在上述问题,因为只要选择 $h \geqslant 1$,就可完全保证协方差的非负定性。

5.3.2 平方根 CDKF

在二阶差分变换下,基于非线性系统式(5-141)和式(5-142)的非加性白噪声 Sigma 点平方根 CDKF 滤波算法递推公式如下:

(1) 初始状态统计特性为

$$\begin{cases}\hat{\boldsymbol{x}}_0 = \mathrm{E}(\boldsymbol{x}_0)\\ \boldsymbol{P}_0 = \mathrm{Var}(\boldsymbol{x}_0) = \mathrm{E}[(\boldsymbol{x}_0 - \hat{\boldsymbol{x}}_0)(\boldsymbol{x}_0 - \hat{\boldsymbol{x}}_0)^{\mathrm{T}}]\end{cases}$$

对 $\boldsymbol{P}_0$ 和 $\boldsymbol{Q}_0$ 进行按照式(5-269)和式(5-270)进行 Cholesky 分解,记为 chol{·},同时对初始状态进行扩维处理

$$\hat{\boldsymbol{x}}_0^a = [\hat{\boldsymbol{x}}_0^{\mathrm{T}} \quad q_0^{\mathrm{T}}]^{\mathrm{T}}$$

$$\boldsymbol{S}_0^a = \mathrm{chol}\{\mathrm{E}(\boldsymbol{x}_0^a - \hat{\boldsymbol{x}}_0^a)(\boldsymbol{x}_0^a - \hat{\boldsymbol{x}}_0^a)^{\mathrm{T}}\} = \begin{bmatrix}\boldsymbol{S}_0^x & \boldsymbol{0}\\ \boldsymbol{0} & \boldsymbol{S}_0^w\end{bmatrix}$$

(2) 时间更新。由于 $\boldsymbol{w}_{k-1}$ 与 $\boldsymbol{x}_{k-1}$ 在函数 $\boldsymbol{f}_{k-1}(\cdot)$ 中是相互耦合的,需对状态进行扩维处理,即有 $\boldsymbol{x}_{k-1}^a = [\boldsymbol{x}_{k-1}^{\mathrm{T}} \quad w_{k-1}^{\mathrm{T}}]^{\mathrm{T}}$。相应地,$k-1$ 时刻扩维后的状态估计和协方差为

$$\hat{\boldsymbol{x}}_{k-1}^a = [\hat{\boldsymbol{x}}_{k-1}^{\mathrm{T}} \quad \boldsymbol{q}_{k-1}^{\mathrm{T}}]^{\mathrm{T}}, \boldsymbol{S}_{k-1}^a = \begin{bmatrix}\boldsymbol{S}_{k-1}^x & \boldsymbol{0}\\ \boldsymbol{0} & \boldsymbol{S}_{k-1}^w\end{bmatrix}$$

其中

$$\boldsymbol{S}_{k-1}^w = \mathrm{chol}\{\boldsymbol{Q}_{k-1}\}$$

按照 Sigma 点对称采样策略,由 $\hat{\boldsymbol{x}}_{k-1}^a$ 和 $\boldsymbol{S}_{k-1}^a$ 计算 Sigma 点 $\boldsymbol{\xi}_{i,k-1}^a (i=0,1,\cdots,L)$。扩维后 Sigma 点 $\boldsymbol{\xi}_{i,k-1}^a$ 的实际维数为 $n+r$,且 $L=2(n+r)$,于是 $\boldsymbol{\xi}_{i,k-1}^a$ 可以表示为

$$\begin{cases}\boldsymbol{\xi}_{0,k-1}^a = \hat{\boldsymbol{x}}_{k-1}^a\\ \boldsymbol{\xi}_{i,k-1}^a = \hat{\boldsymbol{x}}_{k-1}^a + (h\boldsymbol{S}_{k-1}^a)_i \qquad i = 1,2,\cdots,n+r\\ \boldsymbol{\xi}_{i+n+r,k-1}^a = \hat{\boldsymbol{x}}_{k-1}^a - (h\boldsymbol{S}_{k-1}^a)_i\end{cases} \tag{5-282}$$

$\boldsymbol{\xi}_{i,k-1}^a$ 通过非线性状态函数 $\boldsymbol{f}_{k-1}(\cdot)$ 传播为 $\boldsymbol{\gamma}_{i,k|k-1}$,由 $\boldsymbol{\gamma}_{i,k|k-1}$ 可得一步状态预测 $\hat{\boldsymbol{x}}_{k|k-1}$ 及误差协方差阵的平方根 $\boldsymbol{S}_{k|k-1}^x$

$$\boldsymbol{\xi}_{i,k-1}^a = [(\boldsymbol{\xi}_{i,k-1}^x)^{\mathrm{T}} \quad (\boldsymbol{\xi}_{i,k-1}^w)^{\mathrm{T}}]^{\mathrm{T}} \quad i = 0,1,2,\cdots,2(n+r) \tag{5-283}$$

$$\boldsymbol{\gamma}_{i,k|k-1} = \boldsymbol{f}_{k-1}(\boldsymbol{\xi}_{i,k-1}^x, \boldsymbol{\xi}_{i,k-1}^w)$$

$$\hat{\boldsymbol{x}}_{k|k-1} = \sum_{i=0}^{2(n+r)} W_i^m \boldsymbol{\gamma}_{i,k|k-1} \tag{5-284}$$

$$\boldsymbol{S}_{k|k-1}^x = [\mathrm{qr}\{[\boldsymbol{A}_1 \quad \boldsymbol{A}_2]^{\mathrm{T}}\}]^{\mathrm{T}} \tag{5-285}$$

其中

$$\boldsymbol{A}_1 = [\sqrt{W_1^{c1}}(\boldsymbol{\gamma}_{1,k|k-1} - \boldsymbol{\gamma}_{1+n+r,k|k-1}) \quad \cdots \quad \sqrt{W_{n+r}^{c1}}(\boldsymbol{\gamma}_{n+r,k|k-1} - \boldsymbol{\gamma}_{2(n+r),k|k-1})] \tag{5-286}$$

$$\boldsymbol{A}_2 = [\sqrt{W_1^{c2}}(\boldsymbol{\gamma}_{1,k|k-1} + \boldsymbol{\gamma}_{1+n+r,k|k-1} - 2\boldsymbol{\gamma}_{0,k|k-1}) \quad \cdots \quad \sqrt{W_{n+r}^{c2}}(\boldsymbol{\gamma}_{n+r,k|k-1} + \boldsymbol{\gamma}_{2(n+r),k|k-1} - 2\boldsymbol{\gamma}_{0,k|k-1})] \tag{5-287}$$

特别注意在式(5-284)中 $W_0^m = (h^2 - n - r)/h^2$。

(3) 量测更新。同理,由于 $\boldsymbol{v}_k$ 与 $\boldsymbol{x}_k$ 在函数 $\boldsymbol{h}_k(\cdot)$ 中也是相互耦合的,需对系统状态进行扩

维，即 $\boldsymbol{x}_k^b=[\boldsymbol{x}_k^{\mathrm{T}} \quad \boldsymbol{v}_k^{\mathrm{T}}]^{\mathrm{T}}$。相应地，$k$ 时刻扩维后的状态一步预测和协方差的平方根为

$$\hat{\boldsymbol{x}}_{k|k-1}^b = [\hat{\boldsymbol{x}}_{k|k-1}^{\mathrm{T}} \quad r_k^{\mathrm{T}}]^{\mathrm{T}}, \boldsymbol{S}_{k|k-1}^b = \begin{bmatrix} \boldsymbol{S}_{k|k-1}^x & \boldsymbol{0} \\ \boldsymbol{0} & \boldsymbol{S}_k^v \end{bmatrix} \tag{5-288}$$

其中

$$\boldsymbol{S}_k^v = \mathrm{chol}\{\boldsymbol{R}_k\} \tag{5-289}$$

按照 Sigma 点对称采样策略，由 $\hat{\boldsymbol{x}}_{k|k-1}^b$ 和 $\boldsymbol{S}_{k|k-1}^b$ 计算 Sigma 点 $\boldsymbol{\xi}_{i,k|k-1}^b(i=0,1,\cdots,L)$。扩维后 Sigma 点 $\boldsymbol{\xi}_{i,k|k-1}^b$ 的实际维数为 $n+d$，且 $L=2(n+d)$，于是 $\boldsymbol{\xi}_{i,k|k-1}^b$ 可以表示为

$$\begin{cases} \boldsymbol{\xi}_{0,k|k-1}^b = \hat{\boldsymbol{x}}_{k|k-1}^b \\ \boldsymbol{\xi}_{i,k|k-1}^b = \hat{\boldsymbol{x}}_{k|k-1}^b + (h\boldsymbol{S}_{k|k-1}^b)_i & i = 1,2,\cdots,n+d \\ \boldsymbol{\xi}_{i+n+d,k|k-1}^b = \hat{\boldsymbol{x}}_{k|k-1}^b - (h\boldsymbol{S}_{k|k-1}^b)_i \end{cases} \tag{5-290}$$

$\boldsymbol{\xi}_{i,k|k-1}^b$ 通过非线性状态函数 $\boldsymbol{h}_k(\cdot)$ 传播为 $\boldsymbol{\chi}_{i,k|k-1}$，由 $\boldsymbol{\chi}_{i,k|k-1}$ 可得一步状态预测 $\hat{z}_{k|k-1}$ 及自协方差阵的平方根 $\boldsymbol{S}_{k|k-1}^z$ 和互协方差阵 $\boldsymbol{P}_{\tilde{x}_k \tilde{z}_k}$

$$\boldsymbol{\xi}_{i,k|k-1}^b = [(\boldsymbol{\xi}_{i,k|k-1}^x)^{\mathrm{T}} \quad (\boldsymbol{\xi}_{i,k|k-1}^v)^{\mathrm{T}}]^{\mathrm{T}} \quad i = 0,1,2,\cdots,2(n+d) \tag{5-291}$$

$$\boldsymbol{\chi}_{i,k|k-1} = \boldsymbol{h}_k(\xi_{i,k|k-1}^x, \xi_{i,k|k-1}^v)$$

$$\hat{z}_{k|k-1} = \sum_{i=0}^{2(n+d)} W_i^m \boldsymbol{\chi}_{i,k|k-1} \tag{5-292}$$

$$\boldsymbol{S}_{k|k-1}^z = [\mathrm{qr}\{[\boldsymbol{B}_1 \quad \boldsymbol{B}_2]^{\mathrm{T}}\}]^{\mathrm{T}} \tag{5-293}$$

其中

$$\boldsymbol{B}_1 = [\sqrt{W_1^{c1}}(\boldsymbol{\chi}_{1,k|k-1} - \boldsymbol{\chi}_{1+n+d,k|k-1}) \quad \cdots \quad \sqrt{W_{n+d}^{c1}}(\boldsymbol{\gamma}_{n+d,k|k-1} - \boldsymbol{\gamma}_{2(n+d),k|k-1})] \tag{5-294}$$

$$\boldsymbol{B}_2 = [\sqrt{W_1^{c2}}(\boldsymbol{\chi}_{1,k|k-1} + \boldsymbol{\chi}_{1+n+d,k|k-1} - 2\boldsymbol{\chi}_{0,k|k-1}) \quad \cdots \quad \sqrt{W_{n+d}^{c2}}(\boldsymbol{\gamma}_{n+d,k|k-1} + \boldsymbol{\gamma}_{2(n+d),k|k-1} - 2\boldsymbol{\gamma}_{0,k|k-1})] \tag{5-295}$$

$$\boldsymbol{P}_{\tilde{x}_k \tilde{z}_k} = \sum_{i=1}^{n} \sqrt{W_i^{c1}}(\boldsymbol{\xi}_{i,k|k-1}^x - \hat{\boldsymbol{x}}_{k|k-1})(\boldsymbol{\chi}_{i,k|k-1} - \boldsymbol{\chi}_{i+n,k|k-1})^{\mathrm{T}} \tag{5-296}$$

特别注意在式(5-292)中 $W_0^m=(h^2-n-d)/h^2$。

在获得新的量测 z_k 后，进行滤波量测更新

$$\begin{cases} \hat{\boldsymbol{x}}_k = \hat{\boldsymbol{x}}_{k|k-1} + \boldsymbol{K}_k(z_k - \hat{z}_{k|k-1}) \\ \boldsymbol{K}_k = \boldsymbol{P}_{\tilde{x}_k \tilde{z}_k}[(\boldsymbol{S}_{k|k-1}^z)(\boldsymbol{S}_{k|k-1}^z)^{\mathrm{T}}]^{-1} = \left[\dfrac{\boldsymbol{P}_{\tilde{x}_k \tilde{z}_k}}{(\boldsymbol{S}_{k|k-1}^z)^{\mathrm{T}}}\right] \Big/ \boldsymbol{S}_{k|k-1}^z \\ \boldsymbol{U} = \boldsymbol{K}_k \boldsymbol{S}_{k|k-1}^z \\ \boldsymbol{S}_k^x = \mathrm{cholupdate}\{\boldsymbol{S}_{k|k-1}^x, \boldsymbol{U}, -1\} \end{cases}$$

式中：$\boldsymbol{K}_k$ 是滤波增益矩阵。

同理，在二阶差分变换下，基于非线性系统式(5-157)和式(5-158)的加性白噪声 Sigma 点平方根 CDKF 滤波算法递推公式如下：

(1) 初始状态统计特性为

$$\begin{cases} \hat{\boldsymbol{x}}_0 = \mathrm{E}(\boldsymbol{x}_0) \\ \boldsymbol{P}_0 = \mathrm{Var}(\boldsymbol{x}_0) = \mathrm{E}[(\boldsymbol{x}_0 - \hat{\boldsymbol{x}}_0)(\boldsymbol{x}_0 - \hat{\boldsymbol{x}}_0)^{\mathrm{T}}] \end{cases}$$

对 $\boldsymbol{P}_0$ 和 $\boldsymbol{Q}_0$ 进行 Cholesky 分解，于是有

$$S_0^x = \text{chol}\{P_0\} = \text{chol}\{\text{E}(x_0 - \hat{x}_0)(x_0 - \hat{x}_0)^{\text{T}}\} \tag{5-297}$$

$$S_0^w = \text{chol}\{Q_0\} \tag{5-298}$$

(2) 选择 UT 变换中 Sigma 点采样策略。

(3) 时间更新方程。按照 Sigma 点对称采样策略，由$\hat{x}_{k-1}$和 S_{k-1}^x 计算 Sigma 点，$\xi_{i,k-1}(i=0,1,\cdots,2n)$可以表示成

$$\begin{cases} \xi_{0,k-1} = \hat{x}_{k-1} \\ \xi_{i,k-1} = \hat{x}_{k-1} + (hS_{k-1}^x)_i \quad ,i = 1,2,\cdots,n \\ \xi_{i+n,k-1} = \hat{x}_{k-1} - (hS_{k-1}^x)_i \end{cases} \tag{5-299}$$

$\xi_{i,k-1}$通过非线性状态函数 $f_{k-1}(\cdot) + q_{k-1}$ 传播为 $\gamma_{i,k|k-1}$，由 $\gamma_{i,k|k-1}$ 可得一步状态预测$\hat{x}_{k|k-1}$及误差协方差阵的平方根 $S_{k|k-1}^x$

$$\gamma_{i,k|k-1} = f_{k-1}(\xi_{i,k-1}) + q_{k-1} \quad i = 0,1,\cdots,2n \tag{5-300}$$

$$\hat{x}_{k|k-1} = \sum_{i=0}^{2n} W_i^m \gamma_{i,k|k-1} + q_{k-1} \tag{5-301}$$

$$S_{k|k-1}^x = [\text{qr}\{[A_1 \quad A_2 \quad S_{k-1}^w]^{\text{T}}\}]^{\text{T}} \tag{5-302}$$

其中

$$A_1 = [\sqrt{W_1^{c1}}(\gamma_{1,k|k-1} - \gamma_{1+n+r,k|k-1}) \quad \cdots \quad \sqrt{W_n^{c1}}(\gamma_{n,k|k-1} - \gamma_{2n,k|k-1})] \tag{5-303}$$

$$A_2 = [\sqrt{W_1^{c2}}(\gamma_{1,k|k-1} + \gamma_{1+n,k|k-1} - 2\gamma_{0,k|k-1}) \quad \cdots \quad \sqrt{W_n^{c2}}(\gamma_{n,k|k-1} + \gamma_{2n,k|k-1} - 2\gamma_{0,k|k-1})] \tag{5-304}$$

$$S_{k-1}^w = \text{chol}\{Q_{k-1}\} \tag{5-305}$$

(4) 量测更新。同理，利用$\hat{x}_{k|k-1}$和 $S_{k|k-1}^x$ 按照对称采样策略来计算 Sigma 点 $\xi_{i,k|k-1}(i=0,1,\cdots,2n)$，于是 $\xi_{i,k|k-1}$可以表示成

$$\begin{cases} \xi_{0,k|k-1} = \hat{x}_{k|k-1} \\ \xi_{i,k|k-1} = \hat{x}_{k|k-1} + (hS_{k|k-1}^x)_i \quad i = 1,2,\cdots,n \\ \xi_{i+n,k|k-1} = \hat{x}_{k|k-1} - (hS_{k|k-1}^x)_i \end{cases} \tag{5-306}$$

$\xi_{i,k|k-1}$通过非线性量测函数 $h_k(\cdot) + r_k$传播为$\chi_{i,k|k-1}$，由$\chi_{i,k|k-1}$可得到输出预测$\hat{z}_{k|k-1}$及自协方差阵的平方根 $S_{k|k-1}^z$ 和互协方差阵 $P_{\tilde{x}_k \tilde{z}_k}$

$$\chi_{i,k|k-1} = h_k(\xi_{i,k|k-1}) + r_k \quad i = 0,1,\cdots,2n \tag{5-307}$$

$$\hat{z}_{k|k-1} = \sum_{i=0}^{2n} W_i^m \chi_{i,k|k-1} + r_k \tag{5-308}$$

$$S_{k|k-1}^z = [\text{qr}\{[B_1 \quad B_2 \quad S_k^v]^{\text{T}}\}]^{\text{T}} \tag{5-309}$$

其中

$$B_1 = [\sqrt{W_1^{c1}}(\chi_{1,k|k-1} - \chi_{1+n,k|k-1}) \quad \cdots \quad \sqrt{W_n^{c1}}(\gamma_{n,k|k-1} - \gamma_{2n,k|k-1})] \tag{5-310}$$

$$B_2 = [\sqrt{W_1^{c2}}(\chi_{1,k|k-1} + \chi_{1+n+d,k|k-1} - 2\chi_{0,k|k-1}) \quad \cdots \quad \sqrt{W_{n+d}^{c2}}(\gamma_{n+d,k|k-1} + \gamma_{2(n+d),k|k-1} - 2\gamma_{0,k|k-1})] \tag{5-311}$$

$$S_k^v = \text{chol}\{R_k\} \tag{5-312}$$

$$P_{\tilde{x}_k\tilde{z}_k}=\sum_{i=1}^{n}\sqrt{W_i^{c1}}(\boldsymbol{\xi}_{i,k|k-1}^{x}-\hat{\boldsymbol{x}}_{k|k-1})(\boldsymbol{\chi}_{i,k|k-1}-\boldsymbol{\chi}_{i+n,k|k-1})^{\mathrm{T}} \tag{5-313}$$

在获得新的量测 z_k后，进行滤波量测更新

$$\begin{cases}\hat{\boldsymbol{x}}_k=\hat{\boldsymbol{x}}_{k|k-1}+\boldsymbol{K}_k(z_k-\hat{z}_{k|k-1})\\ \boldsymbol{K}_k=\boldsymbol{P}_{\tilde{x}_k\tilde{z}_k}[(\boldsymbol{S}_{k|k-1}^{z})(\boldsymbol{S}_{k|k-1}^{z})^{\mathrm{T}}]^{-1}=[\boldsymbol{P}_{\tilde{x}_k\tilde{z}_k}/(\boldsymbol{S}_{k|k-1}^{z})^{\mathrm{T}}]/\boldsymbol{S}_{k|k-1}^{z}\\ \boldsymbol{U}=\boldsymbol{K}_k\boldsymbol{S}_{k|k-1}^{z}\\ \boldsymbol{S}_k^{x}=\mathrm{cholupdate}\{\boldsymbol{S}_{k|k-1}^{x},\boldsymbol{U},-1\}\end{cases}$$

式中：$\boldsymbol{K}_k$是滤波增益矩阵。

5.4 数值实例

本章先前的理论分析表明：SPKF 不仅滤波精度高于 EKF，而且无需计算非线性函数的雅可比矩阵，其也适用于某些不连续或不可导的非线性函数滤波问题，大大拓展了 EKF 的应用范围；特别地，SPKF 对强非线性系统的滤波效果好于 EKF，因为它们对状态后验均值和协方差的近似精度可以达到二阶，而 EKF 只能达到一阶。为了验证理论分析的正确性，以 UKF 为例，进行下面两种情况的仿真分析。

5.4.1 强非线性情况下 EKF 与 UKF 精度比较

考虑如下所示的强非线性系统模型：

状态方程

$$\boldsymbol{x}_{k+1}=\begin{bmatrix}x_{1,k+1}\\x_{2,k+1}\\x_{3,k+1}\end{bmatrix}=\begin{bmatrix}3\sin(2x_{2,k})\\x_{1,k}+\mathrm{e}^{-0.05x_{3,k}}+10\\\dfrac{x_{1,k}(x_{2,k}+x_{3,k})}{5}\end{bmatrix}+\begin{bmatrix}1\\1\\1\end{bmatrix}w_k \tag{5-314}$$

量测方程

$$z_k=\cos(x_{1,k})+x_{2,k}x_{3,k}+v_k \tag{5-315}$$

其中 w_k和 v_k均为高斯白噪声，且它们的常值统计特性为

$$q=0.3,\quad Q=0.7;\quad r=0.5, R=1.0 \tag{5-316}$$

设非线性系统式(5-314)和式(5-315)的理论初始值为

$$\boldsymbol{x}_0=[-0.7\quad 1\quad 1]^{\mathrm{T}} \tag{5-317}$$

同时取状态估计的初始值为

$$\hat{\boldsymbol{x}}_0=0,\quad \boldsymbol{P}_0=\boldsymbol{I} \tag{5-318}$$

且$\hat{\boldsymbol{x}}_0$与 $\boldsymbol{w}_k$、$\boldsymbol{v}_k$是互不相关的。

仿真时选择 UT 变换对称采样策略，比例系数 $\kappa=0.5$。分别采用 EKF 和 UKF 对系统状态进行估计，图 5-1 为两种算法下状态 3 的估计曲线，图 5-2 给出了两种算法下状态 3 的估计误差及均方估计误差。

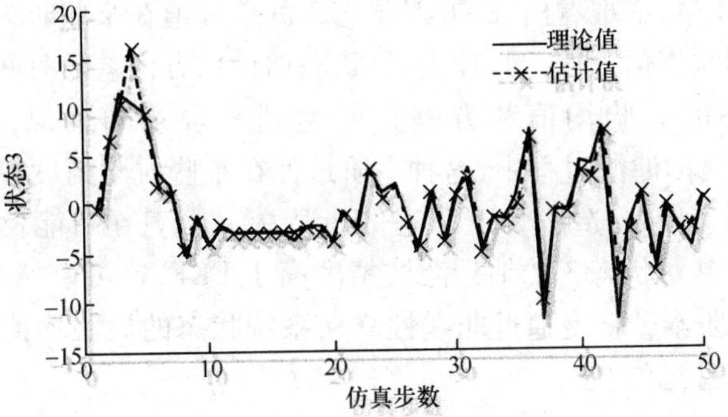

(a)

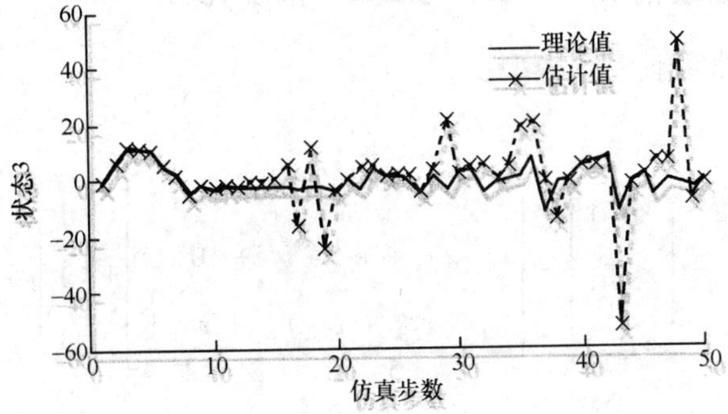

(b)

图 5-1　两种算法下状态 3 的估计曲线

(a) UKF 算法下状态 3 估计值；(b) EKF 算法状态 3 估计值。

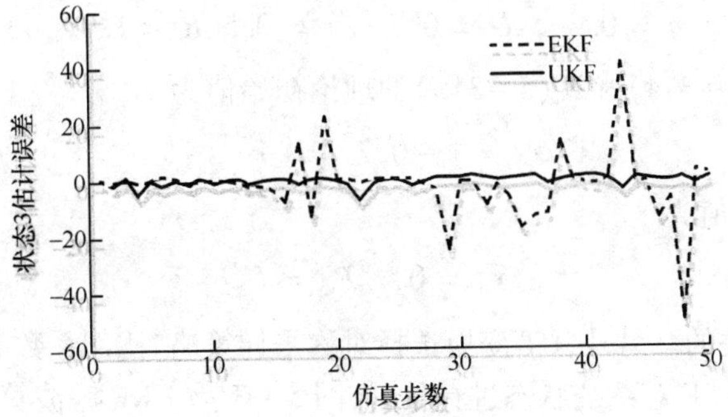

(a)

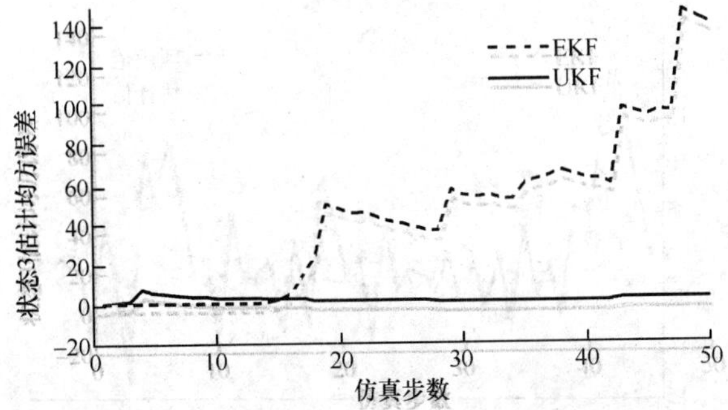

(b)

图 5-2　EKF 和 UKF 算法下状态 3 估计误差

(a) 两种算法下状态 3 估计误差；(b) 两种算法下状态 3 均方估计误差。

在图 5－1 和图 5－2 中，不难看出，EKF 对状态 3 的估计值在某些时刻效果较好，状态 3 估计误差较小，而某些时刻状态估计误差则较大，且状态估计均方误差随时间迅速积累，这是因为 EKF 对非线性系统状态的后验均值和方差只能达到一阶泰勒近似，其在对非线性系统式(5－314)和式(5－315)的滤波过程中，这种一阶近似在某些时刻精度较高，可以满足实际系统要求，而在某些时刻精度较差，造成 EKF 状态估计误差变大，甚至可能发散；而 UKF 保持了对状态 3 真值的有效跟踪，其对状态 3 的估计滤波精度高于 EKF，这可以从图 5－2 中明显看出，因为 UKF 至少能够以二阶泰勒精度逼近非线性高斯系统状态的后验均值和协方差，UKF 滤波精度高于 EKF 的根本原因就在于此。

5.4.2 状态方程不连续情况下 EKF 与 UKF 精度比较

考虑如下所示的强非线性系统模型：

状态方程

$$\boldsymbol{x}_{k+1}=\begin{bmatrix}x_{1,k+1}\\x_{2,k+1}\\x_{3,k+1}\end{bmatrix}=\begin{bmatrix}3\sin(2x_{2,k})\\x_{1,k}+\mathrm{e}^{-0.05x_{3,k}}+10\\\dfrac{x_{1,k}(x_{2,k}+x_{3,k})}{5}+\dfrac{|x_{1,k}|}{2}\end{bmatrix}+\begin{bmatrix}1\\1\\1\end{bmatrix}w_k \tag{5-319}$$

量测方程

$$z_k=x_{1,k}+x_{2,k}x_{3,k}+v_k \tag{5-320}$$

其中 w_k 和 v_k 均为高斯白噪声，且它们的常值统计特性为

$$q=0.3,\quad Q=0.7,\quad r=0.5, R=1.0 \tag{5-321}$$

设非线性系统式(5－314)和式(5－315)的理论初始值为

$$\boldsymbol{x}_0=[-0.7\quad 1\quad 1]^{\mathrm{T}} \tag{5-322}$$

同时取状态估计的初始值为

$$\hat{\boldsymbol{x}}_0=0,\quad \boldsymbol{P}_0=\boldsymbol{I} \tag{5-323}$$

且 $\hat{\boldsymbol{x}}_0$ 与 w_k、v_k 是互不相关的。另外，UT 变换选择对称采样策略，比例系数 $\kappa=0.5$。

分别采用 EKF 和 UKF 对系统状态进行估计，图 5－3 为 UKF 滤波算法下状态 3 的估计曲线，图 5－4 给出了 EKF 滤波算法下状态 3 的估计曲线。

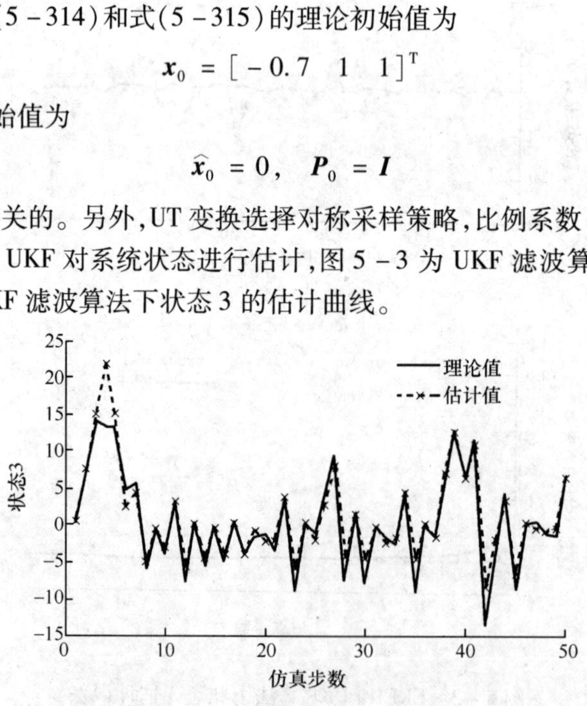

图 5－3　UKF 滤波算法下状态 3 的估计曲线

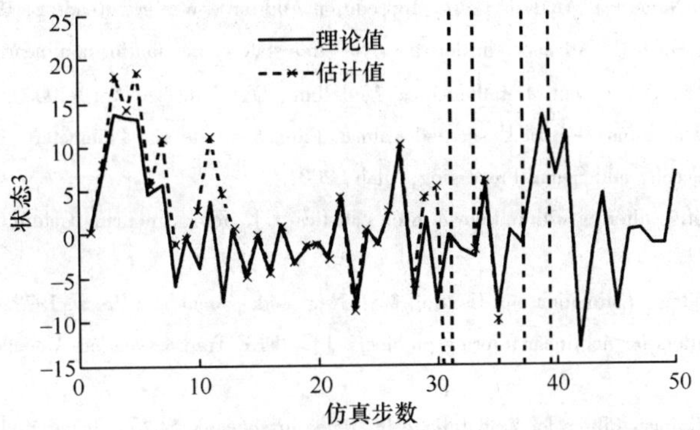

图5－4 EKF滤波算法下状态3的估计曲线

从仿真图5－3中可以看出，当如式(5－319)所示的状态方程在某些点不可微时，UKF依然保持了对状态3变化的有效跟踪，这是因为UKF无需计算雅可比矩阵，适用于函数不连续或不可微的非线性系统滤波。而EKF在计算雅可比矩阵时必须要求非线性函数连续可微，故针对系统式(5－319)和式(5－320)的非线性滤波，EKF已经失效，仿真过程中所出现的一些不确定数值(NaN)也验证了上述观点。从图5－4可以看出，当仿真步数大于40时，EKF已无法进行下去，这可能是因为在某些点无法求解式(5－319)的雅可比矩阵。

参考文献

[1] Julier S J, Uhlmann J K. A new approach for filtering nonlinear system: Proc. of the 1995 American Control Conference [C]. 1995: 1628－1632.

[2] Julier S J, Uhlmann J K. A new method for the nonlinear transformation of means and covariances in filters and estimators[J]. IEEE Transactions on Automatic Control, 2000, 45(3): 477－482.

[3] Nørgaard M, Poulsen N K, Ravn O. New developments in state estimation for nonlinear systems[J]. Automatica, 2000, 36 (11): 1627－1638.

[4] Julier S J, Uhlmann J K. A general method for approximating nonlinear transformation of probability distributions[d]. http://www.eng.ox.ac.uk/, 1996－10－1.

[5] lefebvret T, Bruyninckx H, Schutter J D. Comment on a new method of the nonlinear transformation of means and covariances in filters and estimators[J]. IEEE Transactions on Automatic Control, 2002, 47(8): 1406－1408.

[6] 潘泉，杨峰，叶亮，等．一类非线性滤波器——UKF综述[J]．控制与决策，2005，20(5)：481－489.

[7] Julier S J, Uhlmann J K. A new extension of the Kalman filter to nonlinear systems: The Proc of Aerosense: The 11th Int Symposium on Aerospace/Defense Sensing, Simulation and Controls[C]. Orlando, 1997: 54－65.

[8] Julier S J. The scaled unscented transformation: Proc of American Control Conf [C]. Jefferson City, 2002: 4555－4559.

[9] Julier S J, Uhlmann J K. Reduced sigma point filters for the propagation of means and covariances through nonlinear transformations: Proc. of American Control Conf [C]. Jefferson City, 2002: 887－892.

[10] Julier S J. The spherical simplex unscented transformation: American Control Conf[C]. Denver, 2003: 2430－2434.

[11] Julier S J, Uhlmann J K. A consistent, debiased method for converting between polar and Cartersian coordinate systems: The Proc. of Aerosense: The 11th Int Symposium on Aerospace/Defense Sensing, Simulation and Controls [C]. Orlando, 1997: 110－121.

[12] Julier S J. A skewed approach to filtering: The Proc. of Aerosense: The 12th Int Symposium on Aerospace/Defense Sensing, Simulation and Controls[C]. Orlando, 1998: 271－282.

[13] Schei T S. A finite－difference method for linearization in nonlinear estimation algorithms [J]. Automatic, 1997, 33 (11): 2053－2058.

[14] Froberg C E. Introduction to Numerical Analysis [M]. 2nd edition Addison - Wesley, Reading, 1972.

[15] Nørgaard M, Poulsen N K, Ravn O. Advances in deriva - tive - free state estimation for nonlinear systems[R]. Technical Report, IMM - REP - 1998 - 15, Department of Mathematical Modelling, DTU, revised April 2000.

[16] Merwe R V D, Wan E A. The Square - Root Unscented Kalman Filter for State and Parameter - Estimation[C]. International Conference on Acoustics, Speech, and Signal Processing, Utah, 2001.

[17] Sage A P, Husa G W. Adaptive filtering with unknown prior statistics[C]. Joint Automatic Control Conference, Colombia City, 1969: 760 - 769.

[18] Maybeck P S. Stochastic Models, Estimation and Control[M]. New York: Academic Press, 1979.

[19] Ito K, Xiong K. Gaussian filters for nonlinear filtering problems[J]. IEEE Transactions on Automatic Control, 2000, 45(5): 910 - 927.

[20] Merwe R V. Sigma - Point Kalman Filters for Probabilistic Inference in Dynamic State - Space Models[d], http://www.cslu.ogi.edu/publications/, 2004.

[21] Nørgaard M, Poulsen N K, Ravn O. Advances derivative - free state estimation for nonlinear systems[R]. Denmark: Department of Automation, Technical University of Denmark, 2000.

第 6 章 Sigma 点卡尔曼滤波技术新发展

在第 5 章推导基本 Sigma 点卡尔曼滤波(SPKF)递推公式的过程中,假设了系统噪声和量测噪声互不相关,且它们的先验统计特性已知。但在实际系统中,一方面噪声互不相关的条件并不能得到完全满足,而传统 SPKF 在噪声相关条件下滤波就会失效,另一方面噪声的统计特性也很可能是未知或不准确的,这就会造成 SPKF 滤波精度下降甚至发散;另外,强跟踪滤波器(STF)虽能克服非线性系统模型不确定所引起的滤波发散,但因其是由 EKF 发展而来的,故与 EKF 类似,不可避免存在一阶线性化精度偏低及需要计算非线性函数雅可比矩阵的局限性。因此,针对上述问题,一些新兴的 SPKF 滤波算法便应运而生。

本章首先根据极大后验估计(Maximum a Posterior, MAP)原理推导了带噪声统计估计器的 SPKF[1,2];接着以 STF 为基本理论框架,推导了强跟踪 SPKF[3];最后基于最小方差估计准则,给出了噪声相关条件下 SPKF 递推公式[4]。

6.1 非线性高斯系统最优自适应滤波器

考虑如下非线性高斯系统:

$$\boldsymbol{x}_k = \boldsymbol{f}_{k-1}(\boldsymbol{x}_{k-1}) + \boldsymbol{w}_{k-1} \tag{6-1}$$

$$\boldsymbol{z}_k = \boldsymbol{h}_k(\boldsymbol{x}_k) + \boldsymbol{v}_k \tag{6-2}$$

式中:$\boldsymbol{w}_k$ 和 $\boldsymbol{v}_k$ 均为互不相关的高斯白噪声,且它们的统计特性为

$$\begin{cases} \mathrm{E}(\boldsymbol{w}_k) = \boldsymbol{q}, \mathrm{Cov}(\boldsymbol{w}_k, \boldsymbol{w}_j) = \boldsymbol{Q}\delta_{kj} \\ \mathrm{E}(\boldsymbol{v}_k) = \boldsymbol{r}, \mathrm{Cov}(\boldsymbol{v}_k, \boldsymbol{v}_j) = \boldsymbol{R}\delta_{kj} \\ \mathrm{Cov}(\boldsymbol{w}_k, \boldsymbol{v}_j) = \boldsymbol{0} \end{cases} \tag{6-3}$$

其中 δ_{kj} 为 Kronecker $-\delta$ 函数。状态初始值 $\boldsymbol{x}_0$ 与 $\boldsymbol{w}_k$、$\boldsymbol{v}_k$ 彼此相互独立,且服从高斯分布。

由第 3 章可知,基于非线性系统式(6-1)和式(6-2)的最优高斯滤波器为

$$\hat{\boldsymbol{x}}_{k|k-1} = \boldsymbol{f}_{k-1}(\cdot)\big|_{\boldsymbol{x}_{k-1}=\hat{\boldsymbol{x}}_{k-1}} + \boldsymbol{q} \tag{6-4}$$

$$\boldsymbol{P}_{k|k-1} = \mathrm{E}(\boldsymbol{\Lambda}_{k-1}\boldsymbol{\Lambda}_{k-1}^{\mathrm{T}}) + \boldsymbol{Q} \tag{6-5}$$

$$\hat{\boldsymbol{z}}_{k|k-1} = \boldsymbol{h}_k(\cdot)\big|_{\boldsymbol{x}_k=\hat{\boldsymbol{x}}_{k|k-1}} + \boldsymbol{r} \tag{6-6}$$

$$\boldsymbol{P}_{\tilde{z}_k} = \mathrm{E}(\boldsymbol{\Theta}_k\boldsymbol{\Theta}_k^{\mathrm{T}}) + \boldsymbol{R} \tag{6-7}$$

$$\boldsymbol{P}_{\tilde{x}_k\tilde{z}_k} = \mathrm{E}(\tilde{\boldsymbol{x}}_{k|k-1}\boldsymbol{\Theta}_k^{\mathrm{T}}) \tag{6-8}$$

$$\begin{cases} \hat{\boldsymbol{x}}_k = \hat{\boldsymbol{x}}_{k|k-1} + \boldsymbol{K}_k\boldsymbol{\varepsilon}_k \\ \boldsymbol{\varepsilon}_k = \boldsymbol{z}_k - \hat{\boldsymbol{z}}_{k|k-1} \\ \boldsymbol{K}_k = \boldsymbol{P}_{\tilde{x}_k\tilde{z}_k}\boldsymbol{P}_{\tilde{z}_k}^{-1} \\ \boldsymbol{P}_k = \boldsymbol{P}_{k|k-1} - \boldsymbol{K}_k\boldsymbol{P}_{\tilde{z}_k}\boldsymbol{K}_k^{\mathrm{T}} \end{cases} \tag{6-9}$$

其中

$$\boldsymbol{\Lambda}_{k-1}=\boldsymbol{f}_{k-1}(\boldsymbol{x}_{k-1})-\boldsymbol{f}_{k-1}(\cdot)\big|_{\boldsymbol{x}_{k-1}=\hat{\boldsymbol{x}}_{k-1}} \tag{6-10}$$

$$\boldsymbol{\Theta}_k=\boldsymbol{h}_k(\boldsymbol{x}_k)-\boldsymbol{h}_k(\cdot)\big|_{\boldsymbol{x}_k=\hat{\boldsymbol{x}}_{k|k-1}} \tag{6-11}$$

式中：$\boldsymbol{f}_{k-1}(\cdot)\big|_{\boldsymbol{x}_{k-1}=\hat{\boldsymbol{x}}_{k-1}}$ 和 $\mathrm{E}(\boldsymbol{\Lambda}_{k-1}\boldsymbol{\Lambda}_{k-1}^{\mathrm{T}})$ 分别表示 k 时刻估计值$\hat{\boldsymbol{x}}_{k-1}$经非线性状态函数 $\boldsymbol{f}_{k-1}(\cdot)$传递之后的后验均值和协方差；$\boldsymbol{h}_k(\cdot)\big|_{\boldsymbol{x}_k=\hat{\boldsymbol{x}}_{k|k-1}}$和 $\mathrm{E}(\boldsymbol{\Theta}_k\boldsymbol{\Theta}_k^{\mathrm{T}})$、$\mathrm{E}(\tilde{\boldsymbol{x}}_{k|k-1}\boldsymbol{\Theta}_k^{\mathrm{T}})$表示状态一步预测$\hat{\boldsymbol{x}}_{k|k-1}$经非线性量测函数 $\boldsymbol{h}_k(\cdot)$传递之后的后验均值和协方差。对于线性卡尔曼滤波，它们可通过线性状态及量测函数传递精确已知；而对于非线性 SPKF 来说，它们只能通过 UT 变换和中心差分近似以二阶泰勒精度近似计算。

显然，上述非线性最优滤波器及以此为基础的 SPKF 滤波算法在滤波前都要求噪声的先验统计特性精确已知，否则，传统 SPKF 在噪声先验统计未知时变情况下滤波精度下降甚至发散。为使它们在噪声未知时变情况下依然具有良好的滤波效果，下面基于极大后验估计原理，来推导一种带噪声统计估计器的非线性最优自适应滤波器及次优自适应 SPKF。

6.1.1 常值噪声统计估计器

已知 $\boldsymbol{w}_k$ 和 $\boldsymbol{v}_k$ 服从正态分布，且相互独立。根据 MAP 估计原理，可得到应用于 SPKF 的次优 MAP 常值噪声统计估计器。

当 $\boldsymbol{q}$、$\boldsymbol{Q}$、$\boldsymbol{r}$、$\boldsymbol{R}$ 未知时，连同状态 $\boldsymbol{x}_0,\cdots,\boldsymbol{x}_k$ 的 MAP 估计值$\hat{\boldsymbol{q}}$、$\hat{\boldsymbol{Q}}$、$\hat{\boldsymbol{r}}$、$\hat{\boldsymbol{R}}$及$\hat{\boldsymbol{x}}_{j/k}(j=0,1,\cdots,k)$可通过极大化如下条件密度求得：

$$J^*=p[\boldsymbol{X}_k,\boldsymbol{q},\boldsymbol{Q},\boldsymbol{r},\boldsymbol{R}|\boldsymbol{Z}_k] \tag{6-12}$$

其中 $\boldsymbol{X}_k=\{\boldsymbol{x}_0,\boldsymbol{x}_1,\cdots,\boldsymbol{x}_k\}$，$\boldsymbol{Z}_k=\{z_1,z_2,\cdots,z_k\}$。根据条件概率性质可知

$$J^*=\frac{p[\boldsymbol{X}_k,\boldsymbol{q},\boldsymbol{Q},\boldsymbol{r},\boldsymbol{R},\boldsymbol{Z}_k]}{p[\boldsymbol{Z}_k]} \tag{6-13}$$

而 $p[\boldsymbol{Z}_k]$与最优化无关，故问题转化为求取如下无条件密度的极大值：

$$J=p[\boldsymbol{X}_k,\boldsymbol{q},\boldsymbol{Q},\boldsymbol{r},\boldsymbol{R},\boldsymbol{Z}_k]=p[\boldsymbol{Z}_k|\boldsymbol{X}_k,\boldsymbol{q},\boldsymbol{Q},\boldsymbol{r},\boldsymbol{R}]p[\boldsymbol{X}_k|\boldsymbol{q},\boldsymbol{Q},\boldsymbol{r},\boldsymbol{R}]p[\boldsymbol{q},\boldsymbol{Q},\boldsymbol{r},\boldsymbol{R}] \tag{6-14}$$

其中 $p[\boldsymbol{q},\boldsymbol{Q},\boldsymbol{r},\boldsymbol{R}]$由先验信息获得，可以看作常数。

同时由非线性系统中 $\boldsymbol{w}_k$、$\boldsymbol{v}_k$ 的高斯正态性假设及条件概率的乘法定理易知

$$\begin{aligned}p[\boldsymbol{X}_k\mid\boldsymbol{q},\boldsymbol{Q},\boldsymbol{r},\boldsymbol{R}]&=p[\boldsymbol{x}_0]\prod_{j=1}^{k}p[\boldsymbol{x}_j\mid\boldsymbol{x}_{j-1},\boldsymbol{q},\boldsymbol{Q}]\\&=\frac{1}{(2\pi)^{\frac{n}{2}}|\boldsymbol{P}_0|^{\frac{1}{2}}}\exp\left\{-\frac{1}{2}\|\boldsymbol{x}_0-\hat{\boldsymbol{x}}_0\|_{P_0^{-1}}^2\right\}\prod_{j=1}^{k}\frac{1}{(2\pi)^{\frac{n}{2}}|\boldsymbol{Q}|^{\frac{1}{2}}}\\&\quad\exp\left\{-\frac{1}{2}\|\boldsymbol{x}_j-\boldsymbol{f}_{j-1}(\boldsymbol{x}_{j-1})-\boldsymbol{q}\|_{Q^{-1}}^2\right\}\\&=C_1|\boldsymbol{P}_0|^{-\frac{1}{2}}\cdot|\boldsymbol{Q}|^{-\frac{k}{2}}\exp\left\{-\frac{1}{2}\left[\|\boldsymbol{x}_0-\hat{\boldsymbol{x}}_0\|_{P_0^{-1}}^2\right.\right.\\&\quad\left.\left.+\sum_{j=1}^{k}\|\boldsymbol{x}_j-\boldsymbol{f}_{j-1}(\boldsymbol{x}_{j-1})-\boldsymbol{q}\|_{Q^{-1}}^2\right]\right\}\end{aligned} \tag{6-15}$$

式中：n 表示系统状态维数；$C_1=\dfrac{1}{(2\pi)^{n(k+1)/2}}$为常数；$|A|$为 A 的行列式；$\|\boldsymbol{u}\|_A^2=\boldsymbol{u}^{\mathrm{T}}A\boldsymbol{u}$ 为二次型。

已知量测值 $z_1,z_2,\cdots,z_k$，且可以认为它们相互独立，类似地有如下计算公式：

$$\begin{aligned}p[\boldsymbol{Z}_k \mid \boldsymbol{X}_k,\boldsymbol{q},\boldsymbol{Q},\boldsymbol{r},\boldsymbol{R}] &= \prod_{j=1}^{k} p[\boldsymbol{z}_j \mid \boldsymbol{x}_j,\boldsymbol{r},\boldsymbol{R}] \\ &= \prod_{j=1}^{k}\frac{1}{(2\pi)^{\frac{m}{2}}|\boldsymbol{R}|^{\frac{1}{2}}}\exp\left\{-\frac{1}{2}\|\boldsymbol{z}_j-\boldsymbol{h}_j(\boldsymbol{x}_j)-\boldsymbol{r}\|_{\boldsymbol{R}^{-1}}^2\right\} \\ &= C_2|\boldsymbol{R}|^{-\frac{k}{2}}\exp\left\{-\frac{1}{2}\sum_{j=1}^{k}\|\boldsymbol{z}_j-\boldsymbol{h}_j(\boldsymbol{x}_j)-\boldsymbol{r}\|_{\boldsymbol{R}^{-1}}^2\right\}\end{aligned} \tag{6-16}$$

式中：m 表示量测维数；$C_2=\dfrac{1}{(2\pi)^{mk/2}}$为一常数。

于是，将式(6－15)和式(6－16)代入式(6－14)，可得

$$\begin{aligned}J &= C_1C_2|\boldsymbol{P}_0|^{-\frac{1}{2}}\cdot|\boldsymbol{Q}|^{-\frac{k}{2}}\cdot|\boldsymbol{R}|^{-\frac{k}{2}}\cdot p[\boldsymbol{q},\boldsymbol{Q},\boldsymbol{r},\boldsymbol{R}] \\ &\quad\cdot\exp\left\{-\frac{1}{2}\left[\|\boldsymbol{x}_0-\hat{\boldsymbol{x}}_0\|_{\boldsymbol{P}_0^{-1}}^2+\sum_{j=1}^{k}\|\boldsymbol{x}_j-\boldsymbol{f}_{j-1}(\boldsymbol{x}_{j-1})-\boldsymbol{q}\|_{\boldsymbol{Q}^{-1}}^2\right.\right. \\ &\quad\left.\left.+\sum_{j=1}^{k}\|\boldsymbol{z}_j-\boldsymbol{h}_j(\boldsymbol{x}_j)-\boldsymbol{r}\|_{\boldsymbol{R}^{-1}}^2\right]\right\} \\ &= \boldsymbol{C}|\boldsymbol{Q}|^{-\frac{k}{2}}\cdot|\boldsymbol{R}|^{-\frac{k}{2}}\exp\left\{-\frac{1}{2}\left[\sum_{j=1}^{k}\|\boldsymbol{x}_j-\boldsymbol{f}_{j-1}(\boldsymbol{x}_{j-1})-\boldsymbol{q}\|_{\boldsymbol{Q}^{-1}}^2\right.\right. \\ &\quad\left.\left.+\sum_{j=1}^{k}\|\boldsymbol{z}_j-\boldsymbol{h}_j(\boldsymbol{x}_j)-\boldsymbol{r}\|_{\boldsymbol{R}^{-1}}^2\right]\right\}\end{aligned} \tag{6-17}$$

其中

$$\boldsymbol{C}=C_1C_2|\boldsymbol{P}_0|^{-\frac{1}{2}}p[\boldsymbol{q},\boldsymbol{Q},\boldsymbol{r},\boldsymbol{R}]\exp\left\{-\frac{1}{2}\|\boldsymbol{x}_0-\hat{\boldsymbol{x}}_0\|_{\boldsymbol{P}_0^{-1}}^2\right\} \tag{6-18}$$

而由式(6－17)可得

$$\begin{aligned}\ln J &= -\frac{k}{2}\ln|\boldsymbol{Q}|-\frac{k}{2}\ln|\boldsymbol{R}|-\frac{1}{2}\sum_{j=1}^{k}\|\boldsymbol{x}_j-\boldsymbol{f}_{j-1}(\boldsymbol{x}_{j-1})-\boldsymbol{q}\|_{\boldsymbol{Q}^{-1}}^2 \\ &\quad-\frac{1}{2}\sum_{j=1}^{k}\|\boldsymbol{z}_j-\boldsymbol{h}_j(x_j)-\boldsymbol{r}\|_{\boldsymbol{R}^{-1}}^2+\ln\boldsymbol{C}\end{aligned} \tag{6-19}$$

注意到 J 和 $\ln J$ 具有相同的极值点。同时假设$\hat{\boldsymbol{x}}_{j-1|k}$及$\hat{\boldsymbol{x}}_{j|k}$已知，利用矩阵导数运算法则，令

$$\left.\frac{\partial\ln J}{\partial\boldsymbol{q}}\right|_{\boldsymbol{q}=\hat{\boldsymbol{q}}_k}^{\boldsymbol{x}_{j-1}=\hat{\boldsymbol{x}}_{j-1|k},\ \boldsymbol{x}_j=\hat{\boldsymbol{x}}_{j|k}}=0,\quad \left.\frac{\partial\ln J}{\partial\boldsymbol{Q}}\right|_{\boldsymbol{Q}=\hat{\boldsymbol{Q}}_k}^{\boldsymbol{x}_{j-1}=\hat{\boldsymbol{x}}_{j-1|k},\ \boldsymbol{x}_j=\hat{\boldsymbol{x}}_{j|k}}=0 \tag{6-20}$$

$$\left.\frac{\partial\ln J}{\partial r}\right|_{\boldsymbol{r}=\hat{\boldsymbol{r}}_k}^{\boldsymbol{x}_j=\hat{\boldsymbol{x}}_{j|k}}=0,\quad \left.\frac{\partial\ln J}{\partial\boldsymbol{R}}\right|_{\boldsymbol{R}=\hat{\boldsymbol{R}}_k}^{\boldsymbol{x}_j=\hat{\boldsymbol{x}}_{j|k}}=0 \tag{6-21}$$

可得到噪声统计的最优 MAP 估计器为

$$\hat{\boldsymbol{q}}_k=\frac{1}{k}\sum_{j=1}^{k}\left[\hat{\boldsymbol{x}}_{j|k}-\boldsymbol{f}_{j-1}(\cdot)\,|_{\boldsymbol{x}_{j-1}\leftarrow\hat{\boldsymbol{x}}_{j-1|k}}\right] \tag{6-22}$$

$$\hat{Q}_k = \frac{1}{k}\sum_{j=1}^{k}\{[\hat{x}_{j|k} - f_{j-1}(\cdot)|_{x_{j-1}=\hat{x}_{j-1|k}} - q][\hat{x}_{j|k} - f_{j-1}(\cdot)|_{x_{j-1}=\hat{x}_{j-1|k}} - q]^{\mathrm{T}}\} \tag{6-23}$$

$$\hat{r}_k = \frac{1}{k}\sum_{j=1}^{k}[z_j - h_j(\cdot)|_{x_j=\hat{x}_{j|k}}] \tag{6-24}$$

$$\hat{R}_k = \frac{1}{k}\sum_{j=1}^{k}\{[z_j - h_j(\cdot)|_{x_j=\hat{x}_{j|k}} - r][z_j - h_j(\cdot)|_{x_j=\hat{x}_{j|k}} - r]^{\mathrm{T}}\} \tag{6-25}$$

在上述各式中以滤波估计值$\hat{x}_{j-1}$及$\hat{x}_j$或预报估计值$\hat{x}_{j|j-1}$来近似代替计算复杂的平滑估计值$\hat{x}_{j-1|k}$及$\hat{x}_{j/k}$，即可得到噪声统计次优 MAP 估计器为

$$\hat{q}_k = \frac{1}{k}\sum_{j=1}^{k}[\hat{x}_j - f_{j-1}(\cdot)|_{x_{j-1}=\hat{x}_{j-1}}] \tag{6-26}$$

$$\begin{aligned}\hat{Q}_k &= \frac{1}{k}\sum_{j=1}^{k}\{[\hat{x}_j - f_{j-1}(\cdot)|_{x_{j-1}=\hat{x}_{j-1}} - q][\hat{x}_j - f_{j-1}(\cdot)|_{x_{j-1}=\hat{x}_{j-1}} - q]^{\mathrm{T}}\}\\ &= \frac{1}{k}\sum_{j=1}^{k}\{[\hat{x}_j - \hat{x}_{j|j-1}][\hat{x}_j - \hat{x}_{j|j-1}]^{\mathrm{T}}\}\end{aligned} \tag{6-27}$$

$$\hat{r}_k = \frac{1}{k}\sum_{j=1}^{k}[z_j - h_j(\cdot)|_{x_j=\hat{x}_{j|j-1}}] \tag{6-28}$$

$$\begin{aligned}\hat{R}_k &= \frac{1}{k}\sum_{j=1}^{k}\{[z_j - h_j(\cdot)|_{x_j=\hat{x}_{j|j-1}} - r][z_j - h_j(\cdot)|_{x_j=\hat{x}_{j|j-1}} - r]^{\mathrm{T}}\}\\ &= \frac{1}{k}\sum_{j=1}^{k}\{[z_j - \hat{z}_{j|j-1}][z_j - \hat{z}_{j|j-1}]^{\mathrm{T}}\}\end{aligned} \tag{6-29}$$

6.1.2 无偏性分析

下面讨论式(6-26)~式(6-29)所述的次优 MAP 噪声统计估计器的无偏性。对于服从高斯分布的非线性系统状态模型式(6-1)和式(6-2)，可以证明，当系统状态后验均值和协方差精确已知时，滤波器的输出残差序列是零均值高斯白噪声序列[5-6]，即有 $\mathrm{E}[\varepsilon_k]=0$。利用上述非线性高斯最优滤波递推公式可得

$$\mathrm{E}[\hat{q}_k] = \frac{1}{k}\sum_{j=1}^{k}\mathrm{E}[x_j - x_{j|j-1} + q] = \frac{1}{k}\sum_{j=1}^{k}\mathrm{E}[K_j\varepsilon_j + q] = q \tag{6-30}$$

$$\mathrm{E}[\hat{r}_k] = \frac{1}{k}\sum_{j=1}^{k}\mathrm{E}[z_j - z_{j|j-1} + r] = \frac{1}{k}\sum_{j=1}^{k}\mathrm{E}[\varepsilon_j + r] = r \tag{6-31}$$

故 q 和 r 的次优 MAP 估计是无偏的。注意到 $\varepsilon_k = z_k - \hat{z}_{k|k-1}$ 且 $P_{\tilde{z}_k} = \mathrm{E}[\varepsilon_k\varepsilon_k^{\mathrm{T}}]$，则

$$\mathrm{E}[\hat{R}_k] = \frac{1}{k}\sum_{j=1}^{k}\mathrm{E}[\varepsilon_j\varepsilon_j^{\mathrm{T}}] = \frac{1}{k}\sum_{j=1}^{k}P_{\tilde{z}_j} = \frac{1}{k}\sum_{j=1}^{k}[\mathrm{E}(\Theta_k\Theta_k^{\mathrm{T}}) + R] \tag{6-32}$$

由上式可得到量测噪声的协方差矩阵 R 的次优 MAP 无偏估计

$$\hat{R}_k = \frac{1}{k}\sum_{j=1}^{k}[\varepsilon_j\varepsilon_j^{\mathrm{T}} - \mathrm{E}(\Theta_k\Theta_k^{\mathrm{T}})] \tag{6-33}$$

再根据$\hat{x}_k - \hat{x}_{k|k-1} = K_k\varepsilon_k$，以及 $P_{k|k-1} - P_k = K_kP_{\tilde{z}_k}K_k^{\mathrm{T}}$，则

$$\mathrm{E}[\hat{\boldsymbol{Q}}_k] = \frac{1}{k}\sum_{j=1}^{k}\boldsymbol{K}_j\mathrm{E}[\boldsymbol{\varepsilon}_j\boldsymbol{\varepsilon}_j^{\mathrm{T}}]\boldsymbol{K}_j^{\mathrm{T}} = \frac{1}{k}\sum_{j=1}^{k}\boldsymbol{K}_j\boldsymbol{P}_{\tilde{z}_j}\boldsymbol{K}_j^{\mathrm{T}} = \frac{1}{k}\sum_{j=1}^{k}(\boldsymbol{P}_{j|j-1} - \boldsymbol{P}_j)$$

$$= \frac{1}{k}\sum_{j=1}^{k}[\mathrm{E}(\boldsymbol{\Lambda}_{k-1}\boldsymbol{\Lambda}_{k-1}^{\mathrm{T}}) - \boldsymbol{P}_j + \boldsymbol{Q}] \tag{6-34}$$

由上式可得到系统噪声的协方差矩阵 $\boldsymbol{Q}$ 的次优 MAP 无偏估计

$$\hat{\boldsymbol{Q}}_k = \frac{1}{k}\sum_{j=1}^{k}[\boldsymbol{K}_j\boldsymbol{\varepsilon}_j\boldsymbol{\varepsilon}_j^{\mathrm{T}}\boldsymbol{K}_j^{\mathrm{T}} + \boldsymbol{P}_j - \mathrm{E}(\boldsymbol{\Lambda}_{k-1}\boldsymbol{\Lambda}_{k-1}^{\mathrm{T}})] \tag{6-35}$$

显然,容易推出应用于非线性高斯系统最优滤波器的次优无偏 MAP 噪声统计估计器的递推公式

$$\hat{\boldsymbol{q}}_k = \frac{1}{k}[(k-1)\hat{\boldsymbol{q}}_{k-1} + \hat{\boldsymbol{x}}_k - \boldsymbol{f}_{k-1}(\cdot)|_{\boldsymbol{x}_{k-1}=\hat{\boldsymbol{x}}_{k-1}}] \tag{6-36}$$

$$\hat{\boldsymbol{Q}}_k = \frac{1}{k}[(k-1)\hat{\boldsymbol{Q}}_{k-1} + \boldsymbol{K}_k\boldsymbol{\varepsilon}_k\boldsymbol{\varepsilon}_k^{\mathrm{T}}\boldsymbol{K}_k^{\mathrm{T}} + \boldsymbol{P}_k - \mathrm{E}(\boldsymbol{\Lambda}_{k-1}\boldsymbol{\Lambda}_{k-1}^{\mathrm{T}})] \tag{6-37}$$

$$\hat{\boldsymbol{r}}_k = \frac{1}{k}[(k-1)\hat{\boldsymbol{r}}_{k-1} + \boldsymbol{z}_k - \boldsymbol{h}_k(\cdot)|_{\boldsymbol{x}_k=\hat{\boldsymbol{x}}_{k|k-1}}] \tag{6-38}$$

$$\hat{\boldsymbol{R}}_k = \frac{1}{k}[(k-1)\hat{\boldsymbol{R}}_{k-1} + \boldsymbol{\varepsilon}_k\boldsymbol{\varepsilon}_k^{\mathrm{T}} - \mathrm{E}(\boldsymbol{\Theta}_k\boldsymbol{\Theta}_k^{\mathrm{T}})] \tag{6-39}$$

相应地,基于上述噪声统计估计器的非线性高斯系统最优自适应滤波器为

$$\hat{\boldsymbol{x}}_{k|k-1} = \boldsymbol{f}_{k-1}(\cdot)|_{\boldsymbol{x}_{k-1}=\hat{\boldsymbol{x}}_{k-1}} + \hat{\boldsymbol{q}}_{k-1} \tag{6-40}$$

$$\boldsymbol{P}_{k|k-1} = \mathrm{E}(\boldsymbol{\Lambda}_{k-1}\boldsymbol{\Lambda}_{k-1}^{\mathrm{T}}) + \hat{\boldsymbol{Q}}_{k-1} \tag{6-41}$$

$$\hat{\boldsymbol{z}}_{k|k-1} = \boldsymbol{h}_k(\cdot)|_{\boldsymbol{x}_k=\hat{\boldsymbol{x}}_{k|k-1}} + \hat{\boldsymbol{r}}_k \tag{6-42}$$

$$\boldsymbol{P}_{\tilde{z}_k} = \mathrm{E}(\boldsymbol{\Theta}_k\boldsymbol{\Theta}_k^{\mathrm{T}}) + \hat{\boldsymbol{R}}_k \tag{6-43}$$

$$\boldsymbol{P}_{\tilde{x}_k\tilde{z}_k} = \mathrm{E}(\tilde{\boldsymbol{x}}_{k|k-1}\boldsymbol{\Theta}_k^{\mathrm{T}}) \tag{6-44}$$

$$\begin{cases}\hat{\boldsymbol{x}}_k = \hat{\boldsymbol{x}}_{k|k-1} + \boldsymbol{K}_k\boldsymbol{\varepsilon}_k \\ \boldsymbol{\varepsilon}_k = \boldsymbol{z}_k - \hat{\boldsymbol{z}}_{k|k-1} \\ \boldsymbol{K}_k = \boldsymbol{P}_{\tilde{x}_k\tilde{z}_k}\boldsymbol{P}_{\tilde{z}_k}^{-1} \\ \boldsymbol{P}_k = \boldsymbol{P}_{k|k-1} - \boldsymbol{K}_k\boldsymbol{P}_{\tilde{z}_k}\boldsymbol{K}_k^{\mathrm{T}}\end{cases} \tag{6-45}$$

设初始条件为:$\hat{\boldsymbol{x}}_0, \boldsymbol{P}_0; \hat{\boldsymbol{q}}_0, \hat{\boldsymbol{Q}}_0, \hat{\boldsymbol{r}}_0, \hat{\boldsymbol{R}}_0$。从初始条件出发,利用式(6-40)~式(6-45)对非线性系统状态进行估计的同时,采用式(6-36)~式(6-39)所示的递推算法对系统噪声和量测噪声的统计特性进行实时估计和修正,且噪声统计估计器对噪声均值和协方差的跟踪是无偏的。

6.1.3 时变噪声统计估计器

假设 $\boldsymbol{w}_k$ 和 $\boldsymbol{v}_k$ 是互不相关的高斯白噪声,且具有如下时变统计特性:

$$\begin{cases}\mathrm{E}(\boldsymbol{w}_k)=\boldsymbol{q}_k,\mathrm{Cov}(\boldsymbol{w}_k,\boldsymbol{w}_j)=\boldsymbol{Q}_k\delta_{kj}\\ \mathrm{E}(\boldsymbol{v}_k)=\boldsymbol{r}_k,\mathrm{Cov}(\boldsymbol{v}_k,\boldsymbol{v}_j)=\boldsymbol{R}_k\delta_{kj}\\ \mathrm{Cov}(\boldsymbol{w}_k,\boldsymbol{v}_j)=\boldsymbol{0}\end{cases}\tag{6-46}$$

式中：$\boldsymbol{Q}_k$ 为非负定对称阵；$\boldsymbol{R}_k$ 为正定对称阵。

从统计观点来看，最优无偏 MAP 常值噪声统计估计器式(6-36)~式(6-39)都是算术平均，式中的每项权系数均为 $1/k$，但对基于上述假设的时变噪声统计而言，应强调新近数据的作用，对于过于陈旧的数据应逐渐遗忘，对此可采用指数加权的衰减方法来实现。从噪声统计变化快慢的角度出发，下面将分别给出两种指数加权方法：渐消记忆指数加权和限定记忆指数加权。

1）渐消记忆指数加权

当噪声统计变化较慢时，可以采用渐消记忆指数加权，即在和式中每项乘以不同的加权系数。选取加权系数$\{\beta_i\}$使之满足

$$\beta_i=\beta_{i-1}b,0<b<1,\sum_{i=1}^{k+1}\beta_i=1\tag{6-47}$$

于是

$$\begin{cases}\beta_i=d_{k+1}b^{i-1}\\ d_{k+1}=\dfrac{1-b}{1-b^{k+1}}\end{cases},i=1,\cdots,k+1\tag{6-48}$$

其中 b 为遗忘因子。在和式(6-36)~式(6-39)中每项乘以 β_{k+1-j}代替原来的权系数 $1/k$，便得到了渐消记忆时变噪声统计估计器

以$\hat{\boldsymbol{q}}_k$ 为例，令

$$\boldsymbol{\Lambda}_j^q=\hat{\boldsymbol{x}}_j-\boldsymbol{f}_{j-1}(\cdot)\big|_{\boldsymbol{x}_{j-1}=\hat{\boldsymbol{x}}_{j-1}}\tag{6-49}$$

则由式(6-36)可知 k 时刻渐消记忆时变噪声统计估计器为

$$\hat{\boldsymbol{q}}_k=\sum_{j=1}^{k}\beta_{k+1-j}\boldsymbol{\Lambda}_j^q=\sum_{j=1}^{k}d_kb^{k-j}\boldsymbol{\Lambda}_j^q=d_k\sum_{j=1}^{k}b^{k-j}\boldsymbol{\Lambda}_j^q\tag{6-50}$$

同理，$k+1$ 时刻渐消记忆时变噪声统计估计器$\hat{\boldsymbol{q}}_{k+1}$可表示成

$$\begin{aligned}\hat{\boldsymbol{q}}_{k+1}&=\sum_{j=1}^{k+1}\beta_{k+2-j}\boldsymbol{\Lambda}_j^q=d_{k+1}\sum_{j=1}^{k+1}b^{k+1-j}\boldsymbol{\Lambda}_j^q=d_{k+1}\boldsymbol{\Lambda}_{k+1}^q+d_{k+1}\sum_{j=1}^{k}b^{k+1-j}\boldsymbol{\Lambda}_j^q\\&=d_{k+1}\boldsymbol{\Lambda}_{k+1}^q+\frac{d_{k+1}b}{d_k}\sum_{j=1}^{k}d_kb^{k-j}\boldsymbol{\Lambda}_j^q\\&=d_{k+1}\boldsymbol{\Lambda}_{k+1}^q+(1-d_{k+1})\sum_{j=1}^{k}d_kb^{k-j}\boldsymbol{\Lambda}_j^q\\&=(1-d_{k+1})\hat{\boldsymbol{q}}_k+d_{k+1}\boldsymbol{\Lambda}_{k+1}^q\\&=(1-d_{k+1})\hat{\boldsymbol{q}}_k+d_{k+1}[\hat{\boldsymbol{x}}_{k+1}-\boldsymbol{f}_k(\cdot)\big|_{\boldsymbol{x}_k=\hat{\boldsymbol{x}}_k}]\end{aligned}\tag{6-51}$$

借鉴上述$\hat{\boldsymbol{q}}_{k+1}$的推导方法，容易得到渐消记忆时变噪声统计估计器$\hat{\boldsymbol{Q}}_{k+1}$、$\hat{\boldsymbol{r}}_{k+1}$及$\hat{\boldsymbol{R}}_{k+1}$的递推公式

$$\widehat{\boldsymbol{Q}}_{k+1}=(1-d_{k+1})\widehat{\boldsymbol{Q}}_k+d_{k+1}[\boldsymbol{K}_{k+1}\boldsymbol{\varepsilon}_{k+1}\boldsymbol{\varepsilon}_{k+1}^{\mathrm{T}}\boldsymbol{K}_{k+1}^{\mathrm{T}}+\boldsymbol{P}_{k+1}-\mathrm{E}(\boldsymbol{\Lambda}_k\boldsymbol{\Lambda}_k^{\mathrm{T}})] \tag{6-52}$$

$$\widehat{\boldsymbol{r}}_{k+1}=(1-d_k)\widehat{\boldsymbol{r}}_{k+1}+d_{k+1}[\boldsymbol{z}_{k+1}-\boldsymbol{h}_{k+1}(\cdot)|_{\boldsymbol{x}_{k+1}=\hat{\boldsymbol{x}}_{k+1|k}}] \tag{6-53}$$

$$\widehat{\boldsymbol{R}}_{k+1}=(1-d_{k+1})\widehat{\boldsymbol{R}}_k+d_{k+1}[\boldsymbol{\varepsilon}_{k+1}\boldsymbol{\varepsilon}_{k+1}^{\mathrm{T}}-\mathrm{E}(\boldsymbol{\Theta}_{k+1}\boldsymbol{\Theta}_{k+1}^{\mathrm{T}})] \tag{6-54}$$

2）限定记忆指数加权

渐消记忆的特点是它记忆了所有过去的历史数据，但越陈旧的数据加权系数越小，其在整个加权和中所起的作用也就越小。

当噪声统计变化较快时，过于陈旧的数据对估计当前时刻的噪声统计帮助不大；对一个快时变过程而言，当前时刻噪声统计的真实值只与其近期历史数据有关。对于快时变噪声统计，可以采用限定指数加权方法，即对当前时刻以前的固定长度历史数据实行指数加权。

考虑限定记忆长度为 m（m 为预先设定的自然数，且 $0<m\leqslant k$）的指数加权，选取加权系数 $\{\beta_i\}$ 使之满足

$$\beta_i=\beta_{i-1}b,\quad 0<b<1,\quad \sum_{i=1}^{m}\beta_i=1 \tag{6-55}$$

于是

$$\begin{cases}\beta_i=d_m b^{i-1}, & i=1,\cdots,m\\ d_m=(1-b)/(1-b^m)\end{cases} \tag{6-56}$$

其中 b 为遗忘因子。将式(6-36)~式(6-39)中 $k-m$ 时刻以后每项乘以 β_{k+1-j} 代替原来的权系数 $1/k$，便得到了限定记忆时变噪声统计估计器。

仍以 $\widehat{\boldsymbol{q}}_k$ 为例，根据式(6-36)可知，记忆长度为 m 的 k 时刻时变噪声统计估计器 $\widehat{\boldsymbol{q}}_k$ 为

$$\widehat{\boldsymbol{q}}_k=\sum_{j=k-m+1}^{k}\beta_{k+1-j}\boldsymbol{\Lambda}_j^q=\sum_{j=k-m+1}^{k}d_m b^{k-j}\boldsymbol{\Lambda}_j^q \tag{6-57}$$

同理，$k+1$ 时刻限定记忆时变噪声统计估计器 $\widehat{\boldsymbol{q}}_{k+1}$ 可表示成

$$\begin{aligned}\widehat{\boldsymbol{q}}_{k+1}&=\sum_{j=k-m+2}^{k+1}\beta_{k+2-j}\boldsymbol{\Lambda}_j^q=\sum_{j=k-m+2}^{k+1}d_m b^{k+1-j}\boldsymbol{\Lambda}_j^q=d_m\boldsymbol{\Lambda}_{k+1}^q+\sum_{j=k-m+2}^{k}d_m b^{k+1-j}\boldsymbol{\Lambda}_j^q\\&=d_m\boldsymbol{\Lambda}_{k+1}^q+b\sum_{j=k-m+2}^{k}d_m b^{k-j}\boldsymbol{\Lambda}_j^q\\&=d_m\boldsymbol{\Lambda}_{k+1}^q+b\Big(\sum_{j=k-m+1}^{k}d_m b^{k-j}\boldsymbol{\Lambda}_j^q-d_m b^{m-1}\boldsymbol{\Lambda}_{k-m+1}^q\Big)\\&=b\,\widehat{\boldsymbol{q}}_k+d_m\boldsymbol{\Lambda}_{k+1}^q-d_m b^m\boldsymbol{\Lambda}_{k-m+1}^q\end{aligned} \tag{6-58}$$

借鉴上述 $\widehat{\boldsymbol{q}}_{k+1}$ 的推导方法，容易得到限定记忆时变噪声统计估计器 $\widehat{\boldsymbol{Q}}_{k+1}$、$\widehat{\boldsymbol{r}}_{k+1}$ 及 $\widehat{\boldsymbol{R}}_{k+1}$ 的递推公式

$$\widehat{\boldsymbol{Q}}_{k+1}=b\,\widehat{\boldsymbol{Q}}_k+d_m\boldsymbol{\Lambda}_{k+1}^Q-d_m b^m\boldsymbol{\Lambda}_{k-m+1}^Q \tag{6-59}$$

$$\widehat{\boldsymbol{r}}_{k+1}=b\,\widehat{\boldsymbol{r}}_k+d_m\boldsymbol{\Lambda}_{k+1}^r-d_m b^m\boldsymbol{\Lambda}_{k-m+1}^r \tag{6-60}$$

$$\widehat{\boldsymbol{R}}_{k+1}=b\,\widehat{\boldsymbol{R}}_k+d_m\boldsymbol{\Lambda}_{k+1}^R-d_m b^m\boldsymbol{\Lambda}_{k-m+1}^R \tag{6-61}$$

其中

$$\boldsymbol{\Lambda}_j^Q=\boldsymbol{K}_j\boldsymbol{\varepsilon}_j\boldsymbol{\varepsilon}_j^{\mathrm{T}}\boldsymbol{K}_j^{\mathrm{T}}+\boldsymbol{P}_j-\mathrm{E}(\boldsymbol{\Lambda}_{j-1}\boldsymbol{\Lambda}_{j-1}^{\mathrm{T}}) \tag{6-62}$$

$$\boldsymbol{\Lambda}_j^r = z_j - h_j(\cdot)\big|_{x_j=\hat{x}_{j|j-1}} \tag{6-63}$$

$$\boldsymbol{\Lambda}_j^R = \boldsymbol{\varepsilon}_j\boldsymbol{\varepsilon}_j^{\mathrm{T}} - \mathrm{E}(\boldsymbol{\Theta}_j\boldsymbol{\Theta}_j^{\mathrm{T}}) \tag{6-64}$$

在实际应用中，限定记忆窗口宽度 m 可根据具体情况灵活调整，但此方法需存储历史数据 $\boldsymbol{\Lambda}_{k-m+1}$。

限定记忆时变噪声统计估计器需从 $k=m+1$ 时刻开始递推计算，且事先要求有初始值 $\boldsymbol{\Lambda}_1,\cdots,\boldsymbol{\Lambda}_m$。这可以先用基于渐消记忆时变噪声统计估计器的自适应滤波算法来计算 $\boldsymbol{\Lambda}_1,\cdots,\boldsymbol{\Lambda}_m$，然后从 $k=m+1$ 时刻开始切换为基于限定记忆时变噪声统计估计器的自适应滤波算法。

6.2 带噪声统计估计器的 SPKF

由前面的理论分析可知，传统 SPKF 要求精确已知噪声的先验统计特性，而在实际应用中，要么受试验样本方面的限制，噪声的先验统计未知或不准确，要么虽精确已知噪声的先验统计，但系统处于实际运行环境当中，受内外部不确定因素的影响，噪声统计特性极易发生变化，具有时变性强的特点。遗憾的是，SPKF 不具有应对噪声统计变化的自适应能力，其在噪声统计未知时变情况下易出现滤波精度下降甚至发散，这正是传统 SPKF 的局限性所在。

为了克服传统 SPKF 的缺点，利用极大后验估计原理，设计一种应用于 SPKF 的噪声统计估计器，其利用输出量测信息实时估计和修正噪声的均值和协方差，从而使 SPKF 具有应对噪声变化的自适应能力。

6.2.1 带噪声统计估计器的 UKF

在 UT 变换下，$\boldsymbol{f}_{j-1}(\cdot)\big|_{x_{j-1}=\hat{x}_{j-1}}$ 及 $\mathrm{E}(\boldsymbol{\Lambda}_{k-1}\boldsymbol{\Lambda}_{k-1}^{\mathrm{T}})$ 可以由下式计算得到

$$\boldsymbol{f}_{j-1}(\cdot)\big|_{x_{j-1}=\hat{x}_{j-1}} \approx \sum_{i=0}^{L} W_i^m \boldsymbol{f}_{j-1}(\boldsymbol{\xi}_{i,j-1}) \tag{6-65}$$

$$\mathrm{E}(\boldsymbol{\Lambda}_{k-1}\boldsymbol{\Lambda}_{k-1}^{\mathrm{T}}) = \sum_{i=0}^{L} W_i^c(\boldsymbol{\gamma}_{i,j|j-1} - \hat{\boldsymbol{x}}_{j|j-1})(\boldsymbol{\gamma}_{i,j|j-1} - \hat{\boldsymbol{x}}_{j|j-1})^{\mathrm{T}} \tag{6-66}$$

式中：$\xi_{i,j-1}(i=0,1,\cdots,L)$ 为根据 UT 变换采样策略由 $j-1$ 时刻状态估计值 $\hat{\boldsymbol{x}}_{j-1}$ 和协方差 $\boldsymbol{P}_{j-1}$ 所构造的 Sigma 采样点。

同理，$\boldsymbol{h}_k(\cdot)\big|_{x_k=\hat{x}_{k|k-1}}$ 和 $\mathrm{E}(\boldsymbol{\Theta}_k\boldsymbol{\Theta}_k^{\mathrm{T}})$ 可以由下式计算得到

$$\boldsymbol{h}_j(\cdot)\big|_{x_j=\hat{x}_{j/j-1}} \approx \sum_{i=0}^{L} W_i^m \boldsymbol{h}_j(\boldsymbol{\xi}_{i,j|j-1}) \tag{6-67}$$

$$\mathrm{E}(\boldsymbol{\Theta}_k\boldsymbol{\Theta}_k^{\mathrm{T}}) = \sum_{i=0}^{L} W_i^c(\boldsymbol{\chi}_{i,k|k-1} - \hat{z}_{k|k-1})(\boldsymbol{\chi}_{i,k|k-1} - \hat{z}_{k|k-1})^{\mathrm{T}} \tag{6-68}$$

其中 $\xi_{i,j|j-1}(i=0,1,\cdots,L)$ 为根据 UT 变换采样策略由一步状态预测 $\hat{\boldsymbol{x}}_{j|j-1}$ 和协方差 $\boldsymbol{P}_{j|j-1}$ 所构造的 Sigma 采样点。

将式(6-65)及式(6-67)带入到式(6-36)~式(6-39)可得到应用于 UKF 的常值噪声统计次优无偏 MAP 估计器

$$\hat{\boldsymbol{q}}_k = \frac{1}{k}\Big[(k-1)\hat{\boldsymbol{q}}_{k-1} + \hat{\boldsymbol{x}}_k - \sum_{i=0}^{L} W_i^m \boldsymbol{f}_{k-1}(\boldsymbol{\xi}_{i,k-1})\Big] \tag{6-69}$$

$$\hat{\boldsymbol{Q}}_k = \frac{1}{k}\Big[(k-1)\hat{\boldsymbol{Q}}_{k-1} + \boldsymbol{K}_k\boldsymbol{\varepsilon}_k\boldsymbol{\varepsilon}_k^{\mathrm{T}}K_k^{\mathrm{T}} + \boldsymbol{P}_k - \sum_{i=0}^{L} W_i^c(\boldsymbol{\gamma}_{i,k|k-1} - \hat{\boldsymbol{x}}_{k|k-1})(\boldsymbol{\gamma}_{i,k|k-1} - \hat{\boldsymbol{x}}_{k|k-1})^{\mathrm{T}}\Big] \tag{6-70}$$

$$\hat{\boldsymbol{r}}_k = \frac{1}{k}[(k-1)\hat{\boldsymbol{r}}_{k-1} + z_k - \sum_{i=0}^{L} W_i^m \boldsymbol{h}_k(\boldsymbol{\xi}_{i,k|k-1})] \tag{6-71}$$

$$\hat{\boldsymbol{R}}_k = \frac{1}{k}[(k-1)\hat{\boldsymbol{R}}_{k-1} + \boldsymbol{\varepsilon}_k\boldsymbol{\varepsilon}_k^{\mathrm{T}} - \sum_{i=0}^{L} W_i^c(\boldsymbol{\chi}_{i,k|k-1} - \hat{z}_{k|k-1})(\boldsymbol{\chi}_{i,k|k-1} - \hat{z}_{k|k-1})^{\mathrm{T}}] \tag{6-72}$$

同理,将式(6-65)及式(6-67)带入到式(6-51)~式(6-54)或式(6-58)~式(6-61)可得到应用于 UKF 的时变噪声统计次优 MAP 估计器。

相应地,基于上述噪声统计估计器的 UKF 算法递推公式如下:

(1) 时间更新

$$\boldsymbol{\gamma}_{i,k|k-1} = \boldsymbol{f}_{k-1}(\boldsymbol{\xi}_{i,k-1}), i=0,1,\cdots,L \tag{6-73}$$

$$\hat{\boldsymbol{x}}_{k|k-1} = \sum_{i=0}^{L} W_i^m \boldsymbol{f}_{k-1}(\boldsymbol{\xi}_{i,k-1}) + \hat{\boldsymbol{q}}_{k-1} \tag{6-74}$$

$$\boldsymbol{P}_{k|k-1} = \sum_{i=0}^{L} W_i^c(\boldsymbol{\gamma}_{i,k|k-1} - \hat{\boldsymbol{x}}_{k|k-1})(\boldsymbol{\gamma}_{i,k|k-1} - \hat{\boldsymbol{x}}_{k|k-1})^{\mathrm{T}} + \hat{\boldsymbol{Q}}_{k-1} \tag{6-75}$$

(2) 量测更新

$$\boldsymbol{\chi}_{i,k|k-1} = \boldsymbol{h}_k(\boldsymbol{\xi}_{i,k|k-1}), i=0,1,\cdots,L \tag{6-76}$$

$$\hat{z}_{k|k-1} = \sum_{i=0}^{L} W_i^m \boldsymbol{h}_k(\boldsymbol{\xi}_{i,k|k-1}) + \hat{\boldsymbol{r}}_k \tag{6-77}$$

$$\boldsymbol{P}_{\tilde{z}_k} = \sum_{i=0}^{L} W_i^c(\chi_{i,k|k-1} - \hat{z}_{k|k-1})(\chi_{i,k|k-1} - \hat{z}_{k|k-1})^{\mathrm{T}} + \hat{\boldsymbol{R}}_k \tag{6-78}$$

$$\boldsymbol{P}_{\tilde{x}_k\tilde{z}_k} = \sum_{i=0}^{L} W_i^c(\boldsymbol{\xi}_{i,k|k-1} - \hat{\boldsymbol{x}}_{k|k-1})(\boldsymbol{\chi}_{i,k|k-1} - \hat{z}_{k|k-1})^{\mathrm{T}} \tag{6-79}$$

在获得新的量测 z_k 后,进行滤波量测更新

$$\begin{cases} \hat{\boldsymbol{x}}_k = \hat{\boldsymbol{x}}_{k|k-1} + \boldsymbol{K}_k(z_k - \hat{z}_{k|k-1}) \\ \boldsymbol{K}_k = \boldsymbol{P}_{\tilde{x}_k\tilde{z}_k}\boldsymbol{P}_{\tilde{z}_k}^{-1} \\ \boldsymbol{P}_k = \boldsymbol{P}_{k|k-1} - \boldsymbol{K}_k\boldsymbol{P}_{\tilde{z}_k}\boldsymbol{K}_k^{\mathrm{T}} \end{cases} \tag{6-80}$$

式中:$\boldsymbol{K}_k$ 是滤波增益矩阵。

6.2.2 带噪声统计估计器的 CDKF

在二阶中心差分近似情况下,$\boldsymbol{f}_{j-1}(\cdot)|_{x_{j-1}=\hat{x}_{j-1}}$ 及 $\mathrm{E}(\boldsymbol{\Lambda}_{k-1}\boldsymbol{\Lambda}_{k-1}^{\mathrm{T}})$ 可以表示成

$$\boldsymbol{f}_{j-1}(\cdot)|_{x_{j-1}=\hat{x}_{j-1}} \approx \sum_{i=0}^{2n} W_i^m \boldsymbol{f}_{j-1}(\boldsymbol{\xi}_{i,j-1}) \tag{6-81}$$

$$\mathrm{E}(\boldsymbol{\Lambda}_{k-1}\boldsymbol{\Lambda}_{k-1}^{\mathrm{T}}) = \sum_{i=1}^{n}\left[W_i^{c1}(\boldsymbol{\gamma}_{i,k|k-1}-\boldsymbol{\gamma}_{i+n,k|k-1})^2 + W_i^{c2}(\boldsymbol{\gamma}_{i,k|k-1}+\boldsymbol{\gamma}_{i+n,k|k-1}-2\boldsymbol{\gamma}_{0,k|k-1})^2\right] \tag{6-82}$$

其中 $\boldsymbol{\xi}_{i,j-1}(i=0,1,\cdots,2n)$ 为按照对称采样策略由 $j-1$ 时刻状态估计值 $\hat{\boldsymbol{x}}_{j-1}$ 和协方差 $\boldsymbol{P}_{j-1}$ 所构造的 Sigma 采样点。$\boldsymbol{\xi}_{i,j-1}$ 可以表示为

$$\begin{cases}\boldsymbol{\xi}_{0,j-1}=\hat{\boldsymbol{x}}_{j-1} \\ \boldsymbol{\xi}_{i,j-1}=\hat{\boldsymbol{x}}_{j-1}+(h\sqrt{\boldsymbol{P}_{j-1}})_i, \quad i=1,2,\cdots,n \\ \boldsymbol{\xi}_{i+n,j-1}=\hat{\boldsymbol{x}}_{j-1}-(h\sqrt{\boldsymbol{P}_{j-1}})_i\end{cases} \tag{6-83}$$

相应地，对应 $\boldsymbol{\xi}_{i,j-1}(i=0,1,\cdots,2n)$ 的一阶和二阶权值为

$$\begin{cases}W_0^m=\dfrac{h^2-n}{h^2}, W_i^m=\dfrac{1}{2h^2} \\ W_i^{c1}=\dfrac{1}{4h^2}, W_i^{c2}=\dfrac{h^2-1}{4h^4}\end{cases}, \quad i=1,2,\cdots,2n \tag{6-84}$$

同理，$\boldsymbol{h}_k(\cdot)\,|_{\boldsymbol{x}_k=\hat{\boldsymbol{x}}_{k|k-1}}$ 和 $\mathrm{E}(\boldsymbol{\Theta}_k\boldsymbol{\Theta}_k^{\mathrm{T}})$ 可以表示成

$$\boldsymbol{h}_j(\cdot)\,|_{x_j=\hat{x}_{j/j-1}} \approx \sum_{i=0}^{2n} W_i^m \boldsymbol{h}_j(\boldsymbol{\xi}_{i,j|j-1}) \tag{6-85}$$

$$\mathrm{E}(\boldsymbol{\Theta}_k\boldsymbol{\Theta}_k^{\mathrm{T}}) = \sum_{i=1}^{n}\left[W_i^{c1}(\boldsymbol{\chi}_{i,k|k-1}-\boldsymbol{\chi}_{i+n,k|k-1})^2 + W_i^{c2}(\boldsymbol{\chi}_{i,k|k-1}+\boldsymbol{\chi}_{i+n,k|k-1}-2\boldsymbol{\chi}_{0,k|k-1})^2\right] \tag{6-86}$$

其中 $\xi_{i,j|j-1}(i=0,1,\cdots,2n)$ 为按照对称采样策略由一步状态预测 $\hat{\boldsymbol{x}}_{j|j-1}$ 和协方差 $\boldsymbol{P}_{j|j-1}$ 所构造的 Sigma 采样点。$\boldsymbol{\xi}_{i,j|j-1}$ 可以表示为

$$\begin{cases}\boldsymbol{\xi}_{0,j|j-1}=\hat{\boldsymbol{x}}_{j|j-1} \\ \boldsymbol{\xi}_{i,j|j-1}=\hat{\boldsymbol{x}}_{j|j-1}+(h\sqrt{\boldsymbol{P}_{j|j-1}})_i, \quad i=1,2,\cdots,n \\ \boldsymbol{\xi}_{i+n,j|j-1}=\hat{\boldsymbol{x}}_{j|j-1}-(h\sqrt{\boldsymbol{P}_{j|j-1}})_i\end{cases} \tag{6-87}$$

类似于带噪声统计估计器的 UKF 算法的推导，可以得到带噪声统计估计器的 CDKF 算法递推公式。

(1) 时间更新

$$\boldsymbol{\gamma}_{i,k|k-1}=\boldsymbol{f}_{k-1}(\boldsymbol{\xi}_{i,k-1}), i=0,1,\cdots,2n \tag{6-88}$$

$$\hat{\boldsymbol{x}}_{k|k-1} = \sum_{i=0}^{2n} W_i^m \boldsymbol{f}_{k-1}(\boldsymbol{\xi}_{i,k-1}) + \hat{\boldsymbol{q}}_{k-1} \tag{6-89}$$

$$\boldsymbol{P}_{k|k-1} = \sum_{i=1}^{n}\left[W_i^{c1}(\boldsymbol{\gamma}_{i,k|k-1}-\boldsymbol{\gamma}_{i+n,k|k-1})^2 + W_i^{c2}(\boldsymbol{\gamma}_{i,k|k-1}+\boldsymbol{\gamma}_{i+n,k|k-1}-2\boldsymbol{\gamma}_{0,k|k-1})^2\right] + \hat{\boldsymbol{Q}}_{k-1} \tag{6-90}$$

(2) 量测更新

$$\boldsymbol{\chi}_{i,k|k-1}=\boldsymbol{h}_k(\boldsymbol{\xi}_{i,k|k-1}), \quad i=0,1,\cdots,2n \tag{6-91}$$

$$\hat{z}_{k|k-1} = \sum_{i=0}^{2n} W_i^m \boldsymbol{h}_k(\boldsymbol{\xi}_{i,k|k-1}) + \hat{\boldsymbol{r}}_k \tag{6-92}$$

$$\boldsymbol{P}_{\tilde{z}_k} = \sum_{i=1}^{n} [W_i^{c1}(\boldsymbol{\chi}_{i,k|k-1} - \boldsymbol{\chi}_{i+n,k|k-1})^2 + W_i^{c2}(\boldsymbol{\chi}_{i,k|k-1} + \boldsymbol{\chi}_{i+n,k|k-1} - 2\boldsymbol{\chi}_{0,k|k-1})^2] + \hat{\boldsymbol{R}}_k \tag{6-93}$$

$$\boldsymbol{P}_{\tilde{x}_k\tilde{z}_k} = \sum_{i=1}^{n} \sqrt{W_i^{c1}}(\boldsymbol{\xi}_{i,k|k-1} - \hat{\boldsymbol{x}}_{k|k-1})(\boldsymbol{\chi}_{i,k|k-1} - \boldsymbol{\chi}_{i+n,k|k-1})^{\mathrm{T}} \tag{6-94}$$

在获得新的量测 z_k 后，进行滤波量测更新

$$\begin{cases} \hat{\boldsymbol{x}}_k = \hat{\boldsymbol{x}}_{k|k-1} + \boldsymbol{K}_k(z_k - \hat{z}_{k|k-1}) \\ \boldsymbol{K}_k = \boldsymbol{P}_{\tilde{x}_k\tilde{z}_k}\boldsymbol{P}_{\tilde{z}_k}^{-1} \\ \boldsymbol{P}_k = \boldsymbol{P}_{k|k-1} - \boldsymbol{K}_k\boldsymbol{P}_{\tilde{z}_k}\boldsymbol{K}_k^{\mathrm{T}} \end{cases} \tag{6-95}$$

式中：$\boldsymbol{K}_k$ 是滤波增益矩阵。

在上述 CDKF 算中，次优无偏 MAP 常值噪声统计估计器递推公式为

$$\hat{\boldsymbol{q}}_k = \frac{1}{k}[(k-1)\hat{\boldsymbol{q}}_{k-1} + \hat{\boldsymbol{x}}_k - \sum_{i=0}^{L} W_i^m \boldsymbol{f}_{k-1}(\boldsymbol{\xi}_{i,k-1})] \tag{6-96}$$

$$\begin{aligned}\hat{\boldsymbol{Q}}_k = \frac{1}{k}\Big\{(k-1)\hat{\boldsymbol{Q}}_{k-1} + \boldsymbol{K}_k\boldsymbol{\varepsilon}_k\boldsymbol{\varepsilon}_k^{\mathrm{T}}\boldsymbol{K}_k^{\mathrm{T}} + \boldsymbol{P}_k - \sum_{i=1}^{n}[W_i^{c1}(\boldsymbol{\gamma}_{i,k|k-1} - \boldsymbol{\gamma}_{i+n,k|k-1})^2 \\ + W_i^{c2}(\boldsymbol{\gamma}_{i,k|k-1} + \boldsymbol{\gamma}_{i+n,k|k-1} - 2\boldsymbol{\gamma}_{0,k|k-1})^2]\Big\}\end{aligned} \tag{6-97}$$

$$\hat{\boldsymbol{r}}_k = \frac{1}{k}[(k-1)\hat{\boldsymbol{r}}_{k-1} + z_k - \sum_{i=0}^{L} W_i^m \boldsymbol{h}_k(\boldsymbol{\xi}_{i,k|k-1})] \tag{6-98}$$

$$\begin{aligned}\hat{\boldsymbol{R}}_k = \frac{1}{k}\{(k-1)\hat{\boldsymbol{R}}_{k-1} + \boldsymbol{\varepsilon}_k\boldsymbol{\varepsilon}_k^{\mathrm{T}} - \sum_{i=1}^{n}[W_i^{c1}(\boldsymbol{\chi}_{i,k|k-1} - \boldsymbol{\chi}_{i+n,k|k-1})^2 \\ + W_i^{c2}(\boldsymbol{\chi}_{i,k|k-1} + \boldsymbol{\chi}_{i+n,k|k-1} - 2\boldsymbol{\chi}_{0,k|k-1})^2]\Big\}\end{aligned} \tag{6-99}$$

同理，将式(6-81)和式(6-82)及式(6-85)和式(6-86)代入到式(6-51)~式(6-54)或式(6-58)~式(6-61)可得到应用于 CDKF 的时变噪声统计次优 MAP 估计器。

6.2.3 数值实例

考虑如下所示的强非线性高斯系统模型，来验证所设计的带噪声统计估计器的 UKF 滤波算法的有效性：

$$\boldsymbol{x}_{k+1} = \begin{bmatrix} x_{1,k+1} \\ x_{2,k+1} \\ x_{3,k+1} \end{bmatrix} = \begin{bmatrix} \sin(x_{2,k}) \\ x_{1,k} + x_{3,k} \\ 0.2x_{1,k}(x_{2,k} + x_{3,k}) \end{bmatrix} + \begin{bmatrix} 1 \\ 1 \\ 1 \end{bmatrix} w_k \tag{6-100}$$

$$z_k = x_{1,k} + x_{2,k}x_{3,k} + v_k \tag{6-101}$$

式中：w_k 和 v_k 均为高斯白噪声，且它们的常值统计特性为

$$q=0.2, Q=0.16, r=0.3, R=0.36 \tag{6-102}$$

设上述非线性系统的理论初始值为

$$\boldsymbol{x}_0=[\,-0.7\quad 1\quad 1\,]^{\mathrm{T}} \tag{6-103}$$

同时取状态估计的初始值为

$$\hat{\boldsymbol{x}}_0=0,\quad \boldsymbol{P}_0=0 \tag{6-104}$$

且$\hat{\boldsymbol{x}}_0$ 与 w_k、v_k 是互不相关的。

假设量测噪声统计特性精确已知，而系统噪声统计特性未知或不准确，采用式(6-69)~式(6-72)所示的常值噪声统计估计器对未知的 q 和 Q 进行估计，且取初始均值和协方差为

$$\hat{q}_0=0.4,\quad \hat{Q}_0=0.6 \tag{6-105}$$

同时，UT 变换选择对称采样策略，比例系数 $\kappa=0.5$，则系统噪声统计估计值如图 6-1 所示。相应地，为了考察在噪声统计未知情况下所设计的带噪声统计估计器的 UKF 及传统 UKF 的滤波性能，分别采用式(6-73)~式(6-80)及第 5 章中传统 UKF 滤波递推公式对非线性系统式(6-100)和式(6-101)进行状态估计，状态 2 的估计值及估计误差如图 6-2 和图 6-3 所示。

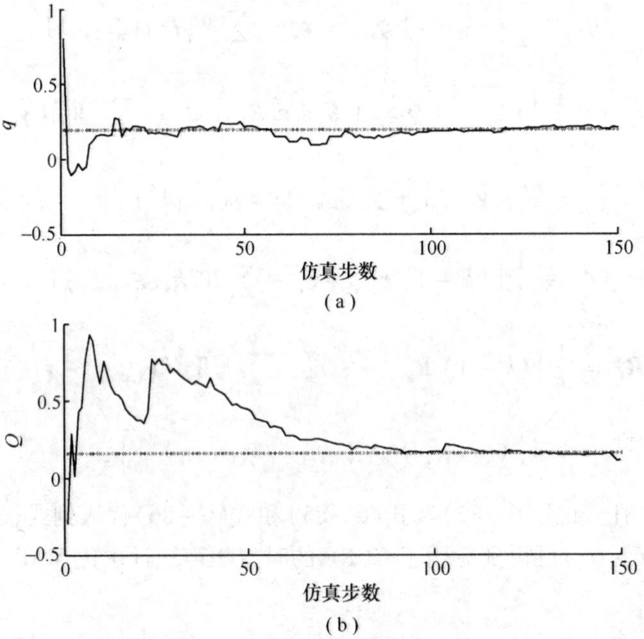

图 6-1　系统噪声统计估计值

(a) 系统噪声均值统计估计曲线(虚线为理论值，实线为仿真值)；

(b) 系统噪声协方差统计估计曲线(虚线为理论值，实线为仿真值)。

从图 6-1 中可以看出，当系统噪声先验统计未知或不准确时，常值噪声统计估计器能快速准确地估计出系统噪声的均值和协方差，说明了式(6-69)~式(6-72)在估计噪声先验统计特性时的有效性。

从图 6-2 和图 6-3 不难发现，传统 UKF 在系统噪声统计未知或不准确时已无法准确跟踪状态 2 的变化，状态 2 估计误差较大，均方误差有发散的趋势，滤波精度严重下降；对于带噪声统计估计器的 UKF 来说，滤波开始时，因系统噪声统计不准确，基于式(6-73)~式(6-80)

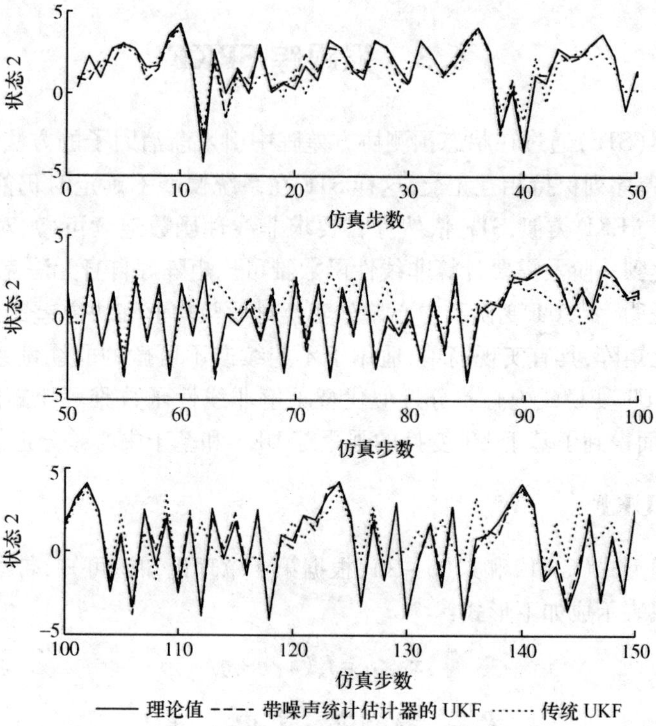

图 6-2　两种算法下状态 2 的估计曲线

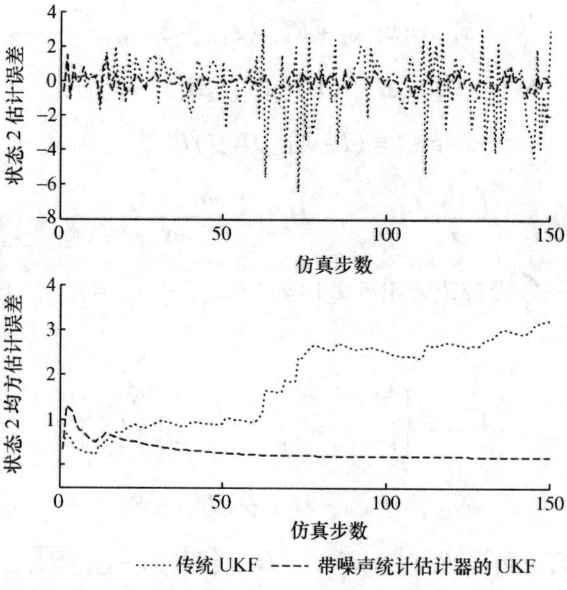

图 6-3　两种算法下状态 2 的估计误差

的带噪声统计估计器的 UKF 滤波算法对状态 2 的估计效果不佳，状态 2 的估计误差也较大，但随着噪声统计估计器对系统噪声均值 q 和方差 Q 的有效跟踪，状态 2 的滤波效果由差变好，估计误差由大变小，带噪声统计估计器的 UKF 实现了对状态 2 的准确跟踪，均方估计误差也逐渐趋于平稳，达到了极小值，这有效克服了传统 UKF 在噪声统计未知或不准确时滤波精度下降甚至发散的缺点，验证了带噪声统计估计器的 UKF 滤波算法的可行性和有效性。

6.3 强跟踪 SPKF

强跟踪滤波器(STF)通过在状态预测协方差阵中引入渐消因子的方法,在线实时调整增益矩阵,强迫输出残差序列保持相互正交,这样 STF 在系统模型不确定时仍能保持对系统状态的跟踪能力。然而,与 EKF 类似,STF 依然存在要求非线性函数连续可微、对非线性状态后验分布近似精度只能达到一阶及需要计算非线性函数雅可比矩阵等自身无法克服的理论局限性。

理论上已经证明[7,8],UT 变换和中心差分变换对后验均值和协方差的近似精度高于 EKF,且无需计算雅可比矩阵,具有实现简单、适用于不连续或不可微的非线性系统滤波等特点。为此,本节提出采用 UT 变换或中心差分近似代替求解非线性函数雅可比矩阵,来计算状态后验均值和协方差,从而得到了基于 UT 变换的强跟踪 UKF 和基于中心差分近似的强跟踪 CDKF。

6.3.1 强跟踪 UKF

已知非线性模型式(6-1)和式(6-2),根据第4章理论知识可知,带渐消因子的强跟踪滤波器递推公式可以表示成如下形式:

$$\hat{\boldsymbol{x}}_{k+1|k} = \boldsymbol{f}_k(\hat{\boldsymbol{x}}_k) + \boldsymbol{q}_k \tag{6-106}$$

$$\boldsymbol{P}_{k+1|k} = \lambda_{k+1}\boldsymbol{\Phi}_{k+1,k}\boldsymbol{P}_k\boldsymbol{\Phi}_{k+1,k}^{\mathrm{T}} + \boldsymbol{Q}_k \tag{6-107}$$

$$\hat{\boldsymbol{z}}_{k+1|k} = \boldsymbol{h}_{k+1}(\hat{\boldsymbol{x}}_{k+1|k}) + \boldsymbol{r}_{k+1} \tag{6-108}$$

$$\hat{\boldsymbol{x}}_{k+1} = \hat{\boldsymbol{x}}_{k+1|k} + \boldsymbol{K}_{k+1}(\boldsymbol{z}_{k+1} - \hat{\boldsymbol{z}}_{k+1|k}) \tag{6-109}$$

$$\boldsymbol{K}_{k+1} = \boldsymbol{P}_{k+1|k}\boldsymbol{H}_{k+1}^{\mathrm{T}}(\boldsymbol{H}_{k+1}\boldsymbol{P}_{k+1|k}\boldsymbol{H}_{k+1}^{\mathrm{T}} + \boldsymbol{R}_{k+1})^{-1} \tag{6-110}$$

$$\boldsymbol{P}_{k+1} = (\boldsymbol{I} - \boldsymbol{K}_{k+1}\boldsymbol{H}_{k+1})\boldsymbol{P}_{k+1|k} \tag{6-111}$$

$$\boldsymbol{\Phi}_{k+1,k} = \left.\frac{\partial \boldsymbol{f}_k(\boldsymbol{x}_k)}{\partial \boldsymbol{x}_k}\right|_{\boldsymbol{x}_k=\hat{\boldsymbol{x}}_k}, \quad \boldsymbol{H}_{k+1} = \left.\frac{\partial \boldsymbol{h}_{k+1}(\boldsymbol{x}_{k+1})}{\partial \boldsymbol{x}_{k+1}}\right|_{\boldsymbol{x}_{k+1}=\hat{\boldsymbol{x}}_{k+1|k}} \tag{6-112}$$

其中 $\lambda_{k+1}\geqslant 1$ 为渐消因子。设理论输出残差序列为 $\boldsymbol{\varepsilon}_{k+1} = \boldsymbol{z}_{k+1} - \hat{\boldsymbol{z}}_{k+1|k}$,则渐消因子 λ_{k+1} 的计算参见第4章中的算法,即

$$\lambda_{k+1} = \begin{cases} \lambda_0 & \lambda_0 \geqslant 1 \\ 1 & \lambda_0 < 1 \end{cases}, \quad \lambda_0 = \frac{\mathrm{tr}[\boldsymbol{N}_{k+1}]}{\mathrm{tr}[\boldsymbol{M}_{k+1}]} \tag{6-113}$$

$$\boldsymbol{N}_{k+1} = \boldsymbol{V}_{k+1} - \boldsymbol{H}_{k+1}\boldsymbol{Q}_k\boldsymbol{H}_{k+1}^{\mathrm{T}} - \boldsymbol{R}_{k+1} \tag{6-114}$$

$$\begin{aligned} \boldsymbol{M}_{k+1} &= \boldsymbol{H}_{k+1}\boldsymbol{\Phi}_{k+1,k}\boldsymbol{P}_k\boldsymbol{\Phi}_{k+1,k}^{\mathrm{T}}\boldsymbol{H}_{k+1}^{\mathrm{T}} = \boldsymbol{H}_{k+1}[\boldsymbol{P}_{k+1|k}^{(l)} - \boldsymbol{Q}_k]\boldsymbol{H}_{k+1}^{\mathrm{T}} \\ &= \boldsymbol{H}_{k+1}\boldsymbol{P}_{k+1|k}^{(l)}\boldsymbol{H}_{k+1}^{\mathrm{T}} - \boldsymbol{H}_{k+1}\boldsymbol{Q}_k\boldsymbol{H}_{k+1}^{\mathrm{T}} = \boldsymbol{H}_{k+1}\boldsymbol{P}_{k+1|k}^{(l)}\boldsymbol{H}_{k+1}^{\mathrm{T}} + \boldsymbol{R}_{k+1} - \boldsymbol{V}_{k+1} + \boldsymbol{N}_{k+1} \end{aligned} \tag{6-115}$$

式中:tr(·)为求矩阵迹的算子;$\boldsymbol{P}_{k+1|k}^{(l)}$表示没有引入渐消因子时的状态预测协方差,且显然

$$\boldsymbol{P}_{k+1|k}^{(l)} = \boldsymbol{\Phi}_{k+1,k}\boldsymbol{P}_k\boldsymbol{\Phi}_{k+1,k}^{\mathrm{T}} + \boldsymbol{Q}_k \tag{6-116}$$

$\boldsymbol{V}_{k+1}$为实际输出残差序列的协方差阵,在实际中 $\boldsymbol{V}_{k+1}$是未知的,其可由下式估算出来:

$$V_{k+1}=\begin{cases}\boldsymbol{\varepsilon}_1\boldsymbol{\varepsilon}_1^{\mathrm{T}} & k=0\\ \dfrac{\rho \boldsymbol{V}_k+\boldsymbol{\varepsilon}_{k+1}\boldsymbol{\varepsilon}_{k+1}^{\mathrm{T}}}{1+\rho} & k\geqslant 1\end{cases} \tag{6-117}$$

式中:$0<\rho\leqslant 1$ 为遗忘因子,通常取 $\rho=0.95$。

1) STF 等价表述

在引入渐消因子之前,状态预测协方差 $\boldsymbol{P}_{k+1|k}^{(l)}$、输出预测协方差 $\boldsymbol{P}_{\tilde{z}_{k+1}}^{(l)}$ 及互协方差 $\boldsymbol{P}_{\tilde{x}_{k+1}\tilde{z}_{k+1}}^{(l)}$ 可表示为

$$\boldsymbol{P}_{k+1|k}^{(l)}=\mathrm{E}\{[\boldsymbol{x}_{k+1}-\hat{\boldsymbol{x}}_{k+1|k}][\boldsymbol{x}_{k+1}-\hat{\boldsymbol{x}}_{k+1|k}]^{\mathrm{T}}\} \tag{6-118}$$

$$\boldsymbol{P}_{\tilde{z}_{k+1}}^{(l)}=\mathrm{E}\{[\boldsymbol{z}_{k+1}-\hat{\boldsymbol{z}}_{k+1|k}][\boldsymbol{z}_{k+1}-\hat{\boldsymbol{z}}_{k+1|k}]^{\mathrm{T}}\} \tag{6-119}$$

$$\boldsymbol{P}_{\tilde{x}_{k+1}\tilde{z}_{k+1}}^{(l)}=\mathrm{E}\{[\boldsymbol{x}_{k+1}-\hat{\boldsymbol{x}}_{k+1|k}][\boldsymbol{z}_{k+1}-\hat{\boldsymbol{z}}_{k+1|k}]^{\mathrm{T}}\} \tag{6-120}$$

式中:$\boldsymbol{P}_{k+1|k}^{(l)}$已由式(6-116)给出;对于 $\boldsymbol{P}_{\tilde{z}_{k+1}}^{(l)}$ 及 $\boldsymbol{P}_{\tilde{x}_{k+1}\tilde{z}_{k+1}}^{(l)}$,根据$\tilde{\boldsymbol{x}}_{k+1|k}=\boldsymbol{x}_{k+1}-\hat{\boldsymbol{x}}_{k+1|k}$与量测噪声 $\boldsymbol{v}_{k+1}$互不相关性,可知

$$\begin{aligned}\boldsymbol{P}_{\tilde{z}_{k+1}}^{(l)}&=\mathrm{E}\{[\boldsymbol{z}_{k+1}-\hat{\boldsymbol{z}}_{k+1|k}][\boldsymbol{z}_{k+1}-\hat{\boldsymbol{z}}_{k+1|k}]^{\mathrm{T}}\}\\ &=\mathrm{E}\{[\boldsymbol{H}_{k+1}(\boldsymbol{x}_{k+1}-\hat{\boldsymbol{x}}_{k+1|k})+\boldsymbol{v}_{k+1}-\boldsymbol{r}_{k+1}][\boldsymbol{H}_{k+1}(\boldsymbol{x}_{k+1}-\hat{\boldsymbol{x}}_{k+1|k})+\boldsymbol{v}_{k+1}-\boldsymbol{r}_{k+1}]^{\mathrm{T}}\}\\ &=\boldsymbol{H}_{k+1}\mathrm{E}\{[\boldsymbol{x}_{k+1}-\hat{\boldsymbol{x}}_{k+1|k}][\boldsymbol{x}_{k+1}-\hat{\boldsymbol{x}}_{k+1|k}]^{\mathrm{T}}\}\boldsymbol{H}_{k+1}^{\mathrm{T}}+\mathrm{E}\{[\boldsymbol{v}_{k+1}-\boldsymbol{r}_{k+1}][\boldsymbol{v}_{k+1}-\boldsymbol{r}_{k+1}]^{\mathrm{T}}\}\\ &=\boldsymbol{H}_{k+1}\boldsymbol{P}_{k+1|k}^{(l)}\boldsymbol{H}_{k+1}^{\mathrm{T}}+\boldsymbol{R}_{k+1}\end{aligned} \tag{6-121}$$

同理可得

$$\begin{aligned}\boldsymbol{P}_{\tilde{x}_{k+1}\tilde{z}_{k+1}}^{(l)}&=\mathrm{E}\{[\boldsymbol{x}_{k+1}-\hat{\boldsymbol{x}}_{k+1|k}][\boldsymbol{z}_{k+1}-\hat{\boldsymbol{z}}_{k+1|k}]^{\mathrm{T}}\}\\ &=\mathrm{E}\{[\boldsymbol{x}_{k+1}-\hat{\boldsymbol{x}}_{k+1|k}][\boldsymbol{H}_{k+1}(\boldsymbol{x}_{k+1}-\hat{\boldsymbol{x}}_{k+1|k})+\boldsymbol{v}_{k+1}]^{\mathrm{T}}\}\\ &=\mathrm{E}\{[\boldsymbol{x}_{k+1}-\hat{\boldsymbol{x}}_{k+1|k}][\boldsymbol{x}_{k+1}-\hat{\boldsymbol{x}}_{k+1|k}]^{\mathrm{T}}\}\boldsymbol{H}_{k+1}^{\mathrm{T}}\\ &=\boldsymbol{P}_{k+1|k}^{(l)}\boldsymbol{H}_{k+1}^{\mathrm{T}}\end{aligned} \tag{6-122}$$

已知 $\boldsymbol{P}_{k+1|k}$表示在 $\boldsymbol{P}_{k+1|k}^{(l)}$引入渐消因子 $\boldsymbol{\lambda}_{k+1}$后的状态预测协方差阵,故采用 $\boldsymbol{P}_{k+1|k}$取代上两式中的 $\boldsymbol{P}_{k+1|k}^{(l)}$,并定义

$$\boldsymbol{P}_{\tilde{z}_{k+1}}=\boldsymbol{H}_{k+1}\boldsymbol{P}_{k+1|k}\boldsymbol{H}_{k+1}^{\mathrm{T}}+\boldsymbol{R}_{k+1} \tag{6-123}$$

$$\boldsymbol{P}_{\tilde{x}_{k+1}\tilde{z}_{k+1}}=\boldsymbol{P}_{k+1|k}\boldsymbol{H}_{k+1}^{\mathrm{T}} \tag{6-124}$$

前面已经假设 $\boldsymbol{Q}_k$ 为正定对称阵,故 $\boldsymbol{P}_{k+1|k}^{(l)}$与 $\boldsymbol{P}_{k+1|k}$的逆矩阵一定存在,由式(6-122)及式(6-124)可知

$$\boldsymbol{H}_{k+1}=[\boldsymbol{P}_{\tilde{x}_{k+1}\tilde{z}_{k+1}}^{(l)}]^{\mathrm{T}}[\boldsymbol{P}_{k+1|k}^{(l)}]^{-1} \tag{6-125}$$

$$\boldsymbol{H}_{k+1}=[\boldsymbol{P}_{\tilde{x}_{k+1}\tilde{z}_{k+1}}]^{\mathrm{T}}[\boldsymbol{P}_{k+1|k}]^{-1} \tag{6-126}$$

于是,将式(6-123)、式(6-124)与式(6-126)代入到式(6-110)与式(6-111)中,可得到 $\boldsymbol{K}_{k+1}$及 $\boldsymbol{P}_{k+1}$的等价表达式

$$\boldsymbol{K}_{k+1}=\boldsymbol{P}_{\tilde{x}_{k+1}\tilde{z}_{k+1}}[\boldsymbol{P}_{\tilde{z}_{k+1}}]^{-1} \tag{6-127}$$

$$\boldsymbol{P}_{k+1}=\boldsymbol{P}_{k+1|k}-\boldsymbol{P}_{\tilde{x}_{k+1}\tilde{z}_{k+1}}\boldsymbol{P}_{\tilde{z}_{k+1}}^{-1}P_{\tilde{x}_{k+1}\tilde{z}_{k+1}}^{\mathrm{T}}=\boldsymbol{P}_{k+1|k}-\boldsymbol{K}_{k+1}\boldsymbol{P}_{\tilde{z}_{k+1}}\boldsymbol{K}_{k+1}^{\mathrm{T}} \tag{6-128}$$

同理,将式(6-121)、式(6-122)与式(6-125)代入到式(6-114)与式(6-115)中,可得到 $\boldsymbol{N}_{k+1}$ 及 $\boldsymbol{M}_{k+1}$ 的等价表达式

$$\boldsymbol{N}_{k+1}=\boldsymbol{V}_{k+1}-[\boldsymbol{P}^{(l)}_{\tilde{x}_{k+1}\tilde{z}_{k+1}}]^{\mathrm{T}}[\boldsymbol{P}^{(l)}_{k+1|k}]^{-1}\boldsymbol{Q}_k[\boldsymbol{P}^{(l)}_{k+1|k}]^{-1}\boldsymbol{P}^{(l)}_{\tilde{x}_{k+1}\tilde{z}_{k+1}}-\boldsymbol{R}_{k+1} \tag{6-129}$$

$$\boldsymbol{M}_{k+1}=\boldsymbol{P}^{(l)}_{\tilde{z}_{k+1}}-\boldsymbol{V}_{k+1}+\boldsymbol{N}_{k+1} \tag{6-130}$$

2）强跟踪 UKF 递推公式

采用 UT 变换代替求解非线性函数雅可比矩阵,来计算状态后验均值和协方差,从而得到了基于 UT 变换的强跟踪 UKF。根据 STF 等价表述来推导强跟踪 UKF 的滤波递推公式:

(1) 时间更新

$$\boldsymbol{\gamma}_{i,k+1|k}=\boldsymbol{f}_k(\xi_{i,k}),\quad i=0,1,\cdots,L \tag{6-131}$$

$$\hat{\boldsymbol{x}}_{k+1|k}=\sum_{i=0}^{L}W_i^m\boldsymbol{\gamma}_{i,k+1|k}+\boldsymbol{q}_k=\sum_{i=0}^{L}W_i^m\boldsymbol{f}_k(\boldsymbol{\xi}_{i,k},\boldsymbol{u}_k)+\boldsymbol{q}_k \tag{6-132}$$

$$\boldsymbol{P}^{(l)}_{k+1|k}=\sum_{i=0}^{L}W_i^c(\boldsymbol{\gamma}_{i,k+1|k}-\hat{\boldsymbol{x}}_{k+1|k})(\boldsymbol{\gamma}_{i,k+1|k}-\hat{\boldsymbol{x}}_{k+1|k})^{\mathrm{T}}+\boldsymbol{Q}_k \tag{6-133}$$

式中:$\xi_{i,k}$ 为由 $\hat{\boldsymbol{x}}_k$ 和 $\boldsymbol{P}_k$ 所构造的 Sigma 采样点。

为了使滤波器具有应对系统模型不确定的鲁棒性,在状态预测协方差阵 $\boldsymbol{P}^{(l)}_{k+1|k}$ 中引入渐消因子 λ_{k+1},相比于式(6-133)可知

$$\boldsymbol{P}_{k+1|k}=\lambda_{k+1}\sum_{i=0}^{L}W_i^c(\boldsymbol{\gamma}_{i,k+1|k}-\hat{\boldsymbol{x}}_{k+1|k})(\boldsymbol{\gamma}_{i,k+1|k}-\hat{\boldsymbol{x}}_{k+1|k})^{\mathrm{T}}+\boldsymbol{Q}_k \tag{6-134}$$

(2) 量测更新

$$\boldsymbol{\chi}^{(l)}_{i,k+1|k}=\boldsymbol{h}_{k+1}(\boldsymbol{\xi}^{(l)}_{i,k+1|k}),i=0,1,\cdots,L \tag{6-135}$$

$$\hat{\boldsymbol{z}}_{k+1|k}=\sum_{i=0}^{L}W_i^m\boldsymbol{\chi}^{(l)}_{i,k+1|k}+\boldsymbol{r}_{k+1}=\sum_{i=0}^{L}W_i^m\boldsymbol{h}_{k+1}(\boldsymbol{\xi}^{(l)}_{i,k+1|k})+\boldsymbol{r}_{k+1} \tag{6-136}$$

$$\boldsymbol{P}^{(l)}_{\tilde{z}_{k+1}}=\sum_{i=0}^{L}W_i^c(\boldsymbol{\chi}^{(l)}_{i,k+1|k}-\hat{\boldsymbol{z}}_{k+1|k})(\boldsymbol{\chi}^{(l)}_{i,k+1|k}-\hat{\boldsymbol{z}}_{k+1|k})^{\mathrm{T}}+\boldsymbol{R}_{k+1} \tag{6-137}$$

$$\boldsymbol{P}^{(l)}_{\tilde{x}_{k+1}\tilde{z}_{k+1}}=\sum_{i=0}^{L}W_i^c(\boldsymbol{\xi}^{(l)}_{i,k+1|k}-\hat{\boldsymbol{x}}_{k+1|k})(\boldsymbol{\chi}^{(l)}_{i,k+1|k}-\hat{\boldsymbol{z}}_{k+1|k})^{\mathrm{T}} \tag{6-138}$$

式中:$\boldsymbol{\xi}^{(l)}_{i,k+1|k}$ 为由 $\hat{\boldsymbol{x}}_{k+1|k}$ 和 $\boldsymbol{P}^{(l)}_{k+1|k}$ 所构造的 Sigma 采样点。

已知 $\boldsymbol{P}^{(l)}_{k+1|k}$、$\boldsymbol{P}^{(l)}_{\tilde{z}_{k+1}}$ 与 $\boldsymbol{P}^{(l)}_{\tilde{x}_{k+1}\tilde{z}_{k+1}}$,则式(6-134)中的渐消因子 λ_{k+1} 可通过式(6-113)、式(6-129)与式(6-130)计算得到。于是

$$\boldsymbol{\chi}_{i,k+1|k}=\boldsymbol{h}_{k+1}(\xi_{i,k+1|k}),i=0,1,\cdots,L \tag{6-139}$$

$$\bar{\boldsymbol{z}}_{k+1|k}=\sum_{i=0}^{L}W_i^m\boldsymbol{\chi}_{i,k+1|k}+\boldsymbol{r}_{k+1}=\sum_{i=0}^{L}W_i^m\boldsymbol{h}_{k+1}(\xi_{i,k+1|k})+\boldsymbol{r}_{k+1} \tag{6-140}$$

$$\boldsymbol{P}_{\tilde{z}_{k+1}}=\sum_{i=0}^{L}W_i^c(\boldsymbol{\chi}_{i,k+1|k}-\bar{\boldsymbol{z}}_{k+1|k})(\boldsymbol{\chi}_{i,k+1|k}-\bar{\boldsymbol{z}}_{k+1|k})^{\mathrm{T}}+\boldsymbol{R}_{k+1} \tag{6-141}$$

$$\boldsymbol{P}_{\tilde{x}_{k+1}\tilde{z}_{k+1}}=\sum_{i=0}^{L}W_i^c(\boldsymbol{\xi}_{i,k+1|k}-\hat{\boldsymbol{x}}_{k+1|k})(\boldsymbol{\chi}_{i,k+1|k}-\bar{\boldsymbol{z}}_{k+1|k})^{\mathrm{T}} \tag{6-142}$$

式中:$\boldsymbol{\xi}_{i,k+1|k}$ 为由 $\hat{\boldsymbol{x}}_{k+1|k}$ 和 $\boldsymbol{P}_{k+1|k}$ 所构造的 Sigma 采样点。

在获得新的量测 z_{k+1} 后，进行滤波更新

$$\begin{cases}\hat{\boldsymbol{x}}_{k+1}=\hat{\boldsymbol{x}}_{k+1|k}+\boldsymbol{K}_{k+1}(z_{k+1}-\hat{z}_{k+1|k})\\ \boldsymbol{K}_{k+1}=\boldsymbol{P}_{\tilde{x}_{k+1}\tilde{z}_{kk+1}}\boldsymbol{P}_{\tilde{z}_{k+1}}^{-1}\\ \boldsymbol{P}_{k+1}=\boldsymbol{P}_{k+1|k}-\boldsymbol{K}_{k+1}\boldsymbol{P}_{\tilde{z}_{k+1}}\boldsymbol{K}_{k+1}^{\mathrm{T}}\end{cases} \tag{6-143}$$

式中：$\boldsymbol{K}_{k+1}$是滤波增益矩阵。

6.3.2 强跟踪 CDKF

采用二阶中心差分变换代替求解非线性函数雅可比矩阵，来计算状态后验均值和协方差，从而得到了基于中心差分变换的强跟踪 CDKF。根据 STF 等价表述来推导强跟踪 CDKF 的滤波递推公式：

(1) 时间更新

$$\boldsymbol{\gamma}_{i,k+1|k}=\boldsymbol{f}_k(\boldsymbol{\xi}_{i,k}),i=0,1,\cdots,2n \tag{6-144}$$

$$\hat{\boldsymbol{x}}_{k+1|k}=\sum_{i=0}^{L}W_i^m\boldsymbol{\gamma}_{i,k+1|k}+\boldsymbol{q}_k=\sum_{i=0}^{L}W_i^m\boldsymbol{f}_k(\boldsymbol{\xi}_{i,k},\boldsymbol{u}_k)+\boldsymbol{q}_k \tag{6-145}$$

$$\boldsymbol{P}_{k+1|k}^{(l)}=\sum_{i=1}^{n}[W_i^{c1}(\boldsymbol{\gamma}_{i,k+1|k}-\boldsymbol{\gamma}_{i+n,k+1|k})^2+W_i^{c2}(\boldsymbol{\gamma}_{i,k+1|k}+\boldsymbol{\gamma}_{i+n,k+1|k}-2\boldsymbol{\gamma}_{0,k+1|k})^2]+\boldsymbol{Q}_k \tag{6-146}$$

式中：$\boldsymbol{\xi}_{i,k}$为由$\hat{\boldsymbol{x}}_k$ 和 $\boldsymbol{P}_k$ 按对称采样策略所构造的 Sigma 采样点。$\boldsymbol{\xi}_{i,k}$可以表示为

$$\begin{cases}\boldsymbol{\xi}_{0,k}=\hat{\boldsymbol{x}}_k\\ \boldsymbol{\xi}_{i,k}=\hat{\boldsymbol{x}}_k+(h\sqrt{\boldsymbol{P}_k})_i, \quad i=1,2,\cdots,n\\ \boldsymbol{\xi}_{i+n,k}=\hat{\boldsymbol{x}}_k-(h\sqrt{\boldsymbol{P}_k})_i\end{cases} \tag{6-147}$$

相应地，对应于 $\xi_{i,k}$的一阶和二阶权值为

$$\begin{cases}W_0^m=\dfrac{h^2-n}{h^2},W_i^m=\dfrac{1}{2h^2}\\ W_i^{c1}=\dfrac{1}{4h^2},W_i^{c2}=\dfrac{h^2-1}{4h^4}\end{cases}, \quad i=1,2,\cdots,2n \tag{6-148}$$

为了使滤波器具有应对系统模型不确定的鲁棒性，在状态预测协方差阵 $\boldsymbol{P}_{k+1|k}^{(l)}$中引入渐消因子 λ_{k+1}，相比于式(6-146)可知

$$\begin{aligned}\boldsymbol{P}_{k+1|k}=\lambda_{k+1}\sum_{i=1}^{n}[&W_i^{c1}(\boldsymbol{\gamma}_{i,k+1|k}-\boldsymbol{\gamma}_{i+n,k+1|k})^2\\ &+W_i^{c2}(\boldsymbol{\gamma}_{i,k+1|k}+\boldsymbol{\gamma}_{i+n,k+1|k}-2\boldsymbol{\gamma}_{0,k+1|k})^2]+\boldsymbol{Q}_k\end{aligned} \tag{6-149}$$

(2) 量测更新

$$\boldsymbol{\chi}_{i,k+1|k}^{(l)}=\boldsymbol{h}_{k+1}(\boldsymbol{\xi}_{i,k+1|k}^{(l)}), \quad i=0,1,\cdots,2n \tag{6-150}$$

$$\hat{z}_{k+1|k}=\sum_{i=0}^{L}W_i^m\boldsymbol{\chi}_{i,k+1|k}^{(l)}+\boldsymbol{r}_{k+1}=\sum_{i=0}^{L}W_i^m\boldsymbol{h}_{k+1}(\boldsymbol{\xi}_{i,k+1|k}^{(l)})+\boldsymbol{r}_{k+1} \tag{6-151}$$

$$P_{\tilde{z}_{k+1}}^{(l)} = \sum_{i=1}^{n} \left[W_i^{c1} (\boldsymbol{\chi}_{i,k+1|k}^{(l)} - \boldsymbol{\chi}_{i+n,k+1|k}^{(l)})^2 + W_i^{c2} (\boldsymbol{\chi}_{i,k+1|k}^{(l)} + \boldsymbol{\chi}_{i+n,k+1|k}^{(l)} - 2\boldsymbol{\chi}_{0,k+1|k}^{(l)})^2 \right] + \boldsymbol{R}_{k+1} \tag{6-152}$$

$$\boldsymbol{P}_{\tilde{x}_{k+1}\tilde{z}_{k+1}}^{(l)} = \sum_{i=1}^{n} \sqrt{W_i^{c1}} (\boldsymbol{\xi}_{i,k+1|k}^{(l)} - \hat{\boldsymbol{x}}_{k+1|k}) (\boldsymbol{\chi}_{i,k+1|k}^{(l)} - \boldsymbol{\chi}_{i+n,k+1|k}^{(l)})^{\mathrm{T}} \tag{6-153}$$

式中:$\boldsymbol{\xi}_{i,k+1|k}^{(l)}$为由$\hat{\boldsymbol{x}}_{k+1|k}$和$\boldsymbol{P}_{k+1|k}^{(l)}$按照对称采样策略所构造的 Sigma 采样点。$\boldsymbol{\xi}_{i,k+1|k}^{(l)}$可以表示为

$$\begin{cases} \boldsymbol{\xi}_{0,k+1|k}^{(l)} = \hat{\boldsymbol{x}}_{k+1|k} \\ \boldsymbol{\xi}_{i,k+1|k}^{(l)} = \hat{\boldsymbol{x}}_{k+1|k} + (h\sqrt{\boldsymbol{P}_{k+1|k}^{(l)}})_i, \quad i = 1,2,\cdots,n \\ \boldsymbol{\xi}_{i+n,k+1|k}^{(l)} = \hat{\boldsymbol{x}}_{k+1|k} - (h\sqrt{\boldsymbol{P}_{k+1|k}^{(l)}})_i \end{cases} \tag{6-154}$$

已知$\boldsymbol{P}_{k+1|k}^{(l)}$、$\boldsymbol{P}_{\tilde{z}_{k+1}}^{(l)}$与$\boldsymbol{P}_{\tilde{x}_{k+1}\tilde{z}_{k+1}}^{(l)}$,则式(6-149)中的渐消因子$\lambda_{k+1}$可通过式(6-113)、式(6-129)与式(6-130)计算得到。于是

$$\boldsymbol{\chi}_{i,k+1|k} = \boldsymbol{h}_{k+1}(\xi_{i,k+1|k}), i = 0,1,\cdots,2n \tag{6-155}$$

$$\bar{\boldsymbol{z}}_{k+1|k} = \sum_{i=0}^{L} W_i^m \boldsymbol{\chi}_{i,k+1|k} + \boldsymbol{r}_{k+1} = \sum_{i=0}^{L} W_i^m \boldsymbol{h}_{k+1}(\xi_{i,k+1|k}) + \boldsymbol{r}_{k+1} \tag{6-156}$$

$$\boldsymbol{P}_{\tilde{z}_{k+1}} = \sum_{i=1}^{n} \left[W_i^{c1} (\boldsymbol{\chi}_{i,k+1|k} - \boldsymbol{\chi}_{i+n,k+1|k})^2 + W_i^{c2} (\boldsymbol{\chi}_{i,k+1|k} + \boldsymbol{\chi}_{i+n,k+1|k} - 2\boldsymbol{\chi}_{0,k+1|k})^2 \right] + \boldsymbol{R}_{k+1} \tag{6-157}$$

$$\boldsymbol{P}_{\tilde{x}_{k+1}\tilde{z}_{k+1}} = \sum_{i=1}^{n} \sqrt{W_i^{c1}} (\boldsymbol{\xi}_{i,k+1|k} - \hat{\boldsymbol{x}}_{k+1|k}) (\boldsymbol{\chi}_{i,k+1|k} - \boldsymbol{\chi}_{i+n,k+1|k})^{\mathrm{T}} \tag{6-158}$$

式中:$\boldsymbol{\xi}_{i,k+1|k}$为由$\hat{\boldsymbol{x}}_{k+1|k}$和$\boldsymbol{P}_{k+1|k}$按照对称采样策略所构造的 Sigma 采样点。$\boldsymbol{\xi}_{i,k+1|k}$可以表示为

$$\begin{cases} \boldsymbol{\xi}_{0,k+1|k} = \hat{\boldsymbol{x}}_{k+1|k} \\ \boldsymbol{\xi}_{i,k+1|k} = \hat{\boldsymbol{x}}_{k+1|k} + (h\sqrt{\boldsymbol{P}_{k+1|k}})_i, \quad i = 1,2,\cdots,n \\ \boldsymbol{\xi}_{i+n,k+1|k} = \hat{\boldsymbol{x}}_{k+1|k} - (h\sqrt{\boldsymbol{P}_{k+1|k}})_i \end{cases} \tag{6-159}$$

在获得新的量测z_{k+1}后,进行滤波更新

$$\begin{cases} \hat{\boldsymbol{x}}_{k+1} = \hat{\boldsymbol{x}}_{k+1|k} + \boldsymbol{K}_{k+1}(z_{k+1} - \hat{z}_{k+1|k}) \\ \boldsymbol{K}_{k+1} = \boldsymbol{P}_{\tilde{x}_{k+1}\tilde{z}_{kk+1}} \boldsymbol{P}_{\tilde{z}_{k+1}}^{-1} \\ \boldsymbol{P}_{k+1} = \boldsymbol{P}_{k+1|k} - \boldsymbol{K}_{k+1} \boldsymbol{P}_{\tilde{z}_{k+1}} \boldsymbol{K}_{k+1}^{\mathrm{T}} \end{cases} \tag{6-160}$$

式中:$\boldsymbol{K}_{k+1}$是滤波增益矩阵。

6.4 噪声相关条件下 SPKF

先前所讨论的关于 SPKF 的相关算法,都是基于系统噪声和量测噪声为互不相关高斯白噪声的假设,来设计非线性系统 SPKF 滤波器的。然而,受内外部环境变化的影响,噪声互不相关的条件并不能完全得到满足,而传统 SPKF 在噪声相关时非线性滤波将会失效;在现实世界中,

势必存在系统噪声和量测噪声相关的情况,因此讨论噪声相关条件下 SPKF 的设计问题极具理论价值和现实意义。

为此,基于最小均方误差估计准则,首先详细推导了非线性高斯系统状态的最优一步预测估计和最优滤波估计,接着应用 UT 变换和中心差分近似来计算非线性系统状态的后验均值和协方差,给出了噪声相关条件下 SPKF 递推公式。

6.4.1 噪声相关条件下非线性高斯系统最优滤波器

考虑如下非线性高斯系统:

$$\boldsymbol{x}_k = \boldsymbol{f}_k(\boldsymbol{x}_{k-1}) + \boldsymbol{w}_k \tag{6-161}$$

$$\boldsymbol{z}_k = \boldsymbol{h}_k(\boldsymbol{x}_k) + \boldsymbol{v}_k \tag{6-162}$$

式中:$\boldsymbol{w}_k$ 和 $\boldsymbol{v}_k$ 均为互不相关的高斯白噪声,且它们的统计为

$$\begin{cases} \mathrm{E}(\boldsymbol{w}_k) = \boldsymbol{q}, \mathrm{Cov}(\boldsymbol{w}_k, \boldsymbol{w}_j) = \boldsymbol{Q}\delta_{kj} \\ \mathrm{E}(\boldsymbol{v}_k) = \boldsymbol{r}, \mathrm{Cov}(\boldsymbol{v}_k, \boldsymbol{v}_j) = \boldsymbol{R}\delta_{kj} \\ \mathrm{Cov}(\boldsymbol{w}_k, \boldsymbol{v}_j) = \boldsymbol{S}_k\delta_{kj} \end{cases} \tag{6-163}$$

其中,δ_{kj} 为 Kronecker $-\delta$ 函数。状态初始值 $\boldsymbol{x}_0$ 与 $\boldsymbol{w}_k$、$\boldsymbol{v}_k$ 彼此相互独立,且服从高斯分布。

问题是基于最小均方误差估计准则,利用量测值 $\boldsymbol{Z}^{k+1} = \{z_1, z_2, \cdots, z_{k+1}\}$,求噪声相关条件下的 SPKF 滤波算法。

根据最小方差估计准则及系统噪声和量测噪声的高斯白噪声性质可知量测值 $\boldsymbol{Z}^{k-1}$ 与 $\boldsymbol{w}_k$、$\boldsymbol{v}_k$ 互不相关,所以

$$\mathrm{E}(\boldsymbol{w}_k | \boldsymbol{Z}^{k-1}) = \mathrm{E}(\boldsymbol{w}_k) = \boldsymbol{q}_k \tag{6-164}$$

$$\mathrm{E}(\boldsymbol{v}_k | \boldsymbol{Z}^{k-1}) = \mathrm{E}(\boldsymbol{v}_k) = \boldsymbol{r}_k \tag{6-165}$$

于是,基于量测信息 $\boldsymbol{Z}^{k-1}$ 的非线性状态预测及输出预测可以表示成[4]

$$\begin{aligned} \hat{\boldsymbol{x}}_{k+1|k-1} &= \mathrm{E}[\boldsymbol{x}_{k+1} | \boldsymbol{Z}^{k-1}] = \mathrm{E}\{[\boldsymbol{f}_k(\boldsymbol{x}_k) + \boldsymbol{w}_k] | \boldsymbol{Z}^{k-1}\} \\ &= \mathrm{E}[\boldsymbol{f}_k(\boldsymbol{x}_k) | \boldsymbol{Z}^{k-1}] + \boldsymbol{q}_k = \boldsymbol{f}_k(\cdot) |_{\boldsymbol{x}_k = \hat{\boldsymbol{x}}_{k|k-1}} + \boldsymbol{q}_k \end{aligned} \tag{6-166}$$

$$\begin{aligned} \hat{\boldsymbol{z}}_{k|k-1} &= \mathrm{E}[\boldsymbol{z}_k | \boldsymbol{Z}^{k-1}] = \mathrm{E}\{[\boldsymbol{h}_k(\boldsymbol{x}_k) + \boldsymbol{v}_k] | \boldsymbol{Z}^{k-1}\} \\ &= \mathrm{E}[\boldsymbol{h}_k(\boldsymbol{x}_k) | \boldsymbol{Z}^{k-1}] + \boldsymbol{r}_k = \boldsymbol{h}_k(\cdot) |_{\boldsymbol{x}_k = \hat{\boldsymbol{x}}_{k|k-1}} + \boldsymbol{r}_k \end{aligned} \tag{6-167}$$

假设 $p(\boldsymbol{x}_k | \boldsymbol{Z}^{k-1})$ 服从高斯分布,均值和协方差分别为$\hat{\boldsymbol{x}}_{k|k-1}$和 $\boldsymbol{P}_{k|k-1}$,那么

$$\begin{aligned} \boldsymbol{f}_k(\cdot) |_{\boldsymbol{x}_k = \hat{\boldsymbol{x}}_{k|k-1}} &= \mathrm{E}[\boldsymbol{f}_k(\boldsymbol{x}_k) | \boldsymbol{Z}^{k-1}] = \int \boldsymbol{f}_k(\boldsymbol{x}_k) p(\boldsymbol{x}_k | \boldsymbol{Z}^{k-1}) \mathrm{d}\boldsymbol{x}_k \\ &= \int \boldsymbol{f}_k(\boldsymbol{x}_k) \frac{1}{((2\pi)^n | \boldsymbol{P}_{k|k-1} |)^{1/2}} \\ &\quad \exp\left[-\frac{1}{2}(\boldsymbol{x}_{k-1} - \hat{\boldsymbol{x}}_{k|k-1})^{\mathrm{T}} \boldsymbol{P}_{k|k-1}^{-1} (\boldsymbol{x}_{k-1} - \hat{\boldsymbol{x}}_{k|k-1}) \right] \mathrm{d}\boldsymbol{x}_k \end{aligned} \tag{6-168}$$

$$\begin{aligned} \boldsymbol{h}_k(\cdot) |_{\boldsymbol{x}_k = \hat{\boldsymbol{x}}_{k|k-1}} &= \mathrm{E}[\boldsymbol{h}_k(\boldsymbol{x}_k) | \boldsymbol{Z}^{k-1}] = \int \boldsymbol{h}_k(\boldsymbol{x}_k) p(\boldsymbol{x}_k | \boldsymbol{Z}^{k-1}) \mathrm{d}\boldsymbol{x}_k \\ &= \int \boldsymbol{h}_k(\boldsymbol{x}_k) \frac{1}{((2\pi)^n | \boldsymbol{P}_{k|k-1} |)^{1/2}} \end{aligned}$$

$$\exp\left[-\frac{1}{2}(\boldsymbol{x}_k-\hat{\boldsymbol{x}}_{k|k-1})^{\mathrm{T}}\boldsymbol{P}_{k|k-1}^{-1}(\boldsymbol{x}_k-\hat{\boldsymbol{x}}_{k|k-1})\right]\mathrm{d}\boldsymbol{x}_k \tag{3-169}$$

相应地,根据 $\boldsymbol{w}_k$、$\boldsymbol{v}_k$ 的高斯白噪声特性可知,$\boldsymbol{w}_k$、$\boldsymbol{v}_k$ 与 $\boldsymbol{f}_k(\cdot)|_{\boldsymbol{x}_k=\hat{\boldsymbol{x}}_{k|k-1}}$、$\boldsymbol{h}_k(\cdot)|_{\boldsymbol{x}_k=\hat{\boldsymbol{x}}_{k|k-1}}$ 及 $\tilde{\boldsymbol{x}}_{k|k-1}$ 均互不相关,故状态预测估计协方差、输出预测估计协方差及互协方差为

$$\begin{aligned}\bar{\boldsymbol{P}}_{k+1} &= \mathrm{E}[\tilde{\tilde{\boldsymbol{x}}}_{k+1}\tilde{\tilde{\boldsymbol{x}}}_{k+1}^{\mathrm{T}}] = \mathrm{E}[(\boldsymbol{x}_{k+1}-\hat{\boldsymbol{x}}_{k+1|k-1})(\boldsymbol{x}_{k+1}-\hat{\boldsymbol{x}}_{k+1|k-1})^{\mathrm{T}}]\\ &= \mathrm{E}[(\boldsymbol{f}_k(\boldsymbol{x}_k)-\boldsymbol{f}_k(\cdot)|_{\boldsymbol{x}_k=\hat{\boldsymbol{x}}_{k|k-1}})(\boldsymbol{f}_k(\boldsymbol{x}_k)-\boldsymbol{f}_k(\cdot)|_{\boldsymbol{x}_k=\hat{\boldsymbol{x}}_{k|k-1}})^{\mathrm{T}}]+\boldsymbol{Q}_k\\ &= \int(\boldsymbol{f}_k(\boldsymbol{x}_k)-\boldsymbol{f}_k(\cdot)|_{\boldsymbol{x}_k=\hat{\boldsymbol{x}}_{k|k-1}})(\boldsymbol{f}_k(\boldsymbol{x}_k)-\boldsymbol{f}_k(\cdot)|_{\boldsymbol{x}_k=\hat{\boldsymbol{x}}_{k|k-1}})^{\mathrm{T}}p(\boldsymbol{x}_k|\boldsymbol{Z}^{k-1})\mathrm{d}\boldsymbol{x}_k+\boldsymbol{Q}_k\\ &= \int(\boldsymbol{f}_k(\boldsymbol{x}_k)-\boldsymbol{f}_k(\cdot)|_{\boldsymbol{x}_k=\hat{\boldsymbol{x}}_{k|k-1}})(\boldsymbol{f}_k(\boldsymbol{x}_k)-\boldsymbol{f}_k(\cdot)|_{\boldsymbol{x}_k=\hat{\boldsymbol{x}}_{k|k-1}})^{\mathrm{T}}\\ &\quad\times\frac{1}{((2\pi)^n|\boldsymbol{P}_{k|k-1}|)^{1/2}}\exp\left[-\frac{1}{2}(\boldsymbol{x}_k-\hat{\boldsymbol{x}}_{k|k-1})^{\mathrm{T}}\boldsymbol{P}_{k|k-1}^{-1}(\boldsymbol{x}_k-\hat{\boldsymbol{x}}_{k|k-1})\right]\mathrm{d}\boldsymbol{x}_k+\boldsymbol{Q}_k\end{aligned} \tag{6-170}$$

$$\begin{aligned}\boldsymbol{P}_{\tilde{z}_k} &= \mathrm{E}[\tilde{z}_{k|k-1}\tilde{z}_{k|k-1}^{\mathrm{T}}] = \mathrm{E}[(z_k-\hat{z}_{k|k-1})(z_k-\hat{z}_{k|k-1})^{\mathrm{T}}]\\ &= \mathrm{E}[(\boldsymbol{h}_k(\boldsymbol{x}_k)-\boldsymbol{h}_k(\cdot)|_{\boldsymbol{x}_k=\hat{\boldsymbol{x}}_{k|k-1}})(\boldsymbol{h}_k(\boldsymbol{x}_k)-\boldsymbol{h}_k(\cdot)|_{\boldsymbol{x}_k=\hat{\boldsymbol{x}}_{k|k-1}})^{\mathrm{T}}]+\boldsymbol{R}_k\\ &= \int(\boldsymbol{h}_k(\boldsymbol{x}_k)-\boldsymbol{h}_k(\cdot)|_{\boldsymbol{x}_k=\hat{\boldsymbol{x}}_{k|k-1}})(\boldsymbol{h}_k(\boldsymbol{x}_k)-\boldsymbol{h}_k(\cdot)|_{\boldsymbol{x}_k=\hat{\boldsymbol{x}}_{k|k-1}})^{\mathrm{T}}p(\boldsymbol{x}_k|\boldsymbol{Z}^{k-1})\mathrm{d}\boldsymbol{x}_k+\boldsymbol{R}_k\\ &= \int(\boldsymbol{h}_k(\boldsymbol{x}_k)-\boldsymbol{h}_k(\cdot)|_{\boldsymbol{x}_k=\hat{\boldsymbol{x}}_{k|k-1}})(\boldsymbol{h}_k(\boldsymbol{x}_k)-\boldsymbol{h}_k(\cdot)|_{\boldsymbol{x}_k=\hat{\boldsymbol{x}}_{k|k-1}})^{\mathrm{T}}\\ &\quad\times\frac{1}{((2\pi)^n|\boldsymbol{P}_{k|k-1}|)^{1/2}}\exp\left[-\frac{1}{2}(\boldsymbol{x}_k-\hat{\boldsymbol{x}}_{k|k-1})^{\mathrm{T}}\boldsymbol{P}_{k|k-1}^{-1}(\boldsymbol{x}_k-\hat{\boldsymbol{x}}_{k|k-1})\right]\mathrm{d}\boldsymbol{x}_k+\boldsymbol{R}_k\end{aligned} \tag{6-171}$$

$$\begin{aligned}\boldsymbol{P}_{\tilde{\tilde{x}}_{k+1}\tilde{z}_k} &= \mathrm{E}[\tilde{\tilde{\boldsymbol{x}}}_{k+1}\tilde{z}_{k|k-1}^{\mathrm{T}}] = \mathrm{E}[(\boldsymbol{x}_{k+1}-\hat{\boldsymbol{x}}_{k+1|k-1})(z_k-\hat{z}_{k|k-1})^{\mathrm{T}}]\\ &= \mathrm{E}[(\boldsymbol{f}_k(\boldsymbol{x}_k)-\boldsymbol{f}_k(\cdot)|_{\boldsymbol{x}_k=\hat{\boldsymbol{x}}_{k|k-1}})(\boldsymbol{h}_k(\boldsymbol{x}_k)-\boldsymbol{h}_k(\cdot)|_{\boldsymbol{x}_k=\hat{\boldsymbol{x}}_{k|k-1}})^{\mathrm{T}}]+\boldsymbol{S}_k \qquad (6-172)\\ &= \int(\boldsymbol{f}_k(\boldsymbol{x}_k)-\boldsymbol{f}_k(\cdot)|_{\boldsymbol{x}_k=\hat{\boldsymbol{x}}_{k|k-1}})(\boldsymbol{h}_k(\boldsymbol{x}_k)-\boldsymbol{h}_k(\cdot)|_{\boldsymbol{x}_k=\hat{\boldsymbol{x}}_{k|k-1}})^{\mathrm{T}}\\ &\quad\times\frac{1}{((2\pi)^n|\boldsymbol{P}_{k|k-1}|)^{1/2}}\exp\left[-\frac{1}{2}(\boldsymbol{x}_k-\hat{\boldsymbol{x}}_{k|k-1})^{\mathrm{T}}\boldsymbol{P}_{k|k-1}^{-1}(\boldsymbol{x}_k-\hat{\boldsymbol{x}}_{k|k-1})\right]\mathrm{d}\boldsymbol{x}_k+\boldsymbol{S}_k\end{aligned} \tag{6-173}$$

式中:$\tilde{\tilde{\boldsymbol{x}}}_{k+1}=\boldsymbol{x}_{k+1}-\hat{\boldsymbol{x}}_{k+1|k-1}$ 为状态预测误差;$\tilde{z}_{k|k-1}=z_k-\hat{z}_{k|k-1}=\boldsymbol{\varepsilon}_k$ 为新息序列。

根据最小方差估计准则,非线性高斯系统式(6-161)和式(6-162)的状态最优一步预测估计为

$$\hat{\boldsymbol{x}}_{k+1|k}=\mathrm{E}[\boldsymbol{x}_{k+1}|\boldsymbol{Z}^k] \tag{6-174}$$

为了求取 $\hat{\boldsymbol{x}}_{k+1|k}$ 的表达式,可以将 $\hat{\boldsymbol{x}}_{k+1|k}$ 线性表示为

$$\hat{\boldsymbol{x}}_{k+1|k}=\hat{\boldsymbol{x}}_{k+1|k-1}+\boldsymbol{M}_k\tilde{z}_{k|k-1} \tag{6-175}$$

式中：$\boldsymbol{M}_k$ 为预测增益矩阵。

类似于第 3 章中式(3-24)～式(3-32)的推导过程，有

$$\boldsymbol{M}_k=\boldsymbol{P}_{\tilde{\tilde{x}}_{k+1}\tilde{z}_k}(\boldsymbol{P}_{\tilde{z}_k})^{-1} \tag{6-176}$$

$$\boldsymbol{P}_{k+1|k}=\overline{\boldsymbol{P}}_{k+1}-\boldsymbol{P}_{\tilde{\tilde{x}}_{k+1}\tilde{z}_k}\boldsymbol{M}_k^{\mathrm{T}}=\overline{\boldsymbol{P}}_{k+1}-\boldsymbol{M}_k\boldsymbol{P}^{\mathrm{T}}_{\tilde{\tilde{x}}_{k+1}\tilde{z}_k}=\overline{\boldsymbol{P}}_{k+1}-\boldsymbol{M}_k\boldsymbol{P}_{\tilde{z}_k}\boldsymbol{M}_k^{\mathrm{T}} \tag{6-177}$$

从上述状态最优预测推导结果可以看出，状态预测$\hat{\boldsymbol{x}}_{k+1|k}$、预测增益矩阵 $\boldsymbol{M}_k$ 及协方差 $\boldsymbol{P}_{k+1|k}$ 的表达式与线性系统卡尔曼滤波完全一样，这是因为对于高斯系统，无论状态服从线性还是非线性，最小方差估计与线性最小方差估计等价，这样，线性最小方差估计中的结论 4 仍然适用于非线性高斯系统，由结论 4 完全可以推导出式(6-176)和式(6-177)所示的结果。

将式(6-166)～式(6-173)所示的结果代入到式(6-175)～式(6-177)中，整理可知噪声相关条件下非线性高斯系统式(6-161)和式(6-162)的最优一步状态预测递推公式为

$$\hat{\boldsymbol{x}}_{k+1|k}=\boldsymbol{f}_k(\cdot)\big|_{\boldsymbol{x}_k\leftarrow\hat{\boldsymbol{x}}_{k|k-1}}+\boldsymbol{q}_k+\boldsymbol{M}_k\boldsymbol{\varepsilon}_k \tag{6-178}$$

$$\boldsymbol{\varepsilon}_k=\boldsymbol{z}_k-\boldsymbol{h}_k(\cdot)\big|_{\boldsymbol{x}_k\leftarrow\hat{\boldsymbol{x}}_{k|k-1}}-\boldsymbol{r}_k \tag{6-179}$$

$$\boldsymbol{M}_k=[\mathrm{E}(\boldsymbol{\Lambda}_k\boldsymbol{\Theta}_k^{\mathrm{T}})+\boldsymbol{S}_k][\mathrm{E}(\boldsymbol{\Theta}_k\boldsymbol{\Theta}_k^{\mathrm{T}})+\boldsymbol{R}_k]^{-1} \tag{6-180}$$

$$\boldsymbol{P}_{k+1|k}=\mathrm{E}(\boldsymbol{\Lambda}_k\boldsymbol{\Lambda}_k^{\mathrm{T}})-\boldsymbol{M}_k[\mathrm{E}(\boldsymbol{\Lambda}_k\boldsymbol{\Theta}_k^{\mathrm{T}})+\boldsymbol{S}_k]^{\mathrm{T}}+\boldsymbol{Q}_k \tag{6-181}$$

其中

$$\boldsymbol{\Lambda}_k=\boldsymbol{f}_k(\boldsymbol{x}_k)-\boldsymbol{f}_k(\cdot)\big|_{\boldsymbol{x}_k=\hat{\boldsymbol{x}}_{k|k-1}} \tag{6-182}$$

$$\boldsymbol{\Theta}_k=\boldsymbol{h}_k(\boldsymbol{x}_k)-\boldsymbol{h}_k(\cdot)\big|_{\boldsymbol{x}_k=\hat{\boldsymbol{x}}_{k|k-1}} \tag{6-183}$$

已知状态预测值$\hat{\boldsymbol{x}}_{k+1|k}$和协方差 $\boldsymbol{P}_{k+1|k}$。在获得新的量测 $\boldsymbol{z}_{k+1}$后，进行滤波量测更新

$$\begin{cases}\hat{\boldsymbol{x}}_{k+1}=\hat{\boldsymbol{x}}_{k+1|k}+\boldsymbol{K}_{k+1}\boldsymbol{\varepsilon}_{k+1}\\ \boldsymbol{K}_{k+1}=\boldsymbol{P}_{\tilde{x}_{k+1}\tilde{z}_{k+1}}\boldsymbol{P}^{-1}_{\tilde{z}_{k+1}}\\ \boldsymbol{P}_{k+1}=\boldsymbol{P}_{k+1|k}-\boldsymbol{K}_{k+1}\boldsymbol{P}_{\tilde{z}_{k+1}}\boldsymbol{K}_{k+1}^{\mathrm{T}}\end{cases} \tag{6-184}$$

式中：$\boldsymbol{K}_{k+1}$是滤波增益矩阵。

可以看出，噪声相关条件下非线性高斯系统式(6-161)和式(6-162)的最优滤波递推公式与噪声互不相关条件下的滤波递推公式完全一样。根据第 3 章中式(3-22)及式(6-171)可得

$$\boldsymbol{P}_{\tilde{x}_{k+1}\tilde{z}_{k+1}}=\mathrm{E}(\tilde{\boldsymbol{x}}_{k+1|k}\boldsymbol{\Theta}_{k+1}^{\mathrm{T}}) \tag{6-185}$$

$$\boldsymbol{P}_{\tilde{z}_{k+1}}=\mathrm{E}(\boldsymbol{\Theta}_{k+1}\boldsymbol{\Theta}_{k+1}^{\mathrm{T}})+\boldsymbol{R}_{k+1} \tag{6-186}$$

其中

$$\boldsymbol{\Theta}_{k+1}=\boldsymbol{h}_{k+1}(\boldsymbol{x}_{k+1})-\boldsymbol{h}_{k+1}(\cdot)\big|_{\boldsymbol{x}_{k+1}=\hat{\boldsymbol{x}}_{k+1|k}} \tag{6-187}$$

将式(6-185)和式(6-186)代入到式(6-184)中有

$$\begin{cases}\hat{\boldsymbol{x}}_{k+1}=\hat{\boldsymbol{x}}_{k+1|k}+\boldsymbol{K}_{k+1}\boldsymbol{\varepsilon}_{k+1}\\ \boldsymbol{K}_{k+1}=\mathrm{E}(\tilde{\boldsymbol{x}}_{k+1|k}\boldsymbol{\Theta}_{k+1}^{\mathrm{T}})[\mathrm{E}(\boldsymbol{\Theta}_{k+1}\boldsymbol{\Theta}_{k+1}^{\mathrm{T}})+\boldsymbol{R}_{k+1}]^{-1}\\ \boldsymbol{P}_{k+1}=\boldsymbol{P}_{k+1|k}-\boldsymbol{K}_{k+1}[\mathrm{E}(\boldsymbol{\Theta}_{k+1}\boldsymbol{\Theta}_{k+1}^{\mathrm{T}})+\boldsymbol{R}_{k+1}]\boldsymbol{K}_{k+1}^{\mathrm{T}}\end{cases} \tag{6-188}$$

6.4.2 噪声相关 UKF

噪声相关条件下非线性高斯系统式(6－161)和式(6－162)的 UKF 滤波递推计算公式如下：

(1) 选择 UT 变换 Sigma 点采样策略。

(2) 状态预测。由前一节理论分析可知，计算 $k+1$ 时刻状态预测 $\hat{\boldsymbol{x}}_{k+1|k}$ 的关键是如何计算 k 时刻状态预测 $\hat{\boldsymbol{x}}_{k|k-1}$ 经非线性状态函数 $\boldsymbol{f}_k(\cdot)$ 及量测函数 $\boldsymbol{h}_k(\cdot)$ 传递之后的后验均值和协方差，为此可以采用 UT 变换来实现。

按照第(1)步所选择的 Sigma 点采样策略，由 $\hat{\boldsymbol{x}}_{k|k-1}$ 和 $\boldsymbol{P}_{k|k-1}$ 来计算 Sigma 点 $\boldsymbol{\xi}_{i,k|k-1}(i=0,1,\cdots,L)$，通过非线性状态函数 $\boldsymbol{f}_k(\cdot)$ 及量测函数 $\boldsymbol{h}_k(\cdot)$ 传播为 $\boldsymbol{\gamma}_{i,k|k-1}$ 及 $\boldsymbol{\chi}_{i,k|k-1}$，由 $\boldsymbol{\gamma}_{i,k|k-1}$ 及 $\boldsymbol{\chi}_{i,k|k-1}$ 来计算后验均值 $\boldsymbol{f}_k(\cdot)|_{\boldsymbol{x}_k=\hat{\boldsymbol{x}}_{k|k-1}}$ 和 $\boldsymbol{h}_k(\cdot)|_{\boldsymbol{x}_k=\hat{\boldsymbol{x}}_{k|k-1}}$、后验自协方差 $\mathrm{E}(\boldsymbol{\Lambda}_k\boldsymbol{\Lambda}_k^{\mathrm{T}})$ 和 $\mathrm{E}(\boldsymbol{\Theta}_k\boldsymbol{\Theta}_k^{\mathrm{T}})$ 及后验互协方差 $\mathrm{E}(\boldsymbol{\Lambda}_k\boldsymbol{\Theta}_k^{\mathrm{T}})$

$$\boldsymbol{\gamma}_{i,k|k-1}=\boldsymbol{f}_k(\boldsymbol{\xi}_{i,k|k-1}),i=0,1,\cdots,L \tag{6-189}$$

$$\boldsymbol{\chi}_{i,k|k-1}=\boldsymbol{h}_k(\boldsymbol{\xi}_{i,k|k-1}),i=0,1,\cdots,L \tag{6-190}$$

$$\boldsymbol{f}_k(\cdot)|_{\boldsymbol{x}_k=\hat{\boldsymbol{x}}_{k|k-1}}=\sum_{i=0}^{L}W_i^m\boldsymbol{\gamma}_{i,k|k-1}=\sum_{i=0}^{L}W_i^m\boldsymbol{f}_k(\boldsymbol{\xi}_{i,k|k-1}) \tag{6-191}$$

$$\boldsymbol{h}_k(\cdot)|_{\boldsymbol{x}_k=\hat{\boldsymbol{x}}_{k|k-1}}=\sum_{i=0}^{L}W_i^m\boldsymbol{\chi}_{i,k|k-1}=\sum_{i=0}^{L}W_i^m\boldsymbol{h}_k(\boldsymbol{\xi}_{i,k|k-1}) \tag{6-192}$$

$$\mathrm{E}(\boldsymbol{\Lambda}_k\boldsymbol{\Lambda}_k^{\mathrm{T}})=\sum_{i=0}^{L}W_i^c(\boldsymbol{\gamma}_{i,k|k-1}-\boldsymbol{f}_k(\cdot)|_{\boldsymbol{x}_k=\hat{\boldsymbol{x}}_{k|k-1}})(\boldsymbol{\gamma}_{i,k|k-1}-\boldsymbol{f}_k(\cdot)|_{\boldsymbol{x}_k=\hat{\boldsymbol{x}}_{k|k-1}})^{\mathrm{T}} \tag{6-193}$$

$$\mathrm{E}(\boldsymbol{\Theta}_k\boldsymbol{\Theta}_k^{\mathrm{T}})=\sum_{i=0}^{L}W_i^c(\boldsymbol{\chi}_{i,k|k-1}-\boldsymbol{h}_k(\cdot)|_{\boldsymbol{x}_k=\hat{\boldsymbol{x}}_{k|k-1}})(\boldsymbol{\chi}_{i,k|k-1}-\boldsymbol{h}_k(\cdot)|_{\boldsymbol{x}_k=\hat{\boldsymbol{x}}_{k|k-1}})^{\mathrm{T}} \tag{6-194}$$

$$\mathrm{E}(\boldsymbol{\Lambda}_k\boldsymbol{\Theta}_k^{\mathrm{T}})=\sum_{i=0}^{L}W_i^c(\boldsymbol{\gamma}_{i,k|k-1}-\boldsymbol{f}_k(\cdot)|_{\boldsymbol{x}_k=\hat{\boldsymbol{x}}_{k|k-1}})(\boldsymbol{\chi}_{i,k|k-1}-\boldsymbol{h}_k(\cdot)|_{\boldsymbol{x}_k=\hat{\boldsymbol{x}}_{k|k-1}})^{\mathrm{T}} \tag{6-195}$$

将式(6－189)～式(6－195)代入式(6－178)～式(6－181)中，即可计算出 $k+1$ 时刻最优一步状态预测 $\hat{\boldsymbol{x}}_{k+1|k}$ 及误差协方差 $\boldsymbol{P}_{k+1|k}$。

(3) 状态估计。计算 $k+1$ 时刻状态估计 $\hat{\boldsymbol{x}}_{k+1}$ 的关键是如何计算 $k+1$ 时刻状态预测 $\hat{\boldsymbol{x}}_{k+1|k}$ 经非线性量测函数传递之后的后验均值和协方差，为此可以采用 UT 变换来实现。

已知由第(2)步已经计算得到 $\hat{\boldsymbol{x}}_{k+1|k}$ 及 $\boldsymbol{P}_{k+1|k}$，按照第(1)步所选择的 Sigma 点采样策略，由 $\hat{\boldsymbol{x}}_{k+1|k}$ 和 $\boldsymbol{P}_{k+1|k}$ 来计算 Sigma 点 $\boldsymbol{\xi}_{i,k+1|k}(i=0,1,\cdots,L)$，通过非线性量测函数 $\boldsymbol{h}_{k+1}(\cdot)$ 传播为 $\boldsymbol{\chi}_{i,k+1|k}$，由 $\boldsymbol{\chi}_{i,k+1|k}$ 来计算后验均值 $\boldsymbol{h}_{k+1}(\cdot)|_{\boldsymbol{x}_{k+1}=\hat{\boldsymbol{x}}_{k+1|k}}$、后验自协方差 $\mathrm{E}(\boldsymbol{\Theta}_{k+1}\boldsymbol{\Theta}_{k+1}^{\mathrm{T}})$ 及后验互协方差 $\mathrm{E}(\tilde{\boldsymbol{x}}_{k+1|k}\boldsymbol{\Theta}_{k+1}^{\mathrm{T}})$：

$$\boldsymbol{\chi}_{i,k+1|k}=\boldsymbol{h}_{k+1}(\boldsymbol{\xi}_{i,k+1|k}),i=0,1,\cdots,L \tag{6-196}$$

$$\boldsymbol{h}_{k+1}(\cdot)|_{\boldsymbol{x}_{k+1}=\hat{\boldsymbol{x}}_{k+1|k}}=\sum_{i=0}^{L}W_i^m\boldsymbol{\chi}_{i,k+1|k}=\sum_{i=0}^{L}W_i^m\boldsymbol{h}_{k+1}(\boldsymbol{\xi}_{i,k+1|k}) \tag{6-197}$$

$$\mathrm{E}(\boldsymbol{\Theta}_{k+1}\boldsymbol{\Theta}_{k+1}^{\mathrm{T}})=\sum_{i=0}^{L}W_i^c(\boldsymbol{\chi}_{i,k+1|k}-\boldsymbol{h}_{k+1}(\cdot)|_{\boldsymbol{x}_{k+1}=\hat{\boldsymbol{x}}_{k+1|k}})(\boldsymbol{\chi}_{i,k+1|k}-\boldsymbol{h}_{k+1}(\cdot)|_{\boldsymbol{x}_{k+1}=\hat{\boldsymbol{x}}_{k+1|k}})^{\mathrm{T}} \tag{6-198}$$

$$\mathrm{E}(\tilde{\boldsymbol{x}}_{k+1|k}\boldsymbol{\Theta}_{k+1}^{\mathrm{T}}) = \sum_{i=0}^{L} W_i^c(\boldsymbol{\xi}_{i,k+1|k} - \hat{\boldsymbol{x}}_{k+1|k})(\boldsymbol{\chi}_{i,k+1|k} - \boldsymbol{h}_{k+1}(\cdot)|_{x_{k+1}=\hat{x}_{k+1|k}})^{\mathrm{T}} \tag{6-199}$$

将式(6－196)～式(6－199)代入式(6－188)，即可计算出 $k+1$ 时刻最优滤波状态估计 $\hat{\boldsymbol{x}}_{k+1}$ 及误差协方差 $\boldsymbol{P}_{k+1}$。

从上述理论分析中不难发现，噪声相关条件下 UKF 具有两个计算回路：状态预测回路和状态估计回路。其中状态预测回路是独立计算的，可以离线进行，而状态估计回路依赖于状态预测计算回路。

6.4.3 噪声相关 CDKF

采用中心差分近似方法对状态的后验均值和协方差逼近，则噪声相关条件下非线性高斯系统式(6－161)和式(6－162)的 CDKF 滤波递推计算公式如下：

(1) 状态预测。按照 Sigma 点对称采样策略，由 $\hat{\boldsymbol{x}}_{k|k-1}$ 和 $\boldsymbol{P}_{k|k-1}$ 来计算 Sigma 点 $\xi_{i,k|k-1}(i=0,1,\cdots,2n)$，于是 $\xi_{i,k|k-1}$ 可以表示成

$$\begin{cases}\boldsymbol{\xi}_{0,k|k-1} = \hat{\boldsymbol{x}}_{k|k-1} \\ \boldsymbol{\xi}_{i,k|k-1} = \hat{\boldsymbol{x}}_{k|k-1} + (h\sqrt{\boldsymbol{P}_{k|k-1}})_i, \quad i=1,2,\cdots,n \\ \boldsymbol{\xi}_{i+n,k|k-1} = \hat{\boldsymbol{x}}_{k|k-1} - (h\sqrt{\boldsymbol{P}_{k|k-1}})_i\end{cases} \tag{6-200}$$

相应地，对应 $\boldsymbol{\xi}_{i,j-1}(i=0,1,\cdots,2n)$ 的一阶和二阶权值为

$$\begin{cases}W_0^m = \dfrac{h^2-n}{h^2}, W_i^m = \dfrac{1}{2h^2} \\ W_i^{c1} = \dfrac{1}{4h^2}, W_i^{c2} = \dfrac{h^2-1}{4h^4}\end{cases}, \quad i=1,2,\cdots,2n \tag{6-201}$$

它们通过非线性状态函数 $\boldsymbol{f}_k(\cdot)$ 及量测函数 $\boldsymbol{h}_k(\cdot)$ 传播为 $\boldsymbol{\gamma}_{i,k|k-1}$ 及 $\boldsymbol{\chi}_{i,k|k-1}$，由 $\boldsymbol{\gamma}_{i,k|k-1}$ 及 $\boldsymbol{\chi}_{i,k|k-1}$ 来计算后验均值 $\boldsymbol{f}_k(\cdot)|_{x_k=\hat{x}_{k|k-1}}$ 和 $\boldsymbol{h}_k(\cdot)|_{x_k=\hat{x}_{k|k-1}}$、后验自协方差 $\mathrm{E}(\boldsymbol{\Lambda}_k\boldsymbol{\Lambda}_k^{\mathrm{T}})$ 和 $\mathrm{E}(\boldsymbol{\Theta}_k\boldsymbol{\Theta}_k^{\mathrm{T}})$ 及后验互协方差 $\mathrm{E}(\boldsymbol{\Lambda}_k\boldsymbol{\Theta}_k^{\mathrm{T}})$，即

$$\boldsymbol{\gamma}_{i,k|k-1} = \boldsymbol{f}_k(\boldsymbol{\xi}_{i,k|k-1}), i=0,1,\cdots,L \tag{6-202}$$

$$\boldsymbol{\chi}_{i,k|k-1} = \boldsymbol{h}_k(\boldsymbol{\xi}_{i,k|k-1}), i=0,1,\cdots,L \tag{6-203}$$

$$\boldsymbol{f}_k(\cdot)|_{x_k=\hat{x}_{k|k-1}} = \sum_{i=0}^{L} W_i^m\boldsymbol{\gamma}_{i,k|k-1} = \sum_{i=0}^{L} W_i^m\boldsymbol{f}_k(\boldsymbol{\xi}_{i,k|k-1}) \tag{6-204}$$

$$\boldsymbol{h}_k(\cdot)|_{x_k=\hat{x}_{k|k-1}} = \sum_{i=0}^{L} W_i^m\boldsymbol{\chi}_{i,k|k-1} = \sum_{i=0}^{L} W_i^m\boldsymbol{h}_k(\boldsymbol{\xi}_{i,k|k-1}) \tag{6-205}$$

$$\mathrm{E}(\boldsymbol{\Lambda}_k\boldsymbol{\Lambda}_k^{\mathrm{T}}) = \sum_{i=1}^{n}[W_i^{c1}(\boldsymbol{\gamma}_{i,k|k-1} - \boldsymbol{\gamma}_{i+n,k|k-1})^2 + W_i^{c2}(\boldsymbol{\gamma}_{i,k|k-1} + \boldsymbol{\gamma}_{i+n,k|k-1} - 2\boldsymbol{\gamma}_{0,k|k-1})^2] \tag{6-206}$$

$$\mathrm{E}(\boldsymbol{\Theta}_k\boldsymbol{\Theta}_k^{\mathrm{T}}) = \sum_{i=1}^{n}[W_i^{c1}(\chi_{i,k|k-1} - \chi_{i+n,k|k-1})^2 + W_i^{c2}(\chi_{i,k|k-1} + \chi_{i+n,k|k-1} - 2\chi_{0,k|k-1})^2] \tag{6-207}$$

$$E(\boldsymbol{\Lambda}_k\boldsymbol{\Theta}_k^{\mathrm{T}}) = \sum_{i=1}^{n}[W_i^{c1}(\boldsymbol{\gamma}_{i,k|k-1} - \boldsymbol{\gamma}_{i+n,k|k-1})(\boldsymbol{\chi}_{i,k|k-1} - \boldsymbol{\chi}_{i+n,k|k-1})^{\mathrm{T}}$$
$$+ W_i^{c2}(\boldsymbol{\gamma}_{i,k|k-1} + \boldsymbol{\gamma}_{i+n,k|k-1} - 2\boldsymbol{\gamma}_{0,k|k-1})(\boldsymbol{\chi}_{i,k|k-1} + \boldsymbol{\chi}_{i+n,k|k-1} - 2\boldsymbol{\chi}_{0,k|k-1})^{\mathrm{T}}] \tag{6-208}$$

将式(6－202)～式(6－208)代入式(6－178)～式(6－181)中，即可计算出 $k+1$ 时刻最优一步状态预测$\hat{\boldsymbol{x}}_{k+1|k}$及误差协方差 $\boldsymbol{P}_{k+1|k}$。

(2) 状态估计。已知由第(2)步已经计算得到$\hat{\boldsymbol{x}}_{k+1|k}$及 $\boldsymbol{P}_{k+1|k}$，按照 Sigma 点对称采样策略，由$\hat{\boldsymbol{x}}_{k+1|k}$和 $\boldsymbol{P}_{k+1|k}$来计算 Sigma 点 $\boldsymbol{\xi}_{i,k+1|k}(i=0,1,\cdots,2n)$，于是 $\boldsymbol{\xi}_{i,k+1|k}$可以表示成

$$\begin{cases}\boldsymbol{\xi}_{0,k+1|k} = \hat{\boldsymbol{x}}_{k+1|k} \\ \boldsymbol{\xi}_{i,k+1|k} = \hat{\boldsymbol{x}}_{k+1|k} + (h\sqrt{\boldsymbol{P}_{k+1|k}})_i, \quad i=1,2,\cdots,n \\ \boldsymbol{\xi}_{i+n,k+1|k} = \hat{\boldsymbol{x}}_{k+1|k} - (h\sqrt{\boldsymbol{P}_{k+1|k}})_i\end{cases} \tag{6-209}$$

它们通过非线性量测函数 $\boldsymbol{h}_{k+1}(\cdot)$传播为 $\boldsymbol{\chi}_{i,k+1|k}$，由 $\boldsymbol{\chi}_{i,k+1|k}$来计算后验均值 $\boldsymbol{h}_{k+1}(\cdot)|_{\boldsymbol{x}_{k+1}=\hat{\boldsymbol{x}}_{k+1|k}}$、后验自协方差 $E(\boldsymbol{\Theta}_{k+1}\boldsymbol{\Theta}_{k+1}^{\mathrm{T}})$及后验互协方差 $E(\tilde{\boldsymbol{x}}_{k+1|k}\boldsymbol{\Theta}_{k+1}^{\mathrm{T}})$

$$\boldsymbol{\chi}_{i,k+1|k} = \boldsymbol{h}_{k+1}(\boldsymbol{\xi}_{i,k+1|k}), i=0,1,\cdots,L \tag{6-210}$$

$$\boldsymbol{h}_{k+1}(\cdot)|_{\boldsymbol{x}_{k+1}=\hat{\boldsymbol{x}}_{k+1|k}} = \sum_{i=0}^{L}W_i^m\boldsymbol{\chi}_{i,k+1|k} = \sum_{i=0}^{L}W_i^m\boldsymbol{h}_{k+1}(\boldsymbol{\xi}_{i,k+1|k}) \tag{6-211}$$

$$E(\boldsymbol{\Theta}_{k+1}\boldsymbol{\Theta}_{k+1}^{\mathrm{T}}) = \sum_{i=1}^{n}[W_i^{c1}(\boldsymbol{\chi}_{i,k+1|k} - \boldsymbol{\chi}_{i+n,k+1|k})^2 + W_i^{c2}(\boldsymbol{\chi}_{i,k+1|k} + \boldsymbol{\chi}_{i+n,k+1|k} - 2\boldsymbol{\chi}_{0,k+1|k})^2] \tag{6-212}$$

$$E(\tilde{\boldsymbol{x}}_{k+1|k}\boldsymbol{\Theta}_{k+1}^{\mathrm{T}}) = \sum_{i=0}^{L}W_i^c(\boldsymbol{\xi}_{i,k+1|k} - \hat{\boldsymbol{x}}_{k+1|k})(\boldsymbol{\chi}_{i,k+1|k} - \boldsymbol{\chi}_{i+n,k+1|k})^{\mathrm{T}} \tag{6-213}$$

将式(6－210)～式(6－213)代入式(6－188)，即可计算出 $k+1$ 时刻最优滤波状态估计$\hat{\boldsymbol{x}}_{k+1}$及误差协方差 $\boldsymbol{P}_{k+1}$。

参考文献

[1] 赵琳，王小旭，等．带噪声统计估计器的 Unscented 卡尔曼滤波器设计[J]．控制与决策，2009，24(10)：1062－1067.

[2] 赵琳，王小旭，等．基于极大后验和指数加权的自适应 UKF 滤波算法[J]．自动化学报，2010，36(7)：1007－1018.

[3] 王小旭，赵琳，等．基于 Unscented 变换的强跟踪滤波器[J]．控制与决策，2010，25(7)：785－790.

[4] 王小旭，赵琳，等．噪声相关条件 Unscented 卡尔曼滤波器设计[J]．控制理论与应用，2010，27(10)：1362－1368.

[5] Sage A P, Husa G W. Adaptive filtering with unknown prior statistics[C]. Joint Automatic Control Conference, Colombia City, 1969: 760－769.

[6] Maybeck P S. Stochastic models, estimation and control[M]. New York: Academic Press, 1979.

[7] Julier S J, Uhlmann J K. A new method for the nonlinear transformation of means and covariances in filters and estimators[J]. IEEE Transactions on Automatic Control, 2000, 45(3): 477－482.

[8] Ito K, Xiong K. Gaussian filters for nonlinear filtering problems[J]. IEEE Transactions on Automatic Control, 2000, 45(5): 910－927.

第7章 粒子滤波

对于已知观测值和其先验信息的状态估计问题,可通过构造贝叶斯模型对其进行求解,即根据贝叶斯理论找出未知量和观测值联系起来的似然函数,得出包含未知量的后验分布。若问题可以描述为线性高斯状态空间模型,就可以利用线性卡尔曼滤波得到其分布的表达式;如果问题可以描述为非线性高斯状态空间模型,则也可以应用第3章所描述的非线性高斯次优滤波器近似求出其解析解。然而,现代舰船导航、信号处理、图像处理及自动控制等领域实际的数据通常比较复杂,会涉及非高斯分量、高维非线性运算等,很难得出其概率分布的解析形式。近30年来,人们提出了各种数值近似方法,例如,扩展的卡尔曼滤波(EKF)、高斯混和滤波(Gaussian Sum Filter, GSF)及格形滤波(Grid Filter, GF)、蒙特卡罗(Monte Carlo, MC)积分等方法来解决这一问题。其中,前两种方法没有考虑到过程的全部统计特性,容易导致结果变差;基于确定性数值积分方法的GF通常难以实现,且计算量太大;而SMC是一种基于仿真的统计滤波方法,该方法不仅不受模型线性程度和高斯假设的约束,完全适用于任意非线性非高斯随机系统,且易于实现,因而得到了广泛的应用。

粒子滤波(Particle Filter, PF)隶属于在线贝叶斯学习框架下的蒙特卡罗方法。其基本思想是:首先依据系统状态向量的经验条件分布,在状态空间产生一组随机样本集合(也称为粒子),并以样本均值代替积分运算,然后根据观测量,不断地调整粒子的权重和位置,通过调整后的粒子信息修正最初的条件分布。当粒子数目足够多时,修正后的经验条件分布将收敛于系统状态向量真实的条件分布,而状态向量的估计值可以通过粒子的均值近似得到[1]。在PF中包含了许多数学基础知识,如蒙特卡罗方法、重要性采样、递推贝叶斯估计等。本章简要介绍这些数学基础知识,给出标准粒子滤波算法的基本步骤,并指出标准粒子滤波算法存在的缺陷。

7.1 蒙特卡罗方法

7.1.1 蒙特卡罗积分基本原理

蒙特卡罗积分亦称为随机模拟(Random Simulation)方法,有时也称作随机抽样(Random Sampling)技术或统计试验(Statistical Testing),属于计算数学的一个分支,是在20世纪40年代中期为了适应当时原子能事业而发展起来的[2]。蒙特卡罗方法能够真实地模拟任意物理过程,并取得满意的精度,其基本思想是:通过抓住事物运动的几何数量和几何特征,利用数学方法来加以模拟建立一个概率模型或随机过程,并使其所求参数等于问题的解,然后通过对模型或过程的观察或抽样试验计算所求参数的统计特征,最后给出所求解的近似值,解的精确度可用估计值的标准误差来表示。

下面通过两个例子来说明蒙特卡罗积分的基本原理:

例7-1 设所求的状态向量 $\boldsymbol{x}$ 可表示为随机变量 ξ 的数学期望 $\mathrm{E}(\xi)$,那么近似确定 $\boldsymbol{x}$ 的方法是对 ξ 进行 N 次重复抽样,产生相互独立的 ξ 值的序列 $\xi_1, \xi_2, \cdots, \xi_n$,并计算其算术平均

值[3]，即

$$\bar{\xi} = \frac{1}{N}\sum_{i=1}^{N}\xi_i \tag{7-1}$$

根据柯尔莫哥洛夫加强大数定理有

$$p(\lim_{N\to\infty}\bar{\xi} = \boldsymbol{x}) = 1 \tag{7-2}$$

因此，当 $N\to\infty$ 时，下式

$$\bar{\xi} = \mathrm{E}(\xi) = \boldsymbol{x} \tag{7-3}$$

成立的概率为1，即可根据 $\bar{\xi}$ 求取 $\boldsymbol{x}$ 的估计值。

例 7-2 设 $\boldsymbol{x}\in\mathbf{R}^n$ 为 n 维空间向量，计算如下数值积分：

$$I = \int f(\boldsymbol{x})\,\mathrm{d}\boldsymbol{x} \tag{7-4}$$

蒙特卡罗积分就是将积分值看成是某种随机变量的数学期望，并用采样方法加以估计，可以考虑将被积函数 $f(\boldsymbol{x})$ 做如下分解：

$$f(\boldsymbol{x}) = g(\boldsymbol{x})\pi(\boldsymbol{x}) \tag{7-5}$$

其中，$p(\boldsymbol{x})$ 为状态变量 $\boldsymbol{x}$ 的概率密度函数，满足 $p(\boldsymbol{x})\geqslant 0$ 且

$$\int_{\mathbf{R}^n} p(\boldsymbol{x})\,\mathrm{d}\boldsymbol{x} = 1 \tag{7-6}$$

同时，I 可以看成是 $g(\boldsymbol{x})$ 的数学期望，即 $I=\mathrm{E}[g(\boldsymbol{x})]$。

假设 $\pi(\boldsymbol{x})$ 可产生独立同分布样本 $\{\boldsymbol{x}^i, i=1,2,\cdots,N\}$，则对积分

$$I = \int f(\boldsymbol{x})\,\mathrm{d}\boldsymbol{x} = \int g(\boldsymbol{x})p(\boldsymbol{x})\,\mathrm{d}\boldsymbol{x} \tag{7-7}$$

的估计就可用如下的样本平均值法：

$$\bar{I} = \frac{1}{N}\sum_{i=1}^{N} g(\boldsymbol{x}^i) \tag{7-8}$$

如果所有的 $\boldsymbol{x}^i$ 都是独立的，那么 $\bar{I}$ 是 I 的渐进无偏估计，即 $\bar{I}$ 将几乎处处收敛到 I。上述结论的证明过程如下：[22]

$$\lim_{N\to\infty}\mathrm{E}[\bar{I}] = \lim_{N\to\infty}\mathrm{E}\left[\frac{1}{N}\sum_{i=1}^{N} g(\boldsymbol{x}^i)\right] = \lim_{N\to\infty}\frac{1}{N}\sum_{i=1}^{N}\mathrm{E}[g(\boldsymbol{x}^i)] = \int f(\boldsymbol{x})p(\boldsymbol{x})\,\mathrm{d}\boldsymbol{x} = I \tag{7-9}$$

$g(\boldsymbol{x}^i)$ 的方差可表示为

$$\sigma^2 = \int [g(\boldsymbol{x}) - I]^2 p(\boldsymbol{x})\,\mathrm{d}\boldsymbol{x} \tag{7-10}$$

若 $\sigma^2<\infty$ 有界且 $\bar{I}$ 渐进收敛于 I，根据由柯尔莫哥洛夫强大数定律和林德贝格—莱维中心极限定理可知，估计误差以如下分布收敛

$$\lim_{N\to\infty}\sqrt{N}(\bar{I}-I) \sim N(0,\sigma^2) \tag{7-11}$$

从上面两个例子可以看出，当所求解的问题为某个随机变量的期望值时，可以通过某种“试验”的方法，得到这个随机变量的平均值，并用它作为问题的解，这就是蒙特卡罗积分的基本思想。

7.1.2 蒙特卡罗积分的收敛性

蒙特卡罗积分通常是将随机变量 $\boldsymbol{x}$ 的样本算术平均值

$$\overline{\boldsymbol{x}}_N = \frac{1}{N}\sum_{i=1}^{N}\boldsymbol{x}^i \tag{7-12}$$

作为求解的近似值。其中，$\{\boldsymbol{x}^i, i=1,2,\cdots,N\}$ 是 N 个具有独立同分布的随机变量，且具有相同有限期望 $\mathrm{E}(\boldsymbol{x}^i)$ 和方差 $\mathrm{D}(\boldsymbol{x}^i)$，$i=1,2,\cdots,N$，则根据大数定律，对任意 $\varepsilon>0$ 有

$$\lim_{N\to\infty}p(|\overline{\boldsymbol{x}}_N - \mathrm{E}(\boldsymbol{x}^i)| > \varepsilon) = 0 \tag{7-13}$$

对于任意随机事件 A，其概率为 $p(A)$，在 N 次独立试验中，事件 A 发生的频数为 n，频率为 $W(A)=n/N$，则由伯努利定理可知，对于任意 $\varepsilon>0$ 有

$$\lim_{N\to\infty}p(|W(A) - p(A)| < \varepsilon) = 1 \tag{7-14}$$

由式(7-13)和式(7-14)可知，当 N 足够大时，$\overline{\boldsymbol{x}}_N$ 以概率 1 收敛于 $\mathrm{E}(\boldsymbol{x}^i)$，而频率 $W(A)$ 以概率 1 收敛于 $p(A)$，即

$$p(\lim_{N\to\infty}\overline{\boldsymbol{x}}_N = \mathrm{E}(\boldsymbol{x}^i)) = 1 \tag{7-15}$$

因此，这就保证了使用蒙特卡罗积分的概率收敛性。

对于概率密度 $p(|\overline{\boldsymbol{x}}_N - \mathrm{E}(\boldsymbol{x}^i)|)$，存在 $\lambda_a>0$，根据中心极限定理有

$$p\left(|\overline{\boldsymbol{x}}_N - \mathrm{E}(\boldsymbol{x}^i)| \leqslant \frac{\lambda_a\delta}{\sqrt{N}}\right) = \frac{2}{\sqrt{2\pi}}\int_0^{\lambda_a}\mathrm{e}^{-0.5t^2}\mathrm{d}t = 1-\alpha \tag{7-16}$$

上式说明下面不等式

$$|\overline{\boldsymbol{x}}_N - \mathrm{E}(\boldsymbol{x}^i)| \leqslant \frac{\lambda_a\delta}{\sqrt{N}} \tag{7-17}$$

近似以概率 $1-\alpha$ 成立。通常 α 很小，如 $\alpha=0.05$ 或 0.01，被称为显著水平，$1-\alpha$ 被称为置信水平，δ 为随机变量 $\boldsymbol{x}$ 的标准差，由结果式(7-17)可知，$\overline{\boldsymbol{x}}_N$ 收敛到 I 的误差的阶为 $O(1/\sqrt{N})$。

如果 $\delta\neq0$，那么用蒙特卡罗积分的误差

$$\varepsilon = \frac{\lambda_a\delta}{\sqrt{N}} \tag{7-18}$$

表示蒙特卡罗积分的估计精度[4]。

7.1.3 蒙特卡罗积分的实现步骤和特点

蒙特卡罗积分以概率模型为基础，根据模型的描绘过程，通过模拟“试验”求解问题的近似解。我们可以把蒙特卡罗的解题思想简单地归结为三个步骤[5,6]：

(1) 构造或描述概率分布。对于本身就具有随机性质的问题，如粒子更新问题，主要是正确地描述和模拟这个概率分布。对于本来不是随机性质的确定性问题，如计算定积分、解线性方程组、偏微分方程边值问题等，要用蒙特卡罗方法求解，就必须事先构造一个概率分布，使它的某些参量正好是所要求解问题的解，将不具有随机性质的问题转化为随机性质的问题。

(2) 实现从已知概率分布抽样。由于各种概率模型都可以看作是由各种各样的概率分布

构成的，因此产生已知概率分布的随机变量就成为实现蒙特卡罗方法模拟试验的基本手段。所以，有人称蒙特卡罗方法为随机抽样技巧。

(3) 建立各种估计量。一般说来，构造了概率模型并从中抽样后，即实现模拟试验后，就要确定一个随机变量作为所求问题的解的估计量。在蒙特卡罗算法中，使用最多的是无偏估计。建立各种估计量，相当于对模拟试验的结果进行考察和登记，从中得到问题的解。

蒙特卡罗积分与一般计算方法有很大区别，一般计算方法对于解决多维或因素复杂的问题非常困难，而蒙特卡罗方法对于解决这方面的问题却比较简单。因此，无论从方法的步骤来讲，还是从结果精度和收敛性方面来讲，蒙特卡罗积分都是一种较为独特的数值计算方法。它的基本特点可以归纳为以下四个方面：

(1) 由于蒙特卡罗积分是通过大量简单的重复抽样来实现的，直接追踪粒子，物理思路清晰，因此蒙特卡罗积分及其程序的结构十分简单。

(2) 蒙特卡罗积分的收敛速度与一般数值方法相比是比较慢的，其误差的阶为 $O(1/\sqrt{N})$，因此，蒙特卡罗积分最适合于用来解决数值精确度要求不是很高的问题。

(3) 蒙特卡罗积分的误差主要取决于样本的容量 N，而与样本中元素所在的空间无关，即蒙特卡罗方法的收敛速度与问题的维数无关，因而更适合于求解多维问题。

(4) 蒙特卡罗积分对问题的求解过程取决于所构造的概率模型，并采用随机抽样方法较真切地模拟粒子的运输过程，因而对各种问题的适应性很强。

7.1.4 三种蒙特卡罗采样方法

随机数的产生是蒙特卡罗积分的前提。作为一种随机方法，与确定性方法相比具有以下特点：①更加简单；②更加普遍；③误差收敛较慢（$\delta \propto (1/\sqrt{N})$）；④依赖于相应的随机模型。下面我们介绍几种常用的蒙特卡罗采样方法[10,11]。

1）简单采样

计算如下多维积分：

$$I = \int f(\boldsymbol{x})\,\mathrm{d}\boldsymbol{x} \tag{7-19}$$

其中，$f(\boldsymbol{x})$ 为随机变量，其均值和方差可由下式给出：

$$\begin{cases} \mathrm{E}[f(\boldsymbol{x})] = \dfrac{1}{|R|}\displaystyle\int f(\boldsymbol{x})\,\mathrm{d}\boldsymbol{x} = \dfrac{I}{|R|} \\ \mathrm{Var}[f(\boldsymbol{x})] = \dfrac{1}{|R|}\displaystyle\int f^2(\boldsymbol{x})\,\mathrm{d}\boldsymbol{x} - \left[\dfrac{1}{|R|}\displaystyle\int f^2(\boldsymbol{x})\,\mathrm{d}\boldsymbol{x}\right]^2 \end{cases} \tag{7-20}$$

其中 $|R| = \int \mathrm{d}\boldsymbol{x}$。如果取向量 $\boldsymbol{x}$ 的 $N(N>>1)$ 个独立的样本，即 $\boldsymbol{x}^1, \boldsymbol{x}^2, \cdots, \boldsymbol{x}^N$，它们与 $\boldsymbol{x}$ 具有相同的分布，且构成平均项

$$\frac{f(\boldsymbol{x}^1) + f(\boldsymbol{x}^2) + \cdots + f(\boldsymbol{x}^N)}{N} = \frac{1}{N}\sum_{i=1}^{N} f(\boldsymbol{x}^i) \tag{7-21}$$

则当 N 充分大时，下面该项便接近于 $f(\boldsymbol{x})$ 的均值：

$$I_N = \frac{|R|}{N}\sum_{i=1}^{N} f(\boldsymbol{x}^i) \tag{7-22}$$

如果 $0<\sigma_f^2=\mathrm{Var}[f(\boldsymbol{x})]<+\infty$ 有界，那么 $f(\boldsymbol{x})$ 必收敛，且 I 和 I_N 满足

$$\begin{cases}\lim\limits_{N\to\infty}\sqrt{N}(I_N-I)\sim N(0,\mathrm{Var}[f(\boldsymbol{x})]) \\ |I_N-I|\leqslant\dfrac{\lambda_a\sigma_f}{\sqrt{N}}\end{cases} \tag{7-23}$$

式(7－22)被称为蒙特卡罗公式，它适用于有限区域上的任何积分项。上述方法中，$\boldsymbol{x}$ 是均匀采样，也被称为简单采样，该积分方法被称为简单蒙特卡罗积分，从式(7－23)中可以看出无偏估计值 I 收敛的很慢，这是由于估计值方差的基数是 $1/\sqrt{N}$，但与普通的数值积分相比，蒙特卡罗积分由于其精度不会随维数的增加而变差，因此在求解多维积分时优势特别明显。

2）Metropolis 采样

利用简单采样方法求解一个任意的积分精度非常低，其为 $O(1/\sqrt{N})$，就是说如果采样 10000 个点，精度才达到 0.01。若被积函数 $f(\boldsymbol{x})$ 不是一个光滑函数，则简单采样的大部分时间都浪费在计算对于 I 贡献很小的 $f(\boldsymbol{x})$ 上了。简单采样方法的最大问题是“平均主义”，如果被积函数 $f(\boldsymbol{x})$ 不是均匀函数(高维函数中常常见到)，该情况会变得尤其严重。Metropolis 等[25]提出从一个非均匀分布 $p(\boldsymbol{x})$ 函数采样，在积分贡献大的区域多采样，在贡献小的区域少采样，有效地解决了这一问题。我们重新考虑式(7－19)，将 $f(\boldsymbol{x})$ 分解为 $f(\boldsymbol{x})=g(\boldsymbol{x})p(\boldsymbol{x})$，则积分可重新表示为

$$I=\int g(\boldsymbol{x})p(\boldsymbol{x})\mathrm{d}\boldsymbol{x} \tag{7-24}$$

式中：$p(\boldsymbol{x})\geqslant 0$，且可以归一化 $\int p(\boldsymbol{x})\mathrm{d}\boldsymbol{x}=1$。假设可以从分布 $p(\boldsymbol{x})$ 得到 N 个样本 $\{\boldsymbol{x}^i, i=1,2,\cdots,N\}$，则

$$I_N=\frac{1}{N}\sum_{i=1}^{N}g(\boldsymbol{x}^i) \tag{7-25}$$

由式(7－25)可以看出，$p(\boldsymbol{x})$ 并未出现，而是体现在 $\{\boldsymbol{x}_i\}$ 的分布里。在贝叶斯估计理论中，$p(\boldsymbol{x})$ 为后验概率密度函数。在简单采样中，可以认为 $p(\boldsymbol{x})$ 是均匀分布 $1/|R|$；在 Metropolis 采样中，考虑构造一个满足各态历经且细致平衡的马尔可夫链，并产生服从 $p(\boldsymbol{x})$ 分布的 N 个样本 $\{\boldsymbol{x}^i\}$。对于蒙特卡罗积分，Metropolis 算法非常有效，难点只是如何有效地进行采样。

3）重要性采样

对于贝叶斯估计问题，$p(\boldsymbol{x})$ 应为后验概率，由于后验概率密度本身就是要估计的，因此状态的后验概率密度是不可以直接采样的。为了解决此问题，可以采用重要性采样方法，即通过对另外一个与其具有相同或者更大支撑集合的概率密度函数 $q(\boldsymbol{x})$（称为“重要密度函数”或“建议分布”）进行采样。假设仅可以从与 $p(\boldsymbol{x})$ 相似的密度 $q(\boldsymbol{x})$ 中抽取样本，$q(\boldsymbol{x})$ 满足条件

$$p(\boldsymbol{x})>0\Rightarrow q(\boldsymbol{x})>0,\quad \forall \boldsymbol{x}\in\mathbf{R}^n \tag{7-26}$$

符号“$\Rightarrow$”意味着 $q(\boldsymbol{x})$ 包含 $p(\boldsymbol{x})$ 的支撑域，即 $p(\boldsymbol{x})$ 和 $q(\boldsymbol{x})$ 具有相同的置信度。若重要采样理论的条件式(7－26)成立，则积分式(7－24)可变为

$$I=\int g(\boldsymbol{x})p(\boldsymbol{x})\mathrm{d}x=\int g(\boldsymbol{x})\frac{p(\boldsymbol{x})}{q(\boldsymbol{x})}q(\boldsymbol{x})\mathrm{d}\boldsymbol{x} \tag{7-27}$$

假设式(7－27)可由 $q(\boldsymbol{x})$ 中产生 N 个独立同分布样本 $\{\boldsymbol{x}^i, i=1,2,\cdots,N\}$，同时假设 $p(\boldsymbol{x})/$

$q(\boldsymbol{x})$有上限，对 I 的蒙特卡罗估计可以从 N 个由 $g(\boldsymbol{x})$ 产生独立同分布的点 $\{\boldsymbol{x}^i, i=1,2,\cdots,N\}$ 计算加权和得到

$$\hat{I} = \frac{1}{N}\sum_{i=1}^{N} g(\boldsymbol{x}^i)w(\boldsymbol{x}^i) \tag{7-28}$$

其中，$w(\boldsymbol{x}^i) = p(\boldsymbol{x}^i)/q(\boldsymbol{x}^i)$ 称为重要性权值(Importance Weights)。如果密度函数 $p(\boldsymbol{x})$ 的归一化因子未知，则需要对重要性权值进行归一化，即

$$A = \int p(\boldsymbol{x})\mathrm{d}\boldsymbol{x} = \int \frac{p(\boldsymbol{x})}{q(\boldsymbol{x})}q(\boldsymbol{x})\mathrm{d}\boldsymbol{x} \tag{7-29}$$

那么(7-27)式应为

$$I = \frac{1}{A}\int g(\boldsymbol{x})\frac{p(\boldsymbol{x})}{q(\boldsymbol{x})}q(\boldsymbol{x})\mathrm{d}\boldsymbol{x} \tag{7-30}$$

然后再通过式(7-28)来计算 $\hat{I}$

$$\hat{I} = \frac{1}{AN}\sum_{i=1}^{N} g(\boldsymbol{x}^i)w(\boldsymbol{x}^i) = \frac{\frac{1}{N}\sum_{i=1}^{N} g(\boldsymbol{x}^i)w(\boldsymbol{x}^i)}{\frac{1}{N}\sum_{j=1}^{N} w(\boldsymbol{x}^j)} = \sum_{i=1}^{N} g(\boldsymbol{x}^i)\tilde{w}(\boldsymbol{x}^i) \tag{7-31}$$

其中归一化的重要性权值 $\tilde{w}(\boldsymbol{x}^i)$ 由下式得到：

$$\tilde{w}(\boldsymbol{x}^i) = \frac{w(\boldsymbol{x}^i)}{\sum_{i=1}^{N} w(\boldsymbol{x}^i)} \tag{7-32}$$

为了理解这些近似的有效性以及重要性密度 $q(\boldsymbol{x})$ 的选择依据，假设下面条件成立：

(1) $\{\boldsymbol{x}_{0:k}^i, i=1,2,\cdots,N\}$ 是服从分布 $q(\boldsymbol{x})$ 的一组独立同分布的样本；

(2) $q(\boldsymbol{x})$ 包含 $p(\boldsymbol{x})$ 的支撑域；

(3) I 存在且有限；

(4) $\mathrm{E}[\tilde{w}(\boldsymbol{x}_{0:k})] < +\infty$ 且 $\mathrm{E}[g^2(\boldsymbol{x}_{0:k})\tilde{w}(\boldsymbol{x}_{0:k})] < +\infty$。

则有如下结论[22,23]：

(1) $\hat{I}$ 渐进收敛于 I；

(2) $\lim\limits_{N\to\infty}\sqrt{N}(\hat{I}-I) \sim N(0,\sigma_g^2)$，其中

$$\sigma_g^2 = \mathrm{E}[(g(\boldsymbol{x}_{0:k}) - \mathrm{E}[g(\boldsymbol{x}_{0:k})])^2\tilde{w}(\boldsymbol{x}_{0:k})] \tag{7-33}$$

由结论(2)可知，$\sigma_g = (\sigma_g^2)^{1/2}$ 受函数方差和权值影响，前者是由函数本身决定的，而后者则可以通过重要性密度的适当选取来控制。

Geweke 提出了一种衡量重要性密度性能的基准量[23]，对感兴趣的函数，定义重要性密度的相对数值效率(Relative Numerical Efficiency, RNE)为

$$\mathrm{RNE} = \mathrm{Var}[g(\boldsymbol{x}_{0:k})]/\sigma_g^2 \tag{7-34}$$

RNE 是为了得到特定的标准差用重要性密度所需的样本数与后验密度作重要性密度所需的样本数之比。当 RNE 的值较小(接近 1)时，表明存在一个重要性密度，即以后验密度本身为感兴趣的函数，且有较高的效率；如果采用取决于感兴趣函数的重要性密度，则可以获得更高的效率(RNE > 1)，但这通常是很难实现的。然而，在文献[23]中，Geweke 提出如果重要性密度与后

验密度相比拖尾更大,那么虽然它是次优的,但可能比后验密度自身更有效,这便是重要性采样的基本思想[7]。

7.2 序贯重要性采样

由第 3 章可知,递推贝叶斯滤波给出了计算后验密度函数 $p(\boldsymbol{x}_k|\boldsymbol{Z}^k)$ 的递推公式,其中量测信息 $\boldsymbol{Z}^k=\{z_1,z_2,\cdots,z_k\}$。但是,$p(\boldsymbol{x}_k|\boldsymbol{x}_{k-1})$、$p(z_k|\boldsymbol{x}_k)$ 的计算包含了复杂的概率密度函数积分运算问题,即使假设噪声和状态为高斯分布的情况下,概率密度函数积分运算也是非常困难的,而对于状态服从非线性非高斯的情况,计算 $p(\boldsymbol{x}_k|\boldsymbol{x}_{k-1})$、$p(z_k|\boldsymbol{x}_k)$ 更是根本无法实现的。为了应对上述复杂的积分运算,通常使用前面所介绍的随机采样运算的蒙特卡罗法,将复杂的积分转化为离散样本加权和的形式来进行状态估计。

后验概率密度函数 $p(\boldsymbol{x}_k|\boldsymbol{Z}^k)$ 可以通过以下的离散样本求和过程来近似:

$$\widehat{p}(\boldsymbol{x}_k \mid \boldsymbol{Z}^k)=\frac{1}{N}\sum_{i=1}^{N}\delta(\boldsymbol{x}_k-\boldsymbol{x}_k^i) \tag{7-35}$$

其中,$\boldsymbol{x}_k^i(i=1,2,\cdots,N)$ 是 N 个来自 $p(\boldsymbol{x}_k|\boldsymbol{Z}^k)$ 独立同分布的随机变量。对于任意函数 $f(\boldsymbol{x}_k)$ 的期望为

$$\mathrm{E}[f(\boldsymbol{x}_k)]=\int f(\boldsymbol{x}_k)p(\boldsymbol{x}_k \mid \boldsymbol{Z}^k)\mathrm{d}\boldsymbol{x}_k \approx \frac{1}{N}\sum_{i=1}^{N}f(\boldsymbol{x}_k^i) \tag{7-36}$$

当 $N\to\infty$ 时,状态估计值 $\hat{\mathrm{E}}[f(\boldsymbol{x}_k)]$ 收敛于真实值 $\mathrm{E}[f(\boldsymbol{x}_k)]$。如果 $f(\boldsymbol{x}_k)$ 的方差有界,即

$$\mathrm{Var}[f(\boldsymbol{x}_k)]=[f(\boldsymbol{x}_k)\cdot f(\boldsymbol{x}_k)^{\mathrm{T}}]<\infty \tag{7-37}$$

根据中心极限定理[7],有

$$\sqrt{N}[\mathrm{E}[f(\boldsymbol{x}_k)]-\hat{\mathrm{E}}[f(\boldsymbol{x}_k)]]\Rightarrow N(0,\mathrm{Var}[f(\boldsymbol{x}_k)]) \tag{7-38}$$

其中,⇒表示分布收敛于。

如果令 $f(\boldsymbol{x}_k)=\boldsymbol{x}_k$,则 k 时刻的状态估计可近似表示为

$$\mathrm{E}(\hat{\boldsymbol{x}}_k)=p(\boldsymbol{x}_k \mid \boldsymbol{Z}^k)=\frac{1}{N}\sum_{i=1}^{N}\delta(\boldsymbol{x}_k-\boldsymbol{x}_k^i) \tag{7-39}$$

然而在使用蒙特卡罗法时,需要对 $p(\boldsymbol{x}_k|\boldsymbol{Z}^k)$ 直接进行采样。一般情况下,后验密度是多元的且非标准的分布,无法对其进行直接采样,该方法直接使用受到了很大的限制,因此人们通过引入其他有效的采样方法——重要性采样法来解决这一问题。这正是下面要介绍的序贯重要性采样法(Sequential Importance Sampling, SIS)。其主要思想是根据一组带有相应权值的已知随机样本来表示当前的后验概率密度,并基于这些已知的随机样本和权值来计算状态估计值。下面对序贯重要性采样法进行简单的阐述。

由于无法从后验概率密度函数中直接采样,可以寻找一个容易进行采样(已知概率分布)的概率密度函数 $q(\boldsymbol{x}_{0:k}|\boldsymbol{Z}^k)$,称为重要性密度函数。那么,对于 k 时刻的函数 $f(\boldsymbol{x}_{0:k})$ 状态估计问题可进行如下变形:

$$\mathrm{E}[f(\boldsymbol{x}_{0:k})]=\int f(\boldsymbol{x}_{0:k})\frac{p(\boldsymbol{x}_{0:k} \mid \boldsymbol{Z}^k)}{q(\boldsymbol{x}_{0:k} \mid \boldsymbol{Z}^k)}q(\boldsymbol{x}_{0:k} \mid \boldsymbol{Z}^k)\mathrm{d}\boldsymbol{x}_{0:k} \tag{7-40}$$

对 $p(\boldsymbol{x}_{0:k}|\boldsymbol{Z}^k)$ 应用贝叶斯公式得

$$p(\boldsymbol{x}_{0:k}|\boldsymbol{Z}^k) = \frac{p(\boldsymbol{Z}^k|\boldsymbol{x}_{0:k})p(\boldsymbol{x}_{0:k})}{p(\boldsymbol{Z}^k)} \tag{7-41}$$

假设 $\omega_{0:k}$ 为已知的非归一化重要性权值,其表达如下:

$$\omega_{0:k} = \frac{p(\boldsymbol{Z}^k|\boldsymbol{x}_{0:k})p(\boldsymbol{x}_{0:k})}{q(\boldsymbol{x}_{0:k}|\boldsymbol{Z}^k)} \tag{7-42}$$

对式(7-40)整理得

$$\mathrm{E}[f(\boldsymbol{x}_{0:k})] = \frac{1}{p(\boldsymbol{Z}^k)}\int f(\boldsymbol{x}_{0:k})\omega_{0:k}q(\boldsymbol{x}_{0:k} \mid \boldsymbol{Z}^k)\mathrm{d}\boldsymbol{x}_{0:k} \tag{7-43}$$

其中

$$p(\boldsymbol{Z}^k) = \int p(\boldsymbol{Z}^k \mid \boldsymbol{x}_{0:k})p(\boldsymbol{x}_{0:k})\mathrm{d}\boldsymbol{x}_{0:k} \tag{7-44}$$

将式(7-44)代入式(7-43),并利用重要性密度函数 $\boldsymbol{\pi}(\boldsymbol{x}_{0:k}|\boldsymbol{Z}^k)$ 改写后得

$$\mathrm{E}[f(\boldsymbol{x}_{0:k})] = \frac{\int \omega_{0:k}f(\boldsymbol{x}_{0:k})q(\boldsymbol{x}_{0:k} \mid \boldsymbol{Z}^k)\mathrm{d}\boldsymbol{x}_{0:k}}{\int \frac{p(\boldsymbol{Z}^k \mid \boldsymbol{x}_{0:k})p(\boldsymbol{x}_{0:k})}{q(\boldsymbol{x}_{0:k} \mid \boldsymbol{Z}^k)}q(\boldsymbol{x}_{0:k} \mid \boldsymbol{Z}^k)\mathrm{d}\boldsymbol{x}_{0:k}} \tag{7-45}$$

再将 $\omega_{0:k}$ 代入后得到

$$\mathrm{E}[f(\boldsymbol{x}_{0:k})] = \frac{\int \omega_{0:k}f(\boldsymbol{x}_{0:k})q(\boldsymbol{x}_{0:k} \mid \boldsymbol{Z}^k)\mathrm{d}\boldsymbol{x}_{0:k}}{\int \omega_{0:k}q(\boldsymbol{x}_{0:k} \mid \boldsymbol{Z}^k)\mathrm{d}\boldsymbol{x}_{0:k}} = \frac{\mathrm{E}_q[\omega_k(\boldsymbol{x}_{0:k})f(\boldsymbol{x}_{0:k})]}{\mathrm{E}_q[\omega_k(\boldsymbol{x}_{0:k})]} \tag{7-46}$$

通过 $q(\boldsymbol{x}_{0:k}|\boldsymbol{Z}^k)$ 产生一组粒子 $\{\boldsymbol{x}_k^i, i=1,2,\cdots,N\}$,应用蒙特卡罗方法可将式(7-46)近似变换为

$$\mathrm{E}[f(\boldsymbol{x}_{0:k})] \approx \frac{\frac{1}{N}\sum_{i=1}^{N}\omega_k(\boldsymbol{x}_{0:k}^i)f(\boldsymbol{x}_{0:k}^i)}{\frac{1}{N}\sum_{i=1}^{N}\omega_k(\boldsymbol{x}_{0:k}^i)} \tag{7-47}$$

化简后得到

$$\mathrm{E}[f(\boldsymbol{x}_{0:k})] = \sum_{i=1}^{N}\widehat{\omega}_k^i f(\boldsymbol{x}_{0:k}^i) \tag{7-48}$$

其中,$\widehat{\omega}_k^i$ 为归一化权重,即

$$\widehat{\omega}_k^i = \frac{\omega_k(\boldsymbol{x}_{0:k}^j)}{\sum_{j=1}^{N}\omega_k(\boldsymbol{x}_{0:k}^j)} = \frac{\omega_k^i}{\sum_{j=1}^{N}\omega_k^j} \tag{7-49}$$

式(7-49)所计算出的估计比值会导致系统状态估计存在偏差,但只要能满足以下的两个条件还是可以达到渐进收敛的:

(1) 建议分布的采样点 $\{\boldsymbol{x}_k^i, i=1,2,\cdots,N\}$ 服从独立同分布;

(2) $\widehat{\omega}_k^i$ 和 $\widehat{\omega}_k^i f^2(\boldsymbol{x}_{0:k})$ 的数学期望都存在,并且已知。

为了计算 k 时刻的真实概率分布，而又不希望改动先前时刻的状态 $\boldsymbol{x}_{0:k-1}^i$，所以选择的重要性概率密度函数 $q(\boldsymbol{x}_{0:k}|\boldsymbol{Z}^k)$ 要能够进行如下分解：

$$q(\boldsymbol{x}_{0:k}|\boldsymbol{Z}^k)=q(\boldsymbol{x}_k|x_{0:k-1},\boldsymbol{Z}^k)q(\boldsymbol{x}_{0:k-1}|\boldsymbol{Z}^{k-1}) \tag{7-50}$$

这里，假设当前时刻的状态值独立于下一时刻的量测值，并假设状态向量符合马尔可夫过程，即量测值与状态相互独立，那么可以得到：

$$\begin{cases} p(\boldsymbol{x}_{0:k}) = p(\boldsymbol{x}_0)\prod_{j=1}^{k}p(\boldsymbol{x}_j \mid \boldsymbol{x}_{j-1}) \\ p(\boldsymbol{Z}^k \mid \boldsymbol{x}_{0:k}) = \prod_{j=1}^{k}p(z_j \mid \boldsymbol{x}_j) \end{cases} \tag{7-51}$$

将式(7－50)代入式(7－42)，容易得出有关每个粒子权重 ω_k 的递推公式

$$\begin{aligned} \boldsymbol{\omega}_k &= \frac{p(\boldsymbol{Z}^k \mid \boldsymbol{x}_{0:k})p(\boldsymbol{x}_{0:k})}{q(\boldsymbol{x}_k \mid \boldsymbol{x}_{0:k-1},\boldsymbol{Z}^k)q(\boldsymbol{x}_{0:k-1} \mid \boldsymbol{Z}^{k-1})} \\ &= \frac{p(\boldsymbol{Z}^{k-1} \mid \boldsymbol{x}_{0:k-1})p(\boldsymbol{x}_{0:k-1})p(\boldsymbol{Z}^k \mid \boldsymbol{x}_{0:k})p(\boldsymbol{x}_{0:k})}{q(\boldsymbol{x}_{0:k-1} \mid \boldsymbol{Z}^{k-1})p(\boldsymbol{Z}^{k-1} \mid \boldsymbol{x}_{0:k-1})p(\boldsymbol{x}_{0:k-1})q(\boldsymbol{x}_k \mid \boldsymbol{x}_{0:k-1},\boldsymbol{Z}^k)} \\ &= \boldsymbol{\omega}_{k-1}\frac{p(\boldsymbol{Z}^k \mid \boldsymbol{x}_{0:k})p(\boldsymbol{x}_{0:k})}{p(\boldsymbol{Z}^{k-1} \mid \boldsymbol{x}_{0:k-1})p(\boldsymbol{x}_{0:k-1})q(\boldsymbol{x}_k \mid \boldsymbol{x}_{0:k-1},\boldsymbol{Z}^k)} \\ &= \boldsymbol{\omega}_{k-1}\frac{\left[\prod_{j=1}^{k}p(z_j \mid \boldsymbol{x}_j)\right]\left[p(\boldsymbol{x}_0)\prod_{j=1}^{k}p(\boldsymbol{x}_j \mid \boldsymbol{x}_{j-1})\right]}{\left[\prod_{j=1}^{k-1}p(z_j \mid \boldsymbol{x}_j)\right]\left[p(\boldsymbol{x}_0)\prod_{j=1}^{k-1}p(\boldsymbol{x}_j \mid \boldsymbol{x}_{j-1})\right]q(\boldsymbol{x}_k \mid \boldsymbol{x}_{0:k-1},\boldsymbol{Z}^k)} \\ &= \boldsymbol{\omega}_{k-1}\frac{p(z_k \mid \boldsymbol{x}_k)p(\boldsymbol{x}_k \mid \boldsymbol{x}_{k-1})}{q(\boldsymbol{x}_k \mid \boldsymbol{x}_{0:k-1},\boldsymbol{Z}^k)} \end{aligned} \tag{7-52}$$

令 $f(\boldsymbol{x}_{0:k})=\boldsymbol{x}$，则 k 时刻的状态估计可近似表示为

$$\mathrm{E}(\hat{\boldsymbol{x}}_{k|k}) = p(\boldsymbol{x}_k \mid \boldsymbol{Z}^k) = \frac{1}{N}\sum_{i=1}^{N}\omega_k^i\delta(\boldsymbol{x}_k - \boldsymbol{x}_k^i) \tag{7-53}$$

以上就是整个序贯重要性采样算法的推导过程[15]。SIS 算法应用重要性概率密度函数 $q(\boldsymbol{x}_k|\boldsymbol{Z}^k)$，很好地解决了无法从后验概率密度函数 $p(\boldsymbol{x}_k|\boldsymbol{Z}^k)$ 中直接采样的问题，其伪代码描述如下：

SIS 算法 $[\{\boldsymbol{x}_k^i,\omega_k^i\}_{i=1}^N]=\mathrm{SIS}[\{\boldsymbol{x}_{k-1}^i,\omega_{k-1}^i\}_{i=1}^N,\boldsymbol{z}_k]$

FOR $i=1,2,\cdots,N$

　　抽取 $\boldsymbol{x}_k^i \sim q(\boldsymbol{x}_k^i|\boldsymbol{x}_{k-1}^i,\boldsymbol{z}_k)$

　　确定粒子的权值 ω_k^i：

$$\omega_k^i=\omega_{k-1}^i\frac{p(z_k|\boldsymbol{x}_k^i)p(\boldsymbol{x}_k^i|\boldsymbol{x}_{k-1}^i)}{q(\boldsymbol{x}_k^i|\boldsymbol{x}_{k-1}^i,\boldsymbol{Z}^k)}$$

END FOR

7.3　退化问题与解决方法

7.3.1　重要性权值的退化问题

在 SIS 算法中，选取的重要性概率密度函数要能按照式（7－50）进行分解，那么重要性权值的方差必然会随时间增大而增大，为了说明这一问题，对式（7－42）做如下的推导：

$$\omega_{0:k}=\frac{p(\boldsymbol{Z}^k|\boldsymbol{x}_{0:k})p(\boldsymbol{x}_{0:k})}{q(\boldsymbol{x}_{0:k}|\boldsymbol{Z}^k)}=\frac{p(\boldsymbol{Z}^k,\boldsymbol{x}_{0:k})}{q(\boldsymbol{x}_{0:k}|\boldsymbol{Z}^k)}=\frac{p(\boldsymbol{x}_{0:k}|\boldsymbol{Z}^k)p(\boldsymbol{Z}^k)}{q(\boldsymbol{x}_{0:k}|\boldsymbol{Z}^k)}\propto\frac{p(\boldsymbol{x}_{0:k}|\boldsymbol{Z}^k)}{q(\boldsymbol{x}_{0:k}|\boldsymbol{Z}^k)}\tag{7-54}$$

式（7－54）被叫做“重要性比值”，通过它可以证明方差随时间积累，具体证明请参照参考文献［16,22,23］。

重要性权值的方差会随时间增大而增大，那么必然会导致 SIS 算法的退化现象（degeneracy phenomenon）。其表现是：经过若干次迭代后，除了少数粒子外，其余粒子的权值均可忽略不计，从而使得大量递推浪费在几乎不起任何作用的粒子的更新上，甚至最后只剩下一个权值为 1 的有效粒子，而其他粒子的权值为零，这就意味着大量的计算都浪费在那些权值极小的粒子上，这些粒子不但降低了状态估计精度，而且对逼近 $p(\boldsymbol{x}_k|\boldsymbol{Z}^k)$ 的贡献几乎为零。

适合于对算法退化的一个度量就是有效粒子容量，其定义为

$$N_{\text{eff}}=\frac{N}{1+\text{Var}(\widetilde{\omega}_k^i)}\tag{7-55}$$

式中，$\widetilde{\omega}_k^i=p(\boldsymbol{x}_k|\boldsymbol{Z}^k)/p(\boldsymbol{x}_k|\boldsymbol{x}_{k-1},\boldsymbol{Z}^k)$ 称为“真权重”。这个有效粒子容量是不能通过严格计算得到的，但可以得到其估计值，表示如下：

$$N_{\text{eff}}\approx\frac{1}{\sum_{i=1}^{N}(\widehat{\omega}_k^i)^2}\tag{7-56}$$

式中：$\widehat{\omega}_k^i$ 为式（7－49）定义的归一化权重。如果 $N_{\text{eff}}\leqslant N$，就意味着 N_{eff} 很小，即认为系统的样本或者说粒子严重退化[1]。

显然，退化问题在粒子滤波中是一个不期望的影响作用。减小这种作用的最好方法就是采用非常大的样本容量 N，然而在许多情况下无限的扩大样本容量是不现实的，所以需要采用其他方法来降低退化现象带来的负面影响。

7.3.2　重要性密度函数的选择

重要性密度函数的选择对于算法效率和权值退化速度的影响是非常明显的。所以，选择一个好的重要性密度函数自然就变得非常重要。通常，一个好的重要性密度函数的定义域应覆盖所有的后验概率分布，即重要性密度函数应具有较宽的分布、一个长的拖尾、适当的线性复杂度和易于采样等特点。所以在综合考虑先验、似然、噪声统计特性以及最新的量测数据后，应使权值的方差 $\text{Var}(\omega_k^i)$ 最小且形状上更接近于真实的后验分布。下面就依据方差最小的原则来寻找最优的重要性密度函数[18－20]。

因为

$$\mathrm{E}_{q(\boldsymbol{x}_k|\boldsymbol{x}_{k-1},z_k)}\left(\frac{p(z_k|\boldsymbol{x}_k^i)p(\boldsymbol{x}_k^i|\boldsymbol{x}_{k-1}^i)}{q(\boldsymbol{x}_k^i|\boldsymbol{x}_{k-1}^i,\boldsymbol{Z}^k)}\right)=p(z_k|\boldsymbol{x}_{k-1}) \tag{7-57}$$

则结合式(7-42)可得到

$$\mathrm{Var}(\omega_k^i) = (\omega_k^i)^2\left[\int\left(\frac{p(z_k\mid \boldsymbol{x}_k^i)p(\boldsymbol{x}_k^i\mid \boldsymbol{x}_{k-1}^i)}{q(\boldsymbol{x}_k^i\mid \boldsymbol{x}_{k-1}^i,\boldsymbol{Z}^k)}-p(z_k\mid \boldsymbol{x}_{k-1})\right)^2 q(\boldsymbol{x}_k\mid \boldsymbol{x}_{k-1},z_k)\mathrm{d}\boldsymbol{x}_k\right] \tag{7-58}$$

当重要性密度函数满足如下条件,即重要性密度函数为

$$q(\boldsymbol{x}_k|\boldsymbol{x}_{k-1},z_k)=\frac{p(z_k|\boldsymbol{x}_k,\boldsymbol{x}_{k-1})p(\boldsymbol{x}_k|\boldsymbol{x}_{k-1})}{p(z_k|\boldsymbol{x}_{k-1})} \tag{7-59}$$

此时,权值方差为零。又因为

$$p(z_k|\boldsymbol{x}_k)p(\boldsymbol{x}_k|\boldsymbol{x}_{k-1})=p(z_k,\boldsymbol{x}_k|\boldsymbol{x}_{k-1})=p(z_k|\boldsymbol{x}_{k-1})p(\boldsymbol{x}_k|\boldsymbol{x}_{k-1},z_k) \tag{7-60}$$

所以,假设系统观测量仅与当前时刻的状态有关,根据式(7-50)可得

$$q(\boldsymbol{x}_k|\boldsymbol{x}_{k-1},z_k)=p(\boldsymbol{x}_k|\boldsymbol{x}_{k-1},z_k) \tag{7-61}$$

由以上的推导可知,选取的最优概率密度函数应为 $p(\boldsymbol{x}_k|\boldsymbol{x}_{k-1},z_k)$。将式(7-61)代入式(7-52)化简后,可得到权值的递推公式

$$\omega_k^i \propto \omega_{k-1}^i p(z_k\mid \boldsymbol{x}_{k-1}) = \omega_{k-1}^i\int p(z_k\mid \boldsymbol{x}_k)p(\boldsymbol{x}_k\mid \boldsymbol{x}_{k-1})\mathrm{d}\boldsymbol{x}_k \tag{7-62}$$

但是,以 $p(\boldsymbol{x}_k|\boldsymbol{x}_{k-1},z_k)$ 作为重要性密度函数仍然存在着两个缺点:①对其直接采样往往比较困难;②其中 $p(z_k|\boldsymbol{x}_{k-1})$ 需要对新状态进行积分运算,即

$$p(z_k\mid \boldsymbol{x}_{k-1}) = \int p(z_k\mid \boldsymbol{x}_k)p(\boldsymbol{x}_k\mid \boldsymbol{x}_{k-1})\mathrm{d}\boldsymbol{x}_k \tag{7-63}$$

因此,在很多情况下,应用最优密度函数进行序贯重要性采样还是比较困难的,只能采用次优的方法来近似获取最优重要密度函数。一种比较简便且易于实现的方法就是选择先验概率密度(Bootstrap Probability Density Function, BPDF)作为重要密度函数,即

$$q(\boldsymbol{x}_k|\boldsymbol{x}_{k-1},z_k)=p(\boldsymbol{x}_k|\boldsymbol{x}_{k-1}) \tag{7-64}$$

将式(7-64)代入式(7-62)后,相应的权值递推公式可表示为

$$\omega_k^i=\omega_{k-1}^i p(z_k|\boldsymbol{x}_k) \tag{7-65}$$

该方法的优点在于重要性密度函数 $q(\boldsymbol{x}_k|\boldsymbol{x}_{k-1},z_k)$ 很容易获取,而且权值的计算也十分方便,在量测精度不高的场合可满足要求。但是,由于采用先验密度 $p(\boldsymbol{x}_k|\boldsymbol{x}_{k-1})$ 作为采样的重要密度函数没有考虑最新的量测值 z_k,使得抽取的样本与真实后验概率分布产生的样本存在较大的偏差,特别当似然函数位于系统先验概率密度的尾部或观测精度较高时,如图 7-1 所示,这种误差尤其显著。很多样本由于归一化后权值很小成为无效样本,从而使得这种采样方法效率降低,最终导致滤波器的性能变差[10]。

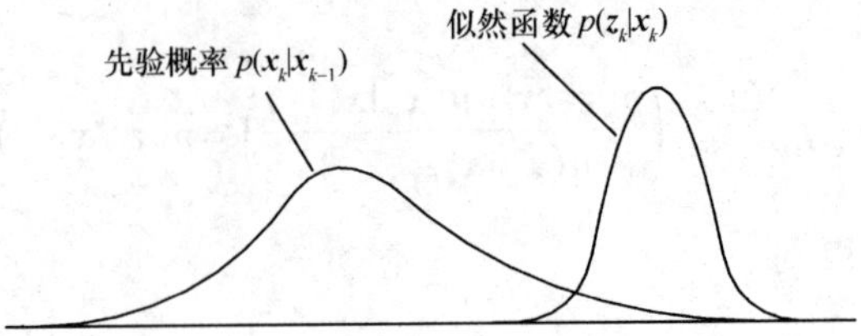

图 7 – 1　似然函数位于先验概率的尾部

7.3.3　重采样算法

减少退化问题的另一个思路是在粒子的权值更新后引入重采样步骤。重采样的目的在于减少权值较小的粒子数目，而把注意力集中在大权值的粒子上，即增大权值大的粒子的数目。目前，已经提出了多种重采样方法，如多项式重采样[9]、残差重采样[12]、最小方差重采样[13]、系统重采样[14]等，不同的重采样方法对估计精度的影响也不尽相同。重采样方法的基本原理是：一旦发生退化现象，便在原来重要性采样的基础上引入重采样，淘汰权值低的粒子，集中权值高的粒子，从而抑制退化现象。

由式(7 – 56)可知，$1 \leqslant N_{\text{eff}} \leqslant N$，当所有的权值$\widehat{\omega}_k^i = 1/N(i=1,2,\cdots,N)$时，$N_{\text{eff}}=N$；当只有一个权值$\widehat{\omega}_k^j=1$，而其余权值$\widehat{\omega}_k^i=0(i=1,2,\cdots,N,i\neq j)$时，$N_{\text{eff}}=1$。可见，$N_{\text{eff}}$越小退化现象就越严重。退化现象可由 N_{eff}的大小判断，通常的做法是：给定一个门限值 $N_{\text{thr}}(N_{\text{thr}} \leqslant N)$，当 $N_{\text{eff}} \leqslant N_{\text{thr}}$时，就认为发生了明显的退化现象。

重采样可以减少退化现象，其目的在于增多权值较大的粒子数目。重采样的基本过程是通过对后验概率密度的离散近似表示，再进行 N 次采样，产生新的粒子集$\{\boldsymbol{x}_k^{i*}\}_{i=1}^N$

$$p(\boldsymbol{x}_k^{i*} = \boldsymbol{x}_k^j) = \widehat{\omega}_k^i \tag{7-66}$$

同时，将原来的加权粒子集$\{\boldsymbol{x}_k^i;\widehat{\omega}_k^i\}$映射到具有相等权值的新粒子集$\{\boldsymbol{x}_k^j;1/N\}$上

$$\widehat{\omega}_k^i = 1/N \tag{7-67}$$

图 7 – 2 为重采样方法的示意图，右边为重采样之前的粒子分布$\{\boldsymbol{x}_k^i;\widehat{\omega}_k^i\}$；左边为重采样之后的粒子分布$\{\boldsymbol{x}_k^j;1/N\}$。其中 $\boldsymbol{x}_k^i$、$\boldsymbol{x}_k^j$ 分别表示重采样前和重采样后的粒子值；$\widehat{\omega}_k^i$，$1/N$ 分别表示重采样前和重采样后粒子对应的权值。

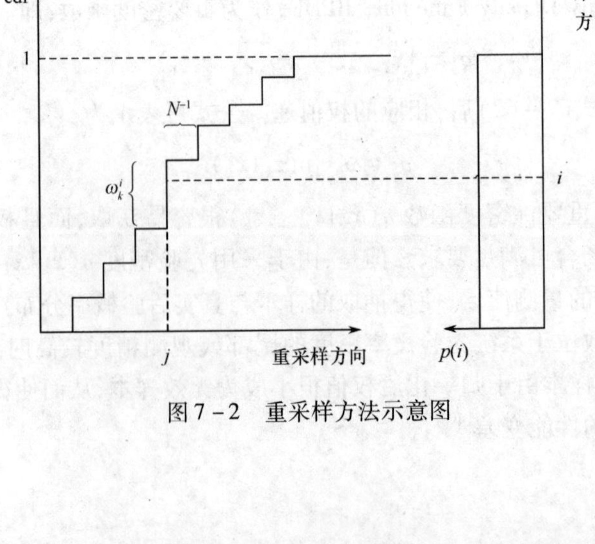

图 7 – 2　重采样方法示意图

一般地，对于每个采样粒子 $\boldsymbol{x}_k^i$ 的重采样算法可由如下伪代码进行描述：

重采样算法 $[\{\tilde{\boldsymbol{x}}_k^j, \tilde{\omega}_k^j\}_{j=1}^N] = \text{resample}[\{\boldsymbol{x}_k^i, \hat{\omega}_k^i\}_{i=1}^N]$

(1) 初始化，累计分布函数：

$$c_0 = 0$$

(2) 累计权值：

FOR $i = 1, 2, \cdots, N$

$c_i = c_{i-1} + \tilde{\omega}_k^i$

END FOR

(3) 由分布函数的底部开始：

$$i = 1$$

(4) 抽取起始点：

$$r_i \sim U[0, 1/N]$$

(5) FOR $j = 1, 2, \cdots N$

$r_i = r_{i-1} + (j-1)N$

WHILE $r_i > c_i$, $i = i+1$; END WHILE

设定样本

$$\tilde{\boldsymbol{x}}_k^j = \boldsymbol{x}_k^i$$

设定权值

$$\tilde{\omega}_k^j = 1/N$$

END FOR

从重采样的结果可以看出，每个样本的消除/复制及复制个数的确定等操作都是由样本的正规化权值 $\hat{\omega}_k^i$ 决定的。重采样算法不仅消除了小权值粒子在概率估计中的影响，而且可以有效抑制重要性加权的退化现象。但是，经过重采样步骤之后，各粒子的仿真轨迹在统计意义上将不再独立，这就不满足样本独立同分布的要求了，从而使得蒙特卡罗积分的收敛性不能保证。此外，权值较大的粒子将会被多次复制，权值较低的粒子逐渐消失，从而失去了多样性。经过若干次迭代后，所有粒子都坍塌到一个点上，使得描述后验概率密度函数的样本点集太小或不充分，这就是粒子的贫化或退化现象。当系统的过程噪声很小的时候，这种贫化现象更为严重，所以必须对其进行改善。对于样本贫化问题的解决方法，我们会在下一章详细的介绍。

对于任何基于蒙特卡罗方法的估计问题，经过重采样之后其估计精度一定会有所下降，也就是说，重采样过程是要损失信息的。所以如果要计算样本的某些统计特性，如均值或方差，就应该在重采样之前进行[21]。

下面介绍几种常用的重采样方法。

1）多项式重采样(multinomial resampling)

该方法首先由 Gordon 等[9]提出，实现步骤如下：

(1) 从离散分布所包含的 N 个粒子中，以概率 $p(j=i) = \omega_k^i$ 中抽取 j 个粒子，其中 $i = 1, 2, \cdots, N$；

(2) 取 $\tilde{\boldsymbol{x}}_k^i = \boldsymbol{x}_k^j$ 且 $\tilde{\omega}_k^i = 1/N$；

(3) 用 $\{\tilde{\boldsymbol{x}}_{0:k}^i, \tilde{\omega}_k^i, i = 1, 2, \cdots, N\}$ 表示服从后验概率分布的样本。

该方法的方差为 $\mathrm{Var}(N_i)=\bar{N}\omega_k^i(1-\omega_k^i)$，计算的复杂度为 $O(N)$。

2）残差重采样(residual resampling)

残差重采样由 Higuchi 等[12]提出，实现步骤如下：

(1) 定义 $\tilde{N}_i=[N\tilde{\omega}_k^i]$，其中 $[\cdot]$ 表示向上取整；

(2) 根据新的权值 $\tilde{\omega}_k^i=\bar{N}_k^{-1}[N\tilde{\omega}_k^i-\tilde{N}_i]$，从 $x_{0:k}^i$ 中抽取 $\bar{N}_k=N-\sum_{i=1}^{N}\tilde{N}_i$；

(3) 将所得结果加到原始样本集中。

该方法的方差为 $\mathrm{Var}(N_i)=\bar{N}_k\tilde{\omega}_k^i(1-\tilde{\omega}_k^i)$，比多项式法的方差小一些，而且计算量也更小。

3）最小方差重采样(minimum variance sampling)

这种方法包括 Kitagawa[13] 提出的分层/系统采样法(stratified/systematic sampling)和 Crisan[24] 提出的树型结构算法(Tree Based Branching)，其具体步骤如下：

(1) 在间隔 $[0,1]$ 内产生 N 个均匀分布，每个均匀分布的值为 $1/N$；

(2) 设子代数 N_i 表示位于 $\sum_{j=1}^{i-1}\tilde{\omega}_k^i$ 和 $\sum_{j=1}^{i}\tilde{\omega}_k^i$ 之间的点数；

(3) 同多项式采样算法。

该方法的方差为 $\mathrm{Var}(N_i)=\bar{N}_k\tilde{\omega}_k^i(1-\bar{N}_k\tilde{\omega}_k^i)$，比残差法的方差还小，且计算复杂度为 $O(N)$。

重采样步骤是粒子滤波基本算法中唯一不依赖于具体应用和系统模型的，它只与所采用的重采样算法有关，重采样算法的优劣直接影响估计的准确度[21]。由于状态初始值与滤波迭代步数和粒子滤波算法无关，因此可以不考虑这两个参数。另外，状态初始方差、测量噪声方差、过程噪声方差与重采样算法关系不大，并且在实际应用中，这三个参数都是由测量仪器给出的。最小方差重采样算法得到的结果远优于多项式重采样算法，稍优于残差重采样算法。三种重采样算法的时间复杂度都是 $O(N)$（为采样粒子数目），并且在相同条件下运行时间极其接近。但通常来讲，如何选择某种特定的重采样算法对粒子滤波算法的整体性能影响较小。

7.4 标准粒子滤波算法

选择重要性概率密度函数为先验概率密度，并在标准的 SIS 算法中引入重采样步骤，这便形成了序贯重要重采样(Sequential Importance Resampling, SIR)算法，也就形成了标准粒子滤波算法(PF)的基本框架。

考虑如下非线性状态空间模型：

$$\begin{cases}\boldsymbol{x}_k=\boldsymbol{f}(\boldsymbol{x}_{k-1},\boldsymbol{w}_{k-1})\\ z_k=\boldsymbol{h}(\boldsymbol{x}_k,\boldsymbol{v}_k)\end{cases}\tag{7-68}$$

式中：$\boldsymbol{x}_k\in\mathbf{R}^n$ 与 $z_k\in\mathbf{R}^m$ 分别是系统状态向量和量测向量；$\boldsymbol{f}_{k-1}(\cdot):\mathbf{R}^n\to\mathbf{R}^n$ 和 $\boldsymbol{h}_k(\cdot):\mathbf{R}^n\to\mathbf{R}^m$ 分别为系统非线性状态转移函数和测量函数；$\boldsymbol{w}_k\in\mathbf{R}^p$ 和 $\boldsymbol{v}_k\in\mathbf{R}^q$ 分别为系统的过程噪声和量测噪声，且它们互不相关。

总结上述粒子滤波的基本思想，给出如下标准粒子滤波算法：

(1) 初始化。由先验概率 $p(\boldsymbol{x}_0)$ 产生粒子群 $\{\boldsymbol{x}_0^i,i=1,2,\cdots,N\}$，所有粒子权值为 $1/N$。

(2) 序贯重要性采样(SIS)。

① 选取先验概率作为重要性密度函数，即

$$q(\boldsymbol{x}_k^i|\boldsymbol{x}_{k-1}^i,z_k)=p(\boldsymbol{x}_k^i|\boldsymbol{x}_{k-1}^i) \tag{7-69}$$

从重要性分布中抽取 N 个样本 $\{\boldsymbol{x}_k^i,i=1,2,\cdots,N\}$。

② 计算各粒子权值

$$\omega_k^i=\omega_{k-1}^i\frac{p(z_k|\boldsymbol{x}_k^i)p(\boldsymbol{x}_k^i|\boldsymbol{x}_{k-1}^i)}{q(\boldsymbol{x}_k^i|\boldsymbol{x}_{k-1}^i,\boldsymbol{Z}^k)} \tag{7-70}$$

③ 归一化权值

$$\omega_k^i = \omega_k^i\Big/\sum_{i=1}^N\omega_k^i \tag{7-71}$$

(3) 重采样。若 $N_{\text{eff}}\approx 1\Big/\sum_{i=1}^N(\hat{\omega}_k^i)^2 < N_{\text{threshold}}$，则进行重采样，将原来的带权样本 $\{\boldsymbol{x}_{0:k}^i,\omega_k^i\}_{i=1}^N$ 映射为等权样本 $\{\boldsymbol{x}_{0:k}^i,1/N\}_{i=1}^N$。

(4) 状态估计。

$$\hat{\boldsymbol{x}}_k = \sum_{i=1}^N\omega_k^i\boldsymbol{x}_k^i \tag{7-72}$$

$$\boldsymbol{P}_k = \sum_{i=1}^N\omega_k^i(\hat{\boldsymbol{x}}_k^i-\hat{\boldsymbol{x}}_k)(\hat{\boldsymbol{x}}_k^i-\hat{\boldsymbol{x}}_k)^{\mathrm{T}} \tag{7-73}$$

SIR 算法实现如图 7-3 所示。

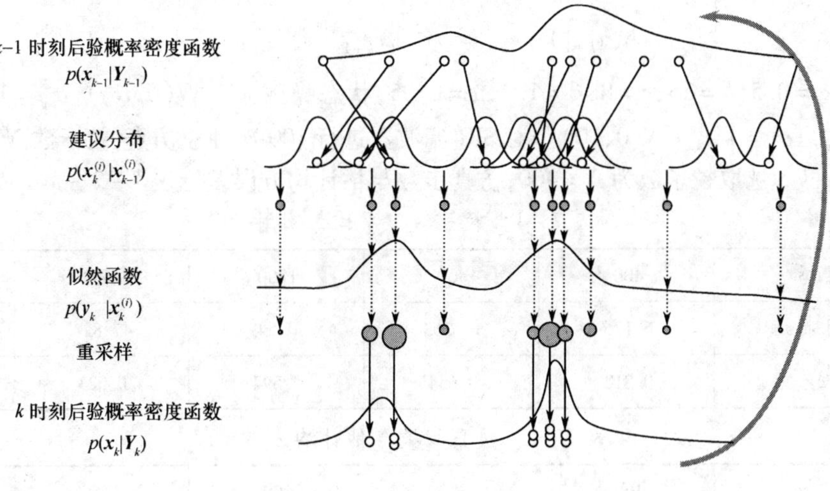

图 7-3　SIR 算法原理

粒子滤波可由如下伪代码进行描述：

标准粒子滤波算法 $[\{\boldsymbol{x}_k^i,\omega_k^i\}_{i=1}^N]=\text{PF}[\{\boldsymbol{x}_{k-1}^i,\omega_{k-1}^i\}_{i=1}^N,z_k]$

(1) 初始化粒子和权值：

$$x_0^i=p(x_0),\ \omega_0^i=1/N$$

(2) SIS 算法：

$$[\{\boldsymbol{x}_k^i,\omega_k^i\}_{i=1}^N]=\text{SIS}[\{\boldsymbol{x}_{k-1}^i,\omega_{k-1}^i\}_{i=1}^N,z_k]$$

(3) 有效粒子数计算：

$$N_{\text{eff}} \approx \frac{1}{\sum_{i=1}^{N} (\widehat{\omega}_k^i)^2}$$

(4) 重采样算法：

$$\text{IF } N_{\text{eff}} < N_{\text{thr}}$$

$$[\{\widetilde{\boldsymbol{x}}_k^j, \widetilde{\omega}_k^j\}_{j=1}^N] = \text{resample}[\{\boldsymbol{x}_k^i, \widehat{\omega}_k^i\}_{i=1}^N]$$

END IF

(5) 均值和方差估计：

$$\widehat{\boldsymbol{x}}_k = \sum_{i=1}^{N} \omega_k^i \boldsymbol{x}_k^i$$

$$\boldsymbol{P}_k = \sum_{i=1}^{N} \omega_k^i (\widehat{\boldsymbol{x}}_k^i - \widehat{\boldsymbol{x}}_k)(\widehat{\boldsymbol{x}}_k^i - \widehat{\boldsymbol{x}}_k)^{\mathrm{T}}$$

(6) 返回至第(2)步。

7.5 数值实例

下面通过一个经典模型对标准粒子滤波算法进行说明。

$$\begin{cases} x_{k+1} = f(x_k) + v_{k+1} = ax_k + bx_k/x_k^2 + 1 + \cos(d \cdot k) + w_k \\ z_{k+1} = h(x_{k+1}) + e_{k+1} = ux^2 + v_{k+1} \end{cases} \quad (7-74)$$

其中，参数 $a=0.5$，$b=25$，$c=8$，$d=1.2$，$u=0.05$，状态噪声 $w_k \sim N(0,\sigma_w^2)$，$\sigma_w^2=10$ 观测噪声 $v_k \sim N(0,\sigma_v^2)$，$\sigma_v^2=1$，$x_0 \sim N(0,10)$。对 SIR 滤波器进行 100 次独立仿真，粒子数 N 与平均每次用时见表7-1。选取粒子数为 $N=400$，仿真步数与估计均方误差见表 7-2。

表 7-1　粒子数与平均每次用时

粒子数 N	400	800	1200	1600	2000
平均用时/s	6.176	15.263	30.549	47.820	77.055
均方误差	0.812	0.654	0.597	0.523	0.459

表 7-2　仿真步数与估计均方误差

仿真步数	100	300	500	700	900
均方误差	0.254	0.137	0.724	3.589	7.646

从表 7-1 可以看出，虽然增加粒子数目 N，可以减弱粒子退化问题，提高滤波精度，但粒子滤波的计算量随粒子数增加而上升，影响算法的实时性。重采样既可以克服粒子退化的问题，又可以降低计算的复杂度，但负作用是引起样本贫化，损失了粒子的多样性，导致滤波精度下降，这一点可以从表 7-2 中均方误差随仿真步数先小后大的现象看出。

综上所述，对于 PF 或 SIR 算法来说，实现起来都比较简单。但由于粒子在状态空间的探索过程中没有用到最新的观测值，所以当似然函数的高似然度区域出现在先验尾部时，退化现象将会比较严重，又因随后的重采样是在离散分布进行的，从而必然导致样本贫化现象。粒子滤波还有一个不容忽视的问题，就是计算量随着粒子数的增大而急剧膨胀，当状态方程维数较高时，为提高估计精度需要的粒子数将会更多，这就使得此算法很难广泛地应用于动态系统状态的实时估计之中。为了克服粒子滤波的这些缺陷，在应用过程中必须根据实际情况对基本算法做必要的改进[10]。有关的改进方法将在第8章作详细的介绍。

参考文献

[1] 韩崇昭. 多源信息融合[M]. 北京:清华大学出版社, 2001.

[2] Shneider Y A. Method of Statistical Testing (Monte Carlo method). Oxford: Pergamon Press, 1964.

[3] 胡士强，敬忠良. 粒子滤波算法综述[J]. 控制与决策, 2005, 20(4): 361 - 371.

[4] 杨小军，潘泉，等. 粒子滤波进展与展望[J]. 控制理论与应用, 2006, 23(2): 261 - 267.

[5] Ristic B, Arulampalam S, Gordon N. Beyond the Kalman Filter[M]. London: Artech House, 2004.

[6] Doucet A, Godsill S. Andrieu C. On sequential Monte Carlo sampling methods for Bayesian filtering [J]. Statistics and Computing, 2000, 10(1): 197 - 208.

[7] 茹诗松，王静龙等. 高等数理统计[M]. 北京：高等教育出版社, 1998.

[8] 裴鹿成，王仲奇. 蒙特卡罗方法及其应用[M]. 北京：海洋出版社. 1998.

[9] Gordon N, Salmond D, Smith A. Novel approach to nonlinear/non-Gaussian Bayesian state estimation[C]. IEEE Proceeding-F. 1993, 140(2): 107 - 113.

[10] 聂奇. 非线性滤波算法以及在惯性导航中的应用[D]. 哈尔滨工程大学博士学位论文,2007.

[11] Hammersley J M, Morton K W. Poor man's Monte Carlo[J]. Journal of the royal statistics society, 1954, 16(1): 23 - 38.

[12] T. Higuchi. Monte Carlo Filter using the Genetic Algorithm Operators[J]. Journal of Statistical Computation and Simulation, 1997, 59(1): 1 - 23.

[13] Kitagawa G. Monte Carlo filter and smoother for non-Gaussian nonlinear state space models[J]. Journal of Computational and Graphical Statistics. 1996, 25(7): 245 - 255.

[14] Carpenter J, Cliffor P, Fearnhead P. Improved Particle Filter for Nonlinear Problems[C]. IEEE Proceedings-Radar, Sonar& Navigation, 1999.

[15] Chen Z. Bayesian Filtering: From Kalman Filters to Particle Filters, and Beyond[M]. Springer - Verlag, 2003.

[16] Arulampalam M S, Maskell S, Gordon N, et al. A tutorial on particle filters for online nonlinear/non-Gaussian Bayesian tracking [J]. IEEE Transactions on Signal Processing, 2002, 50(2): 174 - 188.

[17] Kotecha J H, Djuric P M. Gaussian particle filter. IEEE Transactions on Signal Processing, 2003, 51(10): 2593 - 2602.

[18] Bergman N, Doucet A, Ordon N. Optimal estimation and Cramer-Rao bounds for partial non-Gaussian state space models[J]. Ann. Inst. Statist. Math.. 2001, 53(1): 97 - 112.

[19] Kotecha J H, Djuric P M. Gaussian sum particle filter. IEEE Transactions on Signal Processing, 2003, 51(10): 2602 - 2611.

[20] Kong A, Liu J S, Wong W H. Sequential imputations and Bayesian missing data problems[J]. Journal of the American Statistical Association. 1994, 89(425): 278 - 288.

[21] Nørgaard M, Poulsen N, Ravn O. Advances in Derivative-Free State Estimation for Nonlinear Systems[J]. Tech. Rep. IMM - REP - 1998 - 15, Technical University of Denmark. Apr. 2000.

[22] 梁彦，潘泉，等. 复杂系统现代估计理论及应用[M]. 北京:科学出版社, 2009.

[23] Geweke J. Bayesian Inference in Econometrics Model using Monte Carlo Integration [J]. Econometrica, 1989, 57(6): 1317 - 1339.

[24] Crisan D, Doucet A. A survey of convergence results on particle filtering methods for practitioners[J]. IEEE Trans on Signal Processing, 2002, 50(3): 736 - 746.

[25] 程水英，张剑云. 粒子滤波评述[J]. 宇航学报, 2008, 29(4): 1099 - 1111.

第8章　粒子滤波算法的优化

8.1　粒子滤波存在的问题

粒子滤波算法用粒子及其权重组成的离散随机测度来近似相关的概率分布,将贝叶斯估计中的积分问题转化为粒子的加权求和问题,使得滤波过程容易进行。粒子滤波实时以量测值为导向,引导着粒子在状态空间中作随机且不失规律性的运动,所以它在处理非线性非高斯系统的状态估计问题方面有着明显的优势。

标准粒子滤波利用一群具有不同权重的粒子来表示先验概率密度函数,同时计算每个粒子的似然度,然后将每个粒子上时刻的先验值和新获得的似然度进行数据融合得到新的似然度,从而得到被估计状态后验密度的近似粒子集描述。然而,标准的粒子滤波算法仍有大量问题有待解决,主要表现在以下三个方面[24,34]:

1) 粒子退化与贫化

在粒子滤波算法中,只有当粒子的数量趋向于无穷大的时候,该离散样本集才可以精确地描述一个连续的概率密度函数。然而,在实际中样本容量不可能无限地增大,有限的样本粒子经过若干次迭代后,粒子滤波无法避免地发生粒子退化现象;而当系统量测值出现在先验密度函数的尾部时,退化现象则会表现得更加严重,此时处于先验尾部区域的粒子非常少,绝大多数粒子的似然度将会变得极小,极端情况下有可能在高似然度区域里没有任何粒子,即所有的先验粒子都具有几乎接近于零的权值;又加之计算机受字节和精度的限制,有可能会将所有粒子的权值忽略为零,导致权值将无法进行归一化,这时粒子滤波算法就完全失效了。

为了解决粒子退化问题,人们引入了重采样算法。重采样的目的在于减少权值较小的粒子数目,增加有效粒子的似然度,把注意力集中在大权值的粒子上。然而,重采样算法在有效地减弱了小权值粒子影响概率估计的同时,又带来了“粒子贫化”或“粒子枯竭”的负面作用,即较大权值粒子的多次选取使得采样结果中包含了许多重复点,从而丧失了粒子的多样性。具体地说,在重采样阶段,虽然每次重采样后粒子的权值不为零(避免了粒子退化问题),但由于重新采样将高权值的粒子过多复制,直接导致粒子的多样性不断降低;这样,在经过若干次递推计算后,其他有效的粒子将被重采样步骤耗尽,直至剩下了最后一个权值最大(约为1)的粒子为止。此时,粒子的分布函数实际上已被演化成了一个单点分布,无法反映真实概率密度函数的分布情况。尤其在估计那些长时间维持不变的变量时(如故障参数变化的系统模型),粒子贫化现象更为突出,滤波算法极易发散,从而导致无法应用。

2) 计算量大

粒子滤波不仅有粒子退化和枯竭的问题,同时它还存在着另一个严重的不足之处——计算量大。粒子的数量与概率密度函数的拟合程度成正比,即粒子数越多,概率密度函数的拟合程度越好。理论上,无穷多的粒子可以完全拟合状态变量的概率密度函数(重要性密度函数),因此为达到一定的精度要求,粒子滤波通常需要大量的粒子数。另外,有效的粒子数量也决定着粒子滤波算法的整体执行效率,即粒子数量越大,粒子滤波执行效率越低。研究表明,粒子的数量是由系统状态方程的维数、先验概率密度函数、重要性函数的相似度以及系统的迭代计算次数所决定的。通常,对于高维的系统模型,粒子滤波的计算量要明显高于高斯滤波和其他滤波器,很难满足一些实时性高的高动态环境。所以,如何在保证一定粒子数量的同时又能加快其计算速度成为困扰粒子滤波发展的一大难题。

3）如何选取重要性密度函数

如何通过有效的粒子集合来得到系统的后验概率函数同样决定着粒子滤波算法的性能。通常的抽样方法是通过选取建议分布(重要性密度函数)来得到后验概率分布中的有效粒子。建议分布的选择直接决定着粒子滤波的优劣,例如,好的概率密度函数可以避免粒子集中相异样本数目的急剧减少而失去重要粒子;同时又能在遇到较偏的观测量(观测量在先验分布尾部)时,避免后验密度函数产生的粒子仅有小部分位于高似然度区域,从而提高了算法的精度、效率以及减少权值退化的影响。重要性密度函数的影响已经在第 7 章粒子滤波的算法推导过程中得到充分的体现。所以,如何选择一个合适的重要密度函数同样是有效抑制滤波发散和解决样本退化问题的关键。

选择一个好的重要性密度函数的准则通常是,重要性密度函数的定义域应覆盖所有的后验分布,即建议分布函数应具有较宽的分布。同时为了说明分离部分,建议分布应该有一个长的拖尾和适当的线性复杂度,易于抽样实现,并应通过综合考虑转移先验、似然以及最近的观察数据来使方差最小,且形状上接近于真实后验。我们下面会对具体的重要性密度函数选择方法做更为详细的介绍。

8.2 避免粒子贫化

标准粒子滤波算法用稀疏的样本集表示先验分布,其有限的粒子总数易导致粒子退化。重采样算法在一定程度上解决了粒子退化问题,但又带来样本贫化问题。为减轻样本贫化现象,必须从降低先验粒子的权值方差着手分析,因为若先验粒子的权值方差减小了,先验分布曲线将会趋于平坦,尾部效应也将变得不明显。减小权值方差的措施应该满足如下原则:使大权值粒子的权值减小,小权值粒子的权值增大,同时必须在总体上保证原来权值相对较大的仍然较大,原来的权值相对较小的仍然较小。也就是说,一个好的重采样算法应在增加粒子的多样性和减少权值较小的粒子数目之间进行有效折中,根据此原则,一系列避免粒子贫化的改进算法被设计出来,大概可分为传统解决法和智能优化法等两大类。

8.2.1 传统解决方法

1）正规化粒子滤波

在重采样过程中,样本是从离散的过程而不是从连续的过程中进行采样的,所以容易出现粒子的崩塌,即所有的粒子都集中在权值最大的一点上。为了解决重采样过程的这一问题,可以在每一步重采样过程更新粒子时加入高斯噪声,这就相当于利用了高斯核函数来平滑后验概率密度分布,有效地阻止了滤波的发散,因而产生了正规化粒子滤波(Regularized Particle Filter, RPF)[22,33]。

RPF 从重采样问题的本质出发——对标准粒子滤波算法的重采样进行了改进。RPF 利用连续的函数分布来平滑标准 SIR 滤波重采样中的后延概率密度函数,通过连续函数的平滑,有效地避免由高权值粒子过多复制而导致的样本单一问题。所以，正则粒子滤波算法与标准粒子滤波的区别主要体现于：SIR 从离散近似的函数分布 $\delta(\boldsymbol{x}_k - \boldsymbol{x}_k^i)$ 中重采样，而 RPF 则从连续的函数分布 $K_h(\boldsymbol{x}_k - \boldsymbol{x}_k^i)$ 中重采样。

$$\text{SIR}:\ \{\boldsymbol{x}_k^i, \omega_k^j\}_{j=1}^m \sim p(\boldsymbol{x}_k \mid \boldsymbol{Z}^k) \approx \sum_{i=1}^N \omega_k^i \delta(\boldsymbol{x}_k - \boldsymbol{x}_k^i) \tag{8-1}$$

$$\text{RPF}:\ \{\boldsymbol{x}_k^i, \omega_k^j\}_{j=1}^m \sim p(\boldsymbol{x}_k \mid \boldsymbol{Z}^k) \approx \sum_{i=1}^N \omega_k^i K_h(\boldsymbol{x}_k - \boldsymbol{x}_k^i) \tag{8-2}$$

连续近似分布函数的实现是通过在随机采样运算中引入核函数 K_h 来平滑传统的离散重采样过程。其中

$$K_h = \frac{1}{h_x^n} K\left(\frac{\boldsymbol{x}}{h}\right) \tag{8-3}$$

为核对称概率密度函数，$h>0$ 为核带宽（标量），n_x 为状态向量 $\boldsymbol{x}$ 的维数，$K(\cdot)$ 为核密度（Kernel Density），并满足以下条件

$$\begin{cases} \int K(\boldsymbol{x})\mathrm{d}\boldsymbol{x} = 1 \\ \int \boldsymbol{x} \cdot K(\boldsymbol{x})\mathrm{d}\boldsymbol{x} = 0 \\ \int \|\boldsymbol{x}\|^2 \cdot K(\boldsymbol{x})\ \mathrm{d}\boldsymbol{x} < \infty \end{cases} \tag{8-4}$$

任意函数 f 的正规化可以表示为一个绝对连续的概率密度函数的卷积 $K_h * f$，即

$$\frac{\mathrm{d}(K_h * f)}{\mathrm{d}\boldsymbol{x}}(\boldsymbol{x}) = \int_{\mathbf{R}^n} K_h(\boldsymbol{x} - \boldsymbol{\tau}) f \mathrm{d}(\boldsymbol{\tau}) \tag{8-5}$$

其中，$K_h * f$ 表示 K_h 和 f 卷积。如果取 f 为

$$f = \sum_{i=1}^N \omega_k^i \delta(\boldsymbol{x}_k - \boldsymbol{x}_k^i) \tag{8-6}$$

那么标准的 SIR 分布的期望 $p(\boldsymbol{x}_k | \boldsymbol{Z}^k)$ 可变为

$$\frac{\mathrm{d}(K_h * f)}{\mathrm{d}\boldsymbol{x}}(\boldsymbol{x}) = \frac{1}{h_x^n} \sum_{i=1}^N \omega_k^i K\left[\frac{1}{h}(\boldsymbol{x}_k - \boldsymbol{x}_k^i)\right] = \sum_{i=1}^N \omega_k^i K_h(\boldsymbol{x}_k - \boldsymbol{x}_k^i) \tag{8-7}$$

图 8-1 给出了利用核函数平滑后的采样粒子分布图，其可以看出粒子由离散变为连续函数分布的过程。

如果将核函数 K_h 引入标准的粒子滤波算法中，那么 K_h 便成为算法优略的判断标准，而从式(8-3)可以看出，核函数 K_h 的选择依赖于核密度 $K(\cdot)$ 和核带宽 h。

根据式(8-4)的条件和最小方差原则，核密度 $K(\cdot)$ 的选择最好应该使真实的后验概率密度和相应的正则经验密度之间的均方差最小，即

$$\text{MISE}(P) = \mathrm{E}\{[\hat{p}(\boldsymbol{x}_k \mid \boldsymbol{Z}^k) - p(\boldsymbol{x}_k \mid \boldsymbol{Z}^k)]^2\} = \int [\hat{p}(\boldsymbol{x}_k \mid \boldsymbol{Z}^k) - p(\boldsymbol{x}_k \mid \boldsymbol{Z}^k)]^2 \mathrm{d}x_k \tag{8-8}$$

式中：$\hat{p}(\boldsymbol{x}_k | \boldsymbol{Z}^k)$ 为真实概率函数 $p(\boldsymbol{x}_k | \boldsymbol{Z}^k)$ 的近似估计密度。那么，在假设所有的权值 $\{\omega_k^i, i =$

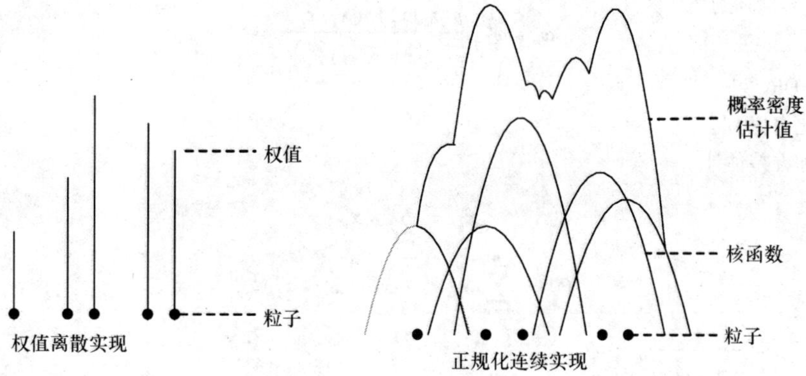

图 8－1　正规化权值的分布图

$1,2,\cdots,N\}$ 都相等的特殊情况下，最佳的核密度函数应为 Epanechnikov 核密度[1]：

$$K_{\mathrm{opt}}=\begin{cases}\dfrac{n_x+2}{2c_{n_x}}(1-\|\boldsymbol{x}\|^2) & \|\boldsymbol{x}\|<1\\ 0 & \text{其他}\end{cases} \tag{8-9}$$

式中：c_{n_x} 为 $\mathbf{R}^{n_x}$ 内单位超球体的体积；n_x 是状态向量 $\boldsymbol{x}$ 的维数，$\|\boldsymbol{x}\|$ 为状态变量 $\boldsymbol{x}$ 的范数。

如果假设重要密度函数是方差为单位矩阵的高斯分布，那么核宽度的最优值为

$$h_{\mathrm{opt}}=AN_s^{\overline{\frac{1}{n_s+4}}} \tag{8-10}$$

其中 $A=[8c_{n_x}^{-1}(n_x+4)(2\sqrt{\pi})^{n_x}]^{1/(n_x+4)}$。

同时，为了减少计算量，方便 RPF 的实现，也可将 Epanechnikov 核密度替换为高斯分布，对应 h_{opt} 的 A 可选为

$$A=[4/(n_x+2)]^{1/(n_x+4)} \tag{8-11}$$

那么，对于后验概率密度函数 $p(\boldsymbol{x}_k|\boldsymbol{Z}^k)$，如果假设其服从高斯分布，并且其方差 $\boldsymbol{S}_k$ 与真实后验分布的样本方差相等。通过线性变换来完成方差的单位化，即将 $\boldsymbol{x}_k^i$ 变换为 $\boldsymbol{D}_k^{-1}\boldsymbol{x}_k$，其中 $\boldsymbol{D}_k^{-1}$ 为 $\boldsymbol{x}_k$ 均方根方差 $\boldsymbol{D}_k\boldsymbol{D}_k^{\mathrm{T}}=\boldsymbol{S}_k$，可通过下式计算：

$$(\boldsymbol{D}_k\boldsymbol{D}_k^{\mathrm{T}})^{-1}=(N-1)^{-1}\sum(\boldsymbol{x}_k-\boldsymbol{x}_k^i)(\boldsymbol{x}_k-\boldsymbol{x}_k^i)^{\mathrm{T}} \tag{8-12}$$

在求出 $\boldsymbol{D}_k^{-1}$ 后，利用核密度采样 $\boldsymbol{c}_i\sim K(\cdot)$，可以完成粒子的更新

$$\boldsymbol{x}_k^i=\tilde{\boldsymbol{x}}_k^i+h_{\mathrm{opt}}\boldsymbol{D}_k\boldsymbol{c}_i \tag{8-13}$$

由于正规化步骤可位于粒子更新（均值和方差估计）之前，也可位于粒子更新之后，所以可将 RPF 分为 PRE_RPF 和 POST_RPF。当然，正规化还包括后续提出的过程修正粒子滤波（Progressive Correction_RPF）和降低计算时间的本地拒绝粒子滤波（Local Rejecttion_RPF）。下面简单给出 POST_RPF 的伪代码描述。

POST_RPF 算法 $[\{\boldsymbol{x}_k^i,\boldsymbol{\omega}_k^i\}_{i=1}^N]=\mathrm{RPF}[\{\boldsymbol{x}_{k-1}^i,\boldsymbol{\omega}_{k-1}^i\}_{i=1}^N,\boldsymbol{z}_k]$

(1) FOR $i=1,2,\cdots,N$

抽取 $\boldsymbol{x}_k^i\sim q(\boldsymbol{x}_k^i|\boldsymbol{x}_{k-1}^i,\boldsymbol{z}_k)$，确定粒子的权值 $\boldsymbol{\omega}_k^i$：

$$\omega_k^i = \omega_{k-1}^i \frac{p(z_k | \boldsymbol{x}_k^i) p(\boldsymbol{x}_k^i | \boldsymbol{x}_{k-1}^i)}{q(\boldsymbol{x}_k^i | \boldsymbol{x}_{k-1}^i, \boldsymbol{Z}^k)}$$

END FOR

(2) 归一化权值 ω_k^i。

(3) 均值和方差估计

$$\hat{\boldsymbol{x}}_k = \sum_{i=1}^{N} \omega_k^i \boldsymbol{x}_k^i$$

$$\boldsymbol{P}_k = \sum_{i=1}^{N} \omega_k^i (\hat{\boldsymbol{x}}_k^i - \hat{\boldsymbol{x}}_k)(\boldsymbol{x}_k^i - \hat{\boldsymbol{x}}_k)^{\mathrm{T}}$$

(4) 计算 $N_{\mathrm{eff}} \approx \dfrac{1}{\sum_{i=1}^{N} (\hat{\omega}_k^i)^2}$。

(5) IF $N_{\mathrm{eff}} < N_{\mathrm{thr}}$ THEN

计算 $(\boldsymbol{x}_k^i, \omega_k^i)_{i=1}^N$ 的正规化经验协方差 $\boldsymbol{S}_k$,若计算满足 $\boldsymbol{D}_k \boldsymbol{D}_k^{\mathrm{T}} = \boldsymbol{S}_k$ 的 $\boldsymbol{D}_k$,重采样算法 $[\{\tilde{\boldsymbol{x}}_k^j, \tilde{\omega}_k^j\}_{j=1}^N] = \mathrm{resample}[\{\boldsymbol{x}_k^i, \hat{\omega}_k^i\}_{i=1}^N]$:

FOR $i = 1, 2, \cdots, N$

根据 Epanechnikov 核密度采样 $\boldsymbol{c}_i \sim \boldsymbol{K}(\cdot)$;

$$\boldsymbol{x}_k^i = \tilde{\boldsymbol{x}}_k^i + \boldsymbol{h}_{\mathrm{opt}} \boldsymbol{D}_k \boldsymbol{c}_i;$$

END FOR

END IF

与标准的 SIR 相比,RPF 仅在进行重采样时多了一步额外的正则化运算(N 次核密度的生成过程),复杂度差不多。其中,$\boldsymbol{S}_k$ 为 $\boldsymbol{x}_k$ 和 ω_k 的函数并且要在重采样前进行计算。在过程噪声比较小的情况下,RPF 几乎没有粒子耗尽问题,很好地解决了样本枯竭问题,但是 RPF 也存在着很大的理论缺陷,那就是产生的采样不再保证渐进的近似后验概率分布,即只有在粒子的权值相等和重要性密度函数为高斯分布时,正规化算法的结果才是最优的,这就增加了滤波发散的概率,但是这些结果仍然可以用来组成次优的滤波器。

2) 马尔可夫蒙特卡罗粒子滤波

马尔可夫蒙特卡罗(Markov Chain Monte Carlo, MCMC)方法的基本思路都是通过定义状态空间变量 $\boldsymbol{x}$ 来构造一个以平稳分布为目标的马尔可夫链,利用马尔可夫链来获得函数的样本[9]。例如,对于重要性密度函数 $q(\boldsymbol{x}_k | \boldsymbol{Z}^k)$,它通过已知的观测量 z 和状态 $\boldsymbol{x}$ 来寻求与 $p(\boldsymbol{x}_{0:k} | \boldsymbol{z}_{1:k})$ 相等的后验分布。而典型的 MCMC 方法是通过搜索技术来获取函数的最大后验(Maximum A Posteriori, MAP)估计,或者是在同一框架下对传统的粒子滤波算法进行多样化采样来实现的。

针对粒子贫化问题,另一个有效的解决方法是在重采样过程后对每个粒子引入可逆跳跃马尔可夫移动步骤,构成跳跃马尔可夫蒙特卡罗的粒子滤波,即在不影响估计的后验分布的前提下,增加重采样后采样粒子的多样性。其优点可概括为以下两点:

(1) 如果采样粒子的分布与真实后验分布相同,MCMC 移动不但不会改变既定的粒子分布,还可能减少粒子之间的相关性。

(2) 如果采样粒子的分布脱离了后验分布,MCMC 移动可能会将这些粒子移动到真实的分布区域。

假设粒子服从后验概率 $p(\boldsymbol{x}_{0:k} | \boldsymbol{z}_{1:k})$,引入核函数为 $K(\boldsymbol{x}_{0:k} | \tilde{\boldsymbol{x}}_{0:k})$ 的马尔可夫链变换,并且在

保证

$$\int K(\boldsymbol{x}_{0:k} \mid \tilde{\boldsymbol{x}}_{0:k}) p(\hat{\boldsymbol{x}}_{0:k} \mid \boldsymbol{z}_{1:k}) \mathrm{d}\boldsymbol{x} = p(\boldsymbol{x}_{0:k} \mid \boldsymbol{z}_{1:k}) \tag{8-14}$$

的前提下，仍然可以得到一组满足既定后验概率分布 $p(\boldsymbol{x}_{0:k}|\boldsymbol{z}_{1:k})$ 的粒子，而这组新的粒子可能移动到了状态空间中更接近真实分布的位置。由于上述移动不会影响既定的后验概率分布，那么利用移动后的粒子来近似后验概率密度函数的误差也不可能大于移动之前的，而且还可能减少这组粒子之间的相关性。因此，将标准粒子滤波算法与 MCMC 方法相结合，可有效提高粒子的多样性，降低粒子的贫化问题的影响。

采用 MCMC 方法的关键是：首先构造一个各态历经的马尔可夫链，使其具有与所期望的目标密度 $p(\boldsymbol{x})$ 等价的平稳分布 $\tilde{p}(\boldsymbol{x})$，然后等到该马尔可夫链达到平衡后便开始对其采样。可以根据构造马尔可夫链方法的不同将 MCMC 算法进行分类，其中两类最重要的方法为：Metropolis－Hastins（MH）算法和 Gibbs Sampling（GS）算法。前者常设计成随机游走（Random Walk，RW）的方式，后者则是基于条件采样（Conditional Sampling，CS）原理。

MCMC 方法也可以被看作从有限的混合分布 $\sum_{i=1}^{N} K(\boldsymbol{x}_{0k} \mid \tilde{\boldsymbol{x}}_{0k})/N$ 中进行抽样，Gilks 等人[2]证明了这种 MCMC 抽样方法的收敛性。当然，如何设计这个马尔可夫链需要有一定的技巧，有兴趣的读者可以进行相关的文献查阅[35－36]。

下面介绍一种采用 MH 算法产生各态历经的平稳有限分布的马尔可夫过程 $\{\boldsymbol{x}_k\}_{k=0:N}$。对于给定的状态 $\boldsymbol{x}_{k-1}$，从所选择的重要性概率分布 $q(\boldsymbol{x}_k|\boldsymbol{Z}_k)$ 中采样生成一些备择点，下一状态 $\boldsymbol{x}_k$ 就在这些备择点中产生。MH 算法具体步骤如下：

MH 采样算法 $v \sim U[0,1]$

FOR $i=1,2,\cdots,N$

  状态采样

$$\hat{\boldsymbol{x}}_{0:k}^{i} \sim p(\boldsymbol{x}_k|\boldsymbol{x}_{k-1}^{i})$$

  IF $v \leqslant \min\left\{1, \dfrac{p(\boldsymbol{x}_k|\hat{\boldsymbol{x}}_{k-1}^{i})}{p(\boldsymbol{x}_k|\hat{\boldsymbol{x}}_{k-1}^{i})}\right\}$

    移动状态

$$\boldsymbol{x}_{0:k}^{i} = (\hat{\boldsymbol{x}}_{0:k-1}^{i}, \tilde{\boldsymbol{x}}_{k}^{i})$$

  ELSE

    拒绝移动

$$\boldsymbol{x}_{0:k}^{i} = \hat{\boldsymbol{x}}_{0:k}^{i};$$

  END IF

END FOR

基于 MCMC 方法的粒子滤波算法具体实现过程如下：

（1）初始化随机样本，通过初始概率密度分布 $p(\boldsymbol{x}_0)$ 抽取样本点，得到粒子数为 N 的粒子集 $\{\boldsymbol{x}_0^1, \boldsymbol{x}_0^2, \cdots, \boldsymbol{x}_0^N\}$；

（2）利用重要性密度函数进行采样 $\boldsymbol{x}_k^i \sim q(\boldsymbol{x}_k^i|\boldsymbol{x}_{k-1}^i, z_k)$；

（3）根据观测方程，递推计算重要性权值 ω_k^i，归一化权值 $\hat{\omega}_k^i$，然后根据后验概率密度抽取

样本$\{\boldsymbol{x}_0^1,\boldsymbol{x}_0^2,\cdots,\boldsymbol{x}_0^N\}$,使用贝叶斯估计得到后验概率密度$p(\boldsymbol{x}_{0:k}|z_{1:k})$,计算状态后验均值$\hat{\boldsymbol{x}}_k$的估计值为$(\sum_{i=1}^{N}\tilde{\boldsymbol{x}}_k^i)/N$;

(4) 初始化 MCMC 采样分布,对$k-1$时刻的粒子,根据系统状态方程,采用 MH 算法进行重要性采样,得到k时刻的一组新的预测粒子$\{\boldsymbol{x}_0^1,\boldsymbol{x}_0^2,\cdots,\boldsymbol{x}_0^N\}$;

(5) 返回至(2),取$k \leftarrow k+1$。

基于 MCMC 方法的粒子滤波算法在重采样过程后加入 MCMC 移动,因此增加了整个算法的计算负担,这也使得 MCMC 的应用受到了一定的限制。

8.2.2 智能优化重采样策略

智能优化算法是模拟自然界或生物界规律与机制来求解极值或优化问题的一类自组织、自适应的人工智能技术,主要包括遗传算法、模拟退火算法、神经网络算法、蚁群算法、粒子群优化算法等。鉴于智能优化策略在处理组合优化问题中的独特优势,可以预见将一些智能优化算法引入粒子滤波算法当中,一方面能有效地缓解重采样产生的样本贫化问题,另一方面还可以使粒子集朝着真实的后验概率分布移动。下面简单的介绍几种智能优化的粒子滤波算法。

1) 遗传重采样粒子滤波

遗传算法是一类模拟生物进化的智能优化算法。目前,遗传算法已成为进化计算研究的一个重要分支,是 J. Holland 于 1975 年受生物进化论的启发而提出的[37]。遗传算法是一种基于"优胜劣汰、适者生存"原理的高度并行、随机的智能优化与搜索方法。它的步骤一般分为编码、产生初始群体、计算适应度、复制、交叉和变异六个步骤。遗传算法通过复制、交叉和变异等一系列操作,最终繁殖出"最适应环境"的个体,从而寻得问题的最优解或满意解[27]。

遗传算法反映的是一种进化思想,而粒子滤波器中存在的是一种退化问题,所以用进化的思想解决退化的问题,本身应具有一定的可行性。1997 年,Higuchi[28]把基本的遗传算法引入到 PF 算法中,但没有对交叉、变异的概率分布给出具体的选择方案,而且需要对状态变量进行二进制编码,不适用于多维高精度问题,应用起来有较大的局限性。2003 年,莫以为[11-12]提出的进化粒子滤波也仅仅是将变异因子引入粒子滤波算法之中,同样存在实现困难的问题。随后,Edison 等[38]提出了遗传粒子滤波算法(Genetic Resample Particle Filter, GRPF),通过运用 Metropolis 准则同时对交叉和变异两个遗传因子进行合理选取,不需要进行二进制编码,实现起来也非常方便,通过选择合适的复制概率P_s、交叉概率P_c、变异概率P_m,很好地解决了粒子滤波中的粒子退化问题。

从 PF 基本步骤中可以看出,重采样过程是以一定的概率对所有的粒子进行选择,使具有较大权值的粒子保留下来并复制,权值较小的粒子则被淘汰,这一过程与遗传算法中的复制操作相同,所以只需要将交叉和变异操作引入到基本的 PF 算法中即可形成 GRPF。其基本原理就是将 PF 中的粒子假设为遗传算法中的个体,并将遗传操作嵌入重采样算法当中,其算法结构框图如图 8-2 所示。

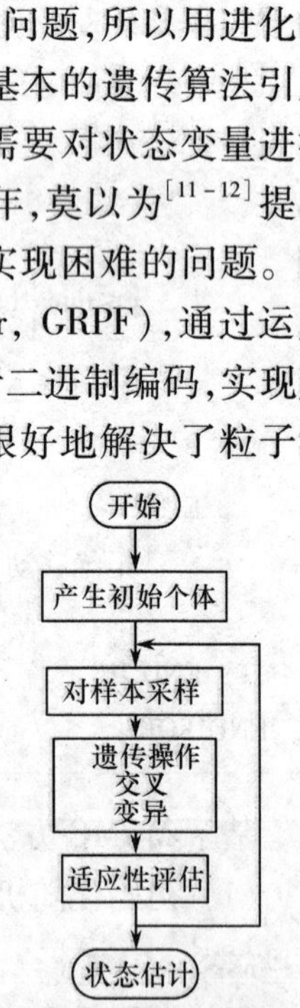

图 8-2 遗传粒子滤波算法结构框图

由图 8-2 可知,基本的遗传重采样粒子滤波算法可分为三个部分:①样本采样;②遗传操作;③重采样。在样本采样阶段,根据前一时刻的状态估值$\boldsymbol{x}_{k-1}$和重要性分布函数$\boldsymbol{x}_k^i \sim q(\boldsymbol{x}_k^i|\boldsymbol{x}_{k-1}^i,z_k)$产生一组新的样本,其过程与标准的粒子滤波算法相同。

在遗传操作阶段中,利用交叉和变异来处理产生的这组样本,这是解决样本退化问题的重要组成部分。粒子的交叉和变异操作如下:

$$\begin{cases}\boldsymbol{x}_k^{(newA)}=\boldsymbol{\gamma}\boldsymbol{x}_k^A+(1-\boldsymbol{\gamma})\boldsymbol{x}_k^B+\boldsymbol{\eta}\\\boldsymbol{x}_k^{(newB)}=\boldsymbol{\gamma}\boldsymbol{x}_k^B+(1-\boldsymbol{\gamma})\boldsymbol{x}_k^A+\boldsymbol{\eta}\end{cases}\tag{8-15}$$

$$\boldsymbol{x}_k^{(newA)}=\boldsymbol{x}_k^A+\boldsymbol{\eta},\boldsymbol{\eta}\sim N\theta(0,\widehat{a})\tag{8-16}$$

式中:$\boldsymbol{\gamma}$、$\boldsymbol{\eta}$ 分别为服从(0,1)均匀分布的随机数和服从 $N(0,\hat{a})$ 正态分布的随机向量。下面应用 Metropolis 准则来确定交叉概率 P_c 和变异概率 P_m。

(1) Metropolis 准则是以概率接受新状态,将该准则应用于交叉概率的选取。如果

$$p(z_{k-1}|\boldsymbol{x}_k^{newA})>\max\{p(z_{k-1}|\boldsymbol{x}_k^A),p(z_{k-1}|\boldsymbol{x}_k^B)\}\tag{8-17}$$

则接受 $\boldsymbol{x}_k^{newA}$ 为新状态,否则以概率

$$P_c=p(z_{k-1}|\boldsymbol{x}_k^{newA})/\max\{p(z_{k-1}|\boldsymbol{x}_k^A),p(z_{k-1}|\boldsymbol{x}_k^B)\}\tag{8-18}$$

来接受新状态。

(2) 将该准则应用于变异概率的选取。如果

$$p(z_{k-1}|\boldsymbol{x}_k^{newA})>p(z_{k-1}|\boldsymbol{x}_k^A)\tag{8-19}$$

则接受 $\boldsymbol{x}_k^{newA}$ 为新状态,否则以概率 $P_m=p(z_{k-1}|\boldsymbol{x}_k^{neqA})/p(z_{k-1}|\boldsymbol{x}_k^A)$ 来接受新状态。

在遗传操作后,应该通过个体的适应度对其进行选择。在 PF 中,人们常应用随机平均重采样;而在 GRPF 中,可以根据粒子的适应度,即根据 $p(z_k|\boldsymbol{x}_k^i)$ 的大小进行重采样。这一方法也被广泛地称作轮盘选择法,其基本思想是:粒子拥有的适应度越高,其被选择进行重采样的概率就越大。判断每个粒子适应度的量测概率可表示为

$$\text{fitness}(\boldsymbol{x}_k^i)=p(z_k|\boldsymbol{x}_k^i)\tag{8-20}$$

其基本步骤如下:

(1) 计算总体适应度

$$\text{total}(f_{\text{sum}})=\sum_{i=1}^{N}\text{fitness}(\boldsymbol{x}_k^i)$$

(2) 在 0 和 f_{sum} 之间,选择一个随机数 R_s;

(3) 将所有的粒子的适应度相加在一起,直到其值大于或等于 R_s,则将最后一个粒子复制来产生下一组粒子;

(4) 返回步骤(2)。

GRPF 将交叉和变异两个算子引入到 PF 中,并通过 Metropolis 准则合理地选择交叉概率和变异概率,使重采样之后的粒子朝着真实的后验概率分布移动,有效地克服了样本贫化现象。当粒子数目很多时,这种单次交叉和变异就会显得微乎其微,对估计结果的影响不是很大,不能明显地提高估计的精度,这时可以选择对粒子集进行多次交叉和变异操作。下面通过如下伪代码来描述遗传粒子重采样的具体过程[23]:

遗传粒子重采样步骤

(1) 选择操作:do

$P_s:S^N\to R_j$(S、R 分别为原粒子和采样后的粒子(此操作表示通过选择算子从 N 个粒子的粒子集中得到新粒子集的第 j 个粒子)

$j = j + 1$

while $i < Np_s$

(2) 交叉操作:do

$P_c : S^N = R_{j,j+1}$

$j = j + 2$

while $i < N\ p_c/2$

(3) 变异操作:do

$P_s : S^N \rightarrow R_j$

$j = j + 1$

while $i < Np_m$

(4) 分配权值:

$\text{fitness}(\boldsymbol{x}_k^i) = p(\boldsymbol{z}_k | \boldsymbol{x}_k^i)$

将遗传算法引入粒子的重采样机制为解决粒子退化提供了重要的指导思想。遗传算法不仅通过选择算子筛选优良的粒子,而且还可以通过交叉、变异操作产生新的粒子,因此适当的优化调整选择、交叉和变异概率可以在保证粒子有效的同时兼顾粒子的多样性[2]。遗传重采样粒子滤波算法不仅很好地解决了粒子滤波中有效性与多样性的矛盾,而且还提高了跟踪的准确度和鲁棒性,但是它同样也增加了粒子滤波算法的计算负担,影响系统的实时性。

2) 模拟退火粒子滤波

模拟退火是一种基于蒙特卡罗迭代求解策略的通用随机寻优概率算法,用来在一个大的搜寻空间内找寻待优化问题的最优解。"模拟退火"是冶金学的专有名词,退火是将材料加热后再经特定速率冷却,目的是增大晶粒的体积,并且减少晶格中的缺陷。材料中的原子会停留在使内能有局部最小值的位置,加热使能量变大,原子会离开原来位置,而随机在其他位置中移动。退火冷却时速度较慢,使得原子有较多可能找到内能比原先更低的位置。

模拟退火算法的出发点是基于物理中固体物质的退火过程与一般组合优化问题之间的相似性。用固体退火模拟组合优化问题,将内能 E 模拟为目标函数值 f,温度 T 演化为控制参数 t,便得到了组合优化问题的模拟退火算法。其具体步骤为:由初始解 i 和控制参数初值 t 开始,对当前解重复产生新解→计算目标函数差→接受或舍弃的迭代,并逐步衰减 t 值,算法终止时刻所得的解为近似最优解。退火策略是模拟退火算法的核心思想,通过产生一系列的中间分布来逐渐地寻找到全局最优解,退火策略的优劣直接关系到算法的收敛性以及求解精度。模拟退火算法可以分解为解空间、目标函数和初始解三部分。

模拟退火算法新解的产生和接受可分为如下四个步骤:

(1) 由一个函数从当前解产生一个位于解空间的新解;为便于后续的计算和接受,减少算法耗时,通常选择由当前新解经过简单地变换即可产生新解的方法,如对构成新解的全部或部分元素进行置换、互换等,注意到产生新解的变换方法决定了当前新解的邻域结构,因而对冷却进度表的选取有一定的影响。

(2) 计算与新解所对应的目标函数差。因为目标函数差仅由变换部分产生,所以目标函数差的计算最好按增量计算。事实表明,对大多数应用而言,这是计算目标函数差的最快方法。

(3) 判断新解是否被接受。最常用的接受准则是 Metropolis 准则:若 $\Delta t' < 0$ 则接受作为 S' 新的当前解 S,否则以概率 $\exp(-\Delta t'/T)$ 接受 S' 作为新的当前解 S。

(4) 当新解被确定接受时,用新解代替当前解,这只需将当前解中对应于产生新解时的变换部分予以实现，同时修正目标函数值即可。此时，当前解实现了一次迭代。可在此基础上开始下一轮试验。而当新解被判定为舍弃时，则在原当前时刻解的基础上继续下一轮试验。

模拟退火粒子滤波[13,15]是在 PF 中引入退火重要采样和中间分布的概念，改善出现先验尾部的量测值的粒子滤波算法性能。模拟退火算法是在某一个初温下，伴随着温度参数的不断下降，结合概率突跳特性在解空间中随机寻找目标函数的全局最优解，即局部最优解能概率性地跳出并最终趋于全局最优。根据退火策略的基本原理，在粒子滤波中也可以设置一个温度参数 $0<T<1$，如果先验粒子的权值方差很大，则以各个粒子的权值 ω_i 为底数，以温度 T 为指数，对每个粒子的权值进行调整，从而得到一组权值方差较小的粒子。参数 T 的选取应视粒子集权值方差的大小而定，权值方差越大，那么 T 就应该越小。

实际应用中，首先给有效粒子数设定一个门限值，然后将(0,1)区间分成 n 等份，如果有效粒子数小于设定的门限值的话，以 $T=(n-1)/n$ 作为指数，对每个粒子的权值进行调整；然后重新计算调整后的有效粒子数，如果大于门限值则退火结束，否则继续进行退火，即令 $T=(n-2)/n$ 继续进行调整，直至某次退火过后，计算所得的有效粒子数大于门限值为止，此时退火过程结束。退火过程结束后，必须对粒子集进行更新，即重新产生一批新的粒子，否则原来先验尾部没有粒子现在依然没有粒子，同样避免不了退化问题，所以在这里采用高斯近似粒子产生方法。退火过程的伪代码描述如下：

模拟退火算法 $[\{\tilde{\boldsymbol{x}}_k^j,\tilde{\omega}_k^j\}_{j=1}^N] = \text{Annealing}[\{\boldsymbol{x}_k^i,\hat{\omega}_k^i\}_{i=1}^N]$

(1) 计算有效粒子数：

$$N_{\text{eff}} \approx \frac{1}{\sum_{i=1}^{N}(\hat{\omega}_k^i)^2}$$

(2) 初始化退火温度

$$t = n-1$$

(3) 开始退火

IF $\quad N_{\text{eff}} < N_{\text{thr}}$

$$T = \frac{t}{n}\omega_k^i(T) = (\hat{\omega}_k^i)^{\text{T}}$$

$$\tilde{\omega}_k^i = \frac{\omega_k^i(T)}{\sum_{j=1}^{N}\omega_k^i(T)}$$

$$N_{\text{eff}} \approx \frac{1}{\sum_{i=1}^{N}(\tilde{\omega}_k^i)^2}$$

$$t = t-1$$

END IF

(4) 样本均值和方差估计

$$\hat{\boldsymbol{x}}_k = \sum_{i=1}^{N}\omega_k^i\boldsymbol{x}_k^i$$

$$\boldsymbol{P}_k = \sum_{i=1}^{N}\omega_k^i(\hat{\boldsymbol{x}}_k^i - \hat{\boldsymbol{x}}_k)(\hat{\boldsymbol{x}}_k^i - \hat{\boldsymbol{x}}_k)^{\text{T}}$$

(5) 产生新粒子集

$$\boldsymbol{x}_k^i \sim N(\tilde{\boldsymbol{x}}_k^i, \tilde{\boldsymbol{P}}_{k|k})$$

(6) 设定样本

$$\tilde{x}_k^i = x_k^i$$

(7) 设定权值

$$\tilde{\omega}_k^j = 1/N$$

在这里仍然使用有效粒子数来定义权值方差，为了容易对比起见，这里全部采样非归一化权值，根据第 7 章的定义，有效粒子数应该表示为

$$N_{\text{eff}} \approx 1 \Bigg/ \sum_{i=1}^{N} \left[\frac{\omega_k^i}{\sum_{j=1}^{N} \omega_k^i(j)} \right]^2 \tag{8-21}$$

下面的定理为退火策略在减小权值方差上的应用提供了有力的证据。

定理 8-1 设 $0 \leqslant \omega_1 \leqslant \omega_2 \cdots \leqslant \omega_n$ 且不全为 0，则对任意的 $0 < \beta < \alpha < 1$，都有

$$\frac{1}{\sum_{i=1}^{N} \left[\frac{(\omega^i)^\beta}{\sum_{j=1}^{N} (\omega^i(j))^\beta} \right]^2} \geqslant \frac{1}{\sum_{i=1}^{N} \left[\frac{(\omega^i)^\alpha}{\sum_{j=1}^{N} (\omega^i(j))^\alpha} \right]^2} \tag{8-22}$$

定理的具体证明可参考文献[29]。以上定理表明，权值方差的减小可以通过给原来各粒子的权值加上一个大于 0 而小于 1 的指数，而且该指数值越小，有效粒子数越多，权值方差越小。同时这种方差减小策略完全满足前面所提出的原则，即保证了原来权值相对较大的现在依然较大，原来权值相对较小的现在依然较小。综上，退火算法可以有效地降低权值的方差。

模拟退火粒子滤波算法很大程度上减少了权值方差，可以完全克服由重采样造成的样本贫化问题。从以上步骤可以发现，该退火算法与 PF 中的重采样有异曲同工之处，故在 PF 的基本算法中，可以用退火过程取代重采样过程。模拟退火粒子滤波算法的基本步骤可表示如下：

(1) 初始化随机样本。通过初始概率密度分布 $p(\boldsymbol{x}_0)$ 抽取样本点，得到粒子数为 N 的粒子集 $\{\boldsymbol{x}_0^1, \boldsymbol{x}_0^2, \cdots, \boldsymbol{x}_0^N\}$；

(2) 根据系统状态方程，采用 SIS 算法进行重要性采样，得到 k 时刻的一组新的预测粒子 $\{\boldsymbol{x}_0^1, \boldsymbol{x}_0^2, \cdots, \boldsymbol{x}_0^N\}$，使用贝叶斯估计得到后验概率密度 $p(\boldsymbol{x}_{0:k} | z_{1:k})$；

(3) 根据观测方程进行量测更新。递推计算重要性权值 ω_k^i，归一化权值 $\hat{\omega}_k^i$，然后根据后验概率密度抽取样本 $\{\tilde{\boldsymbol{x}}_0^1, \tilde{\boldsymbol{x}}_0^2, \cdots, \tilde{\boldsymbol{x}}_0^N\}$，计算状态后验均值 $\hat{\boldsymbol{x}}_k$ 的估计值为 $\frac{1}{N}\sum_{i=1}^{N} \tilde{\boldsymbol{x}}_k^i$；

(4) 使用模拟退火算法进行重采样；

(5) 返回至 (2)，取 $k \to k+1$。

虽然退火算法降低了重采样后的样本枯竭问题，但模拟退火粒子滤波仍然存在以下几点不足[29]：

(1) 退火策略的引进使粒子集内部产生负相关。当退火的温度降为 0 的时候，各粒子将变为等权值粒子，此时的先验信息不起作用，贝叶斯估计将退化为最大似然估计。

(2) 门限值 N_{thr} 的选取非常困难，要视动态系统的维数而定。只有选择了恰当的门限值，而且只当有效粒子数在门限值附近时，估计的效率才会最高，因为此时的粒子数恰好表示状态真正的分布，而又没有多余粒子占用计算和存储单元。

（3）影响退火速率 n 值的选取也是困难的。如果 n 值太大，退火速率会很慢，计算量可能会很大，影响实时估计的效率；如果 n 值太小，退火速率过快，使得有效粒子数极易超过门限值 N_{thr}，从而降低估计效率。

（4）退火过程中近似使用高斯近似粒子产生方法。在一些不满足高斯特性的情况下，对于具有多个峰值的分布曲线来说，此方法可能会失效。

3）粒子群粒子滤波

粒子群优化算法是由 Kennedy 和 Eberhart[30] 于 1995 年提出的一类模拟群体智能行为的优化算法。该算法模拟鸟群觅食的行为，通过鸟之间的集体协作使得群体达到最优。与遗传算法类似，其也是一种基于群体迭代搜寻最优解的优化工具。所以该算法同样需要将系统初始化为一组随机解，然后通过迭代搜寻最优值，但是它又无需像遗传算法那样进行交叉和变异等操作，而是通过粒子群追随解空间里最优的粒子进行搜索的方式来寻找最优解。粒子群优化算法（Particle Swarm Optimization，PSO）的优势在于实现简单，需要调整的参数较少，而且得到的最优解的精度较高。

PSO 的整个过程可表述为：随机初始化一个粒子群，总粒子数为 N，其中第 i 个粒子在 n 维空间的位置表示为 $\boldsymbol{X}_i=(\boldsymbol{x}_{i1},\boldsymbol{x}_{i2},\cdots,\boldsymbol{x}_{in})$，位置变化率为 $V_i=(\boldsymbol{v}_{i1},\boldsymbol{v}_{i2},\cdots,\boldsymbol{v}_{in})$。每一次迭代时，粒子通过两个极值来更新自己的速度和位置。其中，一个极值是粒子本身从初始到当前迭代次数搜索产生的最优解，称为个体极值 Pbest，记为 $P_i=(P_{i1},P_{i2},\cdots,P_{in})$；另一个是种群目前的最优解，称为全局极值 Gbest，记为 $G=(g_1,g_2,\cdots,g_n)$，而 Gbest 为 Pbest 的最优，其中 $i=\{1,2,\cdots,N\}$。在找到这两个最优解之后，每个粒子根据式（8－23）和式（8－24）来更新其位置和速度：

$$\boldsymbol{X}_{i+1}=\boldsymbol{X}_i+\boldsymbol{V}_i \tag{8-23}$$

$$\boldsymbol{v}_i=\boldsymbol{w}\times\boldsymbol{v}_i+c_1\times\mathrm{Rand}(\cdot)\times(P_i-\boldsymbol{x}_k^i)+c_2\times\mathrm{Rand}(\cdot)\times(\boldsymbol{G}-\boldsymbol{x}_k^i) \tag{8-24}$$

式中：Rand(·)是介于(0,1)区间的随机数；w 称为惯性系数；c_1 和 c_2 统称为学习因子，一般取 $c_1=c_2=2$。由于惯性系数直接关系到搜索范围的大小，所以实际应用中要根据具体的状态方程和观测方程来确定其取值。通常，w 较大则算法具有较强的全局搜索能力，w 较小则算法倾向于局部搜索。

粒子群优化算法通过计算适应度值将所有的粒子向最优粒子移动。适应度函数 P_{fitness} 定义如下：

$$P_{\text{fitness}}=\exp\left[-\frac{1}{2R_k}(\hat{z}-\tilde{z})^2\right] \tag{8-25}$$

式中：R_k 是量测噪声方差；$\hat{z}$ 是最新的量测值；$\tilde{z}$ 是预测量测值。如果粒子集都分布在真实状态附近，那么粒子群中每个粒子的适应度都很高。反之，如果粒子群中每个粒子的个体最优值以及粒子群的全局最优值都很低，则说明粒子没有分布在真实状态附近。

PSO 和 PF 两者之间存在以下主要区别：首先，PSO 通过不断更新粒子在搜索空间中的速度和位置来寻找最优值；而 PF 通过更新粒子的位置和权重来逼近系统的真实后验概率分布。其次，在 PSO 中具有最大适应度的粒子表示搜索空间中的最优值点；而在 PF 中，具有最大权重的粒子表示系统最可能处于的状态。第三，PSO 和 PF 都有各自的运动机制。在 PSO 中，粒子通过追寻个体最优值和全局最优值来不断更新自己的位置和速度；而在 PF 中，每个粒子先通过运动模型来更新自己的位置，然后通过观测模型来更新自己的权重值。通过以上总结，发现 PSO 与 PF 两者之间存在着很多相似和互补的特性，所以可考虑将两者结合起来改善常规粒子滤波方法的性能。

在粒子群粒子滤波(Particle Swarm Optimization Partiele Filter, PSOPF)[14,16]中,粒子集利用粒子群优化算法,不断根据最优值并利用式(8-23)和式(8-24)来更新每个粒子的速度与位置,通过移动粒子群向最优粒子 Pbest 靠近来驱动所有的粒子向高似然概率区域运动,最终使粒子不断地向真实状态靠近,如图 8-3 所示。当粒子群的最优值符合某阈值 ε 时,说明粒子群已经分布在真实状态附近,那么粒子群将停止优化。此时再对粒子集利用最新量测值进行权值更新并且进行归一化处理。这样,在重采样之后,真实状态附近粒子的权值将会增大。

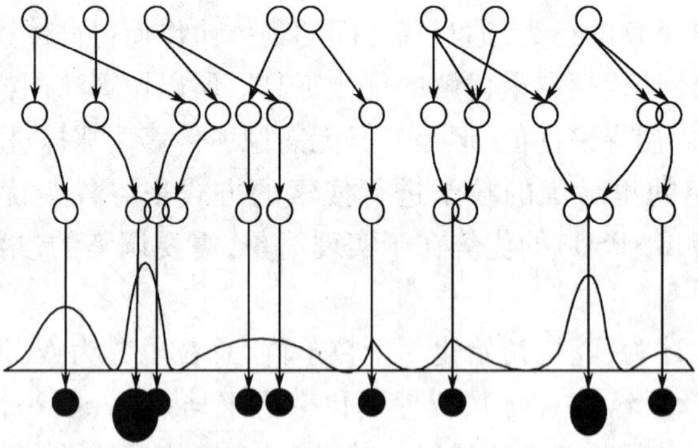

图 8-3　粒子群优化过程

通过以上优化过程,使得粒子集在权值更新之前更加趋向于高似然区域,从而解决了样本贫化问题。同时,优化过程使得权值较小的粒子趋向真实状态出现概率较大的区域,提高了每个粒子的作用效果。具体的伪代码描述步骤如下:

粒子群粒子滤波算法$[\{\boldsymbol{x}_k^i,\omega_k^i\}_{i=1}^N]=\mathrm{PSOPF}[\{\boldsymbol{x}_{k-1}^i,\omega_{k-1}^i\}_{i=1}^N,\boldsymbol{z}_k]$

(1) 初始化:FOR $i=1,\cdots,N$

抽取粒子:$\boldsymbol{x}_k^i\sim q(\boldsymbol{x}_k^i|\boldsymbol{x}_{k-1}^i,\boldsymbol{z}_k)$

END FOR

(2) 速度和位置计算:

do while $P_{\text{fitness}}>\varepsilon$

FOR $i=1,\cdots,N$

$$P_{\text{fitness}}=\exp\left[-\frac{1}{2R_k}(\hat{z}-\tilde{z})^2\right]$$

$$\boldsymbol{v}_i=\boldsymbol{w}\times\boldsymbol{v}_i+c_1\times\mathrm{Rand}(\cdot)\times(P_i-\boldsymbol{x}_k^i)+c_2\times\mathrm{Rand}(\cdot)\times(\boldsymbol{G}-\boldsymbol{x}_k^i)$$

$$\boldsymbol{x}_k^{i+1}=\boldsymbol{x}_k^i+\boldsymbol{v}_i$$

END FOR

End do

(3) 修正权值:

FOR $i=1,\cdots,N$

$\omega_k^i=\omega_{k-1}^i p(z_k^i|x_{k-1}^i)$

END FOR

同 GRPF 相比,PSOPF 的优势在于:首先容易实现,并且没有许多参数需要调整。其次,PSOPF 与 GRPF 的共享机制不同。在 GRPF 中,染色体互相共享信息,所以整个种群的移动是

比较均匀地向最优区域移动。在 PSOPF 中,只有 Gbest 或 Pbest 提供信息给其他的粒子,这是单向的信息流动,整个搜索更新过程是跟随当前最优解的过程。因此在大多数的情况下,所有的粒子比 GRPF 可能更快的收敛于最优解。

8.3 降低计算复杂度

粒子滤波是利用粒子点的递推来计算近似后验概率分布,它对非线性系统和非高斯估计问题提供了统一的解决框架。在传统的粒子滤波算法中,估计精度随着粒子数的增加而提高,所以保证粒子滤波精度的关键是采用大量的粒子。特别当系统初始状态未知时,粒子滤波需要大量粒子才能实现系统的状态预估。如果粒子集数目比较少,那么很有可能没有粒子分布在真实状态附近,这样经过几次迭代后,粒子很难收敛到真实状态处。

尽管理论上估计精度与系统状态的维数无关,但是实际上对于高维数的系统需要采用大量的粒子点来近似后验概率分布。在多维状态空间中,随着状态维数的增加,需要描述后验概率密度的样本点数目也在增加,通常这种情况需要的粒子数目远远大于状态估计需要的粒子数目,使得粒子滤波算法计算效率极大地降低,有时根本无法满足系统实时性要求,这样就出现了粒子滤波计算负担过大的问题。对于给定的精度,粒子数随着状态向量的维数呈指数增加,出现"维数灾难"问题。

为解决上述问题,人们采用各种方法,如模型变换、分解(边沿化技术),自适应粒子数以及实时粒子滤波等来对基本粒子滤波算法进行了改进。

8.3.1 边沿化滤波策略

1) Rao - Blackwellization 技术

Rao - Blackwellization 技术来源于 Rao - Blackwell 理论,是一种边沿化(marginalization)技术,它的首次提出是为了计算蒙特卡罗采样法的边沿概率密度。因为 Rao - Blackwellization 技术具有降低系统方差的本质特性,所以其被应用于粒子滤波算法当中,以提高粒子滤波的性能。Rao - Blackwellization 技术使用的具体方式有三种:状态分解、模型简化以及数据扩展。下面通过一个定理对 Rao - Blackwellization 技术进行说明。

定理 8 - 2[31] 假设$\hat{f}(\boldsymbol{Y})$为$f(\boldsymbol{x})$的无偏估计量,ψ 是一组能充分表示 $\boldsymbol{x}$ 的数据,定义$\hat{f}(\psi(\boldsymbol{y}))=\mathrm{E}_{P(\boldsymbol{x})}[\hat{f}(\boldsymbol{Y})|\psi(\boldsymbol{Y})=\psi(\boldsymbol{y})]$,那么$\hat{f}(\psi(\boldsymbol{y}))$同样是$f(\boldsymbol{x})$的无偏估计量,且

$$\mathrm{Var}_{P(\boldsymbol{x})}[\hat{f}(\psi(\boldsymbol{y}))]\leqslant\mathrm{Var}_{P(\boldsymbol{x})}[\hat{f}(\boldsymbol{Y})] \tag{8-26}$$

只有当$p(\hat{f}(\boldsymbol{Y}))=\hat{f}(\psi(\boldsymbol{y}))=1$时,上式的等号成立。定理的具体证明请参考文献[32]。

从上述定理可以知道,Rao - Blackwell 理论的关键是:如果存在一组能充分表示 $\boldsymbol{x}$ 的数据 ψ 或者函数 $\psi(\cdot)$,可以依据此条件 ψ 来得到函数$f(\boldsymbol{x})$的无偏估计量。此外,如果函数 $\psi(\cdot)$为函数$f(\boldsymbol{x})$的唯一无偏估计量,那么其为函数$f(\boldsymbol{x})$的最小方差无偏估计。

对动态的状态空间模型来说,Rao - Blackwellization 技术的基本原理是通过充分利用系统模型的特殊结构(如条件线性高斯模型、部分可观高斯模型等)来提高概率推演的效率。例如,对于条件线性高斯模型,可以尝试将整个状态空间划分为两个部分:一部分是线性高斯的,可以用卡尔曼滤波来计算;另一部分是非线性非高斯的,用粒子滤波来计算。由于第一部分为线性最优估计,算法精度高而且速度快,减小了系统的方差;同时由于模型分解降低了状态变量的维

数,计算量因此而减少,加快了滤波器的收敛速度。假设系统的状态向量 $\boldsymbol{x}_k$ 可分解为

$$\boldsymbol{x}_k = [(\boldsymbol{x}_k^l)^{\mathrm{T}} \quad (\boldsymbol{x}_k^n)^{\mathrm{T}}]^{\mathrm{T}}$$

式中:$\boldsymbol{x}_k^l$ 为线性状态部分;$\boldsymbol{x}_k^n$ 为非线性状态部分,并假设边沿概率密度 $p(\boldsymbol{x}_k^n|\boldsymbol{x}_k^l)$ 已知。那么,函数 $f(\boldsymbol{x})$ 的数学期望可变为

$$\mathrm{E}[f(\boldsymbol{x}_k)] = \int f(\boldsymbol{x}_k^l,\boldsymbol{x}_k^n)p(\boldsymbol{x}_k^l,\boldsymbol{x}_k^n \mid \boldsymbol{Z}^k)\mathrm{d}\boldsymbol{x}_k \tag{8-27}$$

若能得到

$$\lambda(\boldsymbol{x}_{0:k}^l) = \int f(\boldsymbol{x}_k^l,\boldsymbol{x}_k^n)p(\boldsymbol{Z}_k \mid \boldsymbol{x}_k^l,\boldsymbol{x}_k^n)p(\boldsymbol{x}_{0:k}^n \mid \boldsymbol{x}_{0:k}^l)\mathrm{d}\boldsymbol{x}_{0:k}^n \tag{8-28}$$

那么 $\mathrm{E}[f(\boldsymbol{x})]$ 可变换为

$$\begin{aligned}\mathrm{E}[f(\boldsymbol{x}_k)] &= \frac{\int \lambda(\boldsymbol{x}_{0:k}^l)p(\boldsymbol{x}_{0:k}^l)\mathrm{d}\boldsymbol{x}_{0:k}^l}{\iint p(Z^k \mid \boldsymbol{x}_{0:k}^l,\boldsymbol{x}_{0:k}^n)p(\boldsymbol{x}_{0:k}^n \mid \boldsymbol{x}_{0:k}^l)\mathrm{d}\boldsymbol{x}_{0:k}^n p(\boldsymbol{x}_{0:k}^l)d\boldsymbol{x}_{0:k}^l} \\ &= \frac{\int \lambda(\boldsymbol{x}_{0:k}^l)p(\boldsymbol{x}_{0:k}^l)\mathrm{d}\boldsymbol{x}_{0:k}^l}{\int p(\boldsymbol{Z}^k \mid \boldsymbol{x}_{0:k}^l)p(\boldsymbol{x}_{0:k}^l)\mathrm{d}\boldsymbol{x}_{0:k}^l}\end{aligned} \tag{8-29}$$

根据重要性权值估计,则期望

$$\mathrm{E}[f(\boldsymbol{x}_k)] \approx \frac{\frac{1}{N}\sum_{i=1}^{N}\omega_k(\boldsymbol{x}_{0:k}^{l,i}) \cdot \lambda(\boldsymbol{x}_{0:k}^{l,i})}{\frac{1}{N}\sum_{i=1}^{N}\omega_k(\boldsymbol{x}_{0:k}^{l,i})} \tag{8-30}$$

下面通过一个定理来给出系统的方差。

定理 8-3 假设 $f(x_1,x_2)$ 和 $g(x_1,x_2)$ 为二维概率密度分布,且它们的边沿概率密度分别为

$$\begin{cases} f(x_1) = \int f(x_1,x_2)\mathrm{d}x_2 \\ g(x_1) = \int g(x_1,x_2)\,\mathrm{d}x_2 \end{cases} \tag{8-31}$$

则可以得到

$$\mathrm{Var}_g\left[\frac{f(x_1,x_2)}{g(x_1,x_2)}\right] > \mathrm{Var}_g\left[\frac{f(x_1)}{g(x_1)}\right] \tag{8-32}$$

证明

容易得出

$$\frac{f(x_1)}{g(x_1)} = \int \frac{f(x_1,x_2)}{g(x_1)g(x_2 \mid x_1)}g(x_2 \mid x_1)\mathrm{d}x_2 = \mathrm{E}\left[\frac{f(X_1,x_2)}{g(x_2 \mid X_1)}\,\middle|\, X_1 = x_1\right] \tag{8-33}$$

所以

$$\mathrm{Var}_g\left[\frac{f(x_1,x_2)}{g(x_1,x_2)}\right] \geqslant \mathrm{Var}_g\left\{\mathrm{E}\left[\frac{f(X_1,x_2)}{g(x_2|X_1)}\,\middle|\, X_1 = x_1\right]\right\} = \mathrm{Var}_g\left[\frac{f(x_1)}{g(x_1)}\right] \tag{8-34}$$

根据定理 8-3,可以得出方差确切的下降值,即

$$\mathrm{Var}\left[\frac{f(x_1,x_2)}{g(x_1,x_2)}\right]-\mathrm{Var}_g\left[\frac{f(x_1)}{g(x_1)}\right]=\mathrm{E}\left\{\mathrm{Var}_g\left[\frac{f(x_1,x_2)}{g(x_1,x_2)}\middle|x_1\right]\right\} \tag{8-35}$$

即可得出系统方差的确切表达式

$$\mathrm{Var}[f(\boldsymbol{x}_k)]=\mathrm{Var}\{\mathrm{E}[f(\boldsymbol{x}_k^l,\boldsymbol{x}_k^n)]|\boldsymbol{x}_k^l\}+\mathrm{E}\{\mathrm{Var}[f(\boldsymbol{x}_k^l,\boldsymbol{x}_k^n)|\boldsymbol{x}_k^l]\} \tag{8-36}$$

由式(8-36)可以看出系统的方差被分解为两项,所以采样 Rao-Blackwellization 技术的重要性权值的方差要小于标准的粒子滤波算法。

同时,Rao-Blackwellization 技术在某种程度上与基于边沿化方法的数据扩展理论相似,可考虑引进了一个已知的中间变量来进行可能性推理。例如,考虑模型

$$\begin{cases}\boldsymbol{x}_k=\boldsymbol{A}\boldsymbol{x}_{k-1}+\boldsymbol{B}\boldsymbol{v}_K+\boldsymbol{F}\boldsymbol{u}_k\\ \boldsymbol{z}_k=\boldsymbol{C}\boldsymbol{x}_k+\boldsymbol{D}\boldsymbol{e}_k+\boldsymbol{G}\boldsymbol{u}_k\\ \boldsymbol{y}_k\sim p(\boldsymbol{y}_k|\boldsymbol{z}_k)\end{cases} \tag{8-37}$$

式中:潜在变量 $\boldsymbol{z}_k$ 存在与量测值 $\boldsymbol{y}_k$ 相关概率密度函数 $\boldsymbol{y}_k\sim p(\boldsymbol{y}_k|\boldsymbol{z}_k)$。考虑到上述的状态模型,可以得到

$$p(\boldsymbol{x}_{0:k}\mid\boldsymbol{y}_{1:k})=\int p(\boldsymbol{x}_{0:k}\mid\boldsymbol{z}_{1:k})p(\boldsymbol{z}_{1:k}\mid\boldsymbol{y}_{1:k})\mathrm{d}\boldsymbol{z}_{1:k} \tag{8-38}$$

如果能将概率密度分布 $p(\boldsymbol{z}_{1:k}|\boldsymbol{y}_{1:k})$ 的形式表示如下:

$$p(\boldsymbol{z}_{1:k}\mid\boldsymbol{y}_{1:k})=\sum_{i=1}^{N}\omega_k^i\cdot\delta_{y_{1:k}}(\boldsymbol{z}_{1:k}-\boldsymbol{z}_{1:k}^i) \tag{8-39}$$

其中 $\omega_k^i\geqslant 0$, $\sum_{i=1}^{N}\omega_k^i=1$。那么,概率分布 $p(\boldsymbol{x}_{0:k}|\boldsymbol{y}_{1:k})$ 便可表述为

$$p(\boldsymbol{x}_{0:k}\mid\boldsymbol{y}_{1:k})\approx\sum_{i=1}^{N}\omega_k^i\cdot p(\boldsymbol{x}_{0:k}\mid\boldsymbol{z}_{1:k}^i) \tag{8-40}$$

该模型为混合高斯的,当 $p(\boldsymbol{x}_{0:k}|\boldsymbol{z}_{1:k}^i)$ 服从高斯分布,可以应用卡尔曼滤波,当模型是非线性时,可应用扩展卡尔曼滤波对其估计。通过方差分解理论容易得到

$$\mathrm{Var}[f(\boldsymbol{x}_k)|\boldsymbol{y}_{1:k}]\geqslant\mathrm{Var}\{\mathrm{E}[f(\boldsymbol{x}_k)|\boldsymbol{z}_{1:k},\boldsymbol{y}_{1:k}]|\boldsymbol{y}_{1:k}\} \tag{8-41}$$

对于概率密度 $p(\boldsymbol{z}_{1:k}|\boldsymbol{y}_{1:k})$,可根据如下公式计算:

$$p(\boldsymbol{z}_{1:k}\mid\boldsymbol{y}_{1:k})\propto\sum_{i=1}^{k}p(\boldsymbol{y}_i\mid\boldsymbol{z}_i)p(\boldsymbol{z}_i\mid\boldsymbol{z}_{1:i-1}) \tag{8-42}$$

式中:$p(\boldsymbol{z}_1|\boldsymbol{z}_{1:0})=p(\boldsymbol{z}_1)$。对概率密度 $p(\boldsymbol{z}_{1:k}|\boldsymbol{y}_{1:k})$ 的求解只需对正规化常量 $p(\boldsymbol{z}_i|\boldsymbol{z}_{1:i-1})$ 进行估计,而预测概率的求解需通过卡尔曼滤波获得,其基本形式如下:

$$\hat{\boldsymbol{x}}_{k|k-1}=\boldsymbol{A}_{k,k-1}\hat{\boldsymbol{x}}_{k-1}+\boldsymbol{F}\boldsymbol{u}_{k-1}=f_{k-1}(\hat{\boldsymbol{x}}_{k-1},\boldsymbol{u}_{k-1},0) \tag{8-43}$$

$$\boldsymbol{P}_{k|k-1}=\boldsymbol{A}_k\boldsymbol{P}_{k-1}\boldsymbol{A}_k^{\mathrm{T}}+\boldsymbol{B}_k\boldsymbol{Q}_{k-1}\boldsymbol{B}_k^{\mathrm{T}} \tag{8-44}$$

$$\hat{\boldsymbol{z}}_{k|k-1}=\boldsymbol{C}_k\hat{\boldsymbol{x}}_{k|k-1}+\boldsymbol{G}_k\boldsymbol{u}_k+\boldsymbol{e}_k=\boldsymbol{h}_k(\hat{\boldsymbol{x}}_{k|k-1},\boldsymbol{u}_k) \tag{8-45}$$

$$\boldsymbol{S}_t=\boldsymbol{C}_k\boldsymbol{P}_{k|k-1}\boldsymbol{C}_k^{\mathrm{T}}+\boldsymbol{D}_k\boldsymbol{D}_k^{\mathrm{T}} \tag{8-46}$$

$$\hat{\boldsymbol{x}}_k = \hat{\boldsymbol{x}}_{k|k-1} + \boldsymbol{P}_{k|k-1}\boldsymbol{C}_k^{\mathrm{T}}\boldsymbol{S}_k^{-1}(\hat{z}_k - \hat{z}_{k|k-1}) \tag{8-47}$$

$$\boldsymbol{P}_k = \boldsymbol{P}_{k|k-1} + \boldsymbol{P}_{k|k-1}\boldsymbol{C}_k^{\mathrm{T}}\boldsymbol{S}_k^{-1}\boldsymbol{C}_k\boldsymbol{P}_{k|k-1} \tag{8-48}$$

其中

$$\hat{\boldsymbol{x}}_{k|k-1} \sim \mathrm{E}(\boldsymbol{x}_k|\boldsymbol{y}_{1:k-1}) \tag{8-49}$$

$$\hat{\boldsymbol{x}}_k \sim \mathrm{E}(\boldsymbol{x}_k|\boldsymbol{y}_{1:k}) \tag{8-50}$$

$$\hat{\boldsymbol{y}}_{k|k-1} \sim \mathrm{E}(\boldsymbol{y}_k|\boldsymbol{y}_{1:k-1}) \tag{8-51}$$

$$\boldsymbol{P}_{k|k-1} \sim \mathrm{Cov}(\boldsymbol{x}_k|\boldsymbol{y}_{1:k-1}) \tag{8-52}$$

$$\boldsymbol{P}_k \sim \mathrm{Cov}(\boldsymbol{x}_k|\boldsymbol{y}_{1:k-1}) \tag{8-53}$$

$$\boldsymbol{S}_k \sim \mathrm{Cov}(\boldsymbol{y}_k|\boldsymbol{y}_{1:k}) \tag{8-54}$$

因此,可以得到 $p(z_k|z_{1:k-1}) \sim N(z_k;z_{k:k-1},\boldsymbol{S}_k)$,其中 $N(z_k;z_{k:k-1},\boldsymbol{S}_k)$ 服从均值为 $z_{k:k-1}$ 方差为 $\boldsymbol{S}_k$ 的高斯分布。

2）边沿化粒子滤波

Rao - Blackwellization 技术与 PF 滤波相互结合,自然地产生了边沿化粒子滤波(Marginalized Particle Filter, MPF)[20]。

考虑如下非线性系统:

$$\begin{cases}\boldsymbol{x}_k = f(\boldsymbol{x}_{k-1},\boldsymbol{w}_{k-1})\\ z_k = h(\boldsymbol{x}_k,\boldsymbol{v}_k)\end{cases} \tag{8-55}$$

式中:$\boldsymbol{x}_k \in \mathbf{R}^n$ 与 $z_k \in \mathbf{R}^m$ 分别是系统状态向量和量测向量;$f_{k-1}(\cdot):\mathbf{R}^n \to \mathbf{R}^n$ 和 $h_k(\cdot):\mathbf{R}^n \to \mathbf{R}^m$ 分别为系统非线性状态转移函数和测量函数;$\boldsymbol{w}_k \in \mathbf{R}^p$ 和 $\boldsymbol{v}_k \in \mathbf{R}^q$ 分别为系统的过程噪声和量测噪声,且它们互不相关。

考虑将 $\boldsymbol{x}_k$ 分解为两部分,即 $\boldsymbol{x}_k = [(\boldsymbol{x}_k^l)^{\mathrm{T}} \quad (\boldsymbol{x}_k^n)^{\mathrm{T}}]^{\mathrm{T}}$,其中 $\boldsymbol{x}_k^l$ 为线性状态部分;$\boldsymbol{x}_k^n$ 为非线性状态部分。根据贝叶斯定理,状态的后验概率密度可表示为

$$p(\boldsymbol{x}_k^l,\boldsymbol{x}_k^n|\boldsymbol{Z}^k) = p(\boldsymbol{x}_k^l|\boldsymbol{x}_k^n,\boldsymbol{Z}^k)\,p(\boldsymbol{x}_k^n|\boldsymbol{Z}^k) \tag{8-56}$$

则状态的最小均方根估计(MMSE)为

$$\hat{\boldsymbol{x}}_k = \int \boldsymbol{x}_k p(\boldsymbol{x}_k \mid \boldsymbol{Z}^k)\mathrm{d}\boldsymbol{x}_k = \iint [(\boldsymbol{x}_k^n,\boldsymbol{x}_k^l)p(\boldsymbol{x}_k^l \mid \boldsymbol{x}_k^n,\boldsymbol{Z}^k)\mathrm{d}\boldsymbol{x}_k^l][p(\boldsymbol{x}_k^n \mid \boldsymbol{Z}^k)\mathrm{d}\boldsymbol{x}_k^n] \tag{8-57}$$

给定 $\boldsymbol{x}_k^n$ 的情况下,$p(\boldsymbol{x}_k^l|\boldsymbol{x}_k^n,\boldsymbol{Z}^k)$ 可由线性卡尔曼滤波计算得到,而 $p(\boldsymbol{x}_k^n|\boldsymbol{Z}^k)$ 代替 $p(\boldsymbol{x}_k^l|\boldsymbol{x}_k^n,\boldsymbol{Z}^k)$ 使得 PF 的计算得以简化。令 $\hat{\boldsymbol{x}}_k^{N_s}$ 为采用 N 个粒子点的基本 PF 的估计值,$\hat{\boldsymbol{x}}_k^{N_r}$ 为采用 N 个粒子点的 MPF 的估计值,则有

$$\begin{cases}\hat{\boldsymbol{x}}_k^{N_s} \sim N[\hat{\boldsymbol{x}}_k,\mathrm{Var}(\hat{\boldsymbol{x}}_k^{N_s})]\\ \hat{\boldsymbol{x}}_k^{N_r} \sim N[\hat{\boldsymbol{x}}_k,\mathrm{Var}(\hat{\boldsymbol{x}}_k^{N_r})]\end{cases} \tag{8-58}$$

且根据定理 8 - 3 可知

$$\mathrm{Var}(\boldsymbol{x}_k^{N_s}) > \mathrm{Var}(\boldsymbol{x}_k^{N_r}) \tag{8-59}$$

边沿化粒子滤波算法伪代码表述如下:

边沿化粒子滤波算法 $[\{\boldsymbol{x}_k^i,\omega_k^i\}_{i=1}^N]=\mathrm{MPF}[\{\boldsymbol{x}_{k-1}^i,\omega_{k-1}^i\}_{i=1}^N,z_k]$

(1) 初始化粒子和权值：

$$\hat{\boldsymbol{x}}_0^{n,(i)}\sim \boldsymbol{P}_{x_0^n},\{\boldsymbol{x}_0^{l,(i)},\boldsymbol{P}_0^{(i)}\}=\{\bar{\boldsymbol{x}}_0^l,\bar{\boldsymbol{P}}_0\},\omega_0^i=1/N$$

FOR $i=1,2,\cdots,N$

抽取粒子

$$\boldsymbol{x}_k^i\sim q(\boldsymbol{x}_k^i|\boldsymbol{x}_{k-1}^i,z_k)$$

确定粒子的权值 ω_k^i

$$\omega_k^i=\omega_{k-1}^i\frac{p(z_k|\boldsymbol{x}_k^i)p(\boldsymbol{x}_k^i|\boldsymbol{x}_{k-1}^i)}{q(\boldsymbol{x}_k^i|\boldsymbol{x}_{k-1}^i,\boldsymbol{Z}^k)}$$

END FOR

(2) 归一化权值 ω_k^i：

$$\hat{\omega}_k^i=\frac{\omega_k^i}{\sum_{j=1}^N\omega_k^j}$$

(3) 有效粒子数计算：

$$N_{\mathrm{eff}}\approx\frac{1}{\sum_{i=1}^N(\hat{\omega}_k^i)^2}$$

(4) 粒子滤波观测更新(重采样算法)：

IF $N_{\mathrm{eff}}<N_{\mathrm{thr}}$

$$[\{\tilde{\boldsymbol{x}}_k^j,\tilde{\omega}_k^j\}_{j=1}^N]=\mathrm{resample}[\{\boldsymbol{x}_k^i,\hat{\omega}_k^i\}_{i=1}^N]$$

$$p(\boldsymbol{x}_{k|k}^{n,(i)}=\boldsymbol{x}_{k|k-1}^{n,(j)})=\tilde{\omega}_k^j$$

END IF

(5) 粒子滤波时间更新与卡尔曼滤波：

① 卡尔曼滤波观测更新

Model 1

Model 2

Model 3

② 粒子滤波时间更新

FOR $i=1,2,\cdots N$,

$$\boldsymbol{x}_{k+1|k}^i\sim q(\boldsymbol{x}_{k+1|k}^i|\boldsymbol{x}_k^i,z_k);$$

END FOR

③ 卡尔曼滤波时间更新

Model 1

Model 2

Model 3

(6) 计算状态估计的均值和协方差：

$$\begin{cases}\hat{\boldsymbol{x}}_k^n=\sum_{i=1}^N\tilde{\omega}_k^i\,\hat{\boldsymbol{x}}_k^{n,(i)}\\ \boldsymbol{P}_k^n=\sum_{i=1}^N\tilde{\omega}_k^i(\hat{\boldsymbol{x}}_k^{n,(i)}-\hat{\boldsymbol{x}}_k^n)(\hat{\boldsymbol{x}}_k^{n,(i)}-\hat{\boldsymbol{x}}_k^n)^{\mathrm{T}}\end{cases}$$

$$\begin{cases} \hat{\boldsymbol{x}}_k^l = \sum_{i=1}^{N} \tilde{\omega}_k^i \hat{\boldsymbol{x}}_k^{l,(i)} \\ \boldsymbol{P}_k^l = \sum_{i=1}^{N} \tilde{\omega}_k^i (\hat{\boldsymbol{x}}_k^{l,(i)} - \hat{\boldsymbol{x}}_k^l)(\hat{\boldsymbol{x}}_k^{l,(i)} - \hat{\boldsymbol{x}}_k^l)^{\mathrm{T}} \end{cases}$$

(7) $k \leftarrow k+1$ 返回至第(2)步。

若将系统状态分为线性和非线性两部分，则非线性模型变换后大致可表述为下面的三种方式(Model 1，Model 2，Model 3)。

Model 1：

$$\boldsymbol{x}_{k+1}^n = f_k^n(\boldsymbol{x}_k^n) + G_k^n(\boldsymbol{x}_k^n)\boldsymbol{w}_k^n \tag{8-60}$$

$$\boldsymbol{x}_{k+1}^l = \boldsymbol{A}_k^l(\boldsymbol{x}_k^n)\boldsymbol{x}_k^l + G_k^l(\boldsymbol{x}_k^n)\boldsymbol{w}_k^l \tag{8-61}$$

$$\boldsymbol{z}_k = h_k(\boldsymbol{x}_k^n) + C_k(\boldsymbol{x}_k^n)\boldsymbol{x}_k^l + \boldsymbol{v}_k \tag{8-62}$$

状态噪声为 $\boldsymbol{w}_k = [(\boldsymbol{w}_k^l)^{\mathrm{T}} \quad (\boldsymbol{w}_k^n)^{\mathrm{T}}]^{\mathrm{T}} \sim N(0,\boldsymbol{Q}_k)$，$\boldsymbol{Q}_k = \begin{pmatrix} \boldsymbol{Q}_k^l & \boldsymbol{0} \\ \boldsymbol{0} & \boldsymbol{Q}_k^n \end{pmatrix}$量测噪声为 $\boldsymbol{v}_k \sim N(0,\boldsymbol{R}_k)$，线性部分初值 $\boldsymbol{x}_0^l$ 服从高斯分布 $\boldsymbol{x}_0^l \sim N(\bar{\boldsymbol{x}}_0,\bar{\boldsymbol{P}}_0)$。

对于此模型条件概率密度$\hat{\boldsymbol{x}}_k^l$ 和 $\hat{\boldsymbol{x}}_{k+1|k}^l$可表示为

$$p(\boldsymbol{x}_k^l | \boldsymbol{x}_k^n, \boldsymbol{Z}^k) = N(\hat{\boldsymbol{x}}_k^l, \boldsymbol{P}_k) \tag{8-63}$$

$$p(\boldsymbol{x}_{k+1}^l | \boldsymbol{x}_{k+1}^n, \boldsymbol{Z}^k) = N(\hat{\boldsymbol{x}}_{k+1|k}^l, \boldsymbol{P}_{k+1|k}) \tag{8-64}$$

则对应的算法描述步骤(5)中的卡尔曼滤波更新为：

① 卡尔曼滤波量测更新

$$\hat{\boldsymbol{x}}_k^l = \hat{\boldsymbol{x}}_{k|k-1}^l + \boldsymbol{K}_k(z_k - \boldsymbol{h}_k - \boldsymbol{C}_k \hat{\boldsymbol{x}}_{k|k-1}^l) \tag{8-65}$$

$$\boldsymbol{P}_k = \boldsymbol{P}_{k|k-1} - \boldsymbol{K}_k \boldsymbol{C}_k \boldsymbol{P}_{k|k-1} \tag{8-66}$$

$$\boldsymbol{S}_k = \boldsymbol{C}_k \boldsymbol{P}_{k|k-1} \boldsymbol{C}_k^{\mathrm{T}} + \boldsymbol{R}_k \tag{8-67}$$

$$\boldsymbol{K}_k = \boldsymbol{P}_{k|k-1} \boldsymbol{C}_k^{\mathrm{T}} \boldsymbol{S}_k^{-1} \tag{8-68}$$

② 卡尔曼滤波时间更新

$$\hat{\boldsymbol{x}}_{k+1|k}^l = \boldsymbol{A}_k^l \hat{\boldsymbol{x}}_k^l \tag{8-69}$$

$$\boldsymbol{P}_{k+1|k} = \bar{\boldsymbol{A}}_k^l \boldsymbol{P}_k (\bar{\boldsymbol{A}}_k^l)^{\mathrm{T}} + \boldsymbol{G}_k^l \bar{\boldsymbol{Q}}_k^l (\boldsymbol{G}_k^l)^{\mathrm{T}} \tag{8-70}$$

而对应 $p(\boldsymbol{x}_k^n | \boldsymbol{Z}^k)$的估计可应用标准粒子滤波算法，则状态空间模型非线性部分可表示为

$$p(\boldsymbol{x}_k^n | \boldsymbol{Z}^k) = \frac{p(z_k | \boldsymbol{x}_k^n, \boldsymbol{Z}^{k-1}) p(\boldsymbol{x}_k^n | \boldsymbol{x}_{k-1}^n, \boldsymbol{Z}^{k-1})}{p(z_k | \boldsymbol{Z}^{k-1})} p(\boldsymbol{x}_{k-1}^n | \boldsymbol{Z}^{k-1}) \tag{8-71}$$

其中，$p(\boldsymbol{x}_{k-1}^n | \boldsymbol{Z}^{k-1})$由上一时刻的粒子滤波估计值得到，而对于 $p(\boldsymbol{y}_k | \boldsymbol{x}_k^n, \boldsymbol{Z}^{k-1})$和 $p(\boldsymbol{x}_k^n | \boldsymbol{x}_{k-1}^n, \boldsymbol{Z}^{k-1})$可表示为

$$p(z_k | \boldsymbol{x}_k^n, \boldsymbol{Z}^{k-1}) = N(\boldsymbol{h}_k + \boldsymbol{C}_k \hat{\boldsymbol{x}}_{k|k-1}^l, \boldsymbol{C}_k \boldsymbol{P}_{k|k-1} \boldsymbol{C}_k^{\mathrm{T}} + \boldsymbol{R}_k) \tag{8-72}$$

$$p(\boldsymbol{x}_{k+1}^n | \boldsymbol{x}_k^n, \boldsymbol{Z}^k) = N(\boldsymbol{f}_k^n, \boldsymbol{Q}_k^n) \tag{8-73}$$

具体证明可参考文献[4]。

Model 2：

$$\boldsymbol{x}_{k+1}^{n}=\boldsymbol{f}_{k}^{n}(\boldsymbol{x}_{k}^{n})+\boldsymbol{A}_{k}^{n}(\boldsymbol{x}_{k}^{n})\boldsymbol{x}_{k}^{l}+\boldsymbol{G}_{k}^{n}(\boldsymbol{x}_{k}^{n})\boldsymbol{w}_{k}^{n} \tag{8-74}$$

$$\boldsymbol{x}_{k+1}^{l}=\boldsymbol{A}_{k}^{l}(\boldsymbol{x}_{k}^{n})\boldsymbol{x}_{k}^{l}+\boldsymbol{G}_{k}^{l}(\boldsymbol{x}_{k}^{n})\boldsymbol{w}_{k}^{l} \tag{8-75}$$

$$\boldsymbol{z}_{k}=\boldsymbol{h}_{k}(\boldsymbol{x}_{k}^{n})+\boldsymbol{C}_{k}(\boldsymbol{x}_{k}^{n})\boldsymbol{x}_{k}^{l}+\boldsymbol{v}_{k} \tag{8-76}$$

则对应的算法描述步骤(5)中的卡尔曼滤波更新为：

① 卡尔曼滤波量测更新

$$\hat{\boldsymbol{x}}_{k}^{l}=\hat{\boldsymbol{x}}_{k|k-1}^{l}+\boldsymbol{K}_{k}(\boldsymbol{z}_{k}-\boldsymbol{h}_{k}-\boldsymbol{C}_{k}\hat{\boldsymbol{x}}_{k|k-1}^{l}) \tag{8-77}$$

$$\boldsymbol{P}_{k}=\boldsymbol{P}_{k|k-1}-\boldsymbol{K}_{k}\boldsymbol{C}_{k}\boldsymbol{P}_{k|k-1} \tag{8-78}$$

$$\boldsymbol{S}_{k}=\boldsymbol{C}_{k}\boldsymbol{P}_{k|k-1}\boldsymbol{C}_{k}^{\mathrm{T}}+\boldsymbol{R}_{k} \tag{8-79}$$

$$\boldsymbol{K}_{k}=\boldsymbol{P}_{k|k-1}\boldsymbol{C}_{k}^{\mathrm{T}}\boldsymbol{S}_{k}^{-1} \tag{8-80}$$

② 卡尔曼滤波时间更新

$$\hat{\boldsymbol{x}}_{k+1|k}^{l}=\boldsymbol{A}_{k}^{l}\hat{\boldsymbol{x}}_{k}^{l}+\boldsymbol{L}_{k}(\boldsymbol{m}_{k}-\boldsymbol{A}_{k}^{n}\hat{\boldsymbol{x}}_{k}^{l}) \tag{8-81}$$

$$\boldsymbol{P}_{k+1|k}=\boldsymbol{A}_{k}^{l}\boldsymbol{P}_{k}(\overline{\boldsymbol{A}}_{k}^{l})^{\mathrm{T}}+\boldsymbol{G}_{k}^{l}\boldsymbol{Q}_{k}^{l}(\boldsymbol{G}_{k}^{l})^{\mathrm{T}}-\boldsymbol{L}_{k}\boldsymbol{N}_{k}(\boldsymbol{L}_{k})^{\mathrm{T}} \tag{8-82}$$

$$\boldsymbol{N}_{k}=\boldsymbol{A}_{k}^{n}\boldsymbol{P}_{k|k}(\boldsymbol{A}_{k}^{n})^{\mathrm{T}}-\boldsymbol{G}_{k}^{l}\boldsymbol{Q}_{k}^{n}(\boldsymbol{G}_{k}^{l})^{\mathrm{T}} \tag{8-83}$$

$$\boldsymbol{L}_{k}=\boldsymbol{A}_{k}^{l}\boldsymbol{P}_{k}\boldsymbol{A}_{k}^{n}\boldsymbol{N}_{k}^{-1} \tag{8-84}$$

$$\boldsymbol{m}_{k}=\boldsymbol{x}_{k+1}^{n}-\boldsymbol{f}_{k}^{n} \tag{8-85}$$

Model 3：

$$\boldsymbol{x}_{k+1}^{n}=\boldsymbol{f}_{k}^{n}(\boldsymbol{x}_{k}^{n})+\boldsymbol{A}_{k}^{n}(\boldsymbol{x}_{k}^{n})\boldsymbol{x}_{k}^{l}+\boldsymbol{G}_{k}^{n}(\boldsymbol{x}_{k}^{n})\boldsymbol{w}_{k}^{n} \tag{8-86}$$

$$\boldsymbol{x}_{k+1}^{l}=\boldsymbol{f}_{k}^{l}(\boldsymbol{x}_{k}^{n})+\boldsymbol{A}_{k}^{l}(\boldsymbol{x}_{k}^{n})\boldsymbol{x}_{k}^{l}+\boldsymbol{G}_{k}^{l}(\boldsymbol{x}_{k}^{n})\boldsymbol{w}_{k}^{l} \tag{8-87}$$

$$\boldsymbol{z}_{k}=\boldsymbol{h}_{k}(\boldsymbol{x}_{k}^{n})+\boldsymbol{C}_{k}(\boldsymbol{x}_{k}^{n})\boldsymbol{x}_{k}^{l}+\boldsymbol{v}_{k} \tag{8-88}$$

则对应的算法描述步骤(5)中的卡尔曼滤波更新为：

① 卡尔曼滤波观测更新

$$\hat{\boldsymbol{x}}_{k}^{l}=\hat{\boldsymbol{x}}_{k|k-1}^{l}+\boldsymbol{K}_{k}(\boldsymbol{z}_{k}-\boldsymbol{h}_{k}-\boldsymbol{C}_{k}\hat{\boldsymbol{x}}_{k|k-1}^{l}) \tag{8-89}$$

$$\boldsymbol{P}_{k}=\boldsymbol{P}_{k|k-1}-\boldsymbol{K}_{k}\boldsymbol{M}_{k}\boldsymbol{K}_{k}^{\mathrm{T}} \tag{8-90}$$

$$\boldsymbol{M}_{k}=\boldsymbol{C}_{k}\boldsymbol{P}_{k|k-1}\boldsymbol{C}_{k}^{\mathrm{T}}+\boldsymbol{R}_{k} \tag{8-91}$$

$$\boldsymbol{K}_{k}=\boldsymbol{P}_{k|k-1}\boldsymbol{C}_{k}^{\mathrm{T}}\boldsymbol{M}_{k}^{-1} \tag{8-92}$$

② 卡尔曼滤波时间更新

$$\hat{\boldsymbol{x}}_{k+1|k}^{l}=\boldsymbol{A}_{k}^{l}\hat{\boldsymbol{x}}_{k}^{l}+\boldsymbol{G}_{k}^{l}(\boldsymbol{Q}_{k}^{\ln})^{\mathrm{T}}(\boldsymbol{G}_{k}^{n}\boldsymbol{Q}_{k}^{n})^{-1}\boldsymbol{m}_{k}+\boldsymbol{f}_{k}^{l}+\boldsymbol{L}_{k}(\boldsymbol{m}_{k}-\boldsymbol{A}_{k}^{n}\hat{\boldsymbol{x}}_{k}^{l}) \tag{8-93}$$

$$\boldsymbol{P}_{k+1|k}=\overline{\boldsymbol{A}}_{k}^{l}\boldsymbol{P}_{k}(\overline{\boldsymbol{A}}_{k}^{l})^{\mathrm{T}}+\boldsymbol{G}_{k}^{l}\overline{\boldsymbol{Q}}_{k}^{l}(\boldsymbol{G}_{k}^{l})^{\mathrm{T}}-\boldsymbol{L}_{k}\boldsymbol{N}_{k}(\boldsymbol{L}_{k})^{\mathrm{T}} \tag{8-94}$$

$$\boldsymbol{N}_{k}=\boldsymbol{A}_{k}^{n}\boldsymbol{P}_{k}(\boldsymbol{A}_{k}^{n})-\boldsymbol{G}_{k}^{l}\boldsymbol{Q}_{k}^{n}(\boldsymbol{G}_{k}^{l})^{\mathrm{T}} \tag{8-95}$$

$$\boldsymbol{L}_{k}=\boldsymbol{A}_{k}^{l}\boldsymbol{P}_{k}\boldsymbol{A}_{k}^{n}\boldsymbol{N}_{k}^{-1} \tag{8-96}$$

其中

$$\boldsymbol{m}_{k}=\boldsymbol{x}_{k+1}^{n}-\boldsymbol{f}_{k}^{n} \tag{8-97}$$

$$\overline{A}_k^l = A_k^l - G_k^l(Q_k^{\ln})^{\mathrm{T}}(G_k^n Q_k^n)^{-1} A_k^n \tag{8-98}$$

$$\overline{Q}_k^l = Q_k^l - (Q_k^{\ln})^{\mathrm{T}}(Q_k^n)^{-1} Q_k^{\ln} \tag{8-99}$$

对 $p(\boldsymbol{x}_k^n|\boldsymbol{Z}^k)$ 的估计与式(8－71)相同,$p(z_k|\boldsymbol{x}_k^n,\boldsymbol{Z}^{k-1})$ 和 $p(\boldsymbol{x}_k^n|\boldsymbol{x}_{k-1}^n,\boldsymbol{Z}^{k-1})$ 可表示为

$$p(z_k|\boldsymbol{x}_k^n,\boldsymbol{Z}^{k-1}) = N(\boldsymbol{h}_k + \boldsymbol{C}_k\hat{\boldsymbol{x}}_{k|k-1}^l, \boldsymbol{C}_k\boldsymbol{P}_{k|k-1}\boldsymbol{C}_k^{\mathrm{T}} + \boldsymbol{R}_k) \tag{8-100}$$

$$p(\boldsymbol{x}_{k+1}^n|\boldsymbol{x}_k^n,\boldsymbol{Z}^k) = N(\boldsymbol{f}_k^n + \boldsymbol{A}_k^n\hat{\boldsymbol{x}}_{k|k}^l, \boldsymbol{A}_k^n\boldsymbol{P}_k(\boldsymbol{A}_k^n)^{\mathrm{T}} + \boldsymbol{G}_k^n\boldsymbol{Q}_k^n(\boldsymbol{G}_k^n)^{\mathrm{T}}) \tag{8-101}$$

在实际应用中,通过模型变换可能会简化系统模型的结构,这时可应用 Rao－Blackwellization 技术。同时,可应用边沿化粒子滤波的几种模型分别为:①条件高斯状态模型;②部分可观测状态模型;③确定状态的隐形马尔可夫(Hidden Markov Model, HMM)模型。

8.3.2 自适应粒子滤波

粒子数量是决定粒子滤波效率和精度的一个关键因素,同时,计算复杂度和收敛速度也与粒子数密不可分。大多数情况下,会选择固定数量的粒子和特定的数据统计方法,如蒙特卡罗仿真。然而在一些特殊场合,应用确定粒子数量 PF 的效率是非常低下的,例如:许多动态过程通常会使系统后验概率密度函数的复杂度在动态过程中发生巨大的变化,因此系统在开始估计时的粒子数要大大多于后期得到较好的后验估计结果时所需的粒子数,而且如果选择的粒子数量过少,可能会导致滤波发散。

在粒子滤波算法中,粒子数量的选取由两个因素决定:①真实后验分布的复杂度;②重要性密度函数与真实后验分布的相近程度。这两个决定因素都是非常直观的,例如,被估计的后验概率密度函数越复杂,就需要越多粒子数量来近似真实后验密度函数中无法预测的形态;同时,重要性密度函数与真实的后验分布的差别越大,浪费在与真实分布不相关部分的粒子数就越多。为了减少计算量,使得 PF 能用于实时数据处理,2002 年 Fox 提出了粒子个数可变的自适应粒子滤波器[7]。自适应粒子滤波算法可以有效解决粒子滤波的计算量问题,该方法是在概率密度集中在状态空间的小范围(状态分布不确定性较小)时采用少量粒子数目,反之则采用较多粒子。在讨论自适应粒子滤波之前,先介绍一种叫做 Kullback－Leibler Distance(KLD)的自适应采样方法[8]。

1) 基于 KLD 的自适应采样

假设 n 个预测粒子是从具有 k 个有效子空间的离散分布中抽取得到,其中 k 值表征的是将预测粒子的分布密度函数看作离散分布时其有效子空间的个数。令向量 $\boldsymbol{x}=(\boldsymbol{x}_1,\boldsymbol{x}_2,\cdots,\boldsymbol{x}_k)$ 表示从每一个有效子空间中采样的粒子个数,其分布可根据多项式分布求得,即 $\boldsymbol{x}_j \sim \mathrm{Multinomial}_k(n,\boldsymbol{P})$,向量 $\boldsymbol{P}=(\boldsymbol{P}_1,\boldsymbol{P}_2,\cdots,\boldsymbol{P}_k)$ 表示每个有效子空间的真实概率,$\boldsymbol{P}$ 最大似然估计为 $\hat{\boldsymbol{P}}=n^{-1}\boldsymbol{x}$。则测试数据 $\boldsymbol{P}$ 的似然概率统计 λ_n 可表示为[10]

$$\lg\lambda_n = \sum_{j=1}^{k} x_j \lg\left(\frac{\hat{\boldsymbol{P}}_j}{\boldsymbol{P}_j}\right) = n\sum_{j=1}^{k}\hat{\boldsymbol{P}}_j\lg\left(\frac{\hat{\boldsymbol{P}}_j}{\boldsymbol{P}_j}\right) \tag{8-102}$$

当 $\boldsymbol{P}$ 为真实的后验分布,则可能性概率收敛于中心差分分布,即

$$2\lg\lambda_n \xrightarrow[n\to\infty]{} \chi_{k-1}^2 \tag{8-103}$$

根据式(8－102)可以指定 K－L 距离,即真实后验分布和最大似然估计之间的差值,可表示为 $K(\hat{\boldsymbol{P}},\boldsymbol{P})$,K－L 距离是非负的,当且仅当两个分布相同的时候才会为零。可以依据一个上

界 ε（极小值）来估计 K－L 距离的概率分布，即

$$P_p(K(\hat{\boldsymbol{P}},\boldsymbol{P})\leqslant\varepsilon)=P_p(2n\cdot K(\hat{\boldsymbol{P}},\boldsymbol{P})\leqslant 2n\varepsilon)P(\chi^2_{k-1}\leqslant 2n\varepsilon) \tag{8-104}$$

如果中心差分分布的可信度 χ^2_{k-1} 可表示为

$$P(\chi^2_{k-1}\leqslant\chi^2_{k-1,1-\delta})=1-\delta \tag{8-105}$$

根据式（8－103）的收敛结果，结合式（8－104）可以得到

$$P_p(2n\cdot K(\hat{\boldsymbol{P}},\boldsymbol{P})\leqslant 2n\varepsilon)=1-\delta \tag{8-106}$$

这个推论可以概括为：如果选择 n 个采样粒子，且

$$n=\frac{1}{2\varepsilon}\chi^2_{k-1,1-\delta} \tag{8-107}$$

那么可以 $1-\delta$ 的概率保证真实后验分布和最大似然估计之间的 K－L 距离小于极小值 ε。为了决定 n 的大小，需要计算中心差分分布函数，这里介绍一个较好的估计函数，即 Wilson－Hilferty 变换，其可表示为

$$n=\frac{1}{2\varepsilon}\chi^2_{k-1,1-\delta}=\frac{k-1}{\varepsilon}\left[1-\frac{2}{9(k-1)}+\sqrt{\frac{2}{9(k-1)}}z_{1-\delta}\right]^3 \tag{8-108}$$

式中：$z_{1-\delta}$ 是上界为 $1-\delta$ 的标准正态分布 $N(0,1)$ 的可信度。

综上所述可知，确定采样粒子数的大小需要估计一个离散的上界 ε（极小值），并表示 K－L 距离的概率分布函数。

2）KLD 自适应粒子滤波

自适应粒子滤波算法是基于估计误差的自适应粒子个数的算法，它将预测粒子对状态的估计作为对真实后验概率密度的估计，即将 k 时刻预测粒子对状态的估计作为对 k 时刻真实后验概率密度的估计，根据估计误差来确定 k 时刻所需的粒子个数，$k-1$ 时刻粒子的重采样在 k 时刻进行，而且在重采样过程的每次迭代时都要进行 k 时刻所需粒子总个数的计算。

对于 KLD 自适应粒子滤波，需要知道真实的后验概率密度函数分布，然而估计真实后验分布是粒子滤波算法的目标，即滤波前无法得到真实后验概率分布。幸运的是，式（8－108）表明：不需要真实分布的表达式就可足以得出有效子空间的个数 k，其可以在采样过程中计算，即从建议分布 $p(\boldsymbol{x}_k|\boldsymbol{x}_{k-1})$ 的粒子滤波更新结果中估计 k 值。最终的 k 值大小是通过判断每次采样后落入有效子空间里的个数所决定。当粒子数（采样循环）超出了采样式（8－107）指定的门限值时，采样即终止。自适应粒子滤波的实现与标准粒子滤波的唯一不同就在于：其必须跟踪计算有效子空间 k 的个数。这个子空间可以通过一个确定的多维分布函数来决定。自适应粒子滤波算法伪代码描述具体步骤如下：

自适应粒子滤波算法$[\{\boldsymbol{x}_k^i,\omega_k^i\}_{i=1}^N]=\text{KLD}-\text{PF}[\{\boldsymbol{x}_{k-1}^i,\omega_{k-1}^i\}_{i=1}^N,z_k]$

（1）输入：$k-1$ 时刻重采样后的粒子集 $S_{k-1}=\{(\boldsymbol{x}_{k-1}^i,\omega_{k-1}^i)_{i=1}^N\}$，预测后验概率密度与真实后验概率密度之间的误差限为 ε，标准正态分布上 $(1-\delta)$ 的上分位数为 $z_{1-\delta}$，粒子数的最小值为 $n_{\min,k-1}$，时刻的粒子数为 n_{k-1}。

（2）初始化：令 k 时刻的预测粒子集合 $\boldsymbol{S}_k=\phi,n=0,k=0,\alpha=0,b$ 的不确定性为空。

（3）FOR $i=1,2,\cdots,n$ do

（4）时间更新：根据 $\boldsymbol{x}_{k-1}^i$ 在 $p(\boldsymbol{x}_k|\boldsymbol{x}_{k-1})$ 抽取 $\boldsymbol{x}_k^i$。

(5) 量测更新：

$$\omega_k^n = p(z_k | \boldsymbol{x}_k^n)$$

(6) 决定粒子个数：

$\boldsymbol{S}_k = \boldsymbol{S}_k \cup \{(\boldsymbol{x}_k^n, \omega_k^n)\}$

$\alpha = \alpha + \omega_k^n$

IF $(x_k^j \in b)$ **THEN**

$k = k + 1$

$b =$ non - empty（把抽样得到的状态 $\boldsymbol{x}_k^i$ 与 b 比较，看是否使 b 的不确定性增加，如果增加就扩大 b 范围，否则保持 b 不变）

$n = n + 1$

END IF

While$\left(n < \dfrac{1}{2\varepsilon}\chi^2_{k-1,1-\delta}\right)$

(7) 归一化权值 ω_k^i：

FOR $i = 1, 2, \cdots, n$

$$\omega_k^i = \frac{\omega_k^i}{\alpha}$$

END FOR

(8) 均值和方差估计：

$$\hat{\boldsymbol{x}}_k = \sum_{i=1}^{N} \omega_k^i \boldsymbol{x}_k^i$$

$$\boldsymbol{P}_k = \sum_{i=1}^{N} \omega_k^i (\hat{\boldsymbol{x}}_k^i - \hat{\boldsymbol{x}}_k)(\hat{\boldsymbol{x}}_k^i - \hat{\boldsymbol{x}}_k)^{\mathrm{T}}$$

(9) 计算 $N_{\text{eff}} \approx \dfrac{1}{\sum_{i=1}^{N} (\hat{\omega}_k^i)^2}$

(10) IF $N_{\text{eff}} < N_{\text{thr}}$ THEN

重采样算法 $[\{\tilde{\boldsymbol{x}}_k^j, \tilde{\omega}_k^j\}_{j=1}^N] = \text{resample}[\{\boldsymbol{x}_k^i, \hat{\omega}_k^i\}_{i=1}^N]$

END IF

RETURN $\boldsymbol{S}_k$

END FOR

8.4 优选重要性密度函数

8.4.1 辅助粒子滤波

粒子滤波在很大程度上取决于重要性函数的选取。重要性函数选择不好，常常会导致滤波发散或极差的滤波效果，因而重要性函数对于粒子滤波器的设计是至关重要的。判断重要性函数好坏的一个非常重要的标准就是看它是否能最大程度地利用最新的量测值，使得采样粒子能体现最新的量测值信息。标准粒子滤波的一个潜在缺点是：基于的一组粒子无法确切地描述真实后验概率密度函数的尾部，这一现象在量测值出现于估计函数之外时更为明显。主要原因是采用了确定的混合估计函数来估计时变的真实后验分布，即重要性密度函数选取的不理想。

为了降低这一影响，Pitt 和 Shephard 引入了辅助序贯重要重采样算法（Auxiliary Sequential Importance Resampling，ASIR），又称辅助粒子滤波[17-19]。其基本思想是[39]：对于给定的预测后验概率密度 $p(\boldsymbol{z}_k|\boldsymbol{x}_{0:k-1})$，某种意义上必然存在一个真值或者说是非常好的估计结果 $\{\boldsymbol{x}^i\}$，可以利用这一真值重新生成新的粒子及计算新的重要性权值。ASIR 以 SIR 滤波为基础，重新引入了另一个重要性密度函数 $q(\boldsymbol{x}_k,\boldsymbol{m}|\boldsymbol{Z}^k)$，由该函数生成样本集 $\{\boldsymbol{x}_k^j,m^j\}_{j=1}^N$，其中 m^j 是 $k-1$ 时刻粒子的序列表。这里，利用 $q(\boldsymbol{x}_k,\boldsymbol{m}|\boldsymbol{Z}^k)$ 代替先验概率密度函数 $P(\boldsymbol{x}_k|\boldsymbol{x}_{k-1})$。

从第 7 章可知，最优后验分布 $p(\boldsymbol{x}_k|\boldsymbol{Z}^k)$ 可表示为

$$p(\boldsymbol{x}_k|\boldsymbol{Z}^k)=\frac{p(z_k|\boldsymbol{x}_k)p(\boldsymbol{x}_k|\boldsymbol{Z}^{k-1})}{p(z_k|\boldsymbol{Z}^{k-1})} \tag{8-109}$$

其中，$p(z_k|\boldsymbol{x}_k)$ 为似然函数，$p(z_k|\boldsymbol{Z}^{k-1})$ 为常数，可由下式计算：

$$p(z_k \mid \boldsymbol{Z}^{k-1}) = \int p(z_k \mid \boldsymbol{x}_k)p(\boldsymbol{x}_k \mid \boldsymbol{Z}^{k-1})\mathrm{d}\boldsymbol{x}_k \tag{8-110}$$

式中：$p(\boldsymbol{x}_k|\boldsymbol{Z}^{k-1})$ 为 k 时刻的先验概率密度，且有

$$p(\boldsymbol{x}_k \mid \boldsymbol{Z}^{k-1}) = \int p(\boldsymbol{x}_k \mid \boldsymbol{x}_{k-1})p(\boldsymbol{x}_{k-1} \mid \boldsymbol{Z}^{k-1})\mathrm{d}\boldsymbol{x}_{k-1} \tag{8-111}$$

那么，可以得到

$$p(\boldsymbol{x}_k \mid \boldsymbol{Z}^k) \propto p(z_k \mid \boldsymbol{x}_k)\int p(\boldsymbol{x}_k \mid \boldsymbol{x}_{k-1})p(\boldsymbol{x}_{k-1} \mid \boldsymbol{Z}^{k-1})\mathrm{d}\boldsymbol{x}_{k-1} \tag{8-112}$$

$$\propto \sum_{i=1}^N \omega_{k-1}^i p(z_k \mid \boldsymbol{x}_k)p(\boldsymbol{x}_k \mid \boldsymbol{x}_{k-1}^i) \tag{8-113}$$

其中，$p(\boldsymbol{x}_{k-1} \mid \boldsymbol{Z}^{k-1}) = \sum_{i=1}^N \omega_{k-1}^i \delta(\boldsymbol{x}_{k-1}-\boldsymbol{x}_{k-1}^i)$。下面通过引入一个辅助变量 $m(m\in\{1,2,\cdots,N\})$ 把原后验分布表示为 $p(\boldsymbol{x}_k,m|\boldsymbol{Z}^k)$，则

$$\begin{aligned} p(\boldsymbol{x}_k,m=i|\boldsymbol{Z}^k) &\propto p(z_k|\boldsymbol{x}_k)p(\boldsymbol{x}_k,m=i|\boldsymbol{Z}^k) \\ &= p(z_k|\boldsymbol{x}_k)p(\boldsymbol{x}_k|m=i,\boldsymbol{Z}^{k-1})p(i|\boldsymbol{Z}^{k-1}) \\ &\propto \omega_{k-1}^i p(z_k|\boldsymbol{x}_k)p(\boldsymbol{x}_k|\boldsymbol{x}_{k-1}^i) \end{aligned} \tag{8-114}$$

所以，对于式(8-112)的估计可重新表示为

$$p(\boldsymbol{x}_k \mid \boldsymbol{Z}^k) \propto \sum_{i=1}^N \omega_{k-1}^i p(z_k \mid \boldsymbol{x}_k^i,m^i)p(\boldsymbol{x}_k \mid \boldsymbol{x}_{k-1}^i) \tag{8-115}$$

那么重要性密度函数可重新表示为

$$q(\boldsymbol{x}_{0:k},m|\boldsymbol{Z}^k)=q(m|\boldsymbol{Z}^k)q(\boldsymbol{x}_{0:k}|m,\boldsymbol{Z}^k) \tag{8-116}$$

如果假设

$$q(m|\boldsymbol{Z}^k)\propto p(z_k|\mu_k^i)\omega_{k-1}^i \tag{8-117}$$

$$q(\boldsymbol{x}_{0:k}|m,\boldsymbol{Z}^k)=p(\boldsymbol{x}_k|\boldsymbol{x}_{k-1}^i) \tag{8-118}$$

其中，μ_k^i 是在给定 $\boldsymbol{x}_{k-1}^i$ 下 $\boldsymbol{x}_k$ 的条件均值，即

$$\mu_k^i=\mathrm{E}[\boldsymbol{x}_k|\boldsymbol{x}_{k-1}^i] \tag{8-119}$$

同样 μ_k^i 也可以是其中的一个随机样本 $\mu_k^i\sim(\boldsymbol{x}_k|\boldsymbol{x}_{k-1}^i)$。则可以得出 $q(\boldsymbol{x}_{0:k},m|\boldsymbol{Z}^k)$ 的正比表达式为

$$\begin{aligned} q(\boldsymbol{x}_{0:k},m|\boldsymbol{Z}^k) &\propto p(z_k|\boldsymbol{x}_k)p(\boldsymbol{x}_{0:k},m|\boldsymbol{Z}^{k-1}) \\ &= p(z_k|\boldsymbol{x}_k)p(\boldsymbol{x}_{0:k}|m,\boldsymbol{Z}^{k-1})p(m|\boldsymbol{Z}^{k-1}) = \omega_{k-1}^i p(z_k|\boldsymbol{x}_k)p(\boldsymbol{x}_k|\boldsymbol{x}_{k-1}^i) \end{aligned} \tag{8-120}$$

ASIR 从联合密度 $q(\boldsymbol{x}_k,m|\boldsymbol{Z}^k)$ 中获取样本粒子,然后略去 $\{\boldsymbol{x}_k^j,m_j\}_{j=1}^N$ 中的标记 m,用 $p(\boldsymbol{x}_k|\boldsymbol{Z}^k)$ 中产生的样本 $\{\boldsymbol{x}_j^i\}_{j=1}^N$ 来代替原来的样本 $\{\boldsymbol{x}_k,m\}$,用来产生 $\{\boldsymbol{x}_k^j,m^j\}_{j=1}^N$ 样本的重要性密度函数满足以下比例关系

$$q(\boldsymbol{x}_k,m|\boldsymbol{Z}^k)\propto p(z_k|\mu_k^m)p(\boldsymbol{x}_k|\boldsymbol{x}_{k-1}^m)\omega_{k-1}^m \tag{8-121}$$

由上述两个假设可以得出

$$q(\boldsymbol{x}_k|\boldsymbol{Z}^k)\propto p(z_k|\mu_k^m)\omega_{k-1}^m \tag{8-122}$$

真实的后验分布可表述为

$$p(\boldsymbol{x}_k \mid \boldsymbol{Z}^k) \propto \sum_{i=1}^N \omega_{k-1}^i p(z_k \mid \mu_k^i)p(\boldsymbol{x}_k \mid \boldsymbol{x}_{k-1}^i) \tag{8-123}$$

然后为每个样本粒子 $\{\boldsymbol{x}_k^j,m^j\}_{j=1}^N$ 分配相应的权值,权值可以表示为

$$\omega_k^i\propto\omega_{k-1}^i\frac{p(z_k|\boldsymbol{x}_k^i)p(\boldsymbol{x}_k|\boldsymbol{x}_{k-1}^i)}{q(\boldsymbol{x}_k^i,m^i|\boldsymbol{Z}^k)}\propto\frac{p(z_k|\boldsymbol{x}_k^i)}{p(z_k|\mu_k^i)} \tag{8-124}$$

对于 ASIR 存在着两个关键的阶段:①必须对一组粒子进行最大概率的采样;②要重新计算权值和增加的状态值。ASIR 的具体算法如下:

(1) 通过 $\mu_k^m\sim p(\boldsymbol{x}_k|\boldsymbol{x}_{k-1}^m)$ 或 $\mu_k^m=\mathrm{E}[\boldsymbol{x}_k|\boldsymbol{x}_{k-1}^m]$ 计算 μ_k^m,其中 $m=1,2,\cdots,N$,N 表示粒子数;

(2) 根据先验条件概率抽样 $\{\boldsymbol{x}_k^j\}_{j=1}^N=p(\boldsymbol{x}_k)$;

(3) 由式 $\omega_k^m\propto\dfrac{p(z_k|\boldsymbol{x}_k^j)}{p(z_k|\mu_k^{mj})}$ 计算出 ω_k^m,并归一化权值 $\widehat{\omega}_k^m=\omega_k^m\Big/\sum_{j=1}^N\omega_k^j$;

(4) 对粒子集 $\{\boldsymbol{x}_{k+1}^j\}_{j=1}^N$ 进行重新抽样;

(5) 求出系统的状态估计 $\widehat{\boldsymbol{x}}_k=\sum_{i=1}^N\omega_k^i\boldsymbol{x}_k^i$。

关于 ASIR 有如下几点说明:

(1) 当系统过程噪声较小时,ASIR 的表现要优于传统的 PF,但随着过程噪声的增大,估计点 μ_k^m 不再能提供足够的先验信息,即 $\mu_k^i\sim p(\boldsymbol{x}_k|\boldsymbol{x}_{k-1}^i)$,此时 ASIR 的滤波效果很难保证。

(2) 在 ASIR 算法中,重要性概率密度函数被当作一种混合的分布,其通过前一时刻的状态值和大部分的量测值来决定。

(3) ASIR 的缺点是样本集中在高的增量空间。如果对于一个确定的先验分布,辅助变量 $m(m\in\{1,2,\cdots,N\})$ 变化较大,会使这种增量忽略不计,同时会增大重要性权值的方差。

(4) ASIR 算法计算速度较慢,因为重要性密度函数被计算了两次。

SIR 滤波选用先验分布函数 $p(\boldsymbol{x}_k|\boldsymbol{x}_{k-1}^i)$ 与外部量测值无关,因而产生的粒子常常位于后验概率分布的尾部,使得权值变化较大,容易导致滤波发散。ASIR 在生成粒子时,不仅考虑了 $p(\boldsymbol{x}_k|\boldsymbol{x}_{k-1}^i)$,从 $k-1$ 时刻的粒子样本中生成 k 时刻的粒子样本 $\{\boldsymbol{x}_k^j\}_{j=1}^N$,而且还结合了 k 时刻的外部观测信息 $p(z_k|\boldsymbol{x}_k^m)$ 的影响,最后产生 k 时刻的粒子,使得采样粒子更接近当前时刻的真实状态。经过两次加权操作,从而使得 ASIR 滤波获得比 SIR 滤波更高的精度。如果过程噪声不大,μ_k^m 可以很好地描述先验概率分布 $p(\boldsymbol{x}_k|\boldsymbol{x}_{k-1}^i)$,因而 ASIR 比 SIR 更稳定,粒子的权值也更平稳。但是 ASIR 由于需要计算 $\{\boldsymbol{x}_k^j,\boldsymbol{m}^j\}_{j=1}^N$,运算量增加,在过程噪声比较大的情况下,ASIR 性能会有所下降。综合来说,ASIR 滤波较 SIR 滤波有了很大的改进,因而在实际应用过程中占有很大的优势。

8.4.2 扩展卡尔曼粒子滤波

重要性分布选择的原则是为了增加分布的真实性,因此应考虑将粒子的采样分布更接近于

最近时刻的量测值 $\boldsymbol{y}_k$，也就是要选择的分布应与量测值条件相关。利用最优建议分布 $p(\boldsymbol{x}_k|\boldsymbol{x}_{k-1},\boldsymbol{z}_k)$，可以计算出分布 $p(\boldsymbol{x}_k|\boldsymbol{Z}^k)$，即

$$\int p(\boldsymbol{x}_k \mid \boldsymbol{x}_{k-1},\boldsymbol{z}_k)p(\boldsymbol{x}_{k-1} \mid z_{1:k-1})\mathrm{d}\boldsymbol{x}_{k-1} = p(\boldsymbol{x}_k \mid z_k,z_{1:k-1}) = p(\boldsymbol{x}_k \mid \boldsymbol{Z}^k) \tag{8-125}$$

从式(8-125)不难看出，可以根据 $k-1$ 时刻的真实后验分布来求取当前的最优分布函数，但是 $p(\boldsymbol{x}_k|\boldsymbol{x}_{k-1},\boldsymbol{z}_k)$ 的确切形式未知，而且 $k-1$ 时刻的真实后验分布同样无法得到。那么，可以应用最优贝叶斯公式得到

$$\begin{aligned}p(\boldsymbol{x}_k|\boldsymbol{x}_{k-1},\boldsymbol{z}_k) &= \frac{p(\boldsymbol{z}_k,\boldsymbol{x}_{k-1},\boldsymbol{x}_k)}{p(\boldsymbol{z}_k,\boldsymbol{x}_{k-1})}\\ &= \frac{p(\boldsymbol{z}_k|\boldsymbol{x}_k,\boldsymbol{x}_{k-1})p(\boldsymbol{x}_{k-1},\boldsymbol{x}_k)}{p(\boldsymbol{z}_k|\boldsymbol{x}_{k-1})p(\boldsymbol{x}_{k-1})} = \frac{p(\boldsymbol{z}_k|\boldsymbol{x}_k)p(\boldsymbol{x}_k|\boldsymbol{x}_{k-1})}{p(\boldsymbol{z}_k|\boldsymbol{x}_{k-1})}\end{aligned} \tag{8-126}$$

上式中用到了第 3 章贝叶斯估计的假设 3，即 $p(\boldsymbol{z}_k|\boldsymbol{x}_k,\boldsymbol{x}_{k-1}) = p(\boldsymbol{z}_k|\boldsymbol{x}_k)$。同时，可以根据上式求出最优重要性权值 ω_k^i

$$\begin{aligned}\omega_k &= \omega_{k-1}\frac{p(\boldsymbol{z}_k|\boldsymbol{x}_k)p(\boldsymbol{x}_k|\boldsymbol{x}_{k-1})}{p(\boldsymbol{x}_k|\boldsymbol{x}_{k-1},\boldsymbol{z}_k)} = \omega_{k-1}\frac{p(\boldsymbol{z}_k|\boldsymbol{x}_k)p(\boldsymbol{x}_k|\boldsymbol{x}_{k-1})p(\boldsymbol{z}_k|\boldsymbol{x}_{k-1})}{p(\boldsymbol{z}_k|\boldsymbol{x}_k)p(\boldsymbol{x}_k|\boldsymbol{x}_{k-1})}\\ &= \omega_{k-1}\int p(\boldsymbol{z}_k \mid \boldsymbol{x}_{k-1}) = \omega_{k-1}\int p(\boldsymbol{z}_k \mid \boldsymbol{x}_k)\, p(\boldsymbol{x}_k \mid \boldsymbol{x}_{k-1})\mathrm{d}\boldsymbol{x}_k\end{aligned} \tag{8-127}$$

计算重要性权值 ω_k^i 会遇到如上式所示的多维积分问题，而求解这种多维积分的解析值在目前来说是非常困难的，这意味着最有重要性分布 $p(\boldsymbol{x}_k|\boldsymbol{x}_{k-1},\boldsymbol{z}_k)$ 将无法使用。

如果将式(8-126)与第 3 章的最优贝叶斯滤波

$$p(\boldsymbol{x}_k|\boldsymbol{Z}^k) = \frac{p(\boldsymbol{z}_k|\boldsymbol{x}_k)p(\boldsymbol{x}_k|\boldsymbol{Z}^{k-1})}{p(\boldsymbol{z}_k|\boldsymbol{Z}^{k-1})} \tag{8-128}$$

对比后，不难发现最优建议分布的依靠条件为 $\boldsymbol{x}_{k-1}$，而最优贝叶斯滤波的条件为 $\boldsymbol{Z}^{k-1}$。如果能够实现在 $k-1$ 时刻的真实后验分布 $\boldsymbol{x}_{k-1}$ 中包含并利用从 0 到 $k-1$ 所有时刻观测量 $\boldsymbol{Z}^{k-1}$ 的噪声信息，即通过对 0 到 $k-1$ 所有时刻的观测量 $\boldsymbol{Z}^{k-1}$ 来解耦 $k-1$ 时刻的真实后验分布 $\boldsymbol{x}_{k-1}$，那么就可以根据已知的观测信息真实分布 $\boldsymbol{Z}^{k-1}$ 得到真实的后验分布值 $\boldsymbol{x}_{k-1}$。

由于上述真实的后验概率分布是无法得到的，所以可以利用卡尔曼滤波产生最优的高斯分布来代替重要性分布，即

$$q(\boldsymbol{x}_k|\boldsymbol{x}_{0:k-1},\boldsymbol{Z}^k) \cong p(\boldsymbol{x}_k|\boldsymbol{x}_{k-1},\boldsymbol{z}_k) \approx N(\boldsymbol{x}_k|\boldsymbol{Z}^k) \tag{8-129}$$

采用高斯分布 $N(\boldsymbol{x}_k|\boldsymbol{Z}^k)$ 作为重要性分布有着比先验分布 $p(\boldsymbol{x}_k|\boldsymbol{x}_{k-1})$ 更好的优势。首先，由于先验分布 $p(\boldsymbol{x}_k|\boldsymbol{x}_{k-1})$ 在状态空间的探索过程中没有用到最新的量测值，无法使粒子向高可能性的区域移动，所以当似然函数的高似然度区域出现在先验尾部时会出现退化现象，以及随后的离散分布重采样极易导致严重的粒子衰退现象；而大多数系统的过程噪声都是高斯的，也就是意味着其先验建议分布是高斯的，那么此时利用高斯分布 $N(\boldsymbol{x}_k|\boldsymbol{Z}^k)$ 作为重要性密度函数是可行的。其次，由于高斯建议分布叠加了真实建议分布 $\boldsymbol{x}_{k-1}$ 和最新的量测值 $\boldsymbol{Z}^k$，满足前面提出的要求，进而提高了粒子滤波算法的精度。

应用高斯分布来产生高斯解耦贝叶斯估计框架的最基本方式是扩展卡尔曼滤波算法(EKF)。EKF 结合最新的量测值，通过高斯近似不断更新后验概率分布来实现递推估计。也就

是说，EKF在任一时刻按照如下方式对后验概率密度进行近似

$$p(\boldsymbol{x}_k|\boldsymbol{z}_{1:k}) \approx N(\hat{\boldsymbol{x}}_k, \boldsymbol{P}_k) \tag{8-130}$$

接着，将EKF算法作为一种重要性概率密度函数以替代先验密度函数来实现粒子滤波算法，它通过EKF算法来更新采样粒子使得这些采样粒子能更好的接近真实的分布，此算法被称为扩展卡尔曼粒子滤波算法(Extended Kalman Particle Filter, EKPF)，它是由Freitas首先提出的。

在EKPF框架下，应用EKF对每个粒子进行更新，并将最后得到的近似后验概率密度作为重要密度函数，即

$$p(\boldsymbol{x}_k|\boldsymbol{z}_{1:k}) \approx N(\hat{\boldsymbol{x}}_k, \boldsymbol{P}_k) \tag{8-131}$$

然后，让新粒子从各自的重要密度函数中产生出来，接着进行权值更新并且对粒子执行重采样步骤。假定有一组随机样本$\{\boldsymbol{x}_{k-1}^i, i=1,2,\cdots,N\}$，$k-1$时刻服从概率密度函数为$p(\boldsymbol{x}_{k-1}|\boldsymbol{Z}^{k-1})$的分布，则EKPF算法对样本进行预测和更新的目的就是使其近似服从$p(\boldsymbol{x}_k|\boldsymbol{Z}^k)$的分布，在已知$p(\boldsymbol{x}_k)$、$p(z_k|\boldsymbol{x}_k)$的条件下，EKPF算法步骤如下：

(1) 初始化：$k=0$构造采样点集$\{\boldsymbol{x}_0^i, i=1,2,\cdots,N\}$，其中$\boldsymbol{x}_0^i$满足$\hat{\boldsymbol{x}}_0^i=\mathrm{E}(\boldsymbol{x}_0^i)$，$\hat{P}_0^i=\mathrm{E}[(\boldsymbol{x}_0^i-\hat{\boldsymbol{x}}_0^i)(\boldsymbol{x}_0^i-\hat{\boldsymbol{x}}_0^i)^{\mathrm{T}}]$，重要性权值$\omega_0^i=1/N$。

(2) 用EKF滤波递推公式更新采样粒子(状态预测)。

(3) 抽取采样点

$$\boldsymbol{x}_k^i \sim q(\boldsymbol{x}_k|\boldsymbol{x}_{k-1}, z_{1:k}) = N(\hat{\boldsymbol{x}}_k, \boldsymbol{P}_k) \tag{8-132}$$

(4) 权值更新

$$\omega_k^i = \omega_{k-1}^i \frac{p(z_k|\boldsymbol{x}_k^i)p(\boldsymbol{x}_k^i|\boldsymbol{x}_{k-1}^i)}{q(\boldsymbol{x}_k^i|\boldsymbol{x}_{k-1}^i, \boldsymbol{Z}^k)} \tag{8-133}$$

(5) 归一化权重

$$\hat{\omega}_k^i = \frac{\omega_k^i(\boldsymbol{x}_i)}{\sum_{j=1}^{N}\omega_k(\boldsymbol{x}_j)} \tag{8-134}$$

EKF算法在更新粒子$\{\boldsymbol{x}_{k-1}^i, i=1,2,\cdots,N\}$的过程中，用到了最新的量测值$z_k$，得到的更新粒子$\{\boldsymbol{x}_k^i, i=1,2,\cdots,N\}$用于权值计算(更新)，在这一过程中与量测值信息有关的粒子权值较大，而无关的粒子权值将很小。

(6) 均值与方差估计

$$\hat{\boldsymbol{x}}_k = \sum_{i=1}^{N}\omega_k^i\boldsymbol{x}_k^i \tag{8-135}$$

$$\boldsymbol{P}_k = \sum_{i=1}^{N}\omega_k^i(\hat{\boldsymbol{x}}_k^i-\hat{\boldsymbol{x}}_k)(\hat{\boldsymbol{x}}_k^i-\hat{\boldsymbol{x}}_k)^{\mathrm{T}} \tag{8-136}$$

(7) 有效粒子数计算

$$N_{\mathrm{eff}} \approx \frac{1}{\sum_{i=1}^{N}(\hat{\omega}_k^i)^2} \tag{8-137}$$

如果$N_{\mathrm{eff}} < N_{\mathrm{thr}}$，则进行重采样

$$[\{\boldsymbol{x}_k^j, \tilde{\omega}_k^j\}_{j=1}^N] = \mathrm{resample}[\{\boldsymbol{x}_k^i, \hat{\omega}_k^i\}_{i=1}^N] \tag{8-138}$$

返回至步骤(2)。

EKF 的引进可以得到一个更好的重要密度函数,能够使先验分布朝着高似然区域移动,EKPF 在状态预测阶段采用 EKF 来更新采样粒子,更新后的采样粒子包含了最新时刻的观测信息,此时与量测值有关粒子的权值将相应地增大,经过再采样过程,这些粒子在所有粒子中的数量将得到增加,而与观测信息无关的粒子将被舍弃,使得仿真时间不必浪费在对众多无关粒子的更新上,因而能够有效地提高粒子滤波算法的效率和精度。对于一个系统噪声和量测噪声服从高斯分布的弱非线性系统,EKPF 无疑克服了经典粒子滤波存在的问题。但是 EKPF 应用 EKF 作为其组成部分,那么它必然存在着同 EKF 一样的理论局限性。EKF 要对系统的观测方程作基于泰勒级数的一阶局部线性化近似,线性化误差会降低模型的准确性,随着时间的延长,求得的建议分布有较大的截断误差,从而导致滤波精度降低,同时对于非线性程度较高的系统模型,EKF 极易发散。所以,为了克服 EKF 的缺点,下面介绍一种新的滤波方式——Sigma 点粒子滤波,它会提供比 EKF 更好的重要性分布函数。

8.4.3 Sigma 点粒子滤波

Sigma 点卡尔曼滤波(SPKF)无需计算非线性函数的雅可比矩阵,且对状态的估计精度至少可以达到二阶,因此它比 EKF 更容易实现,尤其适用于强非线性系统状态的估计问题。由第 5 章可知,SPKF 直接使用非线性系统模型和量测模型,通过若干个确定的 Sigma 点来捕捉状态经非线性变化后的统计特性,能将被估计状态的后验均值和方差精确到至少二阶,即 SPKF 方法对后验概率密度进行高斯近似要比 EKF 更为精确。鉴于此,就可使用第 7 章讨论的 SPKF 方法来设计粒子滤波中的重要密度函数,鉴于此,就可使用上一章讨论的 SPKF 方法来设计粒子滤波中的重要密度函数,于是就得到了 Sigma 点粒子滤波(Sigma Points Particle Filter, SPPF)。

Douct[3] 已经证明:如果重要性权值 ω_k^i

$$\omega_k \propto \frac{p(z_k|\boldsymbol{x}_k)p(\boldsymbol{x}_k|\boldsymbol{x}_{k-1})}{q(\boldsymbol{x}_k|\boldsymbol{x}_{0:k-1},\boldsymbol{Z}^k)} \tag{8-139}$$

对于任意$[(\boldsymbol{x}_{k-1}^i,z_k^i)_{i=1}^N]$都有上界,那么对于任意函数 $f(\boldsymbol{x})$,在 $t\geqslant 0$ 时刻里,都存在一个独立于样本数 N 的值 c_k,使得

$$\mathrm{E}\left[\left(\frac{1}{N}\sum_{i=1}^{N}f(\boldsymbol{x}_{0:k}^i)-\int f(\boldsymbol{x}_{0:k})p(\mathrm{d}\boldsymbol{x}_{0:k}|\boldsymbol{Z}^k)\right)^2\right]\leqslant c_k\frac{\|f\|^2}{N} \tag{8-140}$$

式中:$\|f\| \hat{=} \sup|f(x)|$,期望值代表了粒子滤波算法的随机性。式(8-140)保证了 Sigma 点粒子滤波的收敛以及收敛速度与系统状态维数无关,唯一的要求就是保证 ω_k^i 有上界。而且由 SPKF 计算所得到的重要概率密度函数 $q(\boldsymbol{x}_k|\boldsymbol{x}_{0:k-1},\boldsymbol{Z}_k)$ 更靠近先验概率密度函数 $p(z_k|\boldsymbol{x}_k)p(\boldsymbol{x}_k|\boldsymbol{x}_{k-1})$ 的尾部,所以从理论上讲,Sigma 点粒子滤波会得到更好的估计结果。

利用 SPKF 产生建议分布,不仅应用了最新的观测值,而且还使产生的分布有着更重的似然尾部,即更加接近于真实的分布函数。用 SPKF 取代 EKF 生成替代分布,与 EKF 方法相比,SPPF 对于粒子均值 $\hat{\boldsymbol{x}}_k^i$ 和方差 $\hat{\boldsymbol{P}}_k^i$ 的估计精度更高,因而生成的替代分布与真实后验密度函数更为接近,从而能够提高采样的质量,更好地改善粒子滤波算法的性能。SPPF 伪代码描述如下:

SPPF 算法 $[(\xi_k^i,\omega_k^i)_{i=1}^N]=\mathrm{SPPF}[(\boldsymbol{x}_{k-1}^i,\omega_{k-1}^i)_{i=1}^N,z_k]$

(1) 初始化:$k=0$ 构造采样点集 $\{\boldsymbol{x}_0^i, i=1,2,\cdots,N\}\sim p(x_0)$。

(2) FOR $i=1,2,\cdots,N$。

(3) 利用 SPKF 滤波递推公式更新高斯先验分布。

(4) 抽取采样点:

$$x_k^i \sim q(x_k | x_{k-1}, z_{1:k}) = N(\hat{x}_k, P_k)$$

(5) 确定粒子的权值 ω_k^i:

$$\omega_k^i = \omega_{k-1}^i \frac{p(z_k | x_k^i) p(x_k^i | x_{k-1}^i)}{q(x_k^i | x_{k-1}^i, Z^k)}$$

(6) 归一化权值 ω_k^i。

(7) 均值和方差估计:

$$\hat{x}_k = \sum_{i=1}^{N} \omega_k^i x_k^i$$

$$P_k = \sum_{i=1}^{N} \omega_k^i (\hat{x}_k^i - \hat{x}_k)(\hat{x}_k^i - \hat{x}_k)^{\mathrm{T}}$$

(8) 计算 $\hat{N}_{\text{eff}} = \dfrac{1}{\sum_{i=1}^{N} (\hat{\omega}_k^i)^2}$。

(9) IF $N_{\text{eff}} < N_{\text{thr}}$ THEN

重采样算法 $[\{\tilde{x}_k^j, \tilde{\omega}_k^j\}_{j=1}^{N}] = \text{resample}[\{x_k^i, \hat{\omega}_k^i\}_{i=1}^{N}]$

END IF

END FOR

在 SPPF 的重采样步骤中,粒子集与 SPKF 的均值和方差都被相应的重采样算法所丢弃或复制,即重采样整个平行的 SPKF 集合。有关 SPPF 实现的基本算法可按照 Sigma 点采样的形式分为两种,分别是利用 UKF 和 CDKF 来产生建议分布,并以此抽取采样点,这样便分别形成了 Unscented 粒子滤波(Unscented Particle Filter, UPF)和中心差分粒子滤波(CDPF)。

1) UPF

UPF 算法是利用 Unscented 卡尔曼滤波(UKF)对样本粒子进行抽取的粒子滤波方法,其具体步骤可表述如下:

(1) 初始化。对先验概率分布 $p(x_0)$ 进行采样,生成 N 个服从 $p(x_0)$ 分布的样本集 $\{\bar{x}_k^i\}_{i=1}^{N}$,并将所有的样本权值 ω_k^i 设为 $1/N$。

(2) 重要采样。对于每一个采样点 x_{k-1}^i,应用 UKF 算法更新粒子得到 $\bar{x}_k^i$、$\bar{P}_k^i$。

(3) 计算权值,根据以下公式

$$\omega_k^i = \omega_{k-1}^i \frac{p(z_k | x_k^i) p(x_k^i | x_{k-1}^i)}{q(x_k^i | x_{k-1}^i, Z^k)} \tag{8-141}$$

确定粒子的权值 ω_k^i,并对其归一化。这充分利用了新的量测值来改进了粒子采样的精度。

(4) 均值与方差估计

$$\hat{x}_k = \sum_{i=1}^{N} \omega_k^i x_k^i \tag{8-142}$$

$$P_k = \sum_{i=1}^{N} \omega_k^i (\hat{x}_k^i - \hat{x}_k)(\hat{x}_k^i - \hat{x}_k)^{\mathrm{T}} \tag{8-143}$$

(5) 重采样。对 $\{\bar{x}_k^i\}_{i=1}^{N}$ 进行重新采样,产生新的样本集合 $\{\bar{x}_k^i\}_{i=1}^{N}$,使得对于任意 j 均有 $p(x_k^j = \bar{x}_k^i) = \omega_k^i$,重新设定权值 $\omega_k^i = 1/N$。

(6) 返回步骤(2)。

2) 中心差分粒子滤波

同理,CDPF 与 UPF 非常相似,只不过是样本粒子的抽取过程换由 CDKF 来完成,其具体过程如下:

(1) 初始化。对先验概率分布 $p(\boldsymbol{x}_0)$ 进行采样,生成 N 个服从 $p(\boldsymbol{x}_0)$ 分布的样本集 $\{\bar{\boldsymbol{x}}_k^i\}_{i=1}^N$,并将所有样本的权值 ω_k^i 设为 $1/N$。

(2) 重要采样。对于每一个采样点 $\boldsymbol{x}_{k-1}^i$,应用 UKF 算法更新粒子得到 $\bar{\boldsymbol{x}}_k^i$、$\overline{\boldsymbol{P}}_k^i$。

(3) 根据以下公式,计算权值:

$$\omega_k^i = \omega_{k-1}^i \frac{p(z_k | \boldsymbol{x}_k^i) p(\boldsymbol{x}_k^i | \boldsymbol{x}_{k-1}^i)}{q(\boldsymbol{x}_k^i | \boldsymbol{x}_{k-1}^i, \boldsymbol{Z}^k)} \tag{8-144}$$

确定粒子的权值 ω_k^i,并对其归一化。这充分利用了新的量测值来改进了粒子采样的精度。

(4) 均值与方差估计

$$\hat{\boldsymbol{x}}_k = \sum_{i=1}^N \omega_k^i \boldsymbol{x}_k^i \tag{8-145}$$

$$\boldsymbol{P}_k = \sum_{i=1}^N \omega_k^i (\hat{\boldsymbol{x}}_k^i - \hat{\boldsymbol{x}}_k)(\hat{\boldsymbol{x}}_k^i - \hat{\boldsymbol{x}}_k)^{\mathrm{T}} \tag{8-146}$$

(5) 重采样。对 $\{\bar{\boldsymbol{x}}_k^i\}_{i=1}^N$ 进行重新采样,产生新的样本集合 $\{\bar{\boldsymbol{x}}_k^i\}_{i=1}^N$,使得对于任意 j 均有 $\Pr(\boldsymbol{x}_k^j = \bar{\boldsymbol{x}}_k^i) = \omega_k^i$,重新设定权值 $\omega_k^i = 1/N$。

(6) 返回步骤(2)。

8.4.4 高斯采样粒子滤波

1) 高斯粒子滤波

粒子滤波存在的最常见的问题就是粒子退化现象,即经过几次迭代,除一个粒子外,所有粒子都只具有微小的权值。降低该现象影响的最有效方法是选择重要性函数和重采样方法。如前所述,利用序列重要性采样和重采样的方法,粒子滤波可以有效地递归更新后验概率的分布。但是,由于对粒子未加假设,大量的粒子在处理非线性、非高斯问题时出现了计算的高复杂性问题。另外,由于少数权值较大的粒子反复被选择,粒子贫化明显。

在实际情况中,得到优化的重要性密度函数的困难程度与直接从目标概率分布中抽取样本的困难程度完全等同。为了克服这个问题,可以采用高斯分布来构造重要性密度函数,也就是对每一个粒子用高斯分布来产生下一个预测粒子,通过这一高斯密度函数来近似滤波概率分布,从而得到高斯粒子滤波(Gaussian Particle Filter, GPF)[26]。由于高斯分布把最新的观测数据融入到系统状态的转移过程中,由此产生的预测样本接近于系统状态真实后验概率的样本。理论分析和计算机仿真研究表明,滤波器适用于非线性非高斯系统,滤波精度高,算法简单稳定,不存在粒子退化现象且不需要重采样步骤,实时性好,易于超大规模集成电路实现。根据第 3 章所述,递推贝叶斯滤波的后验概率密度函数 $p(\boldsymbol{x}_k | \boldsymbol{Z}^k)$ 可表示为

$$p(\boldsymbol{x}_k | \boldsymbol{Z}^k) = \frac{p(z_k | \boldsymbol{x}_k) p(\boldsymbol{x}_k | \boldsymbol{Z}^{k-1})}{p(z_k | \boldsymbol{Z}^{k-1})} \tag{8-147}$$

其中,$p(z_k | \boldsymbol{Z}^{k-1})$ 为常数,可由下式计算出:

$$p(z_k \mid \boldsymbol{Z}^{k-1}) = \int p(z_k \mid \boldsymbol{x}_k) p(\boldsymbol{x}_k \mid \boldsymbol{Z}^{k-1}) \mathrm{d}\boldsymbol{x}_k \tag{8-148}$$

那么可得

$$p(\boldsymbol{x}_k \mid \boldsymbol{Z}^k) = \frac{p(z_k \mid \boldsymbol{x}_k) p(\boldsymbol{x}_k \mid \boldsymbol{Z}^{k-1})}{\int p(z_k \mid \boldsymbol{x}_k) p(\boldsymbol{x}_k \mid \boldsymbol{Z}^{k-1}) \mathrm{d}\boldsymbol{x}_k} \tag{8-149}$$

设函数 $\boldsymbol{x}$ 服从如下形式的高斯分布：

$$N(\boldsymbol{x};\boldsymbol{\mu},\boldsymbol{\delta}) = (2\pi)^{-m/2} |\boldsymbol{\delta}|^{-1/2} \exp\left(-\frac{1}{2}(\boldsymbol{x}-\boldsymbol{\mu})^{\mathrm{T}} \delta^{-1} (\boldsymbol{x}-\boldsymbol{\mu})\right) \tag{8-150}$$

式中：m 为高斯函数的维数；$\boldsymbol{\mu}$ 和 $\boldsymbol{\delta}$ 为均值和方差阵。并假设初始状态 $p(\boldsymbol{x}_1 | z_0) = N(\boldsymbol{x}_1;\boldsymbol{\mu}_1,\boldsymbol{\delta}_1)$，则根据式(8－148)和式(8－149)可得

$$p(\boldsymbol{x}_k \mid \boldsymbol{Z}^k) = \frac{p(z_k \mid \boldsymbol{x}_k) N(\boldsymbol{x}_k;\boldsymbol{\mu}_k,\boldsymbol{\delta}_k)}{\int p(z_k \mid \boldsymbol{x}_k) p(\boldsymbol{x}_k \mid \boldsymbol{Z}^{k-1}) \mathrm{d}\boldsymbol{x}_k} \tag{8-151}$$

因此，可以得出系统后验概率密度函数的估计为

$$\widehat{p}(\boldsymbol{x}_k | \boldsymbol{Z}^k) = N(\boldsymbol{x}_k;\boldsymbol{\mu}_k,\boldsymbol{\delta}_k) \tag{8-152}$$

高斯粒子滤波算法的具体过程如下：

高斯粒子滤波算法 $[\{x_k^i,\omega_k^i\}_{i=1}^N] = \mathrm{GPF}[\{x_{k-1}^i,\omega_{k-1}^i\}_{i=1}^N, z_k]$

(1) FOR $i=1,2,\cdots,N$

抽取 $\boldsymbol{x}_k^i \sim q(\boldsymbol{x}_k^i | \boldsymbol{x}_{k-1}^i, z_k)$；

确定粒子的权值 ω_k^i

$$\omega_k^i = \omega_{k-1}^i \frac{p(z_k | \boldsymbol{x}_k^i) p(\boldsymbol{x}_k^i | \boldsymbol{x}_{k-1}^i)}{q(\boldsymbol{x}_k^i | \boldsymbol{x}_{k-1}^i, \boldsymbol{Z}^k)}$$

END FOR

(2) 均值和方差估计：

$$\widehat{\boldsymbol{x}}_k = \sum_{i=1}^N \omega_k^i \boldsymbol{x}_k^i$$

$$\boldsymbol{P}_k = \sum_{i=1}^N \omega_k^i (\widehat{\boldsymbol{x}}_k^i - \widehat{\boldsymbol{x}}_k)(\widehat{\boldsymbol{x}}_k^i - \widehat{\boldsymbol{x}}_k)^{\mathrm{T}}$$

(3) 状态估计：

$$\widehat{\boldsymbol{x}}_k = N(\boldsymbol{x}_k;\boldsymbol{\mu}_k,\boldsymbol{\delta}_k)$$

(4) 时间更新：

$$\begin{cases} \overline{\boldsymbol{\mu}}_k = \dfrac{1}{N}\sum_{i=1}^N \omega_k^i \boldsymbol{x}_k^i \\ \overline{\boldsymbol{\delta}}_{k|k} = \dfrac{1}{N}\sum_{i=1}^N \omega_k^i (\overline{\boldsymbol{\mu}}_k - \boldsymbol{x}_k^i)(\overline{\boldsymbol{\mu}}_k - \boldsymbol{x}_k^i)^{\mathrm{T}} \end{cases}$$

直接从 $\widehat{x}_k = N(\boldsymbol{x}_k;\boldsymbol{\mu}_k,\boldsymbol{\delta}_k)$ 采样：

$$\begin{cases} \overline{\boldsymbol{\mu}}_k = \dfrac{1}{N}\sum_{i=1}^N \boldsymbol{x}_k^i \\ \overline{\boldsymbol{\delta}}_{k|k} = \dfrac{1}{N}\sum_{i=1}^N (\overline{\boldsymbol{\mu}}_k - \boldsymbol{x}_k^i)(\overline{\boldsymbol{\mu}}_k - \boldsymbol{x}_k^i)^{\mathrm{T}} \end{cases}$$

2）高斯混合粒子滤波

基于上述的高斯粒子滤波算法，可以将重要性密度函数假设成一种高斯混合模型，那么就

形成了一种新颖的高斯混合采样粒子滤波器(Gaussian Mixture Sigma Point Particle Filter,GMSPPF)[21,25]。GMSPPF 算法利用有限高斯混合模型表征后验概率分布情况,使重要性概率密度函数更加接近真实的建议分布;同时通过基于重要性采样的加权后验粒子,借助于加权的期望最大化算法替换标准重采样步骤,降低粒子贫化效应。

根据最优滤波理论,概率密度 $p(\boldsymbol{x})$ 都可以写作高斯混合模型

$$p(\boldsymbol{x}) \approx pg(\boldsymbol{x}) = \sum_{g=1}^{G} \alpha^{(g)} N(\boldsymbol{x};\boldsymbol{\mu}^{(g)},\boldsymbol{\delta}^{(g)}) \tag{8-153}$$

式中:G 是高斯分量的个数;$\alpha^{(g)}$ 是高斯分量的权重;$N(\boldsymbol{x};\boldsymbol{\mu}^{(g)},\boldsymbol{\delta}^{(g)}$ 表示随机向量 $\boldsymbol{x}$ 服从均值为 $\boldsymbol{\mu}^{(g)}$、协方差为 $\boldsymbol{\delta}^{(g)}$ 的的高斯分布。

假设先验分布 $p(\boldsymbol{x}_{k-1}|\boldsymbol{Z}^{k-1})$,系统噪声 $p(\boldsymbol{w}_{k-1})$ 和 $p(\boldsymbol{v}_{k-1})$ 服从高斯混合模型:

$$p_g(\boldsymbol{x}_{k-1} \mid \boldsymbol{Z}^{k-1}) = \sum_{g=1}^{G} \alpha_{k-1}^{(g)} N(\boldsymbol{x}_{k-1};\boldsymbol{\mu}_{k-1}^{(g)},\boldsymbol{\delta}_{k-1}^{(g)}) \tag{8-154}$$

$$p_g(\boldsymbol{w}_{k-1}) = \sum_{i=1}^{I} \beta_k^{(i)} N(\boldsymbol{w}_{k-1};\boldsymbol{\mu}_k^{(i)},\boldsymbol{\delta}_k^{(i)}) \tag{8-155}$$

$$p_g(\boldsymbol{v}_k) = \sum_{j=1}^{J} \gamma_k^{(j)} N(\boldsymbol{v}_k;\boldsymbol{\mu}_k^{(j)},\boldsymbol{\delta}_k^{(j)}) \tag{8-156}$$

时间预测更新为

$$p(\boldsymbol{x}_k \mid \boldsymbol{Z}^{k-1}) \approx p_g(\boldsymbol{x}_k \mid \boldsymbol{Z}^{k-1}) = \sum_{g'=1}^{G'} \alpha_{k|k-1}^{(g')} N(\boldsymbol{x}_{k-1};\boldsymbol{\mu}_{k|k-1}^{(g')},\boldsymbol{\delta}_{k|k-1}^{(g')}) \tag{8-157}$$

后验概率密度函数为

$$p(\boldsymbol{x}_k \mid \boldsymbol{Z}^k) \approx p_g(\boldsymbol{x}_k \mid \boldsymbol{Z}^k) = \sum_{g''=1}^{G''} \alpha_k^{(g'')} N(\boldsymbol{x}_k;\boldsymbol{\mu}_{k|k-1}^{(g'')},\boldsymbol{\delta}_{k|k-1}^{(g'')}) \tag{8-158}$$

其中,$G' = GI, G'' = G'J = GIJ$。

权值的更新:

$$\alpha_{k|k-1}^{(g')} = \frac{\alpha_{k-1}^{(g)}\beta_{k-1}^{(i)}}{\sum_{g=1}^{G}\sum_{i=1}^{I}\alpha_{k-1}^{(g)}\beta_{k-1}^{(i)}} \tag{8-159}$$

$$\alpha_k^{(g'')} = \frac{\alpha_{k|k-1}^{(g')}\gamma_k^{(j)}\boldsymbol{l}_k^{(j)}}{\sum_{g'=1}^{G'}\sum_{i=1}^{I}\alpha_k^{(g')}\gamma_k^{(j)}\boldsymbol{l}_k^{(j)}} \tag{8-160}$$

其中 $\boldsymbol{l}_k^{(j)} = p_j(z_k|\boldsymbol{x}_k)$。

参考文献

[1] Christian M, Nadia O, Francois L G. Improving Regularized Particle Filters in Sequential Monte Carlo Method in Practice[M]. NY:Springer-Verlag, 2001.

[2] Gilks I L, Berzuini C. Following a moving target-Monte Carlo inference for dynamic Bayesian models[J]. Journal of the Royal Statistical Society:Series B(Statistical Methodology),2001,63(1):127-146.

[3] Merwe R V, Freitas N D, Doucet A. The Unscented Particle Filter[J]. Adv. Neural Inform. Process. Syst. 2000: 44-67.

[4] Thomas S, Fredrik G. Marginalized Particle Filter for Mixed Linear/Nonlinear State-Space Models[J]. IEEE transactions on sig-

nal processing, 2005, 53(7): 456 -461.
[5] Rickard K, Thomas S. Complexity Analysis of the Marginalized Particle Filter[J]. IEEE transactions on signal processing, 2005, 53(11): 752 -759.
[6] Moore A W, Schneider J, Deng K. Efficient locally weighted polynomial regression predictions[C]. The International Conference on Machine Learning (ICML), 1997.
[7] Fox D. KLD - sampling: Adaptive particle filter[C]. Advances in Neural Information Processing Systems14 Proceedings of the 2001 NIPS Conference. USA: MIT Press, 2002.
[8] 崔平远, 孙新蕊, 裴福俊. 一种基于自适应粒子滤波的捷联初始对准方法研究[J]. 系统仿真学报, 2008, 20(20): 1560 -1568.
[9] 吴涛, 汪立新, 林孝焰. 基于 MCMC 方法的粒子滤波改进算法[J]. 杭州电子科技大学学报, 2007, 27(6): 897 -904.
[10] Park S, Hwang J. A New Particle Filter Inspired by Biological Evolution: Genetic Filter[C]. Proceedings of world academy of science, engineering and technology, 21 Jan, 2007.
[11] 莫以为, 萧德云. 进化粒子滤波算法及其应用[J]. 控制理论与应用, 2005, 4(2): 125 -131.
[12] Ho M C, Chiang C C, Chen Y L. A Genetic Particle Filter for Moving Object Tracking[C]. IEEE 4th International Conference on Image and Graphics, 2007: 524 -529.
[13] Leonid R, Ehud R, Michael R. Using Gaussian Process Annealing Particle Filter for 3D Human Tracking[J]. EURASIP Journal on Advances in Signal Processing, 2008, doi:10.1155/2008/592081.
[14] Tong G, Fang Z, Xu X. A Particle Swarm Optimized Particle Filter for Nonlinear System State Estimation[C]. IEEE Congress on Evolutionary Computation Sheraton Vancouver Wall Centre Hotel, Canada. 2006: 438 - 442.
[15] Zhang G Y, Cheng Y, Yang F. Particle Filter Based on PSO[C]. International Conference on Intelligent Computation Technology and Automation, 2008: 121 - 124.
[16] 张共愿,程咏梅,杨峰. 基于方差缩减技术的一种自适应粒子滤波器设计[J]. 自动化学报, 2010, 36(7): 1020 -1024.
[17] 赵梅, 张三同, 朱刚. 辅助粒子滤波算法及仿真举例[J]. 北京交通大学学报, 2006, 30(2):432 -437.
[18] Johansen A, Doucet A. A Note on Auxiliary Particle Filters[J]. Statistics and Probability Letters. Jan, 2008.
[19] Pitt M. Filtering Via Simulation: Auxiliary Particle Filters[J]. Journal of the American Statistical Association, 1999, 94(2): 327 -331.
[20] 周翟和, 刘建业, 赖际舟, 等. Rao - Blackwellized 粒子滤波在 SINS/GPS 深组合导航系统中的应用研究[J]. 宇航学报, 2009, 30(2): 321 -329.
[21] 庄泽森, 张建秋, 尹建君. 混合线性/非线性模型的准高斯 Rao - Blackwellized 粒子滤波算法[J]. 航空学报, 2008, 29(2): 289 -295.
[22] Christian Nusso, Nadia Oudjane. Improving Regularized Particle Filter[M]. New York Springer-Verlag, 2001.
[23] 叶龙,王京玲,张勤. 遗传重采样粒子滤波[J]. 自动化学报, 2007, 33(8): 546 -551.
[24] Arnaud Doucet, Nando de Freitas, Neil Gordon. Sequential Monte Carlo in Practice[M]. New York: Springer - Verlag. 2001.
[25] Gordon N, Salmond D, Smith A. Novel Approach to Non - linear/Non - gaussian State Estimation[J]. IEE Proceedings F, 1993, 140(2): 107 -113.
[26] Kotecha J H; Djuric P M. Gaussian Particle Filter[J]. IEEE Trans on Signal Processing. 2003, 51(7): 592 -601.
[27] J. Holland. Adaptation in Natural and Artificial Systems[J]. Michigan: University of Michigan Press, 1975.
[28] T. Higuchi. Monte Carlo Filter using the Genetic Algorithm Operators[J]. Journal of Statistical Computation and Simulation, 1997, 59(1): 1 -23.
[29] Musso C, Oudjane N, LeGland F. Improving regularized particle filters[M]. New York: Springer-Verlag, 2001.
[30] Kennedy J, Eberhart R C. Particle Swarm Optimization[C]. IEEE International Conference on Neural Networks, 1995: 1942 - 1948.
[31] Robert C P. The Bayesian Choice: A Decision - Theoretic Motivation[M]2nd ed. New York: Springer-Verlag, 2001.
[32] H. L. Van Trees. Detection, Estimation and Modulation Theory[M]. New York: Wiley, 1968.
[33] Musso C, Oudjane N, LeGland F. Improving regularized particle filters[M]. New York: Springer-Verlag, 2001.
[34] Doucet A, Godsilli S J, Abdrueu C. On sequential Monte Carlo sampling methods for Bayesian filtering [J]. Statistics and Computing, 2000, 10(3): 197 -208.

[35] Robert C P, Casella G. Monte Carlo Statistical Method[M]. New York: Springer - Verlag, 1999.
[36] Gordon N J, Salmond D J, Smith A. Novel approach to nonlinear/Non - Gaussian Bayesian state estimation[J]. IEE Proceedings - F, 1993, 140(2): 107 - 113.
[37] Holand J H. Adaptation in Natural and Artificial Systems Ann Arbor. Michigan: University Michigan Press, 1975.
[38] Huang A J. A tutorial on Bayesian estimation and tracking techniques applicable to non - linear and non - Gaussian process [OL]. http://www.mitre.org/work/tech papers/tech papers 05/05 0211/05 0211.pdf, February 11, 2005.
[39] 李景熹,王树宗,王航宇,等. 基于多模型和辅助粒子滤波的机动目标跟踪算法研究[J]. 武汉理工大学学报, 2007, 31(4): 703 - 706.

第9章　神经网络与滤波的结合及应用

9.1　前馈神经网络基础

9.1.1　人工神经网络的发展与应用

人工神经网络(Artificial Neural Network, ANN),亦称神经网络(Neural Networks, NN),是由大量处理单元(称为神经元)广泛互连而成的网络,是对人脑的抽象、简化和模拟,反映了人脑的基本特性。人工神经网络从人脑的生理结构出发来研究人的智能行为,模拟人脑信息处理的功能,它是根植于神经科学、数学、统计学、物理学、计算机科学及工程等学科的一种技术[1]。

对人工神经网络的研究始于20世纪40年代,半个多世纪以来,经历了以下几个阶段[2]:

(1) 奠基阶段。在40年代初,神经生物学家McCulloch与青年数学家Pitts合作,从人脑信息处理的特点出发,采用数理模型方法研究了脑细胞的动作和结构及生物神经元的基本生理特性,提出了第一个神经计算模型,即神经元的阈值元件模型,简称MP模型。MP模型利用结点以及它们之间的相互联系构成神经网络,用逻辑的数学工具研究客观事件在形式神经网络中的表述。其主要贡献在于,结点的并行计算能力很强,为计算神经行为提供了可能性,从而开创了神经网络的研究。1944年,Hebb提出了改变神经元连接强度的Hebb规则,至今仍在各种神经网络模型中起着重要作用。

(2) 第一次高潮阶段。1958年计算机科学家Rosenblatt基于MP模型,增加了学习机制,提出了感知器模型,并首次把神经网络理论付诸工程实现。他提出的具有隐层处理元件的三层感知器模型包含了现代神经计算机的基本原理,是神经网络方法和技术上的重大突破,由此他被认为是现代神经网络的主要建构者之一。此后许多学者和上百家有影响的实验室纷纷投入到这个领域,获得了大量的研究成果,形成了神经网络研究的首次高潮。

(3) 停滞阶段。尽管神经网络理论取得了一些进展,美国军方甚至认为神经网络工程应当比“原子弹工程”更重要,然而,1969年Minsky和Papert出版的论著Perceptrons(《感知器》)分析证明了感知器不能实现XOR逻辑函数,也不能实现其它的谓词函数。该论著对感知器的研究及发展产生了恶劣的影响,美国在此后的15年里从未资助过有关神经网络的研究课题,苏联有关研究机构也终止了已经资助的神经网络研究课题,神经网络技术的研究工作几乎停滞。

(4) 第二次高潮阶段。1981年Kohonen提出了自组织映射网络模型,并在计算机上进行了模拟,自适应学习效果显著。Kohonen网络的神经元之间有近扬远抑的反馈特性,可作为模式特征的检测器。1982年生物物理学家Hopfield给出了一组非线性微分方程,即Hopfield神经网络,这种网络可将联想存储器问题归结为求某个能量函数极小值的问题,适合于递归求解,具有联想记忆和优化计算的功能。从此,第二次高潮的序幕拉开了。许多科学家投身神经网络理论研究,优秀论著、重大成果如雨后春笋般涌现,众多新的应用领域不断被拓展。

目前,随着神经网络技术的不断发展,其应用领域也在不断拓展,它可以广泛应用于以下各个方面[3]:

(1) 模式识别与图像处理。印刷体和手写体字符识别,语音识别,签字识别,指纹、人脸识别,RNA 与 DNA 序列分析,癌细胞识别,目标检测与识别,心电图、脑电图分类,油气藏量检测,加速器故障检测,电机故障检测,图像压缩、复原等。

(2) 控制及优化。化工过程控制,机械手运动控制,运载体轨迹控制,电弧炉控制等。

(3) 金融预测与管理。股票市场预测,有价证券管理,借贷风险分析,信用卡欺骗检测等。

(4) 通信。自适应均衡,回声抵消,路由选择,ATM 网络的呼叫识别与控制,CDMA 多用户检测,分组无线网的广播调度,多目标识别与跟踪,多媒体处理等。

9.1.2 神经元模型

图 9-1 表示神经网络的基本单元——单神经元模型,图中 $\boldsymbol{p}=[p_1,p_2,\cdots,p_R]^{\mathrm{T}}$ 是神经元的输入,$\boldsymbol{W}=[w_{1,1},w_{1,2},\cdots,w_{1,R}]$ 是输入对应的权值矩阵,类似于生物神经元突触之间的连接强度;b 是神经元的阈值。累加器的输出 n 通常被称为净输入,净输入经过神经元的传递函数 f 得到神经元的输出 a。神经元由输入到输出的整个过程可描述如下:

$$a=f(\boldsymbol{Wp}+b) \tag{9-1}$$

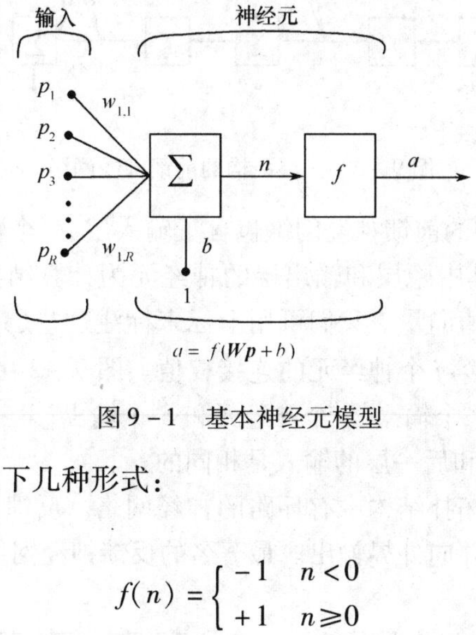

图 9-1 基本神经元模型

传递函数 $f(n)$ 可采用以下几种形式:

1) 对称硬极限函数

$$f(n)=\begin{cases}-1 & n<0\\ +1 & n\geqslant 0\end{cases} \tag{9-2}$$

式中:$n=\boldsymbol{Wp}+b=\sum_{j=1}^{R}w_{1,j}p_j+b$。

2) 线性函数

$$f(n)=n \tag{9-3}$$

即神经元的净输入就是神经元传递函数的输出。

3) Sigmoid 函数

最常用的函数形式为

$$f(n)=\frac{1}{1+\exp(-n/\varepsilon)} \tag{9-4}$$

式中:$\varepsilon>0$ 是该 Sigmoid 函数的陡度系数。该函数也被称为 S 型函数,具有平滑性、渐进性和单调性。

多个神经元组成的神经网络通常含有多个传递函数。根据待解决的问题性质,一个神经网络中的传递函数通常采用多种不同的形式表达。

9.1.3 神经网络结构和学习规则

除了神经单元的特性外，神经网络的拓扑结构和学习规则也是神经网络的重要特征。神经元之间的连接可以是任意的，但目前研究的最常见的网络结构是前向神经网络和反馈神经网络结构两类。

(1) 前向神经网络。又称为前馈神经网络，即各神经元接收前一层的输入，并输出给下一层，没有反馈结构。图 9-2 表示的是一个具有三层结构的前馈神经网络。

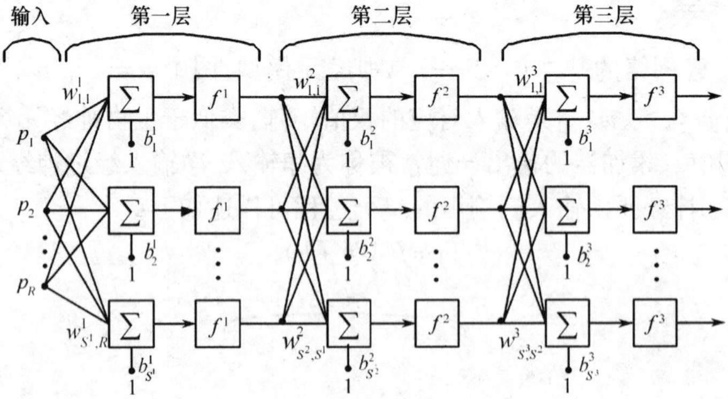

图 9-2 三层结构的前馈神经网络

图 9-2 所示的三层结构的前馈神经网络包含了输入层、一个输出层(第三层)以及多个隐层(包括第一层和第二层)，其中隐层和输出层的神经元为计算结点。前馈神经网络的每一个层都有自己的权值矩阵和阈值向量。我们可用上标来标注这些层次，用 $w_{j,k}^{i}$ 来表示从第 i 层中第 k 个神经元到第 $i-1$ 层中第 j 个神经元的连接权值。图 9-2 中第一层有 R 个输入、S^1 个神经元和 S^1 个输出；第二层有 S^1 个输入、S^2 个神经元和 S^2 个输出；第三层有 S^2 个输入、S^3 个神经元和 S^3 个输出。前一层的输出和后一层的输入是相同的。

(2) 反馈神经网络。即拓扑结构中有环路的神经网络。反馈神经网络的所有结点都是计算单元，同时也可接收输入，并向外界输出。最著名的反馈神经网络是 Hopfield 神经网络，如图 9-3 所示。

学习规则就是修改神经网络权值和阈值的方法和过程，也称为训练算法，用以训练神经网络完成某些工作。神经网络的学习规则大致可分为三大类，即有监督学习、无监督学习和再励学习。

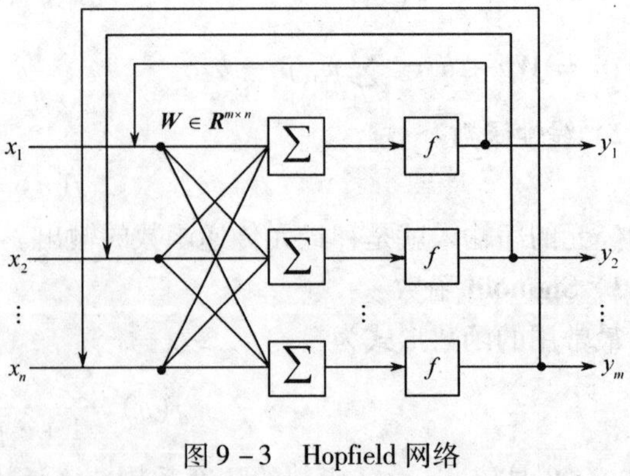

图 9-3 Hopfield 网络

(1) 有监督学习。这种学习规则由一组描述网络行为的实例集合给出，该集合含有多个输入、输出对数据，即每个输入都对应一个目标输出。这组已知的输入、输出对数据称为训练样本集。神经网络可根据已知输出与网络实际输出之间的差值(误差)来调节网络的权值和阈值。

(2) 无监督学习。无监督学习仅仅根据网络的输入调整网络的权值和阈值，没有目标输出。乍一看这种学习似乎并不可行:不知道网络的目标是什么,还能够训练网络吗?实际上,大多数无监督学习算法都是通过完成某种聚类操作学会将输入模式分为有限的几种类型。

(3) 再励学习。该学习规则与有监督学习类似,只是它并不为每一个输入提供相应的目标输出,而是仅仅给出一个奖罚级别。

以下介绍两种经典的有监督学习规则:有监督的 Hebb 学习规则和 Widrow - Hoff 学习算法。

(1) 有监督的 Hebb 学习规则。Hebb 规则是最早的神经网络学习规则之一,由 Donald Hebb 在 1949 年提出,用来作为大脑神经元突触的调整机制。Hebb 提出的假设为:若一条突触两侧的两个神经元同时被激活或抑制,那么突触的强度将会增大,反之则应减弱。连接权值可视为突触的强度,用数学方式可描述为

$$w_{ij}^{\text{new}} = w_{ij}^{\text{old}} + F(x_j, y_i) \tag{9-5}$$

式中:x_j为神经元的输入;y_i为神经元的输出;w_{ij}^{old}为更新前的连接权值;w_{ij}^{new}为更新后的连接权值。最常见的一种情况可描述为

$$w_{ij}^{\text{new}} = w_{ij}^{\text{old}} + \alpha x_j y_i (\alpha > 0) \tag{9-6}$$

(2) Widrow-Hoff 学习算法。Widrow-Hoff 学习算法采用近似的最速下降法(梯度下降),其目标函数为均方误差。该算法是多层前馈神经网络反向传播算法(Back Propagation,BP)的先驱。

令 $a_l(k)$为第 l 个神经元在 k 时刻的实际输出,$t_l(k)$为第 l 个神经元在 k 时刻的目标输出,则第 l 个神经元在 k 时刻的输出误差可写成

$$e_l(k) = t_l(k) - a_l(k) \tag{9-7}$$

Widrow-Hoff 学习算法使用的均方误差目标函数可定义为

$$J(\boldsymbol{W},\boldsymbol{b}) = \mathrm{E}\left[\frac{1}{2}\sum_l e_l(k)^2\right] = \mathrm{E}\left[\frac{1}{2}\sum_l (t_l(k) - a_l(k))^2\right] \tag{9-8}$$

式中:目标函数 J 是权值矩阵 $\boldsymbol{W}$ 和阈值向量 $\boldsymbol{b}$ 的函数。可以看出,直接用 J 作目标函数时,需要知道整个过程的统计特性,为解决这一困难,Widrow 和 Hoff 用 J 在 k 时刻的瞬时值 F 来代替 J。F 可表示为

$$F(\boldsymbol{W},\boldsymbol{b}) = \frac{1}{2}\sum_l e_l(k)^2 = \frac{1}{2}\sum_l [t_l(k) - a_l(k)]^2 \tag{9-9}$$

利用梯度下降法,可得到如下所示的神经网络权值矩阵 $\boldsymbol{W}$ 和阈值向量 $\boldsymbol{b}$ 的迭代公式:

$$w_{lj}(k+1) = w_{lj}(k) - \alpha\frac{\partial F(\boldsymbol{W},\boldsymbol{b})}{\partial w_{lj}} = w_{lj}(k) - \alpha e_l(k)\frac{\partial e_l(k)}{\partial w_{lj}} \tag{9-10}$$

$$b_l(k+1) = b_l(k) - \alpha\frac{\partial F(\boldsymbol{W},\boldsymbol{b})}{\partial b_l} = b_l(k) - \alpha e_l(k)\frac{\partial e_l(k)}{\partial b_l} \tag{9-11}$$

其中,学习步长 $\alpha > 0$。式(9 - 10)和式(9 - 11)构成了最小均方算法(Least Mean Square, LMS),该算法又被称为 δ 规则或 Widrow-Hoff 算法。LMS 算法可用来训练单层线性神经网络,即仅有一个输入层和一个线性输出层的前馈神经网络。

9.2 BP 神经网络及其算法

9.2.1 BP 神经网络

反向传播算法(Back Propagation, BP)是在 LMS 算法的基础上发展起来的神经网络训练算

法,可用来训练多层前馈神经网络。根据 LMS 学习规则,BP 算法也是梯度下降算法的近似,其目标函数是均方误差。LMS 算法和 BP 算法的不同表现在它们对导数的计算方式上。对单层的线性网络,误差是网络权值的显式线性函数,其相对于权值的导数,即式(9-10)中的$\partial e_l(k)/\partial w_{lj}$较为容易求得。但在具有非线性传递函数的多层 BP 网络中,网络权值和误差的关系则比较复杂。

BP 神经网络输出层的传递函数根据应用的不同而异:如果 BP 网络用于分类,则输出层一般采用 Sigmoid 函数作传递函数,该传递函数处处可微,它所划分的区域不再是线性划分,而是一个由非线性的超平面组成的区域,比较柔和、光滑,因此其分类比线性划分精确、合理且容错性较好[3];如果 BP 网络用于函数逼近,则输出层一般采用线性函数作传递函数。事实上,研究已经表明,隐层采用 Sigmoid 传递函数、输出层采用线性传递函数的两层神经网络,几乎可以以任意的精度逼近任何函数[3]。

9.2.2 BP 算法

BP 算法的学习目的是通过网络的实际输出与目标输出之间的误差来修正网络的权值和阈值,以使网络的实际输出与目标输出尽可能地接近,令网络输出层的误差平方和达到最小。BP 算法由两部分组成:信息的正向传递与误差的反向传播。在正向传递的过程中,输入信息从输入层经隐层的逐层计算传向输出层,而且每一层神经元的输出作用于下一层神经元的输入。如果在输出层没有得到期望的输出,则计算输出层的误差变化值,然后转向反向传播,将误差信号沿原来的连接通路反传回去,并修改各层神经元的权值和阈值直至达到期望的目标[4]。

以下是 BP 算法的批处理方法,也就是将所有的训练样本同时用于网络权值和阈值的调节。设有 P 个学习样本向量,即$\{\boldsymbol{x}^{(1)},\boldsymbol{t}^{(1)}\},\{\boldsymbol{x}^{(2)},\boldsymbol{t}^{(2)}\},\cdots,\{\boldsymbol{x}^{(P)},\boldsymbol{t}^{(P)}\}$,其中样本向量的输入向量$\boldsymbol{x}^{(i)}(i=1,\cdots,P)$的维数与网络的输入维数相同,样本矢量的目标输出向量$\boldsymbol{t}^{(i)}(i=1,\cdots,P)$的维数与网络的输出维数相同。假设神经网络的输入为$\boldsymbol{x}^{(u)}$时,输出层的实际输出为$\boldsymbol{y}^{(u)}$,其第 l 个神经元的实际输出为$y_l^{(u)}$,目标输出为$t_l^{(u)}$。该神经网络的3层结构图如图9-4所示,两个隐层分别有S^1和S^2个输出,输出层有S^3个输出。图中,w_{ij}^k表示第 k 层中第 j 个神经元到第 $k-1$层中第 i 个神经元的连接权值,b_i^k表示第 k 层中第 i 个神经元的阈值,n_i^k表示第 k 层中第 i 个神经元的净输入,a_i^k表示第 k 层中第 i 个神经元的输出。

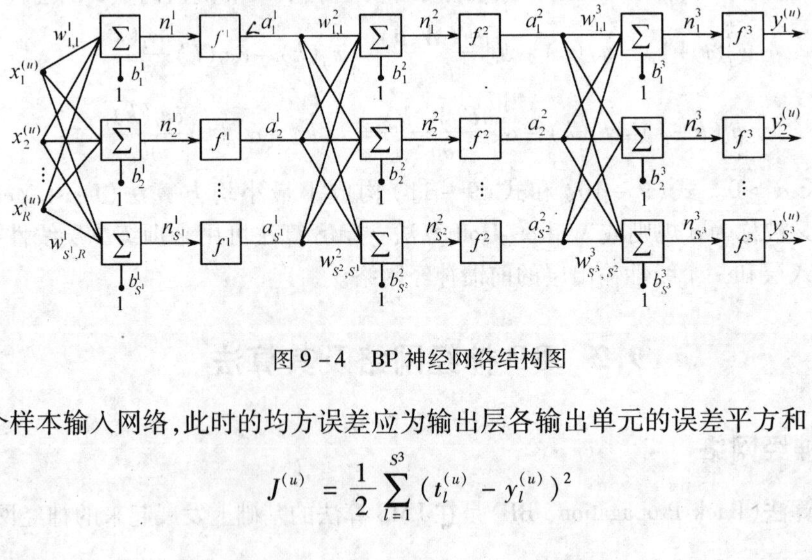

图 9-4　BP 神经网络结构图

当一个样本输入网络,此时的均方误差应为输出层各输出单元的误差平方和,即

$$J^{(u)} = \frac{1}{2}\sum_{l=1}^{S^3}(t_l^{(u)} - y_l^{(u)})^2 \tag{9-12}$$

当所有 P 个样本都输入一次后，此时的总误差为

$$J_{\text{sum}} = \sum_{u=1}^{P} J^{(u)} = \frac{1}{2}\sum_{u=1}^{P}\sum_{l=1}^{S^3}(t_l^{(u)} - y_l^{(u)})^2 \tag{9-13}$$

式中：$y_l^{(u)}$ 表示第 u 个学习样本对应的输出层第 l 个神经元的实际输出；$t_l^{(u)}$ 表示第 u 个学习样本对应的输出层第 l 个神经元的目标输出。

设 $w_{s,p}^{i}(k)$ 为 k 时刻网络第 i 层的一个连接权值，则根据梯度下降法，批处理方式下的修改权值的方法可表示为

$$w_{s,p}^{i}(k+1) = w_{s,p}^{i}(k) - \alpha\frac{\partial J_{\text{sum}}}{\partial w_{s,p}} \tag{9-14}$$

式中：α 为学习步长。当总误差 J_{sum} 达到预期的最小值后，就停止修改权值，结束学习过程。以下结合网络的结构图 9-4 来说明式(9-14)中 $\partial J_{\text{sum}}/\partial w_{s,p}$ 的求解过程。

(1) 当连接权值位于输出层时，连接权值 $w_{s,p}^{i}$ 只与神经元输出 $y_s^{(u)}$ 有关。对于图 9-4 来说，输出层的连接权值即为第 $i=3$ 层的连接权值，如 $w_{1,1}^{3}$ 只与 $y_1^{(u)}$ 有关，则有

$$y_1^{(u)} = f^3(n_1^3) \tag{9-15}$$

$$n_1^3 = \sum_{i=1}^{S^2} w_{1,i}^{3}a_i^2 + b_1^3 \tag{9-16}$$

假定 f^3 为典型的 Sigmoid 函数，即 $f^3(n_1^3) = 1/[1+\exp(-n_1^3)] = y_1^{(u)}$。由于

$$f^{3'}(n_1^3) = f^3(n_1^3)(1-f^3(n_1^3)) = y_1^{(u)}(1-y_1^{(u)}) \tag{9-17}$$

则

$$\begin{aligned}\frac{\partial J_{\text{sum}}}{\partial w_{1,1}^{3}} &= \sum_{u=1}^{P}\frac{\partial J^{(u)}}{\partial y_1^{(u)}}\cdot\frac{\partial y_1^{(u)}}{\partial n_1^3}\cdot\frac{\partial n_1^3}{\partial w_{1,1}^{3}} = \sum_{u=1}^{P}[-(t_1^{(u)} - y_1^{(u)})]\cdot[f^{3'}(n_1^3)]\cdot a_1^2\\ &= -\sum_{u=1}^{P}(t_1^{(u)} - y_1^{(u)})\cdot y_1^{(u)}(1-y_1^{(u)})\cdot a_1^2\end{aligned} \tag{9-18}$$

(2) 当连接权值位于隐层时，连接权值 $w_{s,p}^{i}$ 与所有神经元的输出都有关。对于图 9-4 来说，隐层的连接权值即是第 $i=1,2$ 层的连接权值，其与所有神经元的输出都有关。以 $w_{1,1}^{2}$ 为例，$w_{1,1}^{2}$ 除了与 n_1^2 和 a_1^2 有关外，还跟所有的输出 $y_l^{(u)}(l=1,\cdots,S^3)$ 有关，则有

$$n_1^2 = \sum_{i=1}^{S^1} w_{1,i}^{2}a_i^1 + b_1^2 \tag{9-19}$$

同样假定 f^2 为典型的 Sigmoid 函数，则有

$$f^{2'}(n_1^2) = f^2(n_1^2)[1-f^2(n_1^2)] = a_1^2(1-a_1^2) \tag{9-20}$$

$$\begin{aligned}\frac{\partial J_{\text{sum}}}{\partial w_{1,1}^{2}} &= \sum_{u=1}^{P}\sum_{l=1}^{S^3}\frac{\partial J^{(u)}}{\partial y_l^{(u)}}\cdot\frac{\partial y_l^{(u)}}{\partial n_l^3}\cdot\frac{\partial n_l^3}{\partial a_1^2}\cdot\frac{\partial a_1^2}{\partial n_1^2}\cdot\frac{\partial n_1^2}{\partial w_{1,1}^{2}}\\ &= \sum_{u=1}^{P}\sum_{l=1}^{S^3}[-(t_l^{(u)} - y_l^{(u)})]\cdot[f^{3\prime}(n_l^3)]\cdot w_{l,1}^{3}\cdot[f^{2\prime}(n_1^2)]\cdot a_1^1\\ &= \sum_{u=1}^{P}\sum_{l=1}^{S^3}[-(t_l^{(u)} - y_l^{(u)})]\cdot[y_l^{(u)}(1-y_l^{(u)})]\cdot w_{l,1}^{3}\cdot[a_1^2(1-a_1^2)]\cdot a_1^1\end{aligned} \tag{9-21}$$

由式(9-21)可以看出，网络非隐层权值的修正不仅需要误差信息，而且还需要后几层的网络权值信息。因此，BP 算法的学习应该由“后向前”逐层修正权值，这就是“反向传播”的缘由。

9.2.3 BP 神经网络的优缺点

BP 神经网络具有以下优点：

(1) 网络实质上是一个从输入到输出的复杂映射，数学理论已证明它具有实现任何复杂非线性映射的功能，这使得它特别适合于求解内部机制复杂的问题。

(2) 网络能通过学习样本集自动提取“合理的”求解规则，即具有自学习能力。

(3) 网络具有一定的推广、概括能力。

BP 神经网络具有以下缺点：

(1) 由于 BP 算法的本质是梯度下降法，而它要优化的目标函数非常复杂，因此必然会出现“锯齿形现象”，使得 BP 算法的收敛速度较慢。

(2) 从数学角度看，BP 算法是一种局部搜索的优化方法，在寻找复杂非线性函数全局极值的过程中，很容易陷入局部极值，使训练失败。

(3) 网络的逼近、推广能力与学习样本的典型性密切相关，而选取典型样本组成训练集是一个很困难的问题。

(4) 网络结构的选择尚无统一且完整的理论指导，一般只能根据经验选定。因此，在应用中如何选择合适的网络结构是一个重要的问题。

(5) 网络的预测能力(也称泛化能力、推广能力)与训练能力(也称逼近能力、学习能力)之间存在着矛盾。一般情况下，训练能力差时，预测能力也差，并且一定程度上，随着训练能力的提高，预测能力也将提高。但这种趋势有一个极限，当达到此极限时，随着训练能力的提高，预测能力反而下降，即出现“过拟合”现象。此时，学习了过多样本细节的网络，反而不能正确反映样本内含的规律。

9.3 BP 神经网络辅助 EKF

本节重点讲述 BP 神经网络辅助 EKF 的方法。

考虑如下的非线性系统：

$$\boldsymbol{x}_k = \boldsymbol{f}_{k-1}(\boldsymbol{x}_{k-1}) + \boldsymbol{w}_{k-1} \tag{9-22}$$

$$z_k = \boldsymbol{h}_k(\boldsymbol{x}_k) + \boldsymbol{v}_k \tag{9-23}$$

式中：$\boldsymbol{x}_k$为系统的 n 维状态向量；z_k为系统的 m 维观测向量；$\boldsymbol{f}_{k-1}$和 $\boldsymbol{h}_k$分别为已知的非线性 n 维和 m 维向量函数；$\boldsymbol{w}_{k-1}$和 $\boldsymbol{v}_k$分别为 n 维系统过程噪声序列和 m 维观测噪声序列。系统过程噪声和观测噪声的统计特性如下：

$$\begin{cases} \mathrm{E}(\boldsymbol{w}_k) = 0, \mathrm{Cov}(\boldsymbol{w}_k, \boldsymbol{w}_j) = \boldsymbol{Q}_k \delta_{kj} \\ \mathrm{E}(\boldsymbol{v}_k) = 0, \mathrm{Cov}(\boldsymbol{v}_k, \boldsymbol{v}_j) = \boldsymbol{R}_k \delta_{kj} \\ \mathrm{Cov}(\boldsymbol{w}_k, \boldsymbol{v}_j) = 0 \end{cases} \tag{9-24}$$

式中：$\boldsymbol{Q}_k$为 $n \times n$ 维的过程噪声协方差矩阵，$\boldsymbol{R}_k$为 $m \times m$ 维的观测噪声协方差矩阵。

EKF 递推方程如下[5]：

时间更新方程

$$\hat{\boldsymbol{x}}_{k|k-1} = \boldsymbol{f}_{k-1}(\hat{\boldsymbol{x}}_{k-1}) \tag{9-25}$$

$$\boldsymbol{P}_{k|k-1} = \boldsymbol{\Phi}_{k,k-1} \boldsymbol{P}_{k-1} \boldsymbol{\Phi}_{k,k-1}^{\mathrm{T}} + \boldsymbol{Q}_{k-1} \tag{9-26}$$

$$\hat{z}_{k|k-1} = \boldsymbol{h}_k(\hat{\boldsymbol{x}}_{k|k-1}) \tag{9-27}$$

量测更新方程

$$\hat{\boldsymbol{x}}_k = \hat{\boldsymbol{x}}_{k|k-1} + \boldsymbol{K}_k[\boldsymbol{z}_k - \hat{\boldsymbol{z}}_{k|k-1}] \tag{9-28}$$

$$\boldsymbol{P}_k = [\boldsymbol{I} - \boldsymbol{K}_k\boldsymbol{H}_k]\boldsymbol{P}_{k|k-1} \tag{9-29}$$

$$\boldsymbol{K}_k = \boldsymbol{P}_{k|k-1}\boldsymbol{H}_k^{\mathrm{T}}[\boldsymbol{H}_k\boldsymbol{P}_{k|k-1}\boldsymbol{H}_k^{\mathrm{T}} + \boldsymbol{R}_k]^{-1} \tag{9-30}$$

其中

$$\boldsymbol{\Phi}_{k,k-1} = \left.\frac{\partial \boldsymbol{f}_{k-1}(\boldsymbol{x}_{k-1})}{\partial \boldsymbol{x}_{k-1}}\right|_{\boldsymbol{x}_{k-1}=\hat{\boldsymbol{x}}_{k-1}} \tag{9-31}$$

$$H_k = \left.\frac{\partial \boldsymbol{h}_k(\boldsymbol{x}_k)}{\partial \boldsymbol{x}_k}\right|_{\boldsymbol{x}_k=\hat{\boldsymbol{x}}_{k|k-1}} \tag{9-32}$$

当系统过程噪声和观测噪声的统计特性完全已知时,EKF 能够对一些非线性系统的状态进行可靠地估计。然而,某些非线性系统具有很大的不确定性,其统计特性随时间而变化,往往导致滤波产生较大的估计误差,甚至发散。因此,研究领域出现了一些致力于估计噪声协方差矩阵的方法。Mehra[5]将这些估计方法划分为四类:贝叶斯估计、极大似然估计、相关估计和协方差匹配估计。上述四类方法均可辅助卡尔曼滤波算法实现自适应卡尔曼滤波器,但由于受到计算量和未知变量的限制,贝叶斯估计、极大似然估计和相关估计并没有得到普及。

协方差匹配方法是一种传统的基于滤波新息来估计协方差的自适应方法[5],该方法的原理是将残差协方差的实际值等效为残差协方差的理论值。

9.3.1 协方差匹配法

对于滤波递推方程式(9-25)~式(9-32),滤波新息可定义为

$$\tilde{\boldsymbol{z}}_k = \boldsymbol{z}_k - \hat{\boldsymbol{z}}_{k|k-1} = \boldsymbol{z}_k - \boldsymbol{H}_k\hat{\boldsymbol{x}}_{k|k-1} \tag{9-33}$$

新息是一个很重要的概念,它表示从第 k 次观测量 $\boldsymbol{z}_k$ 中减去预测值 $\hat{z}_{k|k-1}$,是观测量 $\boldsymbol{z}_k$ 的附加信息。利用加权新息 $\boldsymbol{K}_k(z_k - \hat{z}_{k|k-1})$ 来修正状态一步预测 $\hat{\boldsymbol{x}}_{k|k-1}$,就可以得到状态估计 $\hat{\boldsymbol{x}}_k$。

将 $\boldsymbol{z}_k = \boldsymbol{H}_k\boldsymbol{x}_k + \boldsymbol{v}_k$ 代入式(9-33)得

$$\tilde{\boldsymbol{z}}_k = \boldsymbol{H}_k(\boldsymbol{x}_k - \hat{\boldsymbol{x}}_{k|k-1}) + \boldsymbol{v}_k \tag{9-34}$$

由式(9-34)可得 $\tilde{z}_k$ 的理论协方差为

$$\boldsymbol{C}_{\tilde{z}_k} = \boldsymbol{H}_k\hat{\boldsymbol{P}}_{k|k-1}\boldsymbol{H}_k^{\mathrm{T}} + \boldsymbol{R}_k \tag{9-35}$$

$\tilde{z}_k$ 的实际协方差可表示为

$$\hat{\boldsymbol{C}}_{\tilde{z}_k} = \frac{1}{N}\sum_{j=k-N+1}^{k} \tilde{z}_j\tilde{z}_j^{\mathrm{T}} \tag{9-36}$$

式中:$\hat{\boldsymbol{C}}_{\tilde{z}_k}$ 为 $\boldsymbol{C}_{\tilde{z}_k}$ 的统计样本方差估计;N 为滑动窗口的大小。

根据协方差匹配法的原理,将协方差的实际值等效为理论值,因此可通过 $\hat{\boldsymbol{C}}_{\tilde{z}_k}$ 求得观测噪声协方差矩阵 $\boldsymbol{R}_k$ 的估计值 $\hat{\boldsymbol{R}}_k$,即

$$\hat{\boldsymbol{R}}_k = \hat{\boldsymbol{C}}_{\tilde{z}_k} - \boldsymbol{H}_k\hat{\boldsymbol{P}}_{k|k-1}\boldsymbol{H}_k^{\mathrm{T}} \tag{9-37}$$

该方法通过调节滑动窗口自适应地估计噪声协方差矩阵 $\boldsymbol{R}_k$,其性能受滑动窗口大小的影响,较小的滑动窗口花费的计算时间较少,但匹配结果的波动性较大。通常,滑动窗口大小根据经验值设定,但是在一些实际应用当中,仍会出现估计噪声谱幅值发生剧烈变化的情况,严重地影响了该方法的应用。

9.3.2 BP 神经网络用于辨识 EKF 噪声协方差

BP 前馈神经网络基于经验积累,具有较强的学习能力和复杂映射能力,因此可对 BP 网络进行离线训练并用其在线辨识噪声协方差矩阵,克服协方差匹配方法在估计噪声协方差上的不足[5]。

由于噪声协方差与滤波新息之间存在着非常复杂的映射关系,因此可将滤波新息作为 BP 神经网络的输入,期望的噪声协方差值作为 BP 神经网络的目标输出值,对构建好的神经网络进行离线训练。将训练成功的 BP 神经网络用于在线估计噪声协方差矩阵,并将估计的噪声协方差阵提供给 EKF,以提高 EKF 的精度和可靠性。

如图 9-5 所示,将时刻 t 至时刻 $t-p$ 的滤波新息作为神经网络的样本输入,噪声协方差的对角线元素 R_{11} 至 R_{jj} 作为神经网络的目标输出,构建 BP 神经网络。

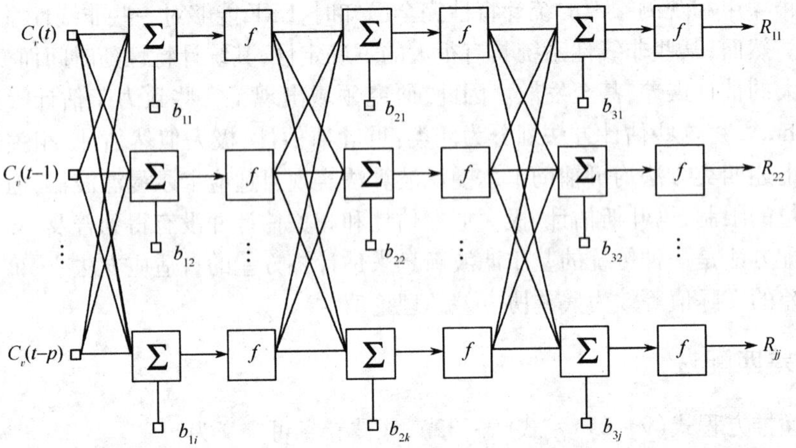

图 9-5　用于建立滤波新息与协方差复杂映射的 BP 神经网络结构图

BP 神经网络训练成功后,即可利用其辅助 EKF 进行状态估计。BP 神经网络辅助 EKF 的流程图如图 9-6 所示。当接收到观测量 z_k 后,滤波器将提供状态的估计值以及滤波新息 z_k -

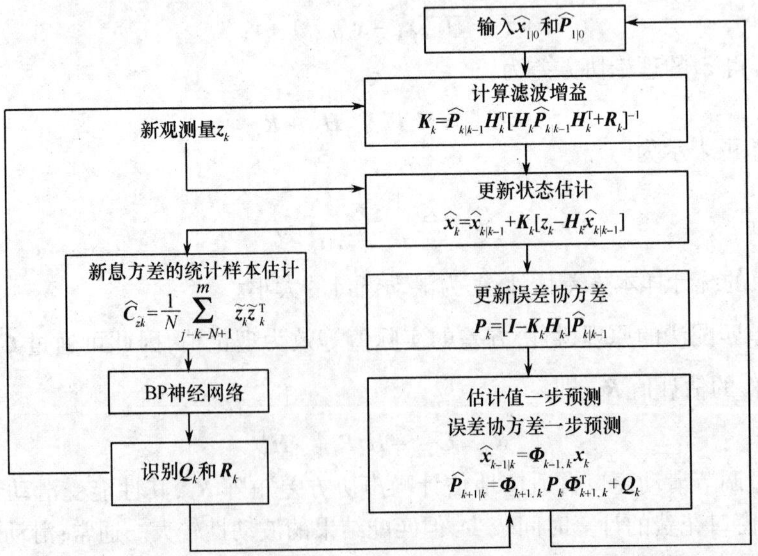

图 9-6　BP 神经网络辅助 EKF 的流程图

$\hat{z}_{k|k-1}$，用以计算 $\tilde{z}_k = H_k(x_k - \hat{x}_{k|k-1}) + v_k$ 的协方差 $\hat{C}_{\tilde{z}_k}$。然后，将计算得到的协方差 $\hat{C}_{\tilde{z}_k}$ 输入到训练成功的 BP 神经网络中，经神经网络计算后得到噪声协方差矩阵。最后将得到的噪声协方差矩阵分别提供给 EFK 的误差协方差一步预测和滤波增益方程，实现 BP 神经网络辅助 EKF 的递推计算。由于 BP 神经网络辨识的噪声协方差矩阵更能反映出实际噪声的统计特性，因此其辅助的 EKF 具有较高的精度和可靠性。

9.4 EKF 在径向基神经网络训练中的应用

9.4.1 径向基神经网络

在多层前馈神经网络中，最有影响的前馈神经网络有反向传播（BP）神经网络和径向基函数（Radial Basic Function，RBF）神经网络。

BP 神经网络是应用最广泛的一种人工神经网络，在各门学科领域中都具有很重要的实用价值。但是，正如 9.2.3 节所述，BP 神经网络存在很多难以解决的问题，导致了其极易陷入局部极小点。相对地，RBF 神经网络具有以下优点[6]：

（1）它具有全局最佳逼近的特性；

（2）RBF 神经网络具有较强的输入和输出映射功能，并且理论证明在前向网络中 RBF 网络是完成映射功能的最优网络；

（3）网络的连接权值与输出呈线性关系；

（4）RBF 神经网络隐层结点的激活函数（传递函数）是径向基函数，能够体现出网络的对称性，即输入对径向基函数的激活程度与输入和径向基函数中心的距离有关。这也是隐层结点的局部特性，可使 RBF 神经网络具有较快的学习收敛速度。

RBF 神经网络最基本的结构如图 9-7 所示。可以看出，最基本的 RBF 神经网络只有一个隐层，隐层结点采用径向基函数作为其激活函数，输入层到隐层之间的连接权值固定为 1；输出结点为线性求和单元，隐层到输出层之间的连接权值可调。因此，该 RBF 神经网络的输出实际上就是隐层的加权求和。

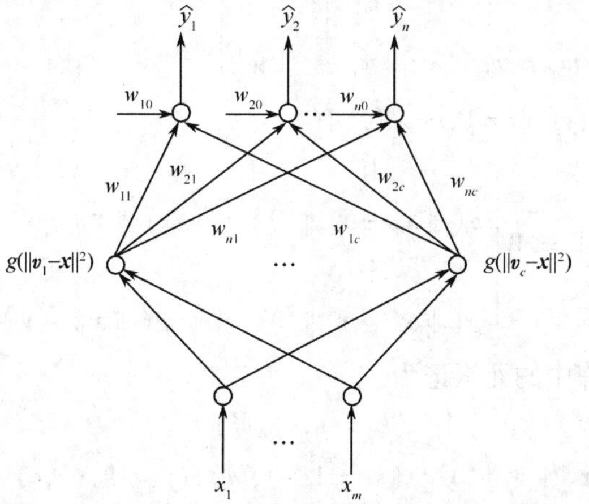

图 9-7　最基本的 RBF 神经网络结构

图 9-7 中，$\boldsymbol{x}=[x_1,x_2,\cdots,x_m]^{\mathrm{T}}$，函数 $g(\cdot)$ 是网络的径向基函数，$\boldsymbol{v}=[\boldsymbol{v}_1,\boldsymbol{v}_2,\cdots,\boldsymbol{v}_c]^{\mathrm{T}}$ 是径向基函数的中心向量，$\boldsymbol{v}_i(i=1,\cdots,c)$ 是与 $\boldsymbol{x}$ 同维的列向量，$w_{ij}(i=1,\cdots,n;j=1,\cdots,c)$ 是隐层到输出层之间的连接权值，$w_{i0}(i=1,\cdots,n)$ 是输出层的阈值。

径向基神经网络有以下三个常用的径向基函数：

（1）高斯函数

$$g(v)=\exp\left(-\frac{v}{\beta^2}\right) \tag{9-38}$$

式中：β 为实常数。

（2）多二次函数

$$g(v)=(v^2+\beta^2)^{1/2} \tag{9-39}$$

（3）逆多二次函数

$$g(v)=(v^2+\beta^2)^{-1/2} \tag{9-40}$$

在径向基神经网络中，当确定了要使用的径向基函数后，就可在样本集的指导下利用相应的算法训练得到径向基函数中心及网络的权值和阈值。这类算法有梯度下降法[7]和基于 EKF 的训练算法，它们的优点是能够充分利用样本集中包含的信息，下面分别予以介绍。

9.4.2 基于梯度下降的径向基网络训练算法

由图 9-7，网络输入为 $\boldsymbol{x}_i$ 时可得到的 RBF 的实际输出为[8]

$$\hat{\boldsymbol{y}}_i=\begin{bmatrix} w_{10} & w_{11} & \cdots & w_{1c} \\ w_{20} & w_{21} & \cdots & w_{2c} \\ \vdots & \vdots & & \vdots \\ w_{n0} & w_{n1} & \cdots & w_{nc} \end{bmatrix}\begin{bmatrix} 1 \\ g(\|\boldsymbol{x}_i-\boldsymbol{v}_1\|^2) \\ \vdots \\ g(\|\boldsymbol{x}_i-\boldsymbol{v}_c\|^2) \end{bmatrix} \tag{9-41}$$

为了方便起见，记

$$\begin{bmatrix} w_{10} & w_{11} & \cdots & w_{1c} \\ w_{20} & w_{21} & \cdots & w_{2c} \\ \vdots & \vdots & & \vdots \\ w_{n0} & w_{n1} & \cdots & w_{nc} \end{bmatrix}=\begin{bmatrix} \boldsymbol{w}_1^{\mathrm{T}} \\ \boldsymbol{w}_2^{\mathrm{T}} \\ \vdots \\ \boldsymbol{w}_n^{\mathrm{T}} \end{bmatrix}=\boldsymbol{W} \tag{9-42}$$

对于 M 个输入、输出的样本 $\{\boldsymbol{x}_i,\boldsymbol{y}_i\}(i=1,\cdots,M)$，有

$$[\hat{\boldsymbol{y}}_1 \quad \hat{\boldsymbol{y}}_2 \quad \cdots \quad \hat{\boldsymbol{y}}_M]=\boldsymbol{W}\begin{bmatrix} 1 & \cdots & 1 \\ g(\|\boldsymbol{x}_1-\boldsymbol{v}_1\|^2) & \cdots & g(\|\boldsymbol{x}_M-\boldsymbol{v}_1\|^2) \\ \vdots & & \vdots \\ g(\|\boldsymbol{x}_1-\boldsymbol{v}_c\|^2) & \cdots & g(\|\boldsymbol{x}_M-\boldsymbol{v}_c\|^2) \end{bmatrix} \tag{9-43}$$

将式(9-43)等号最右边的矩阵中的元素记为

$$h_{0k}=1 \quad (k=1,\cdots,M) \tag{9-44}$$

$$h_{jk}=g(\|\boldsymbol{x}_k-\boldsymbol{v}_j\|^2) \quad (k=1,\cdots,M),(j=1,\cdots,c) \tag{9-45}$$

则式(9-43)可记为

$$\hat{\boldsymbol{Y}}=\boldsymbol{W}\boldsymbol{H} \tag{9-46}$$

其中

$$\hat{\boldsymbol{Y}} = [\hat{\boldsymbol{y}}_1, \hat{\boldsymbol{y}}_2, \cdots, \hat{\boldsymbol{y}}_M] \tag{9-47}$$

$$\boldsymbol{H} = [\boldsymbol{h}_1 \quad \cdots \quad \boldsymbol{h}_M] = \begin{bmatrix} h_{01} & \cdots & h_{0M} \\ h_{11} & \cdots & h_{1M} \\ \vdots & & \vdots \\ h_{c1} & \cdots & h_{cM} \end{bmatrix} \tag{9-48}$$

梯度下降法通过最小化一均方误差函数来训练 RBF 网络的径向基函数中心和权值。该均方误差函数可描述为

$$E = \frac{1}{2} \| \boldsymbol{Y} - \hat{\boldsymbol{Y}} \|_F^2 \tag{9-49}$$

式中:$\boldsymbol{Y}$ 是网络的理论输出;$\hat{\boldsymbol{Y}}$是网络的实际输出。$\boldsymbol{Y}$ 和$\hat{\boldsymbol{Y}}$可分别表示为

$$\boldsymbol{Y} = \begin{bmatrix} y_{11} & y_{12} & \cdots & y_{1M} \\ y_{21} & y_{22} & \cdots & y_{2M} \\ \vdots & \vdots & & \vdots \\ y_{n1} & y_{n2} & \cdots & y_{nM} \end{bmatrix} \tag{9-50}$$

$$\hat{\boldsymbol{Y}} = [\hat{\boldsymbol{y}}_1 \quad \hat{\boldsymbol{y}}_2 \quad \cdots \quad \hat{\boldsymbol{y}}_M] = \begin{bmatrix} \hat{y}_{11} & \hat{y}_{12} & \cdots & \hat{y}_{1M} \\ \hat{y}_{21} & \hat{y}_{22} & \cdots & \hat{y}_{2M} \\ \vdots & \vdots & & \vdots \\ \hat{y}_{n1} & \hat{y}_{n2} & \cdots & \hat{y}_{nM} \end{bmatrix} \tag{9-51}$$

则梯度下降法训练权值和 RBF 中心的方程可描述为

$$\boldsymbol{w}_i = \boldsymbol{w}_i - \alpha \frac{\partial E}{\partial \boldsymbol{w}_i} = \boldsymbol{w}_i - \alpha \Big[\sum_{k=1}^{M} (\hat{y}_{ik} - y_{ik}) \boldsymbol{h}_k \Big] \quad (i = 1, \cdots, n) \tag{9-52}$$

$$\boldsymbol{v}_j = \boldsymbol{v}_j - \alpha \frac{\partial E}{\partial \boldsymbol{v}_j} = \boldsymbol{v}_j - \alpha \Big[\sum_{k=1}^{M} 2g'(\| \boldsymbol{x}_k - \boldsymbol{v}_j \|^2)(\boldsymbol{x}_k - \boldsymbol{v}_j) \sum_{i=1}^{n} (y_{ik} - \hat{y}_{ik}) w_{ij} \Big] \quad (j = 1, \cdots, c) \tag{9-53}$$

式中:α 是梯度下降法的学习步长。

9.4.3 基于 EKF 的径向基网络训练算法

梯度下降法已被证明具有较好的训练效果,然而,梯度下降法需要的计算花费很大。基于 EKF 的 RBF 训练算法能够在计算花费较小的情况下,达到与梯度下降法性能相当的效果[8]。

一个 RBF 神经网络的行为可以用如下的非线性离散时间系统描述:

$$\boldsymbol{\theta}_{k+1} = \boldsymbol{\theta}_k + \boldsymbol{\omega}_k \tag{9-54}$$

$$\boldsymbol{y}_k = \boldsymbol{h}(\boldsymbol{\theta}_k) + \boldsymbol{v}_k \tag{9-55}$$

式中,$\boldsymbol{\theta}_k$是系统状态向量;$\boldsymbol{\omega}_k$是系统过程噪声序列;$\boldsymbol{y}_k$是系统观测向量;$\boldsymbol{v}_k$是观测噪声序列;$\boldsymbol{h}$ 为非线性向量函数。假定过程噪声 $\boldsymbol{\omega}_k$和观测噪声 $\boldsymbol{v}_k$均为零均值的加性高斯白噪声,其统计特性满足 $\mathrm{Cov}(\boldsymbol{v}_k, \boldsymbol{v}_l) = \boldsymbol{R}\delta_{k,l}$, $\mathrm{Cov}(\boldsymbol{\omega}_k, \boldsymbol{\omega}_l) = \boldsymbol{Q}\delta_{k,l}$, $\mathrm{Cov}(\boldsymbol{v}_k, \boldsymbol{\omega}_l) = \boldsymbol{0}$,$\boldsymbol{R}$ 为过程噪声协方差矩阵,$\boldsymbol{Q}$ 为观测噪声协方差矩阵。初始状态 $\boldsymbol{\theta}_0$与过程噪声 $\boldsymbol{\omega}_k$和观测噪声 $\boldsymbol{v}_k$均互不相关,其先验均值和协方差矩阵为

$$\begin{cases} \hat{\boldsymbol{\theta}}_0 = \mathrm{E}(\boldsymbol{\theta}_0) \\ \boldsymbol{P}_0 = \mathrm{Cov}(\boldsymbol{\theta}_0, \boldsymbol{\theta}_0) = \mathrm{E}[(\boldsymbol{\theta}_0 - \hat{\boldsymbol{\theta}}_0)(\boldsymbol{\theta}_0 - \hat{\boldsymbol{\theta}}_0)^{\mathrm{T}}] \end{cases} \tag{9-56}$$

利用 EKF 训练 RBF 网络的递推方程可描述为

$$\widehat{\boldsymbol{\theta}}_k = \widehat{\boldsymbol{\theta}}_{k-1} + \boldsymbol{K}_k[y_k - \boldsymbol{h}(\widehat{\boldsymbol{\theta}}_{k-1})] \tag{9-57}$$

$$\boldsymbol{K}_k = \boldsymbol{P}_k\boldsymbol{H}_k(\boldsymbol{R} + \boldsymbol{H}_k^{\mathrm{T}}\boldsymbol{P}_k\boldsymbol{H}_k)^{-1} \tag{9-58}$$

$$\boldsymbol{P}_{k+1} = \boldsymbol{F}_k(\boldsymbol{P}_k - \boldsymbol{K}_k\boldsymbol{H}_k^{\mathrm{T}}\boldsymbol{P}_k)\boldsymbol{F}_k^{\mathrm{T}} + \boldsymbol{Q} \tag{9-59}$$

式中:$\boldsymbol{K}_k$是卡尔曼滤波增益,$\boldsymbol{H}_k = \left.\dfrac{\partial \boldsymbol{h}(\boldsymbol{\theta}_k)}{\partial \boldsymbol{\theta}_k}\right|_{\boldsymbol{\theta}_k=\widehat{\boldsymbol{\theta}}_k}$。

考虑图 9-7 的具有 m 个输入、c 个径向基函数中心向量和 n 个输出的 RBF 神经网络。用 $\boldsymbol{y}$ 代表该 RBF 神经网络的目标输出,$\boldsymbol{h}(\widehat{\boldsymbol{\theta}}_k)$代表 RBF 神经网络 k 时刻的实际输出。

$$\boldsymbol{y} = [y_{11} \quad \cdots \quad y_{1M} \quad \cdots \quad y_{n1} \quad \cdots \quad y_{nM}]^{\mathrm{T}} \tag{9-60}$$

$$\boldsymbol{h}(\widehat{\boldsymbol{\theta}}_k) = [\widehat{y}_{11} \quad \cdots \quad \widehat{y}_{1M} \quad \cdots \quad \widehat{y}_{n1} \quad \cdots \quad \widehat{y}_{nM}]_k^{\mathrm{T}} \tag{9-61}$$

式中:$\widehat{y}_{kl} = \sum\limits_{i=0}^{c} w_{ki}h_{il}(k = 1,\cdots,n;l = 1,\cdots,M)$,$\boldsymbol{y}$ 和 $\boldsymbol{h}(\widehat{\boldsymbol{\theta}}_k)$ 均为 nM 维向量,n 表示 RBF 输出的维数,M 表示样本个数。

为方便起见,令系统状态向量 $\boldsymbol{\theta}$ 由 nc 个权值、n 个阈值和 c 个径向基函数中心向量组成,即系统状态向量 $\boldsymbol{\theta}$ 是 $n(c+1)+mc$ 维列向量,可表示为

$$\boldsymbol{\theta} = [\boldsymbol{w}_1^{\mathrm{T}} \quad \cdots \quad \boldsymbol{w}_n^{\mathrm{T}} \quad \boldsymbol{v}_1^{\mathrm{T}} \quad \cdots \quad \boldsymbol{v}_c^{\mathrm{T}}]^{\mathrm{T}} \tag{9-62}$$

令 $\boldsymbol{w} = [\boldsymbol{w}_1^{\mathrm{T}} \quad \cdots \quad \boldsymbol{w}_n^{\mathrm{T}}]^{\mathrm{T}}$,$\boldsymbol{v} = [\boldsymbol{v}_1^{\mathrm{T}} \quad \cdots \quad \boldsymbol{v}_n^{\mathrm{T}}]^{\mathrm{T}}$,则

$$\boldsymbol{H}_w = \frac{\partial \boldsymbol{h}(\boldsymbol{\theta})}{\partial \boldsymbol{\theta}} = \begin{bmatrix} \partial w_{10} \\ \vdots \\ \partial w_{1c} \\ \vdots \\ \partial w_{n0} \\ \vdots \\ \partial w_{nc} \end{bmatrix} \left[\sum_{i=0}^{c} w_{1i}h_{i1} \quad \cdots \quad \sum_{i=0}^{c} w_{1i}h_{iM} \quad \cdots \quad \sum_{i=0}^{c} w_{ni}h_{i1} \quad \cdots \quad \sum_{i=0}^{c} w_{ni}h_{iM} \right]$$

$$= \begin{bmatrix} \boldsymbol{H} & 0 & \cdots & 0 \\ 0 & \boldsymbol{H} & \cdots & 0 \\ \vdots & \vdots & & \vdots \\ 0 & \cdots & 0 & \boldsymbol{H} \end{bmatrix} \tag{9-63}$$

$$\boldsymbol{H}_v = \begin{bmatrix} \partial \boldsymbol{v}_1 \\ \vdots \\ \partial \boldsymbol{v}_c \end{bmatrix} \left[\sum_{i=0}^{c} w_{1i}h_{i1} \quad \cdots \quad \sum_{i=0}^{c} w_{1i}h_{iM} \quad \cdots \quad \sum_{i=0}^{c} w_{ni}h_{i1} \quad \cdots \quad \sum_{i=0}^{c} w_{ni}h_{iM} \right] \tag{9-64}$$

$$\boldsymbol{H}_k = \left.\frac{\partial \boldsymbol{h}(\boldsymbol{\theta})}{\partial \boldsymbol{\theta}}\right|_{\theta=\widehat{\theta}_k} = \begin{bmatrix} \boldsymbol{H}_w \\ \boldsymbol{H}_v \end{bmatrix} = [\partial \boldsymbol{v}_1 \quad \cdots \quad \partial \boldsymbol{v}_c]^{\mathrm{T}}$$

$$\times \left[\sum_{i=1}^{c} w_{1i}g_{1i} \quad \cdots \quad \sum_{i=1}^{c} w_{1i}g_{Mi} \quad \cdots \quad \sum_{i=1}^{c} w_{ni}h_{1i} \quad \cdots \quad \sum_{i=1}^{c} w_{ni}h_{Mi} \right]$$

$$= \begin{bmatrix} \partial \boldsymbol{v}_1 \\ \vdots \\ \partial \boldsymbol{v}_c \end{bmatrix} \left[\sum_{i=1}^{c} w_{1i}g_{1i} \quad \cdots \quad \sum_{i=1}^{c} w_{1i}g_{Mi} \quad \cdots \quad \sum_{i=1}^{c} w_{ni}h_{1i} \cdots \quad \sum_{i=1}^{c} w_{ni}h_{Mi} \right]$$

$$
= \begin{bmatrix} -w_{11}g'_{11}2(x_1-v_1) & \cdots & -w_{11}g'_{M1}2(x_M-v_1) & \cdots & -w_{n1}g'_{11}2(x_1-v_1) & \cdots & -w_{n1}g'_{M1}2(x_M-v_1) \\ \vdots & & \vdots & & \vdots & & \vdots \\ -w_{1c}g'_{1c}2(x_1-v_c) & \cdots & -w_{1c}g'_{Mc}2(x_M-v_c) & \cdots & -w_{nc}g'_{1c}2(x_1-v_c) & \cdots & -w_{nc}g'_{Mc}2(x_M-v_c) \end{bmatrix} \tag{9-65}
$$

式中:$\boldsymbol{H}$ 如式(9-48)所示,是$(c+1)\times M$ 维矩阵;$g'_{ij}=g'(\|\boldsymbol{x}_i-\boldsymbol{v}_j\|^2)$;$\boldsymbol{H}_w$是 $n(c+1)\times nM$ 维矩阵;$\boldsymbol{H}_v$是 $mc\times nM$ 维矩阵;$\boldsymbol{H}_k$是$[n(c+1)+mc]\times nM$ 维矩阵。

假定 RBF 网络隐层的径向基函数为

$$
g(v)=[g_0(v)]^{1/(1-p)} \tag{9-66}
$$

其中

$$
g_0(v)=v+\beta^2 \tag{9-67}
$$

有

$$
g'_0(v)=1 \tag{9-68}
$$

$$
g'(v)=\frac{1}{1-p}g_0(v)^{p/(1-p)}g'_0(v)=\frac{1}{1-p}(v+\beta^2)^{p/(1-p)}=\frac{1}{1-p}g^p(v) \tag{9-69}
$$

由 $h_{jk}=g(\|\boldsymbol{x}_k-\boldsymbol{v}_j\|^2)$可得

$$
g'(\|\boldsymbol{x}_k-\boldsymbol{v}_j\|^2)=\frac{1}{1-p}g^p(\|\boldsymbol{x}_k-\boldsymbol{v}_j\|^2)=\frac{1}{1-p}[g_0(\|\boldsymbol{x}_k-\boldsymbol{v}_j\|^2)]^{p/(1-p)}=\frac{1}{1-p}h_{jk}^p \tag{9-70}
$$

9.4.4 解耦 EKF 训练算法

解耦 EKF 训练算法的目的是为了节省计算上的花费。对于一个训练参数较多的 RBF 神经网络来说,EKF 训练算法计算花费仍然很大。实际上,EKF 训练算法的计算复杂度大约为 AB^2,其中 A 是 RBF 神经网络的输出维数,B 是 RBF 神经网络训练参数的数量。图 9-7 所示的 RBF 神经网络有 nM 个输出和 $n(c+1)+mc$ 个训练参数,则 EFK 训练算法的计算复杂度为$nM[n(c+1)+mc]^2$。

利用 $\boldsymbol{\theta}_k^i$代表 k 时刻 RBF 神经网络的第 i 组训练参数

$$
\begin{aligned} \boldsymbol{\theta}_k^1 &= \boldsymbol{w}_1 \\ &\vdots \\ \boldsymbol{\theta}_k^n &= \boldsymbol{w}_n \\ \boldsymbol{\theta}_k^{n+1} &= [\boldsymbol{v}_1^{\mathrm{T}} \ \cdots \ \boldsymbol{v}_1^{\mathrm{T}}]^{\mathrm{T}} \end{aligned} \tag{9-71}
$$

利用 $\boldsymbol{H}_k^i$代表 $\boldsymbol{H}_k$第 i 组子矩阵

$$
\begin{aligned} \boldsymbol{H}_k^1 &= \boldsymbol{H} \\ &\vdots \\ \boldsymbol{H}_k^n &= \boldsymbol{H} \\ \boldsymbol{H}_k^{n+1} &= \boldsymbol{H}_v \end{aligned} \tag{9-72}
$$

利用 $\boldsymbol{y}_k^i$代表 RBF 神经网络的目标输出

$$
\begin{aligned}
\boldsymbol{y}_k^1 &= [y_{11} \quad \cdots \quad y_{1M}]^{\mathrm{T}} \\
&\vdots \\
\boldsymbol{y}_k^n &= [y_{n1} \quad \cdots \quad y_{nM}]^{\mathrm{T}} \\
\boldsymbol{y}_k^{n+1} &= [y_{11} \quad \cdots \quad y_{1M} \quad \cdots \quad y_{n1} \quad \cdots \quad y_{nM}]^{\mathrm{T}}
\end{aligned} \tag{9-73}
$$

同样可利用 $\boldsymbol{h}^i(\hat{\boldsymbol{\theta}}_{k-1})$ 代表 RBF 神经网络的实际输出

$$
\begin{aligned}
\boldsymbol{h}^1(\hat{\boldsymbol{\theta}}_{k-1}) &= [\hat{y}_{11} \quad \cdots \quad \hat{y}_{1M}]^{\mathrm{T}} \\
&\vdots \\
\boldsymbol{h}^n(\hat{\boldsymbol{\theta}}_{k-1}) &= [\hat{y}_{n1} \quad \cdots \quad \hat{y}_{nM}]^{\mathrm{T}} \\
\boldsymbol{h}^{n+1}(\hat{\boldsymbol{\theta}}_{k-1}) &= [\hat{y}_{11} \quad \cdots \quad \hat{y}_{1M} \quad \cdots \quad \hat{y}_{n1} \quad \cdots \quad \hat{y}_{nM}]^{\mathrm{T}}
\end{aligned} \tag{9-74}
$$

则解耦 EKF 训练算法的递推方程可表示为

$$\hat{\boldsymbol{\theta}}_k^i = \hat{\boldsymbol{\theta}}_{k-1}^i + \boldsymbol{K}_k^i[\boldsymbol{y}_k^i - \boldsymbol{h}^i(\hat{\boldsymbol{\theta}}_{k-1}^i)] \tag{9-75}$$

$$\boldsymbol{K}_k^i = \boldsymbol{P}_k^i\boldsymbol{H}_k^i(\boldsymbol{R}^i + (\boldsymbol{H}_k^i)^{\mathrm{T}}\boldsymbol{P}_k^i\boldsymbol{H}_k^i)^{-1} \tag{9-76}$$

$$\boldsymbol{P}_{k+1}^i = \boldsymbol{F}_k(\boldsymbol{P}_k^i - \boldsymbol{K}_k^i(\boldsymbol{H}_k^i)^{\mathrm{T}}\boldsymbol{P}_k^i)\boldsymbol{F}_k^{\mathrm{T}} + \boldsymbol{Q}^i \tag{9-77}$$

其中，$i=1,\cdots,n+1$。当 $i=1,\cdots,n$ 时，上述的解耦 EKF 需要处理 M 个 RBF 网络的输出和 $(c+1)$ 个 RBF 网络的训练参数；当 $i=n+1$ 时，该解耦 EKF 需要处理 nM 个 RBF 网络的输出和 mc 个 RBF 网络的训练参数。因此，解耦 EKF 的计算复杂度降为 $nM[(c+1)^2+(mc)^2]$。EKF 训练算法的计算复杂度(Standard EKF Expense)和解耦 EKF 训练算法的计算复杂度(Decoupled EKF Expense)之比为

$$\frac{\text{StandardEKFExpense}}{\text{DecoupledEKFExpense}} = \frac{n^2(c+1)^2 + m^2c^2 + n(c+1)mc}{(c+1)^2 + m^2c^2} \tag{9-78}$$

由上式可知，解耦 EKF 训练算法可有效地节省输入、输出维数和隐层数较多的 RBF 神经网络的计算时间，提高网络的训练速度。

9.5 基于 UKF 的神经网络训练方法及应用

为了能够以较高的精度和较快的计算速度处理非线性滤波问题，Juliter 等人[9]提出了基于 UT 变换的卡尔曼滤波。UT 变换的核心思想是：近似非线性函数的概率分布比近似非线性函数要容易。因此，UT 变换不需要对非线性系统进行线性化近似，而是通过一定的采样策略选取一定数量的 Sigma 采样点，这些采样点具有与系统状态分布相同的均值和协方差，这些 Sigma 采样点经过非线性变换后，可以至少以二阶精度(泰勒展开式)逼近后验均值和协方差。将 UT 变换应用于卡尔曼滤波算法，就形成了 UKF。UKF 适用于非线性高斯系统的滤波状态估计问题，尤其对于强非线性系统，其滤波精度及稳定性较 EKF 均有明显的提高。

依据神经元激励函数的非线性特点，可利用 UT 变换的卡尔曼滤波实现神经网络权值系数的自适应调整。

9.5.1 权值自适应调整的 UKF 训练方法

一个 BP 神经网络的行为可以用如下的非线性离散时间系统描述：

$$\boldsymbol{W}_k = \boldsymbol{W}_{k-1} + \boldsymbol{w}_{k-1} \tag{9-79}$$

$$\boldsymbol{y}_k = \boldsymbol{h}_k(\boldsymbol{W}_k, \boldsymbol{u}_k) + \boldsymbol{v}_k \tag{9-80}$$

式(9-79)所描述的是神经网络系统的状态方程,该系统的状态 $\boldsymbol{W}_k$ 是网络的 n 维权值向量;$\boldsymbol{w}_k$ 为系统的过程噪声;式(9-80)为系统的观测方程,$\boldsymbol{y}_k$ 表示网络的 m 维目标输出向量,$\boldsymbol{h}_k(\boldsymbol{W}_k, \boldsymbol{u}_k)$ 表示网络在输入为 $\boldsymbol{u}_k$ 时的实际输出,$\boldsymbol{v}_k$ 表示为系统的观测噪声。假定过程噪声 $\boldsymbol{w}_k$ 和量测噪声 $\boldsymbol{v}_k$ 均为零均值的加性高斯白噪声,其统计特性满足 $\mathrm{Cov}(\boldsymbol{v}_k, \boldsymbol{v}_l) = \boldsymbol{R}\delta_{k,l}$,$\mathrm{Cov}(\boldsymbol{\omega}_k, \boldsymbol{\omega}_l) = \boldsymbol{Q}\delta_{k,l}$,$\mathrm{Cov}(\boldsymbol{v}_k, \boldsymbol{\omega}_l) = \boldsymbol{0}$,$\boldsymbol{R}_k$ 为过程噪声协方差矩阵,$\boldsymbol{Q}_k$ 为观测噪声协方差矩阵。初始状态 $\boldsymbol{W}_0$ 与过程噪声 $\boldsymbol{w}_k$ 和观测噪声 $\boldsymbol{v}_k$ 均互不相关,其先验均值和协方差矩阵为

$$\begin{cases} \widehat{\boldsymbol{W}}_0 = \mathrm{E}(\boldsymbol{W}_0) \\ \boldsymbol{P}_0 = \mathrm{Cov}(\boldsymbol{W}_0, \boldsymbol{W}_0) = \mathrm{E}[(\boldsymbol{W}_0 - \widehat{\boldsymbol{W}}_0)(\boldsymbol{W}_0 - \widehat{\boldsymbol{W}}_0)^{\mathrm{T}}] \end{cases} \tag{9-81}$$

应用卡尔曼滤波的神经网络训练问题可以描述为:用目前所获得的所有观测数据去寻找权值向量的最小方差估计。在 UKF 中,对于一步预测方程,应用 UT 变换来处理均值和协方差的非线性传递,即可得到 UT 变换的卡尔曼滤波。使用对称采样的 UKF 具体算法流程如下。

(1) 利用状态的估计和估计误差协方差矩阵进行 Sigma 点对称采样:

$$\boldsymbol{\xi}_{k-1} = [\widehat{\boldsymbol{W}}_{k-1}, \widehat{\boldsymbol{W}}_{k-1} \pm (\sqrt{(n+\lambda)\boldsymbol{P}_{k-1}})] \tag{9-82}$$

对应的权值为

$$w_i^m = \begin{cases} \lambda/(n+\lambda) & i = 0 \\ 1/2(n+\lambda) & i \neq 0 \end{cases} \tag{9-83}$$

$$w_i^c = \begin{cases} \lambda/(n+\lambda) - (n - \alpha^2 + \beta) & i = 0 \\ 1/2(n+\lambda) & i \neq 0 \end{cases} \tag{9-84}$$

(2) 计算 Sigma 点通过式(9-79)的传播结果:

$$\boldsymbol{\xi}_{k|k-1}^* = \boldsymbol{\xi}_{k-1} + \boldsymbol{w}_{k-1} \tag{9-85}$$

$$\widehat{\boldsymbol{W}}_{k|k-1} = \sum_{i=0}^{2n} w_i^m \cdot \xi_{i,k|k-1}^* \tag{9-86}$$

$$\boldsymbol{P}_{k|k-1} = \sum_{i=0}^{2n} w_i^c (\xi_{i,k|k-1}^* - \widehat{\boldsymbol{W}}_{k|k-1})(\boldsymbol{\xi}_{i,k|k-1}^* - \widehat{\boldsymbol{W}}_{k|k-1})^{\mathrm{T}} + \boldsymbol{Q}_{k-1} \tag{9-87}$$

(3) 利用状态的一步预测和一步预测误差方差阵进行 Sigma 点采样:

$$\boldsymbol{\xi}_{k|k-1} = [\widehat{\boldsymbol{W}}_{k|k-1}, \widehat{\boldsymbol{W}}_{k|k-1} \pm (\sqrt{(n+\lambda)\boldsymbol{P}_{k|k-1}})] \tag{9-88}$$

(4) 计算 Sigma 点通过式(9-80)的传播结果:

$$\boldsymbol{\gamma}_{k|k-1} = h_k(\boldsymbol{\xi}_{k|k-1}, u_k) + \boldsymbol{v}_k \tag{9-89}$$

$$\widehat{\boldsymbol{y}}_{k|k-1} = \sum_{i=0}^{2n} w_i^m \cdot \boldsymbol{\gamma}_{i,k|k-1} \tag{9-90}$$

$$\boldsymbol{P}_{\tilde{y}_k\tilde{y}_k} = \sum_{i=0}^{2n} w_i^c (\boldsymbol{\gamma}_{i,k|k-1} - \widehat{\boldsymbol{y}}_{k|k-1})(\boldsymbol{\gamma}_{i,k|k-1} - \widehat{\boldsymbol{y}}_{k|k-1})^{\mathrm{T}} + \boldsymbol{R}_k \tag{9-91}$$

$$\boldsymbol{P}_{\tilde{w}_k\tilde{y}_k} = \sum_{i=0}^{2n} w_i^c (\boldsymbol{\xi}_{i,k|k-1} - \widehat{\boldsymbol{W}}_{k|k-1})(\boldsymbol{\gamma}_{i,k|k-1} - \widehat{\boldsymbol{y}}_{k|k-1})^{\mathrm{T}} \tag{9-92}$$

(5) 计算增益矩阵 $\boldsymbol{K}_k$、状态估计值 $\widehat{\boldsymbol{W}}_k$ 和估计误差协方差阵 $\boldsymbol{P}_k$:

$$\boldsymbol{K}_k = \boldsymbol{P}_{\tilde{w}_k\tilde{y}_k}(\boldsymbol{P}_{\tilde{y}_k\tilde{y}_k})^{-1} \tag{9-93}$$

$$\widehat{\boldsymbol{W}}_k = \widehat{\boldsymbol{W}}_{k|k-1} + \boldsymbol{K}_k(y_k - \widehat{\boldsymbol{y}}_{k|k-1}) \tag{9-94}$$

$$\boldsymbol{P}_k = \boldsymbol{P}_{k|k-1} - \boldsymbol{K}_k \boldsymbol{P}_{\tilde{y}_k\tilde{y}_k} \boldsymbol{K}_k^{\mathrm{T}} \tag{9-95}$$

通过理论分析可以发现,UKF 是对非线性系统的概率密度函数进行近似,而不是对系统非线性函数进行近似,因此不需要求导计算雅可比矩阵,计算量仅与 EKF 相当。UKF 与 EKF 一样,都是对系统状态的后验分布做高斯近似,只是二者的近似方法不同。EKF 仅仅利用非线性函数泰勒展开式中的一阶项,而当系统高度非线性或泰勒展开式中的高阶项对系统影响较大时,EKF 容易导致滤波发散;UKF 虽然也是利用高斯随机变量来表征系统状态分布,但它采用的是实际的非线性模型,用一个最小的样本点集来近似系统状态的分布函数。当按实际的非线性模型演化时,这个样本点集理论上能够捕捉到任何非线性后验均值和方差的二阶项,由此推断,UKF 的滤波精度高于 EKF。同样,UKF 训练神经网络的精度亦高于 EKF。

9.5.2 UKF 神经网络训练方法在全局信息融合中的应用[12]

信息融合是在面向各种复杂应用、多传感器信息系统大量涌现的时代背景下产生的。传感器技术的发展、现代军事和民用多传感器系统装备的发展,使得传感器可以从各个方面来测量系统或对象的特性,但是传统传感器提供信息的时间、地点、表达形式和采样频率各不相同,可信度、不确定性不相同,侧重点和用途也不相同。因此如何将这些传感器的测量信息加以综合利用,最大限度地提取有用信息,给出正确的估计、识别和决策是人们所关心的问题,信息融合技术就是在这样的背景下产生的[4]。

信息融合是根据一定准则对来自不同传感器的数据信息加以筛选、分析和处理,从而全面而准确地描述被测对象。近年来,神经网络技术在数据融合领域得到了广泛的应用[10-12]。文献[13]提出了利用神经网络进行状态融合的方法,但所提方案仅限于离线训练网络,然后在线应用。事实上,在高动态的环境中,各局部信息都在不断变化,如果网络权值不变,将会影响全局信息融合精度。为了适应这种变化,马野等[12]提出了非线性最优估计在神经网络数据融合中的应用模型,即基于 UKF 的神经网络全局信息融合方法,使整个系统既具有神经网络拟合效果好,又具有卡尔曼滤波实时估计能力强的特点,神经网络 UKF 滤波信息融合的模型如图 9-8 所示。

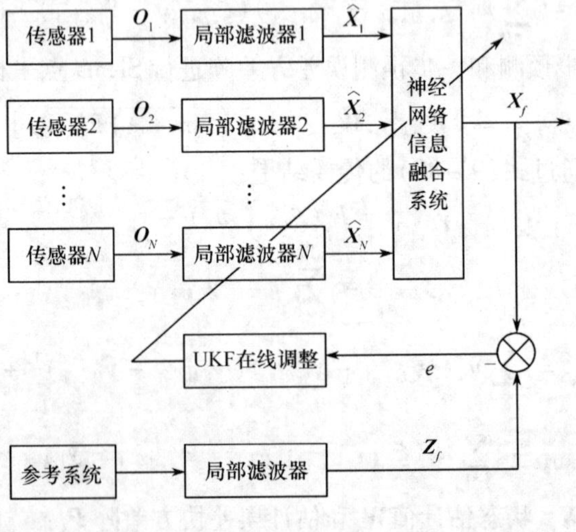

图 9-8 基于 UKF 的神经网络的全局信息融合模型

基于非线性最优估计的神经网络信息融合方法,是依据先分散处理、再全局融合的思想,对局部信息进行有效的数据融合。各传感器信息通过局部滤波器获得局部最优状态估计值,每个局部滤波器并行工作，然后利用全局融合系统进行信息综合、实时校正、顺序处理，给出全局最佳状态估计。根据文献[13]，可得到极大似然估计$\hat{\boldsymbol{X}}_f(k)$及协方差矩阵$\boldsymbol{P}_i$。其中，$\hat{\boldsymbol{X}}_f(k)$可表示为

$$\hat{\boldsymbol{X}}_f(k) = \boldsymbol{W}\hat{\boldsymbol{X}}_i(k) \tag{9-96}$$

式(9-96)与神经网络工作方式相似，因此可以用神经网络代替式(9-96)的信息融合过程。具体的方法是将$\boldsymbol{W}$作为神经网络的权值矩阵，而将$\hat{\boldsymbol{X}}_i(k)$作为神经网络的输入向量。利用这种方法，可以不必估计各局部滤波器的状态协方差，只需估计神经网络的权重即可。

神经网络信息融合系统把来自各子系统包括外部传感器1，传感器2，……，传感器N的状态估计进行融合，通过离线训练确定稳定状态下网络的权值。由于各局部滤波器的输出是不断变化的，为了保证全局状态估计最优，同时针对神经元传递函数的非线性特点，可利用UKF在线调整网络权值，使其适应各局部状态的变化。

9.6 Hopfield 神经网络数据关联滤波算法及应用

以上介绍的均是前馈神经网络与滤波的结合应用。除了前馈神经网络外，反馈神经网络也可与滤波结合应用。Hopfield神经网络是最常用的反馈神经网络之一，它的优点是能够将求解复杂能量函数极小解的过程转化为网络向平衡态演化的过程，减少复杂优化问题的计算量。利用这一优点，Hopfield神经网络可与滤波结合实现多目标跟踪，减轻联合概率数据关联滤波的计算负担。以下介绍Hopfiled神经网络与滤波的结合在多目标跟踪上的应用。

9.6.1 联合概率数据关联滤波算法

多目标跟踪(Multiple Target Tracking, MTT)在国防和民用领域具有重要的应用价值。在多目标跟踪系统中，首要的问题是如何确定哪个量测来自哪个目标，即数据关联问题。数据关联过程是将候选量测值(落入跟踪门限内的量测值)与已知目标轨迹相比较并最后确定正确的观测轨迹的配对过程。当单个量测值位于某个目标的跟踪门限内时，配对过程即告完成。对于轨迹交叉的多个目标，会出现多个量测位于同一跟踪门限内，或单个量测值位于多个跟踪门限的交集内，这就需要较为高级且复杂的技术来解决这一问题。

而密集回波环境下的多目标识别与跟踪的数据关联问题则更为复杂，该问题需要判断落入目标跟踪门限内的量测是来自杂波还是来自某个目标。联合概率数据关联滤波算法(Joint Probabilistic Data Associate Filter，JPDAF)是基于卡尔曼滤波的数据关联算法，能够有效地解决候选量测与杂波和目标的数据关联问题。JPDAF认为候选量测可能源于杂波和目标，也可能都源于杂波，只是每个候选量测源自于杂波或目标的概率不同，但候选量测、杂波和目标受以下两个条件的约束：

(1) 每一个候选量测有且仅有唯一来源，即候选量测或者来源于某个目标，或者来源于杂波，但不能既来源于某个目标又来源于杂波；

(2) 每一目标只能有一个候选量测值。

假设密集回波环境下多目标$t(t=1,2,\cdots,n)$的状态方程与相应的量测方程为

$$\boldsymbol{X}_{k+1}^t = \boldsymbol{\Phi}_k^t\boldsymbol{X}_k^t + \boldsymbol{G}_k^t\boldsymbol{W}_k^t \quad (t=1,2,\cdots,n) \tag{9-97}$$

$$\boldsymbol{Z}_k = \begin{cases}\boldsymbol{H}_k\boldsymbol{X}_k^t + \boldsymbol{V}_k \\ \text{clutter}(k)\end{cases} \tag{9-98}$$

式中：$\boldsymbol{X}_k^t$为目标 t 的状态向量；$\boldsymbol{Z}_k$为观测向量；$\boldsymbol{W}_k^t$是目标 t 的系统噪声，$\boldsymbol{V}_k$是量测噪声，系统噪声和量测噪声均为互不相关的零均值高斯白噪声序列，其协方差矩阵分别为 $\boldsymbol{Q}_k^t$ 和 $\boldsymbol{R}_k$；$\boldsymbol{\Phi}_k^t$、$\boldsymbol{G}_k^t$ 和 $\boldsymbol{H}_k$ 分别为系统的状态转移矩阵、输入矩阵和观测矩阵；clutter(k)为关联域内均匀分布的杂波。

引入信息向量

$$\boldsymbol{d}_k^t = \boldsymbol{Z}_k - \boldsymbol{H}\,\hat{\boldsymbol{X}}_{k|k-1}^t \tag{9-99}$$

其协方差矩阵为

$$\boldsymbol{S}_k^t = \boldsymbol{H}_k \boldsymbol{P}_{k|k-1}^t \boldsymbol{H}_k^{\mathrm{T}} + \boldsymbol{R}_k \tag{9-100}$$

式中：$\hat{\boldsymbol{X}}_{k|k-1}^t$为一步状态预测；$\boldsymbol{P}_{k|k-1}^t$为一步预测误差协方差矩阵。信息向量式(9－99)的加权二范数为

$$g_k^t = [\boldsymbol{d}_k^t]^{\mathrm{T}}[\boldsymbol{S}_k^t]^{-1}\boldsymbol{d}_k^t \tag{9-101}$$

设置目标 t 的跟踪门限值为 γ，当观测向量 $\boldsymbol{Z}_k$使得

$$g_k^t = [\boldsymbol{d}_k^t]^{\mathrm{T}}[\boldsymbol{S}_k^t]^{-1}\boldsymbol{d}_k^t < \gamma \tag{9-102}$$

时，则 $\boldsymbol{Z}_k$落入到目标 t 的跟踪门限内，是目标 t 的候选量测。式(9－102)称为“跟踪门规则”。

假设在 $k+1$ 时刻共有 m 个候选量测和 n 个待跟踪的目标，则多目标跟踪的滤波方程可表示为[14]

$$\hat{\boldsymbol{X}}_{k+1|k}^t = \boldsymbol{\Phi}_k^t \hat{\boldsymbol{X}}_k^t \tag{9-103}$$

$$\boldsymbol{P}_{k+1|k}^t = \boldsymbol{\Phi}_k^t \boldsymbol{P}_{k|k}^t [\boldsymbol{\Phi}_k^t]^{\mathrm{T}} + \boldsymbol{G}_k^t \boldsymbol{Q}_k^t [\boldsymbol{G}_k^t]^{\mathrm{T}} \tag{9-104}$$

$$\hat{\boldsymbol{X}}_{k+1}^t(l) = \hat{\boldsymbol{X}}_{k+1|k}^t + \boldsymbol{P}_{k+1|k}^t \boldsymbol{H}_{k+1}^{\mathrm{T}}[\boldsymbol{S}_{k+1}^t]^{-1}[\boldsymbol{Z}_{k+1}(l) - \boldsymbol{H}_{k+1}^{\mathrm{T}}\,\hat{\boldsymbol{X}}_{k+1|k}^t] \quad (l = 1,\cdots,m) \tag{9-105}$$

$$\boldsymbol{P}_{k+1}^t(l) = \{[\boldsymbol{P}_{k+1|k}^t]^{-1} + \boldsymbol{H}_{k+1}^{\mathrm{T}}[\boldsymbol{R}_{k+1}]^{-1}\boldsymbol{H}_{k+1}^{\mathrm{T}}\}^{-1} \quad (l = 1,\cdots,m) \tag{9-106}$$

$$\hat{\boldsymbol{X}}_{k+1}^t(0) = \hat{\boldsymbol{X}}_{k+1|k}^t \tag{9-107}$$

$$\boldsymbol{P}_{k+1}^t(0) = \boldsymbol{P}_{k+1|k}^t \tag{9-108}$$

$$\hat{\boldsymbol{X}}_{k+1}^t = \sum_{L=0}^{m} \beta_L^t(k+1)\,\hat{\boldsymbol{X}}_{k+1}^t(L) \tag{9-109}$$

$$\boldsymbol{P}_{k+1}^t = \sum_{L=0}^{m} \beta_L^t(k+1)\left\{\boldsymbol{P}_{k+1}^t(l) + \hat{\boldsymbol{X}}_{k+1}^t(L)[\hat{\boldsymbol{X}}_{k+1}^t(L)]^{\mathrm{T}}\right\} - \hat{\boldsymbol{X}}_{k+1}^t(\hat{\boldsymbol{X}}_{k+1}^t)^{\mathrm{T}} \tag{9-110}$$

式中：$l(l=1,\cdots,m)$表示 $k+1$ 时刻共有 m 个候选量测；$\boldsymbol{Z}_{k+1}(l)$表示 $k+1$ 时刻的第 l 个候选量测；$\hat{\boldsymbol{X}}_{k+1}^t(l)$表示 $k+1$ 时刻的第 l 个候选量测的状态估计；$\boldsymbol{P}_{k+1}^t(l)$表示 $k+1$ 时刻的第 l 个候选量测的状态估计误差协方差矩阵；$\hat{\boldsymbol{X}}_{k+1}^t(0)$表示目标跟踪门限内无候选量测的状态估计；$\boldsymbol{P}_{k+1}^t(0)$表示目标跟踪门限内无候选量测的状态估计误差协方差矩阵；$\beta_L^t(k+1)(L=1,\cdots,m;t=1,\cdots,n)$表示 $k+1$ 时刻候选量测 $\boldsymbol{Z}_{k+1}(L)$来自跟踪目标 t 的联合关联概率，而 $\beta_0^t(k+1)$则表示 $k+1$ 时刻没有一个候选量测源自目标 t 的联合关联概率。JPDAF 计算 $\beta_L^t(k+1)$的过程描述如下：

(1) 构造一个确认矩阵 $\boldsymbol{\Omega}$，假设 $k+1$ 时刻有 m 个量测和 n 个目标：

$$\boldsymbol{\Omega} = [w_{jt}] = \begin{array}{c} \overbrace{\begin{array}{ccccc} 0 & 1 & 2 & \cdots & n \end{array}}^{t} \\ \left[\begin{array}{ccccc} 1 & w_{11} & w_{12} & \cdots & w_{1n} \\ 1 & w_{21} & w_{22} & \cdots & w_{2n} \\ \vdots & \vdots & \vdots & & \vdots \\ 1 & w_{m1} & w_{m2} & \cdots & w_{mn} \end{array}\right] \end{array} \left.\begin{array}{c} 1 \\ 2 \\ \vdots \\ m \end{array}\right\} j \tag{9-111}$$

式中：$w_{j0}=1$ 表示量测 j 源自于杂波；$w_{jt}=1(t\neq0)$ 表示量测 j 落入目标 t 的跟踪门限内，即量测 j 是目标 t 的候选量测；$w_{jt}=0(t\neq0)$ 表示量测 j 没有落入目标 t 的跟踪门限内，即量测 j 不是目标 t 的候选量测。

(2) 基于确认矩阵构造数据关联假设(可行事件)。构造数据关联可行事件 ε 的两个约束条件：

① 每一个量测只有一个源(或者源于某个目标，或者源于杂波)；

② 每个目标最多产生一个量测。

可行事件 ε 用矩阵 $\widehat{\boldsymbol{\Omega}}$ 来表示，可行事件矩阵 $\widehat{\boldsymbol{\Omega}}$ 与确认矩阵 $\boldsymbol{\Omega}$ 的维数相同，为 $m\times(n+1)$ 维。

(3) 得到可行事件后，计算可行事件的条件概率

$$P(\varepsilon(\widehat{\boldsymbol{\Omega}})\mid \boldsymbol{Z})=\frac{1}{c}(P_0)^{\min(n,m)-m_a}\prod_{j:\widehat{w}_{jt}=1}P_{jt} \tag{9-112}$$

式中：$j=1,2,\cdots,m$；$t=1,2,\cdots,n$；c 是归一化常数；m_a 是可行事件 ε 中检测到的目标数量，也是可行事件中能够跟候选量测相关联的目标数；可行事件矩阵 $\widehat{\boldsymbol{\Omega}}=[\widehat{w}_{jt}]_{m\times(n+1)}$，$\widehat{w}_{jt}=1$ 表示可行事件中量测 j 与目标 t 关联。

$$\boldsymbol{P}_{jt}=\begin{cases}N(\tilde{\boldsymbol{Z}}_j^t;0,\boldsymbol{S}_{k+1}^t)P_D & w_{jt}=1\\ 0 & w_{jt}=0\end{cases}\quad(j=1,2,\cdots,m;t=1,2,\cdots,n) \tag{9-113}$$

$$P_0=\lambda(1-P_D) \tag{9-114}$$

式中：λ 为杂波密度；P_D 为目标检测概率；$N(\tilde{\boldsymbol{Z}}_j^t;0,\boldsymbol{S}_{k+1}^t)$ 是均值为零和协方差矩阵为 $\boldsymbol{S}_{k+1}^t$ 的正态分布。

(4) 计算 $\beta_L^t(k+1)$ $(L=0,\cdots,m;t=1,\cdots,n)$

$$\beta_j^t(k+1)=\sum_{\varepsilon(\widehat{\boldsymbol{\Omega}})}\boldsymbol{P}(\boldsymbol{\varepsilon}(\widehat{\boldsymbol{\Omega}}\mid Z))\,\widehat{w}_{jt}\quad(j=1,\cdots,m) \tag{9-115}$$

$$\beta_0^t(k+1)=1-\sum_{j=1}^{m}\beta_j^t(k+1) \tag{9-116}$$

9.6.2 Hopfield 神经网络数据关联滤波算法

随着目标 t 和量测 j 的增多，JPDAF 中数据关联可行事件的数量将呈指数级增长，发生“组合”爆炸。为此，可利用擅长求解组合优化问题的 Hopfield 神经网络来求解 β_L^t。

Hopfield 反馈神经网络是典型的全连接网络，通过在网络中引入能量函数以构造动力学系统，并使网络的平衡态与能量函数的极小解相对应，从而将求解能量函数极小解的过程转化为网络向平衡态的演化过程。Hopfield 神经网络的动力学方程可表示为

$$x_i(k)=\frac{1}{1+\exp[-y_i(k)/\varepsilon]} \tag{9-117}$$

$$y_i(k+1)=\left(1-\frac{\Delta t}{\tau}\right)y_i(k)+\Delta t\left[\sum_{j=1}^{N}w_{ij}\boldsymbol{x}_j(k)+I_i\right] \tag{9-118}$$

式中：Δt 为步长；w_{ij} 为第 i 个神经元与第 j 个神经元的连接权值；$x_i(k)$ 是第 i 个神经元在 k 时刻

的输出;$y_i(k)$是第 i 个神经元在 k 时刻的输入。

$$\sum_{j=1}^{N} w_{ij}x_j(k) + I_i = -\frac{\partial E}{\partial \boldsymbol{x}_i(k)} \tag{9-119}$$

式中:E 为能量函数,即优化问题的目标函数。

考虑到联合概率数据关联问题 JPDAP 与旅行商问题(Traveling Salesman Problem,TSP)相似(表9-1)[15],利用构造 TSP 能量函数的方法构造联合概率数据关联问题的能量函数。

表 9-1　JPDAP 和 TSP 约束条件对比表

约束条件	JPDA	TSP
1	关联概率之和为1	通过所有 N 个城市
2	一个候选量测只能属于一个目标	两个城市不能同时经过
3	一个目标只能产生一个候选量测	一个城市只能经过一次
4	寻求最佳关联概率	寻求最短路径

构造$(m+1)\times T$的神经元网络矩阵,列对应于目标,行对应于量测,第0行对应于没有任何候选量测这一特殊事件。若定义神经元的输出电压 $\boldsymbol{V}_j^t$为关联概率 β_j^t,$p_j^t(k+1)$为该神经元的输入电流($j=0,1,2,\cdots,m;t=1,2,\cdots,n$),则根据 TSP 的能量函数,可构造如下对应于数据关联问题的能量函数:

$$\begin{aligned} E = {} & \frac{a}{2}\sum_{j=0}^{m}\sum_{t=1}^{n}\sum_{\tau\neq t}^{n}\boldsymbol{V}_j^t\boldsymbol{V}_j^\tau + \frac{b}{2}\sum_{j=0}^{m}\sum_{t=1}^{n}\sum_{l\neq j}^{m}\boldsymbol{V}_j^t\boldsymbol{V}_l^t + \frac{c}{2}\sum_{t=1}^{n}\Big(\sum_{j=1}^{m}\boldsymbol{V}_j^t - 1\Big)^2 \\ & + \frac{d}{2}\sum_{j=0}^{m}\sum_{t=1}^{n}(\boldsymbol{V}_j^t - \rho_j^t)^2 + \frac{e}{2}\sum_{j=0}^{m}\sum_{t=1}^{n}\sum_{\tau\neq t}^{n}\Big(V_j^t - \sum_{l\neq j}^{m}\rho_l^\tau\Big)^2 \end{aligned} \tag{9-120}$$

该能量函数的具体构造方法以及式中参数 a、b、c、d 和 e 的定义可参见文献[14]。式中 ρ_j^t是 $p_j^t(k+1)$的归一化值,即

$$\rho_j^t(k+1) = \frac{p_j^t(k+1)}{\sum_{l=0}^{m(k)} p_l^t(k+1)} \tag{9-121}$$

$$p_j^t(k+1) = \begin{cases} \lambda(1-P_D) & j=0 \\ \dfrac{1}{(2\pi)^{M/2}\,|S_{k+1}^t|^{1/2}}\exp\Big[-\dfrac{1}{2}g_j^t(k+1)\Big]P_D & j\neq 0, w_{jt}=1 \\ 0 & \text{其他} \end{cases} \tag{9-122}$$

式中:M 是观测向量 $\boldsymbol{Z}_k$的秩。式(9-120)中第一项对应于约束条件2,第二项对应于约束条件3,第三项对应于约束条件1,第四、五项对应于约束条件4。

由式(9-118)~式(9-120)可得到 Hopfield 神经网络求解数据关联问题的动力学方程如下:

$$\begin{aligned} y_l^t(k+1) = {} & \Big(1-\frac{\Delta t}{\tau}\Big)y_l^t(k) - \Delta t\cdot a\cdot\sum_{\tau\neq t}^{n}\boldsymbol{V}_l^\tau - \Delta t\cdot b\cdot\sum_{j\neq l}^{n}\boldsymbol{V}_j^t - \Delta t\cdot c\Big(\sum_{j=0}^{m}\boldsymbol{V}_j^t - 1\Big) \\ & - \Delta t\cdot[d+e(n-1)]\boldsymbol{V}_l^t + \Delta t\cdot(d+e)\rho_l^t + \Delta t\cdot e\Big(n-1-\sum_{\tau=1}^{n}\rho_l^\tau\Big) \end{aligned} \tag{9-123}$$

式中：$y_l^t(k)$表示 k 时刻第 l 行、第 t 列的神经元输入。

需注意的是，这里介绍的 Hopfield 神经网络数据关联滤波算法只适宜跟踪直线运动的多个目标。

9.6.3 Hopfield 神经网络在多目标跟踪中的应用

本节给出了 Hopfield 神经网络数据关联滤波跟踪多个匀速直线运动目标的例子。通过这个例子来说明 Hopfield 神经网络数据关联滤波在密集杂波环境下多目标跟踪上的有效性。

在这个例子中，目标数 $n=6$，运动初始位置和速度见表 9-2。

取 Hopfield 神经网络的参数如下：$\Delta t=0.00001$，$\tau=1$，$a=6$，$b=40$，$c=1000$，$d=30$，$e=10$。跟踪门限 $\gamma=\sqrt{9.2}$，杂波密度为 0.2km^{-2}，目标检测概率 $P_D=0.99$，$\boldsymbol{Q}_k^t=[0.00360;00.0036]$，$\boldsymbol{R}_k=[0.090;00.09]$，门概率 $P_G=0.99$。如果目标状态估计偏离真实轨迹 0.5 km，则认为没有跟踪到目标。

Hopfield 神经网络的初始输入值 $y_l^t(0)$ 选为[-1,1]区间上的随机数，Hopfield 神经网络动力学方程式(9-123)的迭代结果如图 9-9 所示。结果表明，Hopfield 神经网络能够有效地跟踪密集回波环境下的多个目标。由于 Hopfield 神经网络数据关联滤波不必构造数据关联可行事件，因此在很大程度上减轻了计算机的计算负担，提高了计算效率。

表 9-2　6 个目标的初始位置和速度

目标	x/km	y/km	$\dot{x}$/(km/s)	$\dot{y}$/(km/s)
1	1.5	3.5	0.40	0.56
2	1.0	4.0	0.60	0.44
3	0.0	8.0	0.55	0.08
4	2.0	17.0	0.54	-0.10
5	3.5	3.0	0.55	0.50
6	0.0	18.5	0.50	-0.07

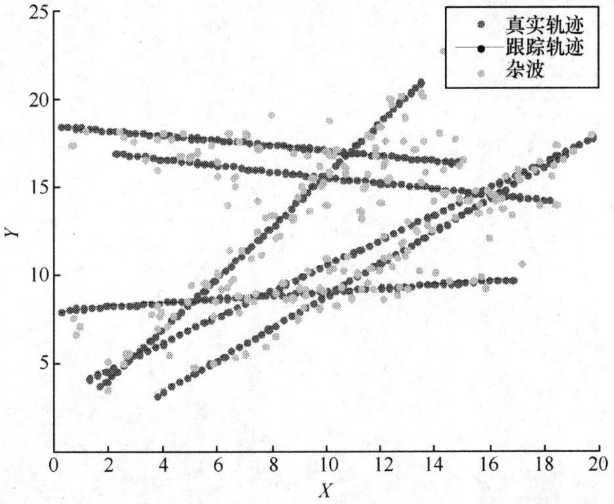

图 9-9　密集回波环境下 Hopfield 神经网络的多目标跟踪结果

参考文献

[1] 高隽．人工神经网络原理及仿真实例[M]．北京:机械工业出版社，2003：1－6.

[2] 刘永红．神经网络理论的发展与前沿问题[J]．信息与控制，1999，28(1)：31－46.

[3] 魏海坤．神经网络结构设计的理论与方法[M]．北京:国防工业出版社，2005：73－79.

[4] 付梦印，邓志红，张继伟．Kalman 滤波理论及其在导航系统中的应用[M]．北京:科学出版社，2003.

[5] Dah－Jing Jwo，Hung－Chih Huang. Neural Network Aided Adaptive Extended Kalman Filtering Approach for DGPS Positioning[J]．The Journal of Navigation，2004，57：449－463.

[6] 李淼．基于径向基神经网络分类器的人脸识别技术[D]．哈尔滨:哈尔滨工业大学，2006.

[7] Karayiannis N. Reformulated radial basis neural networks trained by gradient descent [J]．IEEE Transactions on Neural Networks，1999，3：657－671.

[8] Dan Simon. Training radial basis neural networks with the extended kalman filter[J]．Neurocomputing，2002，48：455－475.

[9] Julier S，Uhlmann J. Unscented filtering and nonlinear estimation[J]．Proc. of the IEEE，2004，92(3)：401－422.

[10] 权太范．信息融合神经网络——模糊推理理论与应用[M]．北京:国防工业出版社，2002.

[11] Simon Haykin. Neural Networks：A Comprehensive Foundation [M]．2nd edition. Prentice Hall PTR，1998.

[12] 马野，王孝通，戴耀．基于 UKF 的神经网络自适应全局信息融合方法[J]．电子学报，2005，33(10)：1914－1916.

[13] Fahmida N. Chowdhury. A Neural Approach to Data Fusion[C]．Proc. American Control Conf.，1995：1693－1697.

[14] Debasis S，Ronald A. Iltis. Neural solution to the multitarget tracking data association problem[J]．IEEE Transactions on Aerospace and Electronic Systems，1989，251(1)：96－108.

[15] 张婧．基于神经网络的机动多目标跟踪技术研究[D]．西安:西北工业大学，2007.

内 容 简 介

本书以贝叶斯递推滤波作为解决非线性最优滤波的基本理论框架,系统介绍了强跟踪滤波、Sigma 点卡尔曼滤波及粒子滤波的基本理论和关键技术。针对传统 Sigma 点卡尔曼滤波存在鲁棒性差、在相关噪声情况下滤波失效等缺点,提出了多种改进的 Sigma 点滤波算法,包括基于极大后验估计原理的自适应 Sigma 点滤波、基于正交原理的强跟踪 Sigma 点滤波及基于最小方差估计的噪声相关 Sigma 点滤波,接着从避免粒子贫化、降低计算量及优选重要性密度函数等方面对粒子滤波算法进行优化,介绍了多种粒子滤波改进算法,包括基于智能化重采样策略的粒子滤波、基于边沿化采样策略的里粒子滤波、自适应粒子滤波、基于优选重要性密度函数的粒子滤波等,最后探讨了非线性滤波在神经网络中的应用。

本书可作为高等院校控制科学与工程各类专业的本科生及研究生教材,也可作为自动控制、导航、信息处理及系统工程等相关专业研究人员和高等院校师生参考书。

This book addressed with the nonlinear optimal filtering with the Bayesian filtering as the basic theoretical framework. The fundamental theory and key technologies of strong tracking filter, sigma-point Kalman filter and particle filtering were detail analyzed. Because the traditional sigma-point Kalman filter could deteriorate in terms of accuracy, even divergence due to model uncertainty, the adaptive sigma-point Kalman filter, strong tracking sigma-point Kalman filter and the sigma-point Kalman filter under the correlated noises case were therefore proposed and detailed afterward. Particle filtering is optimized in terms of particle degeneracy, computation burden and the importance density function selection. Finally, the application of nonlinear filtering in the field of the neural networks was explored.

The book may be used as a text in many ways, depending on the background and interests of the class. It is within reach of any undergraduate and master with the usual background of control science and engineering. We hope the level and style of the book will also appeal to both researchers and interested professionals in the filed of automatic control, navigation, information processing, system engineering as a self-study reference.